FFmpeg开发实战

从零基础到短视频上线

欧阳燊 编著

清华大学出版社
北京

内 容 简 介

本书是一本FFmpeg开发的实战教程,由浅入深,由基础到高级,带领读者一步一步走进音视频开发的神奇世界。全书共分为12章。其中,第1~5章是基础部分,主要讲解FFmpeg的环境搭建、FFmpeg的开发基础、FFmpeg的编解码、FFmpeg处理图像和FFmpeg处理音频;第6~10章是进阶部分,主要讲解FFmpeg加工视频、FFmpeg添加图文、FFmpeg自定义滤镜、FFmpeg混合音视频和FFmpeg播放音视频;第11和12章是平台应用部分,主要讲解FFmpeg的桌面开发和FFmpeg的移动开发。本书在讲解FFmpeg知识点的同时给出了大量实战范例,方便读者迅速将所学的知识运用到音视频开发中。通过本书的学习,读者能够掌握音视频开发的基本技术,包括音视频查看、音视频转换、音视频播放、音视频剪辑、视频推拉流等。

本书适用于广大从事FFmpeg开发的专业人士、有志于转型FFmpeg开发的程序员以及对FFmpeg开发有兴趣的业余爱好者,也可作为大中专院校和培训机构音视频课程的教材。

本书封面贴有清华大学出版社防伪标签,无标签者不得销售。
版权所有,侵权必究。举报:010-62782989,beiqinquan@tup.tsinghua.edu.cn。

图书在版编目(CIP)数据

FFmpeg开发实战:从零基础到短视频上线/欧阳桑编著. —北京:清华大学出版社,2024.1
ISBN 978-7-302-65176-5

Ⅰ.①F… Ⅱ.①欧… Ⅲ.①视频系统-系统开发-教材 Ⅳ.①TN94

中国国家版本馆CIP数据核字(2024)第018812号

责任编辑:王金柱
封面设计:王 翔
责任校对:闫秀华
责任印制:宋 林

出版发行:清华大学出版社
网 址:https://www.tup.com.cn,https://www.wqxuetang.com
地 址:北京清华大学学研大厦A座 邮 编:100084
社 总 机:010-83470000 邮 购:010-62786544
投稿与读者服务:010-62776969,c-service@tup.tsinghua.edu.cn
质量反馈:010-62772015,zhiliang@tup.tsinghua.edu.cn
印 装 者:涿州汇美亿浓印刷有限公司
经 销:全国新华书店
开 本:190mm×260mm 印 张:29.5 字 数:796千字
版 次:2024年2月第1版 印 次:2024年2月第1次印刷
定 价:129.00元

产品编号:102817-01

前　　言

音视频开发是近年来的新兴软件开发行业，广泛运用于在线视频、网络直播、安防监控、远程办公、线上课堂等业务场景。特别是随着5G技术的深入应用和短视频自媒体的广泛传播，音视频领域的技术支持显得愈发重要。

在众多音视频开发技术框架中，FFmpeg是最基础的音视频处理平台。不论是音视频的编码、加工，还是传输，都离不开FFmpeg的支撑。可以说，入门音视频开发的第一个门槛就是FFmpeg，掌握FFmpeg是进军音视频开发的必经之路。

尽管FFmpeg在音视频领域拥有举足轻重的地位，但长期以来入门FFmpeg开发并非易事。一方面，音视频涉及的专业概念种类繁多，初学者容易困惑；另一方面，FFmpeg基于Linux环境的C语言开发，个人开发由于环境限制，难以深入FFmpeg编程。此外，FFmpeg作为底层框架本身并不提供可视化交互界面。例如，桌面程序需要Qt环境，而手机App需要Android环境，因此，在真正运用FFmpeg时，需要结合FFmpeg+Qt，或者FFmpeg+Android，这无疑增加了学习FFmpeg编程的难度。

基于以上考虑，本书按照下列章节结构来介绍FFmpeg开发实战。

第一，在解释音视频概念时，首先阐述相关术语的来龙去脉，然后描述这些概念的原理和分类，并最后提供对应的FFmpeg范例代码，使读者能够逐步理解音视频的基础知识，从理论到实践。

第二，详细说明在Linux环境编译FFmpeg及其相关库的步骤，同时也详述在Windows环境编译FFmpeg及其相关库的步骤，以便读者能够在个人计算机上搭建FFmpeg的开发学习环境。

第三，对于通过FFmpeg实现的每项功能，不仅提供基于函数调用的示例代码，还提供具体的FFmpeg操作命令，是本书兼具FFmpeg的代码开发教程与FFmpeg的命令使用手册两种用途。

第四，最后两章介绍了在Qt环境中集成FFmpeg并在计算机上运行播放影音的桌面程序，以及在Android Studio环境中集成FFmpeg并在手机上运行剪辑视频的手机App。这方便读者学以致用，能够迅速将FFmpeg编程应用到桌面开发与移动开发中。

第五，在介绍FFmpeg开发的过程中，引入了一些辅助工具用于编译、浏览、分析、加工等操作，包括Visual Studio、MSYS、CMake、VLC、YUView、Audacity、Subtitle Edit、MediaMTX等。本书对这些工具都进行详细介绍，以帮助读者熟练掌握FFmpeg开发技能。

全书共分为12章。其中，第1~5章是基础部分，主要讲解FFmpeg环境搭建、FFmpeg开发基础、

FFmpeg的编解码、FFmpeg处理图像、FFmpeg处理音频；第6~10章是进阶部分，主要讲解FFmpeg加工视频、FFmpeg添加图文、FFmpeg自定义滤镜、FFmpeg混合音视频、FFmpeg播放音视频；第11和12章是平台应用部分，主要讲解FFmpeg的桌面开发和FFmpeg的移动开发。

本书在讲解FFmpeg知识点的同时给出了大量实战范例，方便读者迅速将所学的知识运用到音视频开发中。这些实战范例包括：图片转视频、拼接两段音频、老电影怀旧风、卡拉OK音乐短片、侧边模糊滤镜、翻书转场动画、同步播放音视频、桌面影音播放器、仿剪映的视频剪辑等。通过实战项目的练习，读者能够掌握音视频的基本开发技术，包括音视频查看、音视频转换、音视频播放、音视频剪辑、视频推拉流等。

所谓零基础，指的是FFmpeg零基础，而非C语言零基础，在读者开始学习本书之前，建议先学完谭浩强的《C程序设计》，且需要掌握基本的Linux操作命令。在学习第11章之前，建议先入门Qt平台的C++桌面编程。在学习第12章之前，建议先掌握Android平台的Java移动编程，可参考笔者的App开发专著《Android Studio开发实战：从零基础到App上线（第3版）》。

本书中与FFmpeg相关的C代码都是基于FFmpeg 5.1.2编写的。前10章的C/C++代码在Linux（包括EulerOS和CentOS）和Windows（包括Windows 10和Windows 11）上编译和调试通过；第11章的程序代码采用C++编写，并在Qt 6.5.2上编译和调试通过；第12章的App代码采用Java与C++编写，并在Android Studio Dolphin（小海豚版本）上编译和调试通过。

在学习音视频开发过程中，需要用到一些开源软件，逐个下载它们颇费功夫，而且部分软件还要搭配对应的FFmpeg版本。为了方便读者使用这些软件，笔者把本书用到的软件源码和安装文件统一打包，并与随书配套的例程源码和演示课件放在一起，读者可扫描下方的二维码一起下载。

如果你在下载过程中遇到问题，请发邮件至booksaga@126.com，邮件标题为"FFmpeg开发实战：从零基础到短视频上线"获得帮助。

最后，感谢王金柱编辑的热情指导，感谢出版社其他人员的辛勤工作，感谢我的家人一直以来的支持，感谢各位师长的谆谆教导。没有他们的鼎力相助，本书就无法顺利完成。

欧阳燊
2024年1月

目 录

第 1 章　FFmpeg 环境搭建 ················ 1

1.1　FFmpeg 简介 ························· 1
　　1.1.1　FFmpeg 是什么 ············· 1
　　1.1.2　FFmpeg 的用途 ············· 1
　　1.1.3　FFmpeg 的发展历程 ········ 2
1.2　Linux 系统安装 FFmpeg ··········· 2
　　1.2.1　Linux 开发机配置要求 ······ 2
　　1.2.2　安装已编译的 FFmpeg
　　　　　及其 SO 库 ················· 3
　　1.2.3　自行编译与安装 FFmpeg ··· 5
1.3　在 Windows 系统下安装 FFmpeg ··· 10
　　1.3.1　Windows 开发机配置要求 ··· 10
　　1.3.2　安装依赖的 Windows 软件 ··· 10
　　1.3.3　安装已编译的 FFmpeg
　　　　　及其 DLL 库 ················ 15
1.4　FFmpeg 的开发框架 ················ 17
　　1.4.1　可执行程序 ·················· 18
　　1.4.2　动态链接库 ·················· 21
　　1.4.3　第一个 FFmpeg 程序 ······· 23
1.5　小结 ································· 26

第 2 章　FFmpeg 开发基础 ················ 27

2.1　音视频的编码标准 ··················· 27
　　2.1.1　音视频编码的发展历程 ······ 27
　　2.1.2　音视频文件的封装格式 ······ 29
　　2.1.3　国家数字音视频标准 AVS ··· 31
2.2　FFmpeg 的主要数据结构 ············ 34
　　2.2.1　FFmpeg 的编码与封装 ······ 35
　　2.2.2　FFmpeg 的数据包样式 ······ 37
　　2.2.3　FFmpeg 的过滤器类型 ······ 39
2.3　FFmpeg 查看音视频信息 ··········· 41
　　2.3.1　打开与关闭音视频文件 ······ 41
　　2.3.2　查看音视频的信息 ··········· 42
　　2.3.3　查看编解码器的参数 ········ 45
2.4　FFmpeg 常见的处理流程 ··········· 47
　　2.4.1　复制编解码器的参数 ········ 47
　　2.4.2　创建并写入音视频文件 ······ 51
　　2.4.3　使用滤镜加工音视频 ········ 54
2.5　小结 ································· 58

第 3 章　FFmpeg 的编解码 ················ 59

3.1　音视频时间 ·························· 59
　　3.1.1　帧率和采样率 ················ 59
　　3.1.2　时间基准的设定 ·············· 62
　　3.1.3　时间戳的计算 ················ 64
3.2　分离音视频 ·························· 67
　　3.2.1　原样复制视频文件 ··········· 67
　　3.2.2　从视频文件剥离音频流 ······ 70
　　3.2.3　切割视频文件 ················ 72
3.3　合并音视频 ·························· 74
　　3.3.1　合并视频流和音频流 ········ 74
　　3.3.2　对视频流重新编码 ··········· 76
　　3.3.3　合并两个视频文件 ··········· 82
3.4　视频浏览与格式分析 ················ 85
　　3.4.1　通用音视频播放器 ··········· 86
　　3.4.2　视频格式分析工具 ··········· 88
　　3.4.3　把原始的 H264 文件封装为
　　　　　MP4 格式 ··················· 90
3.5　小结 ································· 92

第 4 章　FFmpeg 处理图像 ················ 93

4.1　YUV 图像 ··························· 93
　　4.1.1　为什么要用 YUV 格式 ······ 93

    4.1.2 把视频帧保存为 YUV 文件……98
    4.1.3 YUV 图像浏览工具……100
  4.2 JPEG 图像……106
    4.2.1 为什么要用 JPEG 格式……106
    4.2.2 把视频帧保存为 JPEG 图片…107
    4.2.3 图像转换器……110
  4.3 其他图像格式……112
    4.3.1 把视频帧保存为 PNG 图片…113
    4.3.2 把视频帧保存为 BMP 图片…116
    4.3.3 把视频保存为 GIF 动画……119
  4.4 实战项目：图片转视频……124
  4.5 小结……131

第 5 章 FFmpeg 处理音频……132
  5.1 PCM 音频……132
    5.1.1 为什么要用 PCM 格式……132
    5.1.2 把音频流保存为 PCM 文件…135
    5.1.3 PCM 波形查看工具……139
  5.2 MP3 音频……142
    5.2.1 为什么要用 MP3 格式……142
    5.2.2 Linux 环境集成 mp3lame……144
    5.2.3 把音频流保存为 MP3 文件…145
  5.3 其他音频格式……148
    5.3.1 把音频流保存为 WAV 文件…148
    5.3.2 把音频流保存为 AAC 文件…152
    5.3.3 音频重采样……158
  5.4 实战项目：拼接两段音频……163
  5.5 小结……168

第 6 章 FFmpeg 加工视频……169
  6.1 滤波加工……169
    6.1.1 简单的视频滤镜……169
    6.1.2 简单的音频滤镜……176
    6.1.3 利用滤镜切割视频……182
    6.1.4 给视频添加方格……185
  6.2 添加特效……188
    6.2.1 转换图像色度坐标……188
    6.2.2 添加色彩转换特效……192

    6.2.3 调整明暗对比效果……195
    6.2.4 添加淡入淡出特效……197
  6.3 变换方位……199
    6.3.1 翻转视频的方向……199
    6.3.2 缩放和旋转视频……200
    6.3.3 裁剪和填充视频……202
  6.4 实战项目：老电影怀旧风……204
  6.5 小结……206

第 7 章 FFmpeg 添加图文……207
  7.1 添加图标……207
    7.1.1 添加图片标志……207
    7.1.2 清除图标区域……209
    7.1.3 利用调色板生成 GIF 动画……211
  7.2 添加文本……214
    7.2.1 Linux 环境安装 FreeType……214
    7.2.2 添加英文文本……216
    7.2.3 添加中文文本……218
  7.3 添加字幕……221
    7.3.1 Linux 环境安装 libass……221
    7.3.2 Linux 安装中文字体……225
    7.3.3 添加中文字幕……226
  7.4 实战项目：卡拉 OK 音乐短片……229
    7.4.1 视频字幕制作工具……229
    7.4.2 制作卡拉 OK 字幕……233
  7.5 小结……237

第 8 章 FFmpeg 自定义滤镜……238
  8.1 Windows 环境编译 FFmpeg……238
    8.1.1 给 FFmpeg 集成 x264……238
    8.1.2 给 FFmpeg 集成 avs2……241
    8.1.3 给 FFmpeg 集成 mp3lame……243
    8.1.4 给 FFmpeg 集成 FreeType……245
    8.1.5 给 FFmpeg 集成 x265……248
  8.2 优化 FFmpeg 源码……255
    8.2.1 读写音视频文件的元数据……255
    8.2.2 元数据的中文乱码问题
         处理……258

8.2.3　修改 FFmpeg 源码解决
　　　　　　乱码……………………262
　8.3　自定义视频滤镜…………………265
　　　8.3.1　添加模糊和锐化特效………265
　　　8.3.2　视频滤镜的代码分析………267
　　　8.3.3　自定义视频翻转滤镜………269
　8.4　实战项目：侧边模糊滤镜………271
　　　8.4.1　实现两侧模糊逻辑…………271
　　　8.4.2　集成侧边模糊滤镜…………275
　8.5　小结………………………………277

第 9 章　FFmpeg 混合音视频……………278
　9.1　多路音频…………………………278
　　　9.1.1　同时过滤视频和音频………278
　　　9.1.2　利用多通道实现混音………281
　　　9.1.3　给视频添加背景音乐………289
　9.2　多路视频…………………………293
　　　9.2.1　通过叠加视频实现画中画…293
　　　9.2.2　多路视频实现四宫格效果…302
　　　9.2.3　透视两路视频的混合画面…307
　9.3　转场动画…………………………311
　　　9.3.1　给视频添加转场动画………311
　　　9.3.2　转场动画的代码分析………314
　　　9.3.3　自定义斜边转场动画………317
　9.4　实战项目：翻书转场动画………322
　　　9.4.1　贝塞尔曲线实现翻页特效…322
　　　9.4.2　集成翻书转场动画效果……326
　9.5　小结………………………………329

第 10 章　FFmpeg 播放音视频…………330
　10.1　通过 SDL 播放音视频…………330
　　　10.1.1　FFmpeg 集成 SDL…………330
　　　10.1.2　利用 SDL 播放视频………335
　　　10.1.3　利用 SDL 播放音频………342
　10.2　FFmpeg 推流和拉流……………346
　　　10.2.1　什么是推拉流………………346
　　　10.2.2　FFmpeg 向网络推流………350
　　　10.2.3　FFmpeg 从网络拉流………353

　10.3　SDL 处理线程间同步……………355
　　　10.3.1　SDL 的线程…………………355
　　　10.3.2　SDL 的互斥锁………………357
　　　10.3.3　SDL 的信号量………………360
　10.4　实战项目：同步播放音视频……367
　　　10.4.1　同步音视频的播放时钟……367
　　　10.4.2　优化音视频的同步播放……371
　10.5　小结………………………………376

第 11 章　FFmpeg 的桌面开发……………377
　11.1　搭建 Qt 开发环境………………377
　　　11.1.1　安装桌面开发工具 Qt………377
　　　11.1.2　创建一个基于 C++的
　　　　　　　Qt 项目……………………381
　　　11.1.3　把 Qt 项目打包成可执行
　　　　　　　文件…………………………383
　11.2　桌面程序播放音频………………385
　　　11.2.1　给 Qt 工程集成 FFmpeg……385
　　　11.2.2　Qt 工程使用 SDL 播放
　　　　　　　音频…………………………387
　　　11.2.3　通过 QAudioSink 播放
　　　　　　　音频…………………………392
　11.3　桌面程序播放视频………………396
　　　11.3.1　通过 QImage 播放视频……396
　　　11.3.2　OpenGL 的着色器小程序…404
　　　11.3.3　使用 OpenGL 播放视频……407
　11.4　实战项目：桌面影音播放器……411
　11.5　小结………………………………415

第 12 章　FFmpeg 的移动开发……………416
　12.1　搭建 Android 开发环境…………416
　　　12.1.1　搭建 Android 的 NDK 开发
　　　　　　　环境…………………………416
　　　12.1.2　交叉编译 Android 需要的
　　　　　　　SO 库…………………………420
　　　12.1.3　App 工程调用 FFmpeg 的
　　　　　　　SO 库…………………………421
　12.2　App 通过 FFmpeg 播放音频……427

12.2.1 交叉编译时集成 mp3lame······427
12.2.2 通过 AudioTrack 播放音频······429
12.2.3 使用 OpenSL ES 播放音频······432
12.3 App 通过 FFmpeg 播放视频······439
12.3.1 交叉编译时集成 x264 和 FreeType······439
12.3.2 通过 ANativeWindow 播放视频······443
12.3.3 使用 OpenGL ES 播放视频······449
12.4 实战项目：仿剪映的视频剪辑······455
12.5 小结······461

附录 A 音视频专业术语索引······462

第 1 章
FFmpeg 环境搭建

本章介绍如何在Linux和Windows系统搭建FFmpeg（Fast Forward Moving Picture Expert Group）的开发环境，内容包括FFmpeg的用途及其发展历程、如何在Linux系统安装FFmpeg、如何在Windows系统安装FFmpeg、FFmpeg框架中的可执行程序与动态链接库，最后演示如何通过FFmpeg框架打印Hello World程序。

1.1　FFmpeg 简介

本节介绍FFmpeg开源平台的简单背景，包括FFmpeg名称的来源及其开发环境、FFmpeg的主要用途与支持的格式、FFmpeg的发展历程和许可说明等。

1.1.1　FFmpeg 是什么

FFmpeg的意思是快速掌握MPEG。其中MPEG全称为Moving Picture Expert Group，中文直译过来叫运动图像专家组格式。MPEG是一种流行的视频格式系列，目前常见的是第4版MPEG，即MPEG-4，采用MPEG-4格式的视频文件扩展名为.mp4。

缩写之后的FFmpeg拼读有点麻烦，前面三个字母依次按字母逐个念，后面三个字母连起来按照单词peg读。连起来的FFmpeg读音便是[ef ef em peg]。

FFmpeg是一个基于C语言的开源框架，它虽然在Linux环境下开发，但兼容其他操作系统，包括Windows、Mac OS X等。也就是说，把FFmpeg源码移植到Windows环境，也能正常编译和运行。

1.1.2　FFmpeg 的用途

FFmpeg是一个音视频处理平台，不仅能够处理音频、视频文件，还能够处理图像、字幕等文件。这里的处理动作包括查看参数、读取数据、保存数据、格式转换、加工编辑、渲染播放等交互操作，可谓是功能强悍。

基于FFmpeg的开源特性，它支持越来越多的媒体格式，无论来自哪个厂商或者哪个国家，总能找到对应的支持库。单就视频格式而言，从古老的ASF、RM、FLV，到后续的H264、H265、VP8、VP9，甚至中国的音视频标准编码AVS2，FFmpeg均可集成它们的编解码库。图像方面支持JPG、

PNG、GIF等常见的图片格式，音频方面支持MP3、WMA、AAC等常见的音频格式，甚至字幕格式SRT、ASS等都纳入了FFmpeg的支持范围。

FFmpeg的音视频处理功能非常强大，因此它已成为全球音视频开发者的首选框架。无论是国外的Adobe Premiere，还是国产的剪映，它们的音视频编辑功能都是基于FFmpeg实现的。可以说，学好FFmpeg编程是从事音视频开发行业的必备技能之一。

1.1.3 FFmpeg的发展历程

FFmpeg最早由法国的天才程序员Fabrice Bellard发起，并在2004年由Michael Niedermayer主持维护，一直到2015年Michael Niedermayer宣布辞职。FFmpeg项目的官方网站地址为https://www.ffmpeg.org/，最新源码的下载页面为https://www.ffmpeg.org/download.html，也可访问https://github.com/FFmpeg/FFmpeg/tags获取各版本FFmpeg的源码下载。

> 2000年，FFmpeg的第一个版本发布。
> 2013年7月，FFmpeg 2.0发布。
> 2016年2月，FFmpeg 3.0发布，增加内置AAC编解码器。
> 2018年4月，FFmpeg 4.0发布，不再支持Windows XP，最低支持到Windows Vista。
> 2018年11月，FFmpeg 4.1发布，增加支持AVS2国标的编解码器。
> 2019年8月，FFmpeg 4.2发布，增加支持AV1视频和VP4视频的解码。
> 2020年6月，FFmpeg 4.3发布，增加支持转场滤镜xfade，全面支持Vulkan。
> 2021年4月，FFmpeg 4.4发布，增加支持AVS3国标的解码器。
> 2022年1月，FFmpeg 5.0发布，增加支持国产的龙芯架构。
> 2022年7月，FFmpeg 5.1发布，增加支持IPFS/IPNS协议。
> 2023年2月，FFmpeg 6.0发布，增加支持RGBE和WBMP两种图像格式。

FFmpeg采用LGPL或GPL许可证，其中GPL 2.0禁止商用。而LGPL允许开发闭源的商用软件，不过只能使用FFmpeg的动态库，并且需要标明用到了FFmpeg动态库；不允许把FFmpeg的静态库链接到商用软件中，除非这个软件也开放源码。

1.2 Linux系统安装FFmpeg

本节介绍在Linux系统搭建FFmpeg开发环境的具体步骤，包括FFmpeg开发对于Linux系统的软硬件要求、如何在Linux上安装已编译的FFmpeg套件、如何在Linux上自行编译与安装FFmpeg等。

1.2.1 Linux开发机配置要求

FFmpeg本身就在Linux系统下开发，而且C代码向来以高效著称，因此对硬件方面的配置要求较低，主要对软件环境有要求。对Linux服务器的基本要求如下：

（1）编译器要求GNU Make 3.81及以上版本。
（2）GCC要求4.8及以上版本。

(3)磁盘剩余空间在5GB以上,越大越好。

由于个人计算机较少安装Linux系统,因此建议读者在云服务环境上实践FFmpeg编程。

以上服务器配置要求很低,国内的云服务提供商都能满足。以华为云的最低档配置为例,编译器为GNU Make 4.3,GCC版本为10.3.1,磁盘空间为40GB,完全能够满足入门FFmpeg开发的环境要求。本书配套的C代码在华为云的EulerOS(欧拉系统,兼容CentOS)上调试通过。

1.2.2 安装已编译的 FFmpeg 及其 SO 库

对于初学者来说,搭建FFmpeg的开发环境是个不小的拦路虎,因为FFmpeg用到了许多第三方开发包,所以要先编译这些第三方源码,之后才能为FFmpeg集成编译好的第三方库。

考虑到初学者刚开始仅仅调用FFmpeg的函数,不会马上修改FFmpeg的源码,因此只要给系统安装编译好的FFmpeg动态库,即可着手编写简单的FFmpeg程序。比如这个网站:https://github.com/BtbN/FFmpeg-Builds/releases提供了已经编译通过的FFmpeg开发包,囊括Linux、Windows等系统环境的开发版本。对该网站提供的Linux版FFmpeg安装包而言,需要事先安装不低于2.22版本的glibc库,否则编译FFmpeg程序会报错:undefined reference to '_ZGVdN4vv_pow@GLIBC_2.22'。下面介绍在Linux系统安装已编译的FFmpeg的详细步骤。

1. 安装glibc

因为GitHub编译好的FFmpeg依赖于glibc库,所以要在Linux环境安装版本号不低于2.22的glibc库。首先执行以下命令查看当前已安装的glibc版本。

```
rpm -qa | grep glibc
```

如果上面的命令返回的版本号不低于2.22,就无须再安装新版的glibc。只有返回的版本号低于2.22,才需要安装新版的glibc库。在华为云上实测发现,欧拉系统(Huawei Cloud EulerOS)自带的glibc版本号大于2.22,因此无须另外安装glibc库。

glibc库的安装步骤说明如下。

01 到https://ftp.gnu.org/gnu/glibc/下载2.23版本的glibc源码包。注意:虽然要求glibc版本不低于2.22,但是不宜安装过高版本的glibc,因为较高版本的glibc依赖于Python,安装Python环境又得费一番功夫,所以安装比2.22稍高一点的2.23版本就够了,也就是在https://ftp.gnu.org/gnu/glibc/glibc-2.23.tar.gz下载压缩包。

02 先解压glibc源码包,再进入glibc源码目录,然后创建build目录并进入该目录,也就是依次执行以下命令:

```
tar zxvf glibc-2.23.tar.gz
cd glibc-2.23
mkdir build
cd build
```

03 在build目录下依次执行以下命令配置、编译与安装glibc。

```
../configure --prefix=/usr
make
make install
```

安装成功后，会在/usr/lib64目录下找到新的libc.so（还有libc.so.6和libc-2.23.so）和libmvec.so（还有libmvec.so.1和libmvec-2.23.so）等库文件。

2. 安装FFmpeg

安装glibc库后，再来安装已编译的FFmpeg，详细的安装步骤说明如下。

01 到https://github.com/BtbN/FFmpeg-Builds/releases下载Linux环境编译好的FFmpeg安装包，比如ffmpeg-master-latest-linux64-gpl-shared.tar.xz，注意区分32位系统和64位系统。

02 把下载好的FFmpeg安装包解压到/usr/local/ffmpeg目录，也就是依次执行以下命令：

```
cd /usr/local
tar xvf ffmpeg-master-latest-linux64-gpl-shared.tar.xz
mv ffmpeg-master-latest-linux64-gpl-shared ffmpeg
```

03 输入cd命令回到当前用户的初始目录，使用vi打开该目录下的.bash_profile，也就是依次执行以下命令：

```
cd
vi .bash_profile
```

04 把光标移动到文件末尾，按a键进入编辑模式，然后在文件末尾添加下面两行环境变量的配置：

```
export PATH=$PATH:/usr/local/ffmpeg/bin
export LD_LIBRARY_PATH=$LD_LIBRARY_PATH:/usr/local/ffmpeg/lib
```

接着保存并退出文件，也就是先按Esc键退出编辑模式，再按":"键，接着输入wq再按回车键，即可保存修改后的内容。

05 执行以下命令加载新的环境变量：

```
source .bash_profile
```

接着运行下面的环境变量查看命令：

```
env | grep PATH
```

发现控制台回显的PATH串包含/usr/local/ffmpeg/bin，同时LD_LIBRARY_PATH串包含/usr/local/ffmpeg/lib，说明FFmpeg的bin目录和lib目录的路径都已经加载到环境变量中了。

3. 运行测试命令

运行以下命令查看FFmpeg的版本信息：

```
ffmpeg -version
```

发现控制台回显如下的FFmpeg版本号，以及编译时的配置参数信息，说明FFmpeg程序成功运行起来了。

```
ffmpeg version N-110091-g261fb55e39-20230326 Copyright (c) 2000-2023 the FFmpeg developers
built with gcc 12.2.0 (crosstool-NG 1.25.0.152_89671bf)
```

1.2.3　自行编译与安装 FFmpeg

由于别人编译的FFmpeg不可控，因此最好自己编译FFmpeg。尽管编译过程有点麻烦，但是整个安装过程都是受控的，更加符合开发者的定制需求。不过要在Linux系统编译FFmpeg，读者需要具备一定的Linux命令基础，Linux环境的FFmpeg编译与安装过程说明如下。

1. 安装NASM

NASM是一款汇编工具，因为x264库和x265库都依赖于该库，所以要给Linux系统安装NASM库。它的安装方式有两种，一种是使用yum直接安装，另一种是通过编译源码来安装。使用yum安装NASM的命令如下：

```
yum install nasm
```

如果使用yum安装NASM失败，就要通过编译源码来安装，源码方式的安装步骤说明如下。

01 到https://www.nasm.us/pub/nasm/releasebuilds/下载最新的NASM源码，比如2022年12月发布的nasm-2.16，该版本的源码下载地址是https://www.nasm.us/pub/nasm/releasebuilds/2.16/nasm-2.16.tar.gz。将下载好的压缩包上传到服务器并解压，也就是依次执行以下命令：

```
tar zxvf nasm-2.16.tar.gz
cd nasm-2.16
```

02 进入解压后的NASM目录，运行下面的命令配置NASM：

```
./configure
```

03 运行下面的命令编译NASM。

```
make
```

04 编译完成后，运行下面的命令安装NASM。

```
make install
```

2. 安装x264库

H.264格式的视频编解码用到了x264库，它的安装步骤说明如下。

01 到https://www.videolan.org/developers/x264.html下载最新的x264源码，比如新版的源码下载地址是https://code.videolan.org/videolan/x264/-/archive/master/x264-master.tar.gz。将下载好的压缩包上传到服务器并解压，也就是依次执行以下命令：

```
tar zxvf x264-master.tar.gz
cd x264-master
```

02 进入解压后的x264目录，运行下面的命令配置x264：

```
./configure --enable-shared --enable-static
```

03 运行下面的命令编译x264：

```
make
```

04 编译完成后，运行下面的命令安装x264：

```
make install
```

3. 安装CMake

H.265视频的编解码用到了x265库，因为x265库使用CMake编译，所以要事先在Linux下安装CMake工具。它的安装方式有两种，一种是使用yum直接安装，另一种是通过编译源码来安装。使用yum安装CMake的命令如下：

```
yum install cmake git
```

如果使用yum安装CMake失败，就要通过编译源码来安装，源码方式的安装步骤说明如下。

01 运行下面的命令，分别安装g++、openssl-devel和curl-devel，因为CMake依赖于这三个工具包。在安装过程中会提示[Y/n]确认是否继续安装，此时输入Y确定安装即可。

```
yum install g++ openssl-devel curl-devel
```

另外，还需执行下面的命令安装Git，虽然CMake不依赖于Git，但是只有安装了Git才能正常编译x265的动态库。

```
yum install git
```

02 到https://cmake.org/files/下载最新的CMake源码，比如2023年8月发布的cmake-3.27.3，该版本的源码下载地址是https://cmake.org/files/v3.27/cmake-3.27.3.tar.gz。将下载好的压缩包上传到服务器并解压，也就是依次执行以下命令：

```
tar zxvf cmake-3.27.3.tar.gz
cd cmake-3.27.3
```

03 进入解压后的CMake目录，运行下面的命令配置CMake。

```
./bootstrap --system-curl
./configure
```

04 运行下面的命令编译CMake。

```
make
```

05 编译完成后，运行下面的命令安装CMake。

```
make install
```

注意以上是通过源码方式安装CMake，如果发现源码编译失败，就只能直接安装编译好的CMake程序。详细步骤说明如下：

01 到https://cmake.org/files/下载最新的CMake安装包，比如2023年8月发布的cmake-3.27.3，Linux 64位x86环境的安装包下载地址是https://cmake.org/files/v3.27/cmake-3.27.3-linux-x86_64.tar.gz。将下载好的压缩包上传到服务器并解压，也就是依次执行以下命令：

```
mv cmake-3.27.3-linux-x86_64.tar.gz /usr/local/
cd /usr/local/
tar zxvf cmake-3.27.3-linux-x86_64.tar.gz
mv cmake-3.27.3-linux-x86_64 cmake
```

02 给环境变量PATH添加CMake解压后的bin目录。输入cd命令回到当前用户的初始目录，使用vi打开该目录下的.bash_profile，也就是依次执行以下命令：

```
cd
vi .bash_profile
```

把光标移动到文件末尾，按a键进入编辑模式，然后在文件末尾添加下面一行环境变量的配置：

```
export PATH=$PATH:/usr/local/cmake/bin
```

接着保存并退出文件，也就是先按Esc键退出编辑模式，再按":"键，接着输入wq再按回车键，即可保存修改后的内容。然后执行以下命令加载最新的环境变量：

```
source .bash_profile
```

03 运行以下命令检查CMake的版本号：

```
cmake -version
```

4. 安装x265库

H.265格式的视频编解码用到了x265库，它的安装步骤说明如下。

01 到https://bitbucket.org/multicoreware/x265_git/downloads/下载最新的x265源码，比如2021年3月发布的x265_3.5，该版本的源码下载地址是https://bitbucket.org/multicoreware/x265_git/downloads/x265_3.5.tar.gz。将下载好的压缩包上传到服务器并解压，也就是依次执行以下命令：

```
tar zxvf x265_3.5.tar.gz
cd x265_3.5
```

02 进入解压后的x265目录的build目录，运行以下命令配置x265库：

```
cd build
cmake ../source
```

03 运行以下命令编译x265：

```
make
```

04 编译完成后，运行以下命令安装x265：

```
make install
```

5. 加载环境变量PKG_CONFIG_PATH

在前面的安装步骤中，x264和x265的.pc文件都安装到了/usr/local/lib/pkgconfig目录，因为FFmpeg正是根据这些.pc文件来查找对应的第三方配置，所以需要把该路径添加到环境变量PKG_CONFIG_PATH中，方便FFmpeg自动查找.pc文件，详细的加载步骤说明如下。

01 输入cd命令回到当前用户的初始目录，使用vi打开该目录下的.bash_profile，也就是依次执行以下命令：

```
cd
vi .bash_profile
```

02 把光标移动到文件末尾，按a键进入编辑模式，然后在文件末尾添加下面一行环境变量的配置：

```
export PKG_CONFIG_PATH=$PKG_CONFIG_PATH:/usr/local/lib/pkgconfig
```

接着保存并退出文件,也就是先按Esc键退出编辑模式,再按":"键,接着输入wq再按回车键,即可保存修改后的内容。

03 执行以下命令加载最新的环境变量:

```
source .bash_profile
```

接着运行下面的环境变量查看命令:

```
env | grep PKG_CONFIG_PATH
```

发现控制台回显的PKG_CONFIG_PATH串包含/usr/local/lib/pkgconfig,说明pkgconfig目录的路径已加载到环境变量中了。

6. 安装FFmpeg

以上工具都安装之后,再来安装FFmpeg,详细的安装步骤说明如下。

01 到https://github.com/FFmpeg/FFmpeg/tags下载指定版本的FFmpeg源码包,比如2022年9月发布的FFmpeg-5.1.2,该版本的源码下载地址是https://github.com/FFmpeg/FFmpeg/archive/refs/tags/n5.1.2.tar.gz。将下载好的压缩包上传到服务器并解压,也就是依次执行以下命令:

```
tar zxvf FFmpeg-n5.1.2.tar.gz
cd FFmpeg-n5.1.2s
```

02 进入解压后的FFmpeg目录,运行以下命令配置FFmpeg:

```
./configure --prefix=/usr/local/ffmpeg --enable-shared --disable-static --disable-doc --enable-zlib --enable-libx264 --enable-libx265 --enable-iconv --enable-gpl --enable-nonfree
```

注意configure后面的配置选项中,enable表示开启某项功能,disable表示关闭某项功能,常见的配置选项说明见表1-1。

表1-1 FFmpeg的配置命令选项说明

配置选项	说明
--prefix=***	指定安装路径的目录前缀
--enable-shared	有编译动态链接库(Linux系统为.so文件,Windows系统为.dll文件)
--disable-static	不编译静态库,静态库为.a文件
--disable-doc	不安装说明文档
--enable-gpl	允许使用基于GPL(GNU General Public License,GNU通用公共许可协议)的代码
--enable-nonfree	允许使用非自由代码
--enable-iconv	启用字符集编码转换库 iconv
--enable-zlib	启用DEFLATE压缩算法库zlib,PNG图片需要
--enable-libx264	启用H.264格式的编解码库 x264
--enable-libx265	启用H.265格式的编解码库 x265
--enable-libxavs2	启用AVS2格式的编码库 xavs2
--enable-libdavs2	启用AVS2格式的解码库 davs2

(续表)

配置选项	说　明
--enable-libmp3lame	启用 MP3 格式的编解码库 mp3lame
--enable-libfreetype	启用字体引擎 FreeType，drawtext 滤镜需要
--enable-libass	启用字幕渲染器 libass，subtitles 滤镜需要
--enable-libfribidi	启用双向字符算法库 fribidi
--enable-libxml2	启用 XML 文档处理库 libxml2
--enable-fontconfig	启用字体配置工具 fontconfig
--enable-sdl2	启用音视频渲染库 SDL2
--extra-cflags="-I***"	额外的头文件路径***
--extra-ldflags="-L***"	额外的动态链接库路径***
--arch=x86_64	交叉编译时需要，指定处理器架构为 64 位的 x86
--cross-prefix=x86_64-w64-mingw32-	交叉编译时需要，交叉编译的工具名称前缀
--target-os=mingw32	交叉编译时需要，指定编译结果的目标操作系统

03 运行以下命令编译FFmpeg：

```
make
```

如果觉得make命令编译得太慢，可改成执行以下命令编译FFmpeg，"-j4"表示启动4个编译进程。在系统资源紧张的时候，多进程编译可能报错，此时再改回make命令即可。

```
make -j4
```

04 编译完成后，运行以下命令安装FFmpeg：

```
make install
```

05 把/usr/local/ffmpeg/bin添加到环境变量PATH中，把/usr/local/lib和/usr/local/ffmpeg/lib都添加到环境变量LD_LIBRARY_PATH中。也就是依次执行以下命令：

```
cd
vi .bash_profile
```

把光标移动到文件末尾，按a键进入编辑模式，然后在文件末尾添加下面三行环境变量的配置：

```
export PATH=$PATH:/usr/local/ffmpeg/bin
export LD_LIBRARY_PATH=$LD_LIBRARY_PATH:/usr/local/lib
export LD_LIBRARY_PATH=$LD_LIBRARY_PATH:/usr/local/ffmpeg/lib
```

接着保存并退出文件，也就是先按Esc键退出编辑模式，再按":"键，接着输入wq再按回车键，即可保存修改后的内容。

然后执行以下命令加载最新的环境变量：

```
source .bash_profile
```

接着运行下面的环境变量查看命令：

```
env | grep PATH
```

发现控制台回显的PATH串包含/usr/local/ffmpeg/bin，同时LD_LIBRARY_PATH串包含/usr/local/lib和/usr/local/ffmpeg/lib，说明FFmpeg的bin目录和lib目录的路径都已经加载到环境变量中了。

06 运行以下命令查看FFmpeg的版本信息：

```
ffmpeg -version
```

发现控制台回显如下的FFmpeg版本号，以及编译时的配置参数信息，说明FFmpeg程序成功运行起来了。

```
ffmpeg version 5.1.2 Copyright (c) 2000-2022 the FFmpeg developers
built with gcc 10.3.1 (GCC)
configuration: --prefix=/usr/local/ffmpeg --enable-shared --disable-static
--disable-doc --enable-zlib --enable-libx264 --enable-libx265 --enable-iconv --enable-gpl
--enable-nonfree
```

1.3 在Windows系统下安装FFmpeg

本节介绍如何在Windows系统下搭建FFmpeg开发环境，包括FFmpeg开发对于Windows系统的软硬件要求，如何在Windows上安装FFmpeg依赖的软件，以及如何在Windows上安装已编译的FFmpeg套件等。

1.3.1 Windows开发机配置要求

工欲善其事，必先利其器。要想保证FFmpeg的编译和运行速度，开发用的计算机配置就要跟上。使用Windows系统开发FFmpeg的话，对计算机硬件的基本要求如下。

（1）内存要求至少8GB，越大越好。
（2）CPU要求1.5GHz以上，越快越好。
（3）硬盘要求安装盘剩余空间10GB以上，越大越好。

下面是对操作系统的基本要求。

（1）必须是64位系统，不能是32位系统。
（2）Windows系统最低为Windows 10版本，本书配套的C代码在Windows 10上调试通过。

下面是对网络的基本要求。

（1）最好连公众网，因为校园网可能无法访问GitHub等网站。
（2）下载速度至少每秒1MB，越快越好。因为Visual Studio 2022与MSYS2的安装包大小都有几百MB，所以网络带宽一定要够大，否则连下载文件都要等很久。

1.3.2 安装依赖的Windows软件

虽然各大云厂商都提供了基于Linux的云服务，但毕竟是收费的，还有时间限制。由于Linux系统比较专业，个人计算机很少安装Linux，反而大都安装Windows系统，因此提高了FFmpeg的学习门槛，毕竟在Windows系统搭建FFmpeg的开发环境还是比较麻烦的。

不过如果有已经编译好的Windows版本FFmpeg开发包，就免去了烦琐的Windows编译过程。

如果改成直接安装已编译的FFmpeg开发包，还是相对容易的。无论是否自己编译FFmpeg源码，Windows系统均需事先安装Visual Studio和MSYS2，下面介绍在Windows系统安装已编译的FFmpeg的详细步骤。

1. 安装Visual Studio 2022

Visual Studio是Windows系统的微软官方开发环境，可用来开发C++编码的桌面程序，一些第三方工具也要依靠Visual Studio才能编译出.dll动态库，所以在Windows系统进行C++开发离不开Visual Studio。以下是在Windows系统安装Visual Studio 2022的详细步骤。

01 到https://visualstudio.microsoft.com/zh-hans/vs/community/下载Visual Studio 2022的社区版，打开该页面后，在左边找到"下载"按钮并单击，或者打开网页后下拉到底部，单击左边的"免费下载"按钮，浏览器就开始下载社区版的安装文件。

02 双击下载好的VisualStudioSetup.exe，弹出如图1-1所示的安装向导窗口。

单击窗口右下角的"继续"按钮，等待安装程序下载安装资源，如图1-2所示。

图 1-1　Visual Studio 的安装向导窗口　　　　图 1-2　Visual Studio 的下载资源窗口

下载完毕会弹出完整的安装界面，如图1-3所示。

图 1-3　Visual Studio 的完整安装界面

在默认的"工作负荷"选项卡找到"使用C++的桌面开发",勾选该复选框以便安装C++编程需要的各种插件。注意右侧的"可选"组件列表中,Windows 11 SDK(10.0.*****.0)这里要勾选不低于当前Windows版本号的SDK选项。在Windows命令行运行winver会弹出Windows版本窗口,版本窗口第二行括号中的"内部版本****"就是Windows的版本号。例如,Windows版本号为18363的话,图1-3右侧列表勾选SDK版本号大于或等于18363的任一选项均可;但是如果Windows版本号为22621,就要勾选SDK版本号大于或等于22621的选项。

单击"安装位置"选项卡,或者单击左下方的"更改"链接,可以修改Visual Studio的安装目录。然后单击安装界面右下角的"安装"按钮,转到正在安装的等待界面,如图1-4所示。

图1-4 Visual Studio的正在安装界面

等待安装程序的下载和安装操作,安装完毕的界面如图1-5所示。

图1-5 Visual Studio的安装完毕界面

接着双击Windows桌面上的Visual Studio 2022图标,弹出如图1-6所示的登录界面。

图 1-6　Visual Studio 的登录界面

单击界面右下方的"暂时跳过此项。",跳转到如图1-7所示的设置界面。

图 1-7　Visual Studio 的设置界面

在设置界面选择合适的颜色主题,比如浅色主题,再单击右下角的"启动 Visual Studio"按钮,如图1-8所示。

图 1-8　Visual Studio 的启动界面

Visual Studio设置完成之后,弹出如图1-9所示的开始界面。

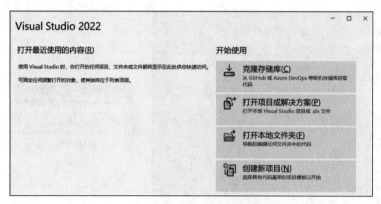

图1-9　Visual Studio 的开始界面

至此，Visual Studio的安装过程就完成了。由于接下来的FFmpeg环境属于命令行操作，因此无须通过Visual Studio创建新项目。

2. 安装和配置MSYS2

MSYS2允许在Windows系统模拟Linux环境，它的命令行界面可以很好地仿真Linux终端，所以在Windows系统上编译和执行FFmpeg程序需要通过MSYS2的控制台操作。以下是在Windows系统安装MSYS2的详细步骤。

01 到https://github.com/msys2/msys2-installer/releases/下载MSYS2的安装包，打开该页面后，单击Assets文字以便展开安装包列表，接着单击MSYS2的Windows安装包链接，比如msys2-x86_64-20230318.exe，浏览器就开始下载Windows版本的安装文件。

02 双击下载好的msys2-x86_64-20230318.exe，弹出如图1-10所示的安装向导窗口。

单击窗口下方的"下一步"按钮，转到安装目录窗口，如图1-11所示。

图1-10　MSYS2 的安装向导窗口

图1-11　MSYS2 的安装文件夹窗口

修改MSYS2的安装目录，单击窗口下方的下一步按钮，转到如图1-12所示的快捷方式窗口。继续单击"下一步"按钮，转到如图1-13所示的正在安装窗口。

图 1-12　MSYS2 的快捷方式窗口

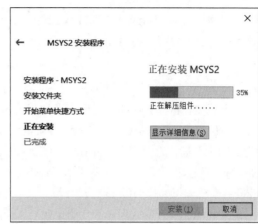

图 1-13　MSYS2 的正在安装窗口

等待安装结束，转到如图1-14所示的安装完成窗口。至此，成功在Windows上安装了MSYS2。

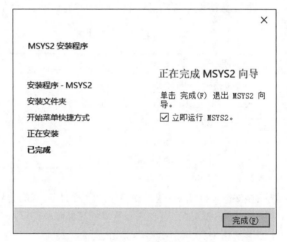

图 1-14　MSYS2 的安装完成窗口

03 MSYS2安装完毕后，打开安装目录下的msys2_shell.cmd，去掉该文件第17行代码的注释，也就是删除关键字rem，修改之后的代码如下：

```
set MSYS2_PATH_TYPE=inherit
```

之所以去掉该行代码的注释，是为了让MSYS2继承Windows系统的PATH环境变量，否则后面编译会报错"Microsoft Visual Studio support requires Visual Studio 2013 Update 2 or newer"。

1.3.3　安装已编译的 FFmpeg 及其 DLL 库

Visual Studio 2022和MSYS2都安装之后，才能在MSYS2的命令行安装FFmpeg，详细的安装过程说明如下。

1. 安装C程序编译工具

依次选择Windows开始菜单的Visual Studio 2022→x64 Native Tools Command Prompt for VS 2022，打开Visual Studio 2022的命令行界面。

然后进入msys64目录，打开MSYS2的命令行窗口，也就是依次执行以下命令（注意msys64目录要改成自己计算机上的路径）：

```
cd E:\msys64
msys2_shell.cmd -mingw64
```

之所以要在msys2_shell.cmd后面添加"-mingw64"，是为了让MinGW运行于64位模式，而非默认的32位模式。MinGW的全称是Minimalist GNU for Windows，意思是专用于Windows系统的极简版GNU工具集，它允许在Windows系统执行Linux的编译命令。如果说MSYS2相当于Windows环境的Linux模拟器，那么MinGW给MSYS2准备了32位和64位两套编译器，而我们的目标是在Windows系统模拟64位的Linux开发环境。

虽然安装了MSYS2，但是一开始里面只支持cd和ls等基本命令，竟然连gcc和make这些编译命令都没有，因此要先给它安装常用的编译工具。在MSYS2的命令行输入以下命令安装几个编译工具：

```
pacman -S gcc make nasm pkg-config diffutils zlib vim unzip
```

以上的pacman –S命令后面跟着待安装的工具名称，这些工具的详细介绍见表1-2。

表 1-2 待安装的工具说明

Pacman 安装工具的命令	说　明
pacman -S gcc	安装 gcc 和 g++编译器
pacman -S nasm	安装 NASM 汇编工具，编译 x264 和 x265 需要这个工具
pacman -S make	安装 Makefile 文件的编译工具
pacman -S diffutils	安装比较工具，FFmpeg 库在执行 configure 命令时会用到，若不安装会警告"cmp: command not found"
pacman -S pkg-config	安装.pc 文件的配置工具
pacman -S zlib	安装 zlib 库（压缩和解压缩），PNG 图片格式的编解码需要
pacman -S vim	安装 Vim 编辑器，可在命令行下打开并修改文件
pacman -S unzip	安装解压工具，用于解压缩 ZIP 文件

Pacman在安装过程中会提示[Y/n]确认是否继续安装，此时输入Y确定安装即可。等待Pacman将编译工具安装完毕，可以在/usr/bin下找到相应的可执行程序。

另外，还要执行以下命令安装交叉编译工具链：

```
pacman -S mingw-w64-x86_64-toolchain
```

执行以上命令提示"Enter a selection (default=all):"的时候，按回车键表示安装列表上的所有组件。接着提示Proceed with installation? [Y/n]的时候，输入Y表示确认安装操作。安装好工具链可以在/mingw64/bin下找到相应的可执行程序，注意把该目录下的x86_64-w64-mingw32-gcc-ar.exe改名为x86_64-w64-mingw32-ar.exe，把x86_64-w64-mingw32-gcc-nm.exe改名为x86_64-w64-mingw32-nm.exe，也就是去掉这两个文件名中的-gcc，另外要把strip.exe改名为x86_64-w64-mingw32-strip.exe。

虽然在第8章才会用到交叉编译工具链，但该工具链应当尽早安装。因为MSYS安装之后的密钥环有效期只有150天左右，而工具链中的个别组件会检查密钥环是否有效。如果密钥环过了150天之后才安装工具链，MSYS2就会报错signature from "David Macek <david.macek.0@gmail.com>" is unknown trust，意思是签名不被信任，这便是密钥环过期导致的。一旦发现密钥环过期，此时要么更新密钥环，要么重新安装MSYS，这两种方式都比较麻烦，所以最好在安装完MSYS后立即安装交叉编译工具链。

2. 编译与安装FFmpeg

（1）到https://github.com/BtbN/FFmpeg-Builds/releases下载Windows环境编译好的FFmpeg安装包，比如ffmpeg-master-latest-win64-gpl-shared.zip。

注意 要下载带Win64且带Shared的压缩包，因为带Shared的包提供了头文件和DLL动态库，而不带Shared的包只有可执行程序，没法用来编程开发。

（2）把ffmpeg-master-latest-win64-gpl-shared.zip解压到指定目录，并将解压后的目录改名为ffmpeg，比如E:\msys64\usr\local\ffmpeg\。

（3）右击Windows桌面上的"此电脑"图标，在弹出的快捷菜单中选择"属性"，接着单击新页面左侧的"高级系统设置"链接，在弹出的"系统属性"窗口中单击下方的"环境变量"按钮，然后编辑系统变量列表中的PATH变量，给它添加三个目录：

- 第一个是FFmpeg的可执行程序及其动态库目录，比如E:\msys64\usr\local\ffmpeg\bin，该目录中主要有ffmpeg、ffplay、ffprobe等程序，以及若干DLL动态库。
- 第二个是MSYS2的可执行程序目录，比如E:\msys64\usr\bin，该目录主要有cp、env、ls、mv、ps、rm、tar等基本命令程序，还包括后面安装的gcc、g++、gdb、make、pkg-config等编译调试程序。
- 第三个是MinGW64位模式的可执行程序及其动态库目录，比如E:\msys64\mingw64\bin，虽然该目录中的.exe文件基本都能在usr\bin目录中找到，但是该目录的众多DLL文件在其他目录找不到，所以也要把它加进PATH变量。

之所以给PATH变量添加这三个目录，是为了在命令行输入相关命令时，Windows能够自动找到对应的可执行程序，并链接需要的DLL动态库。

3. 执行测试命令

在MSYS2的控制台执行以下命令查看FFmpeg的版本信息：

```
ffmpeg -version
```

发现控制台回显如下的FFmpeg版本与编译器版本信息，这说明FFmpeg程序已成功运行。

```
ffmpeg version N-109444-geef763c705-20221222 Copyright (c) 2000-2022 the FFmpeg developers
built with gcc 12.2.0 (crosstool-NG 1.25.0.90_cf9beb1)
```

1.4 FFmpeg的开发框架

本节介绍FFmpeg开发框架基本的使用说明，包括FFmpeg提供的三个可执行程序及其用法、FFmpeg提供的8个动态链接库及其用法、如何基于FFmpeg平台编写第一个FFmpeg程序等。

1.4.1 可执行程序

外界对于FFmpeg主要有两种使用途径：一种是在命令行运行FFmpeg的可执行程序，该方式适合没什么特殊要求的普通场景；另一种是通过代码调用FFmpeg的动态链接库，由于开发者可以在C代码中编排个性化的逻辑，因此该方式适合厂商专用的特制场景。

开源的FFmpeg框架提供了三个可执行程序，分别是ffmpeg、ffplay和ffprobe，它们的源码均位于fftools目录。下面对这三个程序分别展开详细介绍。

1. ffmpeg程序

ffmpeg程序主要有两个用途：一个是查询FFmpeg的支持信息，另一个是处理音视频的转换操作。关于音视频的转换命令，会在后面的章节中逐一介绍，这里只说明该程序能够查到哪些FFmpeg支持信息。前面在搭建FFmpeg开发环境的时候，提到可以用以下命令查看FFmpeg的版本信息：

```
ffmpeg -version
```

除此之外，ffmpeg程序还能查询它所支持的文件格式，比如以下命令可以查看FFmpeg支持的文件格式：

```
ffmpeg -formats
```

执行上面的命令，控制台回显长长的一串文件格式支持列表，列表开头如下：

```
File formats:
 D. = Demuxing supported
 .E = Muxing supported
 --
 D  3dostr          3DO STR
 E  3g2             3GPP2 (3GPP2 file format)
 E  3gp             3GP (3GPP file format)
 D  4xm             4X Technologies
 E  a64             a64 - video for Commodore 64
 D  aa              Audible AA format files
 D  aac             raw ADTS AAC (Advanced Audio Coding)
```

可见FFmpeg支持的文件格式分为两种类型：一种被标记为D，表示支持该类型文件的解析；另一种被标记为E，表示支持该类型文件的封装。继续下拉这一长串文件格式列表，既能找到古老的VCD格式，也能找到风靡一时的RM和FLV格式，还能找到MP3和MP4等常见格式，看来FFmpeg真的将常见的音视频格式一网打尽了。

ffmpeg程序还能够查看更多信息，详见表1-3。由于相关概念比较专业，因此这里不再一一展开，等到后续涉及时再来讲解。

表1-3 ffmpeg程序的一级命令用途说明

带参数的 ffmpeg 命令	该命令的用途
ffmpeg -codecs	查看支持的编解码器
ffmpeg -colors	查看支持的颜色名称及其 RGB 值
ffmpeg -decoders	查看支持的解码器

（续表）

带参数的 ffmpeg 命令	该命令的用途
ffmpeg -encoders	查看支持的编码器
ffmpeg -devices	查看支持的设备
ffmpeg -filters	查看支持的过滤器（又称滤波器、滤镜）
ffmpeg -formats	查看支持的文件格式
ffmpeg -demuxers	查看支持的解复用器（又叫解析器、拆包器）
ffmpeg -muxers	查看支持的复用器（又叫封装器、打包器）
ffmpeg -help	查看命令行的帮助信息
ffmpeg -layouts	查看支持的音频通道布局
ffmpeg -pix_fmts	查看支持的图像采样格式
ffmpeg -protocols	查看支持的通信协议
ffmpeg -sample_fmts	查看支持的音频采样格式

2. ffplay程序

ffplay程序相当于一个播放器，用来播放音视频文件。在播放音频时，ffplay不仅会让扬声器放出声音，还会在屏幕上展示该音频的波形画面。在播放视频时，ffplay会在屏幕上展示连续的视频画面，就像看电影、看电视那样。如果视频文件携带了音频数据，那么ffplay会让扬声器同时播放声音。

注意，在服务器上不能通过ffplay播放音视频文件，云服务执行ffplay命令会报错Could not initialize SDL - dsp: No such audio device，这是因为服务器只提供运算功能，没接入显示器和扬声器。只有把FFmpeg安装到个人计算机上，才能正常使用ffplay播放音视频。

以播放视频为例，前提条件完成了1.3节讲述的各项安装步骤，再在Windows系统的MSYS2窗口执行以下命令，使用ffplay程序播放名叫fuzhous.mp4的视频文件。

```
ffplay fuzhous.mp4
```

运行上面的命令之后，控制台一边弹出视频播放器窗口，如图1-15所示。

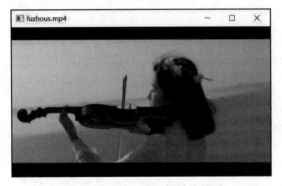

图 1-15　ffplay 的视频播放界面

一边回显以下文件日志信息：

```
filename=fuzhous.mp4, flags=1q=    0KB vq=    0KB sq=    0B f=0/0
proto_str=file
    Last message repeated 1 times
```

```
Input #0, mov,mp4,m4a,3gp,3g2,mj2, from 'fuzhous.mp4':
  Metadata:
    major_brand     : isom
    minor_version   : 512
    compatible_brands: isomiso2avc1mp41
    encoder         : Lavf59.34.102
  Duration: 00:00:19.52, start: 0.000000, bitrate: 288 kb/s
  Stream #0:0[0x1](und): Video: h264 (High) (avc1 / 0x31637661), yuv420p(progressive), 480x270 [SAR 1:1 DAR 16:9], 285 kb/s, 25 fps, 25 tbr, 12800 tbn (default)
```

根据以上日志信息，可知该视频持续时间为19.52秒，视频编码器采用h264，视频分辨率为480×270，fps帧率为每秒25帧。

再来看看播放音频，以下命令表示使用ffplay程序播放名为ship.mp3的音频文件。

```
ffplay ship.mp3
```

执行上面的命令，控制台一边弹出音频波形窗口，如图1-16所示。

图1-16　ffplay 的音频播放界面

一边回显以下文件日志信息：

```
filename=ship.mp3, flags=1 aq=    0KB vq=    0KB sq=    0B f=0/0
proto_str=file
Input #0, mp3, from 'ships.mp3':   0KB vq=    0KB sq=    0B f=0/0
  Metadata:
    title           : 渔舟唱晚
    artist          : 中国十大古典名曲
    genre           : Other
    encoder         : Lavf59.27.100
  Duration: 00:03:37.91, start: 0.025057, bitrate: 128 kb/s
  Stream #0:0: Audio: mp3, 44100 Hz, stereo, fltp, 128 kb/s
```

根据以上日志信息，可知晓该音频的标题和演唱者，以及音频的持续时间为3分37.91秒，音频编码器采用MP3，采样频率为44100Hz。

ffplay程序的更多命令行参数可通过以下命令查看，这里不再一一展开了。

```
ffplay -help
```

3. ffprobe程序

ffprobe程序是一个音视频分析工具，它既能分析音视频的文件参数、容器参数等信息，也能分析音视频文件中每个数据包的大小、类型、编解码器等信息。

以查看文件参数为例，以下命令表示使用ffprobe查看视频文件2018.mp4的格式信息。

```
ffprobe -show_format 2018.mp4
```

执行上面的命令，控制台回显如下的文件格式信息，斜杠后面是额外添加的说明注释。

```
[FORMAT]
filename=2018.mp4                            // 文件名
nb_streams=2                                 // 流的数量。为2表示包含视频流和音频流
nb_programs=0
format_name=mov,mp4,m4a,3gp,3g2,mj2          // 格式名称
format_long_name=QuickTime / MOV             // 完整的格式名称
start_time=0.000000                          // 开始时间，单位为秒
duration=253.332993                          // 结束时间，单位为秒
size=42853286                                // 文件大小，单位为字节
bit_rate=1353263                             // 比特率，即每秒传输的比特数量（1字节有8比特）
probe_score=100
TAG:major_brand=isom
TAG:minor_version=512
TAG:compatible_brands=isomiso2avc1mp41
TAG:encoder=Lavf57.71.100
[/FORMAT]
```

因为ffprobe程序返回的文件信息直接显示在控制台，密密麻麻的，令人看得眼花缭乱，所以实际上很少使用ffprobe分析音视频，而是采用第三方专业的桌面软件加以分析，后面讲到相关格式时再介绍这些软件。

1.4.2 动态链接库

FFmpeg不仅提供了ffmpeg、ffplay和ffprobe三个可执行程序，还提供了8个工具库，方便开发者调用库中的函数，从而实现更精准的定制化需求。这8个库通常采用动态链接的方式，在Linux系统上动态库表现为SO文件，在Windows系统上动态库表现为DLL文件。这8个库的名字是avcodec、avdevice、avfilter、avformat、avutil、postproc、swresample、swscale，库名开头的a表示audio，也就是音频，库名开头的v表示video，也就是视频。下面分别对这些库展开介绍。

1. avcodec

avcodec是FFmpeg的音视频编解码库，它的源码位于libavcodec目录，在Linux系统的文件名形如libavcodec.so，在Windows系统的文件名形如avcodec-**.dll。

avcodec包含各种音频的编码库和解码库，以及各种视频的编码库和解码库。通过avcodec可以将原始的音视频数据压缩为符合某种码流规则的数据压缩包，也可以将数据压缩包按照指定的码流规则解压为原始的音视频数据。尽管avcodec内置了大部分的音视频编解码库，可是有些码流需要集成第三方的编解码库，比如视频格式H.264要求集成第三方的x264，视频格式H.265要求集成第三方的x265，音频格式MP3要求集成第三方的mp3lame等，libavcodec目录下的诸多lib***.c代码就是用来集成第三方编解码库的。

早期的FFmpeg对于音频格式AAC要求集成第三方的fdk-aac，不过最新的FFmpeg已经集成了自己的AAC编解码库，因此即使没集成fdk-aac也能正常进行AAC格式的编解码。还有一些媒体格式，虽然FFmpeg内置了该格式的编解码库，但因为依赖于特定库，所以编译时要把特定库链接进来，比如图像格式PNG的编解码就依赖于zlib库。

2. avdevice

avdevice是FFmpeg的音视频设备库,它的源码位于libavdevice目录,在Linux系统的文件名形如libavdevice.so,在Windows系统的文件名形如avdevice-**.dll。

avdevice包含音视频的各种输入输出设备库,其中输入设备指的是采集音视频信号的设备,输出设备指的是渲染音视频画面的设备。当然,FFmpeg不会直接操作设备硬件,而是通过第三方的软件包来实现,比如采集媒体信号用到了Windows平台的VFW(Video for Windows,捕捉器),以及VFW的升级版DirectShow捕捉器;渲染媒体画面用到了Windows平台的GDI(Graphics Device Interface,接收器),以及跨平台的SDL2(Simple DirectMedia Layer,媒体开发库)。当然,FFmpeg也支持音效处理库OpenAL(Open Audio Library)和图形处理库OpenGL(Open Graphics Library)。

3. avfilter

avfilter是FFmpeg的音视频滤镜库,它的源码位于libavfilter目录,在Linux系统的文件名形如libavfilter.so,在Windows系统的文件名形如avfilter-**.dll。

avfilter包含加工编辑音频和视频的各种滤镜包,其中音频滤镜的源码文件名形如af_***.c,视频滤镜的源码文件名形如vf_***.c。音频滤镜多用于调整参数、混合音频等处理,视频滤镜多用于变换视频、特效画面、添加部件等处理。

部分高级滤镜要求FFmpeg集成第三方支持库,例如水印滤镜drawtext需要集成FreeType库,字幕滤镜subtitles需要集成ASS库。

4. avformat

avformat是FFmpeg的音视频格式库,它的源码位于libavformat目录,在Linux系统的文件名形如libavformat.so,在Windows统的文件名形如avformat-**.dll。

avformat包含各类媒体文件格式库,以及各种网络通信协议库。其中格式库不仅包含视频格式MP4、AVI、MOV、3GP等,音频格式MP3、WAV、AAC、PCM等,还包含图像格式JPEG、GIF、PNG、YUV等。协议库不仅包含文件协议file,常规的通信协议HTTP、FTP、TCP、UDP等,还包含流媒体传输协议RTSP、RTMP、HLS、SRT等。

由于FFmpeg把协议层的传输操作和不同格式的解析操作都封装好了,因此它们对开发者而言是透明的,从而减轻了开发者适配不同协议和格式的负担。

5. avutil

avutil是FFmpeg的音视频工具库,它的源码位于libavutil目录,在Linux系统的文件名形如libavutil.so,在Windows系统的文件名形如avutil-**.dll。

avutil包含常见的通用工具和各类算法库,其中通用工具包括字典读写、日志记录、缓存交互、线程处理,以及加解密库AES、MD5、SHA、BASE64等;各类算法包括排队算法、排序算法、哈希表、二叉树等。除此之外,avutil也囊括色彩空间、音频采样等方面的公共函数。

6. postproc

postproc是FFmpeg的音视频后期效果处理库,它的源码位于libpostproc目录,在Linux系统的文件名形如libpostproc.so,在Windows系统的文件名形如postproc-**.dll。

postproc主要用于进行后期的效果处理，如果代码中使用了滤镜，编译时就要链接这个库，因为滤镜用到了postproc的一些基础函数。

7. swresample

swresample是FFmpeg的音频重采样库，它的源码位于libswresample目录，在Linux系统的文件名形如libswresample.so，在Windows系统的文件名形如swresample-**.dll。

swresample主要用于音频重采样的相关功能，比如把音频从单声道变为多声道，变更音频的采样频率，转换音频的数据格式等。

8. swscale

swscale是FFmpeg的视频图像转换库，它的源码位于libswscale目录，在Linux系统的文件名形如libswscale.so，在Windows系统的文件名形如swscale-**.dll。

swscale主要用于图像缩放、色彩空间转换等功能，其中色彩空间转换有时也被称作像素格式转换，比如把视频帧从YUV格式转换为RGB格式。

1.4.3　第一个 FFmpeg 程序

在验证FFmpeg是否成功安装时，可通过命令ffmpeg -version查看FFmpeg版本号。如果能够正确回显FFmpeg的版本信息，就表示FFmpeg已经成功安装。不过，对于开发者来说，最佳的验证方式是通过编写C代码。特别是看到自己亲手编写的代码输出Hello World时，这标志着成功迈出FFmpeg开发的第一步。下面就来介绍如何编写第一个FFmpeg程序。

众所周知，C语言有个printf函数，可以把文字信息输出到控制台，比如下面的C代码调用printf函数打印Hello World（完整代码见chapter01/helloc.c）：

```c
#include <stdio.h>

int main(int argc, char *argv[]) {
    printf("Hello World\n");
    return 0;
}
```

把上面的代码保存为helloc.c文件，接着运行以下GCC命令编译可执行程序，命令格式为"gcc 源代码文件名称 -o 可执行程序名称"。

```
gcc helloc.c -o helloc
```

编译通过后，执行下面的命令（"./"表示位于当前目录），即可在控制台看到程序输出了一行文字Hello World，表示C程序正常运行。

```
./hello
```

FFmpeg框架使用av_log函数替代printf函数，顾名思义，该函数用于打印日志，默认会把日志信息打印到控制台上，相当于printf函数的日志打印功能。av_log函数的用法很简单，只要包含头文件libavutil/avutil.h，然后调用av_log函数，指定日志等级和日志内容就行。编写带日志功能的代码的详细步骤说明如下。

01 创建名为helloffmpeg.c的C代码文件，填入下面的代码内容（完整代码见chapter01/helloffmpeg.c）：

```
#include <stdio.h>
#include <libavutil/avutil.h>

int main(int argc, char *argv[]) {
    av_log(NULL, AV_LOG_INFO, "Hello World\n");
    return 0;
}
```

02 保存并退出该文件，执行以下命令编译helloffmpeg.c：

```
gcc helloffmpeg.c -o helloffmpeg -I/usr/local/ffmpeg/include -L/usr/local/ffmpeg/lib -lavformat -lavdevice -lavfilter -lavcodec -lavutil -lswscale -lswresample -lpostproc -lm
```

编译命令中的-I指定了头文件的存放目录，-L指定了链接库的存放目录，-l指定了编译过程需要链接哪些库，比如上面的命令要求链接avformat、avdevice、avfilter、avcodec、avutil、swscale、swresample、postproc这8个FFmpeg动态库，另外还链接了系统自带的m库（表示math库，也就是数学函数库）。

03 运行编译好的helloffmpeg程序，也就是执行以下命令：

```
./helloffmpeg
```

发现控制台回显日志信息Hello World，这表明测试程序运行正常，说明FFmpeg开发环境已经成功搭建。

04 刚才的测试程序helloffmpeg.c采用C语言编写，并且使用GCC编译。若要采用C++编程，则需改成下面的helloffmpeg.cpp代码（完整代码见chapter01/helloffmpeg.cpp）：

```
#include <iostream>  // C++使用iostream代替stdio.h

// 因为FFmpeg源码使用C语言编写，所以若是在C++代码中调用FFmpeg，则要通过标记extern "C"{…}把FFmpeg的头文件包含进来
extern "C"
{
#include <libavutil/avutil.h>
}

int main(int argc, char** argv) {
    av_log(NULL, AV_LOG_INFO, "Hello World\n");
    return 0;
}
```

鉴于C++代码采用G++编译，那么编译helloffmpeg.cpp的编译命令如下所示：

```
g++ helloffmpeg.cpp -o helloffmpeg -I/usr/local/ffmpeg/include -L/usr/local/ffmpeg/lib -lavformat -lavdevice -lavfilter -lavcodec -lavutil -lswscale -lswresample -lpostproc -lm
```

编译完毕后，同样生成名为helloffmpeg的可执行程序，如此就实现了C++代码集成FFmpeg函数的目标。

不过extern "C"标记只能在CPP代码中使用，如果在C代码中写入extern "C"并且使用GCC来编

译的话，GCC会报错error: expected identifier or '(' before string constant，意思是它不认识这个标记。这种情况属于GCC和G++的编译差别，主要体现在下列几个方面：

（1）G++在编译C代码和CPP代码时，都采用C++的语法来编译；而GCC对于C代码采用C语言的语法编译，对于CPP代码采用C++的语法编译（GCC也能编译C++程序）。

（2）GCC不能自动链接C++库，而G++会自动链接C++库，所以通过GCC编译C++代码时，要记得链接stdc++库。

如果希望C代码既能通过GCC编译，也能通过G++编译，就要引入宏__cplusplus。一旦定义了这个宏，表示当前采用C++的语法编译，就得添加extern "C"标记；否则表示当前采用C语言的语法编译，无须添加extern "C"标记。可将helloffmpeg.c的代码补充完善，并将修改后的代码另存为hellofull.c，具体代码示例如下（完整代码见chapter01/hellofull.c）：

```
#include <stdio.h>

//libavutil/common.h要求定义，否则会报错: error missing -D__STDC_CONSTANT_MACROS
#define __STDC_CONSTANT_MACROS

// 之所以增加__cplusplus的宏定义，是为了同时兼容GCC编译器和G++编译器
#ifdef __cplusplus
extern "C"
{
#endif
#include <libavutil/avutil.h>
#ifdef __cplusplus
};
#endif

int main(int argc, char** argv) {
    av_log(NULL, AV_LOG_INFO, "Hello World\n");
    return 0;
}
```

然后分别运行下面两行GCC和G++编译命令，发现均能编译通过，表示该代码同时兼容C语言的语法和C++的语法。

```
gcc hellofull.c -o hellofull -I/usr/local/ffmpeg/include -L/usr/local/ffmpeg/lib -lavformat -lavdevice -lavfilter -lavcodec -lavutil -lswscale -lswresample -lpostproc -lm
    g++ hellofull.c -o hellofull -I/usr/local/ffmpeg/include -L/usr/local/ffmpeg/lib -lavformat -lavdevice -lavfilter -lavcodec -lavutil -lswscale -lswresample -lpostproc -lm
```

注意，前面调用av_log函数时，第二个参数都填作AV_LOG_INFO，该参数值表示标准信息，用于标明当前日志的日志等级，详细的日志等级说明见表1-4。

表 1-4 FFmpeg 的日志等级说明

日志等级	日志文字的颜色	说　　明
AV_LOG_FATAL	红色	致命错误
AV_LOG_ERROR	红色	错误信息

（续表）

日志等级	日志文字的颜色	说明
AV_LOG_WARNING	黄色	警告信息
AV_LOG_INFO	默认颜色，比如白色	标准信息
AV_LOG_VERBOSE	绿色	详细信息
AV_LOG_DEBUG	绿色	开发者添加的调试信息
AV_LOG_TRACE	灰色	开发过程中极其冗长的调试

之所以要设置这些日志等级，是为了更好地管理输入日志，主要体现在以下两个方面：

（1）给不同等级的日志文字显示不同的颜色，有利于快速找到警告、错误等重要日志。

（2）能够通过av_log_set_level函数来设置打印的日志等级，默认只会打印AV_LOG_INFO和更高级别的日志。如果调用av_log_set_level函数设置了其他的日志级别，那么只会打印该级别以及更高级别的日志信息。

为了更好地观察日志的输出情况，打开helloffmpeg.c，在av_log之前增加调用av_log_set_level函数，修改后的代码如下：

```
#include <stdio.h>
#include <libavutil/avutil.h>

int main(int argc, char** argv) {
    av_log_set_level(AV_LOG_TRACE);
    av_log(NULL, AV_LOG_INFO, "Hello World\n");
    return 0;
}
```

然后更改av_log函数的日志等级参数，编译并运行程序，即可观察对应的日志输出情况。

1.5 小　　结

本章主要介绍了FFmpeg开发环境的搭建过程，首先简要介绍了FFmpeg的起源、用途及其发展历程，接着介绍了在Linux系统搭建FFmpeg开发环境的详细步骤，然后介绍了在Windows系统搭建FFmpeg开发环境的详细步骤，最后介绍了FFmpeg的开发框架并基于FFmpeg平台编写了第一个FFmpeg程序。

通过本章的学习，读者应该能够掌握以下3种开发技能：

（1）学会在Linux系统搭建FFmpeg的开发环境。

（2）学会在Windows系统搭建FFmpeg的开发环境。

（3）学会在FFmpeg平台上编写Hello World程序。

第 2 章
FFmpeg 开发基础

本章介绍使用FFmpeg编程的开发常识,主要包括:FFmpeg平台主要使用哪些音视频的编码标准、FFmpeg编程主要使用哪些数据结构、如何通过FFmpeg查看音视频文件的信息、FFmpeg对于音视频有哪些常见的处理流程。

2.1 音视频的编码标准

本节介绍音视频常见的编码标准,首先描述音视频编码几十年来的发展历程,接着叙述音视频文件的几种常见封装格式,然后阐述国家数字音视频标准AVS,以及如何给FFmpeg集成AVS2的编解码器。

2.1.1 音视频编码的发展历程

音视频的压缩与解压操作对应着音视频数据的编码和解码过程,压缩音视频意味着对音视频的原始数据进行编码重排,解压音视频意味着将特定编码的音视频代码还原为原始数据。

音视频的编解码标准起源于ITU-T(ITU Telecommunication Standardization Sector,国际电信联盟电信标准分局)下属的VCEG(Video Coding Experts Group,视频编码专家组)和ISO(International Organization for Standardization,国际标准化组织)下属的MPEG(Moving Pictures Experts Group,动态图像专家组),其中ITU-T是ITU(International Telecommunication Union,国际电信联盟)下辖的制定电信标准的分支机构,MPEG是国际标准化组织下辖的制定多媒体压缩编码标准的分支机构。

1990年,ITU-T发布了H.261标准,该标准采用运动补偿的帧间预测、DCT变换、自适应量化、熵编码等压缩技术。H.261标准在压缩编码时只有I帧和P帧,没有B帧,其中I帧指的是关键帧(Key-Frame),也叫作帧内图像(Intra-Frame),P帧指的是前向预测编码帧(Predictive-Frame),B帧指的是双向预测内插编码帧(Bi-Directional Interpolated Prediction Frame)。

1992年,MPEG发布了MPEG-1标准,该标准的传输速率为每秒1.5Mbps(M是Million的缩写,表示百万。8比特等于1字节),图像分辨率约为352×240,主要应用于VCD(Video Compact Disc,影音光碟)。MPEG-1标准分为5部分,其中第二部分为图像层,第三部分为声音层,这两个部分定义了CD光盘的视频和音频压缩格式。MPEG-1音频部分的第三层协议被称为MPEG-1 Layer 3(MP3),它是互联网上广泛应用的音频压缩标准,与CD信号相比实现了11:1的压缩率。

1994年，ITU-T和MPEG联合发布了H.262/MPEG-2标准，该标准的传输速率在每秒3Mbps到每秒10Mbps，图像分辨率约为720×480，主要应用于数字电视和DVD（Digital Video Disc，数字视频光盘）。MPEG-2标准的第二部分规定视频编码格式为H.262，该格式的图像编码包含I帧、P帧和B帧，其中I帧是独立的完整图像，无须参考其他图像；P帧属于预测图像，需要参考前面的I帧或者P帧；B帧属于双向预测图像，它同时参考了前后两帧的图像。因为MPEG-2拥有出色的性能，能够用于HDTV（High Definition Television，高清晰度电视），所以本来打算给HDTV设计的MPEG-3标准被终止了。

1996年，ITU-T发布了H.263标准，该标准主要应用于低码率的视频会议。H.263在H.261的基础上做了许多改进，前后发布了三个版本，最终被H.264所取代。

1997年，MPEG发布了MPEG-2标准的第七部分，定义了新的音频编码格式为AAC（Advanced Audio Coding，高级音频编码），并将AAC划分为三个配置，分别是AAC-LC（Low Complexity AAC，低复杂度的AAC）、标准AAC、AAC-SSR（Scalable Sampling Rate AAC，采样率可调节的AAC）。

1999年，MPEG发布了MPEG-4标准，它是低码率下的多媒体通信压缩标准，传输速率在每秒4.8K比特到每秒64K比特之间（K是Kilo的缩写，表示千），图像分辨率为176×144。MPEG-4标准的第二部分规定了视频的编解码器（比如Xvid），第三部分规定音频编解码采用AAC，该标准的AAC是MPEG-2 AAC的改进版。为了将二者区分开，通常把改进版称作MPEG-4 AAC，简称MP4A，也称M4A。MPEG-4 AAC在原来AAC的基础上加上了LTP（Long Term Prediction，长期预测）和PNS（Perceptual Noise Substitution，感知噪声替代）等技术。

1999年，MPEG发布了MPEG-4的第一个修正案，其中包含AAC的低延迟版本AAC-LD（Low Delay AAC，低延迟的AAC）。AAC-LC和AAC-LD的区别在于：AAC-LC广泛应用于MP4视频文件，而AAC-LD主要用于实时音视频通信。

2001年，ITU-T的视频编码专家组和ISO的运动图像专家组MPEG共同成立了联合视频编码组（Joint Video Team，JVT），专门承担视频编码标准研发，推动和管理H.26x系列的标准制定。

2003年，联合视频编码组发布了H.264/MPEG-4 AVC标准，该标准的图像分辨率主要有240P、480P、720P、1080P四种。其中240P的分辨率为424×240，码率为每秒0.64Mbps（bps全称bit per second，比特每秒）；480P的分辨率为848×480，码率为每秒1.28Mbps；720P的分辨率为1280×720，码率为2.56Mbps；1080P的分辨率为1920×1080，码率为5.12Mbps。后面三种可再细分为标清和高清两类，高清版冠以HQ（全称High Quality）与标清区分开。H.264/MPEG-4 AVC（Advanced Video Coding，高级视频编码）标准属于MPEG-4标准的第10部分，随着AVC的发布，MPEG-4标准的视频编解码更多采用了H.264，而非刚制定时的Xvid。

2003年，MPEG发布了MPEG-4 HE-AAC（High Efficiency AAC，高效率的AAC）标准，加入了SBR（Spectral Bandwidth Replication，频谱带宽复制）和PS（Parametric Stereo，参数立体声）等技术，与CD信号相比实现了30:1的压缩率。9个月之后，MPEG推出了MPEG HE-AAC v2，3GPP也采用了第2版的HE-AAC，并将其命名为Enhanced aacPlus，也称作AAC+。

2007年，MPEG推出了AAC-ELD（Enhanced Low Delay AAC，增强型的低延迟AAC）技术，该技术融合了HE-AAC v2与AAC-LD两个标准。

2013年，联合视频编码组发布了H.265/MPEG-H标准，该标准的第二部分规定视频编解码采用H.265，也就是HEVC（High Efficiency Video Coding，高效视频编码）。相比前代的H.264标准，H.265不仅将压缩率提高了一倍，相较H.264只需其一半带宽就能输出同等质量的视频，而且增加支持4K（电视3840×2160，影院4096×2160）和8K（电视7680×4320，影院8192×4320）两种分辨率的超高清视频。其中4K及更高分辨率被ITU纳入UHDTV（Ultra High Definition Television，超高清电视）的技术标准。

2015年，MPEG发布了MPEG-H 3D音频标准，它提供了沉浸式音频内容的高效编码，支持多个扬声器同时播放，可与360度视频搭配应用。

2021年，联合视频编码组发布了H.266标准，该标准也称作VVC（Versatile Video Coding，多功能视频编码）。据说H.266的压缩效率比H.265又提高了一半，同时VCC（即H.266）在播放时要比HEVC（即H.265）占用更多的CPU资源。

虽然H.26x/MPEG-x系列标准是国际组织公开发布的，不过商业公司如果要使用H.26x的编解码技术，就得向MPEG LA这个专利联盟缴纳专利费（包含版税和授权费）。尤其是技术标准越新，收费就越高，比如H.265/HEVC的收费就达到了H.264/AVC的好几倍，尽管H.265/HEVC的压缩效率更高，可是架不住要价太高，谁家的钱都没法这么挥霍。所以，纵然H.265/HEVC已经推出十余年，但它的市场份额仍然只有H.264/AVC的零头，始终无法得到广泛普及。

2003年，就在H.264/AVC发布的同一年，On2 TrueMotion的公司发布了一款免费的有损压缩视频编解码器，称作VP3。2008年，谷歌公司收购了On2公司，同年就发布了对标H.264/AVC的VP8。为了避开H.264的专利，VP8没有采用一些特别的算法，因此其压缩效率略逊于H.264。2013年，谷歌又发布了对标H.265/HEVC的VP9，虽然VP9的压缩效率仍旧不如H.265，但是VP系列均为免费使用，所以VP8和VP9也占据了一些市场份额。

既然MPEG要对视频编码标准收费，当然不会放过音频编码标准，早在20世纪90年代发布的MP3标准就收取了长达20年的专利费，直到2017年专利到期才停止收费。在此期间，Xiph.Org基金会开展了Ogg项目，并于2002年发布了免费的音频编码标准Vorbis。之后，Xiph公司又于2012年发布了Vorbis的升级版Opus，该标准同样是免费授权的，并由IETF（The Internet Engineering Task Force，互联网工程任务组）实现标准化。

除收费的H.26x/MPEG-x系列，以及免费的VP系列、Vorbis和Opus外，有些公司也开发了自己的音视频压缩标准，比如微软公司的WMV和WMA，RealNetworks公司的RM和RA，Adobe公司的FLV等。在互联网早期，这些音视频格式曾经风靡一时，不过大浪淘沙，如今已经很少见到它们了。

2.1.2 音视频文件的封装格式

经过压缩编码的音视频数据还要按照一定的格式保存为文件，因为音频和视频采用不同的编码标准，而且同步播放要求二者数据交错存储，加上播放器一开始就得知道视频的画面分辨率、音频的采样频率等参数，所以音视频数据必须遵循某种规则来存储，这个符合规则的存储过程称作封装。

音频的封装格式比较简单，由于文件内部只有音频流，没有视频流，因此基本采用哪种音频编码标准，音频文件就叫作什么名字。比如采用MP3编码的音频文件，其文件扩展名就是.mp3；采用AAC编码的音频文件，其文件扩展名就是.aac。

至于视频格式则是丰富多样的，最常见的当数MP4，顾名思义该格式源自MPEG-4标准，它的音视频编码组合通常为H.264+AAC，或者是H.265+AAC。不过H.264+AAC并非只能封装成MP4格式，该组合还能封装为MOV格式和3GP格式，因为这三种格式原本就是一家的。早在PC时代，微软的Windows系统一家独大，为了巩固其垄断地位，又捆绑了IE、Office等自家软件，就连音视频标准都推出自家的WMV与WMA，对应的视频封装格式为ASF。其竞争对手苹果公司为了打破不利局面，于2003年加入国际电信联盟下设的视频编码专家组，向其提供自有的视频编码技术和相关专利，推动了H.264/AVC标准的制定工作。H.264/AVC标准刚发布没多久，苹果公司就宣布在QuickTime软件中加入H.264的编解码器。因此，MP4格式本来就跟苹果公司有着很深的渊源。

不过早期的MP4格式采用Xvid编码，为了与H.264编码的视频区分开，苹果公司将H.264编码的视频格式称作M4V，表示M4V文件是高清版本的MP4。当然，MPEG主推的MP4名称更加深入人心，后来大家默认MP4格式就应该是H.264编码。所以后来M4V不怎么叫了，取而代之的是3GP格式，3GP是MP4格式的简化版本，有时采用H.263编码，常用于手机。苹果公司还在MP4的基础上制定了MOV格式，用于保存电影等高清视频，其内部不止包含音频流和视频流，还能包含代码、脚本、图片等元素，相当于MP4格式的扩展版本。就像同一款手机有精简版、标准版、专业版之分，同出一源的3GP、MP4、MOV也是类似的关系。

谷歌公司发布的VP系列视频编码对应的文件封装格式叫作WebM，内部的音视频编码组合通常为VP8+Vorbis，或者为VP9+Opus。微软公司推出的ASF文件格式的音视频编码组合为WMV+WMA。Adobe公司推出的FLV文件格式的音视频编码组合为FLV+MP3。

上面介绍的几种格式都是对音视频文件的封装，其实在MPEG-2第一部分还定义了系统规范，也就是音视频数据在网络上的流格式。存储在磁盘上的文件，其大小是固定的，播放时长也是不变的，但网络上的视频流却是持续不断的，比如说电视直播，一开始怎么知道它什么时候结束呢？只要网络没断，那么直播视频一直在放。MPEG-2的第一部分就描述了如何将视频流与音频流合成为节目码流和传输码流，其中MPEG2-PS（Program Stream，节目流）用于存储具有固定时长的节目，比如DVD电影；MPEG2-TS（Transport Stream，传输流）用于需要实时传送的节目，比如电视节目。MPEG-2的系统规范如图2-1所示。

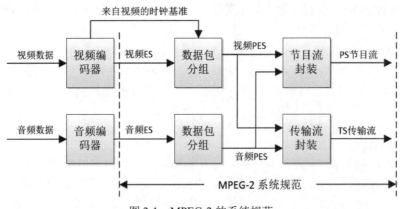

图2-1　MPEG-2的系统规范

PS流由许多个PS包组成，PS包又由一个或者多个PES包（Packet Elemental Stream，分组码流或打包码流）组成。一个PS包内还具有同样时间基准的若干PES包，因为PES包的数量不固定，所以PS包的长度是可以变化的。TS流由许多个TS包组成，TS包同样由若干PES包组成，区别在于每个TS包的长度固定为188字节，因此PES包在组成TS包时可能会被切割（前半段给上一个TS包，后半段给下一个TS包）。

由于TS包采用固定长度，因此即使某个TS包的同步信息损坏，接收机也能在固定的位置检测其后TS包的同步信息，从而恢复后续的媒体数据。而PS包的长度是变化的，一旦某个PS包的同步信息丢失，接收机就无法确定下一个PS包的同步位置，使得后面的媒体数据无法恢复。不过在接收TS码流时，需要频繁拼接前后TS之间的PES包，使得TS码流的解析性能不如PS码流。所以说，在信道环境较差导致传输误码较高的时候，一般采用TS码流；在信道环境较好并且传输误码较低的时候，一般采用PS码流。

无论是PS包还是TS包，其内部的PES包又由更底层的ES包（Elementary Stream，基本码流）组成。ES包就是纯粹的音视频数据，PES包给ES包添加了时间戳等同步信息，而PS包和TS包又给PES包添加了数据流识别和传输的必要信息。因为TS包的长度固定，从TS流的任一片段开始都能独立解码，所以可以把TS当成音视频文件的封装格式，这也是有TS视频文件却没有PS视频文件的缘由。

2.1.3　国家数字音视频标准 AVS

国际上的音视频编码标准虽多，毕竟是别人家的东西，不如自己家的可靠。2002年6月，我国的数字音视频编解码技术标准工作组成立，主要任务是制订数字音视频的编解码标准，提供数字音视频的编解码技术等。工作组所制定的AVS（Audio Video coding Standard，信源编码标准）是我国具备自主知识产权的第二代信源编码标准，信源编码技术解决的重点问题是数字音视频海量数据（初始数据、信源）的编码压缩问题，故也称数字音视频编解码技术。AVS是一套包含系统、视频、音频、数字版权管理在内的完整标准体系，为数字音视频产业提供更全面的解决方案。AVS是基于我国创新技术和部分公开技术的自主标准，通过简洁的一站式许可政策，解决了AVC专利许可问题的僵局，成为开放式制订的国家和国际标准。

第一代AVS标准制订起始于2002年，指的是《信息技术先进音视频编码》系列国家标准（简称AVS1，国家标准代号GB/T 20090）和广电系列标准《广播电视先进音视频编解码》（简称AVS+）。第一代AVS简称AVS1，它包括系统、视频、音频、数字版权管理4个主要技术标准和符合性测试等支撑标准。第一代AVS编码效率比MPEG-2高2～3倍，与AVC相当，技术方案简洁，芯片实现复杂度低，达到了第二代标准的最高水平。第一代AVS有力支撑了我国音视频产业"由大变强"的升级，多家企业已成功研制了多套AVS标准清晰度编码器、高清晰度编码器和面向移动设备的编码器。

2013年3月18日，基于AVS+的3D节目上星播出。2014年开始，中央电视台14套节目先后采用AVS+高清播出，国内高清和标清节目压缩编码也逐步向AVS+过渡。如今，国内高清和标清节目压缩编码正逐步向AVS+过渡，卫星传输高清频道将采用AVS+，地面数字电视的高清频道直接采用AVS+，而地面数字标清频道全部转换为AVS+。

第二代AVS标准指的是《信息技术高效多媒体编码》系列国家标准（简称AVS2），AVS2主要面向超高清电视节目的传输，支持超高分辨率（4K以上）、高动态范围视频的高效压缩。AVS2支持三维视频、多视角和虚拟现实视频的高效编码，立体声、多声道音频的高效有损及无损编码，监控视频的高效编码，面向三网融合的新型媒体服务。其中4K超高清视频的部分关键技术参数如下：分辨率为3840×2160，帧率为50帧/秒，扫描模式为每行等。

经专业机构测试，第一代AVS的压缩效率与同期的国际标准MPEG-4 AVC/H.264相当，比原视频编码国家标准GB/T 17975.2-2000（等同采用ISO/IEC的MPEG-2）提高一倍以上。同样经严格测试，第二代AVS2的编码效率比第一代标准提高了一倍以上，压缩效率超越国际标准HEVC（H.265），相对于第一代AVS标准，第二代AVS标准可节省一半的传输带宽。

2019年1月1日，我国第二代数字音频编码标准《信息技术 高效多媒体编码 第3部分：音频》

（简称AVS2音频标准）正式实施。AVS2音频标准立足提供完整的高清三维视听技术方案，与第二代AVS视频编码（AVS2视频）配套，是更适合超高清、3D等新一代视听系统需要的高质量、高效率音频编解码标准，将应用于全景声电影、超高清电视、互联网宽带音视频业务、数字音视频广播无线宽带多媒体通信、虚拟现实和增强现实及视频监控等领域。

第二代AVS（AVS2标准）音视频标准有着"超高清"和"超高效"的"双超"特点，2018年10月1日，采用AVS2视频标准的CCTV 4K超高清频道正式开播，这也是国内首个上星超高清电视频道。

第三代AVS标准指的是《信息技术 智能媒体编码》系列国家标准，简称AVS3，自2017年开始制定。AVS3主要面向超高清广播影视、全景视频、增强现实/虚拟现实等应用，以及自动驾驶、智慧城市、智慧医疗、智能监控等，支持超高分辨率（8K以上）、全景视频、三维视频、屏幕混合内容视频、高动态范围视频的智能压缩和沉浸式音频场景的应用。AVS3视频标准的主要技术特点体现在：AVS3 视频基准档次采用了更具复杂视频内容适应性的扩展四叉树（Extended Quad-Tree，EQT）划分、更适合复杂运动形式的仿射运动预测、自适应运动矢量精度预测（Adaptive Motion Vector Resolution，AMVR）、更宜于并行编解码实现的片划分机制等技术。

AVS3视频标准主要面向8K超高清，2021年2月1日，中央广播电视总台开播8K超高清试验频道，采用AVS3视频标准。2022年1月1日，北京电视台冬奥纪实频道采用AVS3视频标准播出。2022年1月25日，中央广播电视总台8K超高清频道采用AVS3视频标准播出。2021年11月，AVS3视频标准发布为IEEE 1857.10标准。

注：本小节以上文字部分摘录自数字音视频编解码技术标准工作组的官方网站（http://www.avs.org.cn/index/list?catid=9）。

FFmpeg从4.1版本开始支持AVS2国标编解码器，只要引入并启用AVS2的编解码库，即可在FFmpeg框架中正常处理AVS2音视频。下面是在Linux系统给FFmpeg集成avs2编解码库的详细步骤。

1. 下载avs2编解码库的源码

到以下两个网址下载avs2编解码库的源码，其中xavs2为avs2的编码库，davs2为avs2的解码库。

```
https://gitee.com/pkuvcl/xavs2
https://gitee.com/pkuvcl/davs2
```

根据以上网址的页面说明，avs2编解码库的源码由北京大学数字视频编解码技术国家工程实验室视频编码组提供。

2. 编译和安装avs2的编码库

把下载完的xavs2源码包上传到Linux服务器，接着执行以下命令，依次编译和安装avs2的编码库。

```
unzip xavs2-master.zip
cd xavs2-master/build/linux/
./configure --prefix=/usr/local/avs2 --enable-pic --enable-shared
make -j4
make install
```

3. 编译和安装avs2的解码库

把下载完的davs2源码包上传到Linux服务器，接着执行以下命令，依次编译和安装avs2的解码库。

```
unzip davs2-master.zip
cd davs2-master/build/linux/
./configure --prefix=/usr/local/avs2 --enable-pic --enable-shared
make -j4
make install
```

4. 把avs2的pkgconfig目录的路径加载至环境变量PKG_CONFIG_PATH

因为avs2的.pc文件安装到了/usr/local/avs2/lib/pkgconfig，所以需要把该路径添加到环境变量PKG_CONFIG_PATH中，方便FFmpeg自动查找.pc文件，详细的加载步骤说明如下。

01 输入cd命令回到当前用户的初始目录，使用vi打开该目录下的.bash_profile，也就是依次执行以下命令：

```
cd
vi .bash_profile
```

02 把光标移动到文件末尾，按a键进入编辑模式，然后在文件末尾添加环境变量的配置：

```
export PKG_CONFIG_PATH=$PKG_CONFIG_PATH:/usr/local/avs2/lib/pkgconfig
```

接着保存并退出文件，也就是先按Esc键退出编辑模式，再按":"键，接着输入wq再按回车键，即可保存修改后的内容。

03 执行以下命令加载最新的环境变量：

```
source .bash_profile
```

接着运行下面的环境变量查看命令：

```
env | grep PKG_CONFIG_PATH
```

发现控制台回显的PKG_CONFIG_PATH串包含/usr/local/avs2/lib/pkgconfig，说明pkgconfig目录的路径加载到环境变量中了。

5. 重新编译和安装FFmpeg，注意启用avs2的编解码库

回到FFmpeg的源码目录，执行以下命令重新编译和安装FFmpeg，注意configure命令的--enable-libxavs2选项表示启用avs2的编码库，--enable-libdavs2选项表示启用avs2的解码库。

```
./configure --prefix=/usr/local/ffmpeg --enable-shared --disable-static --disable-doc --enable-zlib --enable-libx264 --enable-libx265 --enable-libxavs2 --enable-libdavs2 --enable-iconv --enable-gpl --enable-nonfree
make clean
make -j4
make install
```

6. 把avs2的编解码库的路径添加至环境变量

回到当前用户的初始目录下，打开.bash_profile文件，也就是依次执行以下命令：

```
cd
vi .bash_profile
```

打开bash_profile文件之后，在该文件的末尾添加以下两行配置：

```
export PATH=$PATH:/usr/local/avs2/bin
export LD_LIBRARY_PATH=$LD_LIBRARY_PATH:/usr/local/avs2/lib
```

然后保存文件并退出，再执行以下命令加载环境变量：

```
source .bash_profile
```

7．测试验证FFmpeg的avs2编解码功能能否正常使用

由于播放视频的可视化界面要求设备提供显卡支持，而Linux服务器为终端命令行操作，无法在终端播放视频，因此该步骤需在个人计算机上操作。

确保当前目录存在本书提供的测试视频fuzhou.mp4，执行以下命令把该视频由H.264格式转换为avs2格式。

```
ffmpeg -i fuzhou.mp4 -r 25 -acodec aac -vcodec avs2 fuzhou.ts
```

注意新视频的扩展名必须为.ts，不能是.mp4，因为avs2不支持MP4封装格式，只支持TS封装格式。转换命令中的-r 25表示将新视频的帧率调节为每秒25帧，-acodec aac表示把音频流转换为AAC编码，-vcodec avs2表示把视频流转换为avs2编码。

等待fuzhou.ts生成完毕，再执行以下命令播放采用avs2格式的新视频。

```
ffplay fuzhou.ts
```

运行上面的命令之后，控制台弹出视频播放器窗口，如图2-2所示，说明以avs2编码的TS文件正常播放。

图 2-2 以 avs2 编码的 TS 视频播放界面

2.2　FFmpeg的主要数据结构

本节介绍FFmpeg编程常用的几种数据结构，首先描述FFmpeg对于音视频数据的编码和封装及其用到的数据结构，接着叙述FFmpeg组织音视频数据的三种数据包样式，然后阐述FFmpeg的过滤概念以及与滤镜相关的几种数据结构。

2.2.1 FFmpeg 的编码与封装

初学者觉得音视频入门难,一个原因是音视频行业充斥着很多专业术语,令人不明所以,仿佛是在看天书。而且一个名词往往有好几种叫法,具体怎么叫取决于你从哪个角度看它,虽然这些叫法指的是同一个东西,但初学者常常以为是不同的事物,导致越看越迷糊,越想越糊涂。

比如FFmpeg用到的muxer和demuxer这两个名词,直译过来为"复用器"和"解复用器",然而对于初学者而言,完全不明白这两个词汇是什么意思。如果说"复用"也叫作"封装","解复用"也叫作"解封装",会不会更好理解一些呢?然而"解封装"三个字还是比较拗口,日常生活中没有这种叫法,只有"解封"的说法,可是"解封"对应"封锁",它跟"封装"有什么关系呢?诸如此类的疑问,在音视频的学习过程中层出不穷,如果不刨根问底,搞清楚这些基本概念,就会磕磕绊绊,增加学习成本。

其实"解封装"的概念很好理解,就像用户上网购物,收到的是一个个快递包裹,要把这些包裹拆了才能拿出里面的东西,这个拆包裹的过程就对应"解封装"的操作。反之,商家给客户发货时,要先把商品装进纸箱打包,再交给快递公司运输,这个打包的过程就对应"封装"的操作。打包好的包裹会贴上快递单,标明发货人、收货人、商品名称等收件信息,正如封装好的音视频文件都拥有文件头,内含音视频的格式类型、持续时长等基本信息。

之所以会有"复用"和"解复用"的叫法,是因为通信行业在传输信号时需要共享信道。mux是multiplexing(多路传输)的缩写,复用技术包括频分复用、时分复用、波分复用、码分复用等类型。以时分复用为例,系统把时间划分为一个个时间段,每个时间段都分配给某种数据传输,比如第1时间段、第3时间段、第4时间段传输视频数据,第2时间段、第5时间段传输音频数据,相当于通过切割时间片来反复使用信道资源,如此实现了在同一个信道传输音视频数据的需求。至于解复用,则是复用的逆向过程,也就是接收器陆续收到各时间段的传输数据后,把这些分片了的信号重新解析成播放器能够识别的音视频数据。demux开头的de只是个前缀,表示相反的含义,把后面的动作反过来而已,像拆包就是打包的逆向操作,所以说把demux直译为"解复用"真的是伤脑筋。

至于"封装"和"解封装",更常用于计算机行业的文件操作方面。这个比信号传输要好理解,一个文件相当于一个包裹,把一串音频流数据和一串视频流数据合并到同一个文件里面,可不就是把两个物品打包到同一个包裹吗?当然,封装音视频文件不像现实中的打包这么简单,而是要遵循某种格式规则才行。比如文件开头的若干字节用来保存头部信息,接着后面若干字节保存一段视频数据,再后面若干字节保存一段音频数据,再后面重复"视频+音频"的操作。之所以交错存储音视频数据,是为了让播放器能够及时取出相同时间戳的音频和视频,避免出现话音对不上嘴型的尴尬情况。解封装便是从音视频文件的交错数据中分离出音频数据和视频数据,之后再分别用音频的解码器解析音频数据,用视频的解码器解析视频数据。

因此,"复用"和"解复用"属于通信行业的信号传输领域,"封装"和"解封装"更偏向计算机行业的文件存储领域,"打包"和"拆包"则属于人们日常生活的行为,"合并"和"分离"是此类操作的目标或者说结果。在学习音视频的过程中,无论是否涉及FFmpeg编程开发,都可能遇到以上这些名词。对于初学者来说,可以认为"复用""封装""打包"是同一种概念,而"解复用""解封装""拆包"是另一种概念。

不过用于打包和拆包的音视频数据是压缩了的数据,并非原始的音视频数据。在压缩数据和原始数据之间,还存在着编码和解码的过程。很早以前,通过电报发送文字消息的时候,就用到了专门的电报编码技术,发送方把一段文字翻译成电报代码,然后通过无线电发出去,这便是编码的过程;接收方侦测指定频率段,将收到的电报代码翻译成文字,这便是解码(也叫译码)的过程。

当然,音视频的编解码不像电报翻译这么简单,因为给音视频编码的主要目的是压缩数据大小,压缩效率越高,这个编码标准就越好。压缩的逆过程是解压缩,简称解压,也就是把压缩后的数据还原为压缩前的原始数据。所以音视频的编码标准也称作压缩标准,"编码"和"解码"属于对音频数据或者对视频数据的再加工,"压缩"和"还原"是此类操作的目标或者说结果。这里的"编码"跟软件行业的"编码"是两码事,音视频的编码指的是把原始的音视频数据通过某种标准进行压缩以便减少占用的内存,而软件行业的编码指的是编写程序代码。为了避免混淆,本书把软件行业的"编码"改称为"编程"或者"编写代码"。

编码和解码都属于动词,执行这种动作的工具叫作编码器和解码器,合称编解码器。同一种标准的编码器和解码器可以合在一起,也可以分开单干。像H.264/AVC标准的编解码器都在x264中,H.265/HEVC标准的编解码器都在x265中,MP3的编解码器都在mp3lame中。也有把编码器和解码器分开的,比如国产的AVS2标准,它的编码器是xavs2,解码器是davs2。

下面介绍FFmpeg在打包和拆包,以及编码和解码过程中用到的结构说明,主要包括封装器实例AVFormatContext、编解码器AVCodec以及编解码器实例AVCodecContext。

1. 封装器实例AVFormatContext

AVFormatContext用于读写音视频文件,其中读文件对应拆包操作(也称解封装),写文件对应打包操作(也称封装),使用该结构需要包含头文件libavformat/avformat.h。在读取音视频文件时,AVFormatContext主要用到了以下函数。

- avformat_open_input:打开音视频文件。第二个参数为文件路径。
- avformat_find_stream_info:查找音视频文件中的流信息。
- av_find_best_stream:寻找指定类型的数据流。
- avformat_close_input:关闭音视频文件。

在写入音视频文件时,AVFormatContext主要用到了以下函数。

- avformat_alloc_output_context2:分配待输出的音视频文件封装实例。第四个参数为文件路径。
- avio_open:打开音视频实例的输出流。第一个参数为文件实例的pb字段,第二个参数为文件路径。
- avformat_new_stream:给音视频文件创建指定编码器的数据流。
- avformat_write_header:向音视频文件写入文件头。
- av_write_trailer:向音视频文件写入文件尾。
- avio_close:关闭音视频实例的输出流。
- avformat_free_context:释放音视频文件的封装实例。

2. 编解码器AVCodec

AVCodec定义了编解码器的详细规格,使用该结构需要包含头文件libavcodec/avcodec.h,调用avcodec_find_encoder函数会获得指定编号的编解码器,也可以调用avcodec_find_encoder_by_name函数获得指定名称的编解码器。常见的编解码器与文件类型的对应关系见表2-1。

表 2-1 常见的编解码器与文件类型的对应关系

编解码器的编号	对应数值	库 名 称	支持的文件说明
AV_CODEC_ID_MJPEG	7	mjpeg	JPG 图片的编解码器
AV_CODEC_ID_PNG	61	png	PNG 图片的编解码器
AV_CODEC_ID_BMP	78	bmp	BMP 图片的编解码器
AV_CODEC_ID_GIF	97	gif	GIF 图片的编解码器
AV_CODEC_ID_H264	27	libx264	H.264 视频的编解码器，视频文件的扩展名为.avc 或者.mp4
AV_CODEC_ID_H265	173	libx265	H.265 视频的编解码器，视频文件的扩展名为.hevc 或者.mp4
AV_CODEC_ID_AVS2	192	libdavs2 libxavs2	AVS2 视频的解码器 AVS2 视频的编码器
AV_CODEC_ID_MP3	86017	libmp3lame	MP3 音频的编解码器
AV_CODEC_ID_AAC	86018	aac	AAC 音频的编解码器

3. 编解码器实例AVCodecContext

AVCodecContext用于对音视频数据进行编码和解码操作，使用该结构需要包含头文件libavcodec/avcodec.h，调用avcodec_alloc_context3函数会获得指定编解码器的实例。下面是与AVCodecContext有关的函数说明。

- avcodec_alloc_context3：获取指定编解码器的实例。
- avcodec_open2：打开编解码器的实例。
- avcodec_send_packet：把压缩了的数据包发送给解码器的实例。
- avcodec_receive_frame：从解码器的实例接收还原后的数据帧。
- avcodec_send_frame：把原始的数据帧发送给编码器的实例。
- avcodec_receive_packet：从编码器的实例接收压缩后的数据包。
- avcodec_close：关闭编解码器的实例。
- avcodec_free_context：释放编解码器的实例。

2.2.2 FFmpeg 的数据包样式

2.2.1节提到了音视频数据存在"打包"和"拆包"、"编码"和"解码"这些操作，对应的结果是"合并"与"分离"、"压缩"与"还原"。在各种操作的前后，音视频的数据形式不可避免会发生变化，比如文件封装和文件解析，对应的数据转换流程如图2-3和图2-4所示。

图 2-3　音视频文件的封装流程　　　　图 2-4　音视频文件的解析流程

可见，在文件封装的过程中，音视频依次出现了甲、乙、丙三种数据样式。鉴于文件解析是文件封装的逆向过程，此时音视频依次出现了丙、乙、甲三种数据样式。

在FFmpeg框架中，音视频数据表现为三个层次：数据流、数据包和数据帧，各自对应上述的丙、乙、甲三种数据样式。下面分别说明这三种数据样式。

1. 数据流AVStream

数据流对应FFmpeg的AVStream结构，调用avformat_new_stream函数会给音视频文件创建指定编码器的数据流。

"流"指的是一个连续的管道，类似于轨道、河道，所有同类型的数据都要按照时间先后顺序放在同一个"流"里面。FFmpeg支持音频流、视频流、字幕流等类型，其中音频流和视频流比较常用，大多数视频文件也只包含这两种数据流。FFmpeg支持的数据流类型见表2-2。

表 2-2 FFmpeg 支持的数据流类型

数据流类型	对应数值	说 明
AVMEDIA_TYPE_VIDEO	1	视频
AVMEDIA_TYPE_AUDIO	2	音频
AVMEDIA_TYPE_DATA	3	不透明的数据信息（通常是连续的）
AVMEDIA_TYPE_SUBTITLE	4	字幕
AVMEDIA_TYPE_ATTACHMENT	5	不透明的数据信息（通常是稀疏的）

之所以把音视频数据分为不同的流，是为了方便读写单独的音频流和视频流，毕竟音频和视频拥有不同的规格参数，比如音频有声道数量、采样格式、采样频率等参数，视频有分辨率、像素格式、帧率等参数。对于音频文件，其内部只有音频流没有视频流；对于无声的视频文件，其内部只有视频流没有音频流；只有带声音的视频文件，才会同时拥有音频流和视频流。

2. 数据包AVPacket

数据包对应FFmpeg的AVPacket结构，调用av_packet_alloc函数会分配一个数据包，调用av_packet_free函数会释放数据包资源。

数据流内部由一个个数据包组成，数据包存放着压缩后的音视频数据。数据包主要有以下几类规格参数。

（1）流索引：相当于流数组的下标，表示该数据包属于哪个流。

（2）时间戳相关参数：标明该数据包的时间大小，决定它在数据流中的时间位置。

（3）压缩后的数据：包括保存数据的字节数组，以及数据大小。

3. 数据帧AVFrame

数据帧对应FFmpeg的AVFrame结构，调用av_frame_alloc函数会分配一个数据帧，调用av_frame_free函数会释放数据帧资源。

压缩后的数据包经过解码器处理就还原成了数据帧。对于视频来说，一个视频帧就是一幅完整的图像，它不但可以被播放器渲染为视频画面，还能被截图软件保存为图片文件。对于音频来说，一个音频帧包含的是一小段时间的音频采样，比如每20毫秒的音频采样数据合并成一帧（这里的采样时长由采样频率决定，初学者无须特别关心）。

视频帧的图像类型保存在AVFrame的pict_type字段，常见的图像类型说明见表2-3。

表 2-3 常见的图像类型说明

图像类型	对应数值	说　　明
AV_PICTURE_TYPE_I	1	I 帧，关键帧
AV_PICTURE_TYPE_P	2	P 帧，前向预测帧
AV_PICTURE_TYPE_B	3	B 帧，双向预测帧

音频采样指的是在某个时刻测量模拟信号得到的声音样本。真实声音虽然是连续的，但是在计算机看来，声音是离散且均匀的音频样本，离散样本需要经过数字转换才能存储为样本数据。对模拟信号进行数字采样的数值转换如图 2-5 所示。其中细的曲线为原始的模拟信号，粗的折线为采样后的数字信号。

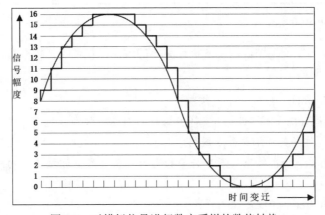

图 2-5　对模拟信号进行数字采样的数值转换

2.2.3　FFmpeg 的过滤器类型

FFmpeg 用到了 Filter 的概念，直译过来是"过滤器"，感觉像是净水器过滤自来水用的。过滤的字面含义是利用某种介质滤除水中的杂质，音视频数据确实存在一些需要滤除的噪杂信号，比如音频里面的噪声、杂音，视频画面的麻点、雪花等。但在通信行业一般不叫过滤器，而是称作"滤波器"。在处理信号的时候，滤波器通过选择指定的频率，使得信号只有特定的频率成分才能通过，极大地衰减了其他频率成分，从而让信号波形变得比较平滑。

可是滤波器的叫法太专业了，它跟音视频又有什么关系呢？其实日常生活中的摄影就有滤光镜辅助拍照，这个滤光镜简称"滤镜"，使用滤镜可以让摄影作品具有特殊的效果。对于视频画面来说，加上一层滤镜，即可让视频拥有别样的体验，比如光晕特效、怀旧特效、模糊特效等。当然，音视频的滤镜并不限于少数几种图像特效，而是拥有更广泛的加工处理，相当于对音视频文件的内容编辑操作。

因此，"过滤器""滤波器""滤镜"三者在 FFmpeg 编程中属于同一种事物，之所以有不同的叫法，是因为行业领域不同而已。"过滤器"是净水等大部分行业的通用叫法，"滤波器"是通信行业的叫法，"滤镜"是摄影行业的叫法。在处理图像时更多称呼"滤镜"，显然音视频方面称呼"滤镜"也更通顺。

FFmpeg 在加工音视频数据时用到的结构包括 AVFilter、AVFilterGraph、AVFilterContext、AVFilterInOut，使用这几个结构需要包含头文件 libavfilter/avfilter.h，它们的用法说明如下。

1. 滤镜AVFilter

AVFilter定义了滤镜的规格，调用avfilter_get_by_name函数会获得指定名称的输入滤镜或者输出滤镜，滤镜名称的对应说明见表2-4。

表2-4 滤镜名称的对应说明

滤镜名称	说明
buffer	视频滤镜的输入缓冲区
buffersink	视频滤镜的输出缓冲区
abuffer	音频滤镜的输入缓冲区
abuffersink	音频滤镜的输出缓冲区

2. 滤镜图AVFilterGraph

AVFilterGraph指的是滤镜图，滤镜图执行具体的过滤操作，包括检查有效性、加工处理等。该结构的常用函数说明如下。

- avfilter_graph_alloc：分配一个滤镜图。
- avfilter_graph_parse_ptr：把通过字符串描述的图形添加到滤镜图，这里的字符串描述了一系列的加工操作及其详细的处理规格。
- avfilter_graph_config：检查过滤字符串的有效性，并配置滤镜图中的所有前后连接和图像格式。
- avfilter_graph_free：释放滤镜图资源。

3. 滤镜实例AVFilterContext

AVFilterContext指的是滤镜实例，通过滤镜实例与数据帧交互，先把原始的数据帧送给输入滤镜的实例，再从输出滤镜的实例获取加工后的数据帧。该结构的常用函数说明如下。

- avfilter_graph_create_filter：根据滤镜定义以及音视频规格创建滤镜的实例，并将其添加到现有的滤镜图中。
- av_buffersrc_add_frame_flags：把一个数据帧添加到输入滤镜的实例中。
- av_buffersink_get_frame：从输出滤镜的实例获取加工后的数据帧。
- avfilter_free：释放滤镜的实例。

> 注意 要先调用avfilter_graph_free函数，再调用avfilter_free函数，否则程序运行会报错。

4. 滤镜输入输出参数AVFilterInOut

AVFilterInOut定义了滤镜的输入输出参数，调用avfilter_inout_alloc函数会初始化滤镜的输入参数或者输出参数，调用avfilter_inout_free函数会释放滤镜的输入参数或者输出参数。
AVFilterInOut结构的主要字段说明如下。

- name：参数名称。对于单路音视频来说，填in表示输入，填out表示输出。
- filter_ctx：滤镜实例。对于输入参数来说，填输入滤镜的实例；对于输出参数来说，填输出滤镜的实例。

- pad_idx：填0即可。
- next：下一路音视频的输入输出参数。如果不存在下一路音视频，就填NULL。

2.3 FFmpeg查看音视频信息

本节介绍FFmpeg如何查看文件中的音视频信息，首先描述怎样打开音视频文件和怎样关闭音视频文件，然后叙述如何查看文件中的音视频基本信息，最后阐述如何查看音视频编解码器的参数信息。

2.3.1 打开与关闭音视频文件

使用FFmpeg打开音视频文件，首先声明一个AVFormatContext结构的指针变量，接着调用avformat_open_input函数指定文件路径，然后调用avformat_find_stream_info函数查找文件中的数据流。avformat_open_input函数和avformat_find_stream_info函数都拥有返回值，正常情况返回0表示成功，返回值小于0表示失败。

打开音视频文件之后，即可访问AVFormatContext变量中的字段信息，比如iformat字段存放着文件的输入格式信息，对应AVInputFormat结构；又如oformat字段存放着文件的输出格式信息，对应AVOutputFormat结构。无论是AVInputFormat结构还是AVOutputFormat结构，它们都包含name和long_name两个字段，其中name字段描述当前格式的名称，long_name字段描述当前格式的完整名称。

处理完音视频文件，要调用avformat_close_input函数关闭文件并释放AVFormatContext指针。下面是使用FFmpeg函数打开音视频文件的例子（完整代码见chapter02/read.c）：

```c
#include <stdio.h>

// 之所以增加__cplusplus的宏定义，是为了同时兼容GCC编译器和G++编译器
#ifdef __cplusplus
extern "C"
{
#endif
#include <libavformat/avformat.h>
#include <libavutil/avutil.h>
#ifdef __cplusplus
};
#endif

int main(int argc, char **argv) {
    const char *filename = "../fuzhou.mp4";
    if (argc > 1) {
        filename = argv[1];
    }
    AVFormatContext *fmt_ctx = NULL;
    // 打开音视频文件
    int ret = avformat_open_input(&fmt_ctx, filename, NULL, NULL);
```

```
        if (ret < 0) {
            av_log(NULL, AV_LOG_ERROR, "Can't open file %s.\n", filename);
            return -1;
        }
        av_log(NULL, AV_LOG_INFO, "Success open input_file %s.\n", filename);
        // 查找音视频文件中的流信息
        ret = avformat_find_stream_info(fmt_ctx, NULL);
        if (ret < 0) {
            av_log(NULL, AV_LOG_ERROR, "Can't find stream information.\n");
            return -1;
        }
        av_log(NULL, AV_LOG_INFO, "Success find stream information.\n");
        const AVInputFormat* iformat = fmt_ctx->iformat;
        av_log(NULL, AV_LOG_INFO, "format name is %s.\n", iformat->name);
        av_log(NULL, AV_LOG_INFO, "format long_name is %s\n", iformat->long_name);
        avformat_close_input(&fmt_ctx);   // 关闭音视频文件
        return 0;
    }
```

上面的FFmpeg代码同时兼容GCC和G++编译器，使用GCC的编译命令如下：

```
gcc read.c -o read -I/usr/local/ffmpeg/include -L/usr/local/ffmpeg/lib -lavformat -lavdevice -lavfilter -lavcodec -lavutil -lswscale -lswresample -lpostproc -lm
```

使用G++编译的命令如下，其实只需把GCC变为G++即可。

```
g++ read.c -o read -I/usr/local/ffmpeg/include -L/usr/local/ffmpeg/lib -lavformat -lavdevice -lavfilter -lavcodec -lavutil -lswscale -lswresample -lpostproc -lm
```

以上两个编译命令都会在当前目录生成可执行程序read，然后运行下面的命令，期望打开视频文件fuzhou.mp4。

```
./read ../fuzhou.mp4
```

程序运行完毕，看到控制台打印以下日志信息，说明正常打开了该视频文件。

```
Success open input_file ../fuzhou.mp4.
Success find stream information.
format name is mov,mp4,m4a,3gp,3g2,mj2.
format long_name is QuickTime / MOV
```

注意，日志显示MP4文件的格式名称包含MOV、MP4、3GP等，表示这几种文件其实就是一家子。另外，这里的M4A应是M4V，因为M4A是音频格式，M4V才是视频格式。

2.3.2 查看音视频的信息

若想在FFmpeg代码中打印音视频文件信息，调用av_dump_format函数即可实现该功能，比如下面的代码片段示范了如何调用av_dump_format函数（完整代码见chapter02/look.c）。

```
    AVFormatContext *fmt_ctx = NULL;
    // 打开音视频文件
    int ret = avformat_open_input(&fmt_ctx, filename, NULL, NULL);
    if (ret < 0) {
```

```
        av_log(NULL, AV_LOG_ERROR, "Can't open file %s.\n", filename);
        return -1;
    }
    av_log(NULL, AV_LOG_INFO, "Success open input_file %s.\n", filename);
    // 查找音视频文件中的流信息
    ret = avformat_find_stream_info(fmt_ctx, NULL);
    if (ret < 0) {
        av_log(NULL, AV_LOG_ERROR, "Can't find stream information.\n");
        return -1;
    }
    // 格式化输出文件信息
    av_dump_format(fmt_ctx, 0, filename, 0);
```

接着执行下面的编译命令：

```
gcc look.c -o look -I/usr/local/ffmpeg/include -L/usr/local/ffmpeg/lib -lavformat
-lavdevice -lavfilter -lavcodec -lavutil -lswscale -lswresample -lpostproc -lm
```

编译完毕运行下面的命令，期望查看视频信息：

```
./look ../2018.mp4
```

程序运行完毕，看到控制台输出以下日志信息：

```
Input #0, mov,mp4,m4a,3gp,3g2,mj2, from '../2018.mp4':
  Metadata:
    major_brand     : isom
    minor_version   : 512
    compatible_brands: isomiso2avc1mp41
    encoder         : Lavf57.71.100
  Duration: 00:04:13.36, start: 0.000000, bitrate: 1353 kb/s
    Stream #0:0[0x1](eng): Video: h264 (High) (avc1 / 0x31637661), yuv420p(progressive),
 1440x810 [SAR 1:1 DAR 16:9], 1218 kb/s, 25 fps, 25 tbr, 12800 t
bn (default)
    Metadata:
      handler_name    : VideoHandler
      vendor_id       : [0][0][0][0]
    Stream #0:1[0x2](eng): Audio: aac (LC) (mp4a / 0x6134706D), 44100 Hz, stereo, fltp,
 128 kb/s (default)
    Metadata:
      handler_name    : SoundHandler
      vendor_id       : [0][0][0][0]
```

由此可见，该视频文件的持续时间为04:13.36（4分13秒又360毫秒），且视频流采用H.264编码，音频流采用AAC编码。不过这种格式化的日志显得信息繁多，令人看得眼花缭乱，最好能在代码中逐个解析每个信息字段，方便开发者理解各字段的具体含义。具体的解析步骤说明如下。

首先从AVFormatContext结构获取音视频文件的总体信息，该结构的常见字段说明如下。

- duration：音视频文件的持续播放时间，单位为微秒。
- bit_rate：音视频文件的播放速率，也叫作比特率，单位为比特每秒（bit/s）。
- nb_streams：音视频文件包含的数据流个数，其值通常为2，表示包含视频流和音频流。如果是个音频文件，那么nb_streams为1，表示只有音频流。

- max_streams：音视频文件可拥有的数据流最大个数。
- streams：音视频文件内部的数据流数组。当nb_streams为2时，streams[0]表示第一路数据流，streams[1]表示第二路数据流。

其次调用av_find_best_stream函数获取指定类型的数据流索引，索引值就作为streams数组的下标。传入AVMEDIA_TYPE_VIDEO时，av_find_best_stream函数会返回视频流的索引；传入AVMEDIA_TYPE_AUDIO时，av_find_best_stream函数会返回音频流的索引。如果找不到视频流或者音频流，av_find_best_stream函数就会返回一个负数，因此判断返回值是否大于或等于0，便成为是否找到数据流索引的依据。

无论是streams[0]还是streams[1]，它们都属于AVStream结构的指针类型，该结构的常见字段说明如下。

- index：当前数据流的索引。
- start_time：当前数据流的开始播放时间戳。
- nb_frames：当前数据流包含的数据帧个数。
- duration：当前数据流的结束播放时间戳。

接下来编写FFmpeg代码，从视频文件中读取并打印音视频信息，主要代码片段示例如下（完整代码见chapter02/look.c）：

```c
av_log(NULL, AV_LOG_INFO, "duration=%d\n", fmt_ctx->duration); // 持续时间，单位为微秒
av_log(NULL, AV_LOG_INFO, "bit_rate=%d\n", fmt_ctx->bit_rate); // 比特率，单位为比特每秒
av_log(NULL, AV_LOG_INFO, "nb_streams=%d\n", fmt_ctx->nb_streams); // 数据流的数量
av_log(NULL, AV_LOG_INFO, "max_streams=%d\n", fmt_ctx->max_streams); // 数据流的最大数量
// 找到视频流的索引
int video_index = av_find_best_stream(fmt_ctx, AVMEDIA_TYPE_VIDEO, -1, -1, NULL, 0);
av_log(NULL, AV_LOG_INFO, "video_index=%d\n", video_index);
if (video_index >= 0) {
    AVStream *video_stream = fmt_ctx->streams[video_index];
    av_log(NULL, AV_LOG_INFO, "video_stream index=%d\n", video_stream->index);
    av_log(NULL, AV_LOG_INFO, "video_stream start_time=%d\n", video_stream->start_time);
    av_log(NULL, AV_LOG_INFO, "video_stream nb_frames=%d\n", video_stream->nb_frames);
    av_log(NULL, AV_LOG_INFO, "video_stream duration=%d\n", video_stream->duration);
}
// 找到音频流的索引
int audio_index = av_find_best_stream(fmt_ctx, AVMEDIA_TYPE_AUDIO, -1, -1, NULL, 0);
av_log(NULL, AV_LOG_INFO, "audio_index=%d\n", audio_index);
if (audio_index >= 0) {
    AVStream *audio_stream = fmt_ctx->streams[audio_index];
    av_log(NULL, AV_LOG_INFO, "audio_stream index=%d\n", audio_stream->index);
    av_log(NULL, AV_LOG_INFO, "audio_stream start_time=%d\n", audio_stream->start_time);
    av_log(NULL, AV_LOG_INFO, "audio_stream nb_frames=%d\n", audio_stream->nb_frames);
    av_log(NULL, AV_LOG_INFO, "audio_stream duration=%d\n", audio_stream->duration);
}
```

接着执行下面的编译命令：

```
gcc look.c -o look -I/usr/local/ffmpeg/include -L/usr/local/ffmpeg/lib -lavformat
-lavdevice -lavfilter -lavcodec -lavutil -lswscale -lswresample -lpostproc -lm
```

编译完成后，执行以下命令启动测试程序，期望查看指定文件的音视频信息。

```
./look ../fuzhou.mp4
```

程序运行完毕，发现控制台输出如下日志信息：

```
Success open input_file ../fuzhou.mp4.
duration=19120000
bit_rate=1216884
nb_streams=2
max_streams=1000
video_stream index=0
video_stream start_time=0
video_stream nb_frames=477
video_stream duration=244224
audio_stream index=1
audio_stream start_time=0
audio_stream nb_frames=820
audio_stream duration=837900
```

由日志信息可见，当前视频的持续时间为19秒多，播放速率为1216884比特每秒（bits/s），并且拥有视频流和音频流，其中视频流位于第一路，包含477个视频帧；音频流位于第二路，包含820个音频帧。

2.3.3 查看编解码器的参数

对于音视频的每种编码标准，FFmpeg都会赋予它们一个编号，调用avcodec_find_decoder函数可获得指定编号对应的解码器，调用avcodec_find_encoder函数可获得指定编号对应的编码器。无论是解码器还是编码器，它们都采用AVCodec结构，该结构的常用字段说明如下。

id：编解码器的编号。详细的编号定义及其与编码标准的对应关系见表2-5。

表2-5 常见编解码器与编码标准的对应关系

编解码器的编号	对应数值	采用的编码标准
AV_CODEC_ID_MJPEG	7	JPEG 图像编码标准
AV_CODEC_ID_H264	27	H.264 视频编码标准
AV_CODEC_ID_PNG	61	PNG 图像编码标准
AV_CODEC_ID_BMP	78	BMP 图像编码标准
AV_CODEC_ID_GIF	97	GIF 图像编码标准
AV_CODEC_ID_HEVC	173	H.265 视频编码标准
AV_CODEC_ID_AVS2	192	AVS2 视频编码标准
AV_CODEC_ID_MP3	86017	MP3 音频编码标准
AV_CODEC_ID_AAC	86018	AAC 音频编码标准

- name：编解码器的名称。

- long_name:编解码器的完整名称。
- type:编解码器的归属类型,同时也是所属数据流的类型。该类型的定义来自AVMediaType枚举,详细的类型定义及其说明见表2-2。

对于音视频的数据流来说,FFmpeg把编解码器的编号保存在codecpar的codec_id字段。调用avcodec_find_decoder函数传入编解码器的编号,即可获得编解码器的结构指针。接下来通过代码演示,看看如何获取音视频文件的详细编解码参数,示例代码如下(完整代码见chapter02/codec.c)。

```
// 找到视频流的索引
int video_index = av_find_best_stream(fmt_ctx, AVMEDIA_TYPE_VIDEO, -1, -1, NULL, 0);
if (video_index >= 0) {
    AVStream *video_stream = fmt_ctx->streams[video_index];
    enum AVCodecID video_codec_id = video_stream->codecpar->codec_id;
    // 查找视频解码器
    AVCodec *video_codec = (AVCodec*) avcodec_find_decoder(video_codec_id);
    if (!video_codec) {
        av_log(NULL, AV_LOG_ERROR, "video_codec not found\n");
        return -1;
    }
    av_log(NULL, AV_LOG_INFO, "video_codec id=%d\n", video_codec->id);
    av_log(NULL, AV_LOG_INFO, "video_codec name=%s\n", video_codec->name);
    av_log(NULL, AV_LOG_INFO, "video_codec long_name=%s\n", video_codec->long_name);
    av_log(NULL, AV_LOG_INFO, "video_codec type=%d\n", video_codec->type);
}
// 找到音频流的索引
int audio_index = av_find_best_stream(fmt_ctx, AVMEDIA_TYPE_AUDIO, -1, -1, NULL, 0);
if (audio_index >= 0) {
    AVStream *audio_stream = fmt_ctx->streams[audio_index];
    enum AVCodecID audio_codec_id = audio_stream->codecpar->codec_id;
    // 查找音频解码器
    AVCodec *audio_codec = (AVCodec*) avcodec_find_decoder(audio_codec_id);
    if (!audio_codec) {
        av_log(NULL, AV_LOG_ERROR, "audio_codec not found\n");
        return -1;
    }
    av_log(NULL, AV_LOG_INFO, "audio_codec id=%d\n", audio_codec->id);
    av_log(NULL, AV_LOG_INFO, "audio_codec name=%s\n", audio_codec->name);
    av_log(NULL, AV_LOG_INFO, "audio_codec long_name=%s\n", audio_codec->long_name);
    av_log(NULL, AV_LOG_INFO, "audio_codec type=%d\n", audio_codec->type);
}
```

接着执行下面的编译命令:

```
gcc codec.c -o codec -I/usr/local/ffmpeg/include -L/usr/local/ffmpeg/lib -lavformat -lavdevice -lavfilter -lavcodec -lavutil -lswscale -lswresample -lpostproc -lm
```

编译完成后,执行以下命令启动测试程序,期望查看指定文件采用的编解码器信息。

```
./codec ../fuzhou.mp4
```

程序运行完毕,发现控制台输出如下日志信息:

```
Success open input_file ../fuzhou.mp4.
video_codec id=27
video_codec name=h264
video_codec long_name=H.264 / AVC / MPEG-4 AVC / MPEG-4 part 10
video_codec type=0
audio_index=1
audio_codec id=86018
audio_codec name=aac
audio_codec long_name=AAC (Advanced Audio Coding)
audio_codec type=1
```

由日志信息可见，FFmpeg成功找到了目标文件的视频解码器和音频解码器，其中视频编码器为H.264，音频编码器为AAC。

2.4 FFmpeg常见的处理流程

本节介绍FFmpeg在处理音视频文件时常见的处理流程，首先描述如何复制音视频编解码器中的参数信息，然后叙述如何创建并写入音视频文件，最后阐述如何使用滤镜加工音视频文件。

2.4.1 复制编解码器的参数

对于现成的音视频文件，其内部音视频的解码器藏在数据流的codecpar字段中，该字段为AVCodecParameters结构的指针类型，解码器编号就来自AVCodecParameters结构的codec_id字段。然而编解码器的AVCodec结构仅仅是规格定义，并不足以执行真正的编解码操作，还需调用avcodec_alloc_context3函数根据编解码器分配对应的实例AVCodecContext才行。解码器的实例分配之后，接着调用avcodec_parameters_to_context函数把数据流的编解码参数复制给解码器的实例，然后调用avcodec_open2函数才算成功打开实例。在关闭解码器的实例时，要先调用avcodec_close函数关闭实例，再调用avcodec_free_context函数释放实例资源。

总结一下，打开编解码器实例的完整流程为avcodec_alloc_context3→avcodec_parameters_to_context→avcodec_open2，关闭编解码器实例的完整流程为avcodec_close→avcodec_free_context。在编解码器实例打开之后，才能对数据包或者数据帧进行编解码操作。具体而言，就是数据包AVPacket经过解码生成数据帧AVFrame；反之，数据帧AVFrame经过编码生成数据包AVPacket。下面的FFmpeg代码片段演示了如何打开编解码器的实例（完整代码见chapter02/para.c）。

```
AVCodecContext *video_decode_ctx = NULL;
video_decode_ctx = avcodec_alloc_context3(video_codec);  // 分配解码器的实例
if (!video_decode_ctx) {
    av_log(NULL, AV_LOG_ERROR, "video_decode_ctx is null\n");
    return -1;
}
// 把视频流中的编解码参数复制给解码器的实例
avcodec_parameters_to_context(video_decode_ctx, video_stream->codecpar);
av_log(NULL, AV_LOG_INFO, "Success copy video parameters_to_context.\n");
ret = avcodec_open2(video_decode_ctx, video_codec, NULL);  // 打开解码器的实例
```

```
    av_log(NULL, AV_LOG_INFO, "Success open video codec.\n");
    if (ret < 0) {
        av_log(NULL, AV_LOG_ERROR, "Can't open video_decode_ctx.\n");
        return -1;
    }
    avcodec_close(video_decode_ctx);              // 关闭解码器的实例
    avcodec_free_context(&video_decode_ctx);      // 释放解码器的实例
```

其实只要调用了avcodec_parameters_to_context函数，就能获取音视频文件的详细编码参数，具体参数保存在AVCodecContext结构中，该结构的常见字段说明如下。

- codec_id：编解码器的编号。编号说明参见表2-5。
- codec_type：编解码器的类型。类型说明参见表2-2。
- width：视频画面的宽度。
- height：视频画面的高度。
- gop_size：每两个关键帧（I帧）间隔多少帧。
- max_b_frames：双向预测帧（B帧）的最大数量。
- pix_fmt：视频的像素格式。像素格式的定义来自AVPixelFormat枚举，详细的像素格式类型及其说明见表2-6。

表2-6 视频的像素格式及其说明

像素格式的类型	对应数值	应用场合
AV_PIX_FMT_YUV420P	0	常见的视频格式，如 MP4 等
AV_PIX_FMT_RGB24	2	24 位 PNG 格式，BMP 格式
AV_PIX_FMT_PAL8	11	PAL（Phase Alternating Line，逐行倒相）制式的电视
AV_PIX_FMT_YUVJ420P	12	JPEG 格式
AV_PIX_FMT_BGR8	17	GIF 格式

- profile：音频的规格类型，主要用于细分AAC音频的种类，详细的AAC种类定义及其说明见表2-7。

表2-7 AAC 音频种类及其说明

AAC 音频的种类	对应数值	说　　明
FF_PROFILE_UNKNOWN	−99	非 AAC 音频
FF_PROFILE_AAC_LOW	1	AAC-LC（Low Complexity AAC，低复杂度的 AAC）
FF_PROFILE_AAC_SSR	2	AAC-SSR（Scalable Sampling Rate AAC，采样率可调节的 AAC）
FF_PROFILE_AAC_LTP	3	AAC-LTP（Long Term Prediction AAC，长期预测的 AAC）
FF_PROFILE_AAC_HE	4	HE-AAC（High Efficiency AAC，高效率的 AAC）
FF_PROFILE_AAC_HE_V2	28	第二版的 HE-AAC，即 HE-AAC-V2
FF_PROFILE_AAC_LD	22	AAC-LD（Low Delay AAC，低时延的 AAC）
FF_PROFILE_AAC_ELD	38	AAC-ELD（Enhanced Low Delay AAC，增强型的低时延迟 AAC）

- ch_layout：音频的声道布局，该字段为AVChannelLayout结构，声道数量为AVChannelLayout结构的nb_channels字段。声道数量的定义及其说明见表2-8。

表 2-8 音频的声道数量及其说明

声道类型	声道数量	音源位置
单声道	1	正前方
双声道（立体声）	2	左前方、右前方
三声道	3	正前方、左前方、右前方
四声道	4	正前方、左前方、右前方、正后方
五声道	5	正前方、左前方、右前方、左后方、右后方
六声道	6	正前方、左前方、右前方、左后方、右后方、低音炮
八声道	8	正前方、左前方、右前方、正左边、正右边、左后方、右后方、低音炮

- sample_fmt：音频的采样格式。采样格式的定义来自AVSampleFormat枚举，详细的采样格式定义及其说明见表2-9。

表 2-9 音频的采样格式及其说明

采样格式的类型	对应数值	说明
AV_SAMPLE_FMT_U8	0	无符号的8位采样，交错模式
AV_SAMPLE_FMT_S16	1	有符号的16位采样，交错模式
AV_SAMPLE_FMT_S32	2	有符号的32位采样，交错模式
AV_SAMPLE_FMT_FLT	3	32位浮点数采样，交错模式
AV_SAMPLE_FMT_DBL	4	64位双精度数采样，交错模式
AV_SAMPLE_FMT_U8P	5	无符号的8位采样，平面模式
AV_SAMPLE_FMT_S16P	6	有符号的16位采样，平面模式
AV_SAMPLE_FMT_S32P	7	有符号的32位采样，平面模式
AV_SAMPLE_FMT_FLTP	8	32位浮点数采样，平面模式
AV_SAMPLE_FMT_DBLP	9	64位双精度数采样，平面模式

表2-9提到了交错模式和平面模式，它们之间的区别在于：平面模式把左右声道的音频数据分开存储，比如左声道的数据都保存在data[0]中（类似于LLLLL这样），右声道的数据都保存在data[1]中（类似于RRRRR这样）；而交错模式把左右声道的音频数据都存储在data[0]中，数据分布形如LRLRLRLRLR这样。通常音频在播放时采用平面模式，方便扬声器设备取数，而保存文件时采用交错模式。

- sample_rate：音频的采样频率，单位为赫兹（次每秒）。
- frame_size：音频的帧大小，也叫采样个数，即每个音频帧采集的样本数量。
- bit_rate：码率，也叫比特率，单位为比特每秒。
- framerate：视频的帧率，该字段为AVRational结构。
- time_base：音视频的时间基，该字段为AVRational结构。

接下来把AVStream到AVCodec再到AVCodecContext的完整流程串起来，分别在视频流和音频流中寻找它们的解码器实例，并执行实例的打开和关闭操作。据此编写的FFmpeg示例代码如下（完整的代码见chapter02/para.c）。

```c
    // 找到视频流的索引
    int video_index = av_find_best_stream(fmt_ctx, AVMEDIA_TYPE_VIDEO, -1, -1, NULL, 0);
    if (video_index >= 0) {
        AVStream *video_stream = fmt_ctx->streams[video_index];
        enum AVCodecID video_codec_id = video_stream->codecpar->codec_id;
        // 查找视频解码器
        AVCodec *video_codec = (AVCodec*) avcodec_find_decoder(video_codec_id);
        if (!video_codec) {
            av_log(NULL, AV_LOG_ERROR, "video_codec not found\n");
            return -1;
        }
        av_log(NULL, AV_LOG_INFO, "video_codec name=%s\n", video_codec->name);
        AVCodecContext *video_decode_ctx = NULL;
        video_decode_ctx = avcodec_alloc_context3(video_codec);   // 分配解码器的实例
        if (!video_decode_ctx) {
            av_log(NULL, AV_LOG_ERROR, "video_decode_ctx is null\n");
            return -1;
        }
        // 把视频流中的编解码参数复制给解码器的实例
        avcodec_parameters_to_context(video_decode_ctx, video_stream->codecpar);
        av_log(NULL, AV_LOG_INFO, "Success copy video parameters_to_context.\n");
        av_log(NULL, AV_LOG_INFO, "video_decode_ctx width=%d\n", video_decode_ctx->width);
        av_log(NULL, AV_LOG_INFO, "video_decode_ctx height=%d\n", video_decode_ctx->height);
        ret = avcodec_open2(video_decode_ctx, video_codec, NULL);  // 打开解码器的实例
        av_log(NULL, AV_LOG_INFO, "Success open video codec.\n");
        if (ret < 0) {
            av_log(NULL, AV_LOG_ERROR, "Can't open video_decode_ctx.\n");
            return -1;
        }
        avcodec_close(video_decode_ctx);                  // 关闭解码器的实例
        avcodec_free_context(&video_decode_ctx);          // 释放解码器的实例
    }
    // 找到音频流的索引
    int audio_index = av_find_best_stream(fmt_ctx, AVMEDIA_TYPE_AUDIO, -1, -1, NULL, 0);
    if (audio_index >= 0) {
        AVStream *audio_stream = fmt_ctx->streams[audio_index];
        enum AVCodecID audio_codec_id = audio_stream->codecpar->codec_id;
        // 查找音频解码器
        AVCodec *audio_codec = (AVCodec*) avcodec_find_decoder(audio_codec_id);
        if (!audio_codec) {
            av_log(NULL, AV_LOG_ERROR, "audio_codec not found\n");
            return -1;
        }
        av_log(NULL, AV_LOG_INFO, "audio_codec name=%s\n", audio_codec->name);
        AVCodecContext *audio_decode_ctx = NULL;
        audio_decode_ctx = avcodec_alloc_context3(audio_codec);   // 分配解码器的实例
        if (!audio_decode_ctx) {
            av_log(NULL, AV_LOG_ERROR, "audio_decode_ctx is null\n");
            return -1;
        }
```

```
    // 把音频流中的编解码参数复制给解码器的实例
    avcodec_parameters_to_context(audio_decode_ctx, audio_stream->codecpar);
    av_log(NULL, AV_LOG_INFO, "Success copy audio parameters_to_context.\n");
    av_log(NULL, AV_LOG_INFO, "audio_decode_ctx profile=%d\n",
audio_decode_ctx->profile);
    av_log(NULL, AV_LOG_INFO, "audio_decode_ctx nb_channels=%d\n",
audio_decode_ctx->ch_layout.nb_channels);
    ret = avcodec_open2(audio_decode_ctx, audio_codec, NULL);  // 打开解码器的实例
    av_log(NULL, AV_LOG_INFO, "Success open audio codec.\n");
    if (ret < 0) {
        av_log(NULL, AV_LOG_ERROR, "Can't open audio_decode_ctx.\n");
        return -1;
    }
    avcodec_close(audio_decode_ctx);              // 关闭解码器的实例
    avcodec_free_context(&audio_decode_ctx);      // 释放解码器的实例
}
```

接着执行下面的编译命令:

```
gcc para.c -o para -I/usr/local/ffmpeg/include -L/usr/local/ffmpeg/lib -lavformat
-lavdevice -lavfilter -lavcodec -lavutil -lswscale -lswresample -lpostproc -lm
```

编译完成后,执行以下命令启动测试程序,期望查看指定文件的编解码参数。

```
./para ../fuzhou.mp4
```

程序运行完毕,发现控制台输出如下日志信息:

```
Success open input_file ../fuzhou.mp4.
video_codec name=h264
Success copy video parameters_to_context.
video_decode_ctx width=1440
video_decode_ctx height=810
Success open video codec.
audio_codec name=aac
Success copy audio parameters_to_context.
audio_decode_ctx profile=1
audio_decode_ctx nb_channels=2
Success open audio codec.
```

由日志信息可见,视频流和音频流的解码器实例都被找到并且成功打开,还发现目标文件的视频宽高为1440×810,并且音频规格为AAC-LC(profile=1,根据表2-7找到规格说明),声道类型为双声道(立体声)。

2.4.2 创建并写入音视频文件

前面介绍的音视频处理都属于对文件的读操作,如果是写操作,那又是另一套流程。写入音视频文件的总体步骤说明如下:

01 调用avformat_alloc_output_context2函数分配音视频文件的封装实例。

02 调用avio_open函数打开音视频文件的输出流。

03 调用avformat_write_header函数写入音视频的文件头。

04 多次调用av_write_frame函数写入音视频的数据帧。
05 调用av_write_trailer函数写入音视频的文件尾。
06 调用avio_close函数关闭音视频文件的输出流。
07 调用avformat_free_context函数释放音视频文件的封装实例。

由此可见，FFmpeg对于音视频的处理操作很多是对称的，有分配就有释放，有打开就有关闭，有写文件头就有写文件尾。包含上述写文件步骤的FFmpeg示例代码片段如下：

```
AVFormatContext *out_fmt_ctx;    // 输出文件的封装器实例
// 分配音视频文件的封装实例
int ret = avformat_alloc_output_context2(&out_fmt_ctx, NULL, NULL, filename);
if (ret < 0) {
    av_log(NULL, AV_LOG_ERROR, "Can't alloc output_file %s.\n", filename);
    return -1;
}
// 打开输出流
ret = avio_open(&out_fmt_ctx->pb, filename, AVIO_FLAG_READ_WRITE);
if (ret < 0) {
    av_log(NULL, AV_LOG_ERROR, "Can't open output_file %s.\n", filename);
    return -1;
}
av_log(NULL, AV_LOG_INFO, "Success open output_file %s.\n", filename);
ret = avformat_write_header(out_fmt_ctx, NULL);   // 写文件头
if (ret < 0) {
    av_log(NULL, AV_LOG_ERROR, "write file_header occur error %d.\n", ret);
    return -1;
}
av_log(NULL, AV_LOG_INFO, "Success write file_header.\n");
av_write_trailer(out_fmt_ctx);                    // 写文件尾
avio_close(&out_fmt_ctx->pb);                     // 关闭输出流
avformat_free_context(out_fmt_ctx);               // 释放封装器的实例
```

不过，如果直接编译运行上述步骤的代码，会发现程序运行失败。究其原因，缘于音视频文件要求至少封装一路数据流，要么封装单路视频，要么封装单路音频，要么封装包括音频和视频在内的两路数据流。总之，不允许连一路数据流都没有。以下是音视频文件封装数据流的总体步骤说明。

01 调用avcodec_find_encoder函数查找指定编号的编码器。
02 调用avcodec_alloc_context3函数根据编码器分配对应的编码器实例。对于视频来说，还要设置编码器实例的width和height字段，指定视频画面的宽高。
03 调用avformat_new_stream函数，给输出文件创建采用指定编码器的数据流。
04 调用avcodec_parameters_from_context函数把编码器实例的参数复制给数据流。

上述的封装步骤虽然没有写入真实的视频帧，但是不影响测试程序的正常运行，反正已经创建了一路视频流，无非是视频内容为空而已。综合音视频文件的写入步骤，以及数据流的封装步骤，编写完整的FFmpeg代码如下（完整代码见chapter02/write.c）。

```
#include <stdio.h>
```

```c
// 之所以增加__cplusplus的宏定义，是为了同时兼容GCC编译器和G++编译器
#ifdef __cplusplus
extern "C"
{
#endif
#include <libavformat/avformat.h>
#include <libavcodec/avcodec.h>
#include <libavutil/avutil.h>
#ifdef __cplusplus
};
#endif

int main(int argc, char **argv) {
    const char *filename = "output.mp4";
    if (argc > 1) {
        filename = argv[1];
    }
    AVFormatContext *out_fmt_ctx;  // 输出文件的封装器实例
    // 分配音视频文件的封装实例
    int ret = avformat_alloc_output_context2(&out_fmt_ctx, NULL, NULL, filename);
    if (ret < 0) {
        av_log(NULL, AV_LOG_ERROR, "Can't alloc output_file %s.\n", filename);
        return -1;
    }
    // 打开输出流
    ret = avio_open(&out_fmt_ctx->pb, filename, AVIO_FLAG_READ_WRITE);
    if (ret < 0) {
        av_log(NULL, AV_LOG_ERROR, "Can't open output_file %s.\n", filename);
        return -1;
    }
    av_log(NULL, AV_LOG_INFO, "Success open output_file %s.\n", filename);
    // 查找编码器
    AVCodec *video_codec = (AVCodec*) avcodec_find_encoder(AV_CODEC_ID_H264);
    if (!video_codec) {
        av_log(NULL, AV_LOG_ERROR, "AV_CODEC_ID_H264 not found\n");
        return -1;
    }
    AVCodecContext *video_encode_ctx = NULL;
    video_encode_ctx = avcodec_alloc_context3(video_codec);  // 分配编解码器的实例
    if (!video_encode_ctx) {
        av_log(NULL, AV_LOG_ERROR, "video_encode_ctx is null\n");
        return -1;
    }
    video_encode_ctx->width = 320;           // 视频画面的宽度
    video_encode_ctx->height = 240;          // 视频画面的高度
    // 创建指定编码器的数据流
    AVStream * video_stream = avformat_new_stream(out_fmt_ctx, video_codec);
    // 把编码器实例中的参数复制给数据流
    avcodec_parameters_from_context(video_stream->codecpar, video_encode_ctx);
    video_stream->codecpar->codec_tag = 0;            // 非特殊情况都填0
    ret = avformat_write_header(out_fmt_ctx, NULL);   // 写文件头
```

```
        if (ret < 0) {
            av_log(NULL, AV_LOG_ERROR, "write file_header occur error %d.\n", ret);
            return -1;
        }
        av_log(NULL, AV_LOG_INFO, "Success write file_header.\n");
        av_write_trailer(out_fmt_ctx);              // 写文件尾
        avio_close(&out_fmt_ctx->pb);               // 关闭输出流
        avformat_free_context(out_fmt_ctx);         // 释放封装器的实例
        return 0;
    }
```

接着执行下面的编译命令：

```
gcc write.c -o write -I/usr/local/ffmpeg/include -L/usr/local/ffmpeg/lib -lavformat
-lavdevice -lavfilter -lavcodec -lavutil -lswscale -lswresample -lpostproc -lm
```

编译完成后，执行以下命令启动测试程序，期望生成一个全新的视频文件。

```
./write output.mp4
```

程序运行完毕，发现控制台输出如下日志信息，可知已成功写入了音视频文件。

```
Success open output_file output.mp4.
Success write file_header.
```

2.4.3 使用滤镜加工音视频

音视频文件的修改操作与文本文件不同，修改音视频数据需要借助滤镜，由FFmpeg提供的各类滤镜实现相应的更改处理。使用滤镜加工音视频的总体步骤说明如下。

① 根据源文件的数据流、解码器实例、过滤字符串来初始化滤镜，得到输入滤镜的实例和输出滤镜的实例。
② 调用av_buffersrc_add_frame_flags函数把一个数据帧添加到输入滤镜的实例。
③ 调用av_buffersink_get_frame函数从输出滤镜的实例获取加工后的数据帧。
④ 把加工后的数据帧压缩编码后保存到目标文件中。
⑤ 重复前面的第2～4步，直到源文件的所有数据帧都处理完毕。

关于av_buffersrc_add_frame_flags和av_buffersink_get_frame两个函数的用法留待以后详述，本小节只介绍第1步的滤镜初始化操作，初始化滤镜的具体步骤说明如下。

① 声明滤镜的各种实例资源，除输入滤镜的实例、输出滤镜的实例、滤镜图外，还要调用avfilter_get_by_name函数分别获取输入滤镜和输出滤镜，调用avfilter_inout_alloc函数各自分配滤镜的输入输出参数，调用avfilter_graph_alloc函数分配一个滤镜图。
② 拼接输入源的媒体参数信息字符串，以视频为例，参数字符串需要包括视频宽高、像素格式、时间基等。
③ 调用avfilter_graph_create_filter函数，根据输入滤镜和第2步的参数字符串，创建输入滤镜的实例，并将其添加到现有的滤镜图中。
④ 调用avfilter_graph_create_filter函数，根据输出滤镜创建输出滤镜的实例，并将其添加到现有的滤镜图中。

05 调用av_opt_set_int_list函数设置额外的选项参数，比如加工视频要给输出滤镜的实例设置像素格式。

06 设置滤镜的输入输出参数，给AVFilterInOut结构的filter_ctx字段填写输入滤镜的实例或者输出滤镜的实例。

07 调用avfilter_graph_parse_ptr函数，把采用过滤字符串描述的图形添加到滤镜图中，这个过滤字符串指定了滤镜的种类名称及其参数取值。

08 调用avfilter_graph_config函数检查过滤字符串的有效性，并配置滤镜图中的所有前后连接和图像格式。

09 调用avfilter_inout_free函数分别释放滤镜的输入参数和输出参数。

综合上述的滤镜初始化步骤说明，编写FFmpeg对滤镜的初始化函数代码如下（完整代码见chapter02/filter.c）：

```c
AVFilterContext *buffersrc_ctx = NULL;                  // 输入滤镜的实例
AVFilterContext *buffersink_ctx = NULL;                 // 输出滤镜的实例
AVFilterGraph *filter_graph = NULL;                     // 滤镜图

// 初始化滤镜（也称过滤器、滤波器）。第一个参数是视频流，第二个参数是解码器实例，第三个参数是过滤字符串
int init_filter(AVStream *video_stream, AVCodecContext *video_decode_ctx, const char *filters_desc) {
    int ret = 0;
    const AVFilter *buffersrc = avfilter_get_by_name("buffer");          // 获取输入滤镜
    const AVFilter *buffersink = avfilter_get_by_name("buffersink");     // 获取输出滤镜
    AVFilterInOut *inputs = avfilter_inout_alloc();                      // 分配滤镜的输入输出参数
    AVFilterInOut *outputs = avfilter_inout_alloc();                     // 分配滤镜的输入输出参数
    AVRational time_base = video_stream->time_base;
    enum AVPixelFormat pix_fmts[] = { AV_PIX_FMT_YUV420P, AV_PIX_FMT_NONE };
    filter_graph = avfilter_graph_alloc();                               // 分配一个滤镜图
    if (!outputs || !inputs || !filter_graph) {
        ret = AVERROR(ENOMEM);
        return ret;
    }
    char args[512];             //临时字符串，存放输入源的媒体参数信息，比如视频宽高、像素格式等
    snprintf(args, sizeof(args),
        "video_size=%dx%d:pix_fmt=%d:time_base=%d/%d:pixel_aspect=%d/%d",
        video_decode_ctx->width, video_decode_ctx->height, video_decode_ctx->pix_fmt,
        time_base.num, time_base.den,
        video_decode_ctx->sample_aspect_ratio.num, video_decode_ctx->sample_aspect_ratio.den);
    av_log(NULL, AV_LOG_INFO, "args : %s\n", args);
    // 创建输入滤镜的实例，并将其添加到现有的滤镜图中
    ret = avfilter_graph_create_filter(&buffersrc_ctx, buffersrc, "in",
        args, NULL, filter_graph);
    if (ret < 0) {
        av_log(NULL, AV_LOG_ERROR, "Cannot create buffer source\n");
        return ret;
    }
    // 创建输出滤镜的实例，并将其添加到现有的滤镜图中
    ret = avfilter_graph_create_filter(&buffersink_ctx, buffersink, "out",
```

```
            NULL, NULL, filter_graph);
    if (ret < 0) {
        av_log(NULL, AV_LOG_ERROR, "Cannot create buffer sink\n");
        return ret;
    }
    // 将二进制选项设置为整数列表，此处给输出滤镜的实例设置像素格式
    ret = av_opt_set_int_list(buffersink_ctx, "pix_fmts", pix_fmts,
            AV_PIX_FMT_NONE, AV_OPT_SEARCH_CHILDREN);
    if (ret < 0) {
        av_log(NULL, AV_LOG_ERROR, "Cannot set output pixel format\n");
        return ret;
    }
    // 设置滤镜的输入输出参数
    outputs->name = av_strdup("in");
    outputs->filter_ctx = buffersrc_ctx;
    outputs->pad_idx = 0;
    outputs->next = NULL;
    // 设置滤镜的输入输出参数
    inputs->name = av_strdup("out");
    inputs->filter_ctx = buffersink_ctx;
    inputs->pad_idx = 0;
    inputs->next = NULL;
    // 把采用过滤字符串描述的图形添加到滤镜图中
    ret = avfilter_graph_parse_ptr(filter_graph, filters_desc, &inputs, &outputs, NULL);
    if (ret < 0) {
        av_log(NULL, AV_LOG_ERROR, "Cannot parse graph string\n");
        return ret;
    }
    // 检查过滤字符串的有效性，并配置滤镜图中的所有前后连接和图像格式
    ret = avfilter_graph_config(filter_graph, NULL);
    if (ret < 0) {
        av_log(NULL, AV_LOG_ERROR, "Cannot config filter graph\n");
        return ret;
    }
    avfilter_inout_free(&inputs);    // 释放滤镜的输入参数
    avfilter_inout_free(&outputs);   // 释放滤镜的输出参数
    av_log(NULL, AV_LOG_INFO, "Success initialize filter.\n");
    return ret;
}
```

以上代码定义了一个名为init_filter的滤镜初始化函数，接着回到读取源文件的FFmpeg代码中，增加调用init_filter函数即可正常初始化滤镜。滤镜使用结束后，要记得调用avfilter_free函数分别释放输入滤镜的实例和输出滤镜的实例，还要调用avfilter_graph_free函数释放滤镜图资源。下面是针对视频流初始化视频滤镜的FFmpeg代码片段：

```
// 找到视频流的索引
int video_index = av_find_best_stream(fmt_ctx, AVMEDIA_TYPE_VIDEO, -1, -1, NULL, 0);
if (video_index >= 0) {
    AVStream *video_stream = fmt_ctx->streams[video_index];
    enum AVCodecID video_codec_id = video_stream->codecpar->codec_id;
    // 查找视频解码器
```

```
        AVCodec *video_codec = (AVCodec*) avcodec_find_decoder(video_codec_id);
        if (!video_codec) {
            av_log(NULL, AV_LOG_INFO, "video_codec not found\n");
            return -1;
        }
        av_log(NULL, AV_LOG_INFO, "video_codec name=%s\n", video_codec->name);
        AVCodecContext *video_decode_ctx = NULL;                    // 视频解码器的实例
        video_decode_ctx = avcodec_alloc_context3(video_codec);     // 分配解码器的实例
        if (!video_decode_ctx) {
            av_log(NULL, AV_LOG_INFO, "video_decode_ctx is null\n");
            return -1;
        }
        // 把视频流中的编解码器参数复制给解码器的实例
        avcodec_parameters_to_context(video_decode_ctx, video_stream->codecpar);
        av_log(NULL, AV_LOG_INFO, "Success copy video parameters_to_context.\n");
        ret = avcodec_open2(video_decode_ctx, video_codec, NULL);   // 打开解码器的实例
        av_log(NULL, AV_LOG_INFO, "Success open video codec.\n");
        if (ret < 0) {
            av_log(NULL, AV_LOG_ERROR, "Can't open video_decode_ctx.\n");
            return -1;
        }
        // 初始化滤镜
        init_filter(video_stream, video_decode_ctx, "fps=25");
        avcodec_close(video_decode_ctx);                 // 关闭解码器的实例
        avcodec_free_context(&video_decode_ctx);         // 释放解码器的实例
        avfilter_free(buffersrc_ctx);                    // 释放输入滤镜的实例
        avfilter_free(buffersink_ctx);                   // 释放输出滤镜的实例
        avfilter_graph_free(&filter_graph);              // 释放滤镜图资源
    }
```

接着执行下面的编译命令:

```
    gcc filter.c -o filter -I/usr/local/ffmpeg/include -L/usr/local/ffmpeg/lib -lavformat
-lavdevice -lavfilter -lavcodec -lavutil -lswscale -lswresample -lpostproc -lm
```

编译完成后,执行以下命令启动测试程序,期望初始化视频滤镜。

```
    ./filter ../fuzhou.mp4
```

程序运行完毕,发现控制台输出如下日志信息,可知已成功初始化视频滤镜。

```
Success open input_file ../fuzhou.mp4.
video_codec name=h264
Success copy video parameters_to_context.
Success open video codec.
args : video_size=1440x810:pix_fmt=0:time_base=1/12800:pixel_aspect=1/1
Success initialize filter.
```

当然,这里的示例程序仅仅演示了如何初始化滤镜,并没有真正加工视频文件,也没将加工结果另存为新的文件,有关滤镜的加工处理操作会在第6章详细介绍。

2.5 小　　结

本章主要介绍了学习FFmpeg编程必须知道的开发基础知识，首先介绍了音视频常见的编码标准（视频标准、音频标准、国家标准），接着介绍了FFmpeg编程用到的主要数据结构（封装器、编解码器、过滤器、数据流、数据包、数据帧），然后介绍了使用FFmpeg查看音视频信息的办法，最后介绍了FFmpeg编程常见的音视频处理流程。

通过本章的学习，读者应该能够掌握以下3种开发技能：

（1）学会使用FFmpeg打开与关闭现有的音视频文件。

（2）学会使用FFmpeg创建并写入新的音视频文件。

（3）学会使用FFmpeg查看音视频文件的详细参数信息。

第 3 章

FFmpeg 的编解码

本章介绍FFmpeg对音视频数据进行编解码的开发过程,主要包括:音视频涉及哪些时间概念以及怎么获取这些时间、怎样把音视频文件中的音频流和视频流分离开来、怎样把两个文件中的音频流和视频流合并在一起、怎样通过第三方工具浏览视频画面和分析视频格式。

3.1 音视频时间

本节介绍音视频涉及的时间相关概念,首先描述什么是码率、帧率、采样率,以及如何获取音视频文件中的码率、帧率和采样率;然后叙述什么是音视频的时间基准,以及如何获取音视频文件中的时间基准;最后阐述什么是音视频的播放时间戳和解码时间戳,以及如何根据时间基准计算一个数据帧的增量时间戳。

3.1.1 帧率和采样率

根据单位时间内产生变化的数据类型,音视频在传输过程中存在三个重要的速率,分别是码率、帧率和采样率。其中码率描述了在单位时间内传输的数据大小,它的单位是bit/s,也叫bps(位每秒,全称bits per second,每秒传输的位数),因为bit音译成比特,所以bit/s也可译为比特每秒,连带着码率也被叫作比特率了。

帧率专用于视频,指的是视频帧连续显示的频率,也就是每秒会展现多少幅视频画面,它的单位是fps(帧每秒,全称frames per second,每秒传输的帧数)。比如电影放映的标准是每秒24帧,那么该电影的帧率就是24fps。帧率越高,人眼感知的视频画面就越流畅。常见的视频制式及其对应帧率的关系说明见表3-1。

表 3-1 常见的视频制式及其对应帧率

视频制式	帧 率
电影的放映标准	24fps
PAL 制式(欧洲标准)电视	25fps
NTSC 制式(美国标准)电视	30fps
AVS2 的 4K 超高清标准	50fps

与帧率含义相似的另一个概念是刷新率。它们的区别在于:帧率是针对传输的,表达的是每

秒传输的帧数，其单位是fps；刷新率是针对显示的，表达的是每秒的刷新次数，其单位是Hz（赫兹）。刷新率越高，显示的图像画面就越稳定，越不容易闪烁。常见的显示场合及其对应刷新率的关系说明见表3-2。

表 3-2 常见的显示场合及其对应刷新率

显示场合	刷 新 率
CRT 显示器	75Hz～85Hz
液晶显示器	60Hz
手机的标准刷新率	60Hz
手机的高刷新率	90Hz
手机的超高刷新率	120Hz

人眼看到的视频画面质量与帧率、刷新率同时关联，最终的视觉感受取决于二者的最小值。因为如果帧率上不去，刷新率再高也没用；反之，如果刷新率较低，那么即使加大帧率也不行。比如一个视频文件的帧率是15fps，那么无论是在60Hz刷新率还是在90Hz刷新率的手机上，该视频每秒都只能展现15帧画面，流畅度没有差别。又如一台显示器的刷新率是60Hz，原本帧率为60fps的视频，即使它的帧率提高到90fps，这台显示器每秒也只能刷新60次，超额的帧率部分就丢失了。因此，在实际应用中，屏幕的刷新率总是比视频的帧率要大一些，这样看视频既不浪费，也足够用了。

采样率多用于音频，也称采样频率、采样速度，指的是单位时间内从连续信号采集离散样本的次数，它的单位名称是Hz。采样率越大，采集到的音频信号就越连贯，也越清晰。常见的音频采样率及其应用场合对照关系见表3-3。

表 3-3 常见的音频采样率及其应用场合

音频采样率	应用场合
8 000Hz	电话
11 025Hz	AM 调幅广播
22 050Hz 和 24 000Hz	FM 调频广播
32 000Hz	Mini DV 数码视频、DAT（LP 模式）
44 100Hz	CD 音频、MPEG-1 音频（VCD、SVCD、MP3 等）
48 000Hz	Mini DV、数字电视、DVD、DAT、电影和专业音频所用的数字声音
96 000Hz 或者 192 000Hz	DVD-Audio、LPCM DVD、BD-ROM（蓝光盘）、HD-DVD（高清 DVD）音轨

FFmpeg的数据流结构AVStream包含上述的比特率、帧率、采样率信息，主要看AVStream里面的r_frame_rate和codecpar两个字段。其中r_frame_rate字段为AVRational类型，存放着帧率信息，它的结构定义如下：

```
typedef struct AVRational{
    int num;         // Numerator, 分子
    int den;         // Denominator, 分母
} AVRational;        // Rational, 定量
```

可见AVRational是个分数结构，对于帧率来说，其值等于分子除以分母，也就是r_frame_rate.num/r_frame_rate.den。之所以引入分数结构，是因为有些数值属于除不尽的无限小数，如果使用double

类型保存这种数值，就会产生精度损失，一旦经过多次运算，累积的精度损失就会影响数值准确性，故而通过分数结构表达无限小数，避免精度损失的传导扩大。

codecpar字段则为AVCodecParameters指针类型，存放着音视频的详细参数信息。AVCodecParameters结构的常见字段说明如下。

- bit_rate：音视频的比特率、码率，单位为比特每秒（bit/s）。
- width：视频画面的宽度。
- height：视频画面的高度。
- frame_size：音频帧的大小，也就是每帧音频的采样数量。
- sample_rate：音频的采样率，单位为赫兹（Hz）。
- ch_layout：音频的声道信息，该字段为AVChannelLayout类型，其下的nb_channels字段表示声道数量。

根据以上结构定义可知，音视频的码率为codecpar->bit_rate，视频的帧率为r_frame_rate.num/r_frame_rate.den，音频的采样率为codecpar->sample_rate（注意：这里的->为C语言指针类型专用的指示操作符，不能用向右箭头→代替）。

既然知道了视频的帧率，就容易计算出每帧视频的持续时间，假设某个视频文件的帧率为25fps（每秒25帧），则每帧视频的持续时间=1000÷25=40ms（40毫秒）。那么每帧音频的持续时间的计算能否依葫芦画瓢呢？比如常见的音频采样率为44100Hz，单个离散样本的采集时间段=1000÷44100≈0.023毫秒。然而这个0.023毫秒并非一帧音频的持续时间，因为一个音频帧包含若干离散样本，依据不同的音频标准，音频帧内含的样本数量各不相同。例如MP3标准规定每帧音频包含1152个样本，AAC标准规定每帧音频包含1024个样本，因此音频帧的持续时间应当等于一个样本的持续时间乘以每帧音频的样本数量。

以MP3标准为例，每帧MP3音频包含1152个样本，且它的采样率为44100Hz。因此，一帧MP3音频的持续时间=1152×1000÷44100≈26.1ms。再来计算AAC标准，每帧AAC音频包含1024个样本，且它的采样率为44100Hz。因此，一帧AAC音频的持续时间=1024×1000÷44100≈23.2ms。现在明白了，MP3音频的每帧持续时间26.7毫秒，原来是这么计算的。由于AAC音频的每帧持续时间为23.2毫秒，它的时间切片比MP3更小，因此理论上音频质量会更高。

综合上面的结构介绍和算式推导，编写FFmpeg代码，可以提取音视频的码率、帧率、采样率，还可以分别计算每帧音视频的持续时间，示例代码片段如下（完整代码见chapter03/fps.c）。

```c
// 找到视频流的索引
int video_index = av_find_best_stream(fmt_ctx, AVMEDIA_TYPE_VIDEO, -1, -1, NULL, 0);
if (video_index >= 0) {
    AVStream *video_stream = fmt_ctx->streams[video_index];
    AVCodecParameters *video_codecpar = video_stream->codecpar;
    // 计算帧率，每秒有几个视频帧
    int fps = video_stream->r_frame_rate.num/video_stream->r_frame_rate.den;
    av_log(NULL, AV_LOG_INFO, "video_codecpar bit_rate=%d\n", video_codecpar->bit_rate);
    av_log(NULL, AV_LOG_INFO, "video_codecpar width=%d\n", video_codecpar->width);
    av_log(NULL, AV_LOG_INFO, "video_codecpar height=%d\n", video_codecpar->height);
    av_log(NULL, AV_LOG_INFO, "video_codecpar fps=%d\n", fps);
    int per_video = round(1000 / fps);  // 计算每个视频帧的持续时间
```

```
            av_log(NULL, AV_LOG_INFO, "one video frame's duration is %dms\n", per_video);
        }
        // 找到音频流的索引
        int audio_index = av_find_best_stream(fmt_ctx, AVMEDIA_TYPE_AUDIO, -1, -1, NULL, 0);
        if (audio_index >= 0) {
            AVStream *audio_stream = fmt_ctx->streams[audio_index];
            AVCodecParameters *audio_codecpar = audio_stream->codecpar;
            av_log(NULL, AV_LOG_INFO, "audio_codecpar bit_rate=%d\n",
audio_codecpar->bit_rate);
            av_log(NULL, AV_LOG_INFO, "audio_codecpar frame_size=%d\n",
audio_codecpar->frame_size);
            av_log(NULL, AV_LOG_INFO, "audio_codecpar sample_rate=%d\n",
audio_codecpar->sample_rate);
            av_log(NULL, AV_LOG_INFO, "audio_codecpar nb_channels=%d\n",
audio_codecpar->ch_layout.nb_channels);
            // 计算音频帧的持续时间。frame_size为每个音频帧的采样数量，sample_rate为采样频率
            int per_audio = 1000 * audio_codecpar->frame_size / audio_codecpar->sample_rate;
            av_log(NULL, AV_LOG_INFO, "one audio frame's duration is %dms\n", per_audio);
        }
```

接着执行下面的编译命令：

```
gcc fps.c -o fps -I/usr/local/ffmpeg/include -L/usr/local/ffmpeg/lib -lavformat
-lavdevice -lavfilter -lavcodec -lavutil -lswscale -lswresample -lpostproc -lm
```

编译完成后，执行以下命令启动测试程序：

```
./fps ../fuzhou.mp4
```

程序运行完毕，看到控制台输出以下日志信息：

```
video_codecpar bit_rate=1218448
video_codecpar width=1440
video_codecpar height=810
video_codecpar fps=25
one video frame's duration is 40ms
audio_codecpar bit_rate=128308
audio_codecpar frame_size=1024
audio_codecpar sample_rate=44100
audio_codecpar nb_channels=2
one audio frame's duration is 23ms
```

由此可见，该文件的视频帧率为25fps，音频的采样率为44100Hz，说明上述时间相关参数提取成功。

3.1.2 时间基准的设定

3.1.1节提到音频帧的持续时间主要有两种，一种是MP3音频的26.1毫秒，另一种是AAC音频的23.2毫秒。然而这两个持续时间都是近似值，不能用于代码中的精确计算，也就是说，毫秒不能当作音频帧的时间单位。同理，毫秒也不能当作视频帧的时间单位，虽然3.1.1节计算出视频帧的持续时间为40毫秒，但是该数值由25fps的帧率得来，如果帧率为24fps或者30fps，那么求得的视频帧持

续时间是个除不尽的小数。

既然毫秒无法作为音视、频帧的时间单位,势必要引入新的时间单位,或者称作时间基准,简称时间基。注意到AVStream结构提供了r_frame_rate字段存放帧率信息,其实它还提供了time_base字段存放时间基信息,time_base字段属于AVRational分数结构,其中分子num为1,分母den为音视频的采样率。以音频为例,常见的采样率为44100Hz,则音频流的time_base字段里面的den就为44100,此时音频帧的时间基准等于time_base.num/time_base.den,也就是1/44100。相当于把1秒的时间划分成44100个时间片,如此一来,每个音频帧的持续时间必定是时间片的整数倍。

接下来编写FFmpeg代码,把视频文件中的视频时间基和音频时间基分别打印出来,看看FFmpeg是否按此办理。下面是打印时间基的代码片段(完整代码见chapter03/timebase.c)。

```
// 找到视频流的索引
int video_index = av_find_best_stream(fmt_ctx, AVMEDIA_TYPE_VIDEO, -1, -1, NULL, 0);
if (video_index >= 0) {
    AVStream *video_stream = fmt_ctx->streams[video_index];
    // 获取视频流的时间基准
    AVRational time_base = video_stream->time_base;
    av_log(NULL, AV_LOG_INFO, "video_stream time_base.num=%d\n", time_base.num);
    av_log(NULL, AV_LOG_INFO, "video_stream time_base.den=%d\n", time_base.den);
}
// 找到音频流的索引
int audio_index = av_find_best_stream(fmt_ctx, AVMEDIA_TYPE_AUDIO, -1, -1, NULL, 0);
if (audio_index >= 0) {
    AVStream *audio_stream = fmt_ctx->streams[audio_index];
    // 获取音频流的时间基准
    AVRational time_base = audio_stream->time_base;
    av_log(NULL, AV_LOG_INFO, "audio_stream time_base.num=%d\n", time_base.num);
    av_log(NULL, AV_LOG_INFO, "audio_stream time_base.den=%d\n", time_base.den);
}
```

接着执行下面的编译命令:

```
gcc timebase.c -o timebase -I/usr/local/ffmpeg/include -L/usr/local/ffmpeg/lib -lavformat -lavdevice -lavfilter -lavcodec -lavutil -lswscale -lswresample -lpostproc -lm
```

编译完成后,执行以下命令启动测试程序:

```
./timebase ../fuzhou.mp4
```

程序运行完毕,发现控制台输出以下日志信息:

```
video_stream time_base.num=1
video_stream time_base.den=90000    // 这里的视频时间基分母有时是90000,有时是12800
audio_stream time_base.num=1
audio_stream time_base.den=44100
```

由此可见,音频的时间基分母的确是44100,然而视频的时间基分母既不是25又不是30,却是90000或者12800,为何相差这么大呢?这是因为25fps和30fps都属于传输过程中的帧率,并非采集过程中的采样率。帧率可以在传输的时候再调整,而采样率早在开始采集画面的时候就确定了,所以视频的时间基分母使用采样率而非帧率。

为什么视频的采样率会是90000Hz而不是别的数值呢?查看RFC3551规范的第5小节,里面讲到：

All of these video encodings use an RTP timestamp frequency of 90,000 Hz, the same as the MPEG presentation time stamp frequency. This frequency yields exact integer timestamp increments for the typical 24 (HDTV), 25 (PAL), and 29.97 (NTSC) and 30 Hz (HDTV) frame rates and 50, 59.94 and 60 Hz field rates. While 90 kHz is the RECOMMENDED rate for future video encodings used within this profile, other rates MAY be used.

这段英文的意思是：视频的时间戳增量必须兼容24fps、25fps、30fps等帧率（Frame Rates，也称帧速率），还要兼容50Hz、60Hz等刷新率（Field Rates，也称场频率、场扫描速率），因此推荐将90kHz作为压缩后（解压前）视频的采样率。

当然，上述规范仅推荐90000Hz，同时注明其他速率也是可以用的。在有的视频中，时间基分母设为12800，主要考虑到12800的倒数是个有限小数，在计算时会方便一些，另外12800Hz支持16fps、25fps、32fps、50fps、64fps等帧率，在实际应用中也足够了。

3.1.3 时间戳的计算

3.1.2节介绍的时间基属于音视频的时间基，也就是度量单个音频样本或者视频样本持续时长的时间单位。有了时间基以后，才能标记每个数据包所处的时间刻度，也就是时间戳。类似于信封上的邮戳，每个邮戳标记了当前信封的投递时间，每个时间戳也标记了当前数据包的解压时间或者播放时间。

FFmpeg把数据包的解压时间称作DTS（Decompression Timestamp，解压时间戳），对应AVPacket结构的dts字段；把数据包的显示时间称作PTS（Presentation Timestamp，显示时间戳），对应AVPacket结构的pts字段。对于音频帧来说，它的DTS和PTS数值保持一致，没有区别。对于视频帧来说，它的DTS和PTS的数值很可能不一样。因为视频帧分为I帧、P帧、B帧三类，其中I帧属于关键帧，也叫作帧内编码图像（Intra-Coded Picture），它包含一幅完整的图像信息；P帧属于前向预测编码图像（Predictive-Coded Picture），它需要参考前方的I帧或者P帧；B帧属于双向预测内插编码图像（Bi-Directionally Predicted Picture），它需要同时参考前方和后方的I帧或者P帧。举个例子，图3-1是一段录像的视频帧显示序列。

视频帧的显示顺序　$I_1 B_1 B_2 P_1 B_3 B_4 P_2$

视频帧的显示序号　1　2　3　4　5　6　7

图 3-1　一段录像的视频帧显示序列

由图3-1可见，这段录像以关键帧I1开始，其后序号为4的P1参考了I1，序号为7的P2又参考了P1；注意序号2和序号3的两个B帧同时参考了前方的I1和后方的P1，序号5和序号6的两个B帧同时参考了前方的P1和P2。P1和P2都参考前方的I帧或者P帧，这便叫作前向预测；B1、B2、B3、B4同时参考前方和后方的I帧或者P帧，这便叫作双向预测。

不过图3-1仅描绘了这些视频帧的显示顺序，在视频帧的解码过程中，解压顺序又是另一回事。

比如B1参考了前方的I1和后方的P1，那么势必等待I1和P1都解压完了，才能接着解压B1，至于B2的解压顺序同理可得。又如B3参考了前方的P1和后方的P2，就得等待P1和P2都解压完了，才能接着解压B3，至于B4的解压顺序同理可得。此时视频帧的解压顺序排列如图3-2所示。

视频帧的解压顺序　$I_1 P_1 B_1 B_2 P_2 B_3 B_4$

视频帧的解压序号　1　2　3　4　5　6　7　　解压时间戳 DTS

视频帧的显示序号　1　4　2　3　7　5　6　　显示时间戳 PTS

图3-2　一段录像的视频帧解压序列

至此，得到了视频帧的两种队列，一种是解压过程中的解压队列，该队列中的各帧时间戳被称作解压时间戳（DTS）；另一种是显示过程中的显示队列，该队列中的各帧时间戳被称作显示时间戳（PTS）。不过，开发者只需关注PTS，因为什么时候采用B帧由编解码器自行判断，所以DTS也由编解码器来设定。

那么PTS的数值又是怎么计算出来的呢？在日常生活中，最小的时间单位为1s（秒），则时间计数就是1s、2s、3s、4s、5s这样。既然音视频给出了某种时间基，其内部的时间计数能否采用1个时间基、2个时间基、3个时间基等表达呢？尽管这个思路没什么问题，不过音视频存在解压与播放两个操作。就视频而言，解压过程中的采样率可能是90000Hz或者12800Hz，而播放过程中的帧率可能是15fps、25fps等。因此，综合解压和播放两个过程，视频的时间戳增量等于采样率除以帧率，即视频的时间戳增量＝采样率÷帧率＝采样率×一帧视频持续的时间，这个增量时间戳的单位就是视频的时间基。

例如，某个视频的采样率是90000Hz，帧率是15fps，则它的时间戳增量＝90000÷15＝6000，于是各视频帧的PTS为0、6000、12000、18000、24000等。再如，某个视频的采样率为12800Hz，帧率为25fps，则它的时间戳增量＝12800÷25＝512，于是各视频帧的PTS为0、512、1024、1536、2048等。

对于音频来说，它在解压和播放两个操作中的采样率是同样的，一帧音频持续的时间等于一帧音频的采样数除以采样率，那么音频的时间戳增量等于一帧音频持续的时间乘以采样率。即音频的时间戳增量＝采样率×一帧音频持续的时间＝采样率×一帧音频的采样数÷采样率。鉴于采样率先除再乘刚好被抵扣掉，因此音频的时间戳增量就等于一帧音频的采样数，这个增量时间戳的单位就是音频的时间基。

以MP3标准为例，每帧MP3音频的采样个数为1152，则各音频帧的PTS为0、1152、2304、3456等。再来看AAC标准，每帧AAC音频的采样个数为1024，则各音频帧的PTS为0、1024、2048、4096等。在实际应用中，视频文件中的音频流，首个AAC音频帧的PTS可能为-1024，第二帧的PTS才变为0。这是因为首帧音频先于首帧视频播放，如果首帧视频的PTS为0，则首帧音频的PTS自然变成-1024了。只有首帧音频与首帧视频在同一时刻播放，它们的PTS才会为相同的0。

接下来编写FFmpeg代码，根据视频文件中的音视频时间基，分别计算对应的时间戳增量。计算音视频时间戳增量的代码片段如下（完整代码见chapter03/timestamp.c）。

```
   // 找到视频流的索引
   int video_index = av_find_best_stream(fmt_ctx, AVMEDIA_TYPE_VIDEO, -1, -1, NULL, 0);
   if (video_index >= 0) {
      AVStream *video_stream = fmt_ctx->streams[video_index];
      // 获取视频的时间基
      AVRational time_base = video_stream->time_base;
      av_log(NULL, AV_LOG_INFO, "video_stream time_base.num=%d\n", time_base.num);
      av_log(NULL, AV_LOG_INFO, "video_stream time_base.den=%d\n", time_base.den);
      // 计算视频帧的时间戳增量
      int timestamp_increment = 1 * time_base.den / fps;
      av_log(NULL, AV_LOG_INFO, "video timestamp_increment=%d\n", timestamp_increment);
   }
   // 找到音频流的索引
   int audio_index = av_find_best_stream(fmt_ctx, AVMEDIA_TYPE_AUDIO, -1, -1, NULL, 0);
   if (audio_index >= 0) {
      AVStream *audio_stream = fmt_ctx->streams[audio_index];
      // 获取音频的时间基
      AVRational time_base = audio_stream->time_base;
      av_log(NULL, AV_LOG_INFO, "audio_stream time_base.num=%d\n", time_base.num);
      av_log(NULL, AV_LOG_INFO, "audio_stream time_base.den=%d\n", time_base.den);
      // 计算音频帧的时间戳增量
      int timestamp_increment = 1 * audio_codecpar->frame_size *
                  (time_base.den / audio_codecpar->sample_rate);
      av_log(NULL, AV_LOG_INFO, "audio timestamp_increment=%d\n", timestamp_increment);
   }
```

接着执行下面的编译命令：

```
gcc timestamp.c -o timestamp -I/usr/local/ffmpeg/include -L/usr/local/ffmpeg/lib -lavformat -lavdevice -lavfilter -lavcodec -lavutil -lswscale -lswresample -lpostproc -lm
```

编译完成后，执行以下命令启动测试程序：

```
./timestamp ../fuzhou.mp4
```

程序运行完毕，发现控制台输出以下日志信息：

```
video_stream time_base.num=1
video_stream time_base.den=12800
video timestamp_increment=512
audio_stream time_base.num=1
audio_stream time_base.den=44100
audio timestamp_increment=1024
```

由此可见，该文件的视频时间戳增量为512，音频时间戳增量为1024。

注意 在视频文件中，音频流的time_base.den一般等于audio_codecpar->sample_rate，此时音频的时间戳增量正好等于采样个数。但在音频文件中，time_base.den往往是audio_codecpar->sample_rate的几十倍，此时音频的时间戳增量不等于采样个数，而是后者的几十倍。

3.2 分离音视频

本节介绍如何利用FFmpeg分离视频文件中的音视频数据，首先描述数据包的读写函数的用法，以及如何原样复制一个视频文件；然后叙述数据包的内部字段含义，以及如何从视频文件剥离音频流；最后阐述数据包的寻找函数用法，以及如何按照时间片切割视频文件。

3.2.1 原样复制视频文件

除查看音视频文件的参数信息外，FFmpeg还能用来加工编辑音视频文件，其中最简单的应用便是原样复制文件。复制音视频文件的核心操作包括两个部分，第一个部分是从源文件依次读取每个数据包，第二个部分是向目标文件依次写入每个数据包。其中读取数据包用到了av_read_frame函数，写入数据包用到了av_write_frame函数，有时使用av_interleaved_write_frame代替av_write_frame。这几个函数的用法说明如下。

- av_read_frame：从源文件读取一个音视频数据包。返回值为0表示读取成功，小于0表示读取失败。
- av_write_frame：向目标文件直接写入一个音视频数据包。返回值为0表示写入成功，小于0表示写入失败。
- av_interleaved_write_frame：与av_write_frame类似，区别在于写入时会自动缓存和重新排序。具体而言，该函数会比较当前数据包与上次数据包的DTS，根据DTS的大小判断它们的解码先后顺序，再对两个数据包重新排序写入。如果是读写本地的音视频文件，那么av_write_frame和av_interleaved_write_frame两个函数没什么区别，因为文件内部的数据包DTS已经排好序了。只有在网络上传输音视频数据的时候，才需要考虑对数据包重新排序，因为可能出现由于网络抖动导致数据包顺序错乱的情况，所以有必要纠正数据包排序被打乱的问题。

注意无论是av_read_frame还是av_write_frame，它们实际上都在操作AVPacket变量，而非AVFrame变量。初学者有时望文生义，误以为av_read_frame和av_write_frame会操作AVFrame变量，确实本来按照函数的命名规范，这两个函数理应叫作av_read_packet和av_write_packet，只不过截至FFmpeg 5.x版本，它们的函数名称还是没改过来，所以姑且先这么用。

当然，读取数据包和写入数据包只是文件复制的核心操作，具体到复制音视频文件的完整实现上，还需纳入文件打开、文件关闭、写文件头、写文件尾等详细操作过程。比如对源文件调用读取函数av_read_frame之前，得先依次进行avformat_open_input→avformat_find_stream_info→av_find_best_stream等函数调用；等到全部读取完毕，还要调用avformat_close_input函数关闭源文件。对目标文件调用写入函数av_write_frame之前，得先依次进行avformat_alloc_output_context2→avio_open→avformat_new_stream→avformat_write_header等函数调用；等到全部写入完毕，还要依次进行av_write_trailer→avio_close→avformat_free_context等函数调用。

综合源文件（输入文件）的完整读取流程，以及目标文件（输出文件）的完整写入流程，编写FFmpeg的音视频文件的复制代码如下（完整代码见chapter03/copyfile.c）。

```c
AVFormatContext *in_fmt_ctx = NULL; // 输入文件的封装器实例
// 打开音视频文件
int ret = avformat_open_input(&in_fmt_ctx, src_name, NULL, NULL);
if (ret < 0) {
    av_log(NULL, AV_LOG_ERROR, "Can't open file %s.\n", src_name);
    return -1;
}
av_log(NULL, AV_LOG_INFO, "Success open input_file %s.\n", src_name);
// 查找音视频文件中的流信息
ret = avformat_find_stream_info(in_fmt_ctx, NULL);
if (ret < 0) {
    av_log(NULL, AV_LOG_ERROR, "Can't find stream information.\n");
    return -1;
}
AVStream *src_video = NULL;
// 找到视频流的索引
int video_index = av_find_best_stream(in_fmt_ctx, AVMEDIA_TYPE_VIDEO, -1, -1, NULL, 0);
if (video_index >= 0) {
    src_video = in_fmt_ctx->streams[video_index];
}
AVStream *src_audio = NULL;
// 找到音频流的索引
int audio_index = av_find_best_stream(in_fmt_ctx, AVMEDIA_TYPE_AUDIO, -1, -1, NULL, 0);
if (audio_index >= 0) {
    src_audio = in_fmt_ctx->streams[audio_index];
}
AVFormatContext *out_fmt_ctx; // 输出文件的封装器实例
// 分配音视频文件的封装实例
ret = avformat_alloc_output_context2(&out_fmt_ctx, NULL, NULL, dest_name);
if (ret < 0) {
    av_log(NULL, AV_LOG_ERROR, "Can't alloc output_file %s.\n", dest_name);
    return -1;
}
// 打开输出流
ret = avio_open(&out_fmt_ctx->pb, dest_name, AVIO_FLAG_READ_WRITE);
if (ret < 0) {
    av_log(NULL, AV_LOG_ERROR, "Can't open output_file %s.\n", dest_name);
    return -1;
}
av_log(NULL, AV_LOG_INFO, "Success open output_file %s.\n", dest_name);
if (video_index >= 0) { // 源文件有视频流，就给目标文件创建视频流
    AVStream *dest_video = avformat_new_stream(out_fmt_ctx, NULL); // 创建数据流
    // 把源文件的视频参数原样复制过来
    avcodec_parameters_copy(dest_video->codecpar, src_video->codecpar);
    dest_video->time_base = src_video->time_base;
    dest_video->codecpar->codec_tag = 0;
}
if (audio_index >= 0) { // 源文件有音频流，就给目标文件创建音频流
    AVStream *dest_audio = avformat_new_stream(out_fmt_ctx, NULL); // 创建数据流
    // 把源文件的音频参数原样复制过来
    avcodec_parameters_copy(dest_audio->codecpar, src_audio->codecpar);
```

```c
        dest_audio->codecpar->codec_tag = 0;
    }
    ret = avformat_write_header(out_fmt_ctx, NULL); // 写文件头
    if (ret < 0) {
        av_log(NULL, AV_LOG_ERROR, "write file_header occur error %d.\n", ret);
        return -1;
    }
    av_log(NULL, AV_LOG_INFO, "Success write file_header.\n");
    AVPacket *packet = av_packet_alloc();              // 分配一个数据包
    while (av_read_frame(in_fmt_ctx, packet) >= 0) {   // 轮询数据包
        // 有的文件视频流没在第一路,需要调整到第一路,因为目标的视频流默认在第一路
        if (packet->stream_index == video_index) {     // 视频包
            packet->stream_index = 0;
            ret = av_write_frame(out_fmt_ctx, packet); // 往文件写入一个数据包
        } else { // 音频包
            packet->stream_index = 1;
            ret = av_write_frame(out_fmt_ctx, packet); // 往文件写入一个数据包
        }
        if (ret < 0) {
            av_log(NULL, AV_LOG_ERROR, "write frame occur error %d.\n", ret);
            break;
        }
        av_packet_unref(packet);              // 清除数据包
    }
    av_write_trailer(out_fmt_ctx);            // 写文件尾
    av_log(NULL, AV_LOG_INFO, "Success copy file.\n");
    av_packet_free(&packet);                  // 释放数据包资源
    avio_close(out_fmt_ctx->pb);              // 关闭输出流
    avformat_free_context(out_fmt_ctx);       // 释放封装器的实例
    avformat_close_input(&in_fmt_ctx);        // 关闭音视频文件
```

接着执行下面的编译命令:

```
gcc copyfile.c -o copyfile -I/usr/local/ffmpeg/include -L/usr/local/ffmpeg/lib
-lavformat -lavdevice -lavfilter -lavcodec -lavutil -lswscale -lswresample -lpostproc -lm
```

编译完成后,执行以下命令启动测试程序,期望原样复制指定的视频文件。

```
./copyfile ../fuzhou.mp4
```

程序运行完毕,发现控制台输出以下日志信息,说明成功把源文件复制到了目标文件 output_copyfile.mp4。

```
Success open input_file ../fuzhou.mp4.
Success open output_file output_copyfile.mp4.
Success write file_header.
Success copy file.
```

最后打开影音播放器,可以正常播放 output_copyfile.mp4,表明上述代码正确实现了文件复制功能。

注意 运行下面的 ffmpeg 命令也可以原样复制视频文件。命令中的 -c copy 表示原样复制。

```
ffmpeg -i ../fuzhou.mp4 -c copy ff_same_copy.mp4
```

3.2.2 从视频文件剥离音频流

3.2.1节通过av_read_frame和av_write_frame两个函数实现了文件复制功能,其中音视频数据的载体位于AVPacket类型的数据包,AVPacket结构内部的字段说明如下。

- pts:数据包的播放时间戳。
- dts:数据包的解码时间戳。
- data:数据包的内容指针。
- size:数据包的大小,单位为字节。
- stream_index:数据包归属数据流的索引值。在视频文件中,视频包的索引值通常为0,音频包的索引值通常为1。
- duration:数据包的持续时间。时间单位参考time_base字段的时间基。
- pos:数据包在当前数据流中的位置。
- time_base:数据包的时间基。

虽然AVPacket结构包含的字段不少,但是很多字段不会由开发者直接处理,开发者通常只关注其中的stream_index字段。根据stream_index字段的取值,可以判断某个数据包究竟是归属视频流还是归属音频流,据此能够对视频包和音频包分别处理。最简单的应用就是从视频文件中剥离音频流(或者单独保存视频流),对源文件调用av_read_frame函数获取数据包之后,检查该包的stream_index字段,如果索引值等于视频流的索引,就调用av_write_frame函数把该视频包写入目标文件。

具体到代码上,剥离音频流与3.2.1节的复制文件相比有两个不同之处,一个是目标文件只需创建视频流,无须创建音频流;另一个是增加判断数据包的stream_index字段,只要把视频包写入目标文件即可。据此编写FFmpeg剥离音频流的代码如下(完整代码见chapter03/peelaudio.c)。

```
AVFormatContext *in_fmt_ctx = NULL;  // 输入文件的封装器实例
// 打开音视频文件
int ret = avformat_open_input(&in_fmt_ctx, src_name, NULL, NULL);
if (ret < 0) {
    av_log(NULL, AV_LOG_ERROR, "Can't open file %s.\n", src_name);
    return -1;
}
av_log(NULL, AV_LOG_INFO, "Success open input_file %s.\n", src_name);
// 查找音视频文件中的流信息
ret = avformat_find_stream_info(in_fmt_ctx, NULL);
if (ret < 0) {
    av_log(NULL, AV_LOG_ERROR, "Can't find stream information.\n");
    return -1;
}
AVStream *src_video = NULL;
// 找到视频流的索引
int video_index = av_find_best_stream(in_fmt_ctx, AVMEDIA_TYPE_VIDEO, -1, -1, NULL, 0);
if (video_index >= 0) {
    src_video = in_fmt_ctx->streams[video_index];
} else {
    av_log(NULL, AV_LOG_ERROR, "Can't find video stream.\n");
```

```c
        return -1;
    }
    AVFormatContext *out_fmt_ctx;  // 输出文件的封装器实例
    // 分配音视频文件的封装实例
    ret = avformat_alloc_output_context2(&out_fmt_ctx, NULL, NULL, dest_name);
    if (ret < 0) {
        av_log(NULL, AV_LOG_ERROR, "Can't alloc output_file %s.\n", dest_name);
        return -1;
    }
    // 打开输出流
    ret = avio_open(&out_fmt_ctx->pb, dest_name, AVIO_FLAG_READ_WRITE);
    if (ret < 0) {
        av_log(NULL, AV_LOG_ERROR, "Can't open output_file %s.\n", dest_name);
        return -1;
    }
    av_log(NULL, AV_LOG_INFO, "Success open output_file %s.\n", dest_name);
    if (video_index >= 0) {  // 源文件有视频流, 就给目标文件创建视频流
        AVStream *dest_video = avformat_new_stream(out_fmt_ctx, NULL);  // 创建数据流
        // 把源文件的视频参数原样复制过来
        avcodec_parameters_copy(dest_video->codecpar, src_video->codecpar);
        dest_video->time_base = src_video->time_base;
        dest_video->codecpar->codec_tag = 0;
    }
    ret = avformat_write_header(out_fmt_ctx, NULL);  // 写文件头
    if (ret < 0) {
        av_log(NULL, AV_LOG_ERROR, "write file_header occur error %d.\n", ret);
        return -1;
    }
    av_log(NULL, AV_LOG_INFO, "Success write file_header.\n");
    AVPacket *packet = av_packet_alloc();                  // 分配一个数据包
    while (av_read_frame(in_fmt_ctx, packet) >= 0) {       // 轮询数据包
        if (packet->stream_index == video_index) {         // 为视频流
            packet->stream_index = 0;                      // 视频流默认在第一路
            ret = av_write_frame(out_fmt_ctx, packet);     // 往文件写入一个数据包
            if (ret < 0) {
                av_log(NULL, AV_LOG_ERROR, "write frame occur error %d.\n", ret);
                break;
            }
        }
        av_packet_unref(packet);                           // 清除数据包
    }
    av_write_trailer(out_fmt_ctx);                         // 写文件尾
    av_log(NULL, AV_LOG_INFO, "Success peel audio.\n");
    av_packet_free(&packet);                               // 释放数据包资源
    avio_close(out_fmt_ctx->pb);                           // 关闭输出流
    avformat_free_context(out_fmt_ctx);                    // 释放封装器的实例
    avformat_close_input(&in_fmt_ctx);                     // 关闭音视频文件
```

接着执行下面的编译命令:

```
gcc peelaudio.c -o peelaudio -I/usr/local/ffmpeg/include -L/usr/local/ffmpeg/lib
-lavformat -lavdevice -lavfilter -lavcodec -lavutil -lswscale -lswresample -lpostproc -lm
```

编译完成后,执行以下命令启动测试程序,期望从指定文件去除音频流。

```
./peelaudio ../fuzhou.mp4
```

程序运行完毕,发现控制台输出以下日志信息,说明已经从目标文件成功剥离音频流,只留下视频流。

```
Success open input_file ../fuzhou.mp4.
Success open output_file output_peelaudio.mp4.
Success write file_header.
Success peel audio.
```

最后打开影音播放器,可以正常播放output_peelaudio.mp4,可知上述代码正确实现了音频剥离功能。

提示,运行下面的ffmpeg命令也可去除视频文件中的音频流。命令中的-an表示不处理音频流。

```
ffmpeg -i ../fuzhou.mp4 -c copy -an ff_only_video.mp4
```

3.2.3 切割视频文件

除av_read_frame和av_write_frame这两个读写函数外,FFmpeg还提供了av_seek_frame寻找函数,该函数用于定位指定时间戳的数据包。如果先调用av_seek_frame函数,再调用av_read_frame函数,那么将从指定时间戳位置开始读取,而非从音视频文件的开始位置读取。不过av_seek_frame函数的寻址结果并非指定时间戳所处的精确位置,而是离该时间戳最近的关键帧位置,因为只有关键帧(I帧)才属于完整的视频图像,而P帧和B帧都得参考其他帧才行,所以av_seek_frame函数返回能够单独解码的关键帧。当然,这里所说的关键帧其实是关键帧压缩之后对应的数据包,其类型为AVPacket结构,而非AVFrame结构。

至于av_seek_frame函数要求的时间戳,则由数据流的时间基计算而来。假设某个以秒为单位的时间点为A,则其对应的时间戳=A×频率=A÷时间基=A÷(time_base.num/time_base.den)。鉴于FFmpeg提供了库函数av_q2d,已经封装好了time_base.num/time_base.den,因此A对应的时间戳=A÷av_q2d(time_base)。利用av_seek_frame函数找到指定时间戳的数据包之后,即可将其后的数据包写入目标文件,从而实现视频切割功能。

在写入目标文件之前,还要调整数据包的播放时间戳和解码时间戳,因为新文件的时间戳从0开始计数,所以新的时间戳要用旧的时间戳减去实际寻址的时间戳,也就是减去寻址得到的关键帧时间戳。于是编写FFmpeg切割视频的代码如下(完整代码见chapter03/splitvideo.c)。

```
double begin_time = 5.0;                           // 切割开始时间,单位为秒
double end_time = 15.0;                            // 切割结束时间,单位为秒
// 计算开始切割位置的播放时间戳
int64_t begin_video_pts = begin_time / av_q2d(src_video->time_base);
// 计算结束切割位置的播放时间戳
int64_t end_video_pts = end_time / av_q2d(src_video->time_base);
av_log(NULL, AV_LOG_INFO, "begin_video_pts=%d, end_video_pts=%d\n", begin_video_pts, end_video_pts);
// 寻找关键帧,并非begin_video_pts所处的精确位置,而是离begin_video_pts最近的关键帧
ret = av_seek_frame(in_fmt_ctx, video_index, begin_video_pts,
    AVSEEK_FLAG_FRAME | AVSEEK_FLAG_BACKWARD);
if (ret < 0) {
```

```c
        av_log(NULL, AV_LOG_ERROR, "seek video frame occur error %d.\n", ret);
        return -1;
    }
    int64_t key_frame_pts = -1;                          // 关键帧的播放时间戳
    AVPacket *packet = av_packet_alloc();                // 分配一个数据包
    while (av_read_frame(in_fmt_ctx, packet) >= 0) {     // 轮询数据包
        if (packet->stream_index == video_index) {       // 为视频流
            packet->stream_index = 0;                    // 视频流默认在第一路
            if (key_frame_pts == -1) {                   // 保存最靠近begin_video_pts的关键帧时间戳
                key_frame_pts = packet->pts;
            }
            if (packet->pts > key_frame_pts + end_video_pts - begin_video_pts) {
                break;                                   // 比切割的结束时间大，就结束切割
            }
            packet->pts = packet->pts - key_frame_pts;   // 调整视频包的播放时间戳
            packet->dts = packet->dts - key_frame_pts;   // 调整视频包的解码时间戳
            ret = av_write_frame(out_fmt_ctx, packet);   // 往文件写入一个数据包
            if (ret < 0) {
                av_log(NULL, AV_LOG_ERROR, "write frame occur error %d.\n", ret);
                break;
            }
        }
        av_packet_unref(packet);                         // 清除数据包
    }
```

接着执行下面的编译命令：

```
gcc splitvideo.c -o splitvideo -I/usr/local/ffmpeg/include -L/usr/local/ffmpeg/lib
-lavformat -lavdevice -lavfilter -lavcodec -lavutil -lswscale -lswresample -lpostproc -lm
```

编译完成后，执行以下命令启动测试程序，期望从指定文件切割出一段视频。

```
./splitvideo ../fuzhou.mp4
```

程序运行完毕，发现控制台输出以下日志信息，说明完成了目标文件的切割操作。

```
Success open input_file ../fuzhou.mp4.
Success open output_file output_splitvideo.mp4.
Success write file_header.
begin_video_pts=64000, end_video_pts=192000
Success split video.
```

最后打开影音播放器，可以正常播放output_splitvideo.mp4，可知上述代码正确实现了视频切割功能。

> **提示** 运行下面的ffmpeg命令也可从视频文件中切割出一段视频。命令中的-ss 00:00:07表示切割开始时间，-to 00:00:15表示切割结束时间。

```
ffmpeg -ss 00:00:07 -i ../fuzhou.mp4 -to 00:00:15 -c copy ff_cut_video.mp4
```

3.3 合并音视频

本节介绍如何利用FFmpeg合并两个文件中的视频数据和音频数据,首先描述比较时间基和转换时间基两个函数的用法,以及如何把视频流和音频流合并到一个视频文件中;然后叙述还原数据帧和压缩数据帧相关函数的用法,以及如何对视频文件中的视频数据重新压缩编码;最后阐述如何把两个视频文件中的视频数据合并到一个视频文件,以及在合并过程中如何调整新视频的时间戳。

3.3.1 合并视频流和音频流

分离音视频的逆向操作是合并音视频,那么音视频的合并代码是否为分离代码的简单逆向呢?比如从视频文件剥离音频流的时候,判断数据包的stream_index字段,如果该字段值为音频流的索引,就丢掉数据包;如果该字段值为视频流的索引,就将数据包写入目标文件。然而,把纯音频文件和纯视频文件重新合并为带音频的视频文件,这可不能把来自两路数据流的数据包简单掺和在一起,因为音频流的时间戳要和视频流的时间戳相对照,在相同时刻的音视频数据必须放在相邻位置,才能保证播放器在解码播放时能够口型对准声音,而不会出现口不对声的异样画面。

但是音频流与视频流的时间基不同,它们的数据包时间戳单位不统一,也就无法直接比较这两种时间戳的大小。若想判断两个不同基准的时间戳大小,则要引入FFmpeg提供的av_compare_ts函数,该函数的前两个参数为第一个时间戳的数值及其时间基,后两个参数为第二个时间戳的数值及其时间基。当av_compare_ts函数的返回值小于0时,表示第一个时间戳代表的时间值小于第二个时间戳代表的时间值;当返回值等于0时,表示两个时间戳代表的时间值相同;当返回值大于0时,表示第一个时间戳代表的时间值大于第二个时间戳代表的时间值。

通过比较音频时间戳和视频时间戳,从而决定两类数据包的顺序排列,这只是音视频合并的第一步。因为写入目标文件的时候,不能直接采用原来的时间戳数值,而要重新计算目标文件要求的时间戳,也就是按照目标文件的时间基统一音视频的时间戳。此时可以调用av_rescale_q函数把某个时间戳从甲时间基准转换为乙时间基准,不过AVPacket结构有两个时间戳,分别是播放时间戳pts字段和解码时间戳dts字段,另外还有持续时长duration字段,因此,如果时间基准发生变化,数据包的这三个字段都要调整时间基。幸亏FFmpeg贴心地提供了av_packet_rescale_ts函数,该函数能够一次性转换数据包的时间基,查看av_packet_rescale_ts的函数源码,会发现其内部对pts、dts、duration三个字段依次调用了av_rescale_q转换函数,因此开发者只需调用一次av_packet_rescale_ts即可实现数据包的时间基转换操作。

总结一下,合并音频流和视频流主要增加了以下两项操作:

(1)调用av_compare_ts函数比较音频包和视频包的时间戳大小,以此解决音视频数据包的排序问题。

(2)调用av_packet_rescale_ts函数根据新的时间基准转换数据包的时间戳,包括播放时间戳、解码时间戳、持续时长都要转换,以此解决新文件的音视频同步问题。

根据以上思路编写音视频合并的FFmpeg代码片段如下(完整代码见chapter03/mergeaudio.c)。

```c
    AVPacket *packet = av_packet_alloc();              // 分配一个数据包
    int64_t last_video_pts = 0;                        // 上次的视频时间戳
    int64_t last_audio_pts = 0;                        // 上次的音频时间戳
    while (1) {
        // av_compare_ts函数用于比较两个时间戳的大小（它们来自不同的时间基）
        if (last_video_pts==0 || av_compare_ts(last_video_pts, dest_video->time_base,
                            last_audio_pts, dest_audio->time_base) <= 0) {
            while ((ret = av_read_frame(video_fmt_ctx, packet)) >= 0) {  // 轮询视频包
                if (packet->stream_index == video_index) {               // 找到一个视频包
                    break;
                }
            }
            if (ret == 0) {
                // av_packet_rescale_ts会把数据包的时间戳从一个时间基转换为另一个时间基
                av_packet_rescale_ts(packet, src_video->time_base, dest_video->time_base);
                packet->stream_index = 0;                // 视频流索引
                last_video_pts = packet->pts;            // 保存最后一次视频时间戳
            } else {
                av_log(NULL, AV_LOG_INFO, "End video file.\n");
                break;
            }
        } else {
            while ((ret = av_read_frame(audio_fmt_ctx, packet)) >= 0) {  // 轮询音频包
                if (packet->stream_index == audio_index) {               // 找到一个音频包
                    break;
                }
            }
            if (ret == 0) {
                // av_packet_rescale_ts会把数据包的时间戳从一个时间基转换为另一个时间基
                av_packet_rescale_ts(packet, src_audio->time_base, dest_audio->time_base);
                packet->stream_index = 1;                // 音频流索引
                last_audio_pts = packet->pts;            // 保存最后一次音频时间戳
            } else {
                av_log(NULL, AV_LOG_INFO, "End audio file.\n");
                break;
            }
        }
        ret = av_write_frame(out_fmt_ctx, packet);       // 往文件写入一个数据包
        if (ret < 0) {
            av_log(NULL, AV_LOG_ERROR, "write frame occur error %d.\n", ret);
            break;
        }
        av_packet_unref(packet);                         // 清除数据包
    }
```

接着执行下面的编译命令：

```
gcc mergeaudio.c -o mergeaudio -I/usr/local/ffmpeg/include -L/usr/local/ffmpeg/lib
-lavformat -lavdevice -lavfilter -lavcodec -lavutil -lswscale -lswresample -lpostproc -lm
```

编译完成后，执行以下命令启动测试程序，期望合并指定的视频文件和音频文件。

```
./mergeaudio ../fuzhous.mp4 ../fuzhous.aac
```

程序运行完毕，发现控制台输出以下日志信息，说明完成了将音频流和视频流合并在一起的操作。

```
Success open input_file ../fuzhous.mp4.
Success open input_file ../fuzhous.aac.
Success open output_file output_mergeaudio.mp4.
Success merge video and audio file.
```

最后打开影音播放器，可以正常播放output_mergeaudio.mp4，表明上述代码正确实现了合并音视频的功能。

> **提示** 运行下面的ffmpeg命令也可以把没有音频流的视频文件和音频文件合并为一个携带音频流的视频文件。命令中的-vcodec copy表示输出的视频编码器用原来的，-acodec aac表示输出的音频编码器采用AAC。

```
ffmpeg -i ../fuzhous.mp4 -i ../fuzhous.aac -vcodec copy -acodec aac
ff_merge_audio.mp4
```

3.3.2 对视频流重新编码

3.3.1节针对数据包的时间戳处理，其实不涉及数据帧的加工操作，因为数据包是由数据帧压缩而来的，也就是说，只改了个时间标记而已，整个压缩包的内容并未发生变化。若想实质编辑视频的画面，无疑要先把视频的数据包解压才行，只有解压得到原始的数据帧，才能对这个原始数据进行修改操作。等到数据帧修改完成，还要通过编码器把数据帧压缩成编码后的数据包，再把重新压缩的数据包写入目标文件。在还原与压缩的过程中，主要用到了以下转换函数。

- avcodec_send_packet：把未解压的数据包发给解码器实例。
- avcodec_receive_frame：从解码器实例获取还原后的数据帧。
- avcodec_send_frame：把原始的数据帧发给编码器实例。
- avcodec_receive_frame：从编码器实例获取压缩后的数据包。

具体到代码编写上，可将重新编码的操作过程划分为三个步骤：创建编码器的实例并对编码参数赋值、对数据包解压得到原始的数据帧、对数据帧编码得到压缩后的数据包，分别说明如下。

1. 创建编码器的实例并对编码参数赋值

以对视频帧重新编码为例，其编码器实例的创建过程主要有三步：首先调用avcodec_alloc_context3函数分配编码器的实例，然后调用avcodec_parameters_to_context函数把源视频流中的编解码参数复制给编码器的实例，最后调用avcodec_open2函数打开编码器的实例。这个创建过程算是按部就班，唯一值得注意的是第二步，因为avcodec_parameters_to_context函数只会复制常规的编解码参数，不会复制帧率和时间基，所以需要开发者另外给编码器实例设置帧率和时间基。

下面是创建编码器实例并赋值的FFmpeg代码（完整代码见chapter03/recode.c）。

```
enum AVCodecID video_codec_id = src_video->codecpar->codec_id;
// 查找视频编码器
AVCodec *video_codec = (AVCodec*) avcodec_find_encoder(video_codec_id);
```

```
if (!video_codec) {
    av_log(NULL, AV_LOG_ERROR, "video_codec not found\n");
    return -1;
}
video_encode_ctx = avcodec_alloc_context3(video_codec);  // 分配编码器的实例
if (!video_encode_ctx) {
    av_log(NULL, AV_LOG_ERROR, "video_encode_ctx is null\n");
    return -1;
}
// 把源视频流中的编解码参数复制给编码器的实例
avcodec_parameters_to_context(video_encode_ctx, src_video->codecpar);
// 注意：帧率和时间基要单独赋值，因为avcodec_parameters_to_context没复制这两个参数
video_encode_ctx->framerate = src_video->r_frame_rate;
// framerate.num值过大，会导致视频头一秒变灰色
if (video_encode_ctx->framerate.num > 60) {
    video_encode_ctx->framerate = (AVRational){25, 1};  // 帧率
}
video_encode_ctx->time_base = src_video->time_base;
video_encode_ctx->gop_size = 12;  // 关键帧的间隔距离
// AV_CODEC_FLAG_GLOBAL_HEADER标志允许操作系统显示该视频的缩略图
if (out_fmt_ctx->oformat->flags & AVFMT_GLOBALHEADER) {
    video_encode_ctx->flags = AV_CODEC_FLAG_GLOBAL_HEADER;
}
ret = avcodec_open2(video_encode_ctx, video_codec, NULL);  // 打开编码器的实例
if (ret < 0) {
    av_log(NULL, AV_LOG_ERROR, "Can't open video_encode_ctx.\n");
    return -1;
}
dest_video = avformat_new_stream(out_fmt_ctx, NULL);  // 创建数据流
// 把编码器实例的参数复制给目标视频流
avcodec_parameters_from_context(dest_video->codecpar, video_encode_ctx);
dest_video->codecpar->codec_tag = 0;
```

2. 对数据包解压得到原始的数据帧

因为这里只讨论视频的重新编码，所以要判断数据包的stream_index字段，只有该字段值为视频流索引时，才开展后续的视频重新编码操作。注意此时要提前分配数据帧AVFrame，用于保存解码后的视频数据，下面是对视频包解码的FFmpeg代码片段（完整代码见chapter03/recode.c）。

```
AVPacket *packet = av_packet_alloc();                    // 分配一个数据包
AVFrame *frame = av_frame_alloc();                       // 分配一个数据帧
while (av_read_frame(in_fmt_ctx, packet) >= 0) {         // 轮询数据包
    if (packet->stream_index == video_index) {           // 视频包需要重新编码
        packet->stream_index = 0;
        recode_video(packet, frame);                     // 对视频帧重新编码
    } else {                                             // 音频包暂不重新编码，直接写入目标文件
        packet->stream_index = 1;
        ret = av_write_frame(out_fmt_ctx, packet);       // 往文件写入一个数据包
        if (ret < 0) {
            av_log(NULL, AV_LOG_ERROR, "write frame occur error %d.\n", ret);
            break;
```

```
        }
    }
    av_packet_unref(packet);                            // 清除数据包
}
```

对数据包解码的时候，先调用avcodec_send_packet函数把未解压的数据包发给解码器实例，再调用avcodec_receive_frame函数从解码器实例获取还原后的数据帧。解码过程运用的recode_video函数定义代码如下。

```
// 对视频帧重新编码
int recode_video(AVPacket *packet, AVFrame *frame) {
    // 把未解压的数据包发给解码器实例
    int ret = avcodec_send_packet(video_decode_ctx, packet);
    if (ret < 0) {
        av_log(NULL, AV_LOG_ERROR, "send packet occur error %d.\n", ret);
        return ret;
    }
    while (1) {
        // 从解码器实例获取还原后的数据帧
        ret = avcodec_receive_frame(video_decode_ctx, frame);
        if (ret == AVERROR(EAGAIN) || ret == AVERROR_EOF) {
            return (ret == AVERROR(EAGAIN)) ? 0 : 1;
        } else if (ret < 0) {
            av_log(NULL, AV_LOG_ERROR, "decode frame occur error %d.\n", ret);
            break;
        }
        output_video(frame);   // 给视频帧编码，并写入压缩后的视频包
    }
    return ret;
}
```

可见在数据包的解码过程中，先调用avcodec_send_packet，再调用avcodec_receive_frame，但是为什么调用一次avcodec_send_packet之后，还要循环调用avcodec_receive_frame呢？这里主要考虑到B帧的影响，因为B帧是双向预测帧，它既参考了前面的视频帧，也参考了后面的视频帧。那么在收到一个B帧压缩后的数据包时，解码器实例无法立即解压出原始的数据帧，此时调用avcodec_receive_frame函数会返回AVERROR(EAGAIN)，表示信息不足，需要更多的参考数据；只有在收到下一帧（比如P帧）的压缩包之后，解码器实例才能解压出前面的B帧，以及当前的P帧。如此一来，后面那一帧就得调用两次avcodec_receive_frame函数，才能依次取出之前的B帧和之后的P帧，总共两帧数据。

然而在解码之前，谁也不知道一个数据包究竟是I帧、B帧还是P帧，也就不知道avcodec_send_packet之后到底要调用几次avcodec_receive_frame。因此，通过循环调用avcodec_receive_frame并判断该函数的返回值，当返回AVERROR(EAGAIN)时，表示解码数据不足，就跳出循环继续发送下一个数据包；当返回0时，表示成功解码，把解压出来的数据帧写入文件，然后继续下一次循环；当返回AVERROR_EOF时，表示解码器实例没东西返回了，就跳出循环继续发送下一个数据包。以上数据包解码流程如图3-3所示。

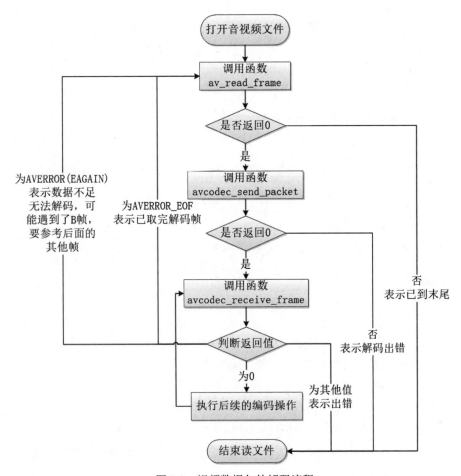

图 3-3 视频数据包的解码流程

3. 对数据帧编码得到压缩后的数据包

对数据帧编码时,先调用avcodec_send_frame函数把原始的数据帧发给编码器实例,再调用avcodec_receive_packet函数从编码器实例获取压缩后的数据包,然后才把压缩数据包写入目标文件。注意在写文件之前,要把视频包的时间基转换成目标文件的时间基,也就是调用av_packet_rescale_ts函数执行时间戳的基准转换操作。下面是对视频帧编码并写入目标文件的FFmpeg代码片段(完整代码见chapter03/recode.c)。

```
// 给视频帧编码,并写入压缩后的视频包
int output_video(AVFrame *frame) {
    // 把原始的数据帧发给编码器实例
    int ret = avcodec_send_frame(video_encode_ctx, frame);
    if (ret < 0) {
        av_log(NULL, AV_LOG_ERROR, "send frame occur error %d.\n", ret);
        return ret;
    }
    while (1) {
        AVPacket *packet = av_packet_alloc();   // 分配一个数据包
        // 从编码器实例获取压缩后的数据包
        ret = avcodec_receive_packet(video_encode_ctx, packet);
```

```
            if (ret == AVERROR(EAGAIN) || ret == AVERROR_EOF) {
                return (ret == AVERROR(EAGAIN)) ? 0 : 1;
            } else if (ret < 0) {
                av_log(NULL, AV_LOG_ERROR, "encode frame occur error %d.\n", ret);
                break;
            }
            // 把数据包的时间戳从一个时间基转换为另一个时间基
            av_packet_rescale_ts(packet, src_video->time_base, dest_video->time_base);
            packet->stream_index = 0;
            ret = av_write_frame(out_fmt_ctx, packet);  // 往文件写入一个数据包
            if (ret < 0) {
                av_log(NULL, AV_LOG_ERROR, "write frame occur error %d.\n", ret);
                break;
            }
            av_packet_unref(packet);   // 清除数据包
    }
    return ret;
}
```

从以上代码看到，调用了一次avcodec_send_frame函数之后，紧接着循环调用avcodec_receive_packet函数，这里同样考虑到了B帧的影响，因为压缩一个B帧需要参考后面的其他帧，只有收到后面的帧，前面的B帧才能被编码压缩。

接着执行下面的编译命令：

```
gcc recode.c -o recode -I/usr/local/ffmpeg/include -L/usr/local/ffmpeg/lib -lavformat
-lavdevice -lavfilter -lavcodec -lavutil -lswscale -lswresample -lpostproc -lm
```

编译完成后，执行下面的命令启动测试程序，期望对视频文件的视频数据重新编码。

```
./recode ../fuzhou.mp4
```

程序运行完毕，发现控制台输出以下日志信息，说明完成了把视频文件重新编码保存为新文件的操作。

```
Success open input_file ../fuzhou.mp4.
Success open output_file output_recode.mp4.
Success copy video parameters_to_context.
Success open video codec.
Success recode file.
```

最后打开影音播放器可以正常播放output_recode.mp4，表明上述代码初步实现了对视频文件重新编码的功能。

然而仔细观看output_recode.mp4，发觉该视频末尾好像丢失了片段，播放时长也比原视频短了一点。进一步跟踪发现新视频少了末尾的几十帧，造成视频时长意外缩短了，这便是FFmpeg入门时经常遇到的视频丢帧问题。

究其原因，是因为FFmpeg在编解码的时候运用了缓存机制，表面上调用av_read_frame函数已经读到了源文件的末尾，实际上只有大部分视频数据写到了目标文件，还剩一小部分视频数据留在编码器实例的缓存中。此时需要向编码器实例发送一个空帧，表示已经没货了，请把缓存里的东西全都冲出来吧。具体到代码上，只需在调用output_video函数时传入NULL即可，示例代码如下：

```
    output_video(NULL);        // 传入一个空帧，冲走编码缓存
```

除编码器实例外，解码器实例也有缓存，因此在源文件全部读完之后，也要给解码器实例发送一个空包。不过这个空包不能直接传NULL，而是给数据包的data字段赋值NULL，size字段赋值0，表示这个数据包的内容为空且大小为0。向解码器实例发送空包的代码片段如下：

```
packet->data = NULL;                    // 传入一个空包，冲走解码缓存
packet->size = 0;
recode_video(packet, frame);            // 对视频帧重新编码
```

综合上述两处代码优化，既要向编码器实例发送空帧，又要向解码器实例发送空包。优化后对视频帧重新编码的代码示例如下（完整代码见chapter03/recode2.c）。

```
AVPacket *packet = av_packet_alloc();               // 分配一个数据包
AVFrame *frame = av_frame_alloc();                  // 分配一个数据帧
while (av_read_frame(in_fmt_ctx, packet) >= 0) {    // 轮询数据包
    if (packet->stream_index == video_index) {      // 视频包需要重新编码
        packet->stream_index = 0;
        recode_video(packet, frame);                // 对视频帧重新编码
    } else {                                        // 音频包暂不重新编码，直接写入目标文件
        packet->stream_index = 1;
        ret = av_write_frame(out_fmt_ctx, packet);  // 往文件写入一个数据包
        if (ret < 0) {
            av_log(NULL, AV_LOG_ERROR, "write frame occur error %d.\n", ret);
            break;
        }
    }
    av_packet_unref(packet);                        // 清除数据包
}
packet->data = NULL;                                // 传入一个空包，冲走解码缓存
packet->size = 0;
recode_video(packet, frame);                        // 对视频帧重新编码
output_video(NULL);                                 // 传入一个空帧，冲走编码缓存
av_write_trailer(out_fmt_ctx);                      // 写文件尾
```

接着执行下面的编译命令：

```
gcc recode2.c -o recode2 -I/usr/local/ffmpeg/include -L/usr/local/ffmpeg/lib -lavformat
-lavdevice -lavfilter -lavcodec -lavutil -lswscale -lswresample -lpostproc -lm
```

编译完成后，执行以下命令启动测试程序，期望对视频文件的视频数据重新编码。

```
./recode2 ../fuzhou.mp4
```

程序运行完毕，发现控制台输出以下日志信息，说明完成了把视频文件重新编码保存为新文件的操作。

```
Success open input_file ../fuzhou.mp4.
Success open output_file output_recode2.mp4.
Success recode file.
```

最后打开影音播放器可以正常播放output_recode2.mp4，并且视频时长没有缩短，表明上述代码解决了对视频重新编码会丢帧的问题。

> **提示** 运行下面的ffmpeg命令也可以对视频文件重新按照H.264格式编码。命令中的 -vcodec h264表示输出的视频编码器采用H.264（libx264）。

```
ffmpeg -i ../fuzhous.mp4 -vcodec h264 ff_recode_video.mp4
```

3.3.3 合并两个视频文件

3.3.2节对视频重新编码，最终生成的还是那个视频文件，乍看起来没有什么实际意义。其实视频的绝大部分加工编辑操作都依赖于视频数据的重新编码，比如把两个视频合并为一个视频，就需要将两个视频的码流按照目标文件的编码器统一实施编码，从而保证目标文件的视频流编码规范、格式统一。

合并两个视频文件的过程，相比之前的视频文件重新编码操作，主要存在三个不同之处：把两个源文件的信息读取到相关数组，根据第一个文件的时长计算第二个文件的开始时间戳，以及调整第二个文件的数据帧时间戳。下面对这三处分别加以说明。

1. 把两个源文件的信息读取到相关数组

因为要打开两个输入的视频文件，所以事先声明几个长度为2的指针数组，同时给open_input_file函数增加一个表示序号的输入参数，用于区分当前读取的是第几个输入文件。于是声明数组以及读取两个音视频文件的FFmpeg代码示例如下（完整代码见chapter03/mergevideo.c）。

```
AVFormatContext *in_fmt_ctx[2] = {NULL, NULL};          // 输入文件的封装器实例
AVCodecContext *video_decode_ctx[2] = {NULL, NULL};     // 视频解码器的实例
int video_index[2] = {-1 -1};                           // 视频流的索引
AVStream *src_video[2] = {NULL, NULL};                  // 源文件的视频流

// 打开输入文件
int open_input_file(int seq, const char *src_name) {
    // 打开音视频文件
    int ret = avformat_open_input(&in_fmt_ctx[seq], src_name, NULL, NULL);
    if (ret < 0) {
        av_log(NULL, AV_LOG_ERROR, "Can't open file %s.\n", src_name);
        return -1;
    }
    av_log(NULL, AV_LOG_INFO, "Success open input_file %s.\n", src_name);
    // 查找音视频文件中的流信息
    ret = avformat_find_stream_info(in_fmt_ctx[seq], NULL);
    if (ret < 0) {
        av_log(NULL, AV_LOG_ERROR, "Can't find stream information.\n");
        return -1;
    }
    // 找到视频流的索引
    video_index[seq] = av_find_best_stream(in_fmt_ctx[seq], AVMEDIA_TYPE_VIDEO, -1, -1, NULL, 0);
    if (video_index[seq] >= 0) {
        src_video[seq] = in_fmt_ctx[seq]->streams[video_index[seq]];
        enum AVCodecID video_codec_id = src_video[seq]->codecpar->codec_id;
        // 查找视频解码器
        AVCodec *video_codec = (AVCodec*) avcodec_find_decoder(video_codec_id);
```

```
            if (!video_codec) {
                av_log(NULL, AV_LOG_ERROR, "video_codec not found\n");
                return -1;
            }
            video_decode_ctx[seq] = avcodec_alloc_context3(video_codec); // 分配解码器的实例
            if (!video_decode_ctx) {
                av_log(NULL, AV_LOG_ERROR, "video_decode_ctx is null\n");
                return -1;
            }
            // 把视频流中的编解码参数复制给解码器的实例
            avcodec_parameters_to_context(video_decode_ctx[seq],
src_video[seq]->codecpar);
            ret = avcodec_open2(video_decode_ctx[seq], video_codec, NULL); // 打开解码器的实例
            av_log(NULL, AV_LOG_INFO, "Success open video codec.\n");
            if (ret < 0) {
                av_log(NULL, AV_LOG_ERROR, "Can't open video_decode_ctx.\n");
                return -1;
            }
    } else {
        av_log(NULL, AV_LOG_ERROR, "Can't find video stream.\n");
        return -1;
    }
    return 0;
}
```

然后在主程序的main函数中调用两次open_input_file，序号分别传入0和1，表示依次打开两个音视频文件。调用代码如下。

```
if (open_input_file(0, src_name0) < 0) { // 打开第一个输入文件
    return -1;
}
if (open_input_file(1, src_name1) < 0) { // 打开第二个输入文件
    return -1;
}
```

2. 根据第一个文件的时长计算第二个文件的开始时间戳

为了方便起见，目标文件的编码器与第一个输入文件保持一致，那么对于第一个输入文件，可把它的所有数据包原样写入目标文件。但是对于第二个输入文件就不能这么做了，因为正常音视频文件内部的时间戳是连续递增的，显然第二个输入文件的时间戳不能直接照搬写入目标文件。此时要先根据第一个输入文件的视频时长计算该文件末尾的时间戳，对于合并过来的第二个输入文件，其数据包的时间戳必须在第一个文件的基础上递增。

根据3.2.2节推出来的时间戳转换式子，假设某个以秒为单位的时间点为A，则其对应的时间戳＝A÷av_q2d(time_base)。考虑到视频播放时长的duration字段单位是微秒，则duration字段对应的时间戳＝duration÷1000÷1000÷av_q2d(time_base)。于是包含时间戳计算过程的视频合并代码片段如下。

```
// 首先原样复制第一个视频
AVPacket *packet = av_packet_alloc();           // 分配一个数据包
AVFrame *frame = av_frame_alloc();              // 分配一个数据帧
```

```
    while (av_read_frame(in_fmt_ctx[0], packet) >= 0) {    // 轮询数据包
        if (packet->stream_index == video_index[0]) {      // 视频包需要重新编码
            recode_video(0, packet, frame, 0);             // 对视频帧重新编码
        }
        av_packet_unref(packet);                           // 清除数据包
    }
    packet->data = NULL;                                   // 传入一个空包,冲走解码缓存
    packet->size = 0;
    recode_video(0, packet, frame, 0);                     // 对视频帧重新编码
    // 然后在末尾追加第二个视频
    int64_t begin_sec = in_fmt_ctx[0]->duration;           // 获取视频时长,单位为微秒
    // 计算第一个视频末尾的时间基,作为第二个视频开头的时间基
    int64_t begin_video_pts = begin_sec / ( 1000.0 * 1000.0 *
av_q2d(src_video[0]->time_base));
    while (av_read_frame(in_fmt_ctx[1], packet) >= 0) {    // 轮询数据包
        if (packet->stream_index == video_index[1]) {      // 视频包需要重新编码
            recode_video(1, packet, frame, begin_video_pts); // 对视频帧重新编码
        }
        av_packet_unref(packet);                           // 清除数据包
    }
    packet->data = NULL;                                   // 传入一个空包,冲走解码缓存
    packet->size = 0;
    recode_video(1, packet, frame, begin_video_pts);       // 对视频帧重新编码
    output_video(NULL);                                    // 传入一个空帧,冲走编码缓存
    av_write_trailer(out_fmt_ctx);                         // 写文件尾
```

3. 调整第二个文件的数据帧时间戳

注意到上述代码给recode_video函数添加了两个输入参数,其中一个是文件序号,另一个是该文件的起始时间戳。对于第一个输入文件,起始时间戳默认为0,重新编码时无须特殊处理。对于第二个输入文件,起始时间戳为第一个文件的末尾时间戳,重新编码时要把数据帧的pts字段加上这个时间戳。据此编写的recode_video函数代码示例如下。

```
// 对视频帧重新编码
int recode_video(int seq, AVPacket *packet, AVFrame *frame, int64_t begin_video_pts) {
    // 把未解压的数据包发给解码器实例
    int ret = avcodec_send_packet(video_decode_ctx[seq], packet);
    if (ret < 0) {
        av_log(NULL, AV_LOG_ERROR, "send packet occur error %d.\n", ret);
        return ret;
    }
    while (1) {
        // 从解码器实例获取还原后的数据帧
        ret = avcodec_receive_frame(video_decode_ctx[seq], frame);
        if (ret == AVERROR(EAGAIN) || ret == AVERROR_EOF) {
            return (ret == AVERROR(EAGAIN)) ? 0 : 1;
        } else if (ret < 0) {
            av_log(NULL, AV_LOG_ERROR, "decode frame occur error %d.\n", ret);
            break;
        }
        if (seq == 1) {  // 第二个输入文件
```

```
            // 把时间戳从一个时间基改为另一个时间基
            int64_t pts = av_rescale_q(frame->pts, src_video[1]->time_base,
src_video[0]->time_base);
            frame->pts = pts + begin_video_pts;  // 加上增量时间戳
        }
        output_video(frame);   // 给视频帧编码，并写入压缩后的视频包
    }
    return ret;
}
```

接着执行下面的编译命令：

```
gcc mergevideo.c -o mergevideo -I/usr/local/ffmpeg/include -L/usr/local/ffmpeg/lib
-lavformat -lavdevice -lavfilter -lavcodec -lavutil -lswscale -lswresample -lpostproc -lm
```

编译完成后，执行以下命令启动测试程序，期望合并两个指定的视频文件。

```
./mergevideo ../fuzhous.mp4 ../seas.mp4
```

程序运行完毕，发现控制台输出以下日志信息，说明完成了把两个视频文件合并为一个视频文件的操作。

```
Success open input_file ../fuzhous.mp4.
Success open input_file ../seas.mp4.
Success open output_file output_mergevideo.mp4.
Success open video codec.
Success merge two video file.
```

最后打开影音播放器可以正常播放output_mergevideo.mp4，新文件果然由原来的两个视频内容构成，表明上述代码正确实现了合并两个视频的功能。

> **提示** 运行下面的ffmpeg命令也可以把两个视频拼接成一个视频文件。命令中的-f concat表示输入源为前后连接的文件列表。

```
ffmpeg -f concat -i concat_video.txt -c copy ff_merge_video.mp4
```

上面的命令用到的concat_video.txt文件格式如下：

```
file 'ff_recode_video.mp4'
file 'ff_recode_video.mp4'
```

3.4 视频浏览与格式分析

本节介绍如何通过第三方工具浏览视频画面和分析视频格式，首先描述通用音视频播放器VLC media player的详细安装过程，以及如何使用VLC media player播放视频文件；然后叙述视频格式分析工具Elecard StreamEye的详细安装过程，以及如何使用Elecard StreamEye分析视频格式；最后阐述如何把原始的H264文件封装为MP4格式的视频文件。

3.4.1 通用音视频播放器

VLC media player是一款跨平台的音视频播放器，它不但跨平台，而且开源，还兼容多语言，且与FFmpeg深度融合，几乎支持所有的音视频格式。除常见的音视频文件外，VLC media player也能播放未经MP4封装的H.264裸流，以及RTSP、RTMP等网络串流，实属音视频开发者的必备工具。

有两个途径可以获取VLC media player的安装包及其源码资源，其中一个是VideoLAN官方网站，另一个是VLC的GitHub主页。VideoLAN的官方网站地址是https://www.videolan.org/vlc/，各版本VLC安装包的下载入口在https://download.videolan.org/pub/videolan/vlc/，VLC最新源码的下载页面是 https://www.videolan.org/vlc/download-sources.html 。 VLC 的 GitHub 主 页 地 址 是 https://github.com/videolan/vlc，该地址也是VLC的最新源码入口页面，各版本VLC安装包的下载入口在https://github.com/videolan/vlc/tags。由于GitHub网络不稳定，主页时常打不开，因此推荐到VideoLAN官方网站下载VLC的安装包及其最新源码。

VLC的安装包分为Win32、Win64、Mac OS X、Linux等多个系统版本，注意下载与自己计算机系统吻合的VLC安装包。以Win64版本为例，VLC media player 3.0.18 在2022年11月发布，它 的 下 载 地 址 是 https://download.videolan.org/pub/videolan/vlc/3.0.18/win64/vlc-3.0.18-win64.exe，使用浏览器打开该地址，会自动定位到最佳网络的镜像地址下载。等待VLC下载完成，双击打开安装包，弹出语言选择窗口，如图3-4所示。

图 3-4　VLC 的语言选择窗口

语言选择窗口保持默认的"中文(简体)"，单击窗口下方的OK按钮，打开安装向导窗口，如图3-5所示。单击向导窗口右下角的"下一步"按钮，跳转到许可协议窗口，如图3-6所示。

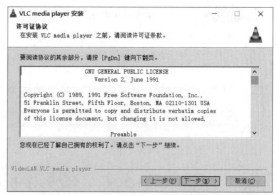

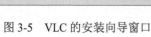

图 3-5　VLC 的安装向导窗口　　　　　图 3-6　VLC 的许可协议窗口

单击许可协议窗口右下角的"下一步"按钮，跳转到选择组件窗口，如图3-7所示。单击选择组件窗口右下角的"下一步"按钮，跳转到选择安装位置窗口，如图3-8所示，在此可更改VLC的安装路径。

单击选择位置窗口右下角的"安装"按钮，跳转到正在安装窗口，如图3-9所示。等待安装完毕，自动跳到安装结束窗口，如图3-10所示。

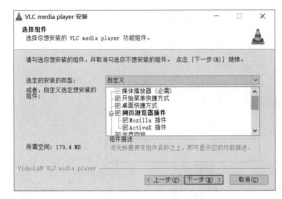

图 3-7　VLC 的选择组件窗口　　　　　图 3-8　VLC 的选择安装位置窗口

图 3-9　VLC 的正在安装窗口　　　　　图 3-10　VLC 的安装结束窗口

单击结束窗口右下角的"完成"按钮，即可启动安装完成的VLC media player，该播放器的初始界面如图3-11所示。依次选择VLC的菜单"媒体"→"打开文件"，在弹出的"文件"对话框中选择某个视频文件（比如output_recode.mp4），即可观看视频的播放画面，如图3-12所示。

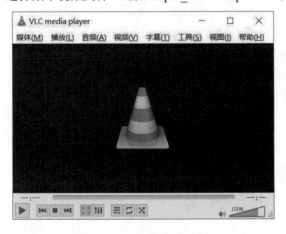

图 3-11　VLC 的初始界面　　　　　　图 3-12　VLC 的播放画面

除通过VLC的顶部菜单打开视频文件外，还可以在计算机的文件保存目录下右击某个视频文件，并在弹出的快捷菜单中依次选择"打开方式"→VLC media player，如图3-13所示，也能启动VLC media player播放该视频。

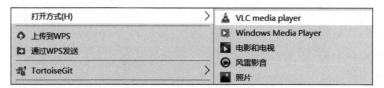

图 3-13　在快捷菜单中打开 VLC

3.4.2　视频格式分析工具

虽然通过播放器可以检查视频文件能否正常播放，但是播放器毕竟不是分析工具，无法逐帧分析视频的每个画面。对于采用H.264编码的视频而言，可使用专门的视频格式分析工具Elecard StreamEye，该工具的官方网站地址是https://www.elecard.com/products/video-analysis/streameye，国内软件站收录的下载页面为https://www.onlinedown.net/soft/51003.htm。

Elecard StreamEye的安装包下载之后，双击安装包弹出如图3-14所示的安装向导窗口。单击窗口右下角的Next按钮，跳转到重要信息窗口，如图3-15所示。

 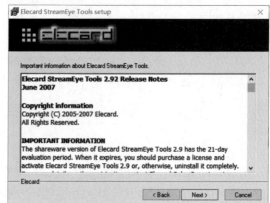

图 3-14　StreamEye 的安装向导窗口　　　　图 3-15　StreamEye 的重要信息窗口

单击重要信息窗口右下角的Next按钮，跳转到许可协议窗口，如图3-16所示。勾选该窗口左下角的Yes...复选框，再单击窗口右下角的Next按钮，跳转到安装位置窗口，如图3-17所示，在此可更改Elecard StreamEye的安装路径。

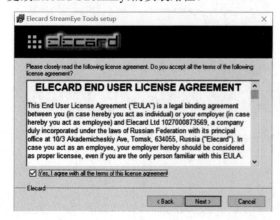 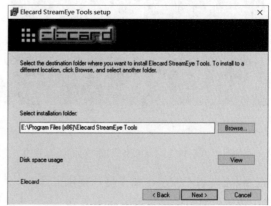

图 3-16　StreamEye 的许可协议窗口　　　　图 3-17　StreamEye 的安装位置窗口

单击安装位置窗口右下角的Next按钮，跳转到程序组窗口，如图3-18所示。单击程序组窗口右下角的Next按钮，跳转到准备开始窗口，如图3-19所示。

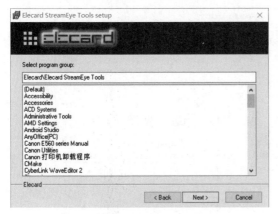

图 3-18　StreamEye 的程序组窗口

图 3-19　StreamEye 的准备开始窗口

单击准备开始窗口右下角的Next按钮，Elecard StreamEye就开始安装操作，等待安装完毕，会跳转到如图3-20所示的安装结束窗口，单击右下角的Finish按钮结束安装过程。

图 3-20　StreamEye 的安装结束窗口

双击Elecard StreamEye安装路径下的可执行程序eseye_u.exe，打开Elecard StreamEye的初始界面，如图3-21所示。

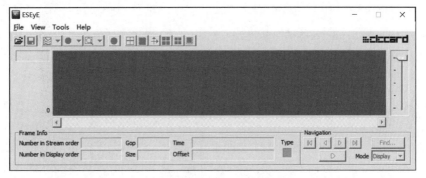

图 3-21　StreamEye 的初始界面

依次选择顶部菜单File→Open，在弹出的"文件"对话框中选择某个视频文件（比如output_recode2.mp4），即可打开视频分析界面，如图3-22所示。

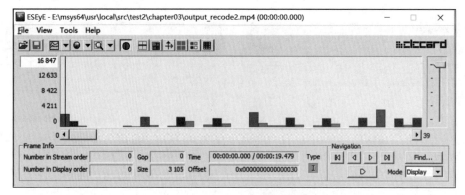

图3-22 StreamEye的视频分析界面

同时Elecard StreamEye打开两个窗口，如图3-23和图3-24所示，其中图3-23为视频帧的预览窗口，在主界面单击选择某个柱子，预览窗口就会切换到该柱子对应的帧画面。图3-24是信息窗口，展示该视频的规格参数，比如文件类型（file type）、视频编码标准（video stream type）、分辨率（resolution）、帧数量（frames count）等。

图3-23 StreamEye的视频预览窗口

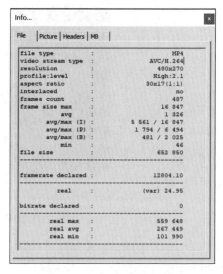

图3-24 StreamEye的视频信息窗口

现在有了Elecard StreamEye能够分析H.264视频，还有H.265视频可通过Elecard HEVC Analyzer分析。HEVC Analyzer的GitHub源码地址为https://github.com/lheric/GitlHEVCAnalyzer，有兴趣的读者可自行体验。

3.4.3 把原始的 H264 文件封装为 MP4 格式

从摄像头传出的视频流往往是未被封装的H264数据，这类视频流保存为文件的话，其扩展名通常为.264或者.h264。像这种尚未封装的原始264文件，大部分视频播放器都不能正常打开，只有使用VLC media player才能正常播放。

.h264裸流文件之所以无法被其他播放器打开，是因为原始的H264数据缺少时间戳，播放器不知道该在哪个时间点显示哪幅视频画面。为了让播放器能够正确识别各帧的时间位置，要通过FFmpeg代码对未定义的时间戳重新赋值，将pts、dts、duration等字段按照时间基重新计算。根据3.2.2节推出来的时间戳转换式子，假设某个以秒为单位的时间点为A，则其对应的时间戳＝A÷av_q2d(time_base)。那么各个视频包的时间戳即可根据对应的序号计算而来，下面是对视频包重新赋值时间戳的FFmpeg代码片段（完整代码见chapter03/mux264.c）。

```c
int packet_index = 0;                                    // 数据包的索引序号
AVStream *in_stream = NULL, *out_stream = NULL;
AVPacket *packet = av_packet_alloc();                    // 分配一个数据包
while (av_read_frame(in_fmt_ctx, packet) >= 0) {         // 轮询数据包
    if (packet->stream_index == video_index) {           // 视频包
        packet->stream_index = 0;
        in_stream = in_fmt_ctx->streams[video_index];
        out_stream = out_fmt_ctx->streams[video_index];
    } else if (packet->stream_index == audio_index) {    // 音频包
        packet->stream_index = 1;
        in_stream = in_fmt_ctx->streams[audio_index];
        out_stream = out_fmt_ctx->streams[audio_index];
    }
    // 摄像头直接保存的.h264文件，重新编码时得另外加时间戳
    if (packet->stream_index == 0
            && packet->pts == AV_NOPTS_VALUE) {           // 未定义的时间戳
        // 计算两帧之间的间隔。如果帧率为25，那么两帧间隔0.04秒
        double interval = 1.0 / av_q2d(in_stream->r_frame_rate);
        // 给各帧的时间戳重新赋值
        packet->pts = packet_index*interval / av_q2d(in_stream->time_base);
        packet->dts = packet->pts;
        packet->duration = interval / av_q2d(in_stream->time_base);
        packet_index++;
    }
    // 把数据包的时间戳从一个时间基转换为另一个时间基
    av_packet_rescale_ts(packet, in_stream->time_base, out_stream->time_base);
    ret = av_write_frame(out_fmt_ctx, packet);            // 往文件写入一个数据包
    if (ret < 0) {
        av_log(NULL, AV_LOG_ERROR, "write frame occur error %d.\n", ret);
        break;
    }
    av_packet_unref(packet);                              // 清除数据包
}
av_write_trailer(out_fmt_ctx);                            // 写文件尾
```

接着执行下面的编译命令：

```
gcc mux264.c -o mux264 -I/usr/local/ffmpeg/include -L/usr/local/ffmpeg/lib -lavformat -lavdevice -lavfilter -lavcodec -lavutil -lswscale -lswresample -lpostproc -lm
```

编译完成后，执行以下命令启动测试程序，期望把H264裸流文件封装为MP4文件。

```
./mux264 ../test.264
```

程序运行完毕，发现控制台输出以下日志信息，说明完成了给H264文件添加时间戳的操作。

```
Success open input_file ../test.264.
Success open output_file output_mux264.mp4.
Success mux file.
```

最后打开影音播放器可以正常播放output_mux264.mp4，表明上述代码正确实现了将H264文件封装为MP4文件的功能。

提示 运行下面的ffmpeg命令也可以把H.264编码的视频裸流封装为MP4格式。命令中的-f h264表示输入源为H.264格式的文件。

```
ffmpeg -f h264 -i ../test.264 -vcodec copy ff_package.mp4
```

3.5 小　　结

本章主要介绍了学习FFmpeg编程必须知道的音视频编解码知识。首先介绍了音视频常见的时间概念（码率、帧率、采样率、时间基、时间戳），接着介绍了通过FFmpeg编程分离音频流和视频流，然后介绍了通过FFmpeg编程合并音频流和视频流，最后介绍了使用第三方工具浏览和分析视频（VLC media player、Elecard StreamEye）。

通过本章的学习，读者应该能够掌握以下4种开发技能：

（1）学会使用FFmpeg获取音视频文件的码率、帧率、采样率，以及时间基和时间戳。
（2）学会使用FFmpeg分离音视频、切割视频文件。
（3）学会使用FFmpeg合并音视频、合并两个视频。
（4）学会使用VLC media player播放音视频，学会使用Elecard StreamEye分析视频格式。

第 4 章 FFmpeg 处理图像

本章介绍FFmpeg对常见图像格式进行转存和浏览的开发过程，主要包括：怎样把视频帧转存为YUV文件，怎样浏览YUV图像的渲染画面，怎样把单个视频帧转存为对应格式的JPEG图片、PNG图片、BMP图片，怎样把连续的视频画面转存为GIF动图。最后结合本章所学的知识演示了一个实战项目"图片转视频"的设计与实现。

4.1 YUV 图像

本节介绍FFmpeg对YUV图像的处理办法，首先描述为什么引入YUV格式，YUV格式有哪些种类，以及如何在YUV与RGB之间转换数据；然后叙述如何把视频文件中的某帧画面保存为YUV文件；最后阐述如何使用YUView工具浏览YUV文件，并论证视频画面默认采取哪种色度标准。

4.1.1 为什么要用 YUV 格式

初学者觉得音视频开发很难，不仅因为音视频领域充斥着大量的专业术语，还因为有些地方与通常的认知截然不同，使人怀疑自己是不是白读了这么多年书或者白做了这么多年技术。比如音视频领域对视频画面采用YUV格式，而非常见的RGB格式，初学者刚接触时会觉得这是哪个平行世界的东西，都20XX年了怎么RGB还没有一统江湖吗？

众所周知，自然界的缤纷色彩由三原色组成，无论是以红、黄、青（Cyan）、洋红（Magenta）、黄色（Yellow）、黑色（Black），简称CMYK）为代表的色彩三原色，还是以红、绿、蓝（红色（Red）、绿色（Green）、蓝色（Blue），简称RGB）为代表的光学三原色，都能按照三原色的多少混合成各种颜色。然而YUV根本就是另一套体系，Y表示亮度（Luminance），也就是从黑到白的灰度值，UV联合起来表示色度（Chrominance或Chroma）。有的地方认为U表示色度，V表示浓度或者饱和度，这是望文生义了。实际上，Chrominance译作色度、彩度、彩色信号，而Chroma译作色度、彩度、饱和度、纯度，这两个单词其实表达同一个含义，也就是色度、色彩饱和度。至于浓度对应的英文单词为Concentration，该单词表示物质溶解量的多寡，比如浓盐水、酒精浓度等，并非颜色的深浅程度，跟UV扯不上关系。之所以产生这种误会，应该是中英文的词汇表达范围有差异，很多时候不是一一对应的关系，比如英文的Chrominance和Chroma均可表达中文的色度，而中文的浓度会被拆解为英文的Chroma（用于颜色的深浅程度）和Concentration（用于酒精浓度等溶解多寡程度）。

那么为何视频采用YUV格式而非RGB格式呢？此事说来话长。早在20世纪，人类就发明了黑白电视机，几十年后才发明彩色电视机。两种电视机的区别在于，黑白电视机只有黑、白、灰等灰阶色值，没有赤橙黄绿青蓝紫等彩色，所以黑白电视机只有灰度信号，也就是YUV中的Y值。可是彩色电视机发明之后没有立即取代黑白电视机，二者在日常生活中并行使用了很长一段时间。电视台发出的节目信号既要适配黑白电视机，又要适配彩色电视机，于是人们想办法增加了UV两个通道，连同原来的Y通道组成了新的YUV格式。如此一来，黑白电视机收到节目信号之后，只处理Y通道的灰度值，而彩色电视机对YUV三通道都要处理，于是成功让一套电视信号同时兼容黑白电视机与彩色电视机。

考虑到视频的图像数据较大，有必要对YUV格式先进行数据压缩，鉴于人眼对亮度信息很敏感，对颜色信息相对不那么敏感，故而压缩UV代表的色度数据比较合适。压缩前和压缩后的YUV格式主要有以下4种。

（1）YUV444格式：原始的YUV数据是一一对应的，即一个像素包含一个Y值、一个U值和一个V值。此时在两行两列的四宫格区域中，就有4个Y值、4个U值和4个V值，这种YUV格式简写为YUV444。

（2）YUV422格式：在YUV444的基础上减少UV的数量，横轴的每两个像素才安排一对UV值。此时在两行两列的四宫格区域中，就有4个Y值、两个U值和两个V值，这种YUV格式简写为YUV422。

（3）YUV411格式：在YUV422的基础上再压缩的话有两个方向，一个方向是横轴的每4像素才安排一对UV值。此时在一行4个相邻的区域中，就有4个Y值、一个U值和一个V值，这种YUV格式简写为YUV411。

（4）YUV420格式：在YUV422的基础上再压缩的另一个方向是在横轴压缩的基础上继续压缩纵轴数据，纵轴的每两个像素才安排一对UV值。此时在两行两列的四宫格区域中，就有4个Y值、一个U值和一个V值。因为纵轴数据被压缩，相当于第一行有一对UV值，第二行没有UV值，所以这种格式简写为YUV420。

包括YUV444、YUV422、YUV411、YUV420在内的像素压缩结构如图4-1所示。

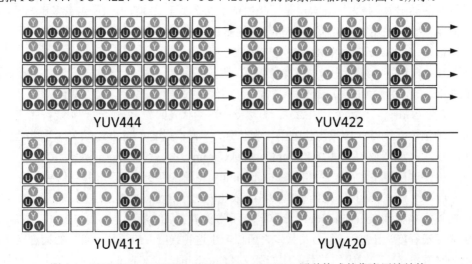

图 4-1　YUV444、YUV422、YUV411、YUV420 四种格式的像素压缩结构

由图4-1可见，YUV420在压缩纵轴时，实际上在四宫格区域的第一行放一个U值，在第二行放

一个V值，并非U、V都挤在第一行。只是YUV411已经另有所属，并且YUV411的代号也看不出纵轴被压缩，所以同时压缩横轴和纵轴的方式还是叫作YUV420比较合适。

讲了这么多，表示亮度的Y通道倒是明白了，另外两个U、V通道又是做什么的呢？毕竟色度这个词太笼统了，而且U、V都说是色度，还是不明白U和V到底是什么，它们之间的区别又在哪里。其实YUV与RGB两种格式之间存在数值转换关系，主要包括BT601（标清）、BT709（高清）、BT2020（超高清）三种标准，每个标准又分为模拟电视版、数字电视版和全范围版三个版本。其中数字电视版的Y值区间是[16,235]，U、V值区间是[16,240]，这是主流的YUV格式；全范围版的色度区间是[0,255]，这是JPEG格式的色彩空间，属于YUV格式的JPEG变种，简称YUVJ，末尾的J代表JPEG。于是三种标准乘以三个版本，构成了9套YUV与RGB转换体系，因为计算机只处理数字信号，所以这里不讨论模拟电视版的模拟信号，那就剩下数字电视版和全范围版总共6套色彩转换体系，这些体系对应的数值转换式子列举如下（因YUV与RGB的转换过程较复杂，故以下式子的系数均为近似值）。

下面是BT601标准的数字电视版转换式子。

```
R = 1.164 * (Y - 16) + 1.596 * (V - 128)
G = 1.164 * (Y - 16) - 0.392 * (U - 128) - 0.813 * (V - 128)
B = 1.164 * (Y - 16) + 2.017 * (U - 128)
Y = 0.257 * R + 0.504 * G + 0.098 * B + 16
U = -0.148 * R - 0.291 * G + 0.439 * B + 128
V = 0.439 * R - 0.368 * G - 0.071 * B + 128
```

下面是BT601标准的全范围版转换式子。

```
R = Y + 1.4075 * (V - 128)
G = Y - 0.3455 * (U -128) - 0.7169 *(V -128)
B = Y + 1.779 * (U - 128)
Y = 0.299 * R + 0.587 * G + 0.114 * B
U = -0.169 * R - 0.331 * G + 0.500 * B + 128
V = 0.500 * R - 0.419 * G - 0.081 * B + 128
```

下面是BT709标准的数字电视版转换式子。

```
R = 1.164 * (Y - 16) + 1.792 * (V - 128)
G = 1.164 * (Y - 16) - 0.213 * (U - 128) - 0.534 * (V - 128)
B = 1.164 * (Y - 16) + 2.016 * (U - 128)
Y = 0.183 * R + 0.614 * G + 0.062 * B + 16
U = -0.101 * R - 0.339 * G + 0.439 * B + 128
V = 0.439 * R - 0.399 * G - 0.040 * B + 128
```

下面是BT709标准的全范围版转换式子。

```
R = Y + 1.5748 * (V - 128)
G = Y - 0.1868 *(U -128) - 0.4680 *(V -128)
B = Y + 1.856 * (U - 128)
Y = 0.2126 * R + 0.7154 * G + 0.072 * B
U = -0.1145 * R - 0.3855 * G + 0.500 * B + 128
V = 0.500 * R - 0.4543 * G - 0.0457 * B + 128
```

下面是BT2020标准的数字电视版转换式子。

```
R = 1.164 * (Y - 16) + 1.6853 * (V - 128)
G = 1.164 * (Y - 16) - 0.1881 * (U - 128) - 0.6529 * (V - 128)
B = 1.164 * (Y - 16) + 2.1501 * (U - 128)
Y = 0.2256 * R + 0.5823 * G + 0.0509 * B + 16
U = -0.1222 * R - 0.3154 * G + 0.4375 * B + 128
V = 0.4375 * R - 0.4023 * G - 0.0352 * B + 128
```

下面是BT2020标准的全范围版转换式子。

```
R = Y + 1.4746 * (V - 128)
G = Y - 0.1645 * (U -128) - 0.5713 * (V -128)
B = Y + 1.8814 * (U - 128)
Y = 0.2627 * R + 0.6780 * G + 0.0593 * B
U = -0.1396 * R - 0.3604 * G + 0.500 * B + 128
V = 0.500 * R - 0.4598 * G - 0.0402 * B + 128
```

在以上6套转换式子中，Y值均由R、G、B三原色按比例混合合成，说明Y通道表达RGB的亮度分量。U值在B通道（蓝色）加强，且在R、G两方面按比例减弱，说明U通道表达色度的蓝色投影。V值在R通道（红色）加强，且在G、B两方面按比例减弱，说明V通道表达色度的红色投影。由于U通道投影蓝色，V通道投影红色，因此U通道也称作Cb，V通道也称作Cr，故而YUV在数字电视领域也可称作YCbCr。当Y值拉到最高亮度时，把U值作为平面坐标系的横轴，把V值作为平面坐标系的纵轴，则U、V取值及其对应的色彩变化如图4-2所示。

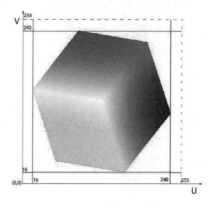

图 4-2　U、V 取值及其对应的色彩变化

如果Y、U、V三通道均为0，又会呈现什么颜色呢？以BT601标准的数字电视版为例，把YUV全0代入RGB的转换式子，可得R≈-185.7，G≈135.6，B≈-239.6。因为有效的色值范围是[0,255]，且色值必须为整数，所以实际展现的色值为R=0，G=136，B=0。可见红、蓝两色均为0，只有绿色值136，想来应是绿油油的色彩。不过以上仅是理论计算结果，还需实际运行加以验证。于是编写FFmpeg代码，向视频文件写入数据帧的时候，把Y、U、V三个通道均赋值为0，样例代码如下（完整代码见chapter08/writeyuv.c）：

```
AVFrame *frame = av_frame_alloc();                    // 分配一个数据帧
frame->format = video_encode_ctx->pix_fmt;            // 像素格式
frame->width  = video_encode_ctx->width;              // 视频宽度
frame->height = video_encode_ctx->height;             // 视频高度
int ret = av_frame_get_buffer(frame, 0);              // 为数据帧分配缓冲区
if (ret < 0) {
```

```
            av_log(NULL, AV_LOG_ERROR, "Can't allocate frame data %d.\n", ret);
            return -1;
    }
    int index = 0;
    while (index < 200) {                                   // 写入200帧
        ret = av_frame_make_writable(frame);                // 确保数据帧是可写的
        if (ret < 0) {
            av_log(NULL, AV_LOG_ERROR, "Can't make frame writable %d.\n", ret);
            return -1;
        }
        int x, y;
        // 写入Y值
        for (y = 0; y < video_encode_ctx->height; y++)
            for (x = 0; x < video_encode_ctx->width; x++)
                frame->data[0][y * frame->linesize[0] + x] = 0;    // Y值填0
        // 写入U值(Cb)和V值(Cr)
        for (y = 0; y < video_encode_ctx->height / 2; y++) {
            for (x = 0; x < video_encode_ctx->width / 2; x++) {
                frame->data[1][y * frame->linesize[1] + x] = 0;    // U值填0
                frame->data[2][y * frame->linesize[2] + x] = 0;    // V值填0
            }
        }
        frame->pts = index++;                               // 时间戳递增
        output_video(frame);                                // 给视频帧编码，并写入压缩后的视频包
    }
    av_log(NULL, AV_LOG_INFO, "Success write yuv video.\n");
```

接着执行下面的编译命令：

```
gcc writeyuv.c -o writeyuv -I/usr/local/ffmpeg/include -L/usr/local/ffmpeg/lib
-lavformat -lavdevice -lavfilter -lavcodec -lavutil -lswscale -lswresample -lpostproc -lm
```

编译完成后，执行以下命令启动测试程序：

```
./writeyuv
```

程序运行完毕，发现控制台输出以下日志信息，说明生成了Y、U、V三通道均为0的视频文件。

```
Success open output_file output_writeyuv.mp4.
Success write yuv video.
```

最后打开影音播放器可以正常观看output_writeyuv.mp4，并且视频画面呈现一片油绿色，如图4-3所示，表明上述代码正确实现了向视频文件输出Y、U、V全0画面的功能。

图 4-3　Y、U、V 三通道全为 0 时的视频画面

如此看来，难怪有的视频存在油绿色的斑块，原来它的局部YUV数据已经损坏了。

4.1.2 把视频帧保存为 YUV 文件

把YUV图像数据保存为文件的话，它的存储格式有两种，分别是平面模式（Planar Mode）和交错模式（Packed Mode，直译为紧密模式、拥挤模式）。

对于视频帧来说，平面模式把各像素的YUV数值分类存放，也就是先连续存储所有像素的Y值，然后存储所有像素的U值，最后存储所有像素的V值。具体而言，首先将所有像素的Y值从左往右、从上到下依次排列；等到Y值都排完了，再把所有像素的U值从左往右、从上到下依次排列；等到U值都排完了，再把所有像素的V值从左往右、从上到下依次排列。假设某帧画面宽度为6、高度为4，那么采取YUV420平面模式的话，YUV文件的存储内容为YYYYYYYYYYYYYYYYYYYYYYYYUUUUUUVVVVVV（24个Y加6个U再加6个V），这里的Y代表Y分量的数值，U代表U分量的数值，V代表V分量的数值。

至于另一种交错模式，则是把各像素的YUV数值交错存放，也就是交替存储每个像素的YUV分量数值，且所有像素按照从左往右、从上到下的顺序依次存储。假设某帧画面宽度为6、高度为4，那么采取YUYV420交错模式的话，YUV文件的存储内容为YUYYUYYUYYYYYYYYYYYYYUYYUYYUYYYYYYVYY（奇数行的每两个像素为YUY，偶数行的每两个像素为YVY，然后奇偶各行依次连接，总共24个Y、6个U和6个V），这里的Y代表Y分量的数值，U代表U分量的数值，V代表V分量的数值。

在枚举类型AVPixelFormat的定义源码中，使用AV_PIX_FMT_YUV420P表示YUV420平面模式，使用AV_PIX_FMT_YUYV422表示YUYV422交错模式。其中代号末尾有P的就表示平面模式，代号末尾没有P的就表示交错模式。

考虑到大多数视频的像素格式采用AV_PIX_FMT_YUV420P，故而可将视频帧按照YUV420平面模式保存为YUV文件。此时AVFrame结构的data数组分别保存YUV三通道的数据，其中data[0]存放Y分量（灰度数值），data[1]存放U分量（色度数值的蓝色投影），data[2]存放V分量（色度数值的红色投影）。下面是把原始的视频帧转存为YUV文件的FFmpeg代码片段（完整代码见chapter04/saveyuv.c）。

```
// 把视频帧保存为YUV图像。save_index表示要把第几个视频帧保存为图片
int save_yuv_file(AVFrame *frame, int save_index) {
    // 视频帧的format字段为AVPixelFormat枚举类型，为0时表示AV_PIX_FMT_YUV420P
    av_log(NULL, AV_LOG_INFO, "format = %d, width = %d, height = %d\n",
                              frame->format, frame->width, frame->height);
    char yuv_name[20] = { 0 };
    sprintf(yuv_name, "output_%03d.yuv", save_index);
    av_log(NULL, AV_LOG_INFO, "target image file is %s\n", yuv_name);
    FILE *fp = fopen(yuv_name, "wb");   // 以写方式打开文件
    if (!fp) {
        av_log(NULL, AV_LOG_ERROR, "open file %s fail.\n", yuv_name);
        return -1;
    }
    // 把YUV数据依次写入文件（按照YUV420P格式分解视频帧数据）
    int i = 0;
    while (i++ < frame->height) {   // 写入Y分量（灰度数值）
        fwrite(frame->data[0] + frame->linesize[0] * i, 1, frame->width, fp);
    }
```

```
        i = 0;
        while (i++ < frame->height / 2) {  // 写入U分量（色度数值的蓝色投影）
            fwrite(frame->data[1] + frame->linesize[1] * i, 1, frame->width / 2, fp);
        }
        i = 0;
        while (i++ < frame->height / 2) {  // 写入V分量（色度数值的红色投影）
            fwrite(frame->data[2] + frame->linesize[2] * i, 1, frame->width / 2, fp);
        }
        fclose(fp);  // 关闭文件
        return 0;
    }
```

上述代码的文件转存函数save_yuv_file要在对数据包解码之后调用，注意输入参数save_index指定了把第几个视频帧保存为图片。下面是对视频帧解码的FFmpeg代码例子。

```
    int packet_index = -1;  // 数据包的索引序号
    // 对视频帧解码。save_index表示要把第几个视频帧保存为图片
    int decode_video(AVPacket *packet, AVFrame *frame, int save_index) {
        // 把未解压的数据包发给解码器实例
        int ret = avcodec_send_packet(video_decode_ctx, packet);
        if (ret < 0) {
            av_log(NULL, AV_LOG_ERROR, "send packet occur error %d.\n", ret);
            return ret;
        }
        while (1) {
            // 从解码器实例获取还原后的数据帧
            ret = avcodec_receive_frame(video_decode_ctx, frame);
            if (ret == AVERROR(EAGAIN) || ret == AVERROR_EOF) {
                break;
            } else if (ret < 0) {
                av_log(NULL, AV_LOG_ERROR, "decode frame occur error %d.\n", ret);
                break;
            }
            packet_index++;
            if (packet_index < save_index) {   // 还没找到对应序号的帧
                return AVERROR(EAGAIN);
            }
            save_yuv_file(frame, save_index);   // 把视频帧保存为YUV图像
            break;
        }
        return ret;
    }
```

接着执行下面的编译命令：

```
    gcc saveyuv.c -o saveyuv -I/usr/local/ffmpeg/include -L/usr/local/ffmpeg/lib -lavformat
-lavdevice -lavfilter -lavcodec -lavutil -lswscale -lswresample -lpostproc -lm
```

编译完成后，执行以下命令启动测试程序（默认保存首帧视频画面，即save_index为0）。

```
    ./saveyuv ../fuzhous.mp4
```

程序运行完毕，发现控制台输出以下日志信息，说明完成了将视频首帧保存为YUV文件的操作。

```
Success open input_file ../fuzhous.mp4.
format = 0, width = 480, height = 270
target image file is output_000.yuv
Success save 0_index frame as yuv file.
```

根据以上日志可以看到,视频帧的像素格式代号为0,查找枚举类型AVPixelFormat的源码可知,0对应AV_PIX_FMT_YUV420P,同时视频画面的宽度为480、高度为270,这个尺寸也是YUV图像的宽高。

> 运行下面的ffmpeg命令也可以把指定的视频帧保存为YUV文件。命令中的-vframes 1表示输出一帧。

```
ffmpeg -i ../fuzhous.mp4 -ss 00:00:10 -vframes 1 ff_capture.yuv
```

4.1.3 YUV图像浏览工具

4.1.2节虽然把视频帧转为YUV文件,可是常用的看图软件无法识别YUV格式,怎么证明新生成的YUV文件是正确的呢?YUView正是为了浏览YUV文件而诞生的开源工具,其源码的GitHub主页是https://github.com/IENT/YUView,可执行程序的下载页面为https://github.com/IENT/YUView/releases,在此可下载YUView最新版本的安装包。比如2023年9月发布的YUView 2.14,在下载列表中单击对应系统版本的YUView压缩包,比如YUView-Win.zip。下载后的ZIP压缩包免安装,解压后即可正常使用YUView。

双击解压目录下的YUView.exe,打开YUView的初始界面,如图4-4所示。

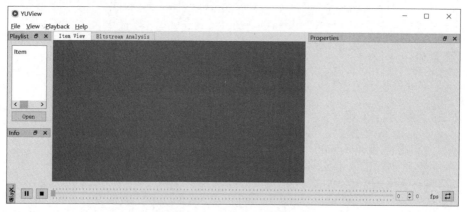

图4-4 YUView的初始界面

依次选择YUView的顶部菜单File→Open File,在弹出的"文件"对话框中选择某个YUV文件,比如output_000.yuv,此时YUView的主界面如图4-5所示。

可见output_000.yuv打开之后空空如也,令人十分困惑。这是因为YUV文件缺少头部信息,无法读取宽高等规格参数,YUView读取不到这些参数也没辙。这时需要开发者手动设置YUV文件的规格信息,在YUView界面右边找到Width和Height两个输入框,在Width框填入YUV文件的宽度值(比如480),在Height框填入YUV文件的高度值(比如270)。再往下找到YUV Format下拉框,选择YUV 4:2:0 8-bit这项,表示YUV文件采用YUV420编码格式。不出意外的话,YUView的主界面变成了如图4-6所示的模样,可见成功渲染了YUV图像。

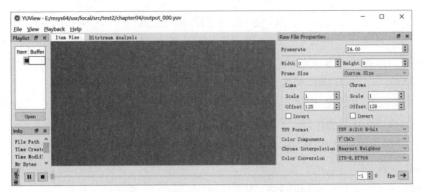

图 4-5 YUView 打开了一幅 YUV 图像

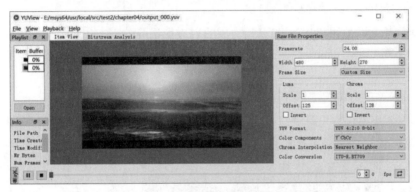

图 4-6 填写宽高之后的 YUView 界面

不过YUView展示的图像色彩跟播放器的视频画面有少许差异,不仔细看还真发现不了,只有对视频画面截图再用制图软件取色,才可能发现RGB色彩存在小范围的数值差异。注意到YUView主界面右边有个Color Conversation下拉框,默认选择ITU-R.BT709这项,表示色彩转换采用BT709标准。虽然编码器实例的AVCodecContext结构拥有4个色度相关字段,分别是色度坐标color_primaries、色度转换特性color_trc、色度空间colorspace(AVCodecContext和AVFrame的结构内部叫作colorspace,AVCodecParameters结构内部叫作color_space)、色度范围color_range,但是从大部分视频获取这4个字段,发现它们的取值均为未定义,也就是不能确定这些视频究竟采用BT709标准还是其他标准。那么不妨更改YUView的Color Conversation这栏,将其改为选择ITU-R.BT601这项,改完之后YUView的图像浏览界面如图4-7所示。

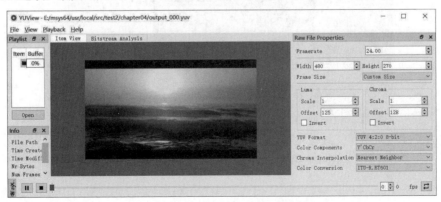

图 4-7 选择 BT601 之后的 YUView 界面

由图4-7可见，YUView也能正常渲染BT601标准的图像画面，尽管BT601标准与BT709标准在色彩上有些差异。但是这样仍然无法判定视频文件到底默认采用哪个色度标准，无论是BT601标准还是BT709标准，在展示景物色彩时都没有太失真，谁知道哪个才是视频默认的色度标准呢？确实对于细微的色彩偏差，肉眼分得不是很清楚，尤其是彩色的视频画面，光照强一点或者弱一点，屏幕高一点或者低一点，都可能影响人眼对于色彩的感知。下面做个实验，检查看看视频画面究竟采用BT601标准还是采用BT709标准。

前面在4.1.1节运行测试程序writeyuv生成了视频文件output_writeyuv.mp4，该视频的Y、U、V三通道全为0，其画面展示了油绿的色彩。下面执行以下命令启动测试程序，期望把output_writeyuv.mp4的油绿画面保存为YUV图像。

```
./saveyuv output_writeyuv.mp4 5
```

命令执行完毕后，使用YUView打开新生成的YUV图像output_005.yuv，填写Width和Height两个数值之后，Color Conversion一栏保持默认的ITU-R.BT709，此时YUView的图像浏览界面如图4-8所示。

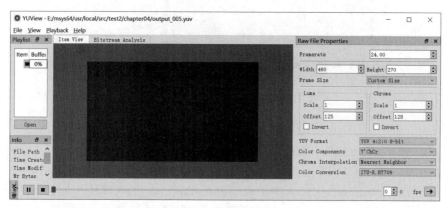

图4-8　选择BT709之后的YUView界面所呈现的YUV全0图像

接着把Color Conversion一栏改为选择ITU-R.BT601这项，改完之后YUView的图像浏览界面如图4-9所示。

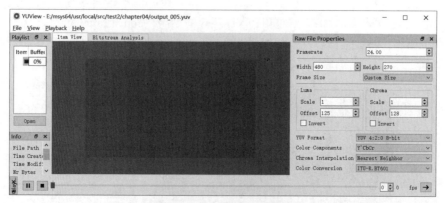

图4-9　选择BT601之后的YUView界面所呈现的YUV全0图像

继续把Color Conversion一栏改为选择ITU-R.BT2020这项，改完之后YUView的图像浏览界面如图4-10所示。

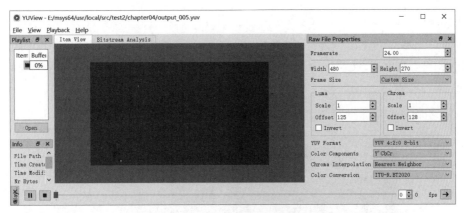

图 4-10 选择 BT2020 之后的 YUView 界面所呈现的 YUV 全 0 图像

然后启动播放器打开output_writeyuv.mp4，实际的视频播放界面如图4-11所示。

图 4-11 小尺寸视频在播放器呈现的 YUV 全 0 图像

对比图4-8～图4-11，发现采取BT601标准的图4-9所呈现的油绿色彩才完全符合图4-11的视频画面。

可是这能说明视频文件默认采用BT601标准的色度坐标吗？分明很多地方都说视频文件默认采用BT709标准呀，这是怎么回事？考虑到output_writeyuv.mp4的宽高仅为480×270，会不会视频尺寸太小了，使得画面颜色产生偏差了呢？那不妨把视频画面改大一些，打开writeyuv.c的源码，把以下两行：

```
video_encode_ctx->width = 480;      // 视频画面的宽度
video_encode_ctx->height = 270;     // 视频画面的高度
```

改为下面两行，也就是把视频宽高扩大为原来的三倍。

```
video_encode_ctx->width = 1440;     // 视频画面的宽度
video_encode_ctx->height = 810;     // 视频画面的高度
```

接着执行下面的编译命令：

```
gcc writeyuv.c -o writeyuv -I/usr/local/ffmpeg/include -L/usr/local/ffmpeg/lib
-lavformat -lavdevice -lavfilter -lavcodec -lavutil -lswscale -lswresample -lpostproc -lm
```

编译完成后，执行以下命令启动测试程序，期望重新生成YUV均为0的大尺寸视频文件。

```
./writeyuv
```

程序运行完毕后，继续执行以下命令启动测试程序,期望把大尺寸视频的油绿画面保存为YUV图像。

```
./saveyuv output_writeyuv.mp4 6
```

命令执行完毕后，使用YUView打开新生成的YUV图像output_006.yuv，填写Width=1440和Height=810两个数值之后，Color Conversion一栏保持默认的ITU-R.BT709，此时YUView的图像浏览界面如图4-12所示。

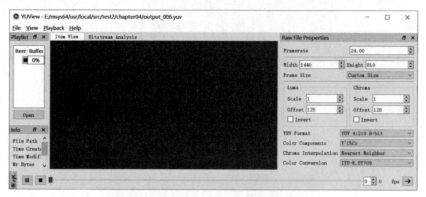

图4-12　选择BT709之后的YUView界面所呈现的YUV全0图像

接着把Color Conversion一栏改为选择ITU-R.BT601这项，改完之后YUView的图像浏览界面如图4-13所示。

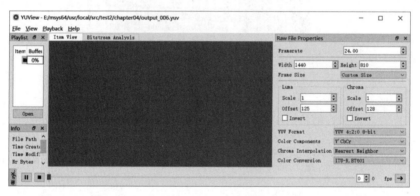

图4-13　选择BT601之后的YUView界面所呈现的YUV全0图像

继续把Color Conversion一栏改为选择ITU-R.BT2020这项，改完之后YUView的图像浏览界面如图4-14所示。

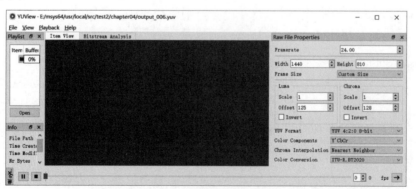

图4-14　选择BT2020之后的YUView界面所呈现的YUV全0图像

然后启动播放器打开新生成的output_writeyuv.mp4，实际的视频播放界面如图4-15所示。对比图4-12～图4-15，发现采取BT709标准的图4-12所呈现的墨绿色彩才完全符合图4-15的视频画面。

图 4-15　大尺寸视频在播放器呈现的 YUV 全 0 图像

真是奇怪，同样处理逻辑的代码文件writeyuv.c，仅仅修改了输出视频的宽高，结果大尺寸视频的色彩却与小尺寸视频截然不同。经过多次试验，确定了以下播放器色彩显示规则：如果视频文件未指定色度坐标，那么当视频高度大于或等于578时，无论视频宽度为何，播放器都默认采用色度坐标BT709；当视频高度小于或等于576时，无论视频宽度为何，播放器都默认采用色度坐标BT601。之所以缺了中间的577，是因为视频高度只能为偶数，不能为奇数。

YUView除浏览YUV文件外，还能用来分析MP4视频。虽然使用StreamEye即可有效分析H.264格式的视频，但是该工具需要授权，未授权的试用版在功能上受限，只能分析视频开头一小段的视频帧。而YUView属于开源软件，视频分析功能完整，对初学者而言完全足够用了。依次选择YUView的顶部菜单File→Open File，在弹出的"文件"对话框中选择某个MP4文件，比如seas.mp4，此时YUView的主界面如图4-16所示。

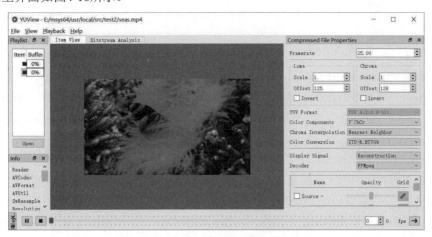

图 4-16　YUView 打开视频的默认界面

注意界面下方的进度条多了两排刻度，且进度条右边的方框为0，表示当前位于第0帧。拖动进度条至第525帧，此时YUView的主界面如图4-17所示，可见预览画面变成了第525帧的视频截图。

🔔注意　不同版本的YUView必须搭配对应的FFmpeg解码库，才能正常解析MP4文件的视频画面。比如YUView 2.13搭配avcodec-59.dll，又如YUView 2.14搭配avcodec-60.dll，等等。如果使用YUView无法正常打开MP4文件，就要检查Windows的PATH环境变量指向FFmpeg的bin目录是否存放对应版本的avcodec-**.dll。

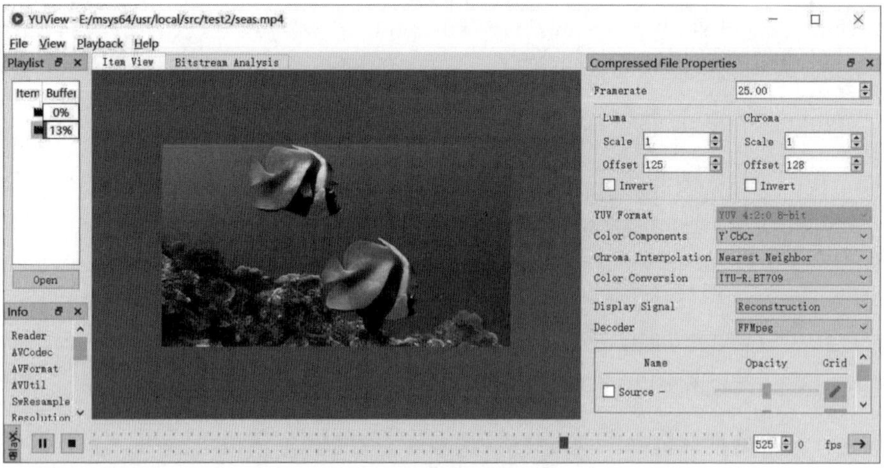

图 4-17　YUView 查看视频的第 525 帧画面

4.2　JPEG 图像

本节介绍FFmpeg对JPEG图像的处理办法，首先描述为什么引入JPEG格式，以及JPEG格式有哪些种类；然后叙述如何把视频文件中的某帧画面保存为JPEG图像文件；最后阐述色彩空间YUV与YUVJ之间的区别，以及如何通过图像转换器把YUV格式转换为YUVJ格式，从而把视频帧保存为真实色彩的JPEG图像文件。

4.2.1　为什么要用 JPEG 格式

JPEG是一种图像格式编码标准，也是一种图像数据压缩标准，它的全称为Joint Photographic Experts Group，意思是联合图像专家组。JPEG标准于1992年由ISO（International Organization for Standardization，国际标准化组织）首次发布，它是长期以来广泛使用的计算机图像格式。采用JPEG格式的图像文件，其扩展名通常为.jpg或者.jpeg。

前面的4.1.1节提到，BT601、BT709、BT2020三个色度标准都包含数字电视版和全范围版两个版本，其中数字电视版的色度范围是[16,235]，全范围版的色度范围是[0,255]，全范围版属于JPEG格式的色彩空间，即YUV格式的JPEG变种，简称YUVJ，末尾的J代表JPEG。在FFmpeg框架中，视频帧的YUV图像默认采用数字电视版的色度标准，其像素格式为AV_PIX_FMT_YUV420P；而JPEG图像对应全范围版的色度标准，其像素格式为AV_PIX_FMT_YUVJ420P，也就是在YUV与420P之间多了个J。

JPEG在压缩图像时采用了差分预测编码调制（Differential Predictive Coding Modulation，DPCM）、离散余弦变换（Discrete Cosine Transform，DCT）以及熵编码（Entropy Coding）的联合编码算法，以去除冗余的图像数据。JPEG属于有损压缩格式，它的压缩比率会影响图像的保真程度，如果采用过高的压缩比率，JPEG图片经过解压后的图像质量将明显降低。不过由于JPEG标准发布较早，且压缩效率尚可，因此几乎所有的设备都支持JPEG图片，使得JPEG格式在互联网上大行其道。

根据图像的展示过程，可将JPEG格式分为标准JPEG、渐进JPEG、JPEG2000三种类型，分别说明如下。

（1）标准JPEG：该类型的JPEG图片根据加载进度从上到下、从左往右依序显示图像，直到所有图像数据加载完毕，才能看到整幅图片的全貌。标准JPEG的显示过程如图4-18和图4-19所示。

图 4-18　标准 JPEG 正在加载

图 4-19　标准 JPEG 即将加载完毕

（2）渐进JPEG：该类型的JPEG图片根据加载进度从模糊到清晰逐步显示图像，也就是先呈现出图像的粗略外观，再逐渐呈现出越来越清晰的图像。渐进JPEG的呈现过程如图4-20和图4-21所示。

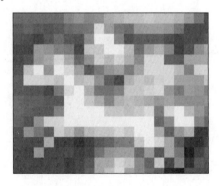
图 4-20　渐进 JPEG 正在加载

图 4-21　渐进 JPEG 加载完毕

（3）JPEG2000：这是新一代的影像压缩标准，压缩品质更高，压缩性能比标准JPEG提高20%。JPEG2000图片的扩展名为.jp2，对应的MIME类型是image/jp2（传统JPEG的MIME类型是image/jpeg）。虽然JPEG2000的压缩效率得到提高，但是该标准的编解码算法被大量注册专利，因此极大地限制了它的应用场景。

4.2.2　把视频帧保存为 JPEG 图片

因为FFmpeg自带对JPEG图片编解码的mjpeg库，所以通过MJPEG编码器即可将数据帧压缩为JPEG图片。把视频画面转存为JPEG图片的过程主要有两个步骤：获取并打开MJPEG编码器实例，以及把数据帧重新编码并写入JPEG文件，分别说明如下。

1. 获取并打开MJPEG编码器实例

与视频的编码器实例类似，MJPEG编码器实例的打开步骤也分为以下4步。

（1）调用avcodec_find_encoder函数获取代号为AV_CODEC_ID_MJPEG的MJPEG编码器。

（2）调用avcodec_alloc_context3函数分配MJPEG编码器对应的编码器实例。

（3）给MJPEG编码器实例的各字段赋值，包括pix_fmt（像素格式）、width（视频宽度）、height（视频高度）、time_base（时间基）等字段。由于JPEG的颜色空间为YUVJ，因此pix_fmt字段要填AV_PIX_FMT_YUVJ420P。

（4）调用avcodec_open2函数打开MJPEG编码器的实例。

根据以上步骤描述的MJPEG编码器打开过程，编写获取并打开MJPEG编码器实例的FFmpeg代码如下（完整代码见chapter04/savejpg.c）：

```c
// 查找MJPEG编码器
AVCodec *jpg_codec = (AVCodec*) avcodec_find_encoder(AV_CODEC_ID_MJPEG);
if (!jpg_codec) {
    av_log(NULL, AV_LOG_ERROR, "jpg_codec not found\n");
    return -1;
}
// 获取编解码器上下文信息
AVCodecContext *jpg_encode_ctx = avcodec_alloc_context3(jpg_codec);
if (!jpg_encode_ctx) {
    av_log(NULL, AV_LOG_ERROR, "jpg_encode_ctx is null\n");
    return -1;
}
// JPG的像素格式是YUVJ。MJPEG编码器支持YUVJ420P/YUVJ422P/YUVJ444P等格式
jpg_encode_ctx->pix_fmt = AV_PIX_FMT_YUVJ420P;          // 像素格式
jpg_encode_ctx->width = frame->width;                    // 视频宽度
jpg_encode_ctx->height = frame->height;                  // 视频高度
jpg_encode_ctx->time_base = (AVRational){1, 25};         // 时间基
ret = avcodec_open2(jpg_encode_ctx, jpg_codec, NULL);    // 打开编码器的实例
if (ret < 0) {
    av_log(NULL, AV_LOG_ERROR, "Can't open jpg_encode_ctx.\n");
    return -1;
}
```

2. 把数据帧重新编码并写入JPEG文件

对数据帧重新编码的过程主要分为以下三步。

（1）调用avcodec_send_frame函数把原始的数据帧发给MJPEG编码器实例。

（2）调用avcodec_receive_packet函数从MJPEG编码器实例获取压缩后的数据包。

（3）调用av_write_frame函数往JPG文件写入压缩后的数据包。

注意上述的重新编码过程无须重复调用，只要执行一遍即可，因为JPEG格式属于静止的图像，仅包含一幅图片。下面是把视频帧保存为JPEG图片的FFmpeg代码片段。

```c
int packet_index = -1;  // 数据包的索引序号
// 对视频帧解码。save_index表示要把第几个视频帧保存为图片
int decode_video(AVPacket *packet, AVFrame *frame, int save_index) {
    // 把未解压的数据包发给解码器实例
    int ret = avcodec_send_packet(video_decode_ctx, packet);
    if (ret < 0) {
```

```
        av_log(NULL, AV_LOG_ERROR, "send packet occur error %d.\n", ret);
        return ret;
    }
    while (1) {
        // 从解码器实例获取还原后的数据帧
        ret = avcodec_receive_frame(video_decode_ctx, frame);
        if (ret == AVERROR(EAGAIN) || ret == AVERROR_EOF) {
            break;
        } else if (ret < 0) {
            av_log(NULL, AV_LOG_ERROR, "decode frame occur error %d.\n", ret);
            break;
        }
        packet_index++;
        if (packet_index < save_index) {  // 还没找到对应序号的帧
            return AVERROR(EAGAIN);
        }
        save_jpg_file(frame, save_index);  // 把视频帧保存为JPEG图片
        break;
    }
    return ret;
}
```

接着执行下面的编译命令：

```
gcc savejpg.c -o savejpg -I/usr/local/ffmpeg/include -L/usr/local/ffmpeg/lib -lavformat
-lavdevice -lavfilter -lavcodec -lavutil -lswscale -lswresample -lpostproc -lm
```

编译完成后，执行以下命令启动测试程序（默认保存首帧视频画面，即save_index为0）。

```
./savejpg ../fuzhous.mp4
```

程序运行完毕，发现控制台输出以下日志信息，说明完成了从视频帧到JPEG图片的转换操作。

```
Success open input_file ../fuzhous.mp4.
format = 0, width = 480, height = 270
target image file is output_000.jpg
Success save 0_index frame as jpg file.
```

最后打开看图软件可以正常浏览output_000.jpg，如图4-22所示，表示上述代码初步实现了把视频画面转存为JPEG图片的功能。

图4-22　把视频画面转存为JPEG图片

提示：运行下面的ffmpeg命令也可以把指定的视频帧保存为JPG图片。命令中的-vframes 1表示输出一帧。

```
ffmpeg -i ../fuzhous.mp4 -ss 00:00:10 -vframes 1 ff_capture.jpg
```

4.2.3 图像转换器

4.2.2节虽然把视频画面转存为JPEG图片，使用看图软件也能浏览该图片，但是好像图片的色彩比原视频淡了一些，而且不止首帧视频画面，其他视频帧转存为JPEG图片也都变淡了。这是什么缘故呢？原来JPEG采用的是YUVJ颜色空间，与视频采用的YUV颜色空间略有不同。YUVJ的色彩范围为0～255，其中0表示黑色，255表示白色；而YUV的色彩范围为16～235，其中16表示黑色，235表示白色。可见YUVJ的色彩范围大于YUV的色彩范围，且YUV的色彩范围仅是YUVJ色彩范围的子集。这意味着YUV的色彩能够放入YUVJ空间，因为[16,235]可被[0,255]所容纳；然而YUVJ色彩不能放入YUV空间，因为[0,255]超出了[16,235]的表达范围，像[0,15]和[236,255]这两个区间均位于[16,235]之外。

不过即使YUV的色彩能够放入YUVJ空间，并不意味着YUV的色彩精度没有损失，实际上由于YUV的色彩空间缺少[0,15]和[236,255]这两个区间，导致YUV色彩在YUVJ看起来不够浓。也就是说，白的不够白，黑的也不够黑，整幅图像的色调就变淡了，没有原来的浓度高了。这便是4.2.2节转存后的JPEG图片颜色变淡的原因。

要想解决JPEG转存后颜色变淡的问题，就得引入FFmpeg提供的图像转换器SwsContext，由图像转换器完成色彩空间的转换操作。SwsContext位于swscale库，它主要用来转换图像数据的像素格式、画面宽度和画面高度等，与之相关的函数说明如下：

- sws_getContext：分配图像转换器的实例。还需要在输入参数中分别指定来源和目标的画面宽度、画面高度、像素格式。
- sws_scale：图像转换器开始处理图像数据。该函数同时实现以下三项功能：图像色彩空间转换、画面分辨率缩放、前后图像滤波处理。
- sws_freeContext：释放图像转换器的实例。

引入图像转换器之后，把视频帧转存为JPEG图片的过程需要注意以下两点：通过图像转换器把数据帧转换为YUVJ420P格式，以及把第一步转换后的数据帧重新编码并写入JPEG文件，分别说明如下：

1. 通过图像转换器把数据帧转换为YUVJ420P格式

图像转换器处理数据帧向YUVJ颜色空间的转换操作主要包含以下5个步骤：

01 调用sws_getContext函数分配图像转换器的实例，并分别指定来源和目标的宽度、高度、像素格式，这里的像素格式采用AV_PIX_FMT_YUVJ420P。

02 调用av_frame_alloc函数分配一个YUVJ数据帧，并设置YUVJ帧的像素格式、视频宽度和视频高度。

03 调用av_image_alloc函数分配缓冲区空间，用于存放转换后的图像数据。

04 调用sws_scale函数，命令转换器开始处理图像数据，把YUV图像转为YUVJ图像。

05 转换结束，调用sws_freeContext函数释放图像转换器的实例。

根据以上步骤描述的YUV空间到YUVJ空间的转换过程，编写FFmpeg的颜色空间转换代码（完整代码见chapter04/savejpg_sws.c）。

```c
enum AVPixelFormat target_format = AV_PIX_FMT_YUVJ420P;   // JPG的像素格式是YUVJ420P
// 分配图像转换器的实例，并分别指定来源和目标的宽度、高度、像素格式
struct SwsContext *swsContext = sws_getContext(
      frame->width, frame->height, AV_PIX_FMT_YUV420P,
      frame->width, frame->height, target_format,
      SWS_FAST_BILINEAR, NULL, NULL, NULL);
if (swsContext == NULL) {
   av_log(NULL, AV_LOG_ERROR, "swsContext is null\n");
   return -1;
}
AVFrame *yuvj_frame = av_frame_alloc();              // 分配一个YUVJ数据帧
yuvj_frame->format = target_format;                  // 像素格式
yuvj_frame->width = frame->width;                    // 视频宽度
yuvj_frame->height = frame->height;                  // 视频高度
// 分配缓冲区空间，用于存放转换后的图像数据
av_image_alloc(yuvj_frame->data, yuvj_frame->linesize,
      frame->width, frame->height, target_format, 1);
// 转换器开始处理图像数据，把YUV图像转为YUVJ图像
sws_scale(swsContext, (const uint8_t* const*) frame->data, frame->linesize,
   0, frame->height, yuvj_frame->data, yuvj_frame->linesize);
sws_freeContext(swsContext);                         // 释放图像转换器的实例
```

2. 把第一步转换后的数据帧重新编码并写入JPEG文件

对数据帧重新编码的过程主要分为以下列3步。

（1）调用avcodec_send_frame函数把前一步转换后的YUVJ数据帧发给MJPEG编码器实例。

（2）调用avcodec_receive_packet函数从MJPEG编码器实例获取压缩后的数据包。

（3）调用av_write_frame函数往JPG文件写入压缩后的数据包。

根据以上步骤描述的数据帧重新编码过程，编写FFmpeg的JPEG图片转存代码。

```c
int packet_index = -1;                        // 数据包的索引序号
// 对视频帧解码。save_index表示要把第几个视频帧保存为图片
int decode_video(AVPacket *packet, AVFrame *frame, int save_index) {
   // 把未解压的数据包发给解码器实例
   int ret = avcodec_send_packet(video_decode_ctx, packet);
   if (ret < 0) {
      av_log(NULL, AV_LOG_ERROR, "send packet occur error %d.\n", ret);
      return ret;
   }
   while (1) {
      // 从解码器实例获取还原后的数据帧
      ret = avcodec_receive_frame(video_decode_ctx, frame);
      if (ret == AVERROR(EAGAIN) || ret == AVERROR_EOF) {
         break;
      } else if (ret < 0) {
```

```
                av_log(NULL, AV_LOG_ERROR, "decode frame occur error %d.\n", ret);
                break;
            }
            packet_index++;
            if (packet_index < save_index) {       // 还没找到对应序号的帧
                return AVERROR(EAGAIN);
            }
            save_jpg_file(frame, save_index);      // 把视频帧保存为JPEG图片
            break;
        }
        return ret;
    }
```

接着执行下面的编译命令：

```
gcc savejpg_sws.c -o savejpg_sws -I/usr/local/ffmpeg/include -L/usr/local/ffmpeg/lib
-lavformat -lavdevice -lavfilter -lavcodec -lavutil -lswscale -lswresample -lpostproc -lm
```

编译完成后，执行以下命令启动测试程序（默认保存首帧视频画面，即save_index为0）。

```
./savejpg_sws ../fuzhous.mp4
```

程序运行完毕，发现控制台输出以下日志信息，说明完成了从视频帧到JPEG图片的转换操作。

```
Success open input_file ../fuzhous.mp4.
format = 0, width = 480, height = 270
target image file is output_000.jpg
Success save 0_index frame as jpg file.
```

最后打开看图软件可以正常浏览output_000.jpg，并且该图片与视频的首帧画面拥有相同的色彩，如图4-23所示，表明上述代码正确实现了把视频画面转存为JPEG图片的功能。

图 4-23　像素格式转换后的 JPEG 图片

4.3　其他图像格式

本节介绍FFmpeg对其他图像格式的处理办法，首先描述如何通过图像转换器把视频文件中的某帧画面保存为PNG图片文件；然后叙述BMP文件的格式定义，以及如何把视频文件中的某帧画面保存为BMP图片文件；最后阐述如何通过图像转换器把视频文件中的一段连续画面保存为GIF动图文件。

4.3.1 把视频帧保存为 PNG 图片

PNG（Portable Network Graphics，便携式网络图形）是一种采用无损压缩算法的图片格式，它的颜色空间为RGB模式。PNG有8位、24位、32位三种编码形式，其中8位表示一个像素的RGB三色使用一字节保存（1 byte等于8 bit，即1字节等于8位）；24位表示一个像素的RGB三色各用一字节保存，加起来就是3字节，也就是24位；32位是在24位的基础上增加一字节的透明度通道，故而总共4字节，也就是32位。

因为FFmpeg自带了对PNG图片编解码的PNG库，PNG所以通过编码器即可将数据帧压缩为PNG图片。不过PNG编码器依赖于zlib库，故而在编译FFmpeg时务必启用zlib库，也就是在configure命令后面补充--enable-zlib。此外，FFmpeg的图像转换器支持像素格式为RGB24的PNG图片，所以在代码中使用AV_PIX_FMT_RGB24表达PNG的像素格式。

由于PNG图片的RGB24格式与视频帧的YUV格式不同，因此要通过图像转换器才能将视频帧转为PNG图片，具体的转存操作分为三个步骤：把数据帧转换为RGB24格式、获取并打开PNG编码器实例、把第一步转换后的数据帧重新编码并写入PNG文件，分别说明如下。

1. 把数据帧转换为RGB24格式

图像转换器处理数据帧向RGB颜色空间的转换操作主要包含以下5个步骤：

01 调用sws_getContext函数分配图像转换器的实例，并分别指定来源和目标的宽度、高度、像素格式，这里的像素格式采用AV_PIX_FMT_RGB24。

02 调用av_frame_alloc函数分配一个RGB数据帧，并设置RGB帧的像素格式、视频宽度和视频高度。

03 调用av_image_alloc函数分配缓冲区空间，用于存放转换后的图像数据。

04 调用sws_scale函数，命令转换器开始处理图像数据，把YUV图像转为RGB图像。

05 转换结束，调用sws_freeContext函数释放图像转换器的实例。

根据以上步骤描述的YUV空间到RGB空间的转换过程，编写FFmpeg的颜色空间转换代码（完整代码见chapter04/savepng.c）。

```
enum AVPixelFormat target_format = AV_PIX_FMT_RGB24;  // PNG的像素格式是RGB24
// 分配图像转换器的实例，并分别指定来源和目标的宽度、高度、像素格式
struct SwsContext *swsContext = sws_getContext(
      frame->width, frame->height, AV_PIX_FMT_YUV420P,
      frame->width, frame->height, target_format,
      SWS_FAST_BILINEAR, NULL, NULL, NULL);
if (swsContext == NULL) {
   av_log(NULL, AV_LOG_ERROR, "swsContext is null\n");
   return -1;
}
AVFrame *rgb_frame = av_frame_alloc();            // 分配一个RGB数据帧
rgb_frame->format = target_format;                // 像素格式
rgb_frame->width = frame->width;                  // 视频宽度
rgb_frame->height = frame->height;                // 视频高度
// 分配缓冲区空间，用于存放转换后的图像数据
av_image_alloc(rgb_frame->data, rgb_frame->linesize,
```

```
                    frame->width, frame->height, target_format, 1);
// 转换器开始处理图像数据,把YUV图像转为RGB图像
sws_scale(swsContext, (const uint8_t* const*) frame->data, frame->linesize,
    0, frame->height, rgb_frame->data, rgb_frame->linesize);
sws_freeContext(swsContext);    // 释放图像转换器的实例
```

2. 获取并打开PNG编码器实例

与视频的编码器实例类似,PNG编码器实例的打开步骤也分为以下4步。

(1) 调用avcodec_find_encoder函数获取代号为AV_CODEC_ID_PNG的PNG编码器。

(2) 调用avcodec_alloc_context3函数分配PNG编码器对应的编码器实例。

(3) 给PNG编码器实例的各字段赋值,包括pix_fmt(像素格式)、width(视频宽度)、height(视频高度)、time_base(时间基)等字段。注意此处的pix_fmt字段要跟前面第一步分配图像转换器用到的AV_PIX_FMT_RGB24保持一致,表示PNG编码器实例采取RGB24颜色空间。

(4) 调用avcodec_open2函数打开PNG编码器的实例。

根据以上步骤描述的PNG编码器打开过程,编写获取并打开PNG编码器实例的FFmpeg代码。

```
// 查找PNG编码器
AVCodec *png_codec = (AVCodec*) avcodec_find_encoder(AV_CODEC_ID_PNG);
if (!png_codec) {
    av_log(NULL, AV_LOG_ERROR, "png_codec not found\n");
    return -1;
}
// 获取编解码器上下文信息
AVCodecContext *png_encode_ctx = avcodec_alloc_context3(png_codec);
if (!png_encode_ctx) {
    av_log(NULL, AV_LOG_ERROR, "png_encode_ctx is null\n");
    return -1;
}
png_encode_ctx->pix_fmt = target_format;                  // 像素格式
png_encode_ctx->width = frame->width;                     // 视频宽度
png_encode_ctx->height = frame->height;                   // 视频高度
png_encode_ctx->time_base = (AVRational){1, 25};          // 时间基
ret = avcodec_open2(png_encode_ctx, png_codec, NULL);     // 打开编码器的实例
if (ret < 0) {
    av_log(NULL, AV_LOG_ERROR, "Can't open png_encode_ctx.\n");
    return -1;
}
```

3. 把第一步转换后的数据帧重新编码并写入PNG文件

对数据帧重新编码的过程主要分为以下3步。

(1) 调用avcodec_send_frame函数把前一步转换后的RGB数据帧发给PNG编码器实例。

(2) 调用avcodec_receive_packet函数从PNG编码器实例获取压缩后的数据包。

(3) 调用av_write_frame函数往PNG文件写入压缩后的数据包。

根据以上步骤描述的数据帧重新编码过程,编写FFmpeg的PNG图片转存代码。

```
int packet_index = -1;                              // 数据包的索引序号
// 对视频帧解码。save_index表示要把第几个视频帧保存为图片
int decode_video(AVPacket *packet, AVFrame *frame, int save_index) {
    // 把未解压的数据包发给解码器实例
    int ret = avcodec_send_packet(video_decode_ctx, packet);
    if (ret < 0) {
        av_log(NULL, AV_LOG_ERROR, "send packet occur error %d.\n", ret);
        return ret;
    }
    while (1) {
        // 从解码器实例获取还原后的数据帧
        ret = avcodec_receive_frame(video_decode_ctx, frame);
        if (ret == AVERROR(EAGAIN) || ret == AVERROR_EOF) {
            break;
        } else if (ret < 0) {
            av_log(NULL, AV_LOG_ERROR, "decode frame occur error %d.\n", ret);
            break;
        }
        packet_index++;
        if (packet_index < save_index) {             // 还没找到对应序号的帧
            return AVERROR(EAGAIN);
        }
        save_png_file(frame, save_index);            // 把视频帧保存为PNG图片
        break;
    }
    return ret;
}
```

接着执行下面的编译命令：

```
gcc savepng.c -o savepng -I/usr/local/ffmpeg/include -L/usr/local/ffmpeg/lib -lavformat
-lavdevice -lavfilter -lavcodec -lavutil -lswscale -lswresample -lpostproc -lm
```

编译完成后，执行以下命令启动测试程序（默认保存首帧视频画面，即save_index为0）。

```
./savepng ../fuzhous.mp4
```

程序运行完毕，发现控制台输出以下日志信息，说明完成了从视频帧到PNG图片的转换操作。

```
Success open input_file ../fuzhous.mp4.
format = 0, width = 480, height = 270
target image file is output_000.png
Success save 0_index frame as png file.
```

最后打开看图软件可以正常浏览output_000.png，如图4-24所示，表明上述代码正确实现了把视频画面转存为PNG图片的功能。

提示 运行下面的ffmpeg命令也可以把指定的视频帧保存为PNG图片。命令中的-vframes 1表示输出一帧。

```
ffmpeg -i ../fuzhous.mp4 -ss 00:00:10 -vframes 1 ff_capture.png
```

图 4-24 把视频画面转存为 PNG 图片

4.3.2 把视频帧保存为 BMP 图片

BMP格式是Bitmap位图的英文缩写,它是Windows系统的标准图像文件格式。BMP格式一般不做压缩,故而它的文件大小比起其他格式要大很多。BMP文件由3个部分组成,分别是位图文件头、位图信息头和图像数据。FFmpeg自带了对BMP图片编解码的BMP库,允许通过BMP编码器将数据帧保存为BMP图片,开发者也可自行封装BMP文件。

由于BMP格式属于Windows系统的特供标准,因此该格式具有特殊的图像数据定义。比如,虽然BMP格式也采用RGB颜色空间,但是具体的排列顺序却为BGR,也就是蓝色在前、绿色居中、红色在后,而非通常的红色在前、绿色居中、蓝色在后。又如,视频画面默认从左上角的像素开始,而BMP格式从画面左下角的像素开始,使得视频帧转存为BMP文件经常发生上下颠倒的问题,只有把图像数据上下翻转才能解决图片颠倒的问题。

具体到代码实现上,可将视频帧向BMP文件的转存过程划分为3个步骤:定义BMP的文件头结构和信息头结构、把数据帧转换为BGR24格式、把头部信息以及图像数据写入BMP文件,分别说明如下。

1. 定义BMP的文件头结构和信息头结构

位图文件头和位图信息头这两个结构按照BMP标准定义内部字段即可,注意事先要把内存对齐定义为2字节,可避免因出现4字节的对齐造成位图头出错的问题。详细的位图结构定义代码如下(完整代码见chapter04/savebmp.c):

```
// 把内存对齐定义为2字节,可避免因出现4字节的对齐造成BMP位图头出错的问题
#pragma pack(2)
// 定义位图文件头的结构
typedef struct BITMAPFILEHEADER {
    uint16_t bfType;              // 文件类型
    uint32_t bfSize;              // 文件大小
    uint16_t bfReserved1;         // 保留字段1
    uint16_t bfReserved2;         // 保留字段2
    uint32_t bfOffBits;           // 从文件开头到位图数据的偏移量(单位字节)
} BITMAPFILEHEADER;
// 定义位图信息头的结构
typedef struct BITMAPINFOHEADER {
    uint32_t biSize;              // 信息头的长度(单位为字节)
```

```
    uint32_t biWidth;              // 位图宽度（单位为像素）
    uint32_t biHeight;             // 位图高度（单位为像素）
    uint16_t biPlanes;             // 位图的面数（单位为像素）
    uint16_t biBitCount;           // 单个像素的位数（单位为比特）
    uint32_t biCompression;        // 压缩说明
    uint32_t biSizeImage;          // 位图数据的大小（单位为字节）
    uint32_t biXPelsPerMeter;      // 水平打印分辨率
    uint32_t biYPelsPerMeter;      // 垂直打印分辨率
    uint32_t biClrUsed;            // 位图使用的颜色掩码
    uint32_t biClrImportant;       // 重要的颜色个数
} BITMAPINFOHEADER;
```

2. 把数据帧转换为BGR24格式

图像转换器处理数据帧向RGB颜色空间的转换操作主要包含以下4个步骤：

01 调用sws_getContext函数分配图像转换器的实例，并分别指定来源和目标的宽度、高度、像素格式，这里的像素格式采用AV_PIX_FMT_BGR24。

02 调用av_malloc函数分配缓冲区空间，用于存放转换后的图像数据。

03 调用sws_scale函数，命令转换器开始处理图像数据，把YUV图像转为RGB图像。

04 转换结束，调用sws_freeContext函数释放图像转换器的实例。

根据以上步骤描述的YUV空间到RGB空间的转换过程，编写FFmpeg的颜色空间转换代码。

```
enum AVPixelFormat target_format = AV_PIX_FMT_BGR24;   // BMP的像素格式是BGR24
// 分配图像转换器的实例，并分别指定来源和目标的宽度、高度、像素格式
struct SwsContext *swsContext = sws_getContext(
        frame->width, frame->height, AV_PIX_FMT_YUV420P,
        frame->width, frame->height, target_format,
        SWS_FAST_BILINEAR, NULL, NULL, NULL);
if (swsContext == NULL) {
    av_log(NULL, AV_LOG_ERROR, "swsContext is null\n");
    return -1;
}
// 分配缓冲区空间，用于存放转换后的图像数据
int buffer_size = av_image_get_buffer_size(target_format, frame->width, frame->height, 1);
unsigned char *out_buffer = (unsigned char*)av_malloc(
                    (size_t)buffer_size * sizeof(unsigned char));
int linesize[4] = {3*frame->width, 0, 0, 0};
// 转换器开始处理图像数据，把YUV图像转为RGB图像
sws_scale(swsContext, (const uint8_t* const*) frame->data, frame->linesize,
    0, frame->height, (uint8_t **) &out_buffer, linesize);
sws_freeContext(swsContext);   // 释放图像转换器的实例
```

3. 把头部信息以及图像数据写入BMP文件

位图文件头和位图信息头的各字段按照字段说明赋值即可，然后把第二步转换得到的图像数据写入BMP文件。这里有两处需要注意：

（1）位图信息头的biBitCount字段表示单个像素的位数，按照第二步图像转换器采用的BRG24格式，单个像素总共有24位，故biBitCount字段填24。

（2）在写文件之前，要先把RGB图像数据上下翻转过来，避免保存的BMP文件出现图片颠倒的问题。

下面是向BMP文件写入文件头、信息头和图像数据的详细代码。

```
BITMAPFILEHEADER bmp_header;              // 声明BMP文件的头结构
BITMAPINFOHEADER bmp_info;                // 声明BMP文件的信息结构
unsigned int data_size = (frame->width*3+3)/4*4*frame->height;
// 文件标识填BM(0x4D42)表示位图
bmp_header.bfType = 0x4D42;
// 保留字段1。填0即可
bmp_header.bfReserved1 = 0;
// 保留字段2。填0即可
bmp_header.bfReserved2 = 0;
// 从文件开头到位图数据的偏移量（单位为字节）
bmp_header.bfOffBits = sizeof(bmp_header) + sizeof(bmp_info);
// 整个文件的大小（单位为字节）
bmp_header.bfSize = bmp_header.bfOffBits + data_size;
// 信息头的长度（单位为字节）
bmp_info.biSize = sizeof(bmp_info);
// 位图宽度（单位为像素）
bmp_info.biWidth = frame->width;
// 位图高度（单位为像素）。若为正，则表示倒向的位图；若为负，则表示正向的位图
bmp_info.biHeight = frame->height;
// 位图的面数。填1即可
bmp_info.biPlanes = 1;
// 单个像素的位数（单位为比特）。RGB各1字节，总共3字节，也就是24位
bmp_info.biBitCount = 24;
// 压缩说明。0(BI_RGB)表示不压缩
bmp_info.biCompression = 0;
// 位图数据的大小（单位为字节）
bmp_info.biSizeImage = data_size;
// 水平打印分辨率（单位为像素/米）。填0即可
bmp_info.biXPelsPerMeter = 0;
// 垂直打印分辨率（单位为像素/米）。填0即可
bmp_info.biYPelsPerMeter = 0;
// 位图使用的颜色掩码。填0即可
bmp_info.biClrUsed = 0;
// 重要的颜色个数。都是普通颜色，填0即可
bmp_info.biClrImportant = 0;
fwrite(&bmp_header, sizeof(bmp_header), 1, fp);           // 写入BMP文件头
fwrite(&bmp_info, sizeof(bmp_info), 1, fp);               // 写入BMP信息头
uint8_t tmp[frame->width*3];                              // 临时数据
for(int i = 0; i < frame->height/2; i++) {                // 把缓冲区的图像数据倒置过来
    memcpy(tmp, &(out_buffer[frame->width*i*3]), frame->width*3);
    memcpy(&(out_buffer[frame->width*i*3]),
&(out_buffer[frame->width*(frame->height-1-i)*3]), frame->width*3);
```

```
            memcpy(&(out_buffer[frame->width*(frame->height-1-i)*3]), tmp, frame->width*3);
        }
        fwrite(out_buffer, frame->width*frame->height*3, 1, fp);            // 写入图像数据
```

接着执行下面的编译命令：

```
gcc savebmp.c -o savebmp -I/usr/local/ffmpeg/include -L/usr/local/ffmpeg/lib -lavformat
-lavdevice -lavfilter -lavcodec -lavutil -lswscale -lswresample -lpostproc -lm
```

编译完成后，执行以下命令启动测试程序（默认保存首帧视频画面，即save_index为0）。

```
./savebmp ../fuzhous.mp4
```

程序运行完毕，发现控制台输出以下日志信息，说明完成了从视频帧到BMP图片的转换操作。

```
Success open input_file ../fuzhous.mp4.
format = 0, width = 480, height = 270
target image file is output_000.bmp
Success save 0_index frame as bmp file.
```

最后打开看图软件可以正常浏览output_000.bmp，如图4-25所示，表明上述代码正确实现了把视频画面转存为BMP图片的功能。

图 4-25　把视频画面转存为 BMP 图片

提示　运行下面的ffmpeg命令也可以把指定的视频帧保存为BMP图片。命令中的-vframes 1表示输出一帧。

```
ffmpeg -i ../fuzhous.mp4 -ss 00:00:10 -vframes 1 ff_capture.bmp
```

4.3.3　把视频保存为 GIF 动画

GIF（Graphics Interchange Format，图形交换格式）图片通常是由一组连续图片构成的动图，其播放效果类似于短视频，但它属于跨平台的图像格式，无须视频解码器即可正常播放。不过GIF只支持256种颜色，也就是一个像素的RGB加起来才占据1字节（1字节等于8比特，2的8次方等于256）。

因为FFmpeg自带了对GIF图片编解码的GIF库，所以通过GIF编码器即可将一组数据帧压缩为GIF动图。把视频画面转存为GIF动图的过程主要有三个步骤：获取并打开GIF编码器实例、初始化图像转换器及其对应的缓冲数据帧、将数据帧转换为BGR8格式后写入GIF文件，分别说明如下。

1. 获取并打开GIF编码器实例

虽然FFmpeg支持GIF的两种像素格式PAL8和BGR8，但是图像转换器实际只支持BGR8，因此GIF编码器实例的像素格式必须设置为AV_PIX_FMT_BGR8。

与视频的编码器实例类似，GIF编码器实例的打开步骤也分为以下4步。

01 调用avcodec_find_encoder函数获取代号为AV_CODEC_ID_GIF的GIF编码器。

02 调用avcodec_alloc_context3函数分配GIF编码器对应的编码器实例。

03 给GIF编码器实例的各字段赋值，包括pix_fmt（像素格式）、width（视频宽度）、height（视频高度）、time_base（时间基）等字段。注意此处的pix_fmt字段要填AV_PIX_FMT_BGR8，表示GIF编码器实例采取BGR8颜色空间。

04 调用avcodec_open2函数打开GIF编码器的实例。

根据以上步骤描述的GIF编码器打开过程，编写获取并打开GIF编码器实例的FFmpeg代码（完整代码见chapter04/savegif.c）。

```
enum AVPixelFormat target_format = AV_PIX_FMT_BGR8;  // GIF的像素格式
// 查找GIF编码器
AVCodec *gif_codec = (AVCodec*) avcodec_find_encoder(AV_CODEC_ID_GIF);
if (!gif_codec) {
    av_log(NULL, AV_LOG_ERROR, "gif_codec not found\n");
    return -1;
}
// 获取编解码器上下文信息
gif_encode_ctx = avcodec_alloc_context3(gif_codec);
if (!gif_encode_ctx) {
    av_log(NULL, AV_LOG_ERROR, "gif_encode_ctx is null\n");
    return -1;
}
gif_encode_ctx->pix_fmt = target_format;                    // 像素格式
gif_encode_ctx->width = video_decode_ctx->width;            // 视频宽度
gif_encode_ctx->height = video_decode_ctx->height;          // 视频高度
gif_encode_ctx->time_base = src_video->time_base;           // 时间基
ret = avcodec_open2(gif_encode_ctx, gif_codec, NULL);       // 打开编码器的实例
if (ret < 0) {
    av_log(NULL, AV_LOG_ERROR, "Can't open gif_encode_ctx.\n");
    return -1;
}
```

2. 初始化图像转换器及其对应的缓冲数据帧

图像转换器的初始化操作主要包含以下3个步骤。

（1）调用sws_getContext函数分配图像转换器的实例，并分别指定来源和目标的宽度、高度、像素格式，这里的像素格式采用AV_PIX_FMT_BGR8。

（2）调用av_frame_alloc函数分配一个RGB数据帧，并设置RGB帧的像素格式、视频宽度和视频高度。

（3）调用av_image_alloc函数分配缓冲区空间，用于存放转换后的图像数据。

根据以上步骤描述的图像转换器及其缓冲区的初始化过程，编写FFmpeg的图像转换器初始化代码。

```
enum AVPixelFormat target_format = AV_PIX_FMT_BGR8;    // GIF的像素格式
struct SwsContext *swsContext = NULL;                  // 图像转换器的实例
AVFrame *rgb_frame = NULL;                             // RGB数据帧

// 初始化图像转换器的实例
int init_sws_context(void) {
    // 分配图像转换器的实例，并分别指定来源和目标的宽度、高度、像素格式
    swsContext = sws_getContext(
            video_decode_ctx->width, video_decode_ctx->height, AV_PIX_FMT_YUV420P,
            video_decode_ctx->width, video_decode_ctx->height, target_format,
            SWS_FAST_BILINEAR, NULL, NULL, NULL);
    if (swsContext == NULL) {
        av_log(NULL, AV_LOG_ERROR, "swsContext is null\n");
        return -1;
    }
    rgb_frame = av_frame_alloc();                             // 分配一个RGB数据帧
    rgb_frame->format = target_format;                        // 像素格式
    rgb_frame->width = video_decode_ctx->width;               // 视频宽度
    rgb_frame->height = video_decode_ctx->height;             // 视频高度
    // 分配缓冲区空间，用于存放转换后的图像数据
    av_image_alloc(rgb_frame->data, rgb_frame->linesize,
            video_decode_ctx->width, video_decode_ctx->height, target_format, 1);
    return 0;
}
```

3. 将数据帧转换为BGR8格式后写入GIF文件

把视频帧转存为GIF图片的操作主要有以下4个步骤。

（1）调用sws_scale函数，命令转换器开始处理图像数据，把YUV图像转为RGB图像。
（2）调用avcodec_send_frame函数把前一步转换后的RGB数据帧发给GIF编码器实例。
（3）调用avcodec_receive_packet函数从GIF编码器实例获取压缩后的数据包。
（4）调用av_write_frame函数往GIF文件写入压缩后的数据包。

根据以上步骤描述的数据帧转换颜色空间以及重新编码过程，编写FFmpeg的GIF图片转存代码。

```
// 把视频帧保存为GIF图片。save_index表示要把第几个视频帧保存为图片
int save_gif_file(AVFrame *frame, int save_index) {
    // 视频帧的format字段为AVPixelFormat枚举类型，为0时表示AV_PIX_FMT_YUV420P
    av_log(NULL, AV_LOG_INFO, "format = %d, width = %d, height = %d\n",
                              frame->format, frame->width, frame->height);
    AVPacket *packet = av_packet_alloc();  // 分配一个数据包
    // 把原始的数据帧发给编码器实例
    int ret = avcodec_send_frame(gif_encode_ctx, frame);
    while (ret == 0) {
        packet->stream_index = 0;
```

```
        // 从编码器实例获取压缩后的数据包
        ret = avcodec_receive_packet(gif_encode_ctx, packet);
        if (ret == AVERROR(EAGAIN) || ret == AVERROR_EOF) {
            break;
        } else if (ret < 0) {
            av_log(NULL, AV_LOG_ERROR, "encode frame occur error %d.\n", ret);
            break;
        }
        // 把数据包的时间戳从一个时间基转换为另一个时间基
        av_packet_rescale_ts(packet, src_video->time_base, gif_stream->time_base);
        ret = av_write_frame(gif_fmt_ctx, packet);  // 往文件写入一个数据包
        if (ret < 0) {
            av_log(NULL, AV_LOG_ERROR, "write frame occur error %d.\n", ret);
            break;
        }
    }
    av_packet_unref(packet);   // 清除数据包
    return 0;
}

// 对视频帧解码。save_index表示要把第几个视频帧保存为图片
int decode_video(AVPacket *packet, AVFrame *frame, int save_index) {
    // 把未解压的数据包发给解码器实例
    int ret = avcodec_send_packet(video_decode_ctx, packet);
    if (ret < 0) {
        av_log(NULL, AV_LOG_ERROR, "send packet occur error %d.\n", ret);
        return ret;
    }
    while (1) {
        // 从解码器实例获取还原后的数据帧
        ret = avcodec_receive_frame(video_decode_ctx, frame);
        if (ret == AVERROR(EAGAIN) || ret == AVERROR_EOF) {
            break;
        } else if (ret < 0) {
            av_log(NULL, AV_LOG_ERROR, "decode frame occur error %d.\n", ret);
            break;
        }
        // 转换器开始处理图像数据，把YUV图像转为RGB图像
        sws_scale(swsContext, (const uint8_t* const*) frame->data, frame->linesize,
            0, frame->height, rgb_frame->data, rgb_frame->linesize);
        rgb_frame->pts = frame->pts;              // 设置数据帧的播放时间戳
        save_gif_file(rgb_frame, save_index);     // 把视频帧保存为GIF图片
        break;
    }
    return ret;
}
```

由于GIF动图由一组连续图片构成，因此需要将多幅视频帧连续转存到GIF文件，才能生成拥有动画效果的GIF动图。以下是采集一串视频画面形成GIF动图的FFmpeg代码框架。

```
    int packet_index = -1;                              // 数据包的索引序号
    AVPacket *packet = av_packet_alloc();               // 分配一个数据包
    AVFrame *frame = av_frame_alloc();                  // 分配一个数据帧
    while (av_read_frame(in_fmt_ctx, packet) >= 0) {    // 轮询数据包
        if (packet->stream_index == video_index) {      // 视频包需要重新编码
            packet_index++;
            decode_video(packet, frame, save_index);    // 对视频帧解码
            if (packet_index > save_index) {            // 已经采集到足够数量的帧
                break;
            }
        }
        av_packet_unref(packet);   // 清除数据包
    }
```

接着执行下面的编译命令：

```
gcc savegif.c -o savegif -I/usr/local/ffmpeg/include -L/usr/local/ffmpeg/lib -lavformat
-lavdevice -lavfilter -lavcodec -lavutil -lswscale -lswresample -lpostproc -lm
```

编译完成后，执行以下命令启动测试程序，期望把视频文件的前110帧保存为GIF文件。

```
./savegif ../fuzhous.mp4 110
```

程序运行完毕，发现控制台输出以下日志信息，说明完成了从视频帧到GIF图片的转换操作。

```
Success open input_file ../fuzhous.mp4.
target image file is output_110.gif
format = 17, width = 1440, height = 810
............................
format = 17, width = 1440, height = 810
Success save 100_index frame as gif file.
```

最后打开看图软件可以正常浏览output_110.gif，其动画效果如图4-26和图4-27所示，表明上述代码正确实现了把110帧视频画面转存为GIF动图的功能。

图 4-26 GIF 动图的第 10 帧画面

图 4-27 GIF 动图的第 110 帧画面

提示 运行下面的ffmpeg命令也可以把视频文件转换为GIF动图。

```
ffmpeg -i ../fuzhous.mp4 capture.gif
```

4.4 实战项目：图片转视频

FFmpeg自带了MJPEG、PNG、GIF等图片编解码器，不但支持将视频帧转为这些图片格式，也支持将这些格式的图片转为视频帧。在FFmpeg的代码框架中，无论是视频、音频还是图片，只要提供了相应的编解码器，FFmpeg就能将其纳入封装器实例AVFormatContext和编解码器实例AVCodecContext的统一体系中。

把一幅图片转为视频，相当于对该图片做了一次重新编码操作。举个例子，把一幅JPG图片转为MP4视频，主要分成以下3个步骤。

01 使用MJPEG解码器把JPG图片解析为数据帧。
02 通过图像转换器把数据帧转为视频要求的YUV像素格式。
03 使用H.264编码器把第2步转换后的数据帧压缩成视频包，再写入MP4文件。

当然，真实的视频不会仅有一个视频帧，那么可将图片转来的视频帧重复编码并写入目标文件，需要多少帧就重复多少次，唯一需要注意的地方是各帧的播放时间戳必须递增，这样编码器才能给这些帧安排先后顺序。

至于把两幅图片合并转为视频，比起单幅图片转视频要复杂一些，主要考虑到两幅图片合到一个视频中的接续问题。为方便起见，这里暂且支持JPG和PNG两种格式的图片，那么完整的图片转视频过程可分为以下4个步骤：依次打开两幅图片及其封装器实例、打开输出视频及其编码器实例、初始化图像转换器的实例及其缓冲区、把两幅图片的数据包转换格式再依次写入目标视频，分别说明如下。

1. 依次打开两幅图片及其封装器实例

FFmpeg打开图片文件的流程与打开视频文件保持一致，都要依次调用avformat_open_input→avformat_find_stream_info→av_find_best_stream→avcodec_open2等函数。打开多幅图片的话，注意声明封装器实例数组、解码器实例数组等结构，并将各图片的实例信息存入对应下标的数组元素。下面是打开多幅图片文件的FFmpeg代码片段（完整代码见chapter04/image2video.c）。

```c
AVFormatContext *in_fmt_ctx[2] = {NULL, NULL};          // 输入文件的封装器实例
AVCodecContext *image_decode_ctx[2] = {NULL, NULL};     // 图像解码器的实例
int video_index[2] = {-1 -1};                           // 视频流的索引
AVStream *src_video = NULL;                             // 源文件的视频流

// 打开输入文件
int open_input_file(int seq, const char *src_name) {
    // 打开图像文件
    int ret = avformat_open_input(&in_fmt_ctx[seq], src_name, NULL, NULL);
    if (ret < 0) {
        av_log(NULL, AV_LOG_ERROR, "Can't open file %s.\n", src_name);
        return -1;
    }
    av_log(NULL, AV_LOG_INFO, "Success open input_file %s.\n", src_name);
```

```
        // 查找图像文件中的流信息
        ret = avformat_find_stream_info(in_fmt_ctx[seq], NULL);
        if (ret < 0) {
            av_log(NULL, AV_LOG_ERROR, "Can't find stream information.\n");
            return -1;
        }
        // 找到视频流的索引
        video_index[seq] = av_find_best_stream(in_fmt_ctx[seq], AVMEDIA_TYPE_VIDEO, -1, -1,
NULL, 0);
        if (video_index[seq] >= 0) {
            AVStream *src_video = in_fmt_ctx[seq]->streams[video_index[seq]];
            enum AVCodecID video_codec_id = src_video->codecpar->codec_id;
            // 查找图像解码器
            AVCodec *video_codec = (AVCodec*) avcodec_find_decoder(video_codec_id);
            if (!video_codec) {
                av_log(NULL, AV_LOG_ERROR, "video_codec not found\n");
                return -1;
            }
            image_decode_ctx[seq] = avcodec_alloc_context3(video_codec); // 分配解码器的实例
            if (!image_decode_ctx) {
                av_log(NULL, AV_LOG_ERROR, "image_decode_ctx is null\n");
                return -1;
            }
            // 把视频流中的编解码参数复制给解码器的实例
            avcodec_parameters_to_context(image_decode_ctx[seq], src_video->codecpar);
            ret = avcodec_open2(image_decode_ctx[seq], video_codec, NULL); // 打开解码器的实例
            if (ret < 0) {
                av_log(NULL, AV_LOG_ERROR, "Can't open image_decode_ctx.\n");
                return -1;
            }
        } else {
            av_log(NULL, AV_LOG_ERROR, "Can't find video stream.\n");
            return -1;
        }
        return 0;
}
```

2. 打开输出视频及其编码器实例

因为视频画面来自图片文件而不是视频文件,所以目标文件要自行设置视频编码器的相关参数,主要注意以下几点:

(1) 视频编码器从代号AV_CODEC_ID_H264获取。
(2) 视频编码器实例的像素格式字段填AV_PIX_FMT_YUV420P,表示采用YUV颜色空间。
(3) 视频编码器实例的宽高默认使用第一幅图片的宽高。
(4) 视频编码器实例的帧率和时间基也要设置,比如帧率填15或者25均可。

综合以上操作步骤,编写打开视频编码器实例的FFmpeg代码。

```
AVStream *dest_video = NULL;              // 目标文件的视频流
AVFormatContext *out_fmt_ctx;             // 输出文件的封装器实例
```

```c
    AVCodecContext *video_encode_ctx = NULL;       // 视频编码器的实例

// 打开输出文件
int open_output_file(const char *dest_name) {
    // 分配音视频文件的封装实例
    int ret = avformat_alloc_output_context2(&out_fmt_ctx, NULL, NULL, dest_name);
    if (ret < 0) {
        av_log(NULL, AV_LOG_ERROR, "Can't alloc output_file %s.\n", dest_name);
        return -1;
    }
    // 打开输出流
    ret = avio_open(&out_fmt_ctx->pb, dest_name, AVIO_FLAG_READ_WRITE);
    if (ret < 0) {
        av_log(NULL, AV_LOG_ERROR, "Can't open output_file %s.\n", dest_name);
        return -1;
    }
    av_log(NULL, AV_LOG_INFO, "Success open output_file %s.\n", dest_name);
    if (video_index[0] >= 0) { // 创建编码器实例和新的视频流
        src_video = in_fmt_ctx[0]->streams[video_index[0]];
        // 查找视频编码器
        AVCodec *video_codec = (AVCodec*) avcodec_find_encoder(AV_CODEC_ID_H264);
        if (!video_codec) {
            av_log(NULL, AV_LOG_ERROR, "video_codec not found\n");
            return -1;
        }
        video_encode_ctx = avcodec_alloc_context3(video_codec);  // 分配编码器的实例
        if (!video_encode_ctx) {
            av_log(NULL, AV_LOG_ERROR, "video_encode_ctx is null\n");
            return -1;
        }
        video_encode_ctx->pix_fmt = AV_PIX_FMT_YUV420P;          // 像素格式
        video_encode_ctx->width = src_video->codecpar->width;    // 视频宽度
        video_encode_ctx->height = src_video->codecpar->height;  // 视频高度
        video_encode_ctx->framerate = (AVRational){25, 1};       // 帧率
        video_encode_ctx->time_base = (AVRational){1, 25};       // 时间基
        video_encode_ctx->gop_size = 12;                         // 关键帧的间隔距离
        // AV_CODEC_FLAG_GLOBAL_HEADER标志允许操作系统显示该视频的缩略图
        if (out_fmt_ctx->oformat->flags & AVFMT_GLOBALHEADER) {
            video_encode_ctx->flags = AV_CODEC_FLAG_GLOBAL_HEADER;
        }
        ret = avcodec_open2(video_encode_ctx, video_codec, NULL);  // 打开编码器的实例
        if (ret < 0) {
            av_log(NULL, AV_LOG_ERROR, "Can't open video_encode_ctx.\n");
            return -1;
        }
        dest_video = avformat_new_stream(out_fmt_ctx, NULL);     // 创建数据流
        // 把编码器实例的参数复制给目标视频流
        avcodec_parameters_from_context(dest_video->codecpar, video_encode_ctx);
        dest_video->codecpar->codec_tag = 0;
    }
    ret = avformat_write_header(out_fmt_ctx, NULL);              // 写文件头
```

```
        if (ret < 0) {
            av_log(NULL, AV_LOG_ERROR, "write file_header occur error %d.\n", ret);
            return -1;
        }
        av_log(NULL, AV_LOG_INFO, "Success write file_header.\n");
        return 0;
    }
```

3. 初始化图像转换器的实例及其缓冲区

由于存在多幅图片需要转换，因此图像转换器也要采用数组结构，以便存放多个图像转换器。这里的图像转换器不但要转换数据帧的颜色空间，还要统一数据帧的画面宽高，避免因多幅图片的尺寸不同造成视频编码失败的问题。图像转换器的初始化操作包含以下3个步骤。

01 调用sws_getContext函数分配图像转换器的实例，并分别指定来源和目标的宽度、高度、像素格式，这里的像素格式采用AV_PIX_FMT_YUV420P。

02 调用av_frame_alloc函数分配一个YUV数据帧，并设置YUV帧的像素格式、视频宽度和视频高度。

03 调用av_image_alloc函数分配缓冲区空间，用于存放转换后的图像数据。

综合以上操作步骤，编写初始化图像转换器实例的FFmpeg代码。

```
struct SwsContext *swsContext[2] = {NULL, NULL};        // 图像转换器的实例
AVFrame *yuv_frame[2] = {NULL, NULL};                   // YUV数据帧

// 初始化图像转换器的实例
int init_sws_context(int seq) {
    enum AVPixelFormat target_format = AV_PIX_FMT_YUV420P;   // 视频的像素格式是YUV
    // 分配图像转换器的实例，并分别指定来源和目标的宽度、高度、像素格式
    swsContext[seq] = sws_getContext(
            image_decode_ctx[seq]->width, image_decode_ctx[seq]->height,
            image_decode_ctx[seq]->pix_fmt,
            video_encode_ctx->width, video_encode_ctx->height, target_format,
            SWS_FAST_BILINEAR, NULL, NULL, NULL);
    if (swsContext == NULL) {
        av_log(NULL, AV_LOG_ERROR, "swsContext is null\n");
        return -1;
    }
    yuv_frame[seq] = av_frame_alloc();                       // 分配一个YUV数据帧
    yuv_frame[seq]->format = target_format;                  // 像素格式
    yuv_frame[seq]->width = video_encode_ctx->width;         // 视频宽度
    yuv_frame[seq]->height = video_encode_ctx->height;       // 视频高度
    // 分配缓冲区空间，用于存放转换后的图像数据
    av_image_alloc(yuv_frame[seq]->data, yuv_frame[seq]->linesize,
            video_encode_ctx->width, video_encode_ctx->height, target_format, 1);
    return 0;
}
```

4. 把两幅图片的数据包转换格式再依次写入目标视频

把图片帧转存为MP4视频的操作主要有以下4个步骤。

01 调用sws_scale函数，命令转换器开始处理图像数据，把图片的原始图像转为YUV图像，其中JPG图片为YUVJ图像，PNG图片为RGB图像。

02 调用avcodec_send_frame函数把前一步转换后的YUV数据帧发给视频编码器实例。

03 调用avcodec_receive_packet函数从视频编码器实例获取压缩后的数据包。

04 调用av_write_frame函数往MP4文件写入压缩后的数据包。

注意在第一步的像素格式转换之后，要先对新数据帧的播放时间戳递增，再进入第二步的视频编码处理。然后依据图片的展示时长，为其分配若干帧并写入目标文件，每帧视频的播放时间戳都要在前面时间戳的基础上累加。据此编写图像转换像素格式并写入目标文件的FFmpeg代码。

```
int packet_index = 0;    // 数据帧的索引序号

// 给视频帧编码，并写入压缩后的视频包
int output_video(AVFrame *frame) {
    // 把原始的数据帧发给编码器实例
    int ret = avcodec_send_frame(video_encode_ctx, frame);
    if (ret < 0) {
        av_log(NULL, AV_LOG_ERROR, "send frame occur error %d.\n", ret);
        return ret;
    }
    while (1) {
        AVPacket *packet = av_packet_alloc();    // 分配一个数据包
        // 从编码器实例获取压缩后的数据包
        ret = avcodec_receive_packet(video_encode_ctx, packet);
        if (ret == AVERROR(EAGAIN) || ret == AVERROR_EOF) {
            return (ret == AVERROR(EAGAIN)) ? 0 : 1;
        } else if (ret < 0) {
            av_log(NULL, AV_LOG_ERROR, "encode frame occur error %d.\n", ret);
            break;
        }
        // 把数据包的时间戳从一个时间基转换为另一个时间基
        av_packet_rescale_ts(packet, src_video->time_base, dest_video->time_base);
        packet->stream_index = 0;
        ret = av_write_frame(out_fmt_ctx, packet);    // 往文件写入一个数据包
        if (ret < 0) {
            av_log(NULL, AV_LOG_ERROR, "write frame occur error %d.\n", ret);
            break;
        }
        av_packet_unref(packet);    // 清除数据包
    }
    return ret;
}

// 对视频帧重新编码
int recode_video(int seq, AVPacket *packet, AVFrame *frame) {
    // 把未解压的数据包发给解码器实例
    int ret = avcodec_send_packet(image_decode_ctx[seq], packet);
    if (ret < 0) {
        av_log(NULL, AV_LOG_ERROR, "send packet occur error %d.\n", ret);
        return ret;
```

```
    }
    while (1) {
        // 从解码器实例获取还原后的数据帧
        ret = avcodec_receive_frame(image_decode_ctx[seq], frame);
        if (ret == AVERROR(EAGAIN) || ret == AVERROR_EOF) {
            return (ret == AVERROR(EAGAIN)) ? 0 : 1;
        } else if (ret < 0) {
            av_log(NULL, AV_LOG_ERROR, "decode frame occur error %d.\n", ret);
            break;
        }
        // 转换器开始处理图像数据,把RGB图像转为YUV图像
        sws_scale(swsContext[seq], (const uint8_t* const*) frame->data, frame->linesize,
            0, frame->height, yuv_frame[seq]->data, yuv_frame[seq]->linesize);
        int i = 0;
        while (i++ < 100) {   // 每幅图片占据100个视频帧
            yuv_frame[seq]->pts = packet_index++;   // 播放时间戳要递增
            output_video(yuv_frame[seq]);   // 给视频帧编码,并写入压缩后的视频包
        }
    }
    return ret;
}
```

鉴于目标视频的前后两半画面分别来源于两幅图片,故而对这两幅图片先后进行转换与重新编码操作,下面是将两幅图片合并转为视频的FFmpeg代码框架。

```
// 首先把第一幅图片转为视频文件
AVPacket *packet = av_packet_alloc();                          // 分配一个数据包
AVFrame *frame = av_frame_alloc();                             // 分配一个数据帧
while (av_read_frame(in_fmt_ctx[0], packet) >= 0) {            // 轮询数据包
    if (packet->stream_index == video_index[0]) {              // 视频包需要重新编码
        recode_video(0, packet, frame);                        // 对视频帧重新编码
    }
    av_packet_unref(packet);                                   // 清除数据包
}
packet->data = NULL;
packet->size = 0;
recode_video(0, packet, frame);                                // 传入一个空包,冲走解码缓存
                                                               // 对视频帧重新编码
// 然后在视频末尾追加第二幅图片
while (av_read_frame(in_fmt_ctx[1], packet) >= 0) {            // 轮询数据包
    if (packet->stream_index == video_index[1]) {              // 视频包需要重新编码
        recode_video(1, packet, frame);                        // 对视频帧重新编码
    }
    av_packet_unref(packet);                                   // 清除数据包
}
packet->data = NULL;
packet->size = 0;
recode_video(1, packet, frame);                                // 传入一个空包,冲走解码缓存
output_video(NULL);                                            // 对视频帧重新编码
av_write_trailer(out_fmt_ctx);                                 // 传入一个空帧,冲走编码缓存
                                                               // 写文件尾
```

接着执行下面的编译命令：

```
gcc image2video.c -o image2video -I/usr/local/ffmpeg/include -L/usr/local/ffmpeg/lib
-lavformat -lavdevice -lavfilter -lavcodec -lavutil -lswscale -lswresample -lpostproc -lm
```

编译完成后，执行以下命令启动测试程序，期望把fuzhou.jpg和sea.png两幅图片合并转为视频。

```
./image2video ../fuzhou.jpg ../sea.png
```

程序运行完毕，发现控制台输出以下日志信息，说明完成了把两幅图片合并到一个视频的操作。

```
Success open input_file ../fuzhou.jpg.
Success open input_file ../sea.png.
Success open output_file output_image2video.mp4.
Success convert image to video.
```

最后打开影音播放器可以正常观看output_image2video.mp4，并且该视频的前半部分画面为第一幅图片fuzhou.jpg，如图4-28所示，后半部分画面为第二幅图片sea.png，如图4-29所示，表明上述代码正确实现了将多幅图片合并转为视频文件的功能。

图4-28 转为视频的第一幅图片

图4-29 转为视频的第二幅图片

提示 运行下面的三行ffmpeg命令也可以把两幅图片转换为视频文件。命令中的-f image2表示输入源为图像，-loop 1表示循环处理一个源文件，-pix_fmt yuv420p表示输出的像素格式为YUV420P，-r 25表示每秒25帧，-t 5表示时长为5秒。

```
ffmpeg -f image2 -loop 1 -i ../fuzhou.jpg -vcodec h264 -pix_fmt yuv420p -r 25 -t 5 ff_image1.mp4
ffmpeg -f image2 -loop 1 -i ../sea.png -vcodec h264 -pix_fmt yuv420p -r 25 -t 5 ff_image2.mp4
ffmpeg -f concat -i concat_image.txt -c copy ff_merge_image.mp4
```

上面命令用到的concat_image.txt文件格式如下：

```
file 'ff_image1.mp4'
file 'ff_image2.mp4'
```

4.5 小　　结

　　本章主要介绍了学习FFmpeg编程必须知道的几种图像格式及其处理办法。首先介绍了YUV格式的缘起、分类、转换，以及如何转存和浏览YUV图像；接着介绍了图像转换器的详细用法，以及如何通过图像转换器把视频画面转存为JPEG图片；然后介绍了如何把视频画面分别转存为PNG图片、BMP图片、GIF动图等；最后设计了一个实战项目"图片转视频"，在该项目的FFmpeg编程中，综合运用了本章介绍的图像处理技术，包括图像格式转换、播放时间戳累加等。

　　通过本章的学习，读者应该能够掌握以下3种开发技能：

　　（1）学会向视频文件写入YUV数据，以及从视频读取YUV数据并保存为YUV文件。

　　（2）学会将视频文件中的YUV格式画面转存为JPEG图片、PNG图片、BMP图片、GIF动图。

　　（3）学会把静止的图片文件合并转换为一个连续播放的视频文件。

第 5 章

FFmpeg 处理音频

本章介绍FFmpeg对常见音频格式进行转存和分析的开发过程,主要包括:怎样把音频流转存为PCM文件,怎样分析PCM音频的波形样式,怎样搭建MP3格式的编解码开发环境,怎样把音频流正确转存为对应格式的MP3文件、WAV文件、AAC文件。最后结合本章所学的知识演示了一个实战项目"拼接两段音频"的设计与实现。

5.1 PCM 音频

本节介绍FFmpeg对PCM音频的处理办法,首先描述为什么引入PCM格式,以及PCM有哪些规格参数;然后叙述如何把音视频文件中的音频流原始数据保存为PCM文件;最后阐述如何使用Audacity工具分析PCM的音频波形。

5.1.1 为什么要用 PCM 格式

正如电视信号分成模拟信号和数字信号那样,声音也分成模拟音频和数字音频,其中固定电话传输的便是模拟音频,而数字设备(包括计算机、手机等)采用的则是数字音频。与模拟音频保存波浪信号不同,数字音频保存着密集采样后的离散信号,如图5-1所示的曲线表示原始的模拟波浪信号,折线表示采样后的数字离散信号。

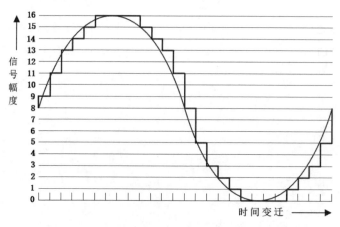

图 5-1 对模拟信号进行数字采样的数值转换

在计算机行业中，数字音频的离散信号采用PCM（Pulse Code Modulation，脉冲编码调制）格式。PCM数据既是未经压缩的原始音频采样数据，也是模拟信号经过采样、量化、编码等步骤形成的标准数字音频数据，因为它未经压缩处理，有时也被称作音频裸流。

虽然PCM属于原始的音频格式，但是它又存在多种参数描述详细的音频采样规格。无论是生成PCM数据，还是解析PCM数据，都要使用相应的参数规格才能正常操作。例如，在采集音频时，涉及的规格参数列举如下。

1. 采样频率

采样频率也称采样率或者采样速率，它定义了在单位时间内从连续信号中采集离散样本的次数，单位为Hz（音译为赫兹，意译为次每秒）。采样频率对应AVCodecContext结构的sample_rate字段。

2. 采样格式

采样格式定义了采集到的音频样本采取什么格式，详细的采样格式又从以下三个方面来划分。

（1）采样数据的量化位数，即每个样本采用多少位表达，常见的有8位、16位、24位、32位、64位等。

（2）采样数据是否有符号位。假设每个样本使用一字节表达，那么有符号数的取值区间为[-128, 127]，无符号数的取值区间为[0, 255]。FFmpeg在命名PCM格式的时候，有符号数在格式名称开头采用大写的S表示，无符号数在格式名称开头采用大写的U表示。

（3）采样数据是整型数还是浮点数。早期的PCM数据大多采用整型数，后来精度高的音频都采用浮点数或者双精度数。FFmpeg在命名PCM格式的时候，浮点数使用FLT表示（FLT为Float的辅音缩写），双精度数使用DBL表示（DBL为Double的辅音缩写）。

采样格式对应AVCodecContext结构的sample_fmt字段，其定义来自AVSampleFormat枚举，它的取值说明见表5-1。

表5-1 音频的采样格式及其说明

采样格式的类型	对应数值	说 明
AV_SAMPLE_FMT_U8	0	无符号的8位采样，交错模式
AV_SAMPLE_FMT_S16	1	有符号的16位采样，交错模式
AV_SAMPLE_FMT_S32	2	有符号的32位采样，交错模式
AV_SAMPLE_FMT_FLT	3	32位浮点数采样，交错模式
AV_SAMPLE_FMT_DBL	4	64位双精度数采样，交错模式
AV_SAMPLE_FMT_U8P	5	无符号的8位采样，平面模式
AV_SAMPLE_FMT_S16P	6	有符号的16位采样，平面模式
AV_SAMPLE_FMT_S32P	7	有符号的32位采样，平面模式
AV_SAMPLE_FMT_FLTP	8	32位浮点数采样，平面模式
AV_SAMPLE_FMT_DBLP	9	64位双精度数采样，平面模式

3. 声道数量

声道数量也称声道数，它定义了录制声音时的音源数量，或者回放声音时的扬声器数量。声道数量对应AVCodecContext结构的ch_layout下面的nb_channels字段，它的取值说明见表5-2。

表5-2 音频的声道数量及其说明

声道类型	声道数量	音源位置
单声道	1	正前方
双声道（立体声）	2	左前方、右前方
三声道	3	正前方、左前方、右前方
四声道	4	正前方、左前方、右前方、正后方
五声道	5	正前方、左前方、右前方、左后方、右后方
六声道	6	正前方、左前方、右前方、左后方、右后方、低音炮
八声道	8	正前方、左前方、右前方、正左边、正右边、左后方、右后方、低音炮

除上述几种在采样时的规格参数外，采样数据在保存时还涉及以下两类规格参数。

4. 字节序

字节序定义了多字节数据在计算机中的各字节存储顺序，主要分为大端和小端两种存储顺序，分别说明如下。

（1）大端字节序（Big Endian）：也称大尾端、高尾端，该模式将多字节数据的高位字节排在前面，低位字节排在后面。比如，在大端处理器上，数值0xABCDEF的存储顺序为0xAB、0xCD、0xEF。采用大尾端的处理器主要有MIPS、PowerPC等。

（2）小端字节序（Little Endian）：也称小尾端、低尾端，该模式将多字节数据的低位字节排在前面，高位字节排在后面。比如，在小端处理器上，数值0xABCDEF的存储顺序为0xEF、0xCD、0xAB。采用小尾端的处理器主要有x86、ARM等，也就是说主流的计算机和手机都采用小尾端存储，FFmpeg也默认使用小尾端。

5. 存储格式

YUV图像有平面模式（Planar Mode）和交错模式（Packed Mode，直译为紧密模式、拥挤模式）两种存储格式，PCM音频也有平面和交错两种存储格式。YUV图像有Y、U、V三个颜色通道，PCM也有单声道、双声道、三声道等多个声音通道，各声道的数据怎样合并需要安排规定的存储格式。以双声道为例，假设一个时间点的音频采样数据包括L和R，其中L（Left的首字母）表示左声道的样本，R（Right的首字母）表示右声道的样本，那么平面模式和交错模式的存储格式说明如下。

（1）平面模式把左右两个声道的样本数据分类存放，也就是先连续存储所有样本的左声道数据，再存储所有样本的右声道数据。倘若一个音频帧包含4个样本，则平面模式的样本排列为LLLLRRRR。

（2）交错模式对左右两个声道的样本数据交错存放，也就是每个样本都先后存储左右声道的数据，接着存储下一个样本的左右声道数据，后续样本同理依序存储。倘若一个音频帧包含4个样本，则交错模式的样本排列为LRLRLRLR。

在FFmpeg的枚举类型AVSampleFormat定义源码中，使用AV_SAMPLE_FMT_FLTP表示浮点采样的平面模式，使用AV_SAMPLE_FMT_FLT表示浮点采样的交错模式。其中代号末尾有P的就表示平面模式，代号末尾没有P的就表示交错模式。

音频流解码后的PCM数据存放在AVFrame结构的data数组中。对于交错模式而言，data[0]存放该帧的所有音频数据。对于平面模式而言，各声道的音频数据放在data数组的对应下标中。比如双声道的PCM音频，data[0]存放左声道的音频数据，data[1]存放右声道的音频数据。因为data数组的大小固定为8，最多只能放8个声道数据，所以如果声道数量超过8，则需从AVFrame结构的extended_data数组获取音频数据。

执行以下命令可以查看FFmpeg支持的PCM格式：

```
ffmpeg -formats | grep PCM
```

命令执行完毕，控制台回显如下PCM格式的列表信息：

```
 DE f32be          PCM 32-bit floating-point big-endian
 DE f32le          PCM 32-bit floating-point little-endian
 DE f64be          PCM 64-bit floating-point big-endian
 DE f64le          PCM 64-bit floating-point little-endian
 DE s16be          PCM signed 16-bit big-endian
 DE s16le          PCM signed 16-bit little-endian
 DE s24be          PCM signed 24-bit big-endian
 DE s24le          PCM signed 24-bit little-endian
 DE s32be          PCM signed 32-bit big-endian
 DE s32le          PCM signed 32-bit little-endian
 DE s8             PCM signed 8-bit
 DE u16be          PCM unsigned 16-bit big-endian
 DE u16le          PCM unsigned 16-bit little-endian
 DE u24be          PCM unsigned 24-bit big-endian
 DE u24le          PCM unsigned 24-bit little-endian
 DE u32be          PCM unsigned 32-bit big-endian
 DE u32le          PCM unsigned 32-bit little-endian
 DE u8             PCM unsigned 8-bit
```

上面列表的第一列DE表示同时支持解码（D为Decode首字母）和编码（E为Encode首字母），第二列为具体的PCM格式，其中f32表示32位浮点数，f64表示64位浮点数（也就是双精度数），s16表示有符号16位整型数，u16表示无符号16位整型数，格式末尾的be表示大尾端，le表示小尾端。

5.1.2 把音频流保存为 PCM 文件

音频触发人的听觉，视频触发人的视觉，两种感觉的辨别方式不同，使得音频信号与视频信号关注的侧重点也不同。然而FFmpeg把音视频的编解码器实例都放在AVCodecContext结构中，把音视频的数据帧都放在AVFrame结构中，这注定了两个结构中有部分字段专用于音频，有部分字段专用于视频，还有的字段既用于音频又用于视频，即使这个字段对于音频和视频来说有不同的含义。

比如AVFrame的format字段，对于音频来说表示采样格式，对应AVCodecContext的sample_fmt字段；对于视频来说表示像素格式，对应的AVCodecContext的pix_fmt字段。又如AVCodecContext的frame_size字段，字面意思是帧大小，似乎可以同时用于音频和视频，但其实该字段仅用于音频，表示每个音频帧的采样数量；对于视频而言，frame_size字段固定为0，没有实际意义。为了理清音频相关字段的含义，表5-3列出了音频在AVCodecContext和AVFrame两个结构中的规格字段说明。

表 5-3 AVCodecContext 和 AVFrame 中的音频规格字段

AVCodecContext	AVFrame	说明
sample_fmt	format	采样格式（用于音频）
pix_fmt	format	像素格式（用于视频）
frame_size	nb_samples	帧大小，仅用于音频，表示采样数量
sample_rate	sample_rate	采样频率，仅用于音频
ch_layout	ch_layout	声道布局，仅用于音频，也叫音频通道，AVChannelLayout 类型。声道数量取自 AVChannelLayout 结构的 nb_channels 字段

如同视频帧采用的YUV格式，音频帧的PCM也分为平面模式和交错模式两种存储格式。平面模式的音频把左声道和右声道的音频数据分开存储，即左声道的所有音频帧放在一起依次存放，右声道的所有音频帧放在一起依次存放；而交错模式的音频把左右两个声道的音频数据交替存储，即每个音频帧都先存左声道的数据再存右声道的数据，接下来的音频帧也是左右声道的音频数据先后存放，直到最后一个音频帧的数据存储完成。

视频的像素格式在格式代号末尾添加P表示平面模式，比如AV_PIX_FMT_YUV420P，音频的采样格式也在代号末尾添加P表示平面模式，比如AV_SAMPLE_FMT_FLTP；那么代号末尾没有P就表示交错模式，比如AV_SAMPLE_FMT_FLT。只是这些格式代号属于枚举类型，并非字符串，难以通过代码判断某个代号的末尾有没有带P。就视频而言，其像素格式基本采用AV_PIX_FMT_YUV420P，故而默认采用平面模式即可。但是对音频来说，其采样格式有的用平面模式，有的用交错模式，不能按照默认平面模式处理，必须判断采样格式究竟属于哪种模式才行。

对于音频的采样格式，详细的规格参数参见libavutil/samplefmt.c中的sample_fmt_info数组定义。FFmpeg还提供了若干函数用来获取详细的采样规格，从而方便开发者分别判断处理，具体说明如下。

- av_get_sample_fmt_name：根据采样格式的枚举类型获取格式名称，名称末尾带p的表示采用平面模式（planar表示平面的）。
- av_sample_fmt_is_planar：判断指定采样格式是否为交错模式。返回1表示交错模式，返回0表示平面模式。
- av_get_bytes_per_sample：判断指定采样格式的每个样本占用多少字节。

上面的几个函数，加上AVCodecContext结构本来就有的sample_fmt、frame_size、sample_rate、ch_layout等字段，可算凑齐了各种音频规格。从音频文件获取音频解码器实例之后，就能把这些音频规格参数统统找出来。下面是打开来源音频文件并打印音频参数的FFmpeg代码片段（完整代码见chapter05/savepcm.c）。

```
AVFormatContext *in_fmt_ctx = NULL; // 输入文件的封装器实例
// 打开音视频文件
int ret = avformat_open_input(&in_fmt_ctx, src_name, NULL, NULL);
if (ret < 0) {
    av_log(NULL, AV_LOG_ERROR, "Can't open file %s.\n", src_name);
    return -1;
}
av_log(NULL, AV_LOG_INFO, "Success open input_file %s.\n", src_name);
// 查找音视频文件中的流信息
```

```
    ret = avformat_find_stream_info(in_fmt_ctx, NULL);
    if (ret < 0) {
        av_log(NULL, AV_LOG_ERROR, "Can't find stream information.\n");
        return -1;
    }
    AVCodecContext *audio_decode_ctx = NULL;  // 音频解码器的实例
    // 找到音频流的索引
    int audio_index = av_find_best_stream(in_fmt_ctx, AVMEDIA_TYPE_AUDIO, -1, -1, NULL, 0);
    if (audio_index >= 0) {
        AVStream *src_audio = in_fmt_ctx->streams[audio_index];
        enum AVCodecID audio_codec_id = src_audio->codecpar->codec_id;
        // 查找音频解码器
        AVCodec *audio_codec = (AVCodec*) avcodec_find_decoder(audio_codec_id);
        if (!audio_codec) {
            av_log(NULL, AV_LOG_ERROR, "audio_codec not found\n");
            return -1;
        }
        audio_decode_ctx = avcodec_alloc_context3(audio_codec);  // 分配解码器的实例
        if (!audio_decode_ctx) {
            av_log(NULL, AV_LOG_ERROR, "audio_decode_ctx is null\n");
            return -1;
        }
        // 把音频流中的编解码参数复制给解码器的实例
        avcodec_parameters_to_context(audio_decode_ctx, src_audio->codecpar);
        // 音频帧的format字段为AVSampleFormat枚举类型，为8时表示AV_SAMPLE_FMT_FLTP
        av_log(NULL, AV_LOG_INFO, "sample_fmt=%d, nb_samples=%d, nb_channels=%d, ",
                audio_decode_ctx->sample_fmt, audio_decode_ctx->frame_size,
                audio_decode_ctx->ch_layout.nb_channels);
        av_log(NULL, AV_LOG_INFO, "format_name=%s, is_planar=%d, data_size=%d\n",
                av_get_sample_fmt_name(audio_decode_ctx->sample_fmt),
                av_sample_fmt_is_planar(audio_decode_ctx->sample_fmt),
                av_get_bytes_per_sample(audio_decode_ctx->sample_fmt));
        ret = avcodec_open2(audio_decode_ctx, audio_codec, NULL);  // 打开解码器的实例
        if (ret < 0) {
            av_log(NULL, AV_LOG_ERROR, "Can't open audio_decode_ctx.\n");
            return -1;
        }
    } else {
        av_log(NULL, AV_LOG_ERROR, "Can't find audio stream.\n");
        return -1;
    }
    FILE *fp_out = fopen(pcm_name, "wb");  // 以写方式打开文件
    if (!fp_out) {
        av_log(NULL, AV_LOG_ERROR, "open file %s fail.\n", pcm_name);
        return -1;
    }
    av_log(NULL, AV_LOG_INFO, "target audio file is %s\n", pcm_name);
```

由于音频数据保存为PCM文件时采取交错模式写入，因此FFmpeg解析获得的平面模式音频需要转成交错模式，此时用到了av_sample_fmt_is_planar函数。因为交错模式要求每个样本的左右声道数据依次写入，于是获取单个样本大小的av_get_bytes_per_sample函数也有了用武之地。如果音

频的采样格式已经采用交错模式,那么把原始的音频帧数据直接写入PCM就行。下面是从音频文件解析音频帧并转换模式之后写入PCM文件的FFmpeg代码框架。

```c
int i=0, j=0, data_size=0;
AVPacket *packet = av_packet_alloc();                    // 分配一个数据包
AVFrame *frame = av_frame_alloc();                       // 分配一个数据帧
while (av_read_frame(in_fmt_ctx, packet) >= 0) {         // 轮询数据包
    if (packet->stream_index == audio_index) {           // 音频包需要重新编码
        // 把未解压的数据包发给解码器实例
        ret = avcodec_send_packet(audio_decode_ctx, packet);
        if (ret == 0) {
            // 从解码器实例获取还原后的数据帧
            ret = avcodec_receive_frame(audio_decode_ctx, frame);
            if (ret == AVERROR(EAGAIN) || ret == AVERROR_EOF) {
                continue;
            } else if (ret < 0) {
                av_log(NULL, AV_LOG_ERROR, "decode frame occur error %d.\n", ret);
                continue;
            }
            // 把音频帧保存到PCM文件
            if (av_sample_fmt_is_planar((enum AVSampleFormat)frame->format)) {
                // 平面模式的音频在存储时要改为交错模式
                data_size = av_get_bytes_per_sample((enum AVSampleFormat)frame->format);
                i = 0;
                while (i < frame->nb_samples) {
                    j = 0;
                    while (j < frame->ch_layout.nb_channels) {
                        fwrite(frame->data[j] + data_size*i, 1, data_size, fp_out);
                        j++;
                    }
                    i++;
                }
            } else {  // 非平面模式,直接写入文件
                fwrite(frame->extended_data[0], 1, frame->linesize[0], fp_out);
            }
            av_frame_unref(frame);   // 清除数据帧
        } else {
            av_log(NULL, AV_LOG_ERROR, "send packet occur error %d.\n", ret);
        }
    }
    av_packet_unref(packet);   // 清除数据包
}
fclose(fp_out);   // 关闭文件
```

接着执行下面的编译命令:

```
gcc savepcm.c -o savepcm -I/usr/local/ffmpeg/include -L/usr/local/ffmpeg/lib -lavformat -lavdevice -lavfilter -lavcodec -lavutil -lswscale -lswresample -lpostproc -lm
```

编译完成后,执行以下命令启动测试程序,期望把2018.mp4中的音频流保存为PCM文件。

```
./savepcm ../2018.mp4
```

程序运行完毕，发现控制台输出以下日志信息，说明完成了从视频文件抽取原始音频的操作。

```
Success open input_file ../2018.mp4.
sample_fmt=8, nb_samples=1024, nb_channels=2, format_name=fltp, is_planar=1, data_size=4
target audio file is output_savepcm.pcm
Success save audio frame as pcm file.
```

从日志信息看到，音频流的采样格式为8，对应的枚举类型是AV_SAMPLE_FMT_FLTP。每帧音频的采样数量为1024，声道数量为2。而且AV_SAMPLE_FMT_FLTP的格式名称为FLTP，采用交错模式，每个样本占用4字节。

> **提示** 运行下面的ffmpeg命令也可以把视频文件中的音频流转存为PCM文件。命令中的-vn表示不处理视频流，-f f32le表示源文件的原始音频为f32le格式，-acodec pcm_f32le表示输出的音频编码器为pcm_f32le。

```
ffmpeg -i ../fuzhou.mp4 -vn -f f32le -acodec pcm_f32le ff_capture.pcm
```

上面的命令提到了音频编码格式pcm_f32le，可以通过以下命令查看FFmpeg支持的PCM编码格式：

```
ffmpeg -encoders | grep pcm
```

5.1.3 PCM波形查看工具

在5.1.2节中，我们虽然把音频流转存为PCM文件，但是常用的播放软件都无法识别PCM格式，怎么证明新生成的PCM文件是正确的呢？Audacity正是为了分析PCM文件而诞生的开源工具，它的官方网站地址是https://www.audacityteam.org/，可执行程序的下载页面是https://www.audacityteam.org/download/。Audacity的GitHub主页地址是https://github.com/audacity/audacity，该地址也是Audacity的最新源码入口页面，各版本Audacity安装包的下载入口在https://github.com/audacity/audacity/releases。

Audacity的安装包分为Win32、Win64、Mac OS X、Linux等多个系统版本，注意下载与自己计算机系统吻合的Audacity安装包。以Win64版本为例，Audacity 3.3.3在2023年6月发布，它的下载地址是https://github.com/audacity/audacity/releases/download/Audacity-3.3.3/audacity-win-3.3.3-x64.exe，使用浏览器打开该地址，即可自动开始下载文件。等待Audacity下载完成，双击打开安装包，弹出选择安装语言窗口，如图5-2所示。这里的语言保持默认的"简体中文"，单击该窗口下方的"确定"按钮，打开安装向导窗口，如图5-3所示。

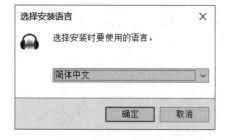

图5-2 选择安装语言窗口

图5-3 安装向导窗口

单击安装向导窗口右下角的"下一步"按钮，跳转到许可协议窗口，如图5-4所示。单击许可协议窗口右下角的"下一步"按钮，跳转到选择目标位置窗口，如图5-5所示，在此可更改Audacity的安装路径。

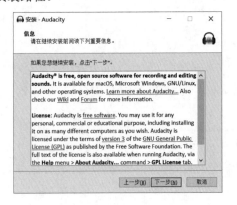 

图 5-4　许可协议窗口　　　　　　　　　图 5-5　选择目标位置窗口

单击选择目标位置窗口右下角的"下一步"按钮，跳转到选择附加任务窗口，如图5-6所示。单击选择附加任务窗口右下角的"下一步"按钮，跳转到准备安装窗口，如图5-7所示。

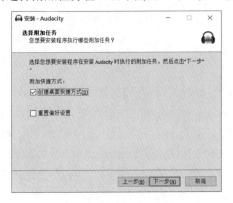 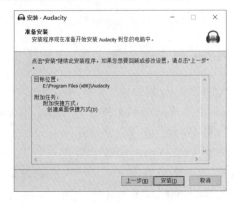

图 5-6　选择附加任务窗口　　　　　　　　图 5-7　准备安装窗口

单击准备安装窗口右下角的"安装"按钮，跳转到正在安装窗口，如图5-8所示。等待安装完毕，自动跳转到安装完成窗口，如图5-9所示。

图 5-8　正在安装窗口　　　　　　　　　　图 5-9　安装完成窗口

单击安装完成窗口右下角的"完成"按钮，即可启动安装完成的Audacity，该工具的初始界面如图5-10所示。

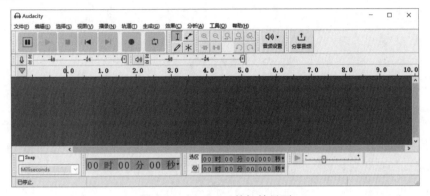

图 5-10　Audacity 的初始界面

依次选择Audacity顶部菜单"文件"→"导入"→"原始数据"，在弹出的"文件"对话框中选择某个PCM文件（比如output_savepcm.pcm），跳转到PCM参数设置窗口，如图5-11所示。参数设置窗口有两处地方要改，一处是在编码下拉框中选择PCM文件的实际采样格式，比如AV_SAMPLE_FMT_FLTP对应这里的32-bit float项；另一处是在声道下拉框中选择"2声道（立体声）"，因为output_savepcm.pcm的音频流采用双声道。修改之后的参数设置窗口如图5-12所示。

图 5-11　初始的参数设置窗口　　　　　　图 5-12　改好的参数设置窗口

单击参数设置窗口下方的"导入"按钮，Audacity便自动导入该PCM文件，最终生成的音频波形界面如图5-13所示。

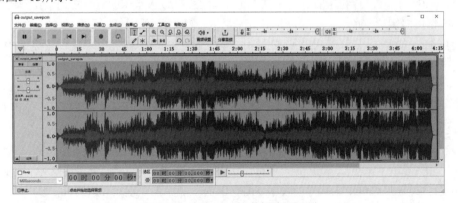

图 5-13　Audacity 的音频波形界面

由图5-13可见，Audacity界面展示的上下两块蓝色波形对应着音频两个声道的音频数据。其中波形的横轴表示时间，可知该音频的持续时长总共4分15秒；波形的纵轴表示音量，0.0代表静音，1.0代表最大音量。

5.2　MP3 音频

本节介绍FFmpeg对MP3音频的处理办法，首先描述为什么引入MP3格式，以及MP3标签的版本迭代；然后叙述如何在Linux环境安装MP3的编解码库mp3lame，以及如何给FFmpeg集成mp3lame库；最后阐述如何把音视频文件中的音频流保存为MP3文件，以及如何使用Audacity工具分析MP3文件的音频波形。

5.2.1　为什么要用 MP3 格式

MP4作为常见的视频格式，顾名思义来自第四代MPEG标准。以此类推，MP3作为常见的音频格式，很容易让人以为它来自第三代MPEG标准。但是MP3并非来自第三代MPEG，而是来自第一代MPEG标准的第三部分声音层，即MPEG-1 Layer 3，这里的3代表第三层，不是第三代。原来MP3格式的历史如此悠久，直到现在，这个源自第一代MPEG标准的远古孑遗竟然尚未消亡，反而还占据着数字音乐的主流地位，这是什么原因呢？

要知道AAC格式虽然起源于第二代MPEG标准，但是第四代MPEG标准对AAC做了大幅改进，甚至改进版的AAC被命名为M4A格式，就连MP4文件中的音频流也都采用AAC编码，实在难以想象MP3格式居然在数字音乐方面扛住了AAC的猛烈冲击。之所以MP3格式能够历经数十年而不倒，还得从精度、版权、标签等多个方面深入探讨。接下来，将分别对这三个方面进行说明。

1. 精度

无论是MP3还是AAC，最常用的采样频率都是44100Hz（赫兹），而高保真立体声的频率范围是50Hz～20000Hz，这个范围也是大多数人的听觉感知极限。按照奈奎斯特定理，在对模拟信号的数字化过程中，每一个频谱正弦波周期至少采样两次，才能保证采样后的数字信号完整保留原始信号中的波形信息。由于44100Hz已经超过20000Hz的两倍，采用44100Hz的MP3音频足以覆盖所有的高保真声音范围，同时流行音乐的受众正是人类，因此主打数字音乐的MP3格式早在数十年前就做到了人耳的精度极限。

单就压缩效率而言，同样音质的AAC比MP3确实能够节省30%左右，不过音频数据本来就没有很大，高音质MP3的码率（比特率）才128Kbps，也就是每秒16KB。同等音质的情况下，AAC-LC的码率为112Kbps（每秒14KB），AAC-HE的码率为96Kbps（每秒12KB），可见MP3和AAC的码率都只有十几KB。现在无论是计算机的光纤上网，还是手机的4G上网，传输速率至少都有10Mbps，也就是每秒好几MB，区区十几KB在好几MB面前简直不值一提（1MB=1024KB）。

与之相对的是各尺寸视频的码率，H.264标准支持720P和1080P两种大尺寸视频，其中720P的分辨率为1280×720，码率为2.56Mbps；1080P的分辨率为1920×1080，码率为5.12Mbps。到了H.265标准开始支持4K和8K这样更大尺寸的视频，其中4K的分辨率为电视3840×2160、影院4096×2160，8K的分辨率为电视7680×4320、影院8192×4320，可想而知4K和8K对应的码率更高。所以说，随着高清视频的码率越来越高，拥有更高压缩率的视频标准也越发值得加大投入。显然码率甚低的MP3格式与AAC格式，确实缺乏让人果断替换的动力。

2. 版权

虽然MP3与AAC一样都有版权，但是好在MP3格式诞生较早，按照发明专利保护20年的规定，MP3的相关专利在2017年就到期了，意味着从此以后MP3格式属于公共领域。而AAC的授权费用比MP3高得多，早期每个支持AAC编解码的芯片最高要收取一美元的授权费，这甚至接近芯片的生产成本，导致2000年前后的绝大多数随身听设备都采用MP3芯片，使得MP3格式成为当时事实上的音乐传播标准。

3. 标签

音频标准本身只对音频数据进行编码压缩，不会携带任何文本信息，也就无从知晓某个音乐的歌曲名称、专辑名称乃至演唱者（或称演奏者）。直到1996年，程序员Eric Kemp制作了软件Studio3，首次在MP3末尾附加一段128字节长的标签数据，用来存放歌曲标题、演出者、专辑名称、年份、注释与风格等信息，这个标签被称作ID3v1（ID for MP3 Version 1，即MP3标签的第一个版本），ID3系列标签后来交给id3.org维护。

因为设计成固定长度的ID3v1难以扩展，所以id3.org在1998年又提出了ID3v2（ID for mp3 version 2，即MP3标签的第二个版本）。鉴于MP3文件末尾已经被ID3v1标签占据了，使得ID3v2标签只能放到MP3文件开头。ID3v2总共发布了4个版本，分别是ID3v2_1、ID3v2_2、ID3v2_3和ID3v2_4，其中应用最广泛的是第三个版本ID3v2_3。

ID3v2允许在MP3文件中嵌入比ID3v1更多的元数据，除常见的各种文本标签外，甚至支持图像格式的专辑封面。ID3v2的设计目标兼顾实用性、灵活性和可扩展性，为此它被建模为容器格式，允许在标签中创建新帧，每个帧可以大到16MB，整个标签可以大到256MB，故而写入ID3v2标签时实际上不限制空间。另外，ID3v2将Unicode作为字符集标准，允许以任何文字语言创建元数据，对中文来说，无论是采用GBK字符编码、UTF-8字符编码还是Unicode字符编码，都能写入ID3v2标签。

尽管ID3v2已经诞生几十年了，但它并未纳入ISO国际标准，不过在实际应用中ID3v2却成为一个近乎事实上的默认标准。虽然没有人强迫播放器或者编解码器必须支持ID3v2，大部分系统和开发平台还是早早兼容了MP3文件的ID3v2标签。例如，Windows系统会直接解析MP3文件的ID3v2标签，右击某个MP3文件，选择快捷菜单底部的"属性"，在弹出的"属性"窗口中单击上方第三个选项"详细信息"，即可看到从ID3v2标签中读取的MP3详细信息，如图5-14所示，包括音乐标题、艺术家、唱片集、流派等详情。

FFmpeg框架也内置了对MP3元数据的访问支持，封装器结构AVFormatContext的metadata字段即为保存元数据的字典结构。在打开MP3文件时，metadata字段内部的元数据就是从ID3v2标签读取而来的，具体的元数据读写操作会在后面的第8章详细介绍。

综上所述，MP3格式历经数十年的演进，在众多厂商和开发者的支持之下，才能不管风吹浪打，依然稳坐钓鱼台。

图 5-14 MP3 文件的详细信息窗口

5.2.2 Linux 环境集成 mp3lame

虽然MP3早已成为流行的数字音乐格式，但是FFmpeg并未内置MP3的编解码器，需要集成第三方的mp3lame库才行。具体的集成步骤包括：编译与安装mp3lame、启用mp3lame，分别说明如下。

1. 编译与安装mp3lame

mp3lame是一个开源的MP3编解码库，在Linux环境需要自行编译它的源码。详细的安装步骤说明如下。

01 到https://lame.sourceforge.io/download.php或者https://sourceforge.net/projects/lame/files/ lame/下载最新的mp3lame源码（比如3.100版本），上传到服务器并解压。也就是依次执行以下命令：

```
tar zxvf lame-3.100.tar.gz
```

02 进入解压后的mp3lame目录，运行以下命令配置mp3lame：

```
cd lame-3.100
./configure
```

03 运行以下命令编译mp3lame：

```
make
```

04 编译完成后，运行以下命令安装mp3lame：

```
make install
```

2. 启用mp3lame

由于FFmpeg默认未启用mp3lame，因此需要重新配置FFmpeg，标明启用mp3lame，然后重新编译安装FFmpeg。详细的启用步骤说明如下。

01 回到FFmpeg源码的目录，执行以下命令重新配置FFmpeg，主要增加启用libmp3lame（增加了选项--enable-libmp3lame）。

```
./configure --prefix=/usr/local/ffmpeg --enable-shared --disable-static --disable-doc
--enable-zlib --enable-libx264 --enable-libx265 --enable-libxavs2 --enable-libdavs2
--enable-libmp3lame --enable-iconv --enable-gpl --enable-nonfree
```

02 运行以下命令编译FFmpeg：

```
make clean
make -j4
```

03 执行以下命令安装FFmpeg：

```
make install
```

04 运行以下命令查看FFmpeg的版本信息：

```
ffmpeg -version
```

查看控制台回显的FFmpeg版本信息，找到--enable-libmp3lame，说明FFmpeg正确启用了MP3的编解码库mp3lame。

5.2.3 把音频流保存为 MP3 文件

在开发环境集成mp3lame之后，即可通过FFmpeg处理MP3文件，既能从MP3文件中读取音频数据，也能把其他文件中的音频数据转存为MP3文件。只要获取并打开代号为AV_CODEC_ID_MP3的MP3编码器实例，即可将原始的音频帧重新编码为MP3音频。MP3编码器实例的打开步骤分为以下4步。

01 调用avcodec_find_encoder函数获取代号为AV_CODEC_ID_MP3的MP3编码器。
02 调用avcodec_alloc_context3函数分配MP3编码器对应的编码器实例。
03 给MP3编码器实例的各字段赋值，包括sample_fmt采样格式、sample_rate采样频率、bit_rate比特率、ch_layout声道布局等字段。
04 调用avcodec_open2函数打开MP3编码器的实例。

根据以上步骤描述的MP3编码器打开过程，编写获取并打开MP3编码器实例的FFmpeg代码（完整代码见chapter05/savemp3.c）。

```
AVCodecContext *audio_decode_ctx = NULL;    // 音频解码器的实例
AVCodecContext *audio_encode_ctx = NULL;    // MP3编码器的实例

// 初始化MP3编码器的实例
int init_audio_encoder(void) {
    // 查找MP3编码器
```

```
    AVCodec *audio_codec = (AVCodec*) avcodec_find_encoder(AV_CODEC_ID_MP3);
    if (!audio_codec) {
        av_log(NULL, AV_LOG_ERROR, "audio_codec not found\n");
        return -1;
    }
    // 获取编解码器上下文信息
    audio_encode_ctx = avcodec_alloc_context3(audio_codec);
    if (!audio_encode_ctx) {
        av_log(NULL, AV_LOG_ERROR, "audio_encode_ctx is null\n");
        return -1;
    }
    // lame库支持AV_SAMPLE_FMT_S16P、AV_SAMPLE_FMT_S32P、AV_SAMPLE_FMT_FLTP
    audio_encode_ctx->sample_fmt = audio_decode_ctx->sample_fmt;       // 采样格式
    audio_encode_ctx->ch_layout = audio_decode_ctx->ch_layout;         // 声道布局
    audio_encode_ctx->bit_rate = audio_decode_ctx->bit_rate;      // 比特率,单位为比特每秒
    audio_encode_ctx->sample_rate = audio_decode_ctx->sample_rate; // 采样率,单位为次每秒
    int ret = avcodec_open2(audio_encode_ctx, audio_codec, NULL);    // 打开编码器的实例
    if (ret < 0) {
        av_log(NULL, AV_LOG_ERROR, "Can't open audio_encode_ctx.\n");
        return -1;
    }
    return 0;
}
```

然而，MP3文件不能通过AVFormatContext这个封装器实例写入数据，而要调用fwrite函数把重新编码后的MP3音频包写入。为此得先调用fopen函数打开一个MP3文件，接着循环调用fwrite函数依次写入每个MP3音频包，最后调用fclose函数关闭MP3文件。下面是把视频文件中的音频数据转码并保存为MP3文件的FFmpeg代码框架。

```
if (init_audio_encoder() < 0) {        // 初始化MP3编码器的实例
    return -1;
}
FILE *fp_out = fopen(mp3_name, "wb");  // 以写方式打开输出文件
if (!fp_out) {
    av_log(NULL, AV_LOG_ERROR, "open mp3 file %s fail.\n", mp3_name);
    return -1;
}
av_log(NULL, AV_LOG_INFO, "target audio file is %s\n", mp3_name);
int ret = -1;
AVPacket *packet = av_packet_alloc();                  // 分配一个数据包
AVFrame *frame = av_frame_alloc();                     // 分配一个数据帧
while (av_read_frame(in_fmt_ctx, packet) >= 0) {       // 轮询数据包
    if (packet->stream_index == audio_index) {         // 视频包需要重新编码
        // 把未解压的数据包发给解码器实例
        ret = avcodec_send_packet(audio_decode_ctx, packet);
        if (ret == 0) {
            // 从解码器实例获取还原后的数据帧
            ret = avcodec_receive_frame(audio_decode_ctx, frame);
            if (ret == AVERROR(EAGAIN) || ret == AVERROR_EOF) {
                continue;
            } else if (ret < 0) {
```

```
                av_log(NULL, AV_LOG_ERROR, "decode frame occur error %d.\n", ret);
                continue;
            }
            save_mp3_file(fp_out, frame); // 把音频帧保存到MP3文件
        } else {
            av_log(NULL, AV_LOG_ERROR, "send packet occur error %d.\n", ret);
        }
    }
    av_packet_unref(packet); // 清除数据包
}
save_mp3_file(fp_out, NULL); // 传入一个空帧,冲走编码缓存
av_log(NULL, AV_LOG_INFO, "Success save audio frame as mp3 file.\n", save_index);
fclose(fp_out); // 关闭输出文件
```

上述代码调用了save_mp3_file函数,用于将音频帧保存到MP3文件,该函数的实现代码如下。主要把原始的数据帧发给MP3编码器实例,然后获取压缩后的MP3音频包,再写入MP3文件。

```
// 把音频帧保存到MP3文件
int save_mp3_file(FILE *fp_out, AVFrame *frame) {
    AVPacket *packet = av_packet_alloc(); // 分配一个数据包
    // 把原始的数据帧发给编码器实例
    int ret = avcodec_send_frame(audio_encode_ctx, frame);
    while (ret == 0) {
        // 从编码器实例获取压缩后的数据包
        ret = avcodec_receive_packet(audio_encode_ctx, packet);
        if (ret == AVERROR(EAGAIN) || ret == AVERROR_EOF) {
            break;
        } else if (ret < 0) {
            av_log(NULL, AV_LOG_ERROR, "encode frame occur error %d.\n", ret);
            break;
        }
        // 把编码后的MP3数据包写入文件
        fwrite(packet->data, 1, packet->size, fp_out);
    }
    av_packet_unref(packet); // 清除数据包
    return 0;
}
```

接着执行下面的编译命令:

```
gcc savemp3.c -o savemp3 -I/usr/local/ffmpeg/include -L/usr/local/ffmpeg/lib -lavformat
-lavdevice -lavfilter -lavcodec -lavutil -lswscale -lswresample -lpostproc -lm
```

编译完成后,执行以下命令启动测试程序,期望把2018.mp4中的音频流保存为MP3文件。

```
./savemp3 ../2018.mp4
```

程序运行完毕,发现控制台输出以下日志信息,说明完成了从视频文件抽取MP3音频的操作。

```
Success open input_file ../2018.mp4.
target audio file is output_savemp3.mp3
Success save audio frame as mp3 file.
```

然后打开影音播放器可以正常播放output_savemp3.mp3，表明上述代码正确实现了把视频中的音频数据转为MP3格式的功能。

为了检验新生成的MP3文件是否拥有完整的波形，需要启动音频分析工具Audacity，依次选择顶部菜单"文件"→"打开"，在弹出的"文件"对话框中选择MP3文件，比如output_savemp3.mp3。之后Audacity便自动导入MP3文件，最终生成的音频波形界面如图5-15所示，可见该文件拥有完整的波形。

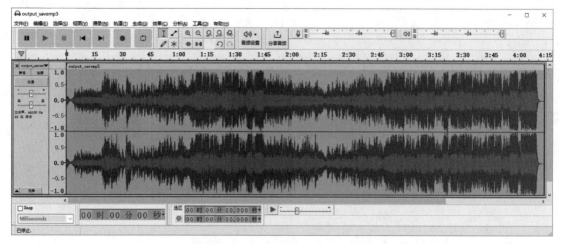

图5-15　MP3文件的音频波形界面

🎮提示　运行下面的ffmpeg命令也可以把视频文件中的音频流转存为MP3文件。命令中的-vn表示不处理视频流。

```
ffmpeg -i ../fuzhou.mp4 -vn ff_capture.mp3
```

5.3　其他音频格式

本节介绍FFmpeg对其他音频格式的处理办法，首先描述WAV文件的格式定义，以及如何把音视频文件中的音频流保存为WAV文件；然后叙述AAC文件的ADTS头部格式定义，以及如何把音视频文件中的音频流保存为AAC文件；最后阐述如何通过音频采样器把音视频文件中的音频流保存为MP3文件。

5.3.1　把音频流保存为 WAV 文件

WAV是发端于Windows系统的未压缩音频格式，经过多次修订后通行于Windows、macOS、Linux等多种操作系统。因为WAV文件未经压缩，造成它的文件长度很大，所以通常用于存储简短的声音片段。WAV文件除一开始的WAV头信息外，内部几乎全是原始的PCM音频。也就是说，WAV文件是由WAV文件头与PCM音频数据拼接而成的，这个头部包含文件大小、音频格式、声道数量、采样频率等信息。图5-16描述了WAV文件的基本格式结构。

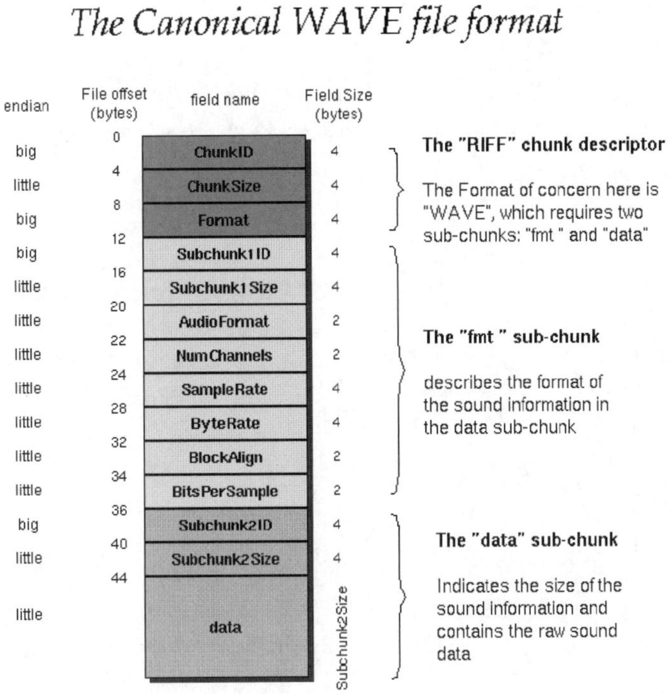

The Canonical WAVE file format

图 5-16　WAV 文件的基本格式结构

从图5-16看到，WAV文件主要由RIFF、fmt、data三块组成，对于压缩型算法来说，还要加上fact块。由于PCM没有经过压缩编码，因此这里只讨论RIFF、fmt、data三部分，详细说明如下。

1. RIFF块

RIFF块占据着WAV文件的前12字节，其中前4字节固定填RIFF，中间4字节填从下一个字段开始的文件长度（文件总长减8），后面4字节固定填WAVE。

2. fmt块

fmt块占据着WAV文件第12字节到第35字节，其中前4字节固定填fmt，紧接着的4字节固定填从下一个字段开始的子块长度（fmt块大小减8），fmt块的其余字段说明见表5-4。

表 5-4　WAV 文件 fmt 块字段的取值说明

字段英文名称	字段中文名称	字段取值说明
Audio Format	音频格式	填1表示样本的数据类型为整数，填3表示浮点数
Num Channels	声道数量	单声道为1，立体声或双声道为2
Sample Rate	采样频率	单位为赫兹
Byte Rate	数据传输速率	数值为采样频率×采样帧大小
Block Align	采样帧大小	数值为声道数×采样位数÷8
Bits Per Sample	采样位数	存储每个采样值需要的二进制数位数，如8、16、32等

3. data块（数据块）

数据块占据着WAV文件第36字节开始直到文件末尾，其中前4字节固定填data，紧接着的4字节固定填从下一个字段开始的子块长度(也就是音频数据大小),剩余字节容纳实际的音频流数据(也就是原来PCM格式的文件内容)。

根据以上介绍可知,44字节的WAV文件头加上PCM音频数据的文件内容,便构成了一个完整的WAV文件,而且是能够在计算机上直接播放的WAV格式。为此,首先定义WAV文件头的结构,给每个字段分配对应的数据类型,详细的结构定义如下。

```c
typedef struct WAVHeader {
    char riffCkID[4];        // 固定填RIFF
    int32_t riffCkSize;      // RIFF块大小。文件总长减去riffCkID和riffCkSize两个字段的长度
    char format[4];          // 固定填WAVE
    char fmtCkID[4];         // 固定填fmt
    int32_t fmtCkSize;       // 格式块大小,从audioFormat到bitsPerSample各字段长度之和,为16
    int16_t audioFormat;     // 音频格式。1表示整数,3表示浮点数
    int16_t channels;        // 声道数量
    int32_t sampleRate;      // 采样频率,单位为赫兹
    int32_t byteRate;        // 数据传输速率,单位为字节每秒
    int16_t blockAlign;      // 采样大小,即每个样本占用的字节数
    int16_t bitsPerSample;   // 每个样本占用的比特数量,即采样大小乘以8
    char dataCkID[4];        // 固定填data
    int32_t dataCkSize;      // 数据块大小。文件总长减去WAV头的长度
} WAVHeader;
```

既然明确了WAV文件头的具体格式,接下来封装WAV文件内容就好办了,只要先给音频文件写入44字节的WAV文件头,再写入原来的PCM原始音频数据,整个WAV文件便新鲜出炉了。下面是把PCM文件转换为WAV文件的FFmpeg代码(完整代码见chapter05/savewav.c)。

```c
// 把PCM文件转换为WAV文件
int save_wav_file(const char *pcm_name) {
    struct stat size;   // 保存文件信息的结构
    if (stat(pcm_name, &size) != 0) {          // 获取文件信息
        av_log(NULL, AV_LOG_ERROR, "file %s is not exists\n", pcm_name);
        return -1;
    }
    FILE *fp_pcm = fopen(pcm_name, "rb");      // 以读方式打开PCM文件
    if (!fp_pcm) {
        av_log(NULL, AV_LOG_ERROR, "open file %s fail.\n", pcm_name);
        return -1;
    }
    const char *wav_name = "output_savewav.wav";
    FILE *fp_wav = fopen(wav_name, "wb");      // 以写方式打开WAV文件
    if (!fp_wav) {
        av_log(NULL, AV_LOG_ERROR, "open file %s fail.\n", wav_name);
        return -1;
    }
    av_log(NULL, AV_LOG_INFO, "target audio file is %s\n", wav_name);
    int pcmDataSize = size.st_size;            // PCM文件大小
    WAVHeader wavHeader;                       // WAV文件头结构
    sprintf(wavHeader.riffCkID, "RIFF");
    wavHeader.riffCkSize = (pcmDataSize + sizeof(WAVHeader) - 4 - 4);
    sprintf(wavHeader.format, "WAVE");
```

```
        sprintf(wavHeader.fmtCkID, "fmt ");
        wavHeader.fmtCkSize = 16;
        // 设置音频格式。1为整数，3为浮点数（含双精度数）
        if (audio_decode_ctx->sample_fmt == AV_SAMPLE_FMT_FLTP
            || audio_decode_ctx->sample_fmt == AV_SAMPLE_FMT_FLT
            || audio_decode_ctx->sample_fmt == AV_SAMPLE_FMT_DBLP
            || audio_decode_ctx->sample_fmt == AV_SAMPLE_FMT_DBL) {
            wavHeader.audioFormat = 3;
        } else {
            wavHeader.audioFormat = 1;
        }
        wavHeader.channels = audio_decode_ctx->ch_layout.nb_channels;     // 声道数量
        wavHeader.sampleRate = audio_decode_ctx->sample_rate;             // 采样频率
        wavHeader.bitsPerSample = 8 * av_get_bytes_per_sample(audio_decode_ctx->sample_fmt);
        wavHeader.blockAlign = (wavHeader.channels * wavHeader.bitsPerSample) >> 3;
        wavHeader.byteRate = wavHeader.sampleRate * wavHeader.blockAlign;
        sprintf(wavHeader.dataCkID, "data");
        // 设置数据块大小，即实际PCM数据的长度，单位为字节
        wavHeader.dataCkSize = pcmDataSize;
        // 向wav文件写入wav文件头信息
        fwrite((const char *) &wavHeader, 1, sizeof(WAVHeader), fp_wav);
        const int per_size = 1024;                                        // 每次读取的大小
        uint8_t *per_buff = (uint8_t*)av_malloc(per_size);                // 读取缓冲区
        int len = 0;
        // 循环读取PCM文件中的音频数据
        while ((len = fread(per_buff, 1, per_size, fp_pcm)) > 0) {
            fwrite(per_buff, 1, per_size, fp_wav);                        // 依次写入每个PCM数据
        }
        fclose(fp_pcm);                      // 关闭PCM文件
        fclose(fp_wav);                      // 关闭WAV文件
        return 0;
    }
```

当然，若想把视频文件中的音频流转存为WAV文件，得先把原始的音频数据导出为PCM文件，再添加WAV文件头封装成WAV文件。

接着执行下面的编译命令：

```
gcc savewav.c -o savewav -I/usr/local/ffmpeg/include -L/usr/local/ffmpeg/lib -lavformat -lavdevice -lavfilter -lavcodec -lavutil -lswscale -lswresample -lpostproc -lm
```

编译完成后，执行以下命令启动测试程序，期望把2018.mp4中的音频流保存为WAV文件。

```
./savewav ../2018.mp4
```

程序运行完毕，发现控制台输出以下日志信息，说明完成了从视频文件抽取WAV音频的操作。

```
Success open input_file ../2018.mp4.
    sample_fmt=8, nb_samples=1024, nb_channels=2, format_name=fltp, is_planar=1, data_size=4
    target audio file is output_savewav.pcm
    Success save audio frame as pcm file.
    target audio file is output_savewav.wav
```

```
Success save audio frame as wav file.
```

然后打开影音播放器可以正常播放 output_savewav.wav，表明上述代码正确实现了把视频中的音频数据转存为 WAV 文件的功能。

为了检验新生成的 WAV 文件是否拥有完整的波形，需要启动音频分析工具 Audacity，依次选择顶部菜单"文件"→"打开"，在弹出的"文件"对话框中选择 WAV 文件，比如 output_savewav.wav。之后 Audacity 便自动导入 WAV 文件，最终生成的音频波形界面如图 5-17 所示，可见该文件拥有完整的波形。

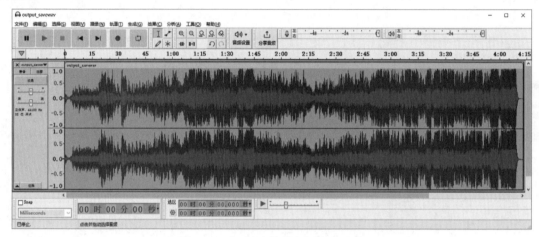

图 5-17　WAV 文件的音频波形界面

提示　运行下面的 ffmpeg 命令也可以把视频文件中的音频流转存为 WAV 文件。命令中的 -vn 表示不处理视频流。

```
ffmpeg -i ../fuzhou.mp4 -vn ff_capture.wav
```

5.3.2　把音频流保存为 AAC 文件

AAC 文件存放着采用 AAC 标准编码的音频数据，不过其音频内容与 MP4 文件中的音频内容有所不同，因为 AAC 文件采用 AAC 格式封装，而 MP4 文件采用 MP4 格式封装。在 MP4 文件中，主要有 H.264 视频流与 AAC 音频流，再加上 MP4 的文件头，这几个部分组成了完整的 MP4 文件。如果把 H.264 视频流拿出来单独保存为 H264 文件，就会发现新文件无法正常播放。同样，如果把 AAC 音频流单独拿出来保存为 AAC 文件，这个新文件也无法正常播放。因此，一定要采用某种格式封装视频流或者音频流，保存后的文件才能正常播放。

就 AAC 文件而言，它有两种封装格式，一种叫作 ADIF（Audio Data Interchange Format，音频数据交换格式），另一种叫作 ADTS（Audio Data Transport Stream，音频数据传输流）。其中 ADIF 只在整个文件开头加上 ADIF 头信息，意味着该格式的容错性不佳，因为一旦找不到开始的 ADIF 头，后面的 AAC 音频便无法播放。而 ADTS 在每个 AAC 音频包前面都添加一个 ADTS 头信息，这样无论从哪一帧开始，播放器都能找到 ADTS 头，进而将 AAC 音频先解码后播放。添加了 ADTS 头的 AAC 音频包，二者组成了一个 ADTS 音频帧，此时原来的 AAC 音频就变为 ADTS 的帧体。

由于 ADTS 拥有更好的容错性，因此 AAC 文件更多采取 ADTS 封装格式，很少采用 ADIF 封装格式。图 5-18 展示了 ADTS 格式的 AAC 文件内容结构。

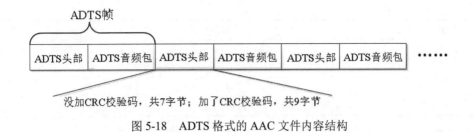

图 5-18 ADTS 格式的 AAC 文件内容结构

ADTS头部有两种长度，取决于有没有引入CRC（Cyclic Redundancy Check，循环冗余校验码），没加CRC校验码的ADTS头部长度为7字节，加了CRC校验码的ADTS头部长度为9字节，多出来的2字节用来保存CRC校验码。为了节省存储空间，ADTS头部的各字段长度以比特为单位，而非以字节为单位，详细的ADTS头部字段说明见表5-5。

表 5-5 ADTS 头部字段说明

字段名称	长度（比特数）	说明
同步字	12	每位都填1
MPEG 版本代号	1	填0表示MPEG-4，填1表示MPEG-2
层次	2	每位都填0
是否缺失保护	1	填1表示缺失保护，此时ADTS头部的长度为7字节；填0表示有保护，此时ADTS头部的长度为9字节
音频规格	2	填AVCodecContext结构的profile字段
采样频率的索引	4	采样频率及其索引值的关联关系见表5-6
私有位	1	填0即可
声道数量	3	填AVCodecContext结构的ch_layout结构下的nb_channels字段
是否原创	1	填0即可
是否在家收听	1	填0即可
版权编号位	1	填0即可
版权编号开始	1	填0即可
ADTS 帧的长度	13	填ADTS头部的长度与AAC音频数据的长度之和
ADTS 缓冲区	11	每位都填1
每个 ADTS 帧包含的 AAC 帧数量	1	每个ADTS帧包含的AAC音频包数量减1。填0表示每个ADTS帧包含一个AAC音频包
CRC 校验码	16	只在有保护的情况（是否缺失保护填0）下才要填CRC校验码

表 5-6 采样频率及其索引值的关联关系

采样频率（单位为Hz）	ADTS 头部的索引值
96000	0
88200	1
64000	2
48000	3
44100	4
32000	5
24000	6

采样频率（单位为Hz）	ADTS 头部的索引值
22050	7
16000	8
12000	9
11025	10

鉴于每个ADTS帧都带着ADTS头部，方便起见，通常忽略CRC校验码，也就是采取7字节的ADTS头部，于是编写获取ADTS头部的FFmpeg代码如下。

```c
// 获取ADTS头部
void get_adts_header(AVCodecContext *codec_ctx, char *adts_header, int aac_length) {
    uint8_t freq_index = 0;  // 采样频率对应的索引
    switch (codec_ctx->sample_rate) {
        case 96000: freq_index = 0; break;
        case 88200: freq_index = 1; break;
        case 64000: freq_index = 2; break;
        case 48000: freq_index = 3; break;
        case 44100: freq_index = 4; break;
        case 32000: freq_index = 5; break;
        case 24000: freq_index = 6; break;
        case 22050: freq_index = 7; break;
        case 16000: freq_index = 8; break;
        case 12000: freq_index = 9; break;
        case 11025: freq_index = 10; break;
        case 8000:  freq_index = 11; break;
        case 7350:  freq_index = 12; break;
        default:    freq_index = 4; break;
    }
    uint8_t nb_channels = codec_ctx->ch_layout.nb_channels;  // 声道数量
    uint32_t frame_length = aac_length + 7;                  // adts头部的长度为7字节
    adts_header[0] = 0xFF;                                   // 二进制值固定为 1111 1111
    // 二进制值为 1111 0001。其中前4位固定填1；第5位填0表示MPEG-4，填1表示MPEG-2；第6、7位固定
    填0；第8位填0表示adts头长度为9字节，填1表示adts头长度为7字节
    adts_header[1] = 0xF1;
    // 前两位表示AAC音频规格，中间4位表示采样率的索引，第7位填0即可，第8位填声道数量除以4的商
    adts_header[2] = ((codec_ctx->profile) << 6) + (freq_index << 2) + (nb_channels >> 2);
    // 前两位填声道数量除以4的余数；中间4位填0即可；后面两位填frame_length的前2位（frame_length
    总长13位）
    adts_header[3] = (((nb_channels & 3) << 6) + (frame_length >> 11));
    // 二进制填frame_length的第3位到第10位，& 0x7FF表示先取后面11位（掐掉前两位），>> 3表示再截
    掉末尾的3位，结果就取到了中间的8位
    adts_header[4] = ((frame_length & 0x7FF) >> 3);
    // 前3位填frame_length的后3位，& 7表示取后3位（7的二进制是111）；后5位填1
    adts_header[5] = (((frame_length & 7) << 5) + 0x1F);
    // 前6位填1；后2位填0，表示一个ADTS帧包含一个AAC帧，就是每帧ADTS包含的AAC帧数量减1
    adts_header[6] = 0xFC;
    return;
}
```

因为AAC标准存在若干音频规格，早期的FFmpeg尚未内置所有规格的AAC编解码器，所以那时需要另外集成fdk-aac库，才能通过FFmpeg处理AAC文件。不过FFmpeg从3.0开始总算内置了AAC编解码器，于是无须额外集成fdk-aac库就能正常处理AAC文件，既能从AAC文件中读取音频数据，也能把其他文件中的音频数据转存为AAC文件。只要获取并打开代号为AV_CODEC_ID_AAC的AAC编码器实例，即可将原始的音频帧重新编码为AAC音频。AAC编码器实例的打开步骤分为以下4步。

01 调用avcodec_find_encoder函数获取代号为AV_CODEC_ID_AAC的AAC编码器。
02 调用avcodec_alloc_context3函数分配AAC编码器对应的编码器实例。
03 给AAC编码器实例的各字段赋值，包括sample_fmt采样格式、sample_rate采样频率、bit_rate比特率、ch_layout声道布局、AAC规格profile等字段。注意，此时profile字段用来区分AAC的子类型，包括AAC-LC、AAC-SSR、AAC-LTP、HE-AAC、HE-AAC-V2、AAC-LD、AAC-ELD等。
04 调用avcodec_open2函数打开AAC编码器的实例。

根据以上步骤描述的AAC编码器打开过程，编写获取并打开AAC编码器实例的FFmpeg代码（完整代码见chapter05/saveaac.c）。

```c
// 初始化AAC编码器的实例
int init_audio_encoder(void) {
    // 查找AAC编码器
    AVCodec *audio_codec = (AVCodec*) avcodec_find_encoder(AV_CODEC_ID_AAC);
    if (!audio_codec) {
        av_log(NULL, AV_LOG_ERROR, "audio_codec not found\n");
        return -1;
    }
    const enum AVSampleFormat *p = audio_codec->sample_fmts;
    while (*p != AV_SAMPLE_FMT_NONE) {  // 使用AV_SAMPLE_FMT_NONE作为结束符
        av_log(NULL, AV_LOG_INFO, "audio_codec support format %d\n", *p);
        p++;
    }
    // 获取编解码器上下文信息
    audio_encode_ctx = avcodec_alloc_context3(audio_codec);
    if (!audio_encode_ctx) {
        av_log(NULL, AV_LOG_ERROR, "audio_encode_ctx is null\n");
        return -1;
    }
    audio_encode_ctx->sample_fmt = audio_decode_ctx->sample_fmt;   // 采样格式
    audio_encode_ctx->ch_layout = audio_decode_ctx->ch_layout;     // 声道布局
    audio_encode_ctx->bit_rate = audio_decode_ctx->bit_rate;       // 比特率，单位为比特每秒
    audio_encode_ctx->sample_rate = audio_decode_ctx->sample_rate; // 采样率，单位为次每秒
    audio_encode_ctx->profile = audio_decode_ctx->profile;         // AAC规格
    int ret = avcodec_open2(audio_encode_ctx, audio_codec, NULL);  // 打开编码器的实例
    if (ret < 0) {
        av_log(NULL, AV_LOG_ERROR, "Can't open audio_encode_ctx.\n");
        return -1;
    }
    return 0;
}
```

与MP3文件类似，AAC文件也不能通过AVFormatContext这个封装器实例写入数据，而要调用fwrite函数把重新编码后的AAC音频包写入。为此得先调用fopen函数打开一个AAC文件，接着循环调用fwrite函数依次写入每帧的ADTS头以及该帧的AAC音频包，最后调用fclose函数关闭AAC文件。下面是把视频文件中的音频数据转码并保存为AAC文件的FFmpeg代码框架。

```
if (init_audio_encoder() < 0) {                      // 初始化AAC编码器的实例
    return -1;
}
FILE *fp_out = fopen(aac_name, "wb");                // 以写方式打开文件
if (!fp_out) {
    av_log(NULL, AV_LOG_ERROR, "open file %s fail.\n", aac_name);
    return -1;
}
av_log(NULL, AV_LOG_INFO, "target audio file is %s\n", aac_name);
int ret = -1;
AVPacket *packet = av_packet_alloc();                // 分配一个数据包
AVFrame *frame = av_frame_alloc();                   // 分配一个数据帧
while (av_read_frame(in_fmt_ctx, packet) >= 0) {     // 轮询数据包
    if (packet->stream_index == audio_index) {       // 视频包需要重新编码
        // 把未解压的数据包发给解码器实例
        ret = avcodec_send_packet(audio_decode_ctx, packet);
        if (ret == 0) {
            // 从解码器实例获取还原后的数据帧
            ret = avcodec_receive_frame(audio_decode_ctx, frame);
            if (ret == AVERROR(EAGAIN) || ret == AVERROR_EOF) {
                continue;
            } else if (ret < 0) {
                av_log(NULL, AV_LOG_ERROR, "decode frame occur error %d.\n", ret);
                continue;
            }
            save_aac_file(fp_out, frame);            // 把音频帧保存到AAC文件
        } else {
            av_log(NULL, AV_LOG_ERROR, "send packet occur error %d.\n", ret);
        }
    }
    av_packet_unref(packet);                         // 清除数据包
}
save_aac_file(fp_out, NULL);                         // 传入一个空帧，冲走编码缓存
av_log(NULL, AV_LOG_INFO, "Success save audio frame as aac file.\n");
fclose(fp_out);                                      // 关闭文件
```

上述代码调用了save_aac_file函数，用于将音频帧保存到AAC文件，该函数的实现代码如下。主要把原始的数据帧发给AAC编码器实例，然后获取压缩后的AAC音频包，在包前面加上ADTS头再写入AAC文件。

```
// 把音频帧保存到AAC文件
int save_aac_file(FILE *fp_out, AVFrame *frame) {
    AVPacket *packet = av_packet_alloc();   // 分配一个数据包
    // 把原始的数据帧发给编码器实例
    int ret = avcodec_send_frame(audio_encode_ctx, frame);
```

```
    while (ret == 0) {
        // 从编码器实例获取压缩后的数据包
        ret = avcodec_receive_packet(audio_encode_ctx, packet);
        if (ret == AVERROR(EAGAIN) || ret == AVERROR_EOF) {
            break;
        } else if (ret < 0) {
            av_log(NULL, AV_LOG_ERROR, "encode frame occur error %d.\n", ret);
            break;
        }
        char head[7] = {0};
        // AAC格式需要获取ADTS头部
        get_adts_header(audio_encode_ctx, head, packet->size);
        fwrite(head, 1, 7, fp_out);   // 写入ADTS头部
        // 把编码后的AAC数据包写入文件
        fwrite(packet->data, 1, packet->size, fp_out);
    }
    av_packet_unref(packet);   // 清除数据包
    return 0;
}
```

接着执行下面的编译命令：

```
gcc saveaac.c -o saveaac -I/usr/local/ffmpeg/include -L/usr/local/ffmpeg/lib -lavformat -lavdevice -lavfilter -lavcodec -lavutil -lswscale -lswresample -lpostproc -lm
```

编译完成后，执行以下命令启动测试程序，期望把2018.mp4中的音频流保存为AAC文件。

```
./saveaac ../2018.mp4
```

程序运行完毕，发现控制台输出以下日志信息，说明完成了从视频文件抽取AAC音频的操作。

```
Success open input_file ../2018.mp4.
target audio file is output_saveaac.aac
Success save audio frame as aac file.
```

然后打开影音播放器可以正常播放output_saveaac.aac，表明上述代码正确实现了把视频中的音频数据转为AAC格式的功能。

为了检验新生成的AAC文件是否拥有完整的波形，需要启动音频分析工具Audacity，依次选择顶部菜单"编辑"→"偏好设置"，在弹出的设置页面中单击左侧列表的"库"，此时"偏好设置：库"窗口如图5-19所示。

图5-19 Audacity的"偏好设置：库"窗口

观察图5-19的"偏好设置：库"窗口右边区域，发现Audacity已经内置了MP3导出库，也就是LAME 3.100，另外还检测到了本地FFmpeg库的版本。如果Audacity尚未自动检测到FFmpeg库，就要自己手动设置本地FFmpeg库的路径。单击"偏好设置：库"窗口右侧"FFmpeg库"文字右边的"定位"按钮，弹出如图5-20所示的"定位FFmpeg"窗口。

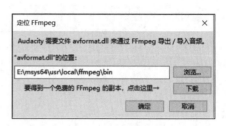

图 5-20　FFmpeg 库的"定位 FFmpeg"窗口

在"定位FFmpeg"窗口的编辑框中填写avformat-**.dll的完整路径，或者单击输入框右边的"浏览"按钮，在弹出的"文件"对话框中选择FFmpeg目录下的bin/avformat-**.dll。单击窗口下方的"确定"按钮，关闭"定位FFmpeg"窗口，回到偏好设置窗口。接着单击该窗口右下角的"确定"按钮，回到Audacity的主界面。之所以要指定avformat-**.dll的完整路径，是因为Audacity需要通过FFmpeg才能解析AAC、WMA、OGG等音频文件。注意：不同版本的Audacity必须搭配对应的FFmpeg格式库，才能正常解析AAC等音频文件，比如Audacity 3.3.3搭配avformat-60.dll。

然后依次选择顶部菜单"文件"→"打开"，在弹出的"文件"对话框中选择AAC文件，比如output_saveaac.aac。之后Audacity便自动导入AAC文件，最终生成的音频波形界面如图5-21所示，可见该文件拥有完整的波形。

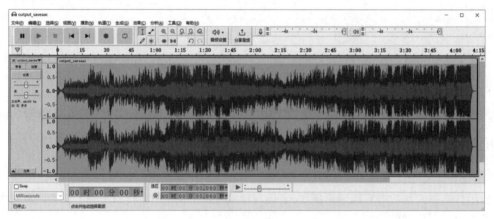

图 5-21　AAC 文件的音频波形界面

小提示　运行下面的ffmpeg命令也可以把视频文件中的音频流转存为AAC文件。命令中的-vn表示不处理视频流。

```
ffmpeg -i ../fuzhou.mp4 -vn ff_capture.aac
```

5.3.3　音频重采样

从视频文件中导出音频流，无论是保存为MP3文件还是保存为AAC文件，都要求音频编码器的采样规格与原音频保持一致，包括采样格式、采样频率、声道布局等全部吻合才行。否则重新编码后的音频可能会变成一堆噪声，因为采样规格不一样的话，原始音频经过另一套采样体系的整治，自然变得面目全非了。

假如几个音频流的来源各异，有没有办法统一它们的采样规格呢？如果想解决采样规格不一致的问题，就要引入音频的重（chóng，重新的重）采样机制。如果说图像格式存在多种颜色空间，比如RGB、YUV等，那么音频格式也存在多种采样体系，每个体系拥有自己的采样格式、采样频率、声道布局等采样规格。图像数据在不同的颜色空间中转换，用到了图像转换器SwsContext（注意第三个字母是s，代表scale）；音频数据在不同的采样体系中转换，用到了音频采样器实例SwrContext（注意第三个字母是r，代表resample），采样体系的转换过程就称作重采样，意思是重新采集样本。

SwrContext位于swresample库，它主要用来转换音频数据的采样格式、采样频率、声道布局等，与之相关的函数说明如下。

- swr_alloc_set_opts2：分配音频采样器的实例。还需要在输入参数中分别指定来源和目标的声道布局、采样格式、采样频率等采样规格。
- swr_init：初始化音频采样器的实例。
- swr_convert：音频采样器开始转换音频数据。
- swr_free：释放音频采样器的实例。

使用音频采样器实例之前，要先分配并打开音频编码器的实例，以便后续对采样器指定输入和输出的采样规格。下面是初始化MP3编码器实例的FFmpeg代码，其中对采样格式、采样频率、声道布局等采样规格都另行赋值（完整代码见chapter05/swrmp3.c）。

```
AVCodecContext *audio_encode_ctx = NULL;  // MP3编码器的实例

// 初始化MP3编码器的实例
int init_audio_encoder(int nb_channels) {
    // 查找MP3编码器
    AVCodec *audio_codec = (AVCodec*) avcodec_find_encoder(AV_CODEC_ID_MP3);
    if (!audio_codec) {
        av_log(NULL, AV_LOG_ERROR, "audio_codec not found\n");
        return -1;
    }
    // 获取编解码器上下文信息
    audio_encode_ctx = avcodec_alloc_context3(audio_codec);
    if (!audio_encode_ctx) {
        av_log(NULL, AV_LOG_ERROR, "audio_encode_ctx is null\n");
        return -1;
    }
    // lame库支持AV_SAMPLE_FMT_S16P、AV_SAMPLE_FMT_S32P、AV_SAMPLE_FMT_FLTP
    if (nb_channels == 2) {                                          // 双声道（立体声）
        audio_encode_ctx->sample_fmt = AV_SAMPLE_FMT_FLTP;           // 采样格式
        av_channel_layout_from_mask(&audio_encode_ctx->ch_layout,
AV_CH_LAYOUT_STEREO);
    } else {                                                         // 单声道
        audio_encode_ctx->sample_fmt = AV_SAMPLE_FMT_S16P;           // 采样格式
        av_channel_layout_from_mask(&audio_encode_ctx->ch_layout, AV_CH_LAYOUT_MONO);
    }
    audio_encode_ctx->bit_rate = 64000;                              // 比特率，单位为比特每秒
    audio_encode_ctx->sample_rate = 44100;                           // 采样率，单位为次每秒
    int ret = avcodec_open2(audio_encode_ctx, audio_codec, NULL);   // 打开编码器的实例
    if (ret < 0) {
        av_log(NULL, AV_LOG_ERROR, "Can't open audio_encode_ctx.\n");
```

```
        return -1;
    }
    return 0;
}
```

引入音频采样器之后，对音频重采样的过程需要注意以下两点：初始化音频采样器实例并分配采样用的缓冲区；对原始的音频数据重采样再重新编码写入目标文件。下面分别对这两点进行说明。

1. 初始化音频采样器实例并分配采样用的缓冲区

音频采样器实例及其缓冲区的初始化操作主要包含以下4个步骤：

01 声明一个SwrContext指针变量，并调用swr_alloc_set_opts2函数分配音频采样器的实例，同时指定采样器的输出采样规格和输入采样规格。

02 调用swr_init函数初始化音频采样器的实例。

03 调用av_frame_alloc函数分配一个采样用的数据帧，并对采样数量、采样格式、声道布局等字段赋值。

04 调用av_frame_get_buffer函数为数据帧分配新的缓冲区。

根据以上步骤描述的音频采样器实例及其缓冲区的初始化过程编写FFmpeg的采样器初始化代码。

```
FILE *fp_out = fopen(mp3_name, "wb");  // 以写方式打开输出文件
if (!fp_out) {
    av_log(NULL, AV_LOG_ERROR, "open mp3 file %s fail.\n", mp3_name);
    return -1;
}
av_log(NULL, AV_LOG_INFO, "target audio file is %s\n", mp3_name);
SwrContext *swr_ctx = NULL;                              // 音频采样器的实例
ret = swr_alloc_set_opts2(&swr_ctx,                      // 音频采样器的实例
                &audio_encode_ctx->ch_layout,            // 输出的声道布局
                audio_encode_ctx->sample_fmt,            // 输出的采样格式
                audio_encode_ctx->sample_rate,           // 输出的采样频率
                &audio_decode_ctx->ch_layout,            // 输入的声道布局
                audio_decode_ctx->sample_fmt,            // 输入的采样格式
                audio_decode_ctx->sample_rate,           // 输入的采样频率
                0, NULL);
if (ret < 0) {
    av_log(NULL, AV_LOG_ERROR, "swr_alloc_set_opts2 error %d\n", ret);
    return -1;
}
ret = swr_init(swr_ctx);  // 初始化音频采样器的实例
if (ret < 0) {
    av_log(NULL, AV_LOG_ERROR, "swr_init error %d\n", ret);
    return -1;
}
AVFrame *swr_frame = av_frame_alloc();                   // 分配一个数据帧
// 每帧的采样数量（帧大小）。这里要跟原来的音频保持一致
swr_frame->nb_samples = audio_decode_ctx->frame_size;
swr_frame->format = audio_encode_ctx->sample_fmt;        // 数据帧格式（采样格式）
swr_frame->ch_layout = audio_encode_ctx->ch_layout;      // 音频通道布局
ret = av_frame_get_buffer(swr_frame, 0);                 // 为数据帧分配新的缓冲区
```

```
    if (ret < 0) {
        av_log(NULL, AV_LOG_ERROR, "get frame buffer error %d\n", ret);
        return -1;
    }
}
```

2. 对原始的音频数据重采样再重新编码写入目标文件

把音频帧重采样再转存的操作主要有以下4个步骤。

01 调用swr_convert函数,命令采样器开始对原始的音频数据进行重采样。
02 调用avcodec_send_frame函数把前一步转换后的音频帧发给音频编码器实例。
03 调用avcodec_receive_packet函数从音频编码器实例获取压缩后的数据包。
04 调用fwrite函数往目标文件写入压缩后的数据包。

根据以上步骤描述的音频帧重采样以及转存为MP3文件的过程,编写FFmpeg的音频重采样和转存代码。

```c
// 把音频帧保存到MP3文件
int save_mp3_file(FILE *fp_out, AVFrame *frame) {
    AVPacket *packet = av_packet_alloc();  // 分配一个数据包
    // 把原始的数据帧发给编码器实例
    int ret = avcodec_send_frame(audio_encode_ctx, frame);
    while (ret == 0) {
        // 从编码器实例获取压缩后的数据包
        ret = avcodec_receive_packet(audio_encode_ctx, packet);
        if (ret == AVERROR(EAGAIN) || ret == AVERROR_EOF) {
            break;
        } else if (ret < 0) {
            av_log(NULL, AV_LOG_ERROR, "encode frame occur error %d.\n", ret);
            break;
        }
        // 把编码后的MP3数据包写入文件
        fwrite(packet->data, 1, packet->size, fp_out);
    }
    av_packet_free(&packet);  // 释放数据包资源
    return 0;
}

// 对音频帧解码
int decode_audio(AVPacket *packet, AVFrame *frame, FILE *fp_out, SwrContext *swr_ctx,
AVFrame *swr_frame) {
    // 把未解压的数据包发给解码器实例
    int ret = avcodec_send_packet(audio_decode_ctx, packet);
    if (ret < 0) {
        av_log(NULL, AV_LOG_ERROR, "send packet occur error %d.\n", ret);
        return ret;
    }
    while (1) {
        // 从解码器实例获取还原后的数据帧
        ret = avcodec_receive_frame(audio_decode_ctx, frame);
        if (ret == AVERROR(EAGAIN) || ret == AVERROR_EOF) {
            break;
```

```
        } else if (ret < 0) {
            av_log(NULL, AV_LOG_ERROR, "decode frame occur error %d.\n", ret);
            break;
        }
        // 重采样。就是把输入的音频数据根据指定的采样规格转换为新的音频数据输出
        ret = swr_convert(swr_ctx,   // 音频采样器的实例
                          // 输出的数据内容和数据大小
                          swr_frame->data, swr_frame->nb_samples,
                          // 输入的数据内容和数据大小
                          (const uint8_t **)frame->data, frame->nb_samples);
        if (ret < 0) {
            av_log(NULL, AV_LOG_ERROR, "swr_convert frame occur error %d.\n", ret);
            return -1;
        }
        save_mp3_file(fp_out, swr_frame);  // 把音频帧保存到MP3文件
    }
    return ret;
}
```

然后轮询来源文件的音频流数据包，对每个音频帧都实施上述的重采样与转存操作。以下便是对音频流重采样的FFmpeg代码框架。

```
AVPacket *packet = av_packet_alloc();                // 分配一个数据包
AVFrame *frame = av_frame_alloc();                   // 分配一个数据帧
while (av_read_frame(in_fmt_ctx, packet) >= 0) {     // 轮询数据包
    if (packet->stream_index == audio_index) {       // 音频包需要重新编码
        // 对音频帧解码
        decode_audio(packet, frame, fp_out, swr_ctx, swr_frame);
    }
    av_packet_unref(packet);                         // 清除数据包
}
save_mp3_file(fp_out, NULL);                         // 传入一个空帧，冲走编码缓存
av_log(NULL, AV_LOG_INFO, "Success resample audio frame as mp3 file.\n");
fclose(fp_out);                                      // 关闭输出文件
```

接着执行下面的编译命令：

```
gcc swrmp3.c -o swrmp3 -I/usr/local/ffmpeg/include -L/usr/local/ffmpeg/lib -lavformat
-lavdevice -lavfilter -lavcodec -lavutil -lswscale -lswresample -lpostproc -lm
```

编译完成后，执行以下命令启动测试程序，期望把2018.mp4中的音频流经过重采样后保存为MP3文件。

```
./swrmp3 ../2018.mp4
```

程序运行完毕，发现控制台输出以下日志信息，说明完成了从视频文件抽取重采样MP3音频的操作。

```
Success open input_file ../2018.mp4.
audio_decode_ctx frame_size=1024, sample_fmt=8, sample_rate=44100, nb_channels=2
audio_encode_ctx frame_size=1152, sample_fmt=8, sample_rate=44100, nb_channels=2
target audio file is output_swrmp3.mp3
Success resample audio frame as mp3 file.
```

最后打开影音播放器可以正常播放output_swrmp3.mp3，表明上述代码正确实现了将视频中的音频数据重采样再转存为MP3文件的功能。

为了检验新生成的MP3文件是否拥有完整的波形，需要启动音频分析工具Audacity，依次选择顶部菜单"文件"→"打开"，在弹出的"文件"对话框中选择MP3文件，比如output_swrmp3.mp3。之后Audacity便自动导入MP3文件，最终生成的音频波形界面如图5-22所示，可见该文件拥有完整的波形。

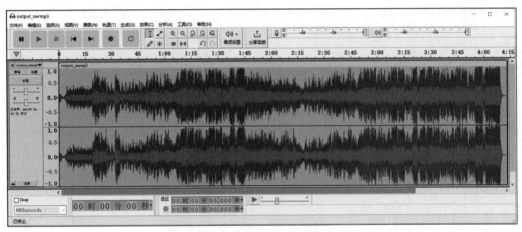

图 5-22　重采样后的 MP3 音频波形界面

5.4　实战项目：拼接两段音频

对音频数据重采样是为了让音频流转换采样规格，如此一来，拥有不同规格的多个音频就能统一成相同规格，从而把多路音频按照先后顺序拼接起来，成为具有同一采样规格的单个音频。以拼接两段音频为例，先对这两个音频按照统一的采样规格分别重新采样，再将重采样后的音频数据重新编码依次写入目标文件。

拼接两个音频文件的过程，相比之前的音频文件重采样操作，主要存在三个不同之处：把两个源文件的信息读取到相关数组、按照统一的采样规格分别初始化采样器实例、对两个音频文件分别进行重采样并写入文件。下面对这三个不同之处分别进行说明。

1. 把两个源文件的信息读取到相关数组

因为要打开两个输入的音频文件，所以事先声明几个长度为2的指针数组，同时open_input_file函数增加一个序号参数，用于区分当前读取的是第几个输入文件。声明数组以及读取两个音视频文件的FFmpeg代码如下（完整代码见chapter05/joinaudio.c）。

```
AVFormatContext *in_fmt_ctx[2] = {NULL, NULL};           // 输入文件的封装器实例
AVCodecContext *audio_decode_ctx[2] = {NULL, NULL};      // 音频解码器的实例
int audio_index[2] = {-1 -1};                            // 音频流的索引

// 打开输入文件
int open_input_file(int seq, const char *src_name) {
```

```c
    // 打开音视频文件
    int ret = avformat_open_input(&in_fmt_ctx[seq], src_name, NULL, NULL);
    if (ret < 0) {
        av_log(NULL, AV_LOG_ERROR, "Can't open file %s.\n", src_name);
        return -1;
    }
    av_log(NULL, AV_LOG_INFO, "Success open input_file %s.\n", src_name);
    // 查找音视频文件中的流信息
    ret = avformat_find_stream_info(in_fmt_ctx[seq], NULL);
    if (ret < 0) {
        av_log(NULL, AV_LOG_ERROR, "Can't find stream information.\n");
        return -1;
    }
    // 找到音频流的索引
    audio_index[seq] = av_find_best_stream(in_fmt_ctx[seq], AVMEDIA_TYPE_AUDIO, -1, -1, NULL, 0);
    if (audio_index[seq] >= 0) {
        AVStream *src_audio = in_fmt_ctx[seq]->streams[audio_index[seq]];
        enum AVCodecID audio_codec_id = src_audio->codecpar->codec_id;
        // 查找音频解码器
        AVCodec *audio_codec = (AVCodec*) avcodec_find_decoder(audio_codec_id);
        if (!audio_codec) {
            av_log(NULL, AV_LOG_ERROR, "audio_codec not found\n");
            return -1;
        }
        audio_decode_ctx[seq] = avcodec_alloc_context3(audio_codec); // 分配解码器的实例
        if (!audio_decode_ctx[seq]) {
            av_log(NULL, AV_LOG_ERROR, "audio_decode_ctx is null\n");
            return -1;
        }
        // 把音频流中的编解码参数复制给解码器的实例
        avcodec_parameters_to_context(audio_decode_ctx[seq], src_audio->codecpar);
        ret = avcodec_open2(audio_decode_ctx[seq], audio_codec, NULL);//打开解码器的实例
        if (ret < 0) {
            av_log(NULL, AV_LOG_ERROR, "Can't open audio_decode_ctx.\n");
            return -1;
        }
    } else {
        av_log(NULL, AV_LOG_ERROR, "Can't find audio stream.\n");
        return -1;
    }
    return 0;
}
```

然后在主程序的main函数中调用两次open_input_file，序号分别传入0和1，表示依次打开两个音视频文件。调用代码如下：

```c
if (open_input_file(0, src_name0) < 0) { // 打开第一个输入文件
    return -1;
}
if (open_input_file(1, src_name1) < 0) { // 打开第二个输入文件
```

```
        return -1;
    }
```

2. 按照统一的采样规格分别初始化采样器实例

每个输入的音频文件都要分配对应的采样器实例,除此之外,采样缓冲区用到的数据帧也要对应分配。下面是初始化音频采样器及其缓冲区的FFmpeg代码。

```
SwrContext *swr_ctx[2] = {NULL, NULL};                    // 音频采样器的实例
AVFrame *swr_frame[2] = {NULL, NULL};                     // 采样用的数据帧

// 初始化音频采样器及其缓冲区
int init_swr_buffer(int req) {
    int ret = swr_alloc_set_opts2(&swr_ctx[req],          // 音频采样器的实例
                    &audio_encode_ctx->ch_layout,         // 输出的声道布局
                    audio_encode_ctx->sample_fmt,         // 输出的采样格式
                    audio_encode_ctx->sample_rate,        // 输出的采样频率
                    &audio_decode_ctx[req]->ch_layout,    // 输入的声道布局
                    audio_decode_ctx[req]->sample_fmt,    // 输入的采样格式
                    audio_decode_ctx[req]->sample_rate,   // 输入的采样频率
                    0, NULL);
    if (ret < 0) {
        av_log(NULL, AV_LOG_ERROR, "swr_alloc_set_opts2 error %d\n", ret);
        return -1;
    }
    ret = swr_init(swr_ctx[req]);    // 初始化音频采样器的实例
    if (ret < 0) {
        av_log(NULL, AV_LOG_ERROR, "swr_init error %d\n", ret);
        return -1;
    }
    
    swr_frame[req] = av_frame_alloc();                            // 分配一个数据帧
    // 每帧的采样数量(帧大小)。这里要跟原来的音频保持一致
    swr_frame[req]->nb_samples = audio_decode_ctx[req]->frame_size;
    swr_frame[req]->format = audio_encode_ctx->sample_fmt;        // 数据帧格式(采样格式)
    swr_frame[req]->ch_layout = audio_encode_ctx->ch_layout;      // 音频通道布局
    ret = av_frame_get_buffer(swr_frame[req], 0);                 // 为数据帧分配新的缓冲区
    if (ret < 0) {
        av_log(NULL, AV_LOG_ERROR, "get frame buffer error %d\n", ret);
        return -1;
    }
    return 0;
}
```

3. 对两个音频文件分别进行重采样并写入文件

先从输入的音频文件解码获得原始的数据帧,再调用swr_convert函数让采样器开始重采样操作。注意swr_convert的输入参数中,采样器实例与输出缓冲区都要使用前面第二步分配的。然后把重采样后的音频数据重新编码再保存到目标文件中。下面是对来源音频分别重采样并写入文件的FFmpeg代码。

```
// 把音频帧保存到MP3文件
int save_mp3_file(FILE *fp_out, AVFrame *frame) {
```

```
    AVPacket *packet = av_packet_alloc(); // 分配一个数据包
    // 把原始的数据帧发给编码器实例
    int ret = avcodec_send_frame(audio_encode_ctx, frame);
    while (ret == 0) {
        // 从编码器实例获取压缩后的数据包
        ret = avcodec_receive_packet(audio_encode_ctx, packet);
        if (ret == AVERROR(EAGAIN) || ret == AVERROR_EOF) {
            break;
        } else if (ret < 0) {
            av_log(NULL, AV_LOG_ERROR, "encode frame occur error %d.\n", ret);
            break;
        }
        // 把编码后的MP3数据包写入文件
        fwrite(packet->data, 1, packet->size, fp_out);
    }
    av_packet_free(&packet); // 释放数据包资源
    return 0;
}

// 对音频帧解码
int decode_audio(int seq, AVPacket *packet, AVFrame *frame, FILE *fp_out) {
    // 把未解压的数据包发给解码器实例
    int ret = avcodec_send_packet(audio_decode_ctx[seq], packet);
    if (ret < 0) {
        av_log(NULL, AV_LOG_ERROR, "send packet occur error %d.\n", ret);
        return ret;
    }
    while (1) {
        // 从解码器实例获取还原后的数据帧
        ret = avcodec_receive_frame(audio_decode_ctx[seq], frame);
        if (ret == AVERROR(EAGAIN) || ret == AVERROR_EOF) {
            break;
        } else if (ret < 0) {
            av_log(NULL, AV_LOG_ERROR, "decode frame occur error %d.\n", ret);
            break;
        }
        // 重采样。也就是把输入的音频数据根据指定的采样规格转换为新的音频数据输出
        ret = swr_convert(swr_ctx[seq],  // 音频采样器的实例
                    // 输出的数据内容和数据大小
                    swr_frame[seq]->data, swr_frame[seq]->nb_samples,
                    // 输入的数据内容和数据大小
                    (const uint8_t **)frame->data, frame->nb_samples);
        if (ret < 0) {
            av_log(NULL, AV_LOG_ERROR, "swr_convert frame occur error %d.\n", ret);
            return -1;
        }
        save_mp3_file(fp_out, swr_frame[seq]); // 把音频帧保存到MP3文件
    }
    return ret;
}
```

因为拼接用的两段音频来自两个音频文件,所以要对这两个音频文件分别重采样并依次写入

目标文件。下面是把两个音频文件拼接为一个音频文件的FFmpeg代码框架。

```c
FILE *fp_out = fopen(dest_name, "wb");        // 以写方式打开输出文件
if (!fp_out) {
    av_log(NULL, AV_LOG_ERROR, "open audio file %s fail.\n", dest_name);
    return -1;
}
av_log(NULL, AV_LOG_INFO, "target audio file is %s\n", dest_name);
int ret = -1;
AVPacket *packet = av_packet_alloc();                 // 分配一个数据包
AVFrame *frame = av_frame_alloc();                    // 分配一个数据帧
if (init_swr_buffer(0) < 0) {                         // 初始化音频采样器及其缓冲区
    return -1;
}
while (av_read_frame(in_fmt_ctx[0], packet) >= 0) {   // 轮询数据包
    if (packet->stream_index == audio_index[0]) {     // 音频包需要重新编码
        decode_audio(0, packet, frame, fp_out);       // 对音频帧解码
    }
    av_packet_unref(packet);       // 清除数据包
}
if (init_swr_buffer(1) < 0) {    // 初始化音频采样器及其缓冲区
    return -1;
}
while (av_read_frame(in_fmt_ctx[1], packet) >= 0) {   // 轮询数据包
    if (packet->stream_index == audio_index[1]) {     // 音频包需要重新编码
        decode_audio(1, packet, frame, fp_out);       // 对音频帧解码
    }
    av_packet_unref(packet);                          // 清除数据包
}
save_mp3_file(fp_out, NULL);                          // 传入一个空帧,冲走编码缓存
av_log(NULL, AV_LOG_INFO, "Success join two audio file.\n");
fclose(fp_out);                                       // 关闭输出文件
```

接着执行下面的编译命令:

```
gcc joinaudio.c -o joinaudio -I/usr/local/ffmpeg/include -L/usr/local/ffmpeg/lib
-lavformat -lavdevice -lavfilter -lavcodec -lavutil -lswscale -lswresample -lpostproc -lm
```

编译完成后,执行以下命令启动测试程序,期望把output_saveaac.aac和output_savemp3.mp3两路音频按照先后顺序拼接为一路音频。

```
./joinaudio ./output_saveaac.aac ./output_savemp3.mp3
```

程序运行完毕,发现控制台输出以下日志信息,说明完成了将两个音频文件合并为一个音频文件的操作。

```
Success open input_file ./output_saveaac.aac.
Success open input_file ./output_savemp3.mp3.
target audio file is output_joinaudio.mp3
Success join two audio file.
```

最后打开影音播放器可以正常播放output_joinaudio.mp3,表明上述代码正确实现了把两段音频按顺序拼接的功能。

为了检验新生成的MP3文件是否拥有完整的波形，需要启动音频分析工具Audacity，依次选择顶部菜单"文件"→"打开"，在弹出的"文件"对话框中选择MP3文件，比如output_joinaudio.mp3。之后Audacity便自动导入MP3文件，最终生成的音频波形界面如图5-23所示。

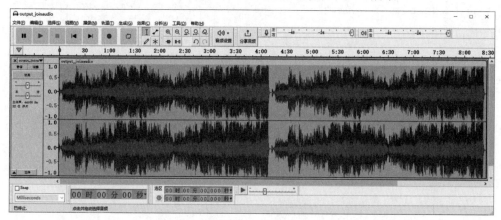

图 5-23　MP3 拼接之后的音频波形界面

从图5-23可见，该文件拥有完整的波形，并且总时长为8分30秒，正好是output_saveaac.aac和output_savemp3.mp3两段音频的时长相加之和（这两个音频的时长均为4分15秒）。

◈╋提示　运行下面的ffmpeg命令也可以把两段MP3音频拼接成为一个MP3文件。命令中的-f concat表示输入源为前后连接的文件列表。

```
ffmpeg -f concat -i concat_audio.txt -c copy ff_merge_audio.mp3
```

上面命令用到的concat_audio.txt文件格式如下：

```
file 'ff_capture.mp3'
file 'ff_capture.mp3'
```

5.5　小　　结

本章主要介绍了学习FFmpeg编程必须知道的几种音频格式及其处理办法。首先介绍了PCM格式的缘起、格式、排列，以及如何转存和分析PCM音频；然后介绍了如何把音频流分别转存为MP3文件、WAV文件、AAC文件等；接着介绍了音频采样器的详细用法，以及如何通过音频采样器把音频流重采样后转存为MP3文件；最后设计了一个实战项目"拼接两段音频"，在该项目的FFmpeg编程中，综合运用了本章介绍的音频处理技术，包括音频重采样、MP3文件转存等。

通过本章的学习，读者应该能够掌握以下3种开发技能：

（1）学会把音视频文件中的音频流原始数据保存为PCM文件。

（2）学会将音视频文件中的音频流转存为MP3文件、WAV文件、AAC文件。

（3）学会把两段音频通过前后拼接合并为一个连续播放的音频文件。

第 6 章
FFmpeg 加工视频

本章介绍FFmpeg对音视频做简单滤波加工的开发过程,主要包括:怎样通过滤镜调整视频的帧率和播放速度,怎样通过滤镜调整音频的音量和播放速度,怎样理解过滤串的参数结构以及有效运用选项参数,怎样通过滤镜给视频添加各种画面特效,怎样通过滤镜对视频进行各种方位变换。最后结合本章所学的知识演示一个实战项目"老电影怀旧风"的设计与实现。

6.1 滤波加工

本节介绍FFmpeg对音视频进行初步滤波的加工操作,首先描述如何使用视频滤镜调整视频的帧率和播放速度;接着叙述如何使用音频滤镜调整音频的音量和播放速度;然后阐述过滤串的参数结构,以及如何利用滤镜切割视频;最后讲述过滤串中尺寸参数和颜色参数的详细用法,以及如何利用滤镜给视频画面添加方格。

6.1.1 简单的视频滤镜

用户通过拍摄获取的原始视频通常只是素材,要经过进一步的加工才能得到制作精美的短视频。对视频的加工操作用到了FFmpeg提供的滤镜,通过滤镜可对视频的所有帧或者部分帧进行加工处理,最后输出加工完成的目标视频。通过FFmpeg加工视频的过程主要分为以下4个步骤:打开来源文件及其视频解码器、初始化视频滤镜、打开目标文件及其视频编码器、对视频流进行滤波加工并写入目标文件。下面分别介绍这4个步骤。

1. 打开来源文件及其视频解码器

对来源文件的打开操作是通用的,可以直接复用之前章节的代码,包括视频解码器的初始化代码,这里不再赘述。

2. 初始化视频滤镜

在使用滤镜加工视频之前,要先对滤镜的相关指针结构进行初始化赋值。初始化视频滤镜的具体步骤说明如下。

01 声明滤镜的各种实例资源，除输入滤镜的实例、输出滤镜的实例、滤镜图外，还要调用avfilter_get_by_name函数分别获取输入滤镜和输出滤镜，调用avfilter_inout_alloc各自分配滤镜的输入输出参数，还要调用avfilter_graph_alloc函数分配一个滤镜图。

02 拼接输入源的媒体参数信息字符串，以视频为例，参数字符串需要包括视频尺寸（video_size）、像素格式（pix_fmt）、时间基（time_base）等。

03 调用avfilter_graph_create_filter函数，根据输入滤镜和第二步的参数字符串创建输入滤镜的实例，并将其添加到现有的滤镜图中。

04 调用avfilter_graph_create_filter函数，根据输出滤镜创建输出滤镜的实例，并将其添加到现有的滤镜图中。

05 调用av_opt_set_int_list函数设置额外的选项参数，比如加工视频要给输出滤镜的实例设置像素格式。

06 设置滤镜的输入输出参数，给AVFilterInOut类型的filter_ctx字段填写输入滤镜的实例或者输出滤镜的实例。

07 调用avfilter_graph_parse_ptr函数，把采用过滤字符串描述的图形添加到滤镜图中，这个过滤字符串指定了滤镜的种类名称及其参数取值。

08 调用avfilter_graph_config函数检查过滤字符串的有效性，并配置滤镜图中的所有前后连接和图像格式。

09 调用avfilter_inout_free函数分别释放滤镜的输入参数和输出参数。

综合上述的视频滤镜初始化步骤，编写FFmpeg对视频滤镜的初始化函数代码（完整代码见chapter06/videofilter.c）。

```c
AVFilterContext *buffersrc_ctx = NULL;              // 输入滤镜的实例
AVFilterContext *buffersink_ctx = NULL;             // 输出滤镜的实例
AVFilterGraph *filter_graph = NULL;                 // 滤镜图

// 初始化滤镜（也称过滤器、滤波器）
int init_filter(const char *filters_desc) {
    av_log(NULL, AV_LOG_INFO, "filters_desc : %s\n", filters_desc);
    int ret = 0;
    const AVFilter *buffersrc = avfilter_get_by_name("buffer");           // 获取输入滤镜
    const AVFilter *buffersink = avfilter_get_by_name("buffersink");      // 获取输出滤镜
    AVFilterInOut *inputs = avfilter_inout_alloc();         // 分配滤镜的输入输出参数
    AVFilterInOut *outputs = avfilter_inout_alloc();        // 分配滤镜的输入输出参数
    enum AVPixelFormat pix_fmts[] = { AV_PIX_FMT_YUV420P, AV_PIX_FMT_NONE };
    filter_graph = avfilter_graph_alloc();                  // 分配一个滤镜图
    if (!outputs || !inputs || !filter_graph) {
        ret = AVERROR(ENOMEM);
        return ret;
    }
    char args[512];   // 临时字符串，存放输入源的媒体参数信息，比如视频宽高、像素格式等
    snprintf(args, sizeof(args),
        "video_size=%dx%d:pix_fmt=%d:time_base=%d/%d:pixel_aspect=%d/%d",
        video_decode_ctx->width, video_decode_ctx->height, video_decode_ctx->pix_fmt,
        src_video->time_base.num, src_video->time_base.den,
        video_decode_ctx->sample_aspect_ratio.num,
```

```c
video_decode_ctx->sample_aspect_ratio.den);
    av_log(NULL, AV_LOG_INFO, "args : %s\n", args);
    // 创建输入滤镜的实例，并将其添加到现有的滤镜图中
    ret = avfilter_graph_create_filter(&buffersrc_ctx, buffersrc, "in",
        args, NULL, filter_graph);
    if (ret < 0) {
        av_log(NULL, AV_LOG_ERROR, "Cannot create buffer source\n");
        return ret;
    }
    // 创建输出滤镜的实例，并将其添加到现有的滤镜图中
    ret = avfilter_graph_create_filter(&buffersink_ctx, buffersink, "out",
        NULL, NULL, filter_graph);
    if (ret < 0) {
        av_log(NULL, AV_LOG_ERROR, "Cannot create buffer sink\n");
        return ret;
    }
    // 将二进制选项设置为整数列表，此处给输出滤镜的实例设置像素格式
    ret = av_opt_set_int_list(buffersink_ctx, "pix_fmts", pix_fmts,
        AV_PIX_FMT_NONE, AV_OPT_SEARCH_CHILDREN);
    if (ret < 0) {
        av_log(NULL, AV_LOG_ERROR, "Cannot set output pixel format\n");
        return ret;
    }
    // 设置滤镜的输入输出参数
    outputs->name = av_strdup("in");
    outputs->filter_ctx = buffersrc_ctx;
    outputs->pad_idx = 0;
    outputs->next = NULL;
    // 设置滤镜的输入输出参数
    inputs->name = av_strdup("out");
    inputs->filter_ctx = buffersink_ctx;
    inputs->pad_idx = 0;
    inputs->next = NULL;
    // 把采用过滤字符串描述的图形添加到滤镜图中
    ret = avfilter_graph_parse_ptr(filter_graph, filters_desc, &inputs, &outputs, NULL);
    if (ret < 0) {
        av_log(NULL, AV_LOG_ERROR, "Cannot parse graph string\n");
        return ret;
    }
    // 检查过滤字符串的有效性，并配置滤镜图中的所有前后连接和图像格式
    ret = avfilter_graph_config(filter_graph, NULL);
    if (ret < 0) {
        av_log(NULL, AV_LOG_ERROR, "Cannot config filter graph\n");
        return ret;
    }
    avfilter_inout_free(&inputs);         // 释放滤镜的输入参数
    avfilter_inout_free(&outputs);        // 释放滤镜的输出参数
    av_log(NULL, AV_LOG_INFO, "Success initialize filter.\n");
    return ret;
}
```

3. 打开目标文件及其视频编码器

对目标文件的打开操作也是通用的，可以直接复用之前章节的代码，但是视频编码器的初始化过程有所不同。因为加工操作会影响视频流的相关规格参数，包括视频宽高、像素格式、帧率、时间基等，加工前后的这些视频参数可能会发生变化。所以视频编码器的规格参数不能照搬来源文件的视频解码参数，而要从输出滤镜的实例获取最新的视频编码参数。从输出滤镜的实例获取视频参数的几个函数说明如下。

- av_buffersink_get_w：从输出滤镜的实例获取视频的宽度。
- av_buffersink_get_h：从输出滤镜的实例获取视频的高度。
- av_buffersink_get_format：从输出滤镜的实例获取视频的像素格式。
- av_buffersink_get_frame_rate：从输出滤镜的实例获取视频的帧率。
- av_buffersink_get_time_base：从输出滤镜的实例获取视频的时间基。

根据上述几个最新规格的获取函数，编写初始化视频编码器的FFmpeg代码，主要把相关字段的赋值语句改成了从输出滤镜的实例对应取值。

```
enum AVCodecID video_codec_id = src_video->codecpar->codec_id;
// 查找视频编码器
AVCodec *video_codec = (AVCodec*) avcodec_find_encoder(video_codec_id);
if (!video_codec) {
    av_log(NULL, AV_LOG_ERROR, "video_codec not found\n");
    return -1;
}
video_encode_ctx = avcodec_alloc_context3(video_codec);  // 分配编码器的实例
if (!video_encode_ctx) {
    av_log(NULL, AV_LOG_ERROR, "video_encode_ctx is null\n");
    return -1;
}
video_encode_ctx->framerate = av_buffersink_get_frame_rate(buffersink_ctx);  // 帧率
video_encode_ctx->time_base = av_buffersink_get_time_base(buffersink_ctx);   // 时间基
video_encode_ctx->gop_size = 12;                                              // 关键帧的间隔距离
video_encode_ctx->width = av_buffersink_get_w(buffersink_ctx);   // 视频宽度
video_encode_ctx->height = av_buffersink_get_h(buffersink_ctx);  // 视频高度
// 视频的像素格式（颜色空间）
video_encode_ctx->pix_fmt = (enum AVPixelFormat)
av_buffersink_get_format(buffersink_ctx);
// AV_CODEC_FLAG_GLOBAL_HEADER标志允许操作系统显示该视频的缩略图
if (out_fmt_ctx->oformat->flags & AVFMT_GLOBALHEADER) {
    video_encode_ctx->flags = AV_CODEC_FLAG_GLOBAL_HEADER;
}
ret = avcodec_open2(video_encode_ctx, video_codec, NULL);  // 打开编码器的实例
if (ret < 0) {
    av_log(NULL, AV_LOG_ERROR, "Can't open video_encode_ctx.\n");
    return -1;
}
```

4. 对视频流进行滤波加工并写入目标文件

通过滤镜加工视频时，要先对解码后的原始数据帧进行滤波加工，得到加工完成的数据帧再重新编码写入文件。对视频流开展滤波加工的完整过程分为以下5个步骤。

01 从来源文件读取数据包，使用视频解码器解码得到原始的数据帧。
02 调用av_buffersrc_add_frame_flags函数把一个数据帧添加到输入滤镜的实例。
03 调用av_buffersink_get_frame函数从输出滤镜的实例获取加工后的数据帧。
04 把加工后的数据帧压缩编码后保存到目标文件中。
05 重复前面的第1～4步，直到源文件的所有数据帧都处理完毕。

根据上述的视频滤波过程，编写加工视频并保存到目标文件的FFmpeg代码。

```
// 给视频帧编码，并写入压缩后的视频包
int output_video(AVFrame *frame) {
    // 把原始的数据帧发给编码器实例
    int ret = avcodec_send_frame(video_encode_ctx, frame);
    if (ret < 0) {
        av_log(NULL, AV_LOG_ERROR, "send frame occur error %d.\n", ret);
        return ret;
    }
    while (1) {
        AVPacket *packet = av_packet_alloc();  // 分配一个数据包
        // 从编码器实例获取压缩后的数据包
        ret = avcodec_receive_packet(video_encode_ctx, packet);
        if (ret == AVERROR(EAGAIN) || ret == AVERROR_EOF) {
            return (ret == AVERROR(EAGAIN)) ? 0 : 1;
        } else if (ret < 0) {
            av_log(NULL, AV_LOG_ERROR, "encode frame occur error %d.\n", ret);
            break;
        }
        // 把数据包的时间戳从一个时间基转换为另一个时间基
        av_packet_rescale_ts(packet, video_encode_ctx->time_base, dest_video->time_base);
        packet->stream_index = 0;
        ret = av_write_frame(out_fmt_ctx, packet);  // 往文件写入一个数据包
        if (ret < 0) {
            av_log(NULL, AV_LOG_ERROR, "write frame occur error %d.\n", ret);
            break;
        }
        av_packet_unref(packet);  // 清除数据包
    }
    return ret;
}

// 对视频帧重新编码
int recode_video(AVPacket *packet, AVFrame *frame, AVFrame *filt_frame) {
    // 把未解压的数据包发给解码器实例
    int ret = avcodec_send_packet(video_decode_ctx, packet);
    if (ret < 0) {
```

```
            av_log(NULL, AV_LOG_ERROR, "send packet occur error %d.\n", ret);
            return ret;
        }
        while (1) {
            // 从解码器实例获取还原后的数据帧
            ret = avcodec_receive_frame(video_decode_ctx, frame);
            if (ret == AVERROR(EAGAIN) || ret == AVERROR_EOF) {
                return (ret == AVERROR(EAGAIN)) ? 0 : 1;
            } else if (ret < 0) {
                av_log(NULL, AV_LOG_ERROR, "decode frame occur error %d.\n", ret);
                break;
            }
            // 把原始的数据帧添加到输入滤镜的缓冲区
            ret = av_buffersrc_add_frame_flags(buffersrc_ctx, frame,
AV_BUFFERSRC_FLAG_KEEP_REF);
            if (ret < 0) {
                av_log(NULL, AV_LOG_ERROR, "Error while feeding the filtergraph\n");
                break;
            }
            while (1) {
                // 从输出滤镜的接收器获取一个已加工的过滤帧
                ret = av_buffersink_get_frame(buffersink_ctx, filt_frame);
                if (ret == AVERROR(EAGAIN) || ret == AVERROR_EOF) {
                    break;
                } else if (ret < 0) {
                    av_log(NULL, AV_LOG_ERROR, "get buffersink frame occur error %d.\n", ret);
                    break;
                }
                output_video(filt_frame);   // 给视频帧编码,并写入压缩后的视频包
            }
        }
        return ret;
    }
```

由于这里只加工视频流,没加工音频流,因此在调整视频播放速度时要特殊处理,主要考虑到播放速度调整后会改变播放时长。如果改变了视频的播放时长,却没改变音频的播放时长,那么目标文件会出现音视频不同步的问题。为了避免产生该问题,临时做法是在调整视频速度时只保存视频流,不保存音频流,从而方便检查视频速度的调整效果。下面是加工来源文件的视频流并输出目标文件的FFmpeg代码框架。

```
    const char *filters_desc = argv[2];                      // 过滤字符串从命令行读取
    // 修改视频速率的话,要考虑音频速率是否也跟着变化。setpts表示调整视频播放速度
    int is_setpts = (strstr(filters_desc, "setpts=") != NULL);
    int ret = -1;
    AVPacket *packet = av_packet_alloc();                    // 分配一个数据包
    AVFrame *frame = av_frame_alloc();                       // 分配一个数据帧
    AVFrame *filt_frame = av_frame_alloc();                  // 分配一个过滤后的数据帧
    while (av_read_frame(in_fmt_ctx, packet) >= 0) {         // 轮询数据包
        if (packet->stream_index == video_index) {           // 视频包需要重新编码
            packet->stream_index = 0;
```

```
            recode_video(packet, frame, filt_frame);       // 对视频帧重新编码
        } else if (packet->stream_index == audio_index && !is_setpts) {
            packet->stream_index = 1;
            // 音频包暂不重新编码,直接写入目标文件
            ret = av_write_frame(out_fmt_ctx, packet);     // 往文件写入一个数据包
            if (ret < 0) {
                av_log(NULL, AV_LOG_ERROR, "write frame occur error %d.\n", ret);
                break;
            }
        }
        av_packet_unref(packet);                           // 清除数据包
    }
    packet->data = NULL;                                   // 传入一个空包,冲走解码缓存
    packet->size = 0;
    recode_video(packet, frame, filt_frame);               // 对视频帧重新编码
    output_video(NULL);                                    // 传入一个空帧,冲走编码缓存
```

接着执行下面的编译命令:

```
gcc videofilter.c -o videofilter -I/usr/local/ffmpeg/include -L/usr/local/ffmpeg/lib -lavformat -lavdevice -lavfilter -lavcodec -lavutil -lswscale -lswresample -lpostproc -lm
```

编译完成后,执行以下命令启动测试程序,根据命令行输入的过滤字符串fps=15,期望把视频的帧率调整为每秒15帧。

```
./videofilter ../fuzhous.mp4 fps=15
```

程序运行完毕,发现控制台输出以下日志信息,说明完成了对视频滤波加工的操作。

```
Success open input_file ../fuzhous.mp4.
filters_desc : fps=15
args : video_size=480x270:pix_fmt=0:time_base=1/12800:pixel_aspect=1/1
Success open output_file output_fps.mp4.
Success process video file.
```

然后打开影音播放器可以正常观看output_fps.mp4,并且视频的帧率变为15帧每秒,表明上述代码正确实现了调整视频帧率的功能。

提示 运行下面的ffmpeg命令也可以给视频运用fps滤镜。命令中的"-vf ***"表示采用的视频滤镜串为***。

```
ffmpeg -i ../fuzhous.mp4 -vf fps=15 ff_fps.mp4
```

继续执行以下命令启动测试程序,根据命令行输入的过滤字符串setpts=0.5*PTS,期望把视频的时间戳大小调整为原来的一半。因为时间基不变,而时间戳大小减半,意味着播放速度变为原来的两倍了。

```
./videofilter ../fuzhous.mp4 setpts=0.5*PTS
```

程序运行完毕,发现控制台输出以下日志信息,说明完成了对视频滤波加工的操作。

```
Success open input_file ../fuzhous.mp4.
filters_desc : setpts=expr=0.5*PTS
```

```
args : video_size=480x270:pix_fmt=0:time_base=1/12800:pixel_aspect=1/1
Success open output_file output_setpts.mp4.
Success process video file.
```

然后打开影音播放器可以正常观看output_setpts.mp4,并且视频的播放速度变为原来的两倍,表明上述代码正确实现了调整视频播放速度的功能。

🎮十提示 运行下面的ffmpeg命令也可以给视频运用setpts滤镜。命令中的"-vf ***"表示采用的视频滤镜串为***。

```
ffmpeg -i ../fuzhous.mp4 -vf setpts=0.5*PTS ff_setpts.mp4
```

6.1.2 简单的音频滤镜

除加工视频外,FFmpeg也支持对音视频文件中的音频流进行加工,从而得到处理音频之后的目标文件。通过FFmpeg加工音频的过程主要分为以下4个步骤:打开来源文件及其音频解码器、初始化音频滤镜、打开目标文件及其音频编码器、对音频流进行滤波加工并写入目标文件。下面分别介绍这4个步骤。

1. 打开来源文件及其音频解码器

对来源文件的打开操作是通用的,可以直接复用之前章节的代码,包括音频解码器的初始化代码,这里不再赘述。

2. 初始化音频滤镜

音频滤镜的初始化步骤与视频滤镜类似,它们之间的区别主要有以下三处。

(1)调用avfilter_get_by_name函数获取输入输出滤镜时,输入滤镜名称为abuffer而非buffer,输出滤镜名称为abuffersink而非buffersink。

(2)拼接输入源的媒体参数信息字符串,参数字符串取自音频规格而非视频规格,包括采样频率(sample_rate)、采样格式(sample_fmt)、声道布局(channel_layout)、时间基(time_base)等。

(3)调用av_opt_set_int_list函数设置选项列表时,传入采样格式(sample_fmts),而非像素格式(pix_fmts)。

参考视频滤镜的初始化过程,结合以上三点修改,编写FFmpeg对音频滤镜的初始化函数代码(完整代码见chapter06/audiofilter.c)。

```
AVFilterContext *abuffersrc_ctx = NULL;            // 输入滤镜的实例
AVFilterContext *abuffersink_ctx = NULL;           // 输出滤镜的实例
AVFilterGraph *afilter_graph = NULL;               // 滤镜图

// 初始化滤镜(也称过滤器、滤波器)
int init_filter(const char *filters_desc) {
    av_log(NULL, AV_LOG_INFO, "filters_desc : %s\n", filters_desc);
    int ret = 0;
    const AVFilter *buffersrc = avfilter_get_by_name("abuffer");        // 获取输入滤镜
    const AVFilter *buffersink = avfilter_get_by_name("abuffersink");   // 获取输出滤镜
    AVFilterInOut *inputs = avfilter_inout_alloc();                     // 分配滤镜的输入输出参数
```

```c
        AVFilterInOut *outputs = avfilter_inout_alloc();       // 分配滤镜的输入输出参数
        afilter_graph = avfilter_graph_alloc();                // 分配一个滤镜图
        if (!outputs || !inputs || !afilter_graph) {
            ret = AVERROR(ENOMEM);
            return ret;
        }
        char ch_layout[128];
        av_channel_layout_describe(&audio_decode_ctx->ch_layout, ch_layout,
sizeof(ch_layout));
        int nb_channels = audio_decode_ctx->ch_layout.nb_channels;
        char args[512];    // 临时字符串，存放输入源的媒体参数信息，比如采样率、采样格式等
        snprintf(args, sizeof(args),
            "sample_rate=%d:sample_fmt=%s:channel_layout=%s:channels=%d:time_base=%d/%d",
            audio_decode_ctx->sample_rate,
av_get_sample_fmt_name(audio_decode_ctx->sample_fmt),
            ch_layout, nb_channels,
            audio_decode_ctx->time_base.num, audio_decode_ctx->time_base.den);
        av_log(NULL, AV_LOG_INFO, "args : %s\n", args);
        // 创建输入滤镜的实例，并将其添加到现有的滤镜图中
        ret = avfilter_graph_create_filter(&abuffersrc_ctx, buffersrc, "in",
            args, NULL, afilter_graph);
        if (ret < 0) {
            av_log(NULL, AV_LOG_ERROR, "Cannot create buffer source\n");
            return ret;
        }
        // 创建输出滤镜的实例，并将其添加到现有的滤镜图中
        ret = avfilter_graph_create_filter(&abuffersink_ctx, buffersink, "out",
            NULL, NULL, afilter_graph);
        if (ret < 0) {
            av_log(NULL, AV_LOG_ERROR, "Cannot create buffer sink\n");
            return ret;
        }
        // atempo滤镜要求提前设置sample_fmts，否则av_buffersink_get_format得到的格式不对
        enum AVSampleFormat sample_fmts[] = { AV_SAMPLE_FMT_FLTP, AV_SAMPLE_FMT_NONE };
        // 将二进制选项设置为整数列表，此处给输出滤镜的实例设置采样格式
        ret = av_opt_set_int_list(abuffersink_ctx, "sample_fmts", sample_fmts,
            AV_SAMPLE_FMT_NONE, AV_OPT_SEARCH_CHILDREN);
        if (ret < 0) {
            av_log(NULL, AV_LOG_ERROR, "Cannot set output sample format\n");
            return ret;
        }
        // 设置滤镜的输入输出参数
        outputs->name = av_strdup("in");
        outputs->filter_ctx = abuffersrc_ctx;
        outputs->pad_idx = 0;
        outputs->next = NULL;
        // 设置滤镜的输入输出参数
        inputs->name = av_strdup("out");
        inputs->filter_ctx = abuffersink_ctx;
        inputs->pad_idx = 0;
        inputs->next = NULL;
```

```
    // 把采用过滤字符串描述的图形添加到滤镜图中
    ret = avfilter_graph_parse_ptr(afilter_graph, filters_desc, &inputs, &outputs,
NULL);
    if (ret < 0) {
        av_log(NULL, AV_LOG_ERROR, "Cannot parse graph string\n");
        return ret;
    }
    // 检查过滤字符串的有效性，并配置滤镜图中的所有前后连接和图像格式
    ret = avfilter_graph_config(afilter_graph, NULL);
    if (ret < 0) {
        av_log(NULL, AV_LOG_ERROR, "Cannot config filter graph\n");
        return ret;
    }
    avfilter_inout_free(&inputs);          // 释放滤镜的输入参数
    avfilter_inout_free(&outputs);         // 释放滤镜的输出参数
    av_log(NULL, AV_LOG_INFO, "Success initialize filter.\n");
    return ret;
}
```

3. 打开目标文件及其音频编码器

对目标文件的打开操作也是通用的，可以直接复用之前章节的代码，但是音频编码器的初始化过程有所不同。因为加工操作会影响音频流的相关规格参数，包括采样格式、采样频率、声道布局、时间基等，加工前后的这些音频参数可能会发生变化。所以音频编码器的规格参数不能照搬来源文件的音频解码参数，而要从输出滤镜的实例获取最新的音频编码参数。从输出滤镜的实例获取音频参数的几个函数说明如下。

- av_buffersink_get_format：从输出滤镜的实例获取音频的采样格式。
- av_buffersink_get_sample_rate：从输出滤镜的实例获取音频的采样频率。
- av_buffersink_get_ch_layout：从输出滤镜的实例获取音频的声道布局。
- av_buffersink_get_time_base：从输出滤镜的实例获取音频的时间基。

根据上述几个最新音频规格的获取函数，编写初始化音频编码器的FFmpeg代码，主要把相关字段的赋值语句改成从输出滤镜的实例对应取值。

```
enum AVCodecID audio_codec_id = src_audio->codecpar->codec_id;
// 查找音频编码器
AVCodec *audio_codec = (AVCodec*) avcodec_find_encoder(audio_codec_id);
if (!audio_codec) {
    av_log(NULL, AV_LOG_ERROR, "audio_codec not found\n");
    return -1;
}
audio_encode_ctx = avcodec_alloc_context3(audio_codec);  // 分配编码器的实例
if (!audio_encode_ctx) {
    av_log(NULL, AV_LOG_ERROR, "audio_encode_ctx is null\n");
    return -1;
}
audio_encode_ctx->time_base = av_buffersink_get_time_base(abuffersink_ctx); // 时间基
// 采样格式
```

```
    audio_encode_ctx->sample_fmt = (enum AVSampleFormat) av_buffersink_get_format
(abuffersink_ctx);
    // 采样率,单位为赫兹每秒
    audio_encode_ctx->sample_rate = av_buffersink_get_sample_rate(abuffersink_ctx);
    av_buffersink_get_ch_layout(abuffersink_ctx, &audio_encode_ctx->ch_layout);   // 声道布局
    ret = avcodec_open2(audio_encode_ctx, audio_codec, NULL);   // 打开编码器的实例
    if (ret < 0) {
        av_log(NULL, AV_LOG_ERROR, "Can't open audio_encode_ctx.\n");
        return -1;
    }
```

4. 对音频流进行滤波加工并写入目标文件

通过滤镜加工音频时,处理步骤与加工视频类似,也要先对解码后的原始数据帧进行滤波加工,得到加工完成的数据帧再重新编码写入文件。下面是加工音频并保存到目标文件的 **FFmpeg** 代码。

```
// 给音频帧编码,并写入压缩后的音频包
int output_audio(AVFrame *frame) {
    // 把原始的数据帧发给编码器实例
    int ret = avcodec_send_frame(audio_encode_ctx, frame);
    if (ret < 0) {
        av_log(NULL, AV_LOG_ERROR, "send frame occur error %d.\n", ret);
        return ret;
    }
    while (1) {
        AVPacket *packet = av_packet_alloc();   // 分配一个数据包
        // 从编码器实例获取压缩后的数据包
        ret = avcodec_receive_packet(audio_encode_ctx, packet);
        if (ret == AVERROR(EAGAIN) || ret == AVERROR_EOF) {
            return (ret == AVERROR(EAGAIN)) ? 0 : 1;
        } else if (ret < 0) {
            av_log(NULL, AV_LOG_ERROR, "encode frame occur error %d.\n", ret);
            break;
        }
        // 把数据包的时间戳从一个时间基转换为另一个时间基
        av_packet_rescale_ts(packet, audio_encode_ctx->time_base,
dest_audio->time_base);
        packet->stream_index = video_index>=0?1:0;
        ret = av_write_frame(out_fmt_ctx, packet);   // 往文件写入一个数据包
        if (ret < 0) {
            av_log(NULL, AV_LOG_ERROR, "write frame occur error %d.\n", ret);
            break;
        }
        av_packet_unref(packet);   // 清除数据包
    }
    return ret;
}
// 对音频帧重新编码
int recode_audio(AVPacket *packet, AVFrame *frame, AVFrame *filt_frame) {
    // 把未解压的数据包发给解码器实例
```

```
        int ret = avcodec_send_packet(audio_decode_ctx, packet);
        if (ret < 0) {
            av_log(NULL, AV_LOG_ERROR, "send packet occur error %d.\n", ret);
            return ret;
        }
        while (1) {
            // 从解码器实例获取还原后的数据帧
            ret = avcodec_receive_frame(audio_decode_ctx, frame);
            if (ret == AVERROR(EAGAIN) || ret == AVERROR_EOF) {
                return (ret == AVERROR(EAGAIN)) ? 0 : 1;
            } else if (ret < 0) {
                av_log(NULL, AV_LOG_ERROR, "decode frame occur error %d.\n", ret);
                break;
            }
            // 把原始的数据帧添加到输入滤镜的缓冲区
            ret = av_buffersrc_add_frame_flags(abuffersrc_ctx, frame,
                            AV_BUFFERSRC_FLAG_KEEP_REF);
            if (ret < 0) {
                av_log(NULL, AV_LOG_ERROR, "Error while feeding the filtergraph\n");
                break;
            }
            while (1) {
                // 从输出滤镜的接收器获取一个已加工的过滤帧
                ret = av_buffersink_get_frame(abuffersink_ctx, filt_frame);
                if (ret == AVERROR(EAGAIN) || ret == AVERROR_EOF) {
                    break;
                } else if (ret < 0) {
                    av_log(NULL, AV_LOG_ERROR, "get buffersink frame occur error %d.\n", ret);
                    break;
                }
                output_audio(filt_frame);  // 给音频帧编码,并写入压缩后的音频包
            }
        }
        return ret;
    }
```

由于这里只加工音频流,没加工视频流,因此在调整音频播放速度时要进行特殊处理,主要考虑到播放速度调整后会改变播放时长。如果改变了音频的播放时长,却没改变视频的播放时长,那么目标文件会出现音视频不同步的问题。为了避免产生该问题,临时做法是在调整音频速度时只保存音频流,不保存视频流,从而方便检查音频速度的调整效果。下面是加工来源文件的音频流并输出目标文件的FFmpeg代码框架。

```
    const char *filters_desc = argv[2];              // 过滤字符串从命令行读取
    // 修改音频速率的话,要考虑视频速率是否也跟着变化。atempo表示调整音频播放速度
    int is_atempo = (strstr(filters_desc, "atempo=") != NULL);
    int ret = -1;
    AVPacket *packet = av_packet_alloc();             // 分配一个数据包
    AVFrame *frame = av_frame_alloc();                // 分配一个数据帧
    AVFrame *filt_frame = av_frame_alloc();           // 分配一个过滤后的数据帧
    while (av_read_frame(in_fmt_ctx, packet) >= 0) {  // 轮询数据包
```

```
        if (packet->stream_index == audio_index) {          // 音频包需要重新编码
            packet->stream_index = video_index>=0?1:0;
            recode_audio(packet, frame, filt_frame);         // 对音频帧重新编码
        } else if (packet->stream_index == video_index && !is_atempo) {
            packet->stream_index = 0;
            // 视频包暂不重新编码，直接写入目标文件
            ret = av_write_frame(out_fmt_ctx, packet);       // 往文件写入一个数据包
            if (ret < 0) {
                av_log(NULL, AV_LOG_ERROR, "write frame occur error %d.\n", ret);
                break;
            }
        }
        av_packet_unref(packet);                             // 清除数据包
    }
    packet->data = NULL;                                     // 传入一个空包，冲走解码缓存
    packet->size = 0;
    recode_audio(packet, frame, filt_frame);                 // 对音频帧重新编码
    output_audio(NULL);                                      // 传入一个空帧，冲走编码缓存
```

接着执行下面的编译命令：

```
gcc audiofilter.c -o audiofilter -I/usr/local/ffmpeg/include -L/usr/local/ffmpeg/lib -lavformat -lavdevice -lavfilter -lavcodec -lavutil -lswscale -lswresample -lpostproc -lm
```

编译完成后，执行以下命令启动测试程序，根据命令行输入的过滤字符串volume=0.5，期望把音量大小调整为原来的一半。

```
./audiofilter ../2018.mp4 volume=0.5
```

程序运行完毕，发现控制台输出以下日志信息，说明完成了对音频滤波加工的操作。

```
Success open input_file ../2018.mp3.
filters_desc : volume=0.5
args : sample_rate=44100:sample_fmt=fltp:channel_layout=stereo:channels=2:time_base=1/44100
Success open output_file output_volume.mp3.
Success process audio file.
```

然后打开影音播放器可以正常播放output_volume.mp3，并且音量大小降为原来的一半，如图6-1所示（通过Audacity分析MP3文件），表明上述代码正确实现了调整音量大小的功能。

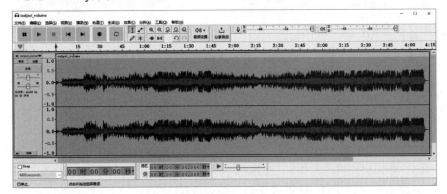

图 6-1　音量大小调整之后的 MP3 波形分析

> **提示** 运行下面的ffmpeg命令也可以给音频运用volume滤镜。命令中的"-af ***"表示采用的音频滤镜串为***。

```
ffmpeg -i ../2018.mp3 -af volume=0.5 ff_volume.mp3
```

继续执行以下命令启动测试程序，根据命令行输入的过滤字符串atempo=2，期望把音频的播放速度调整为原来的两倍。

```
./audiofilter ../2018.mp3 atempo=2
```

程序运行完毕，发现控制台输出以下日志信息，说明完成了对音频滤波加工的操作。

```
Success open input_file ../2018.mp3.
filters_desc : atempo=2
args : sample_rate=44100:sample_fmt=fltp:channel_layout=stereo:channels=2:time_base=1/44100
Success open output_file output_atempo.mp3.
Success process audio file.
```

然后打开影音播放器可以正常播放output_atempo.mp3，并且音频的播放速度变为原来的两倍，如图6-2所示（通过Audacity分析MP3文件），也就是时长变为原来的一半（原音频的时长为4分15秒，新音频的时长为2分7秒），表明上述代码正确实现了调整音频播放速度的功能。

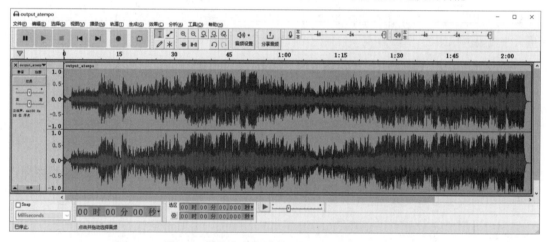

图 6-2 播放速度调整之后的 MP3 波形分析

> **提示** 运行下面的ffmpeg命令也可以给音频运用atempo滤镜。命令中的"-af ***"表示采用的音频滤镜串为***。

```
ffmpeg -i ../2018.mp3 -af atempo=2 ff_atempo.mp3
```

6.1.3 利用滤镜切割视频

前面在介绍视频滤镜时用到了形如fps=15、setpts=0.5*PTS的过滤串，介绍音频滤镜时用到了形如volume=0.5、atempo=2的过滤串，当然FFmpeg已经封装好的过滤器远不止这几种，而是提供了几百种各式各样的音视频滤镜。执行以下命令可以查看FFmpeg支持哪些过滤器：

```
ffmpeg -filters
```

具体到每个过滤器，又有各自的滤镜参数，而且参数往往不止一个。执行以下命令可以查看指定过滤器的选项参数：

```
ffmpeg -h filter=滤镜名称
```

比如执行以下命令可以查看fps过滤器的选项参数，该滤镜用来调整视频的帧率：

```
ffmpeg -h filter=fps
```

以上命令的执行结果如下：

```
fps AVOptions:
   fps               <string>     ..FV....... A string describing desired output framerate (default "25")
   start_time        <double>     ..FV....... Assume the first PTS should be this value.
   round             <int>        ..FV....... set rounding method for timestamps (from 0 to 5) (default near)
     zero            0            ..FV....... round towards 0
     inf             1            ..FV....... round away from 0
     down            2            ..FV....... round towards -infty
     up              3            ..FV....... round towards +infty
     near            5            ..FV....... round to nearest
   eof_action        <int>        ..FV....... action performed for last frame (from 0 to 1) (default round)
     round           0            ..FV....... round similar to other frames
     pass            1            ..FV....... pass through last frame
```

由上面的命令结果可见，fps过滤器的选项参数包括fps、start_time等，其中fps为待设置的帧率数值。实际上，fps滤镜的完整过滤串应该是fps=fps=15，开头的fps为滤镜名称，后面的fps表示帧率参数，滤镜名称与参数列表之间通过等号连接。如果选项参数比较简单，在取值不会引起误解的情况下，也可以省去参数名称，于是fps=fps=15便简化为fps=15。同理，setpts滤镜的选项参数为expr，对应的完整过滤串应是setpts=expr=0.5*PTS，那么只要不产生歧义，其过滤串也可简化为setpts=0.5*PTS。

再举个其他滤镜的例子，执行以下命令可以查看trim滤镜的选项参数，该滤镜用来切割一段视频：

```
ffmpeg -h filter=trim
```

以上命令的执行结果如下：

```
trim AVOptions:
   start             <duration>   ..FV....... Timestamp of the first frame that should be passed
   starti            <duration>   ..FV....... Timestamp of the first frame that should be passed
   end               <duration>   ..FV....... Timestamp of the first frame that should be dropped again
   endi              <duration>   ..FV....... Timestamp of the first frame that should be dropped again
   start_pts         <int64>      ..FV....... Timestamp of the first frame that should be passed
   end_pts           <int64>      ..FV....... Timestamp of the first frame that should be dropped again
   duration          <duration>   ..FV....... Maximum duration of the output (default 0)
```

```
       durationi      <duration>   ..FV....... Maximum duration of the output (default 0)
       start_frame    <int64>      ..FV....... Number of the first frame that should be passed
to the output
       end_frame      <int64>      ..FV....... Number of the first frame that should be dropped
again
```

由上面的命令结果可见，trim滤镜的选项参数包括start、end、duration、start_frame、end_frame等，分别说明如下。

- start：开始切割的时间，单位为秒。
- end：结束切割的时间，单位为秒。
- duration：输出文件的最大时长，单位为秒。
- start_frame：开始切割的帧号。
- end_frame：结束切割的帧号。

若想从某个视频切割指定时间范围的视频片段，比如截取第5.1秒到第12.8秒的片段，可使用过滤串trim=start=5.1:end=12.8。其中开头的trim为滤镜名称，后面的start和end为该滤镜的选项参数，各参数间通过冒号隔开。每个选项参数的赋值采用等号连接，例如start=5.1、end=12.8。

执行以下命令启动测试程序，根据命令行输入的过滤字符串trim=start=5.1:end=12.8，期望从来源文件截取第5.1秒到第12.8秒的视频片段。

```
./videofilter ../fuzhous.mp4 trim=start=5.1:end=12.8
```

程序运行完毕，发现控制台输出以下日志信息，说明完成了对视频滤波加工的操作。

```
Success open input_file ../fuzhous.mp4.
filters_desc : trim=start=5.1:end=12.8
args : video_size=480x270:pix_fmt=0:time_base=1/12800:pixel_aspect=1/1
Success open output_file output_trim.mp4.
Success process video file.
```

接着打开影音播放器观看output_trim.mp4，发现虽然视频的总时长为12秒多，但是只播放到7秒多就结束了。这是因为前面只顾着切割视频，却没有同步修改时间戳导致的。早在第3章的3.2.3节，通过代码切割视频文件时，就示范了切割文件要同时修改时间戳。那么滤镜如何通过命令行修改时间戳呢？答案是引入setpts滤镜，使用过滤串setpts=PTS-STARTPTS即可自动调整目标文件的时间戳，其中PTS表示当前时间戳，STARTPTS表示目标开头的时间戳，两个时间戳相减，即可得到目标文件的相对时间戳。

在同一个过滤串中引入多个滤镜的话，可通过逗号隔开各滤镜的表达式，比如过滤串trim=start=5.1:end=15.8,setpts=PTS-STARTPTS便同时应用了trim和setpts两个滤镜，在切割视频的时候修改时间戳。于是执行以下命令启动测试程序，根据命令行输入的过滤字符串trim=start=5.1:end=12.8,setpts=PTS-STARTPTS，期望从来源文件截取第5.1秒到第12.8秒的视频片段，并且把时间戳改为基于目标开头的相对时间戳：

```
./videofilter ../fuzhous.mp4 trim=start=5.1:end=12.8,setpts=PTS-STARTPTS
```

程序运行完毕，发现控制台输出以下日志信息，说明完成了对视频滤波加工的操作。

```
Success open input_file ../fuzhous.mp4.
```

```
filters_desc : trim=start=5.1:end=12.8
args : video_size=480x270:pix_fmt=0:time_base=1/12800:pixel_aspect=1/1
Success open output_file output_trim.mp4.
Success process video file.
```

然后打开影音播放器观看output_trim.mp4，发现视频的总时长缩短到了7秒多，并且正好在7秒多处播放完毕，表明上述过滤串正确实现了切割视频片段的功能。

> **提示** 运行下面的ffmpeg命令也可以给视频运用trim滤镜。命令中的"-vf ***"表示采用的视频滤镜串为***。

```
ffmpeg -i ../fuzhous.mp4 -vf trim=start=5.1:end=15.8,setpts=PTS-STARTPTS ff_trim.mp4
```

> **提示** 运行下面的ffmpeg命令也可以给音频运用atrim滤镜（裁剪音频片段）。命令中的"-af ***"表示采用的音频滤镜串为***。

```
ffmpeg -i ../2018.mp3 -af atrim=start=30:end=50 ff_atrim.mp3
```

6.1.4 给视频添加方格

除调节帧率、速度、音量等规格参数外，FFmpeg还提供了许多有趣的滤镜，比如drawbox滤镜允许在视频的指定位置画上矩形方格。

执行以下命令可以查看drawbox滤镜的选项参数，该滤镜用来给视频添加矩形方格。

```
ffmpeg -h filter=drawbox
```

以上命令的执行结果如下：

```
drawbox AVOptions:
   x            <string>     ..FV.....T. set horizontal position of the left box edge (default "0")
   y            <string>     ..FV.....T. set vertical position of the top box edge (default "0")
   width        <string>     ..FV.....T. set width of the box (default "0")
   w            <string>     ..FV.....T. set width of the box (default "0")
   height       <string>     ..FV.....T. set height of the box (default "0")
   h            <string>     ..FV.....T. set height of the box (default "0")
   color        <string>     ..FV.....T. set color of the box (default "black")
   c            <string>     ..FV.....T. set color of the box (default "black")
   thickness    <string>     ..FV.....T. set the box thickness (default "3")
   t            <string>     ..FV.....T. set the box thickness (default "3")
   replace      <boolean>    ..FV.....T. replace color & alpha (default false)
   box_source   <string>     ..FV.....T. use datas from bounding box in side data
```

由上面的命令结果可见，drawbox滤镜的选项参数包括x、y、width、height、color、thickness等，分别说明如下。

- x：矩形方格左上角的横坐标。默认为0。
- y：矩形方格左上角的纵坐标。默认为0。
- width：矩形方格的宽度，可简写为w。默认为0。

- height：矩形方格的高度，可简写为h。默认为0。
- color：矩形方格的颜色，可简写为c。默认为黑色（black）。常见的颜色名称取值对应关系见表6-1。
- thickness：矩形方格的厚度，可简写为t。取值为fill时，表示填满整个方格区域，此时描绘实心的方格，也叫方块。取值为数字时，表示只填充指定厚度的边框，此时描绘空心的方格，也叫方框。默认为数字3，也就是边框厚度为3。

表6-1 常见的颜色名称说明

颜色名称	说明
red	红色
orange	橙色
yellow	黄色
green	绿色
cyan	青色
blue	蓝色
purple	紫色
white	白色
black	黑色
gray	灰色
gold	金色
silver	银色
brown	棕色，褐色
pink	粉色
plum	紫红
magenta	桃红，洋红
greenyellow	黄绿
indigo	靛蓝
violet	蓝紫，紫罗兰
maroon	紫褐

接下来查看drawbox滤镜的加工效果。执行以下命令启动测试程序，根据命令行输入的过滤字符串drawbox=x=50:y=20:width=150:height=100:color=white:thickness=fill，期望在视频的指定位置画上白色方块。

```
./videofilter ../fuzhous.mp4
drawbox=x=50:y=20:width=150:height=100:color=white:thickness=fill
```

程序运行完毕，发现控制台输出以下日志信息，说明完成了对视频滤波加工的操作。

```
Success open input_file ../fuzhous.mp4.
filters_desc : drawbox=x=50:y=20:width=150:height=100:color=white:thickness=fill
args : video_size=480x270:pix_fmt=0:time_base=1/12800:pixel_aspect=1/1
Success open output_file output_drawbox.mp4.
Success process video file.
```

然后打开影音播放器可以正常观看output_drawbox.mp4，并且视频的左上角出现宽高为150×

100的白色方块，如图6-3所示，表明上述过滤串正确实现了往视频添加方格的功能。

如果过滤串不带thickness或者t参数，也就是执行以下命令启动测试程序：

```
./videofilter ../fuzhous.mp4 drawbox=x=50:y=20:width=150:height=100:color=white
```

等待程序运行完毕，重新打开影音播放器观看output_drawbox.mp4，发现视频左上角多了一个宽高为150×100的白色方框，如图6-4所示，说明不填thickness的话默认画方框。

图 6-3　添加白色方块的视频

图 6-4　添加白色方框的视频

对于x、y、width、height这4个参数，还能运用加减乘除四则运算的表达式，比如x=200*2:y=150/3这样。此外，表达式允许使用iw代表来源视频的宽度，使用ih代表来源视频的高度，那么表达式width=iw/3*2:height=ih/2说明方格的宽度为原视频宽度的2/3，高度为原视频高度的1/2也就是一半。

对于color参数，支持在颜色名称后面补充"@透明度"，表示方格颜色的透明度深浅状况。透明度取值为0～1的小数，值越小表示越透明，值越大表示越不透明；为0时表示完全透明，相当于方格不存在；为1时表示完全不透明，颜色会完全盖住方格区域。如果没加"@透明度"，就默认颜色不透明。

接着执行以下命令启动测试程序，过滤串不仅引入了算术表达式，而且颜色指定透明度为0.2，算是比较透明的。

```
./videofilter ../fuzhous.mp4 drawbox=x=iw/4:y=ih/4:width=iw/3*2:height=ih/2:color=green@0.2:thickness=fill
```

等待程序运行完毕，重新打开影音播放器观看output_drawbox.mp4，发现视频上方多了长长的矩形方格，如图6-5所示，并且方格内部仍然较清晰地显示了原视频画面。

继续执行以下命令启动测试程序，把过滤串的透明度改为0.8，算是比较不透明的。

```
./videofilter ../fuzhous.mp4 drawbox=x=iw/4:y=ih/4:width=iw/3*2:height=ih/2:color=green@0.8:thickness=fill
```

等待程序运行完毕，重新打开影音播放器观看output_drawbox.mp4，发现矩形方格内部已经看不太清楚原视频画面了，如图6-6所示，说明透明度依据要求改了过来。

提示　运行下面的ffmpeg命令也可以给视频运用drawbox滤镜添加方块。命令中的"-vf ***"表示采用的视频滤镜串为***。

```
ffmpeg -i ../fuzhous.mp4 -vf drawbox=x=50:y=20:width=150:height=100:color=white:thickness=fill ff_drawbox_solid.mp4
```

图6-5 添加了比较透明的方格

图6-6 添加了不够透明的方格

> 运行下面的ffmpeg命令也可以给视频运用drawbox滤镜添加方框。命令中的"-vf ***"表示采用的视频滤镜串为***。

```
ffmpeg -i ../fuzhous.mp4 -vf drawbox=x=50:y=20:width=150:height=100:color=white ff_drawbox_hollow.mp4
```

6.2 添加特效

本节介绍FFmpeg运用滤镜给视频添加特效的加工操作,首先指出通过图像转换器把视频画面转存为PNG图片的问题,以及如何使用滤镜把视频画面正确转存为PNG图片;接着叙述如何使用滤镜给视频添加底片、黑白、怀旧等色彩转换特效;然后阐述如何使用滤镜给视频添加亮化、光晕等明暗对比特效;最后讲述如何使用滤镜给视频添加开头的淡入特效,以及如何改造代码使之支持在视频末尾添加淡出特效。

6.2.1 转换图像色度坐标

早在第4章的4.3.1节就借助图像转换器把视频帧转存为PNG图片,但是对大尺寸视频而言,该方式得到的PNG图片与实际的视频画面存在色彩偏差。当然这种色彩偏差很不容易察觉,不是专业人士的话根本看不出来,究其原因是FFmpeg默认采用BT601的色度坐标,在4.1.3节已经提到:当视频高度大于或等于578时,播放器默认采用BT709标准;当视频高度小于或等于576时,播放器默认采用BT601标准。

虽然播放器能够根据视频高度自动适配对应的色度坐标,但是FFmpeg并无机制自动选择合适的色度坐标,只要没有指定具体的色度坐标,FFmpeg统统默认采用BT601。而且即使指定了某个色度坐标,图像转换器也不支持转换色度坐标,只能在YUV与RGB大类之间转换颜色空间,不能在BT601和BT709小类之间转换色度坐标。一直到FFmpeg 5.x,图像转换器也不支持。若想把视频帧转存为色彩完全吻合的PNG图片,就要借助视频滤镜来实现。

把视频帧转存为PNG图片,有两个层次的转换操作,一方面是把颜色空间从YUV转为RGB,另一方面是把色度坐标从BT601转为BT709。颜色空间也就是像素格式的转换用到了format滤镜,它的选项参数只有一个pix_fmts,其取值说明来自libavutil/pixdesc.c的av_pix_fmt_descriptors数组定义,常见的pix_fmts名称与像素格式的对应关系见表6-2。

表 6-2 常见的像素格式名称说明

像素格式的代号	像素格式的名称	适用范围
AV_PIX_FMT_YUV420P	yuv420p	常见的视频格式
AV_PIX_FMT_RGB24	rgb24	24 位 PNG 格式，BMP 格式
AV_PIX_FMT_PAL8	pal8	PAL（逐行倒相制式）
AV_PIX_FMT_YUVJ420P	yuvj420p	JPEG 格式
AV_PIX_FMT_BGR8	bgr8	GIF 格式
AV_PIX_FMT_RGBA	rgba	包含透明度的 RGB

由于 24 位的 PNG 图片采取 RGB24 格式，因此对应的 format 滤镜使用过滤串 format=pix_fmts=rgb24，表示把视频帧从默认的 yuv420p 转为 rgb24。然而引入 format 滤镜仅能处理 YUV 与 RGB 的颜色空间转换，对于 BT601 与 BT709 的色度坐标转换，还需修改滤波加工代码才行。与视频的普通滤波操作相比，把视频帧滤波为 PNG 图片存在三个不同之处：接收输入的色度坐标、按照指定的色度坐标打开视频解码器、获取并打开 PNG 编码器实例，分别说明如下。

1. 接收输入的色度坐标

色度坐标的取值主要有 BT601、BT709、BT2020 三种，其中 FFmpeg 默认使用 BT601，如需修改视频文件的色度坐标，有以下两种方式。

（1）由开发者手工指定。

（2）由程序自行判断，如果视频宽度大于或等于 578，就采用色度坐标 BT709，否则采用默认的 unknown（BT601）。

简单起见，这里采取第一种方式，也就是由开发者指定，在命令行中传入色度坐标。从命令行接收色度坐标的代码如下：

```
const char *colorspace = "unknown";
if (argc > 3) {
    colorspace = argv[3];    // 色度坐标从命令行读取
}
av_log(NULL, AV_LOG_INFO, "colorspace: %s\n", colorspace);
if (open_input_file(src_name, colorspace) < 0) {  // 打开输入文件
    return -1;
}
```

2. 按照指定的色度坐标打开视频解码器

打开解码器的实例用到了 avcodec_open2 函数，该函数的第三个参数可传入特定选项，平时填 NULL 是因为没什么可传入的。现在要修改默认的色度坐标，就得把指定的色度坐标传进 avcodec_open2 的第三个参数。该参数的类型为 AVDictionary 结构的双重指针（AVDictionary **options），AVDictionary 属于 key-value 配对的字典结构，调用 av_dict_set 函数即可设置 key-value 形式的键—值对。对于色度坐标来说，键—值对的 key 为 colorspace，而 value 的取值主要有 unknown、bt709、bt2020 三个，分别对应 BT601、BT709、BT2020 三种色度坐标。

下面是在调用 avcodec_open2 函数时传入色度坐标的代码（完整代码见 chapter06/pngfilter.c）。

```
AVDictionary *codec_options = NULL;
av_dict_set(&codec_options, "colorspace", colorspace, 0);
// 打开解码器的实例
ret = avcodec_open2(video_decode_ctx, video_codec, &codec_options);
if (ret < 0) {
    av_log(NULL, AV_LOG_ERROR, "Can't open video_decode_ctx.\n");
    return -1;
}
```

3. 获取并打开PNG编码器实例

与视频的编码器实例类似，PNG编码器实例的打开步骤也分为以下4步。

01 调用avcodec_find_encoder函数获取代号为AV_CODEC_ID_PNG的PNG编码器。
02 调用avcodec_alloc_context3函数分配PNG编码器对应的编码器实例。
03 给PNG编码器实例的各字段赋值，包括pix_fmt（像素格式）、width（视频宽度）、height（视频高度）、time_base（时间基）等字段。注意此处的pix_fmt字段要填AV_PIX_FMT_RGB24，表示PNG编码器实例采取RGB24颜色空间。
04 调用avcodec_open2函数打开PNG编码器的实例。

根据以上步骤描述的PNG编码器打开过程，编写获取并打开PNG编码器实例的FFmpeg代码。

```
// 查找图片编码器
AVCodec *video_codec = (AVCodec*) avcodec_find_encoder(AV_CODEC_ID_PNG);
if (!video_codec) {
    av_log(NULL, AV_LOG_ERROR, "video_codec not found\n");
    return -1;
}
video_encode_ctx = avcodec_alloc_context3(video_codec);          // 分配编码器的实例
if (!video_encode_ctx) {
    av_log(NULL, AV_LOG_ERROR, "video_encode_ctx is null\n");
    return -1;
}
video_encode_ctx->pix_fmt = AV_PIX_FMT_RGB24;                    // PNG的像素格式
video_encode_ctx->width = av_buffersink_get_w(buffersink_ctx);   // 画面宽度
video_encode_ctx->height = av_buffersink_get_h(buffersink_ctx);  // 画面高度
video_encode_ctx->time_base = (AVRational){1, 25};               // 时间基
ret = avcodec_open2(video_encode_ctx, video_codec, NULL);        // 打开编码器的实例
if (ret < 0) {
    av_log(NULL, AV_LOG_ERROR, "Can't open video_encode_ctx.\n");
    return -1;
}
```

接着执行下面的编译命令：

```
gcc pngfilter.c -o pngfilter -I/usr/local/ffmpeg/include -L/usr/local/ffmpeg/lib
-lavformat -lavdevice -lavfilter -lavcodec -lavutil -lswscale -lswresample -lpostproc -lm
```

编译完成后，执行以下命令启动测试程序，根据命令行输入的过滤字符串format=pix_fmts=rgb24，期望把图片的像素格式改为rgb24。

```
./pngfilter ../chapter04/output_writeyuv.mp4 format=pix_fmts=rgb24
```

程序运行完毕，发现控制台输出以下日志信息，说明完成了生成PNG图片的操作。

```
colorspace: unknown
Success open input_file ../chapter04/output_writeyuv.mp4.
filters_desc : format=pix_fmts=rgb24
args : video_size=1440x810:pix_fmt=0:time_base=1/90000:pixel_aspect=0/1
Success open output_file output_000.png.
Success process png file.
```

然后打开看图软件可以正常浏览output_000.png，只是图片颜色呈现油绿色，如图6-7所示，并非播放器展现的墨绿色画面。

图6-7　默认采用bt601的油绿色画面

重新执行以下命令启动测试程序，这次增加了输入参数bt709，期望把视频画面按照BT709标准转存为PNG图片。

```
./pngfilter ../chapter04/output_writeyuv.mp4 format=pix_fmts=rgb24 bt709
```

程序运行完毕，发现控制台输出以下日志信息，说明完成了生成PNG图片的操作。

```
colorspace: bt709
Success open input_file ../chapter04/output_writeyuv.mp4.
filters_desc : format=pix_fmts=rgb24
args : video_size=1440x810:pix_fmt=0:time_base=1/90000:pixel_aspect=0/1
Success open output_file output_000.png.
Success process png file.
```

然后打开看图软件可以正常浏览output_000.png，并且图片颜色呈现墨绿色而非油绿色，如图6-8所示，表明上述程序已正确把视频帧按照BT709标准转为PNG图片。

图6-8　指定采用BT709的墨绿色画面

提示　运行下面的ffmpeg命令也可以把指定的视频帧保存为采用BT709标准的PNG图片。命令中的-colorspace bt709表示色度坐标采用BT709标准。

```
ffmpeg -colorspace bt709 -i ../fuzhous.mp4 -ss 00:00:10 -vframes 1 ff_bt709.png
```

6.2.2 添加色彩转换特效

视频加工的一个常见应用是调整视频画面的色彩，比如对色彩取反实现底片效果，去除彩色实现黑白效果，蒙上黄色实现怀旧效果，等等。其中底片效果用到了negate滤镜，该滤镜的选项参数主要有negate_alpha，取值false表示不对透明度取反，取值true表示对透明度取值，默认为false。因为视频一般用不到透明度，所以过滤串negate=negate_alpha=false和negate=negate_alpha=true的实现效果是一样的，或者直接把过滤串简化为negate也行。

执行以下命令启动测试程序，根据命令行输入的过滤字符串negate=negate_alpha=false，期望把视频画面的各像素颜色取反（假设像素的原色值为a，则新像素的色值为255-a）。

```
./videofilter ../fuzhous.mp4 negate=negate_alpha=false
```

程序运行完毕，发现控制台输出以下日志信息，说明完成了对视频滤波加工的操作。

```
Success open input_file ../fuzhous.mp4.
filters_desc : negate=negate_alpha=false
args : video_size=480x270:pix_fmt=0:time_base=1/12800:pixel_aspect=1/1
Success open output_file output_negate.mp4.
Success process video file.
```

然后打开影音播放器可以正常观看output_negate.mp4，并且整个画面的色彩全部颠倒过来，如图6-9所示，表明以上命令正确实现了底片效果。

图 6-9 视频画面的底片特效

提示 运行下面的ffmpeg命令也可以给视频运用negate滤镜：

```
ffmpeg -i ../fuzhous.mp4 -vf negate ff_negate.mp4
```

至于黑白和怀旧效果，用到了colorchannelmixer滤镜，该滤镜的选项参数说明见表6-3。

表 6-3 colorchannelmixer 滤镜的主要选项参数

colorchannelmixer 滤镜的选项参数	说 明
rr	红色通道的红色权重
rg	红色通道的绿色权重
rb	红色通道的蓝色权重
ra	红色通道的透明度权重

(续表)

colorchannelmixer 滤镜的选项参数	说明
gr	绿色通道的红色权重
gg	绿色通道的绿色权重
gb	绿色通道的蓝色权重
ga	绿色通道的透明度权重
br	蓝色通道的红色权重
bg	蓝色通道的绿色权重
bb	蓝色通道的蓝色权重
ba	蓝色通道的透明度权重

表6-3的各参数说明有点让人丈二和尚摸不着头脑，接下来举个例子说明。假设某个像素原来的RGB色值分别为(Ro,Go,Bo)（下标o为old的缩写，表示旧的色值），经过colorchannelmixer滤镜转换后新的RGB色值分别为(Rn,Gn,Bn)（下标n为new的缩写，表示新的色值）。那么不考虑透明度的话，从(Ro,Go,Bo)到(Rn,Gn,Bn)的转换式子如下：

```
Rn = Ro*rr + Go*rg + Bo*rb
Gn = Ro*gr + Go*gg + Bo*gb
Bn = Ro*br + Go*bg + Bo*bb
```

由此可见，rr、rg、rb、ra用于计算红色通道的新色值，gr、gg、gb、ga用于计算绿色通道的新色值，br、bg、bb、ba用于计算蓝色通道的新色值。如果红、绿、蓝三通道的色值相同，意味着色彩差异消失了，只剩下表示明暗程度的灰度数值。比如过滤串colorchannelmixer=rr=0.3:rg=0.4:rb=0.3:gr=0.3:gg=0.4:gb=0.3:br=0.3:bg=0.4:bb=0.3，把该串中的各权重代入上面的转换式子，代入结果如下：

```
Rn = Ro*0.3 + Go*0.4 + Bo*0.3
Gn = Ro*0.3 + Go*0.4 + Bo*0.3
Bn = Ro*0.3 + Go*0.4 + Bo*0.3
```

从上面的代入式子可见，最终求得的Rn=Gn=Bn，也就是(Rn,Gn,Bn)只能展现深浅程度不同的灰色。然而，由于colorchannelmixer滤镜只能在RGB空间进行色值转换，而原始的视频画面采用YUV空间，因此要先把YUV空间转换为RGB空间，之后才能运用colorchannelmixer滤镜。这里的颜色空间转换用到了6.2.1节介绍的format滤镜，转为RGB空间需要的过滤串为format=pix_fmts=rgba。于是把两个滤镜先后衔接起来，便组成了完整的过滤串，形如"format=…,colorchannelmixer=…"。

执行以下命令启动测试程序，根据命令行输入的过滤字符串format=pix_fmts=rgba,colorchannelmixer=rr=0.3:rg=0.4:rb=0.3:gr=0.3:gg=0.4:gb=0.3:br=0.3:bg=0.4:bb=0.3，期望把视频画面的RGB色值均一化，也就是把彩色画面转为黑白画面。

```
./videofilter ../fuzhous.mp4 format=pix_fmts=rgba,colorchannelmixer=rr=0.3:
rg=0.4:rb=0.3:gr=0.3:gg=0.4: gb=0.3:br=0.3:bg=0.4:bb=0.3
```

程序运行完毕，发现控制台输出以下日志信息，说明完成了对视频滤波加工的操作。

```
Success open input_file ../fuzhous.mp4.
    filters_desc : format=pix_fmts=rgba,colorchannelmixer=rr=0.3:rg=0.4:rb=0.3:
gr=0.3:gg=0.4:gb=0.3:br=0.3: bg=0.4:bb=0.3
    args : video_size=480x270:pix_fmt=0:time_base=1/12800:pixel_aspect=1/1
```

```
    Success open output_file output_format.mp4.
    Success process video file.
```

然后打开影音播放器可以正常观看output_format.mp4，并且整个画面的色彩变为深浅不一的黑白灰，如图6-10所示，表明以上命令正确实现了黑白效果。

图 6-10　视频画面的黑白特效

除黑白效果外，形似老照片泛黄的怀旧效果也比较常见，用于怀旧特效的RGB色值权重比例为rr=0.393:rg=0.769:rb=0.189:gr=0.349:gg=0.686:gb=0.168:br=0.272:bg=0.534: bb=0.131。于是继续执行以下命令启动测试程序，根据命令行输入的过滤字符串format= pix_fmts=rgba,colorchannelmixer= rr=0.393:rg=0.769:rb=0.189:gr=0.349:gg=0.686:gb=0.168:br=0.272:bg=0.534:bb=0.131，期望把视频画面的RGB色值泛黄化。

```
    ./videofilter ../fuzhous.mp4
format=pix_fmts=rgba,colorchannelmixer=rr=0.393:rg=0.769:rb=0.189:gr=0.349:
gg=0.686:gb=0.168:br=0.272:bg=0.534:bb=0.131
```

程序运行完毕，发现控制台输出以下日志信息，说明完成了对视频滤波加工的操作。

```
    Success open input_file ../fuzhous.mp4.
    filters_desc :
format=pix_fmts=rgba,colorchannelmixer=rr=0.393:rg=0.769:rb=0.189:gr=0.349:gg=0.686:
gb=0.168:br=0.272:bg=0.534:bb=0.131
    args : video_size=480x270:pix_fmt=0:time_base=1/12800:pixel_aspect=1/1
    Success open output_file output_format.mp4.
    Success process video file.
```

然后打开影音播放器可以正常观看output_format.mp4，并且整个画面的色彩笼罩着黄色蒙层，如图6-11所示，表明以上命令正确实现了怀旧效果。

图 6-11　视频画面的怀旧特效

6.2.3 调整明暗对比效果

日常拍照有时候会曝光过度或者曝光不足，使得照片太亮或者太暗，此时要通过修图软件调节照片的整体亮度。在FFmpeg中调节亮度用到了eq滤镜，该滤镜不只调节亮度，还能调节对比度、伽马度、饱和度等，它的选项参数说明如下。

- brightness：画面的亮度，取值范围为-1.0~1.0，默认为0.0，表示不变。亮度调节整体的明暗程度，值越大则画面越亮，值越小则画面越暗。
- contrast：画面的对比度，取值范围为-1000.0~1000.0，默认为1.0，表示不变。对比度调节画面的明暗对比程度，为正数时，值越大则亮得更亮、暗得更暗；为负数时，值越小则亮得更暗、暗得更亮。
- gamma：画面的伽马度，取值范围为0.0~10.0，默认为1.0，表示不变。伽马度也能调节画面的明暗程度，它与亮度的区别在于：亮度是线性调整，而伽马度是曲线调整，不容易出现大块全黑或者大块全白的情况。伽马值越大则画面越亮，此时亮的地方亮得慢，暗的地方亮得快，从而让暗的区域看得更清楚；伽马值越小则画面越暗，此时亮的地方暗得快，暗的地方暗得慢，从而让亮的区域看得更清楚。
- saturation：画面的饱和度，取值范围为0.0~3.0，默认为1.0，表示不变。饱和度调节色彩的鲜艳程度，值越大则色彩越浓越深，值越小则色彩越淡越浅。

执行以下命令启动测试程序，根据命令行输入的过滤字符串eq=brightness=0.1:contrast=1.0:gamma=1.0:saturation=1.0，期望让视频画面变亮一点。

```
./videofilter ../fuzhous.mp4 eq=brightness=0.1:contrast=1.0:gamma=1.0:saturation=1.0
```

程序运行完毕，发现控制台输出以下日志信息，说明完成了对视频滤波加工的操作。

```
Success open input_file ../fuzhous.mp4.
filters_desc : eq=brightness=0.1:contrast=1.0:gamma=1.0:saturation=1.0
args : video_size=480x270:pix_fmt=0:time_base=1/12800:pixel_aspect=1/1
Success open output_file output_eq.mp4.
Success process video file.
```

然后打开影音播放器可以正常观看output_eq.mp4，并且视频画面整体变亮，如图6-12所示，表明以上命令正确实现了调亮画面的功能。

如果把brightness由0.1改成-0.1，也就是执行以下命令启动测试程序，期望让视频画面变暗一点。

```
./videofilter ../fuzhous.mp4 eq=brightness=-0.1:contrast=1.0:gamma=1.0:saturation=1.0
```

等待程序运行完毕，重新打开影音播放器观看output_eq，发现视频画面整体变暗，如图6-13所示，表明以上命令正确实现了调暗画面的功能。

> 提示 运行下面的ffmpeg命令也可以给视频运用eq滤镜。

```
ffmpeg -i ../fuzhous.mp4 -vf eq=brightness=0.1:contrast=1.0:gamma=1.0:
saturation=1.0 ff_eq.mp4
```

图 6-12　视频画面变得较亮　　　　　图 6-13　视频画面变得较暗

除调节整体明暗程度的eq滤镜外，FFmpeg还提供了vignette滤镜调节局部区域的明暗程度，该滤镜的选项参数主要有angle（可简写为a），表示光晕镜头的弧度大小，默认值为PI/5。值越小则光晕范围越大，值越大则光晕范围越小。

执行以下命令启动测试程序，根据命令行输入的过滤字符串vignette=angle=PI/4，期望施加较大范围的光晕。

```
./videofilter ../fuzhous.mp4 vignette=angle=PI/4
```

程序运行完毕，发现控制台输出以下日志信息，说明完成了对视频滤波加工的操作。

```
Success open input_file ../fuzhous.mp4.
filters_desc : vignette=angle=PI/4
args : video_size=480x270:pix_fmt=0:time_base=1/12800:pixel_aspect=1/1
Success open output_file output_vignette.mp4.
Success process video file.
```

然后打开影音播放器可以正常观看output_vignette.mp4，并且画面中央较亮而边缘较暗，如图6-14所示，表明以上命令正确实现了较大光晕效果。

接着把angle值由PI/4改成了PI/2，也就是执行以下命令启动测试程序，期望施加较小范围的光晕。

```
./videofilter ../fuzhous.mp4 vignette=angle=PI/2
```

等待程序运行完毕，重新打开影音播放器观看output_vignette，发现视频画面中间较亮而周围较暗，如图6-15所示，表明以上命令正确实现了较小光晕效果。

图 6-14　光晕较大的视频画面　　　　　图 6-15　光晕较小的视频画面

> **提示** 运行下面的ffmpeg命令也可以给视频运用vignette滤镜。

```
ffmpeg -i ../fuzhous.mp4 -vf vignette=angle=PI/4 ff_vignette.mp4
```

6.2.4 添加淡入淡出特效

前面介绍的明暗特效属于静态效果,并非动态效果,实际应用中经常需要让视频开头渐显,让视频末尾渐隐。在渐显的过程中,视频画面由暗逐渐变亮,由模糊逐渐变清晰,此时也称作淡入特效。在渐隐的过程中,视频画面由亮逐渐变暗,由清晰逐渐变模糊,此时也称作淡出特效。FFmpeg的fade滤镜即可用于实现淡入淡出特效,它的主要选项参数说明如下。

- type:淡入淡出的类型,可简写为t。为in表示淡入,为out表示淡出,默认为in。
- start_frame:开始淡入淡出的起始帧号,默认为0。
- nb_frames:淡入淡出过程的帧数量,可简写为n。默认为25。
- start_time:开始淡入淡出的时间点,单位为秒。默认为0。
- duration:淡入淡出过程的时长,单位为秒。可简写为d。默认为0。

执行以下命令启动测试程序,根据命令行输入的过滤字符串fade=type=in:start_time=0:duration=2,期望在视频的开头两秒展示淡入特效。

```
./videofilter ../fuzhous.mp4 fade=type=in:start_time=0:duration=2
```

程序运行完毕,发现控制台输出以下日志信息,说明完成了对视频滤波加工的操作。

```
Success open input_file ../fuzhous.mp4.
filters_desc : fade=type=in:start_time=0:duration=2
args : video_size=480x270:pix_fmt=0:time_base=1/12800:pixel_aspect=1/1
Success open output_file output_fade.mp4.
Success process video file.
```

然后打开影音播放器可以正常观看output_fade.mp4,并且视频开头逐渐变亮,如图6-16和图6-17所示,表明以上命令正确实现了淡入效果。

图6-16 淡入特效刚刚开始　　　　　图6-17 淡入特效即将结束

使用fade滤镜实现淡出效果的话,除把type参数改为out外,还要修改start_frame或者start_time。无论是start_frame还是start_time,都得填入具体的数值,不支持类似DURATION这样的占位符。可是开发者一开始既不知道视频的总帧数,也不知道视频的总时长,无法在命令行中直接填写末尾附近的帧号或者时间点。这时要修改滤波程序的代码,在代码中动态设置总帧数或者总时长。出乎意料的是，start_frame允许使用算术表达式，start_time却不允许使用算术表达式，意味着start_time必须在代码中算出终值才行。

于是编写fade滤镜的占位符替换代码，使用TOTAL_FRAMES代表视频的总帧数，使用START_TIME代表开始淡出的时间点。占位符替换代码示例如下（完整代码见chapter06/videofilter.c）。

```
// 下面把过滤字符串中的特定串替换为相应数值
char total_frames[16];            // 总帧数
sprintf(total_frames, "%d", src_video->nb_frames);
// start_frame可以使用算术表达式
filters_desc = strrpl((char *)filters_desc, "TOTAL_FRAMES", total_frames);
int interval = 2;                 // 淡出间隔
if (argc > 3) {
    interval = atoi(argv[3]);     // 淡出间隔从命令行读取
}
char start_time[16];              // 开始淡出的时间点
sprintf(start_time, "%.2f", in_fmt_ctx->duration/1000/1000.0-interval);
// start_time不能使用算术表达式
filters_desc = strrpl((char *)filters_desc, "START_TIME", start_time);
init_filter(filters_desc);        // 初始化滤镜
```

接着执行下面的编译命令：

```
gcc videofilter.c -o videofilter -I/usr/local/ffmpeg/include -L/usr/local/ffmpeg/lib -lavformat -lavdevice -lavfilter -lavcodec -lavutil -lswscale -lswresample -lpostproc -lm
```

编译完成后，执行以下命令启动测试程序，根据命令行输入的过滤字符串fade=type=out:start_frame=TOTAL_FRAMES-25:nb_frames=25，期望在视频的末尾25帧展示淡出特效。

```
./videofilter ../fuzhous.mp4 fade=type=out:start_frame=TOTAL_FRAMES-25:nb_frames=25
```

程序运行完毕，发现控制台输出以下日志信息，说明完成了对视频滤波加工的操作。

```
Success open input_file ../fuzhous.mp4.
filters_desc : fade=type=out:start_frame=488-25:nb_frames=25
args : video_size=480x270:pix_fmt=0:time_base=1/12800:pixel_aspect=1/1
Success open output_file output_fade.mp4.
Success process video file.
```

然后打开影音播放器可以正常观看output_fade.mp4，并且视频末尾逐渐变暗，如图6-18和图6-19所示，表明以上命令正确实现了淡出效果。

图6-18　淡出特效刚刚开始

图6-19　淡出特效即将结束

如果不用start_frame指定帧号，只用start_time指定时间点也是可以的，下面的测试命令就能在视频的末尾两秒展示淡出特效。

```
./videofilter ../fuzhous.mp4 fade=type=out:start_time=START_TIME:duration=2 2
```

> **提示** 运行下面的ffmpeg命令也可以给视频运用fade滤镜。

```
ffmpeg -i ../fuzhous.mp4 -vf fade=type=in:start_time=0:duration=2 ff_fade.mp4
```

6.3 变换方位

本节介绍FFmpeg运用滤镜对视频变换方位的加工操作，首先描述如何使用滤镜对视频做左右翻转和上下翻转；然后叙述如何使用滤镜对视频做缩放和旋转操作；最后阐述如何使用滤镜对视频做裁剪和填充操作。

6.3.1 翻转视频的方向

视频滤镜不仅能给画面添加各种特效，还能改变视频的尺寸、方位等，比如让画面左右颠倒或者上下颠倒。在音视频领域，一般把颠倒称作翻转，那么左右颠倒叫作左右翻转，上下颠倒叫作上下翻转。左右翻转的效果类似于镜中花，画面各像素按照中间的垂直线左右对称交换，此时也称作镜面特效。上下翻转的效果类似于水中月，画面各像素按照中间的水平线上下对称交换，此时也称作倒影特效。

FFmpeg的hflip滤镜实现了左右翻转，开头的h为horizontal的首字母，意思是水平；vflip滤镜实现了上下翻转，开头的v为vertical的首字母，意思是垂直。hflip滤镜和vflip滤镜都没有额外的选项参数，直接使用即可。

执行以下命令启动测试程序，根据命令行输入的过滤字符串hflip，期望把视频画面左右翻转。

```
./videofilter ../fuzhous.mp4 hflip
```

程序运行完毕，发现控制台输出以下日志信息，说明完成了对视频滤波加工的操作。

```
Success open input_file ../fuzhous.mp4.
filters_desc : hflip
args : video_size=480x270:pix_fmt=0:time_base=1/12800:pixel_aspect=1/1
Success open output_file output_hflip.mp4.
Success process video file.
```

然后打开影音播放器可以正常观看output_hflip.mp4，并且整个画面左右翻转过来，如图6-20所示，对比原始视频画面，如图6-21所示，可知以上命令正确实现了镜面效果。

> **提示** 运行下面的ffmpeg命令也可以给视频运用hflip滤镜。

```
ffmpeg -i ../fuzhous.mp4 -vf hflip ff_hflip.mp4
```

继续执行以下命令启动测试程序，根据命令行输入的过滤字符串vflip，期望把视频画面上下翻转。

```
./videofilter ../fuzhous.mp4 vflip
```

图 6-20 左右翻转后的视频画面　　　　图 6-21 原始的视频画面

程序运行完毕，发现控制台输出以下日志信息，说明完成了对视频滤波加工的操作。

```
Success open input_file ../fuzhous.mp4.
filters_desc : vflip
args : video_size=480x270:pix_fmt=0:time_base=1/12800:pixel_aspect=1/1
Success open output_file output_vflip.mp4.
Success process video file.
```

然后打开影音播放器可以正常观看output_vflip.mp4，并且整个画面上下翻转过来，如图6-22所示，对比原始视频画面，如图6-23所示，可知以上命令正确实现了倒影效果。

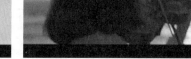

图 6-22 上下翻转的视频画面　　　　图 6-23 原始的视频画面

提示　运行下面的ffmpeg命令也可以给视频运用vflip滤镜。

```
ffmpeg -i ../fuzhous.mp4 -vf vflip ff_vflip.mp4
```

6.3.2 缩放和旋转视频

除翻转操作外，缩放和旋转也是加工视频的常见操作，其中缩放操作对应FFmpeg的scale滤镜，旋转操作对应FFmpeg的rotate滤镜。这两个滤镜的用法很简单，scale滤镜主要有width和height两个选项参数，其中width填缩放后的视频宽度（可简写为w），height填缩放后的视频高度（可简写为h）。

执行以下命令启动测试程序，根据命令行输入的过滤字符串scale=width=iw/3: height=ih/3，期望把视频宽高各缩小到原来的1/3。

```
./videofilter ../fuzhou.mp4 scale=width=iw/3:height=ih/3
```

程序运行完毕，发现控制台输出以下日志信息，说明完成了对视频滤波加工的操作。

```
Success open input_file ../fuzhou.mp4.
filters_desc : scale=width=iw/3:height=ih/3
args : video_size=1440x810:pix_fmt=0:time_base=1/12800:pixel_aspect=1/1
Success open output_file output_scale.mp4.
Success process video file.
```

然后打开影音播放器可以正常观看output_scale.mp4，并且新视频的宽高只有480×270，如图6-24所示，可知以上命令正确实现了缩放效果。

图6-24　缩放后的视频画面

提示　运行下面的ffmpeg命令也可以给视频运用scale滤镜。

```
ffmpeg -i ../fuzhou.mp4 -vf scale=width=iw/3:height=ih/3 ff_scale.mp4
```

至于rotate滤镜，则有如下几个常用的选项参数。

- angle：旋转的弧度，可简写为a。为PI表示旋转180度，为PI/2表示旋转90度，为PI/3表示旋转60度，为PI/6表示旋转30度，以此类推。
- out_w：新视频的宽度，可简写为ow。默认为iw，也就是原视频的宽度。
- out_h：新视频的高度，可简写为oh。默认为ih，也就是原视频的高度。
- fillcolor：视频外部边角区域的填充色，可简写为c。默认为black。

继续执行以下命令启动测试程序，根据命令行输入的过滤字符串rotate=angle=PI/2:out_w=ih:out_h=iw，期望把视频旋转90度。

```
./videofilter ../fuzhous.mp4 rotate=angle=PI/2:out_w=ih:out_h=iw
```

程序运行完毕，发现控制台输出以下日志信息，说明完成了对视频滤波加工的操作。

```
Success open input_file ../fuzhous.mp4.
filters_desc : rotate=angle=PI/2:out_w=ih:out_h=iw
args : video_size=480x270:pix_fmt=0:time_base=1/12800:pixel_aspect=1/1
Success open output_file output_rotate.mp4.
Success process video file.
```

然后打开影音播放器可以正常观看output_rotate.mp4，并且新视频的画面竖了起来，如图6-25所示，可知以上命令正确实现了旋转效果。

接着把angle值改为PI/3，也就是执行以下命令启动测试程序，此时生成的新视频旋转了60度并且边角区域显示黑色，如图6-26所示。

```
./videofilter ../fuzhous.mp4 rotate=angle=PI/3:out_w=iw*2/3:out_h=iw
```

继续把angle值改为PI/6，同时添加参数fillcolor=white，也就是执行以下命令启动测试程序，此时生成的新视频旋转了30度并且边角区域显示白色，如图6-27所示。

```
./videofilter ../fuzhous.mp4 rotate=angle=PI/6:out_w=iw*2/3:out_h=iw:fillcolor=white
```

图 6-25　旋转 90 度的画面　　　　图 6-26　旋转 60 度的画面　　　　图 6-27　旋转 30 度的画面

 提示　运行下面的ffmpeg命令也可以给视频运用rotate滤镜。

```
ffmpeg -i ../fuzhous.mp4 -vf rotate=angle=PI/2:out_w=ih:out_h=iw ff_rotate.mp4
```

6.3.3　裁剪和填充视频

有时要把视频边缘裁剪掉，有时要给视频添加边框，这里的裁剪边缘操作对应FFmpeg的crop滤镜，添加边框操作对应FFmpeg的pad滤镜。两个滤镜的用法很简单，crop滤镜主要有如下几个常用的选项参数。

- out_w：新视频的宽度，可简写为w。默认为iw，也就是原视频的宽度。
- out_h：新视频的高度，可简写为h。默认为ih，也就是原视频的高度。
- x：原视频画面的左上角在新视频画布中的横坐标位置。默认为(in_w-out_w)/2，也就是水平居中裁剪。
- y：原视频画面的左上角在新视频画布中的纵坐标位置。默认为(in_h-out_h)/2，也就是垂直居中裁剪。

执行以下命令启动测试程序，根据命令行输入的过滤字符串crop=out_w=iw*2/3: out_h=ih*2/3:x=(in_w-out_w)/2:y=(in_h-out_h)/2，期望把视频尺寸裁剪为原来的2/3。

```
./videofilter ../fuzhous.mp4 "crop=out_w=iw*2/3:out_h=ih*2/3:x=(in_w-out_w)/2:y=(in_h-out_h)/2"
```

注意上面的过滤串首尾加了双引号，这是因为过滤串中包含特殊字符（包括但不限于星号、分号、单引号等），这些特殊字符属于命令行的保留字符，有的会被忽略，有的会被截断，所以为了保证过滤串中的所有字符都能正确录入，就得通过双引号把整个过滤串圈进来。

程序运行完毕，发现控制台输出以下日志信息，说明完成了对视频滤波加工的操作。

```
Success open input_file ../fuzhous.mp4.
filters_desc : crop=out_w=iw*2/3:out_h=ih*2/3:x=(in_w-out_w)/2:y=(in_h-out_h)/2
args : video_size=480x270:pix_fmt=0:time_base=1/12800:pixel_aspect=1/1
Success open output_file output_crop.mp4.
Success process video file.
```

然后打开影音播放器可以正常观看output_crop.mp4，并且新视频的宽高只有320×180，如图6-28所示，可知以上命令正确实现了裁剪效果。

图6-28　裁剪后的视频画面

提示 运行下面的ffmpeg命令也可以给视频运用crop滤镜。

```
ffmpeg -i ../fuzhous.mp4 -vf "crop=out_w=iw*2/3:out_h=ih*2/3:x=(in_w-out_w)/2:y=(in_h-out_h)/2" ff_crop.mp4
```

至于pad滤镜，则有如下几个常用的选项参数。

- width：新视频的宽度，可简写为w。默认为iw，也就是原视频的宽度。
- height：新视频的高度，可简写为h。默认为ih，也就是原视频的高度。
- x：原视频画面的左上角在新视频画布中的横坐标位置。默认为0，也就是位于左边。
- y：原视频画面的左上角在新视频画布中的纵坐标位置。默认为0，也就是位于顶部。
- color：视频外部边框区域的填充色，默认为黑色（black）。

继续执行以下命令启动测试程序，根据命令行输入的过滤字符串pad=width=iw+80:height=ih+60:x=40:y=30:color=blue，期望给视频添加一圈蓝色边框。

```
./videofilter ../fuzhous.mp4 pad=width=iw+80:height=ih+60:x=40:y=30:color=blue
```

程序运行完毕，发现控制台输出以下日志信息，说明完成了对视频滤波加工的操作。

```
Success open input_file ../fuzhous.mp4.
filters_desc : pad=width=iw+80:height=ih+60:x=40:y=30:color=blue
args : video_size=480x270:pix_fmt=0:time_base=1/12800:pixel_aspect=1/1
Success open output_file output_pad.mp4.
Success process video file.
```

然后打开影音播放器可以正常观看output_pad.mp4，并且新视频多了一圈蓝色边框，如图6-29

所示，可知以上命令正确实现了填充效果。

图 6-29 填充后的视频画面

> **提示** 运行下面的ffmpeg命令也可以给视频运用pad滤镜。

```
ffmpeg -i ../fuzhous.mp4 -vf pad=width=iw+80:height=ih+60:x=40:y=30:color=blue
ff_pad.mp4
```

6.4 实战项目：老电影怀旧风

很久以前，电影是用胶卷拍摄的，早在1839年就诞生了电影胶片。一直到2016年10月，上海电影技术厂的最后一条商业化胶片生产线宣告关闭，胶片电影的时代终于落幕，取而代之的是基于数字技术的数字电影。胶片时代留下了许多老电影，以如今的视角看来，这些老电影的画面颇具年代感，有着厚重的历史韵味。

如果给短视频添加老电影特效，无疑能让人惊讶连连。营造老电影的气氛主要有两个办法，一个是在视频上下两侧各加一排胶卷边框，另一个是给视频画面做泛黄处理。泛黄效果可参考前面的6.2.2节，至于胶卷边框效果，可看作在黑带上铺着一排白色方块。那么胶卷边框的实现过程就分解为如下两个步骤。

01 使用pad滤镜对视频画面的上下两侧添加两排黑边，也就是视频宽度保持不变，视频高度向上和向下各延伸出一段距离。引入pad滤镜的过滤串形如 "pad=w=iw:h=ih+两倍黑边的高度:x=0:y=黑边的高度:color=black"。

02 使用drawbox滤镜在黑边的中间添加一排隔开的白色方块，模拟胶卷边框的镂空。此时需要引入drawbox滤镜的过滤串，形如 "drawbox=x=方块左上角的横坐标:y=方块左上角的纵坐标:w=方块边长:h=方块边长:color=white:t=fill"。

经过以上两个步骤的改造，胶卷边框的期望效果如图6-30所示。

图 6-30　胶卷边框的期望效果

由于每个视频的画面宽度不尽相同，黑边上的白色方块数量有多有少，因此要根据视频宽度动态计算每个白色方块的坐标位置，再把各方块的坐标填入drawbox滤镜的过滤串。下面是包括pad滤镜和drawbox滤镜的过滤串构建代码（完整代码见chapter06/filmfilter.c）。

```
    int width = video_decode_ctx->width;     // 视频的宽度
    int add_height = 140;                    // 添加的高度
    int side = 30;                           // 方块的边长
    int gap = 20;                            // 两个方块之间的距离
    int box_count = width/(side+gap);        // 小方块的数量
    char film_desc[(box_count+1)*60*2];      // 老电影的过滤字符串
    // 视频的上下两侧各往外侧延伸出一排黑边
    snprintf(film_desc, sizeof(film_desc), "pad=w=iw:h=ih+%d:x=0:y=%d:color=black",
add_height, add_height/2);
    int i=0;
    while (i <= box_count) {                 // 往上下两侧新增的黑边添加白色小方块
        int x_pos = gap+i*(side+gap);
        int x_side = x_pos+side>width ? width-x_pos : side;
        snprintf(film_desc, sizeof(film_desc),
"%s,drawbox=x=%d:y=%d:w=%d:h=%d:color=white:t=fill", film_desc, x_pos, gap, side, side);
        snprintf(film_desc, sizeof(film_desc),
"%s,drawbox=x=%d:y=ih-%d:w=%d:h=%d:color=white:t=fill", film_desc, x_pos, side+gap, side,
side);
        i++;
    }
    init_filter(film_desc);                  // 初始化滤镜
```

过滤串构建完成，即可将其用于来源视频的滤波加工，具体的加工步骤参见6.1.1节，代码框架与该节的videofilter.c相同，这里不再赘述。

接着执行下面的编译命令：

```
gcc filmfilter.c -o filmfilter -I/usr/local/ffmpeg/include -L/usr/local/ffmpeg/lib
-lavformat -lavdevice -lavfilter -lavcodec -lavutil -lswscale -lswresample -lpostproc -lm
```

编译完成后，执行以下命令启动测试程序，期望给指定的视频文件添加胶卷边框。

```
./filmfilter ../fuzhou.mp4
```

程序运行完毕，发现控制台输出以下日志信息，说明完成了对视频滤波加工的操作。

```
    Success open input_file ../fuzhou.mp4.
    filters_desc : pad=w=iw:h=ih+140:x=0:y=70:color=black,drawbox=x=20:y=20:w=30:h=30:
color=white: t=fill,drawbox=x=20:y=ih-50:w=30:h=30:color=white:t=fill,
drawbox=x=70:y=20:w=30:h=30:color=white:t=fill
    args : video_size=1440x810:pix_fmt=0:time_base=1/12800:pixel_aspect=1/1
    Success open output_file output_film.mp4
    Success process film file.
```

最后打开影音播放器可以正常播放output_film.mp4，并且视频画面的上下两侧均多出了一排黑白方块，如图6-31所示，可知上述代码正确实现了给视频添加胶卷边框的功能。

图6-31 老电影效果的视频画面

6.5 小 结

本章主要介绍了学习FFmpeg编程必须知道的对音视频滤波加工的几种简单用法。首先介绍了对音视频开展滤波加工的详细步骤，以及如何调整音视频的某些规格，包括帧率、音量、播放速度等；接着介绍了如何使用滤镜转换视频图像的色度坐标，以及如何给视频画面添加各种特效，包括底片、黑白、怀旧、亮化、光晕、淡入淡出等；然后介绍了如何使用滤镜改变视频画面的方向、尺寸、角度等方位特征，包括镜面、倒影、缩放、旋转、裁剪、填充等。最后设计了一个实战项目"老电影怀旧风"，在该项目的FFmpeg编程中，综合运用了本章介绍的滤波加工技术，包括添加方格、画面特效、扩展画布等。

通过本章的学习，读者应该能够掌握以下4种开发技能：

（1）学会使用视频滤镜调整视频的帧率、播放速度、切割视频片段、给视频添加方格。

（2）学会使用音频滤镜调整音频的音量和播放速度，以及切割音频片段。

（3）学会使用视频滤镜给画面添加各种特效，包括底片、黑白、怀旧、亮化、光晕、淡入淡出等。

（4）学会使用视频滤镜变换画面的各种方位，包括镜面、倒影、缩放、旋转、裁剪、填充等。

第 7 章 FFmpeg 添加图文

本章介绍FFmpeg给视频画面添加图文的开发过程，主要包括：怎样通过滤镜给视频添加图标，怎样通过滤镜从视频清除图标，怎样通过滤镜把视频保存为GIF动画，怎样通过滤镜给视频添加英文和中文文本，怎样通过滤镜给视频添加SRT和ASS字幕。最后结合本章所学的知识演示一个实战项目"卡拉OK音乐短片"的设计与实现。

7.1 添加图标

本节介绍FFmpeg对视频画面添加图标的加工操作，首先描述如何使用视频滤镜在视频画面的指定区域添加图片标志；然后叙述如何使用视频滤镜从视频画面的指定区域清除图标，以及如何设置视频滤镜的生效和失效时间；最后阐述如何使用调色板滤镜把连续的视频画面保存为GIF动图。

7.1.1 添加图片标志

除对原有的视频画面施加各种特效和各种变换外，FFmpeg还允许通过滤镜给视频引入新的图文元素，既包括图标，也包括文字。其中引入图标用到了movie滤镜，该滤镜的主要选项参数为filename，可指定待添加的图片文件。

比如过滤串movie=filename=../plum.jpg表示引入了一幅名叫plum.jpg的图片，不过movie滤镜并未提供与图片加工有关的参数，也就无法直接对图片做缩放、旋转、裁剪等操作。此时要结合其他滤镜衔接处理，例如想把图片缩小为120×120的尺寸，可运用scale滤镜，形如scale=width=120:height=120。把movie滤镜和scale滤镜搭配起来，组成新的过滤串movie=filename=../plum.jpg,scale=width=120:height=120，这个组合操作便是引入图片plum.jpg并把它缩小到宽高120×120。

然而上述组合过滤串不能把图片添加到视频画面，因为movie滤镜仅仅引入了一幅图片，它并不负责图片的添加操作。真正要把图片添加到视频画面，还得依靠另一个overlay滤镜，该滤镜能够把某幅图片或者某个视频覆盖到另一个视频的画面上。

执行以下命令可以查看overlay滤镜的参数说明：

```
ffmpeg -h filter=overlay
```

以上命令的执行结果如下（这里选取前半部分常用的选项参数）。

```
Filter overlay
  Overlay a video source on top of the input.
    slice threading supported
    Inputs:
       #0: main (video)
       #1: overlay (video)
    Outputs:
       #0: default (video)
overlay AVOptions:
   x                <string>     ..FV....... set the x expression (default "0")
   y                <string>     ..FV....... set the y expression (default "0")
```

从上面的命令结果可见，overlay滤镜有两个输入来源，第一个来源是主要的大视频（Main Video），第二个来源是要覆盖上去的小视频（Overlay Video）。其中大视频位于下层，小视频浮在上层，这样一大一小两个视频才呈现出叠加效果，当小视频为一幅图片时，就达到了往视频添加图片的目标。

可是之前的滤镜都只有一个输入来源，而overlay滤镜存在两个输入来源，应该怎么同时传送两个来源呢？此时要在overlay前面通过两对方括号指定两个来源，比如过滤串"[甲来源的代号][乙来源的代号]overlay=…"表明了甲是overlay滤镜的第一个输入来源，乙是overlay滤镜的第二个输入来源。对于第一个来源的大视频，固定使用代号[in]表示；对于第二个来源的小视频，其代号与前面滤镜的输出代号保持一致。就前述的movie滤镜而言，需要在过滤串末尾添加形如"[输出代号]"的后缀，表示滤波结果以该代号命名，如下所示：

```
movie=filename=../plum.jpg,scale=width=120:height=120[watermark]
```

那么overlay滤镜的第二个输入来源应当写作[watermark]，从而与上一个滤镜的输出代号保持一致。于是包含两个输入来源的overlay过滤串就变成了"[in][watermark]overlay=…"这般模样，表示watermark代指的小视频将要覆盖到in代指的大视频上面。具体的覆盖位置由overlay滤镜的x、y两个参数决定，其中x表示小视频左上角位于大视频的横坐标位置，y表示小视频左上角位于大视频的纵坐标位置。比如过滤串[in][watermark]overlay=x=0:y=0表示小视频会被添加至大视频的(0,0)坐标处，也就是大视频的左上角位置。

执行以下命令启动测试程序，根据命令行输入的过滤字符串movie=filename=../plum.jpg,scale=width=120:height=120[watermark];[in][watermark]overlay=x=0:y=0，期望在视频左上角添加来自plum.jpg的图标。

```
cd ../chapter06
./videofilter ../fuzhous.mp4 "movie=filename=../plum.jpg,scale=width=120:height=120
[watermark];[in] [watermark]overlay=x=0:y=0"
```

程序运行完毕，发现控制台输出以下日志信息，说明完成了对视频滤波加工的操作。

```
Success open input_file ../fuzhous.mp4.
filters_desc : movie=filename=../plum.jpg,scale=width=120:height=120[watermark];[in]
[watermark] overlay=x=0:y=0
args : video_size=480x270:pix_fmt=0:time_base=1/12800:pixel_aspect=1/1
Success open output_file output_movie.mp4.
Success process video file.
```

然后打开影音播放器可以正常观看output_movie.mp4，并且画面左上角出现一朵梅花，如图7-1所示，表明上述过滤串正确实现了向视频添加图标的功能。

图 7-1　视频画面添加了梅花图标

提示　运行下面的ffmpeg命令也可以联合运用movie滤镜和overlay滤镜给视频文件添加图标。

```
ffmpeg -i ../fuzhous.mp4 -vf "movie=filename=../plum.jpg,scale=width=120:height=120[watermark];[in] [watermark]overlay=x=0:y=0" ff_movie.mp4
```

7.1.2　清除图标区域

除向视频添加图标外，FFmpeg还支持清除视频某个区域的图标，清除图标用到了delogo滤镜，该滤镜的主要选项参数说明如下。

- x：待清除区域的左上角横坐标。
- y：待清除区域的左上角纵坐标。
- w：待清除区域的宽度。
- h：待清除区域的高度。

由以上参数可知，delogo滤镜能够清除指定位置的矩形区域。注意，矩形区域的边缘不能紧贴着视频画面的边缘，离四周边缘至少要保持两个像素的距离，否则运行会报错Logo area is outside of the frame，意思是图标区域超出了视频画面。

执行以下命令启动测试程序，根据命令行输入的过滤字符串delogo=x=2:y=2:w=120: h=120，期望清除视频左上角宽高为120×120的矩形区域。

```
cd ../chapter06
./videofilter output_movie.mp4 delogo=x=2:y=2:w=120:h=120
```

程序运行完毕，发现控制台输出以下日志信息，说明完成了对视频滤波加工的操作。

```
Success open input_file output_movie.mp4.
filters_desc : delogo=x=2:y=2:w=120:h=120
args : video_size=480x270:pix_fmt=0:time_base=1/90000:pixel_aspect=0/1
Success open output_file output_delogo.mp4.
Success process video file.
```

然后打开影音播放器可以正常观看output_delogo.mp4,并且画面左上角的梅花不见了,如图7-2所示,表明上述过滤串正确实现了清除视频左上角图标的功能。

图 7-2 视频画面的梅花区域被清除

delogo滤镜不仅用于清除视频中固定位置的图标,还用于清除运动着的人脸或者车牌号等敏感信息。由于人脸、车牌号这些运动画面往往一闪而过,最多持续几秒钟,因此只能维持短时间的清除操作,一旦画面上的敏感信息不见了,那片区域就得马上恢复原状。此时要设置一种生效时间参数,指定起始时间和截止时间,只有在起止时间范围内,相关滤镜的加工操作才会奏效。这个时间参数名叫enable,其实很多滤镜都用到了该参数。

执行以下命令可以查看delogo滤镜的参数说明:

```
ffmpeg -h filter=delogo
```

以上命令的执行结果如下:

```
delogo AVOptions:
   x                 <string>     ..FV....... set logo x position (default "-1")
   y                 <string>     ..FV....... set logo y position (default "-1")
   w                 <string>     ..FV....... set logo width (default "-1")
   h                 <string>     ..FV....... set logo height (default "-1")
   show              <boolean>    ..FV....... show delogo area (default false)
This filter has support for timeline through the 'enable' option.
```

从上面结果的最后一行说明可见,当前滤镜支持通过enable选项设置生效时间线,不止delogo滤镜,凡是参数说明最后一行出现这个提示的,统统支持enable选项(例如drawbox、negate、fade、overlay等滤镜)。enable选项的参数格式形如enable='between(t,开始时间,结束时间)',表达式中的开始时间和结束时间单位均为秒,比如enable='between(t,0.0,4.0)'表示当前滤镜的加工操作仅在前4秒生效,在第4秒以后失效。

继续执行以下命令启动测试程序,根据命令行输入的过滤字符串 delogo=enable='between(t,0.0,4.0)':x=2:y=2:w=120:h=120,期望仅在前4秒清除视频的左上角区域。

```
./videofilter output_movie.mp4 "delogo=enable='between(t,0.0,4.0)':x=2:y=2:w=120:h=120"
```

程序运行完毕,打开影音播放器观看新生成的output_delogo.mp4,发现前4秒的视频左上角,梅花被清除,如图7-3所示,而第4秒之后的视频左上角仍然显示梅花,如图7-4所示,说明enable选项正确划定了加工操作的生效时间范围。

图 7-3　第 4 秒之前的视频画面

图 7-4　第 4 秒之后的视频画面

> **提示** 运行下面的ffmpeg命令也可以给视频运用delogo滤镜：

```
ffmpeg -i ff_movie.mp4 -vf delogo=x=2:y=2:w=120:h=120 ff_delogo.mp4
```

7.1.3　利用调色板生成 GIF 动画

GIF格式既是运动着的图片格式，也可看作一种特殊的视频格式，因为视频画面本来就是由一组连续的视频帧组成的。然而GIF不采用YUV颜色空间，所以把视频帧转为GIF帧之前，要先通过图像转换器把颜色空间转过来才好。在4.3.3节中，就是先将数据帧从YUV420P格式转换为BGR8格式，再重新编码写入GIF文件。

然而使用图像转换器有个问题，就是转换器只支持BGR8格式，不支持BGR32格式，意味着经过转换器处理之后的图像只剩256色（2的8次方等于256）。这样不可避免会损失颜色精度，经由图像转换器处理生成的GIF图片，有时会出现局部色块紊乱，比如一块纯黑区域突然变成纯白色块等，这种情况也叫作颜色失真、失色问题。

为了解决GIF文件的失色问题，可通过调色板滤镜加工视频帧。调色板由palettegen和paletteuse两个滤镜组成，其中palettegen滤镜通过扫描整个视频得到一个最佳的调色板，然后paletteuse滤镜在对视频流下采样的过程中应用这个调色板，从而避免颜色失真。所谓下采样，指的是降低采样率，或者缩小图像大小。

使用palettegen和paletteuse两个滤镜时，得先通过split滤镜把来源画面分成两份镜像：其中一份镜像交给palettegen滤镜，输出调色板；另一份镜像与调色板同时作为输入交给paletteuse滤镜，最后输出调色板过滤之后的结果画面。结合这三个滤镜的过滤串组合如下：

```
split[o1][o2];[o1]palettegen[p];[o2][p]paletteuse
```

由过滤串可见，split滤镜把来源画面分成了o1和o2两份镜像，其中o1镜像经过palettegen滤镜处理得到调色板p，接着o2镜像和调色板p一起送给paletteuse滤镜，最终得到的结果画面像素格式为AV_PIX_FMT_PAL8。

利用调色板过滤器生成GIF动画的过程主要分为4个步骤：打开来源文件及其视频解码器、初始化视频滤镜、打开目标文件及其GIF编码器、对视频流进行滤波加工并写入目标文件，分别说明如下。

1. 打开来源文件及其视频解码器

对来源文件的打开操作是通用的，可以直接复用之前章节的代码，包括视频解码器的初始化代码，这里不再赘述。

2. 初始化视频滤镜

视频滤镜的初始化过程也是通用的，可以直接复用第6章的代码，这里不再赘述。

3. 打开目标文件及其GIF编码器

对目标文件的打开操作大部分也是通用的，基本可以直接复用之前章节的代码，但是GIF编码器的初始化过程有所不同。不仅要将编码器设置为AV_CODEC_ID_GIF，还要调用av_buffersink_get_format函数获取调色板返回的像素格式并赋值给编码器实例的pix_fmt字段。初始化GIF编码器的FFmpeg代码如下（完整代码见chapter07/giffilter.c）。

```c
// 查找视频编码器
AVCodec *video_codec = (AVCodec*) avcodec_find_encoder(AV_CODEC_ID_GIF);
if (!video_codec) {
    av_log(NULL, AV_LOG_ERROR, "video_codec not found\n");
    return -1;
}
video_encode_ctx = avcodec_alloc_context3(video_codec);  // 分配编码器的实例
if (!video_encode_ctx) {
    av_log(NULL, AV_LOG_ERROR, "video_encode_ctx is null\n");
    return -1;
}
video_encode_ctx->framerate = av_buffersink_get_frame_rate(buffersink_ctx);  // 帧率
video_encode_ctx->time_base = av_buffersink_get_time_base(buffersink_ctx);   // 时间基
video_encode_ctx->width = av_buffersink_get_w(buffersink_ctx);    // 视频宽度
video_encode_ctx->height = av_buffersink_get_h(buffersink_ctx);   // 视频高度
// 视频的像素格式（颜色空间）
video_encode_ctx->pix_fmt = (enum AVPixelFormat) av_buffersink_get_format(buffersink_ctx);
ret = avcodec_open2(video_encode_ctx, video_codec, NULL);         // 打开编码器的实例
if (ret < 0) {
    av_log(NULL, AV_LOG_ERROR, "Can't open video_encode_ctx.\n");
    return -1;
}
```

4. 对视频流进行滤波加工并写入目标文件

由于调色板会先后使用palettegen和paletteuse两个滤镜，并且palettegen滤镜还得扫描整个视频流才能得到最佳调色板，因此对一个数据帧调用av_buffersrc_add_frame_flags函数之后，不能马上调用av_buffersink_get_frame函数，而是先对所有的数据帧都调用av_buffersrc_add_frame_flags函数之后，才能从头开始逐个调用av_buffersink_get_frame函数。由此确保palettegen滤镜读到了所有的数据帧，之后paletteuse滤镜才能开始工作。

于是在遍历视频流的数据帧时，只要调用av_buffersrc_add_frame_flags函数，然后继续读取下一个数据帧即可。此时对视频流的遍历代码如下：

```c
// 对视频帧重新编码
int recode_video(AVPacket *packet, AVFrame *frame, AVFrame *filt_frame) {
    // 把未解压的数据包发给解码器实例
    int ret = avcodec_send_packet(video_decode_ctx, packet);
    if (ret < 0) {
        av_log(NULL, AV_LOG_ERROR, "send packet occur error %d.\n", ret);
```

```
        return ret;
    }
    while (1) {
        // 从解码器实例获取还原后的数据帧
        ret = avcodec_receive_frame(video_decode_ctx, frame);
        if (ret == AVERROR(EAGAIN) || ret == AVERROR_EOF) {
            return (ret == AVERROR(EAGAIN)) ? 0 : 1;
        } else if (ret < 0) {
            av_log(NULL, AV_LOG_ERROR, "decode frame occur error %d.\n", ret);
            break;
        }
        // 把原始的数据帧添加到输入滤镜的缓冲区
        // 因为palettegen对整个流起作用,所以这里只添加滤镜,但不获取视频帧
        ret = av_buffersrc_add_frame_flags(buffersrc_ctx, frame,
AV_BUFFERSRC_FLAG_KEEP_REF);
        if (ret < 0) {
            av_log(NULL, AV_LOG_ERROR, "Error while feeding the filtergraph\n");
            return ret;
        }
    }
    return ret;
}
```

等到palettegen滤镜把整个视频都扫描完了,再从paletteuse滤镜逐个获取经过调色板处理的数据帧,然后对数据帧重新编码并写入GIF文件。下面是使用调色板生成GIF动图的FFmpeg代码框架。

```
AVPacket *packet = av_packet_alloc();              // 分配一个数据包
AVFrame *frame = av_frame_alloc();                 // 分配一个数据帧
AVFrame *filt_frame = av_frame_alloc();            // 分配一个过滤后的数据帧
// 先让palettegen滤镜对整个视频扫描一遍
while (av_read_frame(in_fmt_ctx, packet) >= 0) {   // 轮询数据包
    if (packet->stream_index == video_index) {     // 视频包需要重新编码
        recode_video(packet, frame, filt_frame);   // 对视频帧重新编码
    }
    av_packet_unref(packet);   // 清除数据包
}
// 把空帧添加到输入滤镜的缓冲区,冲走滤镜缓存
ret = av_buffersrc_add_frame_flags(buffersrc_ctx, NULL, AV_BUFFERSRC_FLAG_KEEP_REF);
// 再从paletteuse滤镜获取调色板处理结果
if (ret == 0) {
    while (1) {
        // 从输出滤镜的接收器获取一个已加工的过滤帧
        ret = av_buffersink_get_frame(buffersink_ctx, filt_frame);
        if (ret == AVERROR(EAGAIN) || ret == AVERROR_EOF) {
            break;
        } else if (ret < 0) {
            av_log(NULL, AV_LOG_ERROR, "get buffersink frame occur error %d.\n", ret);
            break;
        }
        output_video(filt_frame);   // 给视频帧编码,并写入压缩后的视频包
    }
```

```
    } else {
        av_log(NULL, AV_LOG_ERROR, "Error while feeding the NULL filtergraph\n");
        return ret;
    }
    output_video(NULL);                    // 传入一个空帧，冲走编码缓存
```

接着执行下面的编译命令：

```
gcc giffilter.c -o giffilter -I/usr/local/ffmpeg/include -L/usr/local/ffmpeg/lib
-lavformat -lavdevice -lavfilter -lavcodec -lavutil -lswscale -lswresample -lpostproc -lm
```

编译完成后，执行以下命令启动测试程序，期望把视频保存为GIF动画。

```
./giffilter ../fuzhous.mp4
```

程序运行完毕，发现控制台输出以下日志信息，说明完成了从视频文件到GIF动画的转换操作。

```
Success open input_file ../fuzhous.mp4.
filters_desc : split[o1][o2];[o1]palettegen[p];[o2][p]paletteuse
args : video_size=480x270:pix_fmt=0:time_base=1/12800:pixel_aspect=1/1
Success open output_file output_gif.gif.
Success process gif file.
```

最后打开看图软件可以正常浏览output_gif.gif，表明上述代码正确实现了把持续播放的视频画面转换为GIF动图的功能。

> **提示** 运行下面的ffmpeg命令也可以给视频运用调色板滤镜。

```
ffmpeg -i ../fuzhous.mp4 -vf "split[o1][o2];[o1]palettegen[p];[o2][p]paletteuse"
ff_palette.gif
```

7.2 添加文本

本节介绍FFmpeg对视频画面添加文本的加工操作，首先描述如何在Linux环境安装文本水印需要的字体引擎FreeType，以及如何让FFmpeg启用FreeType；然后叙述如何使用视频滤镜在视频画面的指定位置添加英文文本；最后阐述如何对命令行的中文进行字符集转码操作，以及如何使用视频滤镜在视频画面的指定位置添加中文文本。

7.2.1 Linux 环境安装 FreeType

FFmpeg本身是个音视频处理框架，除操作音频和视频外，还能操作文本和字幕，比如往视频画面标注文字水印便用到了drawtext滤镜。不过drawtext滤镜依赖于第三方的FreeType库，需要让FFmpeg启用FreeType才行。

FreeType是一套开源的字体引擎，它提供了统一接口来访问多种字体文件，凡是涉及给视频画面添加文字，均需事先集成FreeType。查看FFmpeg源码的配置文件configure，可以找到如下几行配置信息，表明启用FreeType是实现drawtext滤镜的必要条件。

```
--enable-libfreetype     enable libfreetype, needed for drawtext filter [no]
...
drawtext_filter_deps="libfreetype"
```

要让FFmpeg启用FreeType，具体的集成步骤包括：编译与安装FreeType、启用FreeType，分别说明如下。

1. 编译与安装FreeType

FreeType的源码仓库位于https://gitlab.freedesktop.org/freetype/freetype，下载页面可访问https://freetype.org/download.html，或者访问https://download.savannah.gnu.org/releases/freetype/。FreeType的安装步骤说明如下。

01 以2023年2月发布的freetype-2.13.0为例，该版本的源码下载地址是https://download.savannah.gnu.org/releases/freetype/freetype-2.13.0.tar.gz。将下载好的压缩包上传到服务器并解压，也就是依次执行以下命令：

```
tar zxvf freetype-2.13.0.tar.gz
```

02 进入解压后的FreeType目录，运行以下命令配置FreeType：

```
cd freetype-2.13.0
./configure
```

03 运行以下命令编译FreeType：

```
make
```

04 编译完成后，运行以下命令安装FreeType：

```
make install
```

2. 启用FreeType

由于FFmpeg默认未启用FreeType，因此需要重新配置FFmpeg，标明启用FreeType，然后重新编译安装FFmpeg。详细的启用步骤说明如下。

01 回到FFmpeg源码的目录，执行以下命令重新配置FFmpeg，主要增加启用libfreetype（增加了选项--enable-libfreetype）：

```
./configure --prefix=/usr/local/ffmpeg --enable-shared --disable-static --disable-doc --enable-zlib --enable-libx264 --enable-libx265 --enable-libxavs2 --enable-libdavs2 --enable-libmp3lame --enable-libfreetype --enable-iconv --enable-gpl --enable-nonfree
```

02 执行以下命令编译FFmpeg：

```
make clean
make -j4
```

03 执行以下命令安装FFmpeg：

```
make install
```

04 执行以下命令查看FFmpeg的版本信息：

```
ffmpeg -version
```

查看控制台回显的FFmpeg版本信息，找到--enable-libfreetype，说明FFmpeg正确启用了字体引擎FreeType。

7.2.2 添加英文文本

FFmpeg通过drawtext滤镜给视频添加一段文本，使用drawtext滤镜之前需要确保系统已经安装了字体引擎FreeType，并且FFmpeg已经启用了FreeType。

执行以下命令可以查看drawtext滤镜的参数说明：

```
ffmpeg -h filter=drawtext
```

以上命令的执行结果如下（这里选取前半部分常用的选项参数）：

```
drawtext AVOptions:
   fontfile          <string>     ..FV....... set font file
   text              <string>     ..FV....... set text
   textfile          <string>     ..FV....... set text file
   fontcolor         <color>      ..FV....... set foreground color (default "black")
   fontcolor_expr    <string>     ..FV....... set foreground color expression (default "")
   boxcolor          <color>      ..FV....... set box color (default "white")
   bordercolor       <color>      ..FV....... set border color (default "black")
   shadowcolor       <color>      ..FV....... set shadow color (default "black")
   box               <boolean>    ..FV....... set box (default false)
   boxborderw        <int>        ..FV....... set box border width (from INT_MIN to INT_MAX)
   line_spacing      <int>        ..FV....... set line spacing in pixels (from INT_MIN to INT_MAX)
   fontsize          <string>     ..FV....... set font size
   x                 <string>     ..FV....... set x expression (default "0")
   y                 <string>     ..FV....... set y expression (default "0")
   shadowx           <int>        ..FV....... set shadow x offset (from INT_MIN to INT_MAX)
   shadowy           <int>        ..FV....... set shadow y offset (from INT_MIN to INT_MAX)
   borderw           <int>        ..FV....... set border width (from INT_MIN to INT_MAX)
```

结合实际的使用需求，对drawtext滤镜常见的选项参数说明如下。

- fontfile：字体文件的路径。可使用绝对路径或者相对路径。
- text：待添加的文本内容，用单引号引起来。
- fontcolor：文字的颜色，默认为黑色（black）。颜色的取值说明见6.1.4节。
- fontsize：文字的大小。
- line_spacing：每行之间的空白间隔，默认为0。
- x：文本区域左上角的横坐标。
- y：文本区域左上角的纵坐标。
- box：是否显示文本方块区域的背景色，默认为False，即不显示。
- boxcolor：文本方块区域的背景颜色，默认为白色（white）。只有box为true时，设置boxcolor才有用。

- borderw：文本边缘的宽度，默认为0。
- bordercolor：文本边缘的颜色，默认为黑色（black）。只有borderw大于0时，设置bordercolor才有用。
- shadowx：文本阴影的横轴偏移，默认为0。
- shadowy：文本阴影的纵轴偏移，默认为0。
- shadowcolor：文本阴影的颜色，默认为黑色（black）。只有shadowx大于0或者shadowy大于0时，设置shadowcolor才有用。

注意fontsize、x、y这三个参数除填写具体的数字外，还支持四则运算表达式，并且表达式内部还允许使用下列几个标识指代特定规格。

- w：表示视频的宽度。
- h：表示视频的高度。
- text_w：表示文本区域的宽度。
- text_h：表示文本区域的高度。

比如表达式x=(w-text_w)/2可实现文字的水平居中效果，表达式y=(h-text_h*2)可实现文字的水平靠下效果。

执行以下命令启动测试程序，根据命令行输入的过滤字符串drawtext=fontcolor=white:line_spacing=5:fontfile=../simsun.ttc:text='Hello World':fontsize=h/8:x=(w-text_w)/2:y=(h-text_h* 2)，期望在视频下方中央添加一行宋体白字Hello World。

```
cd ../chapter06
./videofilter ../fuzhous.mp4 "drawtext=fontcolor=white:line_spacing=5:fontfile=../simsun.ttc:text='Hello World':fontsize=h/8:x=(w-text_w)/2:y=(h-text_h*2)"
```

程序运行完毕，发现控制台输出以下日志信息，说明完成了对视频滤波加工的操作。

```
Success open input_file ../fuzhous.mp4.
filters_desc : drawtext=fontcolor=white:line_spacing=5:fontfile=../simsun.ttc:text='Hello World':fontsize=h/8: x=(w-text_w)/2:y=(h-text_h*2)
args : video_size=480x270:pix_fmt=0:time_base=1/12800:pixel_aspect=1/1
Success open output_file output_drawtext.mp4.
Success process video file.
```

最后打开影音播放器可以正常观看output_drawtext.mp4，并且视频下方多了一行文字Hello World，如图7-5所示，表示上述过滤串正确实现了向视频添加英文的功能。

提示 运行下面的ffmpeg命令也可以给视频运用drawtext滤镜添加英文。

```
ffmpeg -i ../fuzhous.mp4 -vf "drawtext=fontcolor=white:line_spacing=5:fontfile=../simsun.ttc:text='Hello World':fontsize=h/8:x=(w-text_w)/2:y=(h-text_h*2)" ff_delogo_en.mp4
```

图 7-5 视频画面添加了英文文本

7.2.3 添加中文文本

在7.2.2节中，drawtext滤镜虽然能给视频添加英文，但是在Windows环境把text参数改成中文时，却发现加工后的视频看不到文字。这是因为drawtext滤镜的过滤串是在命令行中传入的，注意命令行的中文编码采用所在操作系统的默认字符集编码，比如中文Windows环境默认采用GBK，服务器的Linux环境默认采用UTF-8。而FFmpeg默认采用UTF-8字符集编码，链接了FFmpeg库的可执行程序也默认采用UTF-8，于是程序在同样默认UTF-8的Linux系统可以正确处理命令行的中文，而在默认GBK的Windows系统无法正确处理命令行的中文，试想UTF-8标准怎么会认识GBK标准的文字呢？

为了解决因字符集编码标准不一致而导致的无法识别中文的问题，引入了字符集编码转换库iconv，把GBK编码的中文转换成UTF-8编码才行。具体的转换过程分成两个步骤：判断字符串是否为GBK编码，若是GBK编码，则转换成UTF-8编码。下面分别介绍这两个步骤。

1. 判断字符串是否为GBK编码

GBK标准采用单双字节变长编码，它对于英文使用单字节编码，此时完全兼容ASCII标准；对于中文则采用双字节编码。中文字符占据了GBK编码空间的0x8140～0xFEFE，其中首字节位于0x81～0xFE，尾字节位于0x40～0xFE，0x表示采用十六进制。于是编写字符串是否符合GBK标准的判断代码如下：

```
// 是否为GBK编码
int is_gbk(unsigned char *data, int len) {
    int i = 0;
    while (i < len) {
        if (data[i] <= 0x7f) {
            // 编码小于或等于127，只有1字节的编码，兼容ASCII
            i++;
            continue;
        } else {
            // 大于127的使用双字节编码
            if (data[i] >= 0x81 && data[i] <= 0xfe &&
                data[i + 1] >= 0x40 && data[i + 1] <= 0xfe) {
                i += 2;
                continue;
```

```
        } else {
            return -1;
        }
    }
    return 0;
}
```

2. 若是GBK编码，则转换成UTF-8编码

字符集之间的转码操作用到iconv库，该库内置于Linux系统，也内置于Windows系统的MinGW环境，无须开发者另外编译安装。使用iconv库的函数之前，要先包含iconv.h这个头文件，也就是在代码开头添加一行#include <iconv.h>。在编译可执行程序时，还要增加链接iconv库，也就是给编译命令补充-liconv。

iconv库主要提供了三个函数用于转码，分别说明如下。

- iconv_open：打开指定名称的字符集。其中第一个参数是转换之后的字符集名称，第二个参数是转换之前的字符集名称。
- iconv：按照iconv_open设定的字符集转换规则，对字符串进行相应的转码处理。
- iconv_close：关闭字符集。

简而言之，字符串在转码过程中的函数调用顺序为iconv_open→iconv→iconv_close，下面是字符串转码的函数代码。

```c
#include <iconv.h>  // iconv用于字符内码转换

// 把字符串从GBK编码改为UTF-8编码
int gbk_to_utf8(char *src_str, size_t src_len, char *dst_str, size_t dst_len) {
    iconv_t cd;
    char **pin = &src_str;
    char **pout = &dst_str;
    cd = iconv_open("UTF-8", "GBK");
    if (cd == NULL)
        return -1;
    memset(dst_str, 0, dst_len);
    if (iconv(cd, pin, &src_len, pout, &dst_len) == -1)
        return -1;
    iconv_close(cd);
    *pout[0] = '\0';
    return 0;
}
```

综合以上两个转码步骤，可编写过滤串转换字符集的处理代码，也就是先从命令行获取过滤串文本，再把GBK编码的中文字符转为UTF-8编码。详细的实现代码如下（完整代码见chapter07/widgetfilter.c）。

```c
const char *filters_desc = "";
if (argc > 2) {
    filters_desc = argv[2];  // 过滤字符串从命令行读取
} else {
```

```
        av_log(NULL, AV_LOG_ERROR, "please enter command such as:\n   ./widgetfilter src_name
filters_desc\n");
        return -1;
    }
    int filters_len = strlen(filters_desc);
    // 如果中文字符采用GBK编码,就要把它转换为UTF-8编码
    if (is_gbk((unsigned char*)filters_desc, filters_len) == 0) {
        int dst_len = filters_len*3/2;
        char *dst_str = (char *) malloc(dst_len+1);
        // 把字符串从GBK编码改为UTF-8编码
        gbk_to_utf8((char *) filters_desc, filters_len, dst_str, dst_len);
        filters_desc = dst_str;
    }
```

至于其他的文件读写以及滤镜操作代码,可以照搬第6章的videofilter.c,这里不再赘述。
接着执行下面的Windows编译命令,注意新增链接iconv库:

```
gcc widgetfilter.c -o widgetfilter -I/usr/local/ffmpeg/include -L/usr/local/ffmpeg/lib
-lavformat -lavdevice -lavfilter -lavcodec -lavutil -lswscale -lswresample -lpostproc -liconv
-lm
```

若在Linux系统编译,则无须写明iconv库,也就是执行下面的Linux编译命令:

```
gcc widgetfilter.c -o widgetfilter -I/usr/local/ffmpeg/include -L/usr/local/ffmpeg/lib
-lavformat -lavdevice -lavfilter -lavcodec -lavutil -lswscale -lswresample -lpostproc -lm
```

编译完成后,执行以下命令启动测试程序,根据命令行输入的过滤字符串drawtext=fontcolor= white:line_spacing=5:fontfile=../simsun.ttc:text='白日依山尽、黄河入海流':fontsize=h/8:x= (w-text_w)/2:y= (h-text_h*2),期望在视频下方中央添加一行宋体白字"白日依山尽、黄河入海流"。

```
./widgetfilter ../fuzhous.mp4 "drawtext=fontcolor=white:line_spacing=
5:fontfile= ../simsun.ttc:text='白日依山尽、黄河入海流':fontsize=h/8:x=(w-text_w)/2:y=
(h-text_h*2)"
```

程序运行完毕,发现控制台输出以下日志信息,说明完成了对视频滤波加工的操作。

```
Success open input_file ../fuzhous.mp4.
    filters_desc : drawtext=fontcolor=white:line_spacing=5:fontfile=../simsun.ttc:text='
白日依山尽、黄河入海流':fontsize=h/8:x=(w-text_w)/2:y=(h-text_h*2)
    args : video_size=480x270:pix_fmt=0:time_base=1/12800:pixel_aspect=1/1
Success open output_file output_drawtext.mp4.
Success process video file.
```

最后打开影音播放器可以正常观看output_drawtext.mp4,并且视频下方多了一行文字"白日依山尽、黄河入海流",如图7-6所示,表明上述代码正确实现了向视频添加中文的功能。

提示 运行下面的ffmpeg命令也可以给视频运用drawtext滤镜添加中文。

```
ffmpeg -i ../fuzhous.mp4 -vf "drawtext=fontcolor=white:line_spacing=5:
fontfile=../simsun.ttc:text='白日依山尽、黄河入海流':fontsize=h/8:x=(w-text_w)/2:
y=(h-text_h*2)" ff_delogo_cn.mp4
```

图 7-6 视频画面添加了中文文本

7.3 添加字幕

本节介绍FFmpeg对视频画面添加字幕的加工操作,首先描述如何在Linux环境安装添加字幕需要的字幕渲染器libass,以及如何让FFmpeg启用libass;然后叙述如何在Linux环境安装和启用中文字体;最后阐述如何使用视频滤镜在视频画面的指定位置添加SRT格式的中文字幕。

7.3.1 Linux 环境安装 libass

FFmpeg往视频画面添加文本用到了drawtext滤镜,往视频画面添加字幕用到了subtitles滤镜。不过subtitles滤镜依赖于第三方的libass库,需要让FFmpeg启用libass才行。

libass是一个适用于ASS和SSA格式(Advanced Substation Alpha/Substation Alpha)的字幕渲染器,支持的字幕类型包括srt、ass等,凡是涉及给视频画面添加字幕,均需事先集成libass。查看FFmpeg源码的配置文件configure,可以找到如下几行配置信息,表明启用libass是实现subtitles滤镜的必要条件。

```
    --enable-libass           enable libass subtitles rendering,
                              needed for subtitles and ass filter [no]
...
subtitles_filter_deps="avformat avcodec libass"
```

然而字幕功能很是庞杂,libass本身又依赖于好几个其他库,包括FreeType、fontconfig、fribidi、harfbuzz等,于是完整的libass集成过程分为8个步骤:安装FreeType、安装libxml2、安装gperf、安装fontconfig、安装fribidi、安装harfbuzz、安装libass和启用libass。下面分别介绍这8个步骤。

1. 安装FreeType

FreeType库的集成步骤详见7.2.1节,这里不再赘述。

2. 安装libxml2

由于字体配置库fontconfig依赖于libxml2库,因此要先安装该库。libxml2是一个开源的XML库,提供了对XML文档的各种操作,包括XML解析、XPATH查询、XSLT转换等功能。这里准备安装

libxml2-2.7.8，之所以不安装更高版本的libxml2，是因为高版本依赖于Python，到时候还得安装Python环境，比较麻烦。libxml2的安装步骤说明如下。

01 libxml2的下载页面是http://xmlsoft.org/sources/，比如2010年11月发布的libxml2-2.7.8，该版本的源码下载地址是http://xmlsoft.org/sources/libxml2-2.7.8.tar.gz。将下载好的压缩包上传到服务器并解压，也就是依次执行以下命令：

```
tar zxvf libxml2-2.7.8.tar.gz
cd libxml2-2.7.8
```

02 进入解压后的libxml2目录，运行以下命令配置libxml2：

```
./configure
```

03 运行以下命令编译libxml2：

```
make
```

04 编译完成后，运行以下命令安装libxml2：

```
make install
```

3. 安装gperf

由于字体配置库fontconfig依赖于gperf库，因此要先安装该库。gperf是一个开源的哈希函数生成器，能够生成C代码的哈希函数和哈希表。gperf的安装步骤说明如下。

01 gperf的下载页面是https://ftp.gnu.org/gnu/gperf/，比如2017年1月发布的gperf-3.1，该版本的源码下载地址是https://ftp.gnu.org/gnu/gperf/gperf-3.1.tar.gz。将下载好的压缩包上传到服务器并解压，也就是依次执行以下命令：

```
tar zxvf gperf-3.1.tar.gz
cd gperf-3.1
```

02 进入解压后的gperf目录，运行以下命令配置gperf：

```
./configure
```

03 运行以下命令编译gperf：

```
make
```

04 编译完成后，运行以下命令安装gperf：

```
make install
```

4. 安装fontconfig

fontconfig是一款字体配置工具，它能够自动检测字库，以及管理和配置字库。fontconfig的安装步骤说明如下。

01 fontconfig的下载页面是https://www.freedesktop.org/software/fontconfig/release/，比如2023年1月发布的fontconfig-2.14.2，该版本的源码下载地址是https://www.freedesktop.org/software/fontconfig/release/fontconfig-2.14.2.tar.gz。将下载好的压缩包上传到服务器并解压，也就是依次执行以下命令：

```
tar zxvf fontconfig-2.14.2.tar.gz
cd fontconfig-2.14.2
```

02 进入解压后的fontconfig目录，运行以下命令配置fontconfig：

```
./configure --enable-libxml2
```

> **注意** 如果没安装libxml2，运行configure就会报错 "*** expat is required. or try to use --enable-libxml2"。

03 运行以下命令编译fontconfig：

```
make
```

04 编译完成后，运行以下命令安装fontconfig：

```
make install
```

5. 安装fribidi

fribidi实现了Unicode字符集的双向算法，以便处理阿拉伯语、希伯来语这些中东语言。fribidi的安装步骤说明如下。

01 fribidi的下载页面是https://github.com/fribidi/fribidi/releases，比如2022年4月发布的fribidi-1.0.12，该版本的源码下载地址是https://github.com/fribidi/fribidi/releases/download/v1.0.12/fribidi-1.0.12.tar.xz。注意要下载文件扩展名是tar.xz的压缩包，不能下载文件扩展名是tar.gz的压缩包，因为tar.gz中没有configure文件。将下载好的压缩包上传到服务器并解压，也就是依次执行以下命令：

```
tar xvf fribidi-1.0.12.tar.xz
cd fribidi-1.0.12
```

02 进入解压后的fribidi目录，运行以下命令配置fribidi：

```
./configure
```

03 运行以下命令编译fribidi：

```
make
```

04 编译完成后，运行以下命令安装fribidi：

```
make install
```

6. 安装harfbuzz

harfbuzz是一个文本塑形引擎，它能够将Unicode字符转换为格式正确的文字输出，可用于调试和预览字体效果。harfbuzz的安装步骤说明如下。

01 harfbuzz的最新源码在https://github.com/harfbuzz/harfbuzz，但是高版本harfbuzz容易编译失败，实际应用采取1.2.7版本就够了。各版本harfbuzz的下载页面是https://www.freedesktop.org/software/harfbuzz/release/，比如1.2.7版本的源码下载地址是https://www.freedesktop.org/software/harfbuzz/release/harfbuzz-1.2.7.tar.bz2。将下载好的压缩包上传到服务器并解压，也就是依次执行以下命令：

```
tar xvf harfbuzz-1.2.7.tar.bz2
cd harfbuzz-1.2.7
```

02 进入解压后的harfbuzz目录,运行以下命令配置harfbuzz:

```
./configure
```

03 运行以下命令编译harfbuzz:

```
make
```

04 编译完成后,运行以下命令安装harfbuzz:

```
make install
```

7. 安装libass

确认以上的FreeType、libxml2、gperf、fontconfig、fribidi、harfbuzz等库全都正确安装之后,再来安装字幕渲染器libass。libass的安装步骤说明如下。

01 libass的源码页面是https://github.com/libass/libass,下载页面是https://github.com/libass/libass/releases,比如2023年2月发布的libass-0.17.1,该版本的源码下载地址是https://github.com/libass/libass/releases/download/0.17.1/libass-0.17.1.tar.gz。将下载好的压缩包上传到服务器并解压,也就是依次执行以下命令:

```
tar zxvf libass-0.17.1.tar.gz
cd libass-0.17.1
```

02 进入解压后的libass目录,运行以下命令配置libass:

```
./configure
```

03 运行以下命令编译libass:

```
make
```

04 编译完成后,运行以下命令安装libass:

```
make install
```

8. 启用libass

由于FFmpeg默认未启用libass,因此需要重新配置FFmpeg,标明启用libass,然后重新编译安装FFmpeg。详细的启用步骤说明如下。

01 回到FFmpeg源码的目录,执行以下命令重新配置FFmpeg,主要增加启用libass(增加了选项--enable-libass --enable-libfribidi --enable-libxml2 --enable-fontconfig):

```
./configure --prefix=/usr/local/ffmpeg --enable-shared --disable-static --disable-doc
--enable-zlib --enable-libx264 --enable-libx265 --enable-libxavs2 --enable-libdavs2
--enable-libmp3lame --enable-libfreetype --enable-libass --enable-libfribidi
--enable-libxml2 --enable-fontconfig --enable-iconv --enable-gpl --enable-nonfree
```

02 运行以下命令编译FFmpeg:

```
make clean
make -j4
```

03 执行以下命令安装FFmpeg：

```
make install
```

04 运行以下命令查看FFmpeg的版本信息：

```
ffmpeg -version
```

查看控制台回显的FFmpeg版本信息，找到--enable-libass，说明FFmpeg正确启用了字幕渲染器libass。

7.3.2 Linux 安装中文字体

在7.3.1节中，虽然成功安装了libass，但是subtitles滤镜默认只支持英文字幕，不支持中文字幕，原因是Linux环境缺少中文字体。为了让subtitles滤镜正确处理中文字幕，还要给Linux系统安装中文字体。在Linux环境安装中文字体的步骤说明如下。

01 把Windows系统C:\Windows\Fonts下的几个中文字体文件上传到Linux系统的/usr/share/fonts/chinese/目录下，包括simsun.ttc（宋体）、simkai.ttf（楷体）、SIMLI.TTF（隶书）三个字体文件。也就是依次执行以下命令：

```
mkdir -p /usr/share/fonts/chinese/
cp simsun.ttc /usr/share/fonts/chinese/
cp simkai.ttf /usr/share/fonts/chinese/
cp SIMLI.TTF /usr/share/fonts/chinese/
```

02 执行以下命令安装相关字体库：

```
yum install fontconfig
yum install mkfontscale
```

03 执行以下命令扩展并刷新字体缓存（#开头的是注释文字，不必执行）：

```
# 字体扩展
mkfontscale
# 新增字体目录
mkfontdir
# 刷新缓存
fc-cache -fv
```

04 执行以下命令检查中文字体的安装情况：

```
fc-list | grep chinese
```

如果安装成功的话，控制台就会回显下列安装信息，说明宋体、楷体、隶书等中文字体已经正确安装至Linux环境：

```
/usr/share/fonts/chinese/simsun.ttc: SimSun,宋体:style=Regular,常规
/usr/share/fonts/chinese/simsun.ttc: NSimSun,新宋体:style=Regular,常规
/usr/share/fonts/chinese/simkai.ttf: KaiTi,楷体:style=Regular,Normal
/usr/share/fonts/chinese/SIMLI.TTF: LiSu,隶书:style=Regular
```

7.3.3 添加中文字幕

drawtext滤镜一次只能向视频画面添加一行文字，一般用于固定的创作者水印，比如短视频经常在右上角看见的个人水印"@***"。对于电影字幕，或者MV歌词，像这类随着时间增长，文字也随着变化的动态字幕，就用到了subtitles滤镜。该滤镜的主要选项参数说明如下。

- filename：字幕文件的路径，可简写为f。支持SRT、ASS等格式的字幕文件。
- charenc：字幕文件采用的字符集编码，默认为UTF-8。对于中文来说，除UTF-8编码外，还可能是GBK编码，要看字幕文件具体采用哪种字符集编码。
- force_style：强制使用的文字风格，包括文字大小、字体、颜色、间距等。SRT格式本身没有指定字幕的文字风格，但ASS格式会在文件内部事先定义文字风格，此时force_style指定的风格会覆盖ASS内部定义的风格。
- force_style：定义的风格字符串需要用单引号引起来，风格字符串的结构形如'字段甲的名称=字段甲的值,字段乙的名称=字段乙的值,字段丙的名称=字段丙的值'，可见字段名称与字段值之间通过等号连接，不同字段之间通过逗号连接。详细的风格字段及其取值说明如下。
  - Name：风格的名称。
  - Fontname：字体名称，区分字母大小写。字体的英文代号与其中文名称的对应关系见表7-1。

表7-1 字体的英文代号与其中文名称的对应关系

字体的英文代号	字体的中文名称
SimSun	宋体
SimHei	黑体
FangSong	仿宋
KaiTi	楷体
LiSu	隶书
YaHei	雅黑
YouYuan	幼圆
STXihei	华文细黑
STKaiti	华文楷体
STSong	华文宋体
STZhongsong	华文中宋
STFangsong	华文仿宋
FZShuTi	方正舒体
FZYaoti	方正姚体
STCaiyun	华文彩云
STHupo	华文琥珀
STLiti	华文隶书
STXingkai	华文行楷
STXinwei	华文新魏

  - Fontsize：文字大小，也就是字号。

- PrimaryColour：主要颜色（前景颜色，也就是文字颜色），SRT字幕默认为白色，ASS字幕默认为黑色。色值格式为&HAABBGGRR，其中&H为固定前缀，AA表示十六位的透明度，取值00为不透明，取值FF为完全透明；BB表示十六位的蓝色，GG表示十六位的绿色，RR表示十六位的红色。例如，&H00000000表示黑色，&H00FFFFFF表示白色，&H00FF0000表示蓝色，&H0000FF00表示绿色，&H000000FF表示红色等。
- SecondaryColour：次要颜色，默认为黑色。取值说明同PrimaryColour。
- Bold：是否为粗体。为0表示常规，为1表示粗体。
- Italic：是否为斜体。为0表示常规，为1表示斜体。
- Underline：是否添加下画线。为0表示常规，为1表示添加下画线。
- Strikeout：是否添加删除线。为0表示常规，为1表示添加删除线。
- BorderStyle：边界的风格。为1代表在文字的笔画周围显示轮廓，在轮廓外侧显示阴影；为3代表在文本的矩形区域显示轮廓背景，在矩形区域外侧显示阴影；为4代表在文字的笔画周围显示轮廓，在文本的矩形区域显示阴影。
- OutlineColour：轮廓颜色（背景颜色），默认为黑色。取值说明同PrimaryColour。
- Outline：轮廓的宽度，与OutlineColour配合使用，指定宽度的轮廓将显示OutlineColour设定的颜色。
- BackColour：阴影颜色，默认为黑色。取值说明同PrimaryColour。
- Shadow：阴影的深度，与BackColour配合使用，指定深度的阴影将显示BackColour设定的颜色。
- Alignment：文字的位置。文字位置的取值说明见表7-2。

表7-2 文字位置的代号与其对齐方式的对应关系

文字的位置代号	文字的对齐方式
0	下方，默认左对齐
1	下方左对齐
2	下方居中
3	下方右对齐
4	上方，默认左对齐
5	上方左对齐
6	上方居中
7	上方右对齐
8	中间，默认左对齐
9	中间左对齐
10	正中间
11	中间右对齐

- ScaleX：文字宽度的缩放比例。为1.0表示没有缩放，为2.0表示变成两倍宽度，为0.5表示变成一半宽度，以此类推。
- ScaleY：文字高度的缩放比例。为1.0表示没有缩放，为2.0表示变成两倍高度，为0.5表示变成一半高度，以此类推。
- Spacing：两个文字之间的额外空隙。

- Angle：旋转的角度，为90表示旋转90度，为30表示旋转30度，以此类推。旋转的原点由Alignment定义，为左对齐时，原点在文本区域的左侧；为右对齐时，原点在文本区域的右侧；为居中时，原点在文本区域的中间。
- MarginL：文本区域的左边与画面左侧边缘的间距。
- MarginR：文本区域的右边与画面右侧边缘的间距。
- MarginV：文本区域与上下边缘的间距。当文字在画面上方时，MarginV代表文本区域的上边与画面上方边缘的间距；当文字在画面下方时，MarginV代表文本区域的下边与画面下方边缘的间距。

举个例子，风格串Fontname=KaiTi,Fontsize=36,Alignment=2,OutlineColour=&H003300FF,BackColour=&H0033FF00,BorderStyle=1,Outline=1,Shadow=1,Spacing=5,MarginL=15,MarginV=20表示采用楷体，字号大小为36，文字在下方居中，文字的轮廓宽度和阴影深度均为1，轮廓颜色偏红，阴影颜色偏绿，文字的左边间距为15，下方间距为20。

前面详细地讲解了各个风格字段，最终还要运用于具体的字幕文件。常见的字幕文件有SRT和ASS两种格式，SRT格式比较简单，ASS格式比较复杂。以SRT格式为例，有个SRT文件名为fuzhou.srt，其文件内容如下：

```
1
00:00:00,000 --> 00:00:06,000
青山云雾散，出海风扬帆

2
00:00:06,100 --> 00:00:13,200
追风弄潮，波澜入海胆气壮

3
00:00:13,300 --> 00:00:19,500
启程道路宽，返航花果香
```

从以上SRT内容可以看到，该字幕包含三段文字，每段文字的序号分别为1、2、3，序号下面一行定义了文字的开始展示时间和结束展示时间，起止时间下面一行定义了具体的文字内容。由此可知，这个SRT文件规定了前6秒显示"青山云雾散，出海风扬帆"，第6.1秒到第13.2秒显示"追风弄潮，波澜入海胆气壮"，第13.3秒到第19.5秒显示"启程道路宽，返航花果香"。

执行以下命令启动测试程序，根据命令行输入的过滤字符串subtitles=../fuzhou.srt:force_style='……'，期望往视频添加来自fuzhou.srt的中文字幕。

```
./widgetfilter ../fuzhous.mp4 "subtitles=../fuzhou.srt:force_style='Fontname=KaiTi,
Fontsize=36,Alignment=2,OutlineColour=&H003300FF,BackColour=&H0033FF00,BorderStyle=1,Out
line=1,Shadow=1,Spacing=5,MarginL=15,MarginV=20'"
```

程序运行完毕，发现控制台输出以下日志信息，说明完成了对视频滤波加工的操作。

```
Success open input_file ../fuzhous.mp4.
    filters_desc : subtitles=../fuzhou.srt:force_style='Fontname=KaiTi,Fontsize=36,
Alignment=2, OutlineColour=&H003300FF,BackColour=&H0033FF00,BorderStyle=1,Outline=1,
Shadow=1, Spacing=5,MarginL=15,MarginV=20'
    args : video_size=480x270:pix_fmt=0:time_base=1/12800:pixel_aspect=1/1
```

```
Success open output_file output_subtitles.mp4.
Success process video file.
```

然后打开影音播放器可以正常观看output_subtitles.mp4，并且随着时间流逝，视频下方展示不同的文字，如图7-7和图7-8所示，表明上述代码正确实现了向视频添加中文字幕的功能。

图 7-7　视频画面添加了中文字幕 1

图 7-8　视频画面添加了中文字幕 2

提示　运行下面的ffmpeg命令也可以给视频运用subtitles滤镜添加SRT字幕。

```
ffmpeg -i ../fuzhous.mp4 -vf "subtitles=../fuzhou.srt:force_style='Fontname=KaiTi,
Fontsize=36,Alignment=2,OutlineColour=&H003300FF,BackColour=&H0033FF00,BorderStyle
=1,Outline=1,Shadow=1,Spacing=5,MarginL=15,MarginV=20'" ff_subtitles_srt.mp4
```

7.4　实战项目：卡拉OK音乐短片

本节介绍一个实战项目"卡拉OK音乐短片"的设计和实现。首先描述如何在Windows环境安装视频字幕制作工具Subtitle Edit；然后叙述如何使用Subtitle Edit制作ASS格式的卡拉OK中文字幕，以及如何使用视频滤镜在视频画面的指定位置添加ASS格式的卡拉OK中文字幕。

7.4.1　视频字幕制作工具

虽然FFmpeg提供了subtitles滤镜支持向视频导入字幕，但是SRT、ASS等字幕格式颇为专业，难以使用记事本等字处理软件直接编辑。为此涌现了一批功能强大的字幕制作软件，包括Arctime Pro、讯飞听见字幕、绘影字幕等，还有以Subtitle Edit、Aegisub为代表的开源字幕工具。其中Aegisub早在2014年就停止了更新，唯有Subtitle Edit持续开源至今。

Subtitle Edit的官方网站地址是https://www.nikse.dk/subtitleedit，最新源码的入口页面是https://github.com/SubtitleEdit/subtitleedit，各版本Subtitle Edit的下载页面是https://github.com/SubtitleEdit/subtitleedit/releases。以2023年5月发布的SubtitleEdit-3.6.13为例，该版本的安装包下载地址是https://github.com/SubtitleEdit/subtitleedit/releases/download/3.6.13/SubtitleEdit-3.6.13-Setup.exe。等待Subtitle Edit下载完成，双击打开安装包，弹出"选择安装语言"窗口，如图7-9所示。

图 7-9　Subtitle Edit 的"选择语言安装"窗口

"选择安装语言"窗口保持默认的"简体中文",单击窗口下方的"确定"按钮,打开"许可协议"窗口,如图7-10所示。选择"许可协议"窗口左下角的"我同意此协议",再"单击"窗口右下角的"下一步"按钮,跳转到"选择目标位置"窗口,如图7-11所示,在此可更改Subtitle Edit的安装路径。

图 7-10　Subtitle Edit 的"许可协议"窗口　　图 7-11　Subtitle Edit 的"选择目标位置"窗口

单击"选择目标位置"窗口右下角的"下一步"按钮,跳转到"选择组件"窗口,如图7-12所示。单击"选择组件"窗口右下角的"下一步"按钮,跳转到"选择开始菜单文件夹"窗口,如图7-13所示。

图 7-12　Subtitle Edit 的"选择组件"窗口　　图 7-13　Subtitle Edit 的"选择开始菜单文件夹"窗口

单击"选择开始菜单文件夹"窗口右下角的"下一步"按钮,跳转到"选择附加任务"窗口,如图7-14所示。单击"选择附加任务"窗口右下角的"安装"按钮,跳转到"正在安装"窗口,如图7-15所示。

等待安装过程完毕,自动跳转到"信息"窗口,如图7-16所示。单击"信息"窗口右下角的"下一步"按钮,跳转到"Subtitle Edit安装完成"窗口,如图7-17所示。

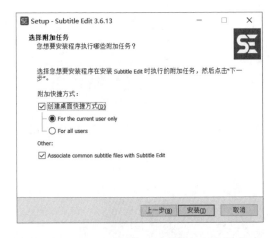

图 7-14　Subtitle Edit 的"选择附加任务"窗口

图 7-15　Subtitle Edit 的"正在安装"窗口

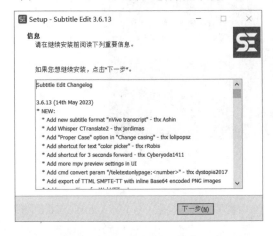

图 7-16　Subtitle Edit 的"信息"窗口

图 7-17　"Subtitle Edit 安装完成"窗口

单击"Subtitle Edit安装完成"窗口下方的"完成"按钮，结束Subtitle Edit的安装操作。接着双击桌面上的Subtitle Edit图标，即可启动安装好的Subtitle Edit程序，打开Subtitle Edit的初始界面，如图7-18所示。

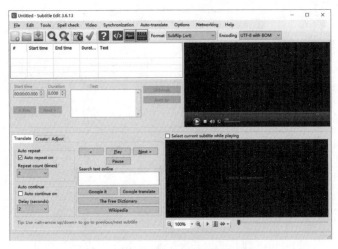

图 7-18　Subtitle Edit 的初始英文界面

由图7-18可见，Subtitle Edit的默认语言仍是英文，并非安装时选择的中文，所以还得手动改过来。依次选择顶部菜单Options→Choose Language（对应的中文菜单名称为"选项"→"选择语言"），弹出如图7-19所示的Choose language窗口。

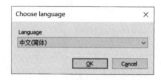

图 7-19　Subtitle Edit 的 Choose language 窗口

在Choose language窗口中下拉到底，选择"中文(简体)"，再单击该窗口下方的OK按钮，返回主界面，如图7-20所示，可见成功把软件界面的文字改为中文了。

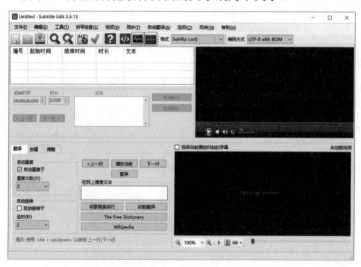

图 7-20　Subtitle Edit 的中文界面

Subtitle Edit主界面的左侧为字幕编辑区域，右侧为视频预览区域，为了让Subtitle Edit能够正常播放视频，需要给它关联VLC播放器的安装路径。依次选择顶部菜单"选项"→"设置"，在设置页面的左侧单击"视频播放器"选项，接着在页面右侧选中VLC媒体播放器，并在该行右边的输入框中填写VLC媒体播放器的安装目录，如图7-21所示。

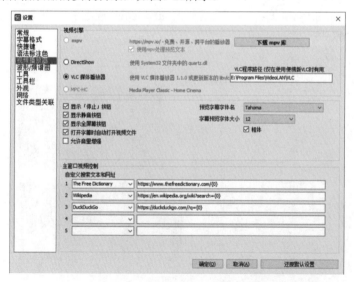

图 7-21　Subtitle Edit 设置 VLC 媒体播放器的安装目录

然后单击"设置"页面下方的"确定"按钮完成修改操作，Subtitle Edit即可在主界面预览字幕与视频的搭配播放效果。

7.4.2 制作卡拉OK字幕

虽然subtitles滤镜能够加载SRT格式的字幕，但是使用SRT字幕有两个不足之处。

（1）SRT文件内部不能设置字体类型、文字大小、文字颜色等参数，只能在过滤串中通过force_style字段额外设置。

（2）SRT字幕的每行文字显示风格是统一的，无法实现卡拉OK的动态效果，也就是不能随着歌声韵律逐步高亮显示歌词的每个文字。

既要在文件内部设置显示风格，又要随着时间逐字高亮显示歌词，这便用到了ASS（Advanced Sub Station Alpha，高级的SSA）字幕格式。SSA（Sub Station Alpha）是另一种字幕格式。ASS在SSA的基础上添加了更多的特效和指令，适用于MV（Music Video，音乐短片）的歌词显示。

不过ASS的格式定义比较复杂，若想让subtitles滤镜有效使用ASS字幕，还得经过一系列的操作过程，主要包括三个步骤：根据文本歌词生成ASS文件、给ASS文件添加卡拉OK特效、使用subtitles滤镜加载ASS字幕，详细说明如下。

1. 根据文本歌词生成ASS文件

歌词属于一种特殊的字幕，在互联网上搜索"LRC歌词"可以找到很多LRC歌词的下载网站，不过下载下来的歌词文件都是LRC格式的，若想把它们转成ASS格式，需要借助专业的字幕处理软件。开源软件Subtitle Edit就是一个常见的字幕编辑工具，通过它可以很方便地转换字幕格式，比如LRC、SRT、ASS格式的字幕文件都可以互转。下面简要说明如何利用Subtitle Edit把LRC文件转为ASS文件。

首先启动Subtitle Edit程序，依次选择顶部菜单"文件"→"打开"，在弹出的"文件"对话框中选择某个LRC文件（比如plum.lrc），等待Subtitle Edit解析并加载该文件的字幕内容，字幕界面如图7-22所示。

接着依次选择顶部菜单"文件"→"另存为"，在弹出的"文件"对话框下方下拉保存类型列表，选中 Advanced Sub Station Alpha (*.ass)表示要另存为 ASS 文件，再单击"文件"对话框右下角的"保存"按钮，即可将 LRC 文件转存为 ASS 文件。单击菜单栏下方一排图标中的源码图标 </>，可将字幕面板切换到源码模式，如图 7-23 所示。

在源码模式下，发现ASS文件内容属于文本格式，内部分为Script Info、V4+ Styles、Events三大标签块。其中Script Info表明字幕的脚本信息，V4+ Styles指定字幕的显示风格，Events则为字幕的文字内容以及起止时间。

2. 给ASS文件添加卡拉OK特效

ASS文件涉及字幕展示的主要包括Styles块和Events块，其中Styles块的风格字段与subtitles滤镜的force_style风格定义相似，具体参见7.3.3节，这里不再赘述。而Events块的风格定义是ASS格式独有的，通过在文字前面添加特定标记，可以呈现对应的显示特效。常用的几个特效标记说明如下。

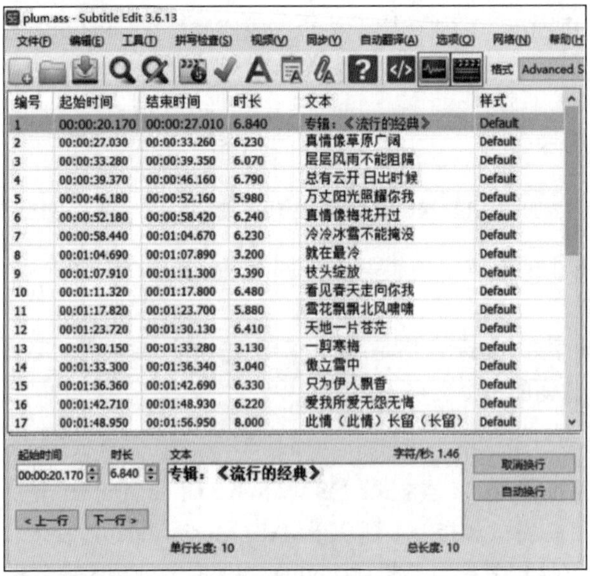

图 7-22　Subtitle Edit 解析 LRC 格式的歌词内容

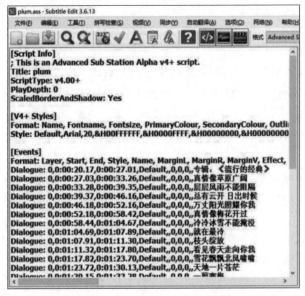

图 7-23　Subtitle Edit 解析 ASS 格式的字幕源码

- {\q分行方式}：分行方式用来控制花括号之后的文字采用哪种分行效果。分行方式及其效果说明见表7-3。

表 7-3　分行方式及其效果的说明

分行方式的代号	书写形式	说　　明
0	{\q0}	自动分行。如果不能分成等长的两行，那么上面那行会较长
1	{\q1}	排满一行后，再另起新行
2	{\q2}	即使超长也不分行，超出部分会排到屏幕右边以外
3	{\q3}	自动分行。如果不能分成等长的两行，那么下面那行会较长

- {\k时间长度}：让花括号之后的文字展现卡拉OK效果，未高亮时显示次要颜色，高亮之后显示主要颜色。时间长度表示该处文字的高亮持续时长，注意时长单位是厘秒（百分之一秒）而不是毫秒（千分之一秒）。等本次\k标记的时间结束了，才开始下一个\k标记的高亮过程。比如"{\k120}太阳{\k80}月亮"表示"太阳"先高亮显示1.2秒，然后"月亮"再高亮显示0.8秒；在后面的0.8秒中，"太阳"仍然高亮显示。这样在总长2秒的时间内，"太阳"高亮显示了2秒（1.2+0.8），"月亮"只高亮显示后面0.8秒。
- {\ko时间长度}：其作用与\k标记类似，区别在于未高亮时不显示边框，高亮之后才显示边框。
- {\kf时间长度}：其作用与\k标记类似，区别在于高亮期间的文字颜色会由次要颜色从左往右渐变到主要颜色。
- {\fad(淡入时长,淡出时长)}：让花括号之后的文字展现淡入淡出的效果，淡入时长和淡出时长的单位都是毫秒。其中淡入时长表示在该行一开始的规定时长呈现由模糊到清晰的淡入特效，淡出时长表示在该行结束前的规定时长呈现由清晰到模糊的淡出特效。比如{\fad(1000,0)}表示在一开始的1秒之内展现淡入效果，{\fad(0,1000)}表示在结束前的1秒之内展现淡出效果。注意，无论是淡入时长还是淡出时长都不能超过该行文字总的时间长度。

因为卡拉OK的高亮特效是随着时间的流逝而动态展开的，所以ASS内部的歌词内容采用\kf标记较合适，且第一行歌词展现淡入特效，最后一行歌词展现淡出特效。据此修改ASS文件内容，得到卡拉OK字幕文件fuzhou.ass的内容如下：

```
[Script Info]
; This is an Advanced Sub Station Alpha v4+ script.
Title: 
ScriptType: v4.00+
PlayDepth: 0
ScaledBorderAndShadow: Yes
PlayResX: 1440
PlayResY: 810

[V4+ Styles]
Format: Name, Fontname, Fontsize, PrimaryColour, SecondaryColour, OutlineColour, BackColour, Bold, Italic, Underline, StrikeOut, ScaleX, ScaleY, Spacing, Angle, BorderStyle, Outline, Shadow, Alignment, MarginL, MarginR, MarginV, Encoding
Style: Default,SimSun,100,&H000000FF,&H00FFFFFF,&H00FFFFFF,&H00000000,0,0,0,0,100,100,5,0,1, 0,0,2,10,10,50,1

[Events]
Format: Layer, Start, End, Style, Name, MarginL, MarginR, MarginV, Effect, Text
Dialogue: 0,0:00:00.00,0:00:06.00,Default,,0,0,0,,{\q0}{\fad(1000,0)}{\kf100}青山{\kf100}云雾{\kf100}散, {\kf100}出海{\kf60}风{\kf140}扬帆
Dialogue: 0,0:00:06.10,0:00:13.20,Default,,0,0,0,,{\q0}{\kf100}追风{\kf140}弄潮,{\kf80}波澜{\kf100}入海{\kf100}胆气{\kf190}壮
Dialogue: 0,0:00:13.30,0:00:19.50,Default,,0,0,0,,{\q0}{\fad(0,1000)}{\kf100}启程{\kf100}道路{\kf100}宽, {\kf100}返航{\kf100}花果{\kf100}香
```

3. 使用subtitles滤镜加载ASS字幕

改好了fuzhou.ass，确保fuzhou.ass和fuzhou.mp4位于同一个目录下，然后使用Subtitle Edit打开fuzhou.ass，界面左边显示字幕内容，界面右边自动加载同名的视频画面，如图7-24所示。

图 7-24 Subtitle Edit 预览加了字幕的视频效果

单击视频画面左下方的播放按钮，即可预览视频及其字幕的同步播放效果。不过预览只能看到字幕各行文字的时间段分布，无法看到卡拉OK以及淡入淡出等特效。若想观看这些字幕特效，还得借助FFmpeg往视频文件压入字幕内容才行。

执行以下命令启动测试程序，根据命令行输入的过滤字符串subtitles= filename=../fuzhou.ass:charenc=utf-8，期望向视频画面添加字幕文件fuzhou.ass（fuzhou.ass采用UTF-8字符集编码）：

./widgetfilter ../fuzhou.mp4 subtitles=filename=../fuzhou.ass:charenc=utf-8

程序运行完毕，发现控制台输出以下日志信息，说明完成了对视频滤波加工的操作。

```
Success open input_file ../fuzhou.mp4.
filters_desc : subtitles=filename=../fuzhou.ass:charenc=utf-8
args : video_size=1440x810:pix_fmt=0:time_base=1/12800:pixel_aspect=1/1
Success open output_file output_subtitles.mp4.
Success process video file.
```

最后打开影音播放器可以正常观看output_subtitles.mp4，并且视频下方的中文字幕从左往右滚动显示，如图7-25和图7-26所示，表明上述过滤串正确实现了在视频画面添加卡拉OK字幕的功能。

图 7-25 卡拉 OK 歌词正在播放 1

图 7-26 卡拉 OK 歌词正在播放 2

提示 运行下面的ffmpeg命令也可以给视频运用subtitles滤镜添加ASS字幕。

```
ffmpeg -i ../fuzhou.mp4 -vf subtitles=filename=../fuzhou.ass:charenc=utf-8 ff_subtitles_ass.mp4
```

7.5 小　　结

本章主要介绍了学习FFmpeg编程必须知道的给视频添加图标和文本的办法。首先介绍了给视频画面添加图标和从视频画面清除图标的详细步骤；接着介绍了如何让FFmpeg启用字体引擎FreeType，以及如何给视频画面添加英文文本和中文文本；然后介绍了如何让FFmpeg启用字幕渲染器libass，以及如何给视频画面添加SRT字幕和ASS字幕；最后设计了一个实战项目"卡拉OK音乐短片"，在该项目的FFmpeg编程中，综合运用了本章介绍的图文加工技术，包括制作ASS字幕、添加卡拉OK特效、加载字幕文件等。

通过本章的学习，读者应该能够掌握以下3种开发技能：

（1）学会使用视频滤镜往视频添加图标区域，以及清除图标区域。
（2）学会使用视频滤镜往视频添加英文文本和中文文本。
（3）学会使用视频滤镜往视频添加SRT格式或者ASS格式的字幕文件。

第 8 章
FFmpeg 自定义滤镜

本章介绍FFmpeg在自定义滤镜时的开发过程，主要包括：怎样在Windows系统通过编译FFmpeg源码来搭建定制的FFmpeg开发环境，怎样通过优化FFmpeg的源码来正确处理音视频文件的中英文元数据信息，怎样通过修改FFmpeg的源码来自定义新增的视频滤镜。最后结合本章所学的知识演示一个实战项目"侧边模糊滤镜"的设计与实现。

8.1 Windows 环境编译 FFmpeg

本节介绍在Windows系统上编译与安装FFmpeg的详细过程，包括如何使用MSYS工具编译x264、avs2、mp3lame等第三方库，以及如何给FFmpeg集成这些第三方库；如何使用Visual Studio编译FreeType，以及如何给FFmpeg集成FreeType，如何联合使用cmake-gui和Visual Studio编译x265，以及如何给FFmpeg集成x265等。

8.1.1 给 FFmpeg 集成 x264

在Windows环境直接编译FFmpeg源码的话，首先要编译第三方库x264的源码，因为x264是H.264格式的编解码库，如果FFmpeg处理不了H.264格式的视频，就没多大用处。但是这些第三方库的源码，连同FFmpeg的源码在内，全部基于Linux系统开发，而Windows环境的动态链接库为DLL文件，可执行程序为EXE文件，与Linux环境完全不同。为此需要借助MSYS工具在Windows系统模拟Linux的开发环境，因此务必确保已经安装了1.3.2节提到的各种软件和依赖库，才能编译安装FFmpeg及其相关的第三方库源码。

在Windows环境给FFmpeg框架集成x264的过程分为两个步骤：编译与安装x264、启用x264，分别说明如下。

1. 编译与安装x264

Windows环境采用的x264源码与Linux环境是相同的，也是到https://www.videolan.org/developers/x264.html下载新版的x264源码，比如新版的源码下载地址是https://code.videolan.org/videolan/x264/-/archive/master/x264-master.tar.gz。等源码包下载完成之后，再执行以下x264安装步骤。

01 在开始菜单依次选择Visual Studio 2022→x64 Native Tools Command Prompt for VS 2022，打开Visual Studio的命令行窗口。

02 先进入msys64的安装目录，再运行以下命令打开MSYS窗口：

```
msys2_shell.cmd -mingw64
```

> **注意** msys2_shell.cmd后面务必要跟上-mingw64，否则后面配置会失败。

03 解压源码包x264-master.tar.gz，比如解压到msys64的/usr/local/src目录，也就是依次执行以下命令：

```
tar zxvf x264-master.tar.gz
```

04 进入解压好的x264目录，执行以下配置命令，准备把x264安装到/usr/local/x264：

```
cd /usr/local/src/x264-master
CC=cl ./configure --prefix=/usr/local/x264 --enable-shared
```

> **注意** 请执行以CC开头的configure命令，不能直接运行configure，否则在配置FFmpeg时会报错。

05 运行以下命令编译x264：

```
make
```

06 编译完成后，运行以下命令安装x264：

```
make install
```

07 把/usr/local/x264/lib目录下的libx264.dll.lib改名为libx264.lib（注意：要改成libx264.lib，不是改成libx264.dll），也就是执行以下命令：

```
cd /usr/local/x264/lib
mv libx264.dll.lib libx264.lib
```

08 给环境变量PKG_CONFIG_PATH添加x264的pkgconfig路径，也就是在/etc/profile文件末尾添加如下内容：

```
export PKG_CONFIG_PATH=/usr/local/x264/lib/pkgconfig:$PKG_CONFIG_PATH
```

09 保存并退出profile文件后，执行以下命令重新加载环境变量：

```
source /etc/profile
```

10 执行以下命令查看当前的环境变量，发现PKG_CONFIG_PATH的修改已经奏效。

```
env | grep PKG_CONFIG_PATH
```

2. 启用x264

由于FFmpeg默认未启用x264，因此需要重新配置FFmpeg，标明启用x264，然后编译安装FFmpeg。详细的启用步骤说明如下。

01 回到FFmpeg源码的目录，执行以下命令重新配置FFmpeg，主要增加启用libx264（增加选项--enable-libx264）：

```
    ./configure --prefix=/usr/local/ffmpeg --arch=x86_64 --enable-shared --disable-static
--disable-doc --enable-libx264 --enable-gpl --enable-nonfree --enable-iconv --enable-zlib
--cross-prefix=x86_64-w64-mingw32- --target-os=mingw32
```

与Linux系统的配置命令相比，Windows系统的FFmpeg配置命令增加了以下3个选项。

① --arch=x86_64：指定处理器架构为64位的x86。该选项与当前机器的CPU指令集有关，如果CPU是64位的ARM架构，则配置选项应为--arch=aarch64。

② --cross-prefix=x86_64-w64-mingw32-：指定交叉编译的工具名称前缀。其中32位的工具前缀为i686-w64-mingw32-，64位的工具前缀为x86_64-w64-mingw32-。

③ --target-os=mingw32：指定编译结果的目标操作系统。其中mingw32表示32位系统，mingw32-w64表示64位系统。

以上三个配置选项专用于交叉编译。所谓交叉编译，指的是在甲计算机上编译可运行于乙计算机上的程序。如果甲乙两台计算机的CPU架构相同，且操作系统也相同，那就无须交叉编译。只有甲乙两台计算机的CPU架构不同，或者操作系统不同，才需要使用交叉编译。比如在Linux环境编译可运行于Windows环境的程序，或者在x86架构的Linux环境编译可运行于ARM架构的Linux环境的程序，都要使用交叉编译。

> **注意** 在FFmpeg的配置过程中，如果控制台提示错误x264 not found using pkg-config，就执行以下命令查看配置报错的日志，再根据报错信息进行相应的修复处理。

```
tail -f ffbuild/config.log
```

02 配置完成后，运行以下命令编译FFmpeg：

```
make clean
make -j4
```

> **注意** 编译时可能会遇到以下警告或者错误。

① 命令行提示警告：

```
warning C4828: 文件包含在偏移 0x1ed 处开始的字符，该字符在当前源字符集中无效。
```

这是因为代码文件的字符集编码与编译器的不一致，通常编译器支持UTF-8编码，而告警的代码采用ASCII编码。此时把告警的代码文件另存为UTF-8格式即可。

② 命令行提示错误：

```
error C2065: "slib": 未声明的标识符
error C2296: "%": 非法，左操作数包含"char [138]"类型
```

这是因为Windows系统无法识别CC_IDENT，只要注释掉CC_IDENT所在的那行代码即可（代码在fftools/opt_common.c）。

03 编译完成后，执行以下命令安装FFmpeg：

```
make install
mv /usr/local/ffmpeg/bin/*.lib /usr/local/ffmpeg/lib/
```

04 运行以下命令查看FFmpeg的版本信息：

```
ffmpeg -version
```

查看控制台回显的FFmpeg版本信息，找到--enable-libx264，说明FFmpeg正确启用了H.264视频的编解码库x264。

05 把/usr/local/x264/bin目录下的libx264-***.dll复制到FFmpeg安装路径的bin目录下，这样FFmpeg程序才能找到x264的动态库。也就是执行以下命令：

```
cp /usr/local/x264/bin/libx264-*.dll /usr/local/ffmpeg/bin
```

> 注意　后续凡是启用其他的第三方库，都要把第三方库的DLL文件复制到/usr/local/ffmpeg/bin目录。

06 修改Windows系统的环境变量，把FFmpeg的bin安装目录加到PATH队列中。具体步骤说明如下：右击桌面上的"我的计算机"图标，在打开的快捷菜单中选择"属性"，在弹出的"属性"界面单击左侧的"高级系统设置"，在弹出的窗口中单击"环境变量"按钮，在系统变量中找到Path变量，然后单击"编辑"按钮，把FFmpeg安装路径的bin目录完整路径新增到该变量中，再重新打开Visual Studio的命令行窗口和MSYS窗口。

以上步骤都正确执行之后，才能在Windows环境的FFmpeg框架上处理H.264格式的视频文件。下面是在Windows环境给FFmpeg集成x264库时容易出错的几个地方。

（1）msys2_shell.cmd文件内部没有打开MSYS2_PATH_TYPE的注释。
（2）在x264的源码目录执行configure命令时，没有添加前缀CC=cl。
（3）给libx264.dll.lib改名时弄错了扩展名（要改成libx264.lib，不是改成libx264.dll）。
（4）环境变量PKG_CONFIG_PATH没添加x264的pkgconfig路径。
（5）在FFmpeg的源码目录执行configure之后，没执行make clean就执行了make命令。
（6）Windows的环境变量Path没添加FFmpeg的bin安装目录，或者没加到队列前面（因为队列前面可能存在别的FFmpeg库路径）。
（7）libx264-***.dll没复制到/usr/local/ffmpeg/bin目录。

8.1.2　给FFmpeg集成avs2

除x264库外，Windows环境给FFmpeg框架集成其他第三方库的话，也需编译第三方库的DLL文件。再举个xavs2和davs2的例子，Windows环境集成xavs2和davs2的过程可分为3个步骤：编译与安装xavs2、编译与安装davs2、启用xavs2和davs2。下面分别介绍这3个步骤。

1. 编译与安装xavs2

Windows环境采用的xavs2源码与Linux环境是相同的，也是到https://gitee.com/pkuvcl/xavs2下载最新的xavs2源码包xavs2-master.zip。xavs2的安装步骤说明如下。

01 在开始菜单依次选择Visual Studio 2022→x64 Native Tools Command Prompt for VS 2022，打开Visual Studio的命令行窗口。

02 先进入msys64的安装目录，再运行以下命令打开MSYS窗口。

```
msys2_shell.cmd -mingw64
```

03 解压源码包xavs2-master.zip，比如解压到msys64的/usr/local/src目录，也就是依次执行以下命令：

```
unzip xavs2-master.zip
```

04 进入xavs2-master下的build/linux目录，执行以下配置命令，准备把xavs2安装到/usr/local/avs2目录：

```
cd /usr/local/src/xavs2-master/build/linux/
./configure --prefix=/usr/local/avs2 --enable-pic --enable-shared
```

05 运行以下命令编译xavs2：

```
make -j4
```

06 编译完成后，运行以下命令安装xavs2：

```
make install
```

安装结束之后，即可在/usr/local/avs2下的bin目录找到xavs2的DLL文件，在include目录找到xavs2的H文件。

2. 编译与安装davs2

Windows环境采用的davs2源码与Linux环境是相同的，也是到https://gitee.com/pkuvcl/davs2下载最新的davs2源码包davs2-master.zip。davs2的安装步骤说明如下。

01 在开始菜单依次选择Visual Studio 2022→x64 Native Tools Command Prompt for VS 2022，打开Visual Studio的命令行窗口。

02 先进入msys64的安装目录，再运行以下命令打开MSYS窗口：

```
msys2_shell.cmd -mingw64
```

03 解压源码包davs2-master.zip，比如解压到msys64的/usr/local/src目录，也就是依次执行以下命令：

```
unzip davs2-master.zip
```

04 进入davs2-master下的build/linux目录，执行以下配置命令，准备把davs2安装到/usr/local/avs2目录：

```
cd /usr/local/src/davs2-master/build/linux/
./configure --prefix=/usr/local/avs2 --enable-pic --enable-shared
```

05 运行以下命令编译davs2：

```
make -j4
```

06 编译完成后，运行以下命令安装davs2：

```
make install
```

安装结束之后，即可在/usr/local/avs2下的bin目录找到davs2的DLL文件，在include目录找到davs2的H文件。

3. 启用xavs2和davs2

由于FFmpeg默认未启用xavs2和davs2，因此需要重新配置FFmpeg，标明启用xavs2和davs2，然后重新编译安装FFmpeg。详细的启用步骤说明如下。

01 给环境变量PKG_CONFIG_PATH添加avs2的pkgconfig路径，也就是在/etc/profile文件末尾添加如下内容：

```
export PKG_CONFIG_PATH=/usr/local/avs2/lib/pkgconfig:$PKG_CONFIG_PATH
```

02 保存并退出profile文件后，执行以下命令重新加载环境变量：

```
source /etc/profile
```

03 执行以下命令查看当前的环境变量，发现PKG_CONFIG_PATH的修改已经奏效：

```
env | grep PKG_CONFIG_PATH
```

04 回到FFmpeg源码的目录，执行以下命令重新配置FFmpeg，主要增加启用avs2的编解码库（增加选项--enable-libxavs2和--enable-libdavs2）：

```
./configure --prefix=/usr/local/ffmpeg --arch=x86_64 --enable-shared --disable-static
--disable-doc --enable-libx264 --enable-libxavs2 --enable-libdavs2 --enable-gpl
--enable-nonfree --enable-iconv --enable-zlib --cross-prefix=x86_64-w64-mingw32-
--target-os=mingw32
```

05 执行以下命令编译FFmpeg：

```
make clean
make -j4
```

06 执行以下命令安装FFmpeg：

```
make install
mv /usr/local/ffmpeg/bin/*.lib /usr/local/ffmpeg/lib/
```

07 执行以下命令查看FFmpeg的版本信息：

```
ffmpeg -version
```

查看控制台回显的FFmpeg版本信息，找到--enable-libxavs2 --enable-libdavs2，说明FFmpeg正确启用了avs2的编解码库xavs2和davs2。

08 把/usr/local/avs2/bin目录下的libxavs2-***.dll和libdavs2-***.dll复制到FFmpeg安装路径的bin目录，这样FFmpeg程序才能找到这两个动态库。也就是执行以下命令：

```
cp /usr/local/avs2/bin/libxavs2-*.dll /usr/local/ffmpeg/bin
cp /usr/local/avs2/bin/libdavs2-*.dll /usr/local/ffmpeg/bin
```

以上步骤都正确执行之后，才能在Windows环境的FFmpeg框架上处理AVS2格式的视频文件。

8.1.3　给 FFmpeg 集成 mp3lame

mp3lame是MP3格式的编解码库，Windows环境给FFmpeg框架集成mp3lame的过程分为两个步骤：编译与安装mp3lame和启用mp3lame。下面分别介绍这两个步骤。

1. 编译与安装mp3lame

mp3lame的源码下载页面是https://lame.sourceforge.io/download.php或者https://sourceforge.net/projects/lame/files/lame/，以最新的3.100版本为例，下载之后的压缩包名为lame-3.100.tar.gz。mp3lame的安装步骤说明如下。

01 在开始菜单依次选择Visual Studio 2022→x64 Native Tools Command Prompt for VS 2022，打开Visual Studio的命令行窗口。

02 先进入msys64的安装目录，再运行以下命令打开MSYS窗口：

```
msys2_shell.cmd -mingw64
```

> 注意 msys2_shell.cmd后面务必要跟上-mingw64，否则后面配置会失败。

03 解压源码包lame-3.100.tar.gz，比如解压到msys64的/usr/local/src目录，也就是依次执行以下命令：

```
tar zxvf lame-3.100.tar.gz
```

04 打开lame-3.100/include目录下的libmp3lame.sym，删掉lame_init_old这行。如果不这么改，后面编译会报错"LINK : error LNK2001: 无法解析的外部符号lame_init_old"。

05 进入解压好的lame-3.100目录，执行以下配置命令，准备把mp3lame安装到/usr/local/lame目录：

```
cd /usr/local/src/lame-3.100
CC=cl ./configure --prefix=/usr/local/lame --enable-shared --disable-static --disable-frontend
```

06 执行以下命令编译和安装mp3lame：

```
make
make install
```

07 把/usr/local/lame/lib目录下的mp3lame.dll.lib改名为mp3lame.lib，也就是执行以下命令：

```
cd /usr/local/lame/lib
mv mp3lame.dll.lib mp3lame.lib
```

经过以上步骤操作后的lame目录结构如下：

```
/usr/local/lame
 |--------------- bin
 |             |----- mp3lame-0.dll
 |--------------- lib
 |             |----- libmp3lame.la
 |             |----- mp3lame.lib
 |--------------- include
 |             |----- lame
 |                    |----- lame.h
```

2. 启用mp3lame

由于FFmpeg默认未启用mp3lame，因此需要重新配置FFmpeg，标明启用mp3lame，然后重新编译安装FFmpeg。详细的启用步骤说明如下。

01 回到FFmpeg源码的目录，执行以下命令重新配置FFmpeg，主要增加启用libmp3lame（不仅增加了选项--enable-libmp3lame，还增加了extra-cflags和extra-ldflags）。

```
./configure --prefix=/usr/local/ffmpeg --arch=x86_64 --enable-shared --disable-static
--disable-doc --enable-libx264 --enable-libxavs2 --enable-libdavs2 --enable-libmp3lame
--enable-gpl --enable-nonfree --enable-iconv --enable-zlib
--extra-cflags="-I/usr/local/lame/include" --extra-ldflags="-L/usr/local/lame/lib"
--cross-prefix=x86_64-w64-mingw32- --target-os=mingw32
```

> **注意** 在FFmpeg的配置过程中，如果控制台提示错误ERROR: libmp3lame >= 3.98.3 not found，就执行以下命令查看配置报错的日志，再根据报错信息进行相应的修复处理。

```
tail -f ffbuild/config.log
```

02 配置完成后，运行以下命令编译FFmpeg：

```
make clean
make -j4
```

03 执行以下命令安装FFmpeg：

```
make install
mv /usr/local/ffmpeg/bin/*.lib /usr/local/ffmpeg/lib/
```

04 执行以下命令查看FFmpeg的版本信息：

```
ffmpeg -version
```

查看控制台回显的FFmpeg版本信息，找到--enable-libmp3lame，说明FFmpeg正确启用了MP3音频的编解码库mp3lame。

05 把/usr/local/lame/bin目录下的mp3lame-0.dll复制到FFmpeg安装路径的bin目录下，这样FFmpeg程序才能找到mp3lame的动态库。也就是执行以下命令：

```
cp /usr/local/lame/bin/mp3lame-0.dll /usr/local/ffmpeg/bin
```

以上步骤都正确执行之后，才能在Windows环境的FFmpeg框架上处理MP3格式的音频文件。下面是在Windows环境给FFmpeg集成mp3lame库时容易出错的几个地方。

（1）libmp3lame.sym文件内容没有删掉lame_init_old。
（2）msys2_shell.cmd命令后面没加-mingw64。
（3）配置lame的命令没有添加前缀CC=cl。
（4）给mp3lame.dll.lib改名时弄错了扩展名（要改成mp3lame.lib，而不是改成mp3lame.dll）。
（5）在FFmpeg的源码目录执行configure时，没有加上extra-cflags和extra-ldflags。
（6）在FFmpeg的源码目录执行configure之后，没执行make clean就执行了make命令。
（7）mp3lame-0.dll没复制到/usr/local/ffmpeg/bin目录。

8.1.4 给 FFmpeg 集成 FreeType

FreeType是个字体引擎，往视频添加文本的drawtext滤镜依赖于它。Windows环境给FFmpeg框架集成FreeType的过程分为3个步骤：编译FreeType、安装FreeType和启用FreeType。下面分别介绍这3个步骤。

1. 编译FreeType

FreeType的源码仓库位于https://gitlab.freedesktop.org/freetype/freetype，下载页面可访问https://freetype.org/download.html，或者访问https://download.savannah.gnu.org/releases/freetype/。FreeType的编译步骤说明如下。

01 以2023年2月发布的freetype-2.13.0为例，该版本的源码下载地址是https://download.savannah.gnu.org/releases/freetype/freetype-2.13.0.tar.gz，下载之后将FreeType的源码包解压到本地目录。

02 启动Visual Studio 2022（Visual Studio的安装步骤参见1.3.2节），在欢迎页面单击右侧的"打开项目或解决方案"，在弹出的"文件"对话框中选择freetype-2.13.0\builds\windows\vc2010目录下的freetype.sln。或者直接进入Visual Studio 2022的主界面，依次选择顶部菜单"文件"→"打开"→"项目/解决方案"，在弹出的对话框中选择freetype.sln。

03 等待Visual Studio打开FreeType工程，依次选择顶部菜单"生成"→"配置管理器"，在打开的"配置管理器"窗口上找到左上角的"活动解决方案配置"下拉框，把Debug模式改为Release模式，如图8-1所示，再单击窗口右下角的"关闭"按钮。

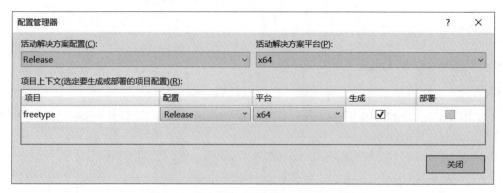

图 8-1　Visual Studio 配置 FreeType 工程

04 单击界面右侧解决方案列表中的FreeType，如图8-2所示，再依次选择顶部菜单"生成"→"生成FreeType"，Visual Studio就开始编译FreeType模块。

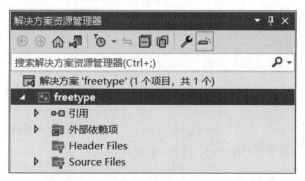

图 8-2　单击解决方案列表的 FreeType 工程

等待生成完毕，如图8-3所示，即可在FreeType工程的freetype-2.13.0\objs\x64\Release目录下找到FreeType的库文件（包括freetype.dll和freetype.lib）。

图 8-3　FreeType 工程生成完毕的 Visual Studio 界面

2. 安装FreeType

虽然Visual Studio把FreeType的DLL库文件编译出来了，但是若想让FFmpeg识别FreeType，则还得依照相应的目录结构放入FreeType的库文件和头文件，从而模拟Linux环境的安装结果。详细的安装步骤说明如下。

① 在msys64的/usr/local目录下新建FreeType目录，并在该目录下创建lib子目录；

② 把FreeType工程中objs\x64\Release目录下的freetype.lib和freetype.dll两个文件复制到上面第一步创建的lib目录。

③ 在lib目录下创建pkgconfig子目录，并在pkgconfig目录下新建文件freetype2.pc，给该文件填入以下配置内容（完整配置见chapter08/freetype2.pc）。

```
prefix=/usr/local/freetype
exec_prefix=${prefix}
libdir=${prefix}/lib
includedir=${prefix}/include

Name: FreeType 2
URL: https://freetype.org
Description: A free, high-quality, and portable font engine.
Version: 25.0.19
Requires:
Requires.private:
Libs: -L${prefix}/lib -lfreetype
Libs.private:
Cflags: -I${includedir}
```

④ 把FreeType工程的include目录整个复制到msys64的/usr/local/freetype/目录下。

经过以上步骤操作后的FreeType目录结构如下：

```
/usr/local/freetype
 |--------------- lib
 |              |----- freetype.lib
 |              |----- freetype.dll
 |              |----- pkgconfig
 |                     |----- freetype2.pc
 |--------------- include
```

05 接着给环境变量PKG_CONFIG_PATH添加FreeType的pkgconfig路径，也就是在/etc/profile文件末尾添加如下内容：

```
export PKG_CONFIG_PATH=/usr/local/freetype/lib/pkgconfig:$PKG_CONFIG_PATH
```

06 保存并退出profile文件后，在MSYS窗口中执行以下命令重新加载环境变量：

```
source /etc/profile
```

07 执行以下命令查看当前的环境变量，发现PKG_CONFIG_PATH的修改已经奏效。

```
env | grep PKG_CONFIG_PATH
```

3. 启用FreeType

由于FFmpeg默认未启用FreeType，因此需要重新配置FFmpeg，标明启用FreeType，然后重新编译安装FFmpeg。详细的启用步骤说明如下。

01 回到FFmpeg源码的目录，执行以下命令重新配置FFmpeg，主要增加启用libfreetype（增加了选项--enable-libfreetype）。

```
./configure --prefix=/usr/local/ffmpeg --arch=x86_64 --enable-shared --disable-static
--disable-doc --enable-libx264 --enable-libxavs2 --enable-libdavs2 --enable-libmp3lame
--enable-libfreetype --enable-gpl --enable-nonfree --enable-iconv --enable-zlib
--extra-cflags="-I/usr/local/lame/include" --extra-ldflags="-L/usr/local/lame/lib"
--cross-prefix=x86_64-w64-mingw32- --target-os=mingw32
```

02 配置完成后，运行以下命令编译FFmpeg：

```
make clean
make -j4
```

03 执行以下命令安装FFmpeg：

```
make install
mv /usr/local/ffmpeg/bin/*.lib /usr/local/ffmpeg/lib/
```

04 运行以下命令查看FFmpeg的版本信息：

```
ffmpeg -version
```

查看控制台回显的FFmpeg版本信息，找到--enable-libfreetype，说明FFmpeg正确启用了字体引擎FreeType。

05 把/usr/local/freetype/lib目录下的freetype.dll复制到FFmpeg安装路径的bin目录下，这样FFmpeg程序才能找到FreeType的动态库。也就是执行以下命令：

```
cp /usr/local/freetype/lib/freetype.dll /usr/local/ffmpeg/bin
```

以上步骤都正确执行之后，才能在Windows环境的FFmpeg框架上使用drawtext滤镜加工视频文件。

8.1.5 给FFmpeg集成x265

Linux系统编译x265之前要先安装Git，同样Windows系统编译x265之前也要先安装Git。

Windows版本的Git官方网站地址为https://gitforwindows.org/，它的安装包下载链接为https://github.com/git-for-windows/git/releases/download/v2.42.0.windows.2/Git-2.42.0.2-64-bit.exe。双击下载好的Git安装包，一路单击Next按钮即可完成安装操作。

因为Windows环境需要cmake-gui参与编译H.265的编解码库x265，所以要先给Windows系统安装cmake-gui。到https://cmake.org/files/下载最新的cmake-gui安装包，比如2023年8月发布的cmake-3.27.3，该版本的安装包下载地址是https://cmake.org/files/v3.27/cmake-3.27.3-windows-x86_64.msi。等待CMake下载完成，双击打开安装包，弹出安装向导窗口，如图8-4所示。单击安装向导窗口右下角的Next按钮，跳到许可协议窗口，如图8-5所示。

图 8-4　cmake-gui 的安装向导窗口

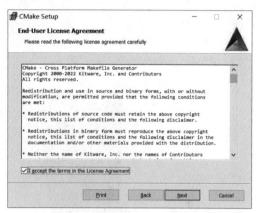

图 8-5　cmake-gui 的许可协议窗口

勾选许可协议窗口左下角的I accept the terms in the License Agreement复选框，表示接受上述条款，再单击窗口右下角的Next按钮，跳转到安装选项窗口，如图8-6所示。勾选窗口左下角的Create CMake Desktop Icon复选框，表示在桌面上创建CMake图标，再单击窗口右下角的Next按钮，跳转到选择安装位置窗口，如图8-7所示，在此可更改cmake-gui的安装路径。

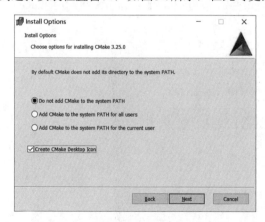

图 8-6　cmake-gui 的安装选项窗口

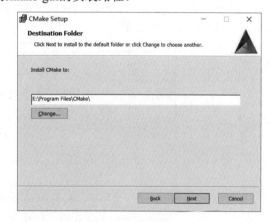

图 8-7　cmake-gui 的选择安装位置窗口

单击选择安装位置窗口右下角的Next按钮，跳转到准备安装窗口，如图8-8所示。单击准备安装窗口右下角的Install按钮，跳转到正在安装窗口，如图8-9所示。

等待安装过程完毕，自动跳转到安装结束窗口，如图8-10所示。单击安装结束窗口右下角的Finish按钮，即可完成cmake-gui的安装操作。

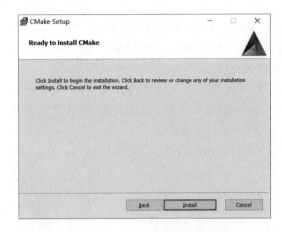
图 8-8　cmake-gui 的准备安装窗口

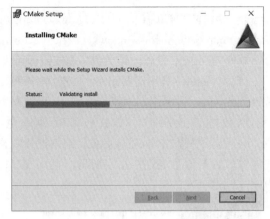
图 8-9　cmake-gui 的正在安装窗口

图 8-10　cmake-gui 的安装结束窗口

双击桌面上的cmake-gui图标，启动后的cmake-gui主界面如图8-11所示，后面将利用cmake-gui为x265生成Visual Studio工程。

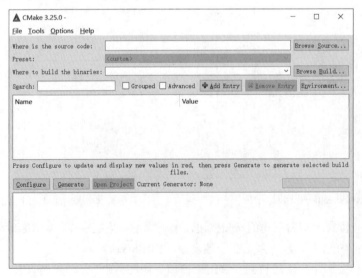
图 8-11　cmake-gui 的初始主界面

安装cmake-gui后，再来给FFmpeg集成x265，主要包括3个步骤：编译x265、安装x265和启用x265。下面分别介绍这3个步骤。

1．编译x265

Windows环境采用的x265源码与Linux环境是相同的，也是到https://bitbucket.org/multicoreware/x265_git/downloads/下载最新源码，比如2021年3月发布的x265_3.5，该版本的源码下载地址是https://bitbucket.org/multicoreware/x265_git/downloads/ x265_3.5.tar.gz。

先解压下载好的x265压缩包，再打开cmake-gui的管理界面，单击右上角的Browse Source按钮，在弹出的"文件"对话框中选择解压后的x265源码目录；接着单击界面右侧的Browse Build按钮，在弹出的"文件"对话框中选择x265源码下的build\msys目录。此时cmake-gui界面如图8-12所示。

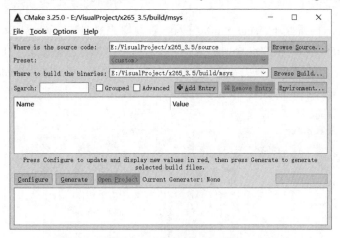

图8-12 选择x265源码后的cmake-gui主界面

接着单击左下角的Configure按钮配置源码，在弹出的配置窗口中，第一个下拉框选择Visual Studio 17 2022，表示生成的工程使用Visual Studio编译，窗口下方的单选组合项选择第一项Use default native compilers，如图8-13所示，单击右下角的Finish按钮确认配置。

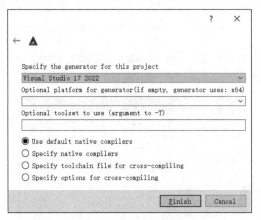

图8-13 cmake-gui的源码配置窗口

配置完毕的cmake-gui界面如图8-14所示，然后单击Generate按钮开始生成Visual Studio工程，生成完毕的cmake-gui界面如图8-15所示，可见Open Project按钮由灰转黑，处于可用状态。

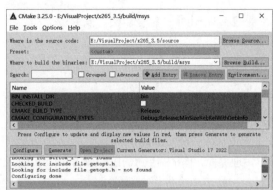
图 8-14 配置完毕的 cmake-gui 界面

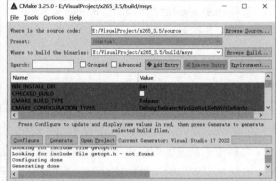
图 8-15 生成完毕的 cmake-gui 界面

单击Open Project按钮打开Visual Studio工程（注意事先要安装好Visual Studio 2022）。等待Visual Studio打开x265工程，依次选择顶部菜单"生成"→"配置管理器"，在打开的"配置管理器"窗口，找到左上角的"活动解决方案配置"下拉框，把Debug模式改为Release模式，如图8-16所示，再单击窗口右下角的"关闭"按钮。

图 8-16 Visual Studio 配置 x265 工程

接着单击界面右侧解决方案列表中的x265-shared，如图8-17所示，再依次选择顶部菜单"生成"→"生成x265-shared"，Visual Studio就开始编译x265-shared模块。

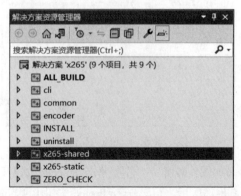
图 8-17 单击解决方案列表的 x265-shared

等待生成完毕，如图8-18所示，即可在x265工程的build\msys\Release目录下找到x265的库文件（包括libx265.dll和libx265.lib）。

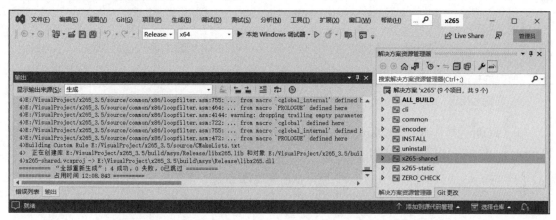

图 8-18　x265 工程生成完毕的 Visual Studio 界面

2. 安装x265

虽然Visual Studio把x265的DLL库文件编译出来了，但是要想让FFmpeg识别x265，还得依照相应的目录结构放入x265的库文件和头文件，从而模拟Linux环境的安装结果。详细的安装步骤说明如下。

01 在msys64的/usr/local目录下新建x265目录，并在该目录下创建lib子目录。

02 把x265工程中build\msys\Release目录下的libx265.lib和libx265.dll两个文件复制到第一步创建的lib目录，还要把lib目录下的libx265.lib原样复制一份到x265.lib。

03 在lib目录下创建pkgconfig子目录，并把x265工程的build\msys\x265.pc复制到pkgconfig目录；然后打开x265.pc，把prefix字段改为/usr/local/x265，修改之后的prefix字段如下：

```
prefix=/usr/local/x265
```

04 把 x265 工程 的 source\x265.h 复制 到 msys64 的 /usr/local/x265/include 目录，把 x265 工程 的 build\msys\x265_config.h复制到msys64的/usr/local/x265/include目录；

经过以上步骤操作后的x265目录结构如下：

```
/usr/local/x265
    |--------------- lib
    |            |----- libx265.lib
    |            |----- x265.lib
    |            |----- libx265.dll
    |            |----- pkgconfig
    |                        |----- x265.pc
    |--------------- include
    |            |----- x265.h
    |            |----- x265_config.h
```

05 给环境变量PKG_CONFIG_PATH添加x265的pkgconfig路径，也就是在msys64的/etc/profile文件末尾添加如下内容：

```
export PKG_CONFIG_PATH=/usr/local/x265/lib/pkgconfig:$PKG_CONFIG_PATH
```

06 保存并退出profile文件后，在MSYS窗口中执行以下命令重新加载环境变量：

```
source /etc/profile
```

07 执行以下命令查看当前的环境变量，发现PKG_CONFIG_PATH的修改已经奏效。

```
env | grep PKG_CONFIG_PATH
```

3. 启用x265

由于FFmpeg默认未启用x265，因此需要重新配置FFmpeg，标明启用x265，然后重新编译安装FFmpeg。详细的启用步骤说明如下。

01 回到FFmpeg源码的目录，执行以下命令重新配置FFmpeg，主要增加启用libx265（增加了选项--enable-libx265）。

```
./configure --prefix=/usr/local/ffmpeg --arch=x86_64 --enable-shared --disable-static
--disable-doc --enable-libx264 --enable-libx265 --enable-libxavs2 --enable-libdavs2
--enable-libmp3lame --enable-gpl --enable-nonfree --enable-libfreetype --enable-iconv
--enable-zlib --extra-cflags="-I/usr/local/lame/include"
--extra-ldflags="-L/usr/local/lame/lib" --cross-prefix=x86_64-w64-mingw32-
--target-os=mingw32
```

> **注意** 在FFmpeg的配置过程中，如果控制台提示错误ERROR: x265 not found using pkg-config，就执行以下命令查看配置报错的日志，再根据报错信息进行相应的修复处理。

```
tail -f ffbuild/config.log
```

02 配置完成后，运行以下命令编译FFmpeg：

```
make clean
make -j4
```

03 运行以下命令安装FFmpeg：

```
make install
mv /usr/local/ffmpeg/bin/*.lib /usr/local/ffmpeg/lib/
```

04 运行以下命令查看FFmpeg的版本信息：

```
ffmpeg -version
```

查看控制台回显的FFmpeg版本信息，找到--enable-libx265，说明FFmpeg正确启用了H.265视频的编解码库x265。

05 把/usr/local/x265/lib目录下的libx265.dll复制到FFmpeg安装路径的bin目录下，这样FFmpeg程序才能找到x265的动态库。也就是执行以下命令：

```
cp /usr/local/x265/lib/libx265.dll /usr/local/ffmpeg/bin
```

以上步骤都正确执行之后，才能在Windows环境的FFmpeg框架上处理H.265格式的视频文件。下面是在Windows环境给FFmpeg集成x265库容易出错的几个地方。

（1）在cmake-gui的管理界面选择Browse Build目录时，没选x265源码下的build\msys目录，却选了别的目录。
（2）在x265工程的"配置管理器"窗口，"活动解决方案配置"的Debug模式没改成Release模式。
（3）libx265.lib没有原样复制一份到x265.lib。
（4）环境变量PKG_CONFIG_PATH没添加x265的pkgconfig路径。
（5）在FFmpeg的源码目录执行configure之后，没执行make clean就执行了make命令。
（6）libx265.dll没复制到/usr/local/ffmpeg/bin目录。

8.2　优化FFmpeg源码

本节介绍FFmpeg对音视频元数据的处理操作，首先描述如何读取音视频文件的元数据信息，以及如何向音视频文件写入新的元数据；然后叙述如何把GBK编码和ISO编码的中文字符元数据分别转换为UTF-8编码的元数据；最后阐述如何通过修改FFmpeg的源码从而彻底解决中文字符元数据的乱码问题。

8.2.1　读写音视频文件的元数据

音视频文件中除音频流、视频流等媒体数据外，还包括能够容纳键－值对形式的配置信息，类似于"艺术家=XXX，专辑名称=XXX"这样，这种配置信息称作音视频文件的元数据。每一条元数据都分为键名和键值两种数据，其中键名是元数据的代号，键值是元数据的说明。

FFmpeg把元数据信息放在AVFormatContext结构的metadata字段，先调用avformat_open_input函数打开音视频文件，再调用avformat_find_stream_info查找音视频文件中的流信息，之后metadata字段就能取到该文件保存的元数据了。若想获取某个元数据，则可调用av_dict_get函数，在第二个参数指定元数据的键名，即可返回AVDictionaryEntry指针类型的元数据结构。其中AVDictionaryEntry结构的key字段保存元数据的键名，value字段保存元数据的键值。

不过刚拿到一个音视频文件，谁知道它里面都有哪些元数据呢？此时调用av_dict_get函数给第二个参数传空字符串""（用双引号引起来），即可从头遍历该文件的所有元数据。据此编写下面的FFmpeg读取元数据的代码，把音视频文件中的所有元数据都打印出来（完整代码见chapter08/readmeta.c）。

```c
int main(int argc, char **argv) {
    const char *filename = "../fuzhou.mp4";
    if (argc > 1) {
        filename = argv[1];
    }
    AVFormatContext *fmt_ctx = NULL;
    // 打开音视频文件
    int ret = avformat_open_input(&fmt_ctx, filename, NULL, NULL);
    if (ret < 0) {
        av_log(NULL, AV_LOG_ERROR, "Can't open file %s.\n", filename);
        return -1;
```

```
        av_log(NULL, AV_LOG_INFO, "Success open input_file %s.\n", filename);
        // 查找音视频文件中的流信息
        ret = avformat_find_stream_info(fmt_ctx, NULL);
        if (ret < 0) {
            av_log(NULL, AV_LOG_ERROR, "Can't find stream information.\n");
            return -1;
        }
        const AVDictionaryEntry *tag = NULL;
        // 遍历音视频文件的元数据
        while ((tag = av_dict_get(fmt_ctx->metadata, "", tag, AV_DICT_IGNORE_SUFFIX))) {
            av_log(NULL, AV_LOG_INFO, "metadata %s=%s\n", tag->key, tag->value);
        }
        avformat_close_input(&fmt_ctx);    // 关闭音视频文件
        return 0;
    }
```

接着执行下面的编译命令：

```
gcc readmeta.c -o readmeta -I/usr/local/ffmpeg/include -L/usr/local/ffmpeg/lib
-lavformat -lavdevice -lavfilter -lavcodec -lavutil -lswscale -lswresample -lpostproc -lm
```

编译完成后，执行以下命令启动测试程序，期望读取音视频文件中的元数据信息。

```
./readmeta ../fuzhou.mp4
```

程序运行完毕，发现控制台输出以下日志信息，说明完成了从视频文件读取元数据的操作。

```
Success open input_file ../fuzhou.mp4.
metadata major_brand=isom
metadata minor_version=512
metadata compatible_brands=isomiso2avc1mp41
metadata encoder=Lavf59.27.100
```

既然读取元数据使用av_dict_get函数，那么写入元数据就能用av_dict_set函数。以下代码演示了如何把元数据从来源文件一个个复制到目标文件（从in_fmt_ctx到out_fmt_ctx）（完整代码见chapter08/writemeta.c）。

```
    const AVDictionaryEntry *tag = NULL;
    // 遍历音视频文件的元数据
    while ((tag = av_dict_get(in_fmt_ctx->metadata, "", tag, AV_DICT_IGNORE_SUFFIX))) {
        // 把元数据一个一个复制过来
        av_dict_set(&out_fmt_ctx->metadata, tag->key, tag->value, AV_DICT_IGNORE_SUFFIX);
    }
```

上面的代码依次遍历并逐个复制元数据，该方式固然能够复制所有元数据，但是这种写法比较啰唆，为了方便开发者使用，FFmpeg封装了av_dict_copy函数，允许把来源文件的元数据整个复制到目标文件。此时复制元数据的代码变成了下面这样。

```
    // 把元数据整体复制过来
    ret = av_dict_copy(&out_fmt_ctx->metadata, in_fmt_ctx->metadata, 0);
    if (ret < 0) {
        av_log(NULL, AV_LOG_ERROR, "copy meta occur error %d\n", ret);
```

```
        return -1;
    }
```

除复制现有的元数据外,开发者还能给音视频文件添加新的元数据。只是元数据的键名不能乱取,必须使用规定的名称才能表达有意义的媒体信息,常见的元数据合法键名及其说明见表8-1。

表 8-1　常见的元数据合法键名及其说明

元数据的键名	说　　明
album	专辑名
artist	艺术家
comment	附加说明
composer	作曲家
copyright	版权方
date	创建日期
disc	唱片的编号
encoder	编码标准,压缩方式
filename	文件的原始名称
genre	体裁、流派
language	主要语言列表,以逗号分隔
performer	演员,表演者
publisher	出版商,发行人
title	标题

假设新增的元数据其键名和键值都从命令行获取的,那么可采用以下代码往目标文件中添加新的元数据信息。

```
const char *key = "";              // 元数据的键名
const char *value = "";            // 元数据的键值
if (argc > 2) {                    // 从命令行获取元数据的键名
    key = argv[2];
}
if (argc > 3) {                    // 从命令行获取元数据的键值
    value = argv[3];
}
// 单独设置某个元数据
ret = av_dict_set(&out_fmt_ctx->metadata, key, value, AV_DICT_IGNORE_SUFFIX);
if (ret < 0) {
    av_log(NULL, AV_LOG_ERROR, "write meta occur error %d\n", ret);
    return -1;
}
```

接着执行下面的编译命令:

```
gcc writemeta.c -o writemeta -I/usr/local/ffmpeg/include -L/usr/local/ffmpeg/lib
-lavformat -lavdevice -lavfilter -lavcodec -lavutil -lswscale -lswresample -lpostproc -lm
```

编译完成后,执行以下命令启动测试程序,期望向视频文件添加一个元数据,元数据的键名为artist,键值为anonymous。

```
./writemeta ../fuzhou.mp4 artist anonymous
```

程序运行完毕，发现控制台输出以下日志信息，说明完成了把视频文件复制到output.mp4的操作。

```
Success open input_file ../fuzhou.mp4.
Success open output_file output.mp4.
Success write meta.
Success copy file.
```

然后执行以下命令启动测试程序，期望读取新文件output.mp4的元数据信息。

```
./readmeta output.mp4
```

程序运行完毕，发现控制台输出以下日志信息，说明完成了从视频文件读取元数据的操作。

```
Success open input_file output.mp4.
metadata major_brand=isom
metadata minor_version=512
metadata compatible_brands=isomiso2avc1mp41
metadata artist=anonymous
metadata encoder=Lavf60.4.100
```

把修改之后的output.mp4元数据跟修改之前的fuzhou.mp4元数据进行比较，发现多了一行metadata artist=anonymous，表示成功往视频文件添加了指定的元数据信息。

8.2.2 元数据的中文乱码问题处理

元数据可以保存英文，自然也能保存中文，尤其中文世界的MP3文件更是大量添加了中文说明，这便带来了中文字符在音视频文件内部的编码问题。早在前面的7.2.3节，就提到Windows系统对中文默认使用GBK编码，而Linux系统对中文默认使用UTF-8编码。那么无论音视频的元数据采用哪种中文内码，如果不进行字符集的转码处理，总会在Windows和Linux两个系统之一产生中文乱码。

若想让音视频的中文元数据同时兼容Windows系统和Linux系统，势必要对两种中文内码分别对应处理，具体的处理步骤说明如下。

01 判断元数据保存的字符串采取哪种内码，是ASCII内码、GBK内码还是UTF-8内码，具体的判断方式详见7.2.3节。

02 若是ASCII内码，则表示字符串为纯英文，此时直接使用即可。

03 若是GBK内码，则要判断当前是什么操作系统。若为Windows系统，则直接输出文字；若为Linux系统，则需将GBK内码转为UTF-8内码，然后输出转码后的文字。

04 若是UTF-8内码，则要判断当前是什么操作系统。若为Windows系统，则需将UTF-8内码转为GBK内码，然后输出转码后的文字；若为Linux系统，则直接输出文字。

以上对元数据字符串的转码处理流程如图8-19所示。

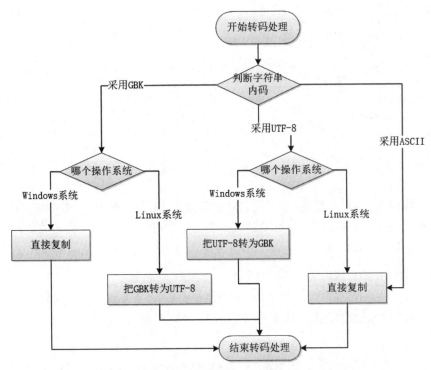

图 8-19　元数据中文转码流程

对于字符串的中文内码转换，可引入系统自带的字符集编码转换库iconv，相应的转码函数定义如下，其中包括GBK内码转UTF-8内码，以及UTF-8内码转GBK内码（完整代码见chapter08/convertmeta.c）。

```c
#include <iconv.h>  // iconv用于字符内码转换

// 把字符串从GBK编码改为UTF-8编码
int gbk_to_utf8(char *src_str, size_t src_len, char *dst_str, size_t dst_len) {
    iconv_t cd;
    char **pin = &src_str;
    char **pout = &dst_str;
    cd = iconv_open("UTF-8", "GBK");
    if (cd == NULL)
        return -1;
    memset(dst_str, 0, dst_len);
    if (iconv(cd, pin, &src_len, pout, &dst_len) == -1)
        return -1;
    iconv_close(cd);
    *pout[0] = '\0';
    return 0;
}

// 把字符串从UTF-8编码改为GBK编码
int utf8_to_gbk(char *src_str, size_t src_len, char *dst_str, size_t dst_len) {
    iconv_t cd;
    char **pin = &src_str;
```

```
    char **pout = &dst_str;
    cd = iconv_open("GBK", "UTF-8");
    if (cd == NULL)
        return -1;
    memset(dst_str, 0, dst_len);
    if (iconv(cd, pin, &src_len, pout, &dst_len) == -1)
        return -1;
    iconv_close(cd);
    *pout[0] = '\0';
    return 0;
}
```

就MP3文件而言,情况要复杂一些,因为MP3添加了更多的扩展信息,这些信息被封装在文件头部的ID3v2标签中,有关ID3v2的说明参见5.2.1节。有些MP3文件对元数据的中文采用ISO8859-1编码,把GBK内码转为ISO8859-1内码时,按照单字节分段重新编码,重新编码的规则说明如下。

(1)在0x00~0x7f范围内的,保持原值不变。
(2)在0x80~0xbf范围内的,在前面加个0xc2,原来的1字节就变成了2字节。
(3)在0xc0~0xff范围内的,在前面加个0xc3,同时码值减去0x40,原来的1字节就变成了2字节。

那么在解析此类MP3文件时,就要将中文从ISO8859-1内码转为GBK内码,转换过程相当于把上述重新编码的步骤倒过来,也就是按照以下规则转码:

(1)判断当前是否为0xc2,若是,则读取下一字节。
(2)判断当前是否为0xc3,若是,则读取下一字节并给下一字节加上0x40。
(3)既非0xc2又非0xc3的,原样读取即可。

按照以上转码步骤,编写ISO转码函数如下:

```
// 把ISO编码转换为原来的内码
int iso_to_data(unsigned char *src_str, size_t src_len, char *dst_str) {
    int src_pos = 0, dst_pos = 0;
    for (; src_pos<src_len; src_pos++, dst_pos++) {
        if (src_str[src_pos] == 0xc2) {
            src_pos++;
            dst_str[dst_pos] = src_str[src_pos];
        } else if (src_str[src_pos] == 0xc3) {
            src_pos++;
            dst_str[dst_pos] = src_str[src_pos]+0x40;
        } else {
            dst_str[dst_pos] = src_str[src_pos];
        }
    }
    dst_str[dst_pos] = 0;
    return 0;
}
```

接着结合前述中文内码转码流程的4个步骤,编写以下字符串转码处理函数,同时兼容Windows系统和Linux系统。

```c
// 获取中文文本
void get_zh(char *key, char *src_str, char *dst_str, size_t dst_len) {
    size_t src_len = strlen(src_str);
    int flag_ascii = is_ascii((unsigned char*)src_str, src_len);
    if (flag_ascii == 0) {  // 采用ASCII编码，直接返回
        snprintf(dst_str, dst_len, "%s", src_str);
        return;
    }
    char tmp_str[src_len+1];
    size_t tmp_len = src_len;
    int flag_iso = is_iso((unsigned char*)src_str, src_len);
    if (flag_iso == 0) {
        iso_to_data((unsigned char*)src_str, src_len, tmp_str);
        tmp_len = strlen(tmp_str);
    } else {
        memcpy(tmp_str, src_str, tmp_len);
        tmp_str[tmp_len] = 0;
    }
    int flag_utf8 = is_utf8((unsigned char*)tmp_str, tmp_len);
#ifdef _WIN32
    if (flag_utf8 == 0) {  // 采用UTF-8编码，要改成Windows默认的GBK编码
        utf8_to_gbk(tmp_str, tmp_len, dst_str, dst_len);
    } else {
        snprintf(dst_str, dst_len, "%s", tmp_str);
    }
#else
    if (flag_utf8 == 0) {
        snprintf(dst_str, dst_len, "%s", tmp_str);
    } else {  // 采用GBK编码，要改成Linux默认的UTF-8编码
        gbk_to_utf8(tmp_str, tmp_len, dst_str, dst_len);
    }
#endif
    printf("metadata %s=%s, length=%d, is_iso=%s, is_gbk=%s, is_utf8=%s\n",
        key, tmp_str, tmp_len, flag_iso==0?"true":"false",
        flag_utf8!=0?"true":"false", flag_utf8==0?"true":"false");
    return;
}
```

然后在主程序中依次遍历音视频文件的元数据，对于中文字符串调用get_zh函数进行转码处理，并将转码前后的字符串分别打印出来，下面是遍历元数据并转码的代码片段。

```c
const AVDictionaryEntry *tag = NULL;
// 遍历音视频文件的元数据，并转换元数据的中文内码
while ((tag = av_dict_get(fmt_ctx->metadata, "", tag, AV_DICT_IGNORE_SUFFIX))) {
    int flag_ascii = is_ascii((unsigned char*)tag->value, strlen(tag->value));
    if (flag_ascii == 0) {  // 若为ASCII内码，则无须转换
        continue;
    }
    int len = strlen(tag->value)*3/2;
    char dst_str[len];
    // 获取可在操作系统命令行正常显示的中文文本
```

```
        get_zh(tag->key, tag->value, dst_str, sizeof(dst_str));
        printf("command zh-cn is: %s\n", dst_str);
}
```

接着执行下面的Windows编译命令，注意新增链接iconv库。

```
gcc convertmeta.c -o convertmeta -I/usr/local/ffmpeg/include -L/usr/local/ffmpeg/lib
-lavformat -lavdevice -lavfilter -lavcodec -lavutil -lswscale -lswresample -lpostproc -liconv
-lm
```

若在Linux系统编译，则无须写明iconv库，也就是执行下面的Linux编译命令：

```
gcc convertmeta.c -o convertmeta -I/usr/local/ffmpeg/include -L/usr/local/ffmpeg/lib
-lavformat -lavdevice -lavfilter -lavcodec -lavutil -lswscale -lswresample -lpostproc -lm
```

编译完成后，执行以下命令启动测试程序，期望查看plum.mp3的元数据信息。

```
./convertmeta ../plum.mp3
```

程序运行完毕，发现控制台输出以下日志信息，说明plum.mp3的元数据对中文采用ISO+GBK内码，转码后在Windows命令行正常显示中文。

```
Success open input_file ../plum.mp3.
metadata title=一剪梅, length=6, is_iso=true, is_gbk=true, is_utf8=false
command zh-cn is: 一剪梅
metadata genre=流行音樂, length=8, is_iso=true, is_gbk=true, is_utf8=false
command zh-cn is: 流行音樂
metadata album=流行的经典, length=10, is_iso=true, is_gbk=true, is_utf8=false
command zh-cn is: 流行的经典
metadata album_artist=黑鸭子演唱组, length=12, is_iso=true, is_gbk=true, is_utf8=false
command zh-cn is: 黑鸭子演唱组
metadata artist=黑鸭子演唱组, length=12, is_iso=true, is_gbk=true, is_utf8=false
command zh-cn is: 黑鸭子演唱组
```

继续执行以下命令启动测试程序，期望查看ship.mp3的元数据信息。

```
./convertmeta ../ship.mp3
```

程序运行完毕，发现控制台输出以下日志信息，说明ship.mp3的元数据对中文采用GBK内码，无须转码即可在Windows命令行正常显示中文。

```
Success open input_file ../ship.mp3.
metadata title=渔舟唱晚, length=8, is_ascii=false, is_gbk=true, is_utf8=false
command zh-cn is: 渔舟唱晚
metadata artist=中国十大古典名曲, length=16, is_ascii=false, is_gbk=true, is_utf8=false
command zh-cn is: 中国十大古典名曲
command zh-cn is: Other
```

8.2.3 修改FFmpeg源码解决乱码

8.2.2节介绍了如何在命令行输出正确的中文，但并未修改音视频文件保存的元数据。现在依次运行以下测试命令，看看直接复制元数据的时候是什么情况。

```
./writemeta ../plum.mp3
./readmeta output.mp3
```

程序运行完毕，发现控制台输出以下日志信息，从genre、album、album_artist、artist的各个字段可见，生成的output.mp3元数据全部乱码了。

```
Success open input_file output.mp3.
metadata track=7
metadata genre=á÷DDò??·
metadata album=á÷DDµ??-µ?
metadata album_artist=oú??×ó?Y3a?M
metadata artist=oú??×ó?Y3a×é
```

这是因为FFmpeg默认采用UTF-8编码，使得GBK编码的元数据被当成UTF-8字符处理，结果自然变得面目全非了。如果想解决复制元数据的乱码问题，就要先把来源文件的GBK内码字符串转成UTF-8内码，再把UTF-8内码的字符串写入目标文件的元数据。考虑到这个改动属于通用需求，与其在复制音视频文件的时候一个一个改，不如直接修改FFmpeg的元数据源码，在底层实现元数据字符串的转码操作，让FFmpeg彻底兼容GBK与UTF-8这两种中文编码方式。

查看FFmpeg的元数据处理源码libavutil/dict.c，发现元数据的复制函数av_dict_copy定义如下：

```
int av_dict_copy(AVDictionary **dst, const AVDictionary *src, int flags)
{
    AVDictionaryEntry *t = NULL;
    while ((t = av_dict_get(src, "", t, AV_DICT_IGNORE_SUFFIX))) {
        int ret = av_dict_set(dst, t->key, t->value, flags);
        if (ret < 0)
            return ret;
    }
    return 0;
}
```

可见av_dict_copy函数的内部逻辑很简单，仅是遍历来源文件的各项元数据，再依次写入目标文件而已。在整个复制过程中，没有对字符集编码做任何处理，显然如果元数据原先采用GBK内码，就会被FFmpeg默认的UTF-8强行弄坏。

为了让av_dict_copy函数能够兼容中文的各种内码，就得引入iconv库针对各种中文内码分别处理。详细的处理流程说明如下。

（1）判断元数据保存的字符串是否采用ISO8859-1编码，若是，则先将字符串从ISO8859-1内码转为GBK内码；若不是，则保持不变。具体判断方式详见8.2.2节。

（2）判断第一步处理后的字符串采取哪种内码，是ASCII内码、GBK内码还是UTF-8内码，具体判断方式详见7.2.3节。

（3）若是ASCII内码，则表示字符串为纯英文，此时直接写入目标文件即可；

（4）若是UTF-8内码，则直接写入目标文件即可，因为FFmpeg默认使用UTF-8编码。

（5）若是GBK内码，则需先将GBK内码转为UTF-8内码，再把转码后的字符串写入目标文件。

按照以上步骤给av_dict_copy函数添加转码逻辑，改动后的FFmpeg代码如下（完整代码见chapter08/dict.c）。

```
#include <iconv.h>

int pre_num(unsigned char byte);
```

```c
int is_utf8(unsigned char* data, int len);
int is_gbk(unsigned char* data, int len);
int is_ascii(unsigned char* data, int len);
int is_iso(unsigned char* data, int len);
int gbk_to_utf8(char *src_str, size_t src_len, char *dst_str, size_t dst_len);
int utf8_to_gbk(char *src_str, size_t src_len, char *dst_str, size_t dst_len);
int iso_to_data(unsigned char *src_str, size_t src_len, char *dst_str);
// 此处省略以上几个函数的实现代码

int av_dict_copy(AVDictionary **dst, const AVDictionary *src, int flags)
{
    const AVDictionaryEntry *tag = NULL;
    int ret;
    while ((tag = av_dict_get(src, "", tag, AV_DICT_IGNORE_SUFFIX))) {
        size_t src_len = strlen(tag->value);
        size_t tmp_len = src_len;
        char *tmp_str = malloc(tmp_len+1);
        if (is_iso((unsigned char*)tag->value, src_len) == 0) {
            iso_to_data((unsigned char*)tag->value, src_len, tmp_str);
            tmp_len = strlen(tmp_str);
        } else {
            memcpy(tmp_str, tag->value, tmp_len);
            tmp_str[tmp_len] = 0;
        }
        if (is_ascii((unsigned char*)tmp_str, tmp_len)==0 || is_utf8((unsigned char*)tmp_str, tmp_len)==0) {
            ret = av_dict_set(dst, tag->key, tmp_str, AV_DICT_IGNORE_SUFFIX);
            if (ret < 0)
                return ret;
        } else { // 字符采用GBK编码，需要转成UTF-编码
            int dst_len = tmp_len*3/2;
            char *dst_str = malloc(dst_len+1);
            gbk_to_utf8(tmp_str, tmp_len, dst_str, dst_len);
            ret = av_dict_set(dst, tag->key, dst_str, AV_DICT_IGNORE_SUFFIX);
            if (ret < 0)
                return ret;
        }
        free(tmp_str);
    }
    return 0;
}
```

接着回到FFmpeg源码的目录，依次执行下面的编译与安装命令：

```
make clean
make -j4
make install
```

若为Windows环境，则执行以下命令。若为Linux环境，则无须执行以下命令。

```
mv /usr/local/ffmpeg/bin/*.lib /usr/local/ffmpeg/lib/
```

FFmpeg编译完成后，回到writemeta.c所在目录，执行下面的编译命令：

```
gcc writemeta.c -o writemeta -I/usr/local/ffmpeg/include -L/usr/local/ffmpeg/lib
-lavformat -lavdevice -lavfilter -lavcodec -lavutil -lswscale -lswresample -lpostproc -lm
```

编译完成后，执行以下命令启动测试程序，期望在复制音视频文件的同时一起复制元数据。

```
./writemeta ../plum.mp3
```

程序运行完毕，发现控制台输出以下日志信息，说明完成了把音频文件复制到output.mp3的操作。

```
Success open input_file ../plum.mp3.
Success open output_file output.mp3.
Success write meta.
Success copy file.
```

继续执行以下命令启动测试程序，期望读取新文件的元数据信息。

```
./readmeta output.mp3
```

程序运行完毕，发现控制台输出以下日志信息，说明元数据的中文字符串正确复制到新文件中了。

```
Success open input_file output.mp3.
metadata track=7
metadata genre=流行音樂
metadata album=流行的经典
metadata album_artist=黑鸭子演唱組
metadata artist=黑鸭子演唱组
```

8.3 自定义视频滤镜

本节介绍FFmpeg对新增视频滤镜的自定义过程，首先描述如何使用滤镜给视频添加模糊和锐化特效；然后以vflip滤镜的源码为例，叙述一个视频滤镜是如何实现的；最后仍旧以vflip滤镜为例，阐述如何给FFmpeg框架集成一个新增的视频滤镜。

8.3.1 添加模糊和锐化特效

除与色彩转换有关的特效外，模糊画面也是一种常见的特效，它能够让画面呈现一种朦胧的感觉。FFmpeg通过boxblur滤镜实现模糊特效，该滤镜的主要选项参数说明如下。

- luma_radius：亮度模糊框的半径，可简写为lr。默认为2个像素，半径越大则画面越模糊。
- luma_power：亮度模糊的次数，可简写为lp。默认为2次，次数越多则画面越模糊。
- chroma_radius：色度模糊框的半径，可简写为cr。默认为-1，表示不模糊。
- chroma_power：色度模糊的次数，可简写为cp。默认为-1，表示不模糊。
- alpha_radius：透明度模糊框的半径，可简写为ar。默认为-1，表示不模糊。
- alpha_power：透明度模糊的次数，可简写为ap。默认为-1，表示不模糊。

对于一般场合而言，调整luma_radius的大小即可实现不同程度的模糊特效。

执行以下命令启动测试程序，根据命令行输入的过滤字符串boxblur=luma_radius=4，期望在亮度方面模糊视频画面。

```
cd ../chapter06
./videofilter ../fuzhous.mp4 boxblur=luma_radius=4
```

程序运行完毕，发现控制台输出以下日志信息，说明完成了对视频滤波加工的操作。

```
Success open input_file ../fuzhous.mp4.
filters_desc : boxblur=luma_radius=4
args : video_size=480x270:pix_fmt=0:time_base=1/12800:pixel_aspect=1/1
Success open output_file output_boxblur.mp4.
Success process video file.
```

然后打开影音播放器可以正常观看output_boxblur.mp4，并且视频画面变得模糊，如图8-20所示，对比模糊前的视频画面，如图8-21所示，可见以上命令正确实现了模糊视频画面的功能。

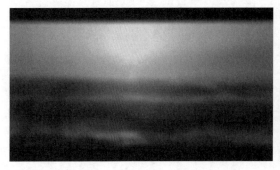
图 8-20　模糊之后的视频画面

图 8-21　模糊之前的视频画面

> 提示　运行下面的ffmpeg命令也可以给视频运用boxblur滤镜。

```
ffmpeg -i ../fuzhous.mp4 -vf boxblur=luma_radius=4 ff_boxblur.mp4
```

模糊的逆向操作是锐化，所谓锐化，指的是提高图像的锐利程度，通过修改图像纹理使其内部线条更加尖锐，锐化后的图像看起来更加清晰、更加细腻。FFmpeg通过unsharp滤镜实现锐化特效，该滤镜的主要选项参数说明如下。

- luma_amount：亮度效果的强度，可简写为la。取值区间是[-2,5]，默认为1。强度越大则越突出锐化后的边缘。
- chroma_amount：色度效果的强度，可简写为ca。取值区间是[-2,5]，默认为0，表示不锐化。
- alpha_amount：透明度效果的强度，可简写为aa。取值区间是[-2,5]，默认为0，表示不锐化。

对于一般场合而言，调整luma_amount的大小即可实现不同程度的锐化特效。

执行以下命令启动测试程序，根据命令行输入的过滤字符串unsharp=luma_amount=3，期望在亮度方面锐化视频画面。

```
cd ../chapter06
./videofilter ../fuzhous.mp4 unsharp=luma_amount=3
```

程序运行完毕，发现控制台输出以下日志信息，说明完成了对视频滤波加工的操作。

```
Success open input_file ../fuzhous.mp4.
filters_desc : unsharp=luma_amount=3
args : video_size=480x270:pix_fmt=0:time_base=1/12800:pixel_aspect=1/1
Success open output_file output_unsharp.mp4.
Success process video file.
```

然后打开影音播放器可以正常观看output_unsharp.mp4，并且画面线条变得清晰，如图8-22所示，对比锐化前的视频画面，如图8-23所示，可见以上命令正确实现了锐化视频画面的功能。

图 8-22 锐化之后的视频画面

图 8-23 锐化之前的视频画面

提示 运行下面的ffmpeg命令也可以给视频运用unsharp滤镜。

```
ffmpeg -i ../fuzhous.mp4 -vf unsharp=luma_amount=3 ff_unsharp.mp4
```

8.3.2 视频滤镜的代码分析

滤波加工是FFmpeg的一大功能，它总计提供了数百个音视频滤镜，尤其在对视频画面添加各种特效时，都少不了丰富多样的酷炫滤镜。那么FFmpeg是如何实现一个滤镜的呢？以较简单的上下翻转滤镜vflip为例，它的源码位于libavfilter/vf_vflip.c，下面准备分析该源码，管中窥豹，看看一个滤镜是怎样实现的。

首先拉到vf_vflip.c的文件末尾，找到过滤器变量ff_vf_vflip的定义代码，如下所示：

```
const AVFilter ff_vf_vflip = {
    .name        = "vflip",
    .description = NULL_IF_CONFIG_SMALL("Flip the input video vertically."),
    .priv_size   = sizeof(FlipContext),
    .priv_class  = &vflip_class,
    FILTER_INPUTS(avfilter_vf_vflip_inputs),
    FILTER_OUTPUTS(avfilter_vf_vflip_outputs),
    .flags       = AVFILTER_FLAG_SUPPORT_TIMELINE_GENERIC,
};
```

由以上代码可知，该滤镜的名称叫作vflip，输入参数位于avfilter_vf_vflip_inputs，输出参数位于avfilter_vf_vflip_outputs。

把vf_vflip.c的文件内容从末尾往上拉十几行，avfilter_vf_vflip_inputs和avfilter_vf_vflip_outputs的定义代码，如下所示：

```
static const AVFilterPad avfilter_vf_vflip_inputs[] = {
    {
```

```
        .name            = "default",
        .type            = AVMEDIA_TYPE_VIDEO,
        .get_buffer.video = get_video_buffer,
        .filter_frame    = filter_frame,
        .config_props    = config_input,
    },
};

static const AVFilterPad avfilter_vf_vflip_outputs[] = {
    {
        .name = "default",
        .type = AVMEDIA_TYPE_VIDEO,
    },
};
```

由以上代码可知，vflip滤镜的输入参数为视频类型AVMEDIA_TYPE_VIDEO，属性配置函数为config_input（相当于初始化操作），滤波加工函数为filter_frame。注意vflip滤镜的输出参数也为视频类型AVMEDIA_TYPE_VIDEO，说明该滤镜的输入源是单个视频，加工之后仍然输出一个视频。

如果一个滤镜存在两个视频输入源，那么输入参数应当是个数组，才能存放两个输入源的视频类型，比如overlay滤镜，它的源码位于libavfilter/vf_overlay.c，其内部对于输入参数的定义代码是下面这样的：

```
static const AVFilterPad avfilter_vf_overlay_inputs[] = {
    {
        .name         = "main",
        .type         = AVMEDIA_TYPE_VIDEO,
        .config_props = config_input_main,
    },
    {
        .name         = "overlay",
        .type         = AVMEDIA_TYPE_VIDEO,
        .config_props = config_input_overlay,
    },
};
```

由以上代码可知，overlay滤镜存在两个输入源，其中一个叫作main，另一个叫作overlay，这两个输入源都属于视频类型AVMEDIA_TYPE_VIDEO。

回到vflip滤镜的源码，继续上拉vf_vflip.c的文件内容，找到filter_frame函数的定义代码，如下所示：

```
static int filter_frame(AVFilterLink *link, AVFrame *frame)
{
    FlipContext *flip = link->dst->priv;
    int i;

    if (flip->bayer)
        return flip_bayer(link, frame);

    for (i = 0; i < 4; i ++) {
        int vsub = i == 1 || i == 2 ? flip->vsub : 0;
```

```
            int height = AV_CEIL_RSHIFT(link->h, vsub);

            if (frame->data[i]) {
                frame->data[i] += (height - 1) * frame->linesize[i];
                frame->linesize[i] = -frame->linesize[i];
            }
        }
    }

    return ff_filter_frame(link->dst->outputs[0], frame);
}
```

注意filter_frame函数内部有个for循环，该循环依次处理视频帧的下列4个色值平面：

（1）序号为0的平面代表亮度Y分量。

（2）序号为1的平面代表色度的蓝色投影U分量。

（3）序号为2的平面代表色度的红色投影V分量。

（4）序号为3的平面代表透明度A分量。

然后各平面分别把起始的数据地址指针改成倒数第一行的地址，把该平面的每行大小取反（正数表示取下一行，负数表示取上一行），加工代码如下：

```
    frame->data[i] += (height - 1) * frame->linesize[i];
    frame->linesize[i] = -frame->linesize[i];
```

由上述代码可知，在加工之前，视频画面的原点位于左上角，然后往右、往下遍历所有像素。在加工之后，视频画面的原点改到了左下角（注意"+=(height-1)"位于画面内部的左下角，如果是"+=height"就会跑到了画面外部的下面一行），然后往右、往上遍历所有像素。这样最终输出的视频画面便实现了上下翻转的倒影效果。

8.3.3 自定义视频翻转滤镜

8.3.2节分析了FFmpeg滤镜的实现代码，若想给FFmpeg新增一种滤镜，要调整哪些代码和配置呢？本节以vf_vflip.c为例，介绍怎样给FFmpeg添加新滤镜。详细的改造步骤说明如下。

1. 编写新滤镜的代码

方便起见，新滤镜照搬vf_vflip.c的源码，只是把它改个名字，改名为vf_vvflip.c，同时文件内容的vflip也都全改为vvflip。新滤镜的代码vf_vvflip.c一样放在libavfilter目录下。

2. 给allfilters.c补充新滤镜的定义

打开libavfilter/allfilters.c，找到如下代码：

```
extern const AVFilter ff_vf_vflip;
```

在上面那行代码下面添加如下代码，表示新增滤镜vf_vvflip：

```
extern const AVFilter ff_vf_vvflip;
```

3. 给Makefile补充新滤镜代码的编译规则

打开编译文件libavfilter/Makefile，找到如下代码：

```
OBJS-$(CONFIG_VFLIP_FILTER)                          += vf_vflip.o
```

在上面那行代码下面添加如下代码,表示给新滤镜VVFLIP_FILTER编译vf_vvflip.o(注意左右两边都要改成两个v)。

```
OBJS-$(CONFIG_VVFLIP_FILTER)                         += vf_vvflip.o
```

4. 重新配置FFmpeg

回到FFmpeg源码的目录,若是Windows环境,则执行以下命令重新配置FFmpeg:

```
./configure --prefix=/usr/local/ffmpeg --arch=x86_64 --enable-shared --disable-static
--disable-doc --enable-libx264 --enable-libx265 --enable-libxavs2 --enable-libdavs2
--enable-libmp3lame --enable-libfreetype --enable-gpl --enable-nonfree --enable-iconv
--enable-zlib --extra-cflags="-I/usr/local/lame/include" --extra-ldflags="-L/usr/local/
lame/lib" --cross-prefix=x86_64-w64-mingw32- --target-os=mingw32
```

若是Linux环境,则执行以下命令重新配置FFmpeg:

```
./configure --prefix=/usr/local/ffmpeg --enable-shared --disable-static --disable-doc
--enable-libx264 --enable-libx265 --enable-libxavs2 --enable-libdavs2 --enable-libmp3lame
--enable-libfreetype --enable-gpl --enable-nonfree --enable-iconv --enable-zlib
```

5. 重新编译与安装FFmpeg

配置命令完成后,依次执行下面的编译与安装命令:

```
make clean
make -j4
make install
```

若为Windows环境,则执行以下命令。若为Linux环境,则无须执行以下命令。

```
mv /usr/local/ffmpeg/bin/*.lib /usr/local/ffmpeg/lib/
```

6. 执行测试命令检验新滤镜vf_vvflip

回到chapter06目录,执行下面的编译命令:

```
gcc videofilter.c -o videofilter -I/usr/local/ffmpeg/include -L/usr/local/ffmpeg/lib
-lavformat -lavdevice -lavfilter -lavcodec -lavutil -lswscale -lswresample -lpostproc -lm
```

等待编译完毕,执行以下命令启动测试程序,根据命令行输入的过滤字符串vvflip,期望上下翻转视频画面。

```
./videofilter ../fuzhous.mp4 vvflip
```

程序运行完毕,发现控制台输出以下日志信息,说明完成了对视频滤波加工的操作。

```
Success open input_file ../fuzhous.mp4.
filters_desc : vvflip
args : video_size=480x270:pix_fmt=0:time_base=1/12800:pixel_aspect=1/1
Success open output_file output_vvflip.mp4.
Success process video file.
```

然后打开影音播放器可以正常观看output_vvflip.mp4,并且整个画面上下翻转过来如图8-24所示,对比原始视频的画面,如图8-25所示,可知以上命令正确实现了倒影效果,说明新的vvflip滤镜已经成功添加进了FFmpeg。

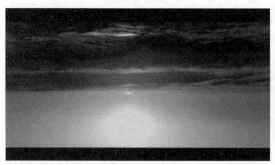

图 8-24 上下翻转之后的视频画面

图 8-25 上下翻转之前的视频画面

提示 运行下面的ffmpeg命令也可以给视频运用新加的vvflip滤镜。

```
ffmpeg -i ../fuzhous.mp4 -vf vvflip ff_vvflip.mp4
```

注意,这里的FFmpeg程序必须编译集成本小节的改造代码,因为FFmpeg官方源码并未实现vvflip滤镜。

8.4 实战项目:侧边模糊滤镜

本节介绍一个实战项目"侧边模糊滤镜"的设计和实现。首先描述如何基于boxblur滤镜实现模糊画面两侧的代码逻辑,然后叙述如何给FFmpeg框架集成新增的侧边模糊滤镜。

8.4.1 实现两侧模糊逻辑

在8.3节中我们介绍了增加新滤镜的完整流程,但新滤镜vvflip仅仅是把原滤镜vflip的代码照搬过来,依然只是现有的上下翻转特效,并未提供新功能。当然,对于初学者来说,实现一个全新功能的滤镜确实有点难,毕竟容易实现的早就在FFmpeg框架中做好了。不过,若在已有的滤镜代码上进行修改,其实也能创建出具备实用价值的新滤镜。

比如模糊滤镜boxblur,该滤镜能够把整个视频画面全部模糊掉,然而整个视频都模糊了还怎么看呢?最好只模糊部分区域,比如视频画面的左右两侧边缘,有些短视频就是模糊了左右两侧,留下中间区域清晰显示。那么参考模糊滤镜boxblur,是否能够实现新的侧边模糊滤镜呢?

打开模糊滤镜boxblur的源码libavfilter/vf_boxblur.c,发现它的过滤函数入口为filter_frame,内部的模糊处理代码框架如下:

```
for (plane = 0; plane < 4 && in->data[plane] && in->linesize[plane]; plane++)
    hblur(out->data[plane], out->linesize[plane],
          in ->data[plane], in ->linesize[plane],
          w[plane], h[plane], s->radius[plane], s->power[plane],
          s->temp, pixsize);
for (plane = 0; plane < 4 && in->data[plane] && in->linesize[plane]; plane++)
```

```
            vblur(out->data[plane], out->linesize[plane],
                out->data[plane], out->linesize[plane],
                w[plane], h[plane], s->radius[plane], s->power[plane],
                s->temp, pixsize);
```

可见该滤镜把视频数据分成了4个平面，第1个平面表示Y值，第2个平面表示U值，第3个平面表示V值，第4个平面表示A值（Alpha，透明度）。这4个平面的宏定义参见boxblur.h，具体如下：

```
#define Y 0
#define U 1
#define V 2
#define A 3
```

分成4个平面之后，filter_frame函数内部对这4个平面分别进行水平方向的模糊（调用hblur函数）和垂直方向的模糊（调用vblur函数）。初步搞清楚vf_boxblur.c的模糊处理逻辑，即可想办法对其加以改造，把左右两侧的模糊区域宽度传进去，限定只模糊在左右两侧指定宽度之内的区域，而不模糊中间区域。这样便能实现侧边模糊的滤镜功能了，据此制定新滤镜的改造步骤说明如下：

（1）把vf_boxblur.c复制一份，另存为vf_sideblur.c，并将新文件中所有的boxblur改为sideblur，所有的BoxBlur改为SideBlur。

（2）计算视频两侧模糊区域的宽度变量scope，并将该变量传给hblur与vblur两个函数。注意U值和V值的宽度与Y值不一样，因为在YUV420P格式中，UV的数量各自只有Y的1/4，所以UV的宽度要按照相对Y的比例调整。修改之后的filter_frame函数代码示例如下：

```
static int filter_frame(AVFilterLink *inlink, AVFrame *in)
{
    AVFilterContext *ctx = inlink->dst;
    SideBlurContext *s = ctx->priv;
    AVFilterLink *outlink = inlink->dst->outputs[0];
    AVFrame *out;
    int plane;
    int cw = AV_CEIL_RSHIFT(inlink->w, s->hsub), ch = AV_CEIL_RSHIFT(in->height, s->vsub);
    int w[4] = { inlink->w, cw, cw, inlink->w };
    int h[4] = { in->height, ch, ch, in->height };
    const AVPixFmtDescriptor *desc = av_pix_fmt_desc_get(inlink->format);
    const int depth = desc->comp[0].depth;
    const int pixsize = (depth+7)/8;
    int scope = inlink->w/6;  // 模糊区域的宽度为视频宽度的1/6
    out = ff_get_video_buffer(outlink, outlink->w, outlink->h);
    if (!out) {
        av_frame_free(&in);
        return AVERROR(ENOMEM);
    }
    av_frame_copy_props(out, in);
    // plane为0表示Y值，为1表示U值，为2表示V值。在YUV420P格式中，UV的数量只有Y的1/4
    for (plane = 0; plane < 4 && in->data[plane] && in->linesize[plane]; plane++)
        hblur(out->data[plane], out->linesize[plane],
            in ->data[plane], in ->linesize[plane],
            w[plane], h[plane], s->radius[plane], s->power[plane],
```

```
                    s->temp, pixsize, plane==0?scope:scope*cw/inlink->w);
    for (plane = 0; plane < 4 && in->data[plane] && in->linesize[plane]; plane++)
        vblur(out->data[plane], out->linesize[plane],
              out->data[plane], out->linesize[plane],
              w[plane], h[plane], s->radius[plane], s->power[plane],
              s->temp, pixsize, plane==0?scope:scope*ch/in->height);
    av_frame_free(&in);
    return ff_filter_frame(outlink, out);
}
```

（3）给hblur与vblur两个函数都增加新的输入参数scope，并将模糊区域宽度（scope）和方向类型（direction）两个数值传给blur_power函数，其中direction为0表示水平方向，为1表示垂直方向。注意hblur函数扫描水平方向，然后参考垂直方向的邻近像素进行模糊；而vblur函数扫描垂直方向，然后参考水平方向的临近像素进行模糊。无论是hblur函数还是vblur函数，结果都调用了blur_power函数处理模糊动作，并且调用blur_power时增加传入scope和direction两个参数。注意vblur函数在for循环内部增加判断横坐标的数值，只有在x<scope（表示左侧模糊区域）与x>w-scope（表示右侧模糊区域）的两侧区域才进行模糊处理，中间区域不进行处理。

下面是修改后的hblur函数和vblur函数的代码。

```
static void hblur(uint8_t *dst, int dst_linesize, const uint8_t *src, int src_linesize,
int w, int h, int radius, int power, uint8_t *temp[2], int pixsize, int scope)
{
    int y;
    if (radius == 0 && dst == src)
        return;
    for (y = 0; y < h; y++)
        blur_power(dst + y*dst_linesize, pixsize, src + y*src_linesize, pixsize,
                   w, radius, power, temp, pixsize, scope, 1);  // 末尾的1表示垂直
}
static void vblur(uint8_t *dst, int dst_linesize, const uint8_t *src, int src_linesize,
int w, int h, int radius, int power, uint8_t *temp[2], int pixsize, int scope)
{
    int x;
    if (radius == 0 && dst == src)
        return;
    for (x = 0; x < w; x++) {
        // x<scope表示左侧模糊区域，x>w-scope表示右侧模糊区域，scope==-1表示全部模糊
        if (x<scope || x>w-scope || scope==-1) {
            blur_power(dst + x*pixsize, dst_linesize, src + x*pixsize, src_linesize,
                       h, radius, power, temp, pixsize, scope, 0);  // 末尾的0表示水平
        }
    }
}
```

（4）给blur_power函数增加scope和direction两个输入参数，前者表示模糊区域宽度，后者表示方向类型，并将这两个新参数传给blur函数，由blur函数分头调用blur8函数或者blur16函数。增加输入参数之后的blur_power函数和blur函数的改动代码如下：

```c
    static inline void blur(uint8_t *dst, int dst_step, const uint8_t *src, int src_step,
int len, int radius, int pixsize, int scope, int direction)
    {
        if (pixsize == 1) blur8 (dst, dst_step    , src, src_step    , len, radius, scope,
direction);
        else
            blur16((uint16_t*)dst, dst_step>>1, (const uint16_t*)src, src_step>>1, len,
radius, scope, direction);
    }

    static inline void blur_power(uint8_t *dst, int dst_step, const uint8_t *src, int src_step,
int len, int radius, int power, uint8_t *temp[2], int pixsize, int scope, int direction)
    {
        uint8_t *a = temp[0], *b = temp[1];

        if (radius && power) {
            blur(a, pixsize, src, src_step, len, radius, pixsize, scope, direction);
            for (; power > 2; power--) {
                uint8_t *c;
                blur(b, pixsize, a, pixsize, len, radius, pixsize, scope, direction);
                c = a; a = b; b = c;
            }
            if (power > 1) {
                blur(dst, dst_step, a, pixsize, len, radius, pixsize, scope, direction);
            } else {
                int i;
                if (pixsize == 1) {
                    for (i = 0; i < len; i++)
                        dst[i*dst_step] = a[i];
                } else
                    for (i = 0; i < len; i++)
                        *(uint16_t*)(dst + i*dst_step) = ((uint16_t*)a)[i];
            }
        } else {
            int i;
            if (pixsize == 1) {
                for (i = 0; i < len; i++)
                    dst[i*dst_step] = src[i*src_step];
            } else
                for (i = 0; i < len; i++)
                    *(uint16_t*)(dst + i*dst_step) = *(uint16_t*)(src + i*src_step);
        }
    }
```

（5）无论是blur8函数还是blur16函数，都涉及宏定义blur ## depth函数。depth函数包含4个for循环，从左往右把像素数据分成4段进行模糊，如果无须模糊中间区域，就可以在这4个循环中间插入判断代码，也就是在第二个for循环与第三个for循环中间添加相应的判断。如果是垂直扫描来源，并且横坐标处于区间（scope,len-scope）内，即满足条件scope<x<len-scope，那么符合该条件的中间区域就保持原状。

下面是depth函数增加方向类型与横坐标大小的判断代码。

```
    // direction为1且scope<x<len-scope的区间为水平方向的中间区域，此时dst等于src，表示不模糊
    if (direction==1 && scope!=-1) {                                          \
        for (; x < scope; x++) {                                              \
            sum += (src[(radius+x)*src_step] - src[(x-radius-1)*src_step])*inv; \
            dst[x*dst_step] = sum >>16;                                       \
        }                                                                     \
        for (; x < len-scope; x++) {                                          \
            sum += (src[(radius+x)*src_step] - src[(x-radius-1)*src_step])*inv; \
            dst[x*dst_step] = src[x*src_step];                                \
        }                                                                     \
    }                                                                         \
```

8.4.2 集成侧边模糊滤镜

在8.4.1节中我们修改了新滤镜vf_sideblur.c的模糊处理代码，接下来还需要按照添加新滤镜的改造流程调整FFmpeg框架，详细的改造步骤说明如下。

1. 编写新滤镜的代码

在前面已经介绍了新滤镜的代码改动，其代码vf_sideblur.c与vf_boxblur.c一样放在libavfilter目录下。

2. 给allfilters.c补充新滤镜的定义

打开libavfilter/allfilters.c，找到如下代码：

```
extern const AVFilter ff_vf_boxblur;
```

在该行代码下面添加如下代码，表示新增滤镜ff_vf_sideblur：

```
extern const AVFilter ff_vf_sideblur;
```

3. 给Makefile补充新滤镜代码的编译规则

打开编译文件libavfilter/Makefile，找到如下代码：

```
OBJS-$(CONFIG_BOXBLUR_FILTER)                += vf_boxblur.o boxblur.o
```

在上面那行代码下面添加如下代码，表示给新滤镜SIDEBLUR_FILTER编译vf_sideblur.o和boxblur.o。

```
OBJS-$(CONFIG_SIDEBLUR_FILTER)               += vf_sideblur.o boxblur.o
```

4. 重新配置FFmpeg

回到FFmpeg源码的目录，若是Windows环境，则执行以下命令重新配置FFmpeg：

```
    ./configure --prefix=/usr/local/ffmpeg --arch=x86_64 --enable-shared --disable-static
--disable-doc --enable-libx264 --enable-libx265 --enable-libxavs2 --enable-libdavs2
--enable-libmp3lame --enable-libfreetype --enable-gpl --enable-nonfree --enable-iconv
--enable-zlib --extra-cflags="-I/usr/local/lame/include"
--extra-ldflags="-L/usr/local/lame/lib" --cross-prefix=x86_64-w64-mingw32-
--target-os=mingw32
```

若是Linux环境，则执行以下命令重新配置FFmpeg：

```
./configure --prefix=/usr/local/ffmpeg --enable-shared --disable-static --disable-doc
--enable-libx264 --enable-libx265 --enable-libxavs2 --enable-libdavs2 --enable-libmp3lame
--enable-libfreetype --enable-gpl --enable-nonfree --enable-iconv --enable-zlib
```

5. 重新编译与安装FFmpeg

配置命令完成后，依次执行下面的编译与安装命令：

```
make clean
make -j4
make install
```

若为Windows环境，则执行以下命令。若为Linux环境，则无须执行以下命令。

```
mv /usr/local/ffmpeg/bin/*.lib /usr/local/ffmpeg/lib/
```

6. 执行测试命令检验新滤镜sideblur

回到chapter06目录，执行下面的编译命令：

```
gcc videofilter.c -o videofilter -I/usr/local/ffmpeg/include -L/usr/local/ffmpeg/lib
-lavformat -lavdevice -lavfilter -lavcodec -lavutil -lswscale -lswresample -lpostproc -lm
```

等待编译完毕，执行以下命令启动测试程序，根据命令行输入的过滤字符串sideblur=luma_radius=10，期望模糊视频的两侧画面：

```
./videofilter ../fuzhous.mp4 sideblur=luma_radius=10
```

程序运行完毕，发现控制台输出以下日志信息，说明完成了对视频滤波加工的操作。

```
Success open input_file ../fuzhous.mp4.
filters_desc : sideblur=luma_radius=10
args : video_size=480x270:pix_fmt=0:time_base=1/12800:pixel_aspect=1/1
Success open output_file output_sideblur.mp4.
Success process video file.
```

然后打开影音播放器可以正常观看output_sideblur.mp4，并且视频的两侧画面变得模糊，如图8-26所示，对比原始视频的画面，如图8-27所示，可知以上命令正确实现了两侧模糊效果，说明新的sideblur滤镜已经成功添加进了FFmpeg。

图 8-26　两侧模糊之后的视频画面

图 8-27　两侧模糊之前的视频画面

> **提示** 运行下面的ffmpeg命令也可以给视频运用新加的sideblur滤镜。

```
ffmpeg -i ../fuzhous.mp4 -vf sideblur=luma_radius=10 ff_sideblur.mp4
```

注意，这里的FFmpeg程序必须编译集成本小节的改造代码，因为FFmpeg官方源码并未实现sideblur滤镜。

8.5 小　　结

本章主要介绍了学习FFmpeg编程必须知道的自定义视频滤镜的办法。首先介绍了如何在Windows环境编译与安装FFmpeg，以及如何集成常用的第三方编解码库（x264、x265、avs2、mp3lame、FreeType）；接着介绍了如何读写音视频文件中的元数据信息，以及如何通过修改FFmpeg源码实现正确复制中文元数据的功能；然后介绍了如何给视频画面添加模糊和锐化特效，以及如何通过修改FFmpeg源码实现自定义的视频翻转滤镜；最后设计了一个实战项目"侧边模糊滤镜"，在该项目的FFmpeg编程中，综合运用了本章介绍的滤镜自定义技术，包括YUV像素处理、新增滤镜集成等。

通过本章的学习，读者应该能够掌握以下3种开发技能：

（1）学会在Windows环境编译和安装FFmpeg，并给它集成常见的第三方库。
（2）学会正确处理音视频文件中的元数据及其携带的中文字符。
（3）学会自定义新的视频滤镜，并给FFmpeg框架集成新滤镜。

第 9 章
FFmpeg 混合音视频

本章介绍FFmpeg对音视频混合加工的开发过程，主要包括：怎样在一个视频文件中同时加工音频流和视频流，以及怎样把一个音频文件混合到另一个音频文件或视频文件中；怎样在一个视频画面上叠加另一个视频画面，以及怎样把两个视频画面相互混合；怎样在两段视频衔接时的场景转换过程中添加转场动画，以及怎样自定义新的转场动画。最后结合本章所学的知识演示一个实战项目"翻书转场动画"的设计与实现。

9.1 多路音频

本节介绍FFmpeg同时操作多路音频的加工操作，首先描述如何对视频文件中的音频流和视频流同时进行滤波加工操作；然后叙述如何利用多通道滤波技术把两个音频文件混合到同一个音频文件中；最后阐述如何把一个音频文件作为背景音乐添加到视频文件中。

9.1.1 同时过滤视频和音频

我们早在第6章就分别实现了简单的视频滤镜和简单的音频滤镜，其中setpts滤镜可以改变视频的播放速度，atempo滤镜可以改变音频的播放速度。不过在播放速度改变之后，总体的播放时间也会随着延长或者缩短。为了避免由于播放时长变化导致的音视频不同步问题，第6章在使用setpts滤镜时丢弃了音频流，在使用atempo滤镜时丢弃了视频流。那么有没有办法能够同时调整音视频的播放速度呢？也就是说，让音频和视频的播放速度同时加快，或者同时减慢，从而不再丢弃音频流或者丢弃视频流。

考虑到音频流和视频流拥有各自的规格参数，它们的滤波加工也有各自的滤镜图，无法采用同一套滤镜图进行加工，只能分开操作，即音频流使用音频滤镜加工，视频流使用视频滤镜加工。那么从描述加工动作的过滤字符串开始，就得区分音频流和视频流。比如一个视频文件中的音频流，可通过[0:a]表示，其中0代表第一个文件，a代表音频（a为audio的首字母）；至于视频流可通过[0:v]表示，其中0代表第一个文件，v代表视频（v为video的首字母）。于是同时把音视频的播放速度调整到两倍所对应的过滤字符串如下：

```
[0:v]setpts=expr=0.5*PTS;[0:a]atempo=tempo=2
```

上面的过滤字符串由两部分组成，前半部分的[0:v]setpts=expr=0.5*PTS专用于加工视频流，后半部分的[0:a]atempo=tempo=2专用于加工音频流，两部分之间用分号隔开。注意，凡是来源的数据流发生变化的，都要使用分号隔开，这样FFmpeg才能区分数据流的来源，再按照先后顺序依次处理。

从过滤字符串的格式变更开始，接下来要开展下列5个步骤同时过滤音视频：把过滤串分解为音频串和视频串、打开待加工的来源文件、分别初始化音频滤镜和视频滤镜、打开目标文件及其音视频编码器、对音频流和视频流分别进行滤波加工。下面分别介绍这5个步骤。

1. 把过滤串分解为音频串和视频串

先把原始的过滤串按照分号切分为多个子串，再判断各子串的开头是什么前缀，由前缀来区分各子串属于哪种数据流的加工描述。下面的函数定义用于提取指定滤镜的描述字符串。

```
// 提取指定滤镜的描述字符串
char *get_filter_desc(const char *filters_desc, const char *filter_prefix) {
    char *ptr = NULL;
    int len = strlen(filters_desc);
    char temp[len+1];
    sprintf(temp, "%s", filters_desc);
    char *value = strtok(temp, ";");
    while (value) {
        if (strstr(value, filter_prefix) != NULL) {
            size_t len = strlen(value) + 1;
            ptr = (char *) av_realloc(NULL, len);
            if (ptr) {
                memcpy(ptr, value, len);
            }
        }
        value = strtok(NULL, ";");
    }
    av_log(NULL, AV_LOG_INFO, "find filter desc: %s\n", ptr+strlen(filter_prefix));
    return ptr+strlen(filter_prefix);
}
```

在主函数中可指定[0:v]提取视频过滤串，指定[0:a]提取音频过滤串，调用代码如下：

```
// 获取视频过滤串
const char *video_filters_desc = get_filter_desc(filters_desc, "[0:v]");
// 获取音频过滤串
const char *audio_filters_desc = get_filter_desc(filters_desc, "[0:a]");
```

2. 打开待加工的来源文件

对来源文件的打开操作是通用的，可以直接复用之前章节的代码，包括音频解码器和视频解码器的初始化代码，这里不再赘述。

3. 分别初始化音频滤镜和视频滤镜

音频滤镜与视频滤镜的初始化过程大同小异，它们之间的区别主要有下列3点：

（1）调用avfilter_get_by_name函数获取输入滤镜和输出滤镜时，视频滤镜采用名称buffer和buffersink，而音频滤镜采用名称abuffer和abuffersink（音频滤镜在名称前面加了a）。

（2）拼接媒体参数信息的字符串时，视频滤镜用到的参数包括视频宽高（video_size）、像素格式（pix_fmt）、时间基（time_base）等，而音频滤镜用到的参数包括采样频率（sample_rate）、采样格式（sample_fmt）、声道布局（channel_layout）、时间基（time_base）等。

（3）调用av_opt_set_int_list函数设置选项列表时，视频滤镜传入像素格式（pix_fmts），而音频滤镜传入采样格式（sample_fmts）。

4. 打开目标文件及其音视频编码器

对目标文件的打开操作也是通用的，可以直接复用之前章节的代码，但是视频编码器和音频编码器的初始化过程有所不同。其中视频编码器额外用到的规格获取函数参见6.1.1节，音频编码器额外用到的规格获取函数参见6.1.2节，这里不再赘述。

5. 对音频流和视频流分别进行滤波加工

无论是音频还是视频，在通过滤镜加工时，都要先对解码后的原始数据帧进行滤波加工，得到加工完成的数据帧再写入文件。对数据流开展滤波加工的完整过程分为下列5个步骤。

01 从来源文件读取数据包，如果来自视频流，就使用视频解码器解码得到原始的数据帧；如果来自音频流，就使用音频解码器解码得到原始的数据帧。

02 调用av_buffersrc_add_frame_flags函数把一个数据帧添加到输入滤镜的实例中。对于视频帧而言，这个实例名叫buffersrc_ctx；对于音频帧而言，这个实例名叫abuffersrc_ctx。

03 调用av_buffersink_get_frame函数从输出滤镜的实例获取加工后的数据帧。对于视频帧而言，这个实例名叫buffersink_ctx；对于音频帧而言，这个实例名叫abuffersink_ctx。

04 把加工后的数据帧压缩编码后保存到目标文件中，其中视频帧采用视频编码器压缩；音频帧采用音频编码器压缩。

05 重复前面的第1～4步，直到源文件的所有数据帧都处理完毕。

综合以上的五大步骤，编写同时应用音视频滤镜的代码框架如下（完整代码见chapter09/unifyfilter.c）。

```c
// 获取视频过滤串
const char *video_filters_desc = get_filter_desc(filters_desc, "[0:v]");
// 获取音频过滤串
const char *audio_filters_desc = get_filter_desc(filters_desc, "[0:a]");
if (open_input_file(src_name) < 0) {          // 打开输入文件
    return -1;
}
init_video_filter(video_filters_desc);         // 初始化视频滤镜
init_audio_filter(audio_filters_desc);         // 初始化音频滤镜
if (open_output_file(dest_name) < 0) {         // 打开输出文件
    return -1;
}
int ret = -1;
AVPacket *packet = av_packet_alloc();          // 分配一个数据包
AVFrame *frame = av_frame_alloc();             // 分配一个数据帧
AVFrame *filt_frame = av_frame_alloc();        // 分配一个过滤后的数据帧
while (av_read_frame(in_fmt_ctx, packet) >= 0) {  // 轮询数据包
    if (packet->stream_index == video_index) {    // 视频包需要重新编码
```

```
            packet->stream_index = 0;
            recode_video(packet, frame, filt_frame);          // 对视频帧重新编码
        } else if (packet->stream_index == audio_index) {     // 音频包需要重新编码
            packet->stream_index = 1;
            recode_audio(packet, frame, filt_frame);          // 对音频帧重新编码
        }
        av_packet_unref(packet);                              // 清除数据包
    }
    packet->data = NULL;                                      // 传入一个空包,冲走解码缓存
    packet->size = 0;
    recode_video(packet, frame, filt_frame);                  // 对视频帧重新编码
    output_video(NULL);                                       // 传入一个空帧,冲走编码缓存
    av_write_trailer(out_fmt_ctx);                            // 写文件尾
    av_log(NULL, AV_LOG_INFO, "Success process video file.\n");
```

接着执行下面的编译命令:

```
gcc unifyfilter.c -o unifyfilter -I/usr/local/ffmpeg/include -L/usr/local/ffmpeg/lib
-lavformat -lavdevice -lavfilter -lavcodec -lavutil -lswscale -lswresample -lpostproc -lm
```

编译完成后,执行以下命令启动测试程序,根据命令行输入的过滤字符串[0:v]setpts=expr=0.5*PTS;[0:a]atempo=tempo=2,期望把视频和音频的播放速度都调整为原来的两倍。

```
./unifyfilter ../fuzhou.mp4 "[0:v]setpts=expr=0.5*PTS;[0:a]atempo=tempo=2"
```

程序运行完毕,发现控制台输出以下日志信息,说明完成了同时对音频和视频滤波加工的操作。

```
Success open input_file ../fuzhou.mp4.
video filters_desc = setpts=expr=0.5*PTS
args : video_size=1440x810:pix_fmt=0:time_base=1/12800:pixel_aspect=1/1
audio filters_desc = atempo=tempo=2
args : sample_rate=44100:sample_fmt=fltp:channel_layout=stereo:channels=2:
time_base=1/44100
Success open output_file output_unify.mp4.
Success process video file.
```

最后打开影音播放器可以正常观看output_unify.mp4,并且音频与视频的播放速度都变为原来的两倍,可见上述代码正确实现了同时调整音视频播放速度的功能。

> **提示** 运行下面的FFmpeg命令也可以给视频文件联合运用setpts滤镜和atempo滤镜。命令中的-filter_complex表示采用复合滤镜,也就是要处理多路音视频。

```
ffmpeg -i ../fuzhou.mp4 -filter_complex "[0:v]setpts=expr=0.5*PTS;[0:a]atempo=tempo
=2" ff_setpts_atempo.mp4
```

9.1.2 利用多通道实现混音

虽然在9.1.1节中我们介绍了如何同时加工音频流和视频流,但是那只限于同一个文件内部的音视频,尚未涉及两个文件的数据混合处理。比如有两个音频文件,现在想把它们混合起来,混音之后再保存为新文件,新文件的声音应当夹杂两个来源文件的音频。

对于两个音频文件的混音，主要有两个前提条件，一个是两段音频的采样频率必须相同，另一个是音频文件的格式最好一致，否则可能混音出错。基于以上两个前提，可封装对两个音频进行混音的过滤字符串，如下所示：

```
[0:a]aresample=44100,aformat=fltp[a1];[1:a]aresample=44100,aformat=fltp,
volume=1[a2];[a1][a2]amix
```

上面的过滤串中，[0:a]表示第一个文件的音频流，[1:a]表示第二个文件的音频流。aresample滤镜用于改变音频的采样频率，aformat用于转换音频的采样格式，volume用于调节音频的音量大小，amix用于两段音频的混音处理。注意过滤串出现了两个分号，代表整个加工过程分为下列3个步骤。

01 转换第一个音频的采样频率和采样格式。其中[0:a]为第一个步骤的输入，[a1]为第一个步骤的输出。

02 转换第二个音频的采样频率和采样格式。其中[1:a]为第二个步骤的输入，[a2]为第二个步骤的输出。

03 把前两个音频流混合起来。其中[a1]来自第一个步骤的输出音频，[a2]来自第二个步骤的输出音频，然后[a1]和[a2]又作为第三个步骤的两个输入音频。

混音不是把两段音频的音量简单叠加，而是先将两段音频的音量各自减半，再根据volume滤镜设定的数值按比例调整后叠加。如果某段音频未设置volume滤镜，则音量的数值比例默认为1，减半后在新音频中只剩0.5。假设要将甲乙两段音频混音，甲音频的原音量为Aa，其volume滤镜设定的数值比例为Va，乙音频的原音量为Ab，其volume滤镜设定的数值比例为Vb，那么混音之后新音频的音量大小=Aa/2*Va+Ab/2*Vb。倘若两段音频的volume滤镜设定的数值均为1（Va和Vb都是1），新音频的音量大小就等于Aa/2+Ab/2。

与加工单个音频文件相比，混音操作的不同之处主要有3点：打开待加工的来源文件、初始化音频滤镜、滤波加工音频流并写入目标文件。下面分别说明这3点不同之处。

1. 打开待加工的来源文件

由于存在两个来源文件，因此要分别打开两个输入文件，包括封装器实例AVFormatContext、解码器实例AVCodecContext等都要各自进行初始化操作。

2. 初始化音频滤镜

因为有两路待加工的音频流，所以与输入滤镜相关的滤镜结构都要分配两套，除此之外，滤镜的初始化流程跟之前的流程也有两处差异，说明如下。

（1）对于两路音频流，不仅要各自分配滤镜实例AVFilterContext、滤镜AVFilter，而且要分开调用avfilter_graph_create_filter函数，依据每个来源音频的媒体参数创建对应输入滤镜的实例，相关的操作代码示例如下：

```
const AVFilter *buffersrc[2];
buffersrc[0] = avfilter_get_by_name("abuffer");   // 获取第一个输入滤镜
char ch_layout0[128];
av_channel_layout_describe(&audio_decode_ctx[0]->ch_layout, ch_layout0,
sizeof(ch_layout0));
```

```
    int nb_channels0 = audio_decode_ctx[0]->ch_layout.nb_channels;
    char args0[512];  // 临时字符串，存放输入源的媒体参数信息，比如采样率、采样格式等
    snprintf(args0, sizeof(args0),
        "sample_rate=%d:sample_fmt=%s:channel_layout=%s:channels=%d:time_base=%d/%d",
        audio_decode_ctx[0]->sample_rate, av_get_sample_fmt_name(audio_decode_ctx[0]->
sample_fmt),
        ch_layout0, nb_channels0,
        audio_decode_ctx[0]->time_base.num, audio_decode_ctx[0]->time_base.den);
    // 创建输入滤镜的实例，并将其添加到现有的滤镜图中
    ret = avfilter_graph_create_filter(&buffersrc_ctx[0], buffersrc[0], "in0",
        args0, NULL, filter_graph);
    if (ret < 0) {
        av_log(NULL, AV_LOG_ERROR, "Cannot create buffer0 source\n");
        return ret;
    }
```

（2）对于两路音频流，滤镜输入输出参数AVFilterInOut也要各自分配并分开操作，注意第一个输入输出参数的next字段要指向第二个输入输出参数，表示两路音频流依序链接。相关的操作代码示例如下：

```
    AVFilterInOut *outputs[2];
    outputs[0] = avfilter_inout_alloc();              // 分配第一个滤镜的输入输出参数
    outputs[1] = avfilter_inout_alloc();              // 分配第二个滤镜的输入输出参数
    // 设置滤镜的输入输出参数
    outputs[0]->name = av_strdup("0:a");              // 第一路音频流
    outputs[0]->filter_ctx = buffersrc_ctx[0];
    outputs[0]->pad_idx = 0;
    outputs[0]->next = outputs[1];                    // 注意这里要指向下一个输入输出参数
    outputs[1]->name = av_strdup("1:a");              // 第二路音频流
    outputs[1]->filter_ctx = buffersrc_ctx[1];
    outputs[1]->pad_idx = 0;
    outputs[1]->next = NULL;
```

以上的两处变动，结合之前单个音频滤镜的初始化流程，可编写处理两路音频流的滤镜初始化代码，如下所示（完整代码见chapter09/mixaudio.c）：

```
    AVFilterContext *buffersrc_ctx[2] = {NULL, NULL};      // 输入滤镜的实例
    AVFilterContext *buffersink_ctx = NULL;                // 输出滤镜的实例
    AVFilterGraph *filter_graph = NULL;                    // 滤镜图

    // 初始化滤镜（也称过滤器、滤波器）
    int init_filter(const char *filters_desc) {
        av_log(NULL, AV_LOG_INFO, "filters_desc : %s\n", filters_desc);
        int ret = 0;
        const AVFilter *buffersrc[2];
        buffersrc[0] = avfilter_get_by_name("abuffer");    // 获取第一个输入滤镜
        buffersrc[1] = avfilter_get_by_name("abuffer");    // 获取第二个输入滤镜
        const AVFilter *buffersink = avfilter_get_by_name("abuffersink");  // 获取输出滤镜
        AVFilterInOut *inputs = avfilter_inout_alloc();    // 分配滤镜的输入输出参数
        AVFilterInOut *outputs[2];
        outputs[0] = avfilter_inout_alloc();               // 分配第一个滤镜的输入输出参数
```

```
        outputs[1] = avfilter_inout_alloc();              // 分配第二个滤镜的输入输出参数
        filter_graph = avfilter_graph_alloc();            // 分配一个滤镜图
        if (!inputs || !outputs[0] || !outputs[1] || !filter_graph) {
            ret = AVERROR(ENOMEM);
            return ret;
        }
        char ch_layout0[128];
        av_channel_layout_describe(&audio_decode_ctx[0]->ch_layout, ch_layout0,
sizeof(ch_layout0));
        int nb_channels0 = audio_decode_ctx[0]->ch_layout.nb_channels;
        char args0[512];    // 临时字符串，存放输入源的媒体参数信息，比如采样率、采样格式等
        snprintf(args0, sizeof(args0),
            "sample_rate=%d:sample_fmt=%s:channel_layout=%s:channels=%d:time_base=%d/%d",
            audio_decode_ctx[0]->sample_rate, av_get_sample_fmt_name(audio_decode_ctx[0]->
sample_fmt),
            ch_layout0, nb_channels0,
            audio_decode_ctx[0]->time_base.num, audio_decode_ctx[0]->time_base.den);
        av_log(NULL, AV_LOG_INFO, "args0 = %s\n", args0);
        // 创建输入滤镜的实例，并将其添加到现有的滤镜图中
        ret = avfilter_graph_create_filter(&buffersrc_ctx[0], buffersrc[0], "in0",
            args0, NULL, filter_graph);
        if (ret < 0) {
            av_log(NULL, AV_LOG_ERROR, "Cannot create buffer0 source\n");
            return ret;
        }
        char ch_layout1[128];
        av_channel_layout_describe(&audio_decode_ctx[1]->ch_layout, ch_layout1,
sizeof(ch_layout1));
        int nb_channels1 = audio_decode_ctx[1]->ch_layout.nb_channels;
        char args1[512];    // 临时字符串，存放输入源的媒体参数信息，比如采样率、采样格式等
        snprintf(args1, sizeof(args1),
            "sample_rate=%d:sample_fmt=%s:channel_layout=%s:channels=%d:time_base=%d/%d",
            audio_decode_ctx[1]->sample_rate, av_get_sample_fmt_name(audio_decode_ctx[1]->
sample_fmt),
            ch_layout1, nb_channels1,
            audio_decode_ctx[1]->time_base.num, audio_decode_ctx[1]->time_base.den);
        av_log(NULL, AV_LOG_INFO, "args1 = %s\n", args1);
        // 创建输入滤镜的实例，并将其添加到现有的滤镜图中
        ret = avfilter_graph_create_filter(&buffersrc_ctx[1], buffersrc[1], "in1",
            args1, NULL, filter_graph);
        if (ret < 0) {
            av_log(NULL, AV_LOG_ERROR, "Cannot create buffer1 source\n");
            return ret;
        }
        // 创建输出滤镜的实例，并将其添加到现有的滤镜图中
        ret = avfilter_graph_create_filter(&buffersink_ctx, buffersink, "out",
            NULL, NULL, filter_graph);
        if (ret < 0) {
            av_log(NULL, AV_LOG_ERROR, "Cannot create buffer sink\n");
            return ret;
        }
```

```
    // atempo滤镜要求提前设置sample_fmts,否则av_buffersink_get_format得到的格式不对,
    // 会报错"Specified sample format flt is invalid or not supported"
    enum AVSampleFormat sample_fmts[] = { AV_SAMPLE_FMT_FLTP, AV_SAMPLE_FMT_NONE };
    // 将二进制选项设置为整数列表,此处给输出滤镜的实例设置采样格式
    ret = av_opt_set_int_list(buffersink_ctx, "sample_fmts", sample_fmts,
        AV_SAMPLE_FMT_NONE, AV_OPT_SEARCH_CHILDREN);
    if (ret < 0) {
        av_log(NULL, AV_LOG_ERROR, "Cannot set output sample format\n");
        return ret;
    }
    // 设置滤镜的输入输出参数
    outputs[0]->name = av_strdup("0:a");            // 第一路音频流
    outputs[0]->filter_ctx = buffersrc_ctx[0];
    outputs[0]->pad_idx = 0;
    outputs[0]->next = outputs[1];                  // 注意这里要指向下一个输入输出参数
    outputs[1]->name = av_strdup("1:a");            // 第二路音频流
    outputs[1]->filter_ctx = buffersrc_ctx[1];
    outputs[1]->pad_idx = 0;
    outputs[1]->next = NULL;
    // 设置滤镜的输入输出参数
    inputs->name = av_strdup("out");
    inputs->filter_ctx = buffersink_ctx;
    inputs->pad_idx = 0;
    inputs->next = NULL;
    // 把采用过滤字符串描述的图形添加到滤镜图中(引脚的输出和输入与滤镜容器的相反)
    ret = avfilter_graph_parse_ptr(filter_graph, filters_desc, &inputs, outputs, NULL);
    if (ret < 0) {
        av_log(NULL, AV_LOG_ERROR, "Cannot parse graph string\n");
        return ret;
    }
    // 检查过滤字符串的有效性,并配置滤镜图中的所有前后连接和图像格式
    ret = avfilter_graph_config(filter_graph, NULL);
    if (ret < 0) {
        av_log(NULL, AV_LOG_ERROR, "Cannot config filter graph\n");
        return ret;
    }
    avfilter_inout_free(&inputs);     // 释放滤镜的输入参数
    avfilter_inout_free(outputs);     // 释放滤镜的输出参数
    return ret;
}
```

3. 滤波加工音频流并写入目标文件

假设现有甲、乙两路音频流,在对它们进行滤波加工时,就得先从甲流获取一个解压后的音频帧,接着调用av_buffersrc_add_frame_flags函数把该帧添加到甲滤镜的实例;再从乙流获取一个解压后的音频帧,接着调用av_buffersrc_add_frame_flags函数把该帧添加到乙滤镜的实例;然后调用av_buffersink_get_frame函数从统一的输出滤镜实例中获取加工后的音频帧;最后将新音频帧重新编码写入目标文件。

鉴于两路音频流的播放时长不尽相同,可能甲流还有数据的时候,乙流已经取完数据了,此时乙流调用av_buffersrc_add_frame_flags函数要传入空帧(NULL),表示到末尾了,那么后面调用

av_buffersink_get_frame函数返回的混音结果只有甲流而没有乙流。下面是针对每个音频帧进行滤波加工的FFmpeg代码。

```c
// 从指定的输入文件获取一个数据帧
int get_frame(AVFormatContext *fmt_ctx, AVCodecContext *decode_ctx, int index, AVPacket *packet, AVFrame *frame) {
    int ret = 0;
    while ((ret = av_read_frame(fmt_ctx, packet)) >= 0) { // 轮询数据包
        if (packet->stream_index == index) {
            // 把未解压的数据包发给解码器实例
            ret = avcodec_send_packet(decode_ctx, packet);
            if (ret == 0) {
                // 从解码器实例获取还原后的数据帧
                ret = avcodec_receive_frame(decode_ctx, frame);
                if (ret == AVERROR(EAGAIN) || ret == AVERROR_EOF) {
                    continue;
                } else if (ret < 0) {
                    continue;
                }
            }
            break;
        }
    }
    av_packet_unref(packet); // 清除数据包
    return ret;
}

// 对音频帧重新编码
int recode_audio(AVPacket **packet, AVFrame **frame, AVFrame *filt_frame) {
    // 把未解压的数据包发给解码器实例
    int ret = avcodec_send_packet(audio_decode_ctx[0], packet[0]);
    if (ret < 0) {
        av_log(NULL, AV_LOG_ERROR, "send packet occur error %d.\n", ret);
        return ret;
    }
    while (1) {
        // 从解码器实例获取还原后的数据帧
        ret = avcodec_receive_frame(audio_decode_ctx[0], frame[0]);
        if (ret == AVERROR(EAGAIN) || ret == AVERROR_EOF) {
            return (ret == AVERROR(EAGAIN)) ? 0 : 1;
        } else if (ret < 0) {
            av_log(NULL, AV_LOG_ERROR, "decode frame occur error %d.\n", ret);
            return ret;
        }
        // 把第一个文件的数据帧添加到输入滤镜的缓冲区
        ret = av_buffersrc_add_frame_flags(buffersrc_ctx[0], frame[0],
                    AV_BUFFERSRC_FLAG_KEEP_REF);
        if (ret < 0) {
            av_log(NULL, AV_LOG_ERROR, "Error while feeding the filtergraph\n");
            return ret;
        }
```

```
        // 从指定的输入文件获取一个数据帧
        ret = get_frame(in_fmt_ctx[1], audio_decode_ctx[1], audio_index[1], packet[1],
frame[1]);
        if (ret == 0) {  // 第二个文件没到末尾，就把数据帧添加到输入滤镜的缓冲区
            ret = av_buffersrc_add_frame_flags(buffersrc_ctx[1], frame[1],
                        AV_BUFFERSRC_FLAG_KEEP_REF);
            if (ret < 0) {
                av_log(NULL, AV_LOG_ERROR, "Error while feeding the filtergraph\n");
                return ret;
            }
        } else {  // 第二个文件已到末尾，就把空白帧添加到输入滤镜的缓冲区
            ret = av_buffersrc_add_frame_flags(buffersrc_ctx[1], NULL,
                        AV_BUFFERSRC_FLAG_KEEP_REF);
            if (ret < 0) {
                av_log(NULL, AV_LOG_ERROR, "Error while feeding the filtergraph\n");
                return ret;
            }
        }
        while (1) {
            // 从输出滤镜的接收器获取一个已加工的过滤帧
            ret = av_buffersink_get_frame(buffersink_ctx, filt_frame);
            if (ret == AVERROR(EAGAIN) || ret == AVERROR_EOF) {
                return ret;
            } else if (ret < 0) {
                av_log(NULL, AV_LOG_ERROR, "get buffersink frame occur error %d.\n", ret);
                return ret;
            }
            output_audio(filt_frame);   // 给音频帧编码，并写入压缩后的音频包
        }
    }
    return ret;
}
```

然后开始遍历第一个音频文件，对每个音频包调用刚才定义的recode_audio函数，该函数内部读取第二个音频文件的数据包，再进行混音过滤操作。下面是混合两路音频流并输出目标文件的FFmpeg代码框架。

```
AVPacket *packet[2];
packet[0] = av_packet_alloc();                                    // 分配一个数据包
packet[1] = av_packet_alloc();                                    // 分配一个数据包
AVFrame *frame[2];
frame[0] = av_frame_alloc();                                      // 分配一个数据帧
frame[1] = av_frame_alloc();                                      // 分配一个数据帧
AVFrame *filt_frame = av_frame_alloc();                           // 分配一个过滤后的数据帧
while (av_read_frame(in_fmt_ctx[0], packet[0]) >= 0) {            // 轮询数据包
    if (packet[0]->stream_index == audio_index[0]) {              // 音频包需要重新编码
        recode_audio(packet, frame, filt_frame);                  // 对音频帧重新编码
    }
    av_packet_unref(packet[0]);                                   // 清除数据包
}
output_audio(NULL);                                               // 传入一个空帧，冲走编码缓存
```

接着执行下面的编译命令:

```
gcc mixaudio.c -o mixaudio -I/usr/local/ffmpeg/include -L/usr/local/ffmpeg/lib
-lavformat -lavdevice -lavfilter -lavcodec -lavutil -lswscale -lswresample -lpostproc -lm
```

编译完成后，执行以下命令启动测试程序，根据命令行输入的过滤字符串[0:a]aresample=44100,aformat=fltp[a1];[1:a]aresample=44100,aformat=fltp,volume=1[a2];[a1][a2]amix，期望把两个音频文件的声音混合在一起。

```
./mixaudio ../plum.mp3 ../ship.mp3 "[0:a]aresample=44100,aformat=fltp[a1];
[1:a]aresample=44100, aformat=fltp,volume=1[a2];[a1][a2]amix"
```

程序运行完毕，发现控制台输出以下日志信息，说明完成了把两个MP3文件混合到一个MP3文件的操作。

```
    Success open input_file ../plum.mp3.
    Success open input_file ../ship.mp3.
    filters_desc : [0:a]aresample=44100,aformat=fltp[a1];[1:a]aresample=44100,
aformat=fltp,volume=1[a2]; [a1][a2]amix
    args0 = sample_rate=44100:sample_fmt=fltp:channel_layout=stereo:channels=2:
time_base=1/44100
    args1 = sample_rate=44100:sample_fmt=fltp:channel_layout=stereo:channels=2:
time_base=1/44100
    Success open output_file output_mixaudio.mp3.
    Success mix audio file.
```

然后打开影音播放器可以正常播放output_mixaudio.mp3，并且新文件放出的声音夹杂着两个来源MP3的声音，表明上述代码正确实现了将两个MP3文件混音的功能。

使用Audacity分别打开三个MP3文件，其中第一个plum.mp3的音频波形如图9-1所示，第二个ship.mp3的音频波形如图9-2所示，第三个output_mixaudio.mp3的音频波形如图9-3所示。观察三个音频的波形，发现第三个音频果然由前两个音频混合而成。

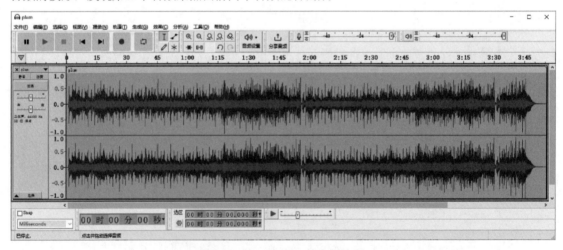

图9-1　第一个MP3的音频波形

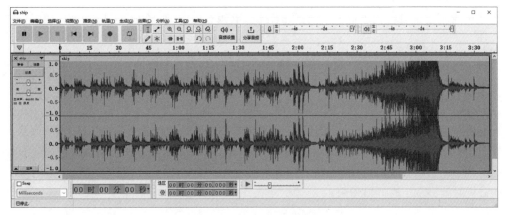

图 9-2 第二个 MP3 的音频波形

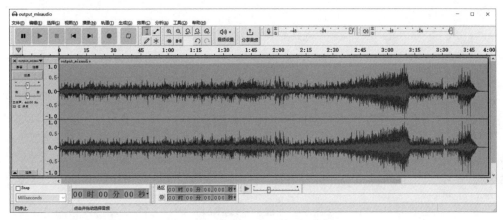

图 9-3 混音输出 MP3 的音频波形

小提示 运行下面的ffmpeg命令也可以给音频文件混入另一段音频。命令中的-filter_complex表示采用复合滤镜,也就是要处理多路音视频。

```
ffmpeg -i ../plum.mp3 -i ../ship.mp3 -filter_complex "[0:a]aresample=44100,
aformat=fltp[a1];[1:a]aresample=44100,aformat=fltp,volume=1[a2];[a1][a2]amix"
ff_amix.mp3
```

9.1.3 给视频添加背景音乐

9.1.2节中范例的两个音频文件为plum.mp3和ship.mp3,其中前者的播放时长大于后者,经过mixaudio混音后的output_mixaudio.mp3没什么问题。现在把两个输入的MP3文件调换顺序,执行以下命令启动测试程序:

```
./mixaudio ../ship.mp3 ../plum.mp3 "[0:a]aresample=44100,aformat=fltp[a1];
[1:a]aresample=44100, aformat=fltp,volume=1[a2];[a1][a2]amix"
```

接着打开影音播放器播放生成的output_mixaudio.mp3,发现新文件的播放时长只相当于第一个文件ship.mp3的时长,第二个文件plum.mp3多出的部分未能加到新文件中。这是因为ship.mp3的播放时长短于plum.mp3,按照mixaudio的处理逻辑,在ship.mp3取完数据后就退出程序,致使plum.mp3的剩余部分被丢掉了。

为了解决第二个音频长于第一个音频导致的数据丢弃问题,要给mixaudio的处理逻辑补充下列两个改动。

(1)在遍历第一个音频文件的时候,既要记录时间戳增量,又要保存最新的时间戳,以便在第一个音频结束之后还能递增时间戳的数值。

(2)第一个音频文件遍历完毕,如果第二个音频文件还有数据,就遍历第二路音频流的余下数据,此时第一路音频流调用av_buffersrc_add_frame_flags函数要传入空帧NULL,表示该路音频已到末尾,而第二路音频流正常调用av_buffersrc_add_frame_flags函数。由于第二路音频流的时间戳可能不等价于第一路音频流,因此过滤后的音频帧要另外设置时间戳,具体数值为前述第一个改动取到的最近时间戳加上时间戳增量。

综合以上两处改动,编写按照新方式混合两路音频流的FFmpeg代码框架如下(完整代码见chapter09/mixaudio2.c):

```c
int64_t last_pts=0, increment_pts=0;                      // 最近的时间戳,时间戳增量
int i = 0;
int ret = -1;
AVPacket *packet[2];
packet[0] = av_packet_alloc();                             // 分配一个数据包
packet[1] = av_packet_alloc();                             // 分配一个数据包
AVFrame *frame[2];
frame[0] = av_frame_alloc();                               // 分配一个数据帧
frame[1] = av_frame_alloc();                               // 分配一个数据帧
AVFrame *filt_frame = av_frame_alloc();                    // 分配一个过滤后的数据帧
while (av_read_frame(in_fmt_ctx[0], packet[0]) >= 0) {     // 轮询数据包
    if (packet[0]->stream_index == audio_index[0]) {       // 音频包需要重新编码
        if (i == 1) {
            increment_pts = packet[0]->pts - last_pts;
        }
        i++;
        last_pts = packet[0]->pts;                         // 保存最新的时间戳
        ret = recode_audio(packet, frame, filt_frame);     // 对音频帧重新编码
    }
    av_packet_unref(packet[0]);                            // 清除数据包
}
av_log(NULL, AV_LOG_INFO, "increment_pts=%lld\n", increment_pts);
while (av_read_frame(in_fmt_ctx[1], packet[1]) >= 0) {     // 轮询数据包
    if (packet[1]->stream_index == audio_index[1]) {       // 音频包需要重新编码
        // 把未解压的数据包发给解码器实例
        int ret = avcodec_send_packet(audio_decode_ctx[1], packet[1]);
        if (ret == 0) {
            // 从解码器实例获取还原后的数据帧
            ret = avcodec_receive_frame(audio_decode_ctx[1], frame[1]);
            if (ret == AVERROR(EAGAIN) || ret == AVERROR_EOF) {
                break;
            } else if (ret < 0) {
                av_log(NULL, AV_LOG_ERROR, "decode frame occur error %d.\n", ret);
                break;
            }
```

```
            // 第一个文件已经读完，把空白帧添加到输入滤镜的缓冲区
            ret = av_buffersrc_add_frame_flags(buffersrc_ctx[0], NULL,
                        AV_BUFFERSRC_FLAG_KEEP_REF);
            // 第二个文件还没读完，把数据帧添加到输入滤镜的缓冲区
            ret = av_buffersrc_add_frame_flags(buffersrc_ctx[1], frame[1],
                        AV_BUFFERSRC_FLAG_KEEP_REF);
            if (ret == 0) {
                while (1) {
                    // 从输出滤镜的接收器获取一个已加工的过滤帧
                    ret = av_buffersink_get_frame(buffersink_ctx, filt_frame);
                    if (ret == AVERROR(EAGAIN) || ret == AVERROR_EOF) {
                        break;
                    } else if (ret < 0) {
                        av_log(NULL, AV_LOG_ERROR, "get buffersink frame error %d.\n", ret);
                        break;
                    }
                    last_pts += increment_pts;
                    filt_frame->pts = last_pts;       // 使用第一个文件的时间戳
                    output_audio(filt_frame);         // 给音频帧编码，并写入压缩后的音频包
                }
            } else {
                av_log(NULL, AV_LOG_ERROR, "Error while feeding the NULL filtergraph\n");
                break;
            }
        }
    }
}
output_audio(NULL);                                    // 传入一个空帧，冲走编码缓存
```

接着执行下面的编译命令：

```
gcc mixaudio2.c -o mixaudio2 -I/usr/local/ffmpeg/include -L/usr/local/ffmpeg/lib
-lavformat -lavdevice -lavfilter -lavcodec -lavutil -lswscale -lswresample -lpostproc -lm
```

编译完成后，执行以下命令启动测试程序，根据命令行输入的过滤字符串[0:a]aresample=44100,
aformat=fltp[a1];[1:a]aresample=44100,aformat=fltp,volume=1[a2];[a1][a2]amix，期望把两个音频文件
的声音混合在一起。

```
./mixaudio2 ../ship.mp3 ../plum.mp3 "[0:a]aresample=44100,aformat=fltp[a1];
[1:a]aresample=44100, aformat=fltp,volume=1[a2];[a1][a2]amix"
```

程序运行完毕，发现控制台输出以下日志信息，说明完成了把两个MP3文件混合到一个MP3
文件的操作。

```
Success open input_file ../ship.mp3.
Success open input_file ../plum.mp3.
filters_desc : [0:a]aresample=44100,aformat=fltp[a1];[1:a]aresample=44100,
aformat=fltp,volume=1[a2]; [a1][a2]amix
    args0 = sample_rate=44100:sample_fmt=fltp:channel_layout=stereo:channels=2:
time_base=1/44100
    args1 = sample_rate=44100:sample_fmt=fltp:channel_layout=stereo:channels=2:
time_base=1/44100
```

```
Success open output_file output_mixaudio2.mp3.
increment_pts=368640
Success mix audio file.
```

然后打开影音播放器可以正常播放output_mixaudio2.mp3,并且新文件的播放时长等价于第二个文件plum.mp3的时长,表明上述代码正确实现了将两个MP3文件完整混音的功能。

混音功能不仅用于简单的音频混杂,它还适用于下列几种常见的业务场景。

(1) 在不同人唱歌的音频中,混进统一的伴奏音乐。

(2) 在旅游视频或生活视频中,添加烘托气氛的背景音乐。

(3) 在译制国外影视剧时,添加并放大本国语言的对白配音。

给视频添加背景音乐,本质上与对两段音频混音没什么不同,因为视频文件内含视频流和音频流,混音操作只处理音频流,对视频流保持原状即可。跟混合两段音频相比,向视频添加背景音乐在处理步骤上主要有以下三处变动。

(1) 打开待加工的来源文件时,对于视频文件要找到视频流的索引值。

(2) 打开待保存的目标文件时,增加创建视频流轨道,并复制视频的编码规格参数。

(3) 遍历来源文件的音视频数据时,除对音频数据进行滤波加工外,对视频数据要直接调用av_write_frame函数写入目标文件。

下面便是对视频文件添加背景音乐的FFmpeg代码框架(完整代码见chapter09/background.c)。

```
AVPacket *packet[2];
packet[0] = av_packet_alloc();                              // 分配一个数据包
packet[1] = av_packet_alloc();                              // 分配一个数据包
AVFrame *frame[2];
frame[0] = av_frame_alloc();                                // 分配一个数据帧
frame[1] = av_frame_alloc();                                // 分配一个数据帧
AVFrame *filt_frame = av_frame_alloc();                     // 分配一个过滤后的数据帧
while (av_read_frame(in_fmt_ctx[0], packet[0]) >= 0) {      // 轮询数据包
    if (packet[0]->stream_index == video_index) {           // 视频包无须重新编码,直接写入
        ret = av_write_frame(out_fmt_ctx, packet[0]);       // 往文件写入一个数据包
        if (ret < 0) {
            av_log(NULL, AV_LOG_ERROR, "write frame occur error %d.\n", ret);
            break;
        }
    } else if (packet[0]->stream_index == audio_index[0]) { // 音频包需要重新编码
        recode_audio(packet, frame, filt_frame);            // 对音频帧重新编码
    }
    av_packet_unref(packet[0]);                             // 清除数据包
}
output_audio(NULL);                                         // 传入一个空帧,冲走编码缓存
av_write_trailer(out_fmt_ctx);                              // 写文件尾
av_log(NULL, AV_LOG_INFO, "Success add background audio.\n");
```

接着执行下面的编译命令:

```
gcc background.c -o background -I/usr/local/ffmpeg/include -L/usr/local/ffmpeg/lib
-lavformat -lavdevice -lavfilter -lavcodec -lavutil -lswscale -lswresample -lpostproc -lm
```

编译完成后，执行以下命令启动测试程序，根据命令行输入的过滤字符串[0:a]aresample=44100,
aformat=fltp[a1];[1:a]aresample=44100,aformat=fltp,volume=volume=0.5[a2];[a1][a2]amix，期望把两路
音频流混合在一起，并且第二路音频流减半音量作为背景音乐。

```
./background ../fuzhou.mp4 ../ship.mp3 "[0:a]aresample=44100,aformat=fltp[a1];
[1:a]aresample=44100, aformat=fltp,volume=volume=0.5[a2];[a1][a2]amix"
```

程序运行完毕，发现控制台输出以下日志信息，说明完成了把MP3文件混合进MP4文件的操作。

```
Success open input_file ../fuzhou.mp4.
Success open input_file ../ship.mp3.
filters_desc : [0:a]aresample=44100,aformat=fltp[a1];[1:a]aresample=44100,
aformat=fltp, volume=volume=0.5[a2];[a1][a2]amix
    args0 = sample_rate=44100:sample_fmt=fltp:channel_layout=stereo:channels=
2:time_base=1/44100
    args1 = sample_rate=44100:sample_fmt=fltp:channel_layout=stereo:channels=
2:time_base=1/44100
Success open output_file output_background.mp4.
Success add background audio.
```

最后打开影音播放器可以正常观看output_background.mp4，并且视频中的歌声混杂着背景音乐的古筝曲，表明上述代码正确实现了向视频文件添加背景音乐的功能。

提示 运行下面的ffmpeg命令也可以给视频文件添加背景音乐。命令中的-filter_complex表示采用复合滤镜，也就是要处理多路音视频；-shortest表示输出文件的时长取自最短的输入文件。

```
ffmpeg -i ../fuzhou.mp4 -i ../ship.mp3 -shortest -filter_complex "[0:a]aresample=44100,
aformat=fltp[a1];[1:a]aresample=44100,aformat=fltp,volume=volume=0.5[a2];
[a1][a2]amix" ff_amix.mp4
```

9.2 多路视频

本节介绍FFmpeg同时操作多路视频的加工操作，首先描述如何通过movie滤镜结合overlay滤镜把一个视频画面叠加到另一个视频上，以及如何利用多通道滤波技术把两个视频画面直接叠加；然后叙述如何利用多通道滤波技术把4个视频画面拼接起来形成四宫格效果；最后阐述如何通过blend滤镜实现两个视频画面互相混合的特效。

9.2.1 通过叠加视频实现画中画

FFmpeg不只能把两段音频混音，还能将两个视频叠加，也就是在主视频的界面上开个矩形小窗，在小窗中播放另一个视频的画面。这种叠加两路视频流的操作，其实通过movie滤镜结合overlay滤镜即可实现。当movie滤镜的filename传入图片路径时，会取到静止画面的视频流，其画面便来自指定图片；当movie滤镜的filename传入视频路径时，会取到运动画面的视频流，其画面便来自指定视频。

比如执行以下命令启动测试程序，根据命令行输入的过滤字符串movie=filename=../sea.mp4,scale=w=iw/3:h=ih/3[watermarker];[in][watermarker]overlay=x=0:y=0，期望把movie滤镜设定的视频缩小到原尺寸的1/3，再将缩小后的视频添加到目标视频的左上角。

```
cd ../chapter06
./videofilter ../fuzhou.mp4 "movie=filename=../sea.mp4,scale=w=iw/3:h=ih/3[watermarker]; [in][watermarker]overlay=x=0:y=0"
```

接着打开影音播放器可以正常观看output_movie.mp4，并且新视频的主画面来自fuzhou.mp4，同时sea.mp4的画面位于新视频左上角，如图9-4所示，说明使用movie滤镜结合overlay滤镜正确实现了叠加两个视频画面的功能。

图9-4　movie+overlay 滤镜的视频叠加效果

提示　运行下面的ffmpeg命令也可以给视频文件联合运用movie滤镜和overlay滤镜添加另一段视频。

```
ffmpeg -i ../fuzhou.mp4 -vf "movie=filename=../sea.mp4,scale=w=iw/3:h=ih/3[watermarker];[in][watermarker]overlay=x=0:y=0" ff_movie.mp4
```

虽然使用movie滤镜结合overlay滤镜即可实现视频叠加功能，但是在过滤串中指定视频路径有所不便，而且movie滤镜只提取视频流却丢弃了音频流，不能很好地适应复杂的应用场合。更通用的做法是引入[0:v]、[1:v]这样的多路视频流处理标签，比如下面的多路视频过滤串：

```
[1:v]scale=w=iw/3:h=ih/3[v1];[0:v][v1]overlay=x=0:y=0
```

在上面的过滤串中，[0:v]表示第一个文件的视频流，[1:v]表示第二个文件的视频流。过滤串中间的分号把整个加工流程分成了下列两个步骤。

01 通过scale滤镜把第二路视频流缩小到原尺寸的1/3。其中[1:v]表示第二个文件的视频流，它作为第一个步骤的输入来源，而[v1]为第一个步骤的输出。

02 通过overlay滤镜把v1添加到第一路视频流的左上角。其中[0:v]表示第一个文件的视频流，它与[v1]共同组成第二个步骤的两个输入来源。

经过以上两个步骤的加工操作，才算完成两路视频流的叠加操作。

视频流的叠加过程与音频流的混音过程大同小异，主要关注两个方面：初始化视频滤镜、滤波加工视频流并写入目标文件，分别说明如下。

1. 初始化视频滤镜

因为有两路待加工的视频流，所以与输入滤镜相关的滤镜结构都要分配两套，除此之外，滤镜的初始化流程跟之前的流程也有两处差异，说明如下。

（1）对于两路视频流，不仅要各自分配滤镜实例AVFilterContext和滤镜AVFilter，而且要分开调用avfilter_graph_create_filter函数，依据每个来源视频的媒体参数创建对应输入滤镜的实例，相关的操作代码片段如下：

```
const AVFilter *buffersrc[2];
buffersrc[0] = avfilter_get_by_name("buffer");    // 获取第一个输入滤镜
char args0[512];    // 临时字符串，存放输入源的媒体参数信息，比如视频宽高、像素格式等
snprintf(args0, sizeof(args0),
    "video_size=%dx%d:pix_fmt=%d:time_base=%d/%d:pixel_aspect=%d/%d",
    video_decode_ctx[0]->width, video_decode_ctx[0]->height,
video_decode_ctx[0]->pix_fmt,
    src_video[0]->time_base.num, src_video[0]->time_base.den,
    video_decode_ctx[0]->sample_aspect_ratio.num,
video_decode_ctx[0]->sample_aspect_ratio.den);
// 创建输入滤镜的实例，并将其添加到现有的滤镜图中
ret = avfilter_graph_create_filter(&buffersrc_ctx[0], buffersrc[0], "in0",
    args0, NULL, filter_graph);
if (ret < 0) {
    av_log(NULL, AV_LOG_ERROR, "Cannot create buffer0 source\n");
    return ret;
}
```

（2）对于两路视频流，滤镜输入输出参数AVFilterInOut也要各自分配并分开操作，注意第一个输入输出参数的next字段要指向第二个输入输出参数，表示两路视频流依序链接。相关的操作代码片段如下：

```
AVFilterInOut *outputs[2];
outputs[0] = avfilter_inout_alloc();        // 分配第一个滤镜的输入输出参数
outputs[1] = avfilter_inout_alloc();        // 分配第二个滤镜的输入输出参数
// 设置滤镜的输入输出参数
outputs[0]->name = av_strdup("0:v");        // 第一路视频流
outputs[0]->filter_ctx = buffersrc_ctx[0];
outputs[0]->pad_idx = 0;
outputs[0]->next = outputs[1];              // 注意这里要指向下一个输入输出参数
outputs[1]->name = av_strdup("1:v");        // 第二路视频流
outputs[1]->filter_ctx = buffersrc_ctx[1];
outputs[1]->pad_idx = 0;
outputs[1]->next = NULL;
```

以上的两处变动，结合之前单个视频滤镜的初始化流程，可编写处理两路视频流的滤镜初始化代码如下（完整代码见chapter09/mixvideo.c）。

```
// 初始化滤镜（也称过滤器、滤波器）
int init_filter(const char *filters_desc) {
    int ret = 0;
    const AVFilter *buffersrc[2];
    buffersrc[0] = avfilter_get_by_name("buffer");                    // 获取第一个输入滤镜
```

```c
        buffersrc[1] = avfilter_get_by_name("buffer");                    // 获取第二个输入滤镜
        const AVFilter *buffersink = avfilter_get_by_name("buffersink");   // 获取输出滤镜
        AVFilterInOut *inputs = avfilter_inout_alloc();         // 分配滤镜的输入输出参数
        AVFilterInOut *outputs[2];
        outputs[0] = avfilter_inout_alloc();                     // 分配第一个滤镜的输入输出参数
        outputs[1] = avfilter_inout_alloc();                     // 分配第二个滤镜的输入输出参数
        enum AVPixelFormat pix_fmts[] = { AV_PIX_FMT_YUV420P, AV_PIX_FMT_NONE };
        filter_graph = avfilter_graph_alloc();                   // 分配一个滤镜图
        if (!inputs || !outputs[0] || !outputs[1] || !filter_graph) {
            ret = AVERROR(ENOMEM);
            return ret;
        }
        char args0[512];  // 临时字符串，存放输入源的媒体参数信息，比如视频宽高、像素格式等
        snprintf(args0, sizeof(args0),
            "video_size=%dx%d:pix_fmt=%d:time_base=%d/%d:pixel_aspect=%d/%d",
            video_decode_ctx[0]->width, video_decode_ctx[0]->height,
video_decode_ctx[0]->pix_fmt,
            src_video[0]->time_base.num, src_video[0]->time_base.den,
            video_decode_ctx[0]->sample_aspect_ratio.num,
video_decode_ctx[0]->sample_aspect_ratio.den);
        av_log(NULL, AV_LOG_INFO, "args0 = %s\n", args0);
        // 创建输入滤镜的实例，并将其添加到现有的滤镜图中
        ret = avfilter_graph_create_filter(&buffersrc_ctx[0], buffersrc[0], "in0",
            args0, NULL, filter_graph);
        if (ret < 0) {
            av_log(NULL, AV_LOG_ERROR, "Cannot create buffer0 source\n");
            return ret;
        }
        char args1[512];  // 临时字符串，存放输入源的媒体参数信息，比如视频宽高、像素格式等
        snprintf(args1, sizeof(args1),
            "video_size=%dx%d:pix_fmt=%d:time_base=%d/%d:pixel_aspect=%d/%d",
            video_decode_ctx[1]->width, video_decode_ctx[1]->height,
video_decode_ctx[1]->pix_fmt,
            src_video[1]->time_base.num, src_video[1]->time_base.den,
            video_decode_ctx[1]->sample_aspect_ratio.num,
video_decode_ctx[1]->sample_aspect_ratio.den);
        av_log(NULL, AV_LOG_INFO, "args1 = %s\n", args1);
        // 创建输入滤镜的实例，并将其添加到现有的滤镜图中
        ret = avfilter_graph_create_filter(&buffersrc_ctx[1], buffersrc[1], "in1",
            args1, NULL, filter_graph);
        if (ret < 0) {
            av_log(NULL, AV_LOG_ERROR, "Cannot create buffer1 source\n");
            return ret;
        }
        // 创建输出滤镜的实例，并将其添加到现有的滤镜图中
        ret = avfilter_graph_create_filter(&buffersink_ctx, buffersink, "out",
            NULL, NULL, filter_graph);
        if (ret < 0) {
            av_log(NULL, AV_LOG_ERROR, "Cannot create buffer sink\n");
            return ret;
        }
```

```c
    // 将二进制选项设置为整数列表,此处给输出滤镜的实例设置像素格式
    ret = av_opt_set_int_list(buffersink_ctx, "pix_fmts", pix_fmts,
        AV_PIX_FMT_NONE, AV_OPT_SEARCH_CHILDREN);
    if (ret < 0) {
        av_log(NULL, AV_LOG_ERROR, "Cannot set output pixel format\n");
        return ret;
    }
    // 设置滤镜的输入输出参数
    outputs[0]->name = av_strdup("0:v");                // 第一路视频流
    outputs[0]->filter_ctx = buffersrc_ctx[0];
    outputs[0]->pad_idx = 0;
    outputs[0]->next = outputs[1];                      // 注意这里要指向下一个输入输出参数
    outputs[1]->name = av_strdup("1:v");                // 第二路视频流
    outputs[1]->filter_ctx = buffersrc_ctx[1];
    outputs[1]->pad_idx = 0;
    outputs[1]->next = NULL;
    // 设置滤镜的输入输出参数
    inputs->name = av_strdup("out");
    inputs->filter_ctx = buffersink_ctx;
    inputs->pad_idx = 0;
    inputs->next = NULL;
    // 把采用过滤字符串描述的图形添加到滤镜图中(引脚的输出和输入与滤镜容器的相反)
    ret = avfilter_graph_parse_ptr(filter_graph, filters_desc, &inputs, outputs, NULL);
    if (ret < 0) {
        av_log(NULL, AV_LOG_ERROR, "Cannot parse graph string\n");
        return ret;
    }
    // 检查过滤字符串的有效性,并配置滤镜图中的所有前后连接和图像格式
    ret = avfilter_graph_config(filter_graph, NULL);
    if (ret < 0) {
        av_log(NULL, AV_LOG_ERROR, "Cannot config filter graph\n");
        return ret;
    }
    avfilter_inout_free(&inputs);    // 释放滤镜的输入参数
    avfilter_inout_free(outputs);    // 释放滤镜的输出参数
    return ret;
}
```

2. 滤波加工视频流并写入目标文件

假设现有甲、乙两路视频流,在对它们进行滤波加工时,就得先从甲流获取一个解压后的视频帧,接着调用av_buffersrc_add_frame_flags函数把该帧添加到甲滤镜的实例;再从乙流获取一个解压后的视频帧,接着调用av_buffersrc_add_frame_flags函数把该帧添加到乙滤镜的实例;然后调用av_buffersink_get_frame函数从统一的输出滤镜实例中获取加工后的视频帧;最后将新视频帧重新编码写入目标文件。

鉴于两路视频流的播放时长不尽相同,可能甲流还有数据的时候,乙流已经取完数据了,此时乙流调用av_buffersrc_add_frame_flags函数要传入空帧(NULL),表示到末尾了,那么后面调用av_buffersink_get_frame函数返回的叠加结果只有甲流没有乙流,也就是甲流继续播放而乙流停留在最后一帧画面。

反过来，也可能甲流已经取完数据了，乙流还有剩余数据，此时甲流调用 av_buffersrc_add_frame_flags 函数要传入空帧（NULL），表示到末尾了，至于乙流仍然正常取数，那么后面调用 av_buffersink_get_frame 函数返回的叠加结果只有乙流而没有甲流，也就是乙流继续播放而甲流停留在最后一帧画面。

下面是针对每个视频帧进行滤波加工的 FFmpeg 代码。

```
// 从指定的输入文件获取一个数据帧
int get_frame(AVFormatContext *fmt_ctx, AVCodecContext *decode_ctx, int index, AVPacket *packet, AVFrame *frame) {
    int ret = 0;
    while ((ret = av_read_frame(fmt_ctx, packet)) >= 0) {  // 轮询数据包
        if (packet->stream_index == index) {
            // 把未解压的数据包发给解码器实例
            ret = avcodec_send_packet(decode_ctx, packet);
            if (ret == 0) {
                // 从解码器实例获取还原后的数据帧
                ret = avcodec_receive_frame(decode_ctx, frame);
                if (ret == AVERROR(EAGAIN) || ret == AVERROR_EOF) {
                    continue;
                } else if (ret < 0) {
                    continue;
                }
            }
            break;
        }
        av_packet_unref(packet);  // 清除数据包
    }
    return ret;
}

// 对视频帧重新编码
int recode_video(AVPacket **packet, AVFrame **frame, AVFrame *filt_frame) {
    // 把未解压的数据包发给解码器实例
    int ret = avcodec_send_packet(video_decode_ctx[0], packet[0]);
    if (ret < 0) {
        av_log(NULL, AV_LOG_ERROR, "send packet occur error %d.\n", ret);
        return ret;
    }
    while (1) {
        // 从解码器实例获取还原后的数据帧
        ret = avcodec_receive_frame(video_decode_ctx[0], frame[0]);
        if (ret == AVERROR(EAGAIN) || ret == AVERROR_EOF) {
            return (ret == AVERROR(EAGAIN)) ? 0 : 1;
        } else if (ret < 0) {
            av_log(NULL, AV_LOG_ERROR, "decode frame occur error %d.\n", ret);
            return ret;
        }
        // 把第一个文件的数据帧添加到输入滤镜的缓冲区
        ret = av_buffersrc_add_frame_flags(buffersrc_ctx[0], frame[0],
                    AV_BUFFERSRC_FLAG_KEEP_REF);
```

```
            if (ret < 0) {
                av_log(NULL, AV_LOG_ERROR, "Error while feeding the filtergraph\n");
                return ret;
            }
            // 从指定的输入文件获取一个数据帧
            ret = get_frame(in_fmt_ctx[1], video_decode_ctx[1], video_index[1], packet[1], frame[1]);
            if (ret == 0) {  // 第二个文件没到末尾，就把数据帧添加到输入滤镜的缓冲区
                ret = av_buffersrc_add_frame_flags(buffersrc_ctx[1], frame[1],
                            AV_BUFFERSRC_FLAG_KEEP_REF);
                if (ret < 0) {
                    av_log(NULL, AV_LOG_ERROR, "Error while feeding the filtergraph\n");
                    return ret;
                }
            } else {  // 第二个文件已到末尾，就把空白帧添加到输入滤镜的缓冲区
                ret = av_buffersrc_add_frame_flags(buffersrc_ctx[1], NULL,
                            AV_BUFFERSRC_FLAG_KEEP_REF);
                if (ret < 0) {
                    av_log(NULL, AV_LOG_ERROR, "Error while feeding the filtergraph\n");
                    return ret;
                }
            }
            while (1) {
                // 从输出滤镜的接收器获取一个已加工的过滤帧
                ret = av_buffersink_get_frame(buffersink_ctx, filt_frame);
                if (ret == AVERROR(EAGAIN) || ret == AVERROR_EOF) {
                    return ret;
                } else if (ret < 0) {
                    av_log(NULL, AV_LOG_ERROR, "get buffersink frame occur error %d.\n", ret);
                    return ret;
                }
                output_video(filt_frame);  // 给视频帧编码，并写入压缩后的视频包
            }
        }
        return ret;
    }
    // 对视频帧重新编码（第二个视频的剩余部分）
    int recode_video2(AVPacket **packet, AVFrame **frame, AVFrame *filt_frame) {
        // 把未解压的数据包发给解码器实例
        int ret = avcodec_send_packet(video_decode_ctx[1], packet[1]);
        if (ret < 0) {
            av_log(NULL, AV_LOG_ERROR, "send packet occur error %d.\n", ret);
            return ret;
        }
        while (1) {
            // 从解码器实例获取还原后的数据帧
            ret = avcodec_receive_frame(video_decode_ctx[1], frame[1]);
            if (ret == AVERROR(EAGAIN) || ret == AVERROR_EOF) {
                return (ret == AVERROR(EAGAIN)) ? 0 : 1;
            } else if (ret < 0) {
                av_log(NULL, AV_LOG_ERROR, "decode frame occur error %d.\n", ret);
```

```
            return ret;
        }
        // 第一个文件已经读完，把空白帧添加到输入滤镜的缓冲区
        ret = av_buffersrc_add_frame_flags(buffersrc_ctx[0], NULL,
                        AV_BUFFERSRC_FLAG_KEEP_REF);
        // 第二个文件还没读完，把数据帧添加到输入滤镜的缓冲区
        ret = av_buffersrc_add_frame_flags(buffersrc_ctx[1], frame[1],
                        AV_BUFFERSRC_FLAG_KEEP_REF);
    if (ret == 0) {
        while (1) {
            // 从输出滤镜的接收器获取一个已加工的过滤帧
            ret = av_buffersink_get_frame(buffersink_ctx, filt_frame);
            if (ret == AVERROR(EAGAIN) || ret == AVERROR_EOF) {
                break;
            } else if (ret < 0) {
                av_log(NULL, AV_LOG_ERROR, "get buffersink frame occur error %d.\n", ret);
                break;
            }
            output_video(filt_frame);  // 给视频帧编码，并写入压缩后的视频包
        }
    } else {
        av_log(NULL, AV_LOG_ERROR, "Error while feeding the NULL filtergraph\n");
        break;
    }
    }
    return ret;
}
```

然后开始遍历第一个视频文件，对每个视频包调用刚才定义的recode_video函数，该函数内部读取第二个视频文件的数据包，再进行叠加过滤操作。取完第一个视频数据后，如果第二个视频还有剩余数据，就对剩余的视频包调用前面定义的recode_video2函数，该函数内部再进行叠加过滤操作。下面是混合两路视频流并输出目标文件的FFmpeg代码框架。

```
AVPacket *packet[2];
packet[0] = av_packet_alloc();                                    // 分配一个数据包
packet[1] = av_packet_alloc();                                    // 分配一个数据包
AVFrame *frame[2];
frame[0] = av_frame_alloc();                                      // 分配一个数据帧
frame[1] = av_frame_alloc();                                      // 分配一个数据帧
AVFrame *filt_frame = av_frame_alloc();                           // 分配一个过滤后的数据帧
while (av_read_frame(in_fmt_ctx[0], packet[0]) >= 0) {            // 轮询数据包
    if (packet[0]->stream_index == video_index[0]) {              // 视频包需要重新编码
        recode_video(packet, frame, filt_frame);                  // 对视频帧重新编码
    } else if (packet[0]->stream_index == audio_index) {          // 音频包无须重新编码，直接写入
        ret = av_write_frame(out_fmt_ctx, packet[0]);             // 往文件写入一个数据包
        if (ret < 0) {
            av_log(NULL, AV_LOG_ERROR, "write frame occur error %d.\n", ret);
            break;
        }
    }
    av_packet_unref(packet[0]);                                   // 清除数据包
```

```c
    }
    packet[0]->data = NULL;                                 // 传入一个空包,冲走解码缓存
    packet[0]->size = 0;
    recode_video(packet, frame, filt_frame);                // 对视频帧重新编码
    int second_flag = 0;
    // 第二个文件还没完的话,就在末尾补上第二个文件的视频
    while (av_read_frame(in_fmt_ctx[1], packet[1]) >= 0) {   // 轮询数据包
        if (packet[1]->stream_index == video_index[1]) {     // 视频包需要重新编码
            recode_video2(packet, frame, filt_frame);        // 对视频帧重新编码
            second_flag = 1;
        }
        av_packet_unref(packet[1]);                          // 清除数据包
    }
    if (second_flag) {                                       // 第二个视频比较长
        packet[1]->data = NULL;                              // 传入一个空包,冲走解码缓存
        packet[1]->size = 0;
        recode_video2(packet, frame, filt_frame);            // 对视频帧重新编码
    }
    output_video(NULL);                                      // 传入一个空帧,冲走编码缓存
```

接着执行下面的编译命令:

```
gcc mixvideo.c -o mixvideo -I/usr/local/ffmpeg/include -L/usr/local/ffmpeg/lib
-lavformat -lavdevice -lavfilter -lavcodec -lavutil -lswscale -lswresample -lpostproc -lm
```

编译完成后,执行以下命令启动测试程序,根据命令行输入的过滤字符串[1:v]scale=w=iw/3:h=ih/3[v1];[0:v][v1]overlay=x=0:y=0,期望把第二个视频缩小到原尺寸的1/3,再将缩小后的视频添加到第一个视频的左上角。

```
./mixvideo ../fuzhou.mp4 ../sea.mp4 "[1:v]scale=w=iw/3:h=ih/3[v1];
[0:v][v1]overlay=x=0:y=0"
```

程序运行完毕,发现控制台输出以下日志信息,说明完成了把两个视频叠加到一个视频文件的操作。

```
Success open input_file ../fuzhou.mp4.
Success open input_file ../sea.mp4.
filters_desc : [1:v]scale=w=iw/3:h=ih/3[v1];[0:v][v1]overlay=x=0:y=0
args0 = video_size=1440x810:pix_fmt=0:time_base=1/12800:pixel_aspect=1/1
args1 = video_size=1920x1080:pix_fmt=0:time_base=1/50000:pixel_aspect=1/1
Success open output_file output_mixvideo.mp4.
Success mix video file.
```

然后打开影音播放器可以正常观看output_mixvideo.mp4,并且新视频的主画面来自fuzhou.mp4,同时sea.mp4的画面位于新视频左上角,如图9-5所示,表明上述代码正确实现了叠加视频画面的功能。

提示 运行下面的ffmpeg命令也可以通过overlay滤镜把两个视频文件叠加起来。命令中的-filter_complex表示采用复合滤镜,也就是要处理多路音视频。

```
ffmpeg -i ../fuzhou.mp4 -i ../sea.mp4 -filter_complex "[1:v]scale=w=iw/3:h=ih/3[v1];
[0:v][v1]overlay=x=0:y=0" ff_overlay.mp4
```

图 9-5　两路视频+overlay 滤镜的视频叠加效果

9.2.2　多路视频实现四宫格效果

既然FFmpeg能够叠加两路视频，那么也能叠加三路以上视频。比如常见的四宫格或者九宫格，在每个宫格展现各自的视频画面。宫格效果同样需要overlay滤镜叠加视频，只是新视频的画布不再局限于现有视频的尺寸，而要在宽高两个方向同时延展画布才行。延展画布尺寸用到了pad滤镜，对于四宫格来说，pad滤镜的过滤串为pad=width=iw*2:height=ih*2，表示新画布的宽高都变为原来的两倍。那么四宫格效果的完整过滤串示例如下：

```
[0:v]pad=width=iw*2:height=ih*2[a];[a][1:v]overlay=x=w[b];[b][2:v]overlay=x=0:y=h[c];[c][3:v]overlay=x=w:y=h
```

上面的过滤串有三个分号，表示整个加工过程分成下列4个步骤。

01 把视频画布增大为原来的两倍，其中[0:v]代表第一个文件的视频流，[a]代表第一个步骤的输出。

02 把第二路视频放在画布的右上方，其中[1:v]代表第二个文件的视频流，[b]代表第二个步骤的输出。

03 把第三路视频放在画布的左下方，其中[2:v]代表第三个文件的视频流，[c]代表第三个步骤的输出。

04 把第四路视频放在画布的右下方，其中[3:v]代表第四个文件的视频流；

除变更过滤串的滤波描述外，还得修改代码以便适配四宫格针对四路视频流的处理。与两路视频流的操作相比，四路视频流的操作有三处变化：打开待加工的来源文件、初始化视频滤镜、对视频流进行滤波加工，分别说明如下。

1. 打开待加工的来源文件

由于存在四个来源文件，因此要分别打开四个输入文件，包括封装器实例AVFormatContext、解码器实例AVCodecContext等都要各自进行初始化操作。

2. 初始化视频滤镜

因为有四路待加工的视频流，所以与输入滤镜相关的滤镜结构都要分配四套。此外，滤镜的初始化流程尚有两处需要注意，一处是调用四次avfilter_graph_create_filter函数，从而创建四个输入滤镜的实例；另一处是设置四个滤镜的输入输出参数，并且前后输入输出参数之间通过next字段依序链接。

下面是处理四路视频流的滤镜初始化代码（完整代码见chapter09/mixgrid.c）。

```c
#define ARRAY_LEN 4
AVFilterContext *buffersrc_ctx[ARRAY_LEN];          // 输入滤镜的实例
AVFilterContext *buffersink_ctx = NULL;             // 输出滤镜的实例
AVFilterGraph *filter_graph = NULL;                 // 滤镜图

// 初始化滤镜（也称过滤器、滤波器）
int init_filter(const char *filters_desc) {
    int ret = 0;
    const AVFilter *buffersink = avfilter_get_by_name("buffersink");   // 获取输出滤镜
    AVFilterInOut *inputs = avfilter_inout_alloc();                    // 分配滤镜的输入输出参数
    enum AVPixelFormat pix_fmts[] = { AV_PIX_FMT_YUV420P, AV_PIX_FMT_NONE };
    filter_graph = avfilter_graph_alloc();                             // 分配一个滤镜图
    if (!inputs || !filter_graph) {
        ret = AVERROR(ENOMEM);
        return ret;
    }
    const AVFilter *buffersrc[ARRAY_LEN];
    AVFilterInOut *outputs[ARRAY_LEN];
    char args[512];  // 临时字符串，存放输入源的媒体参数信息，比如视频宽高、像素格式等
    i = -1;
    while (++i < ARRAY_LEN) {
        buffersrc[i] = avfilter_get_by_name("buffer");       // 获取第一个输入滤镜
        outputs[i] = avfilter_inout_alloc();                 // 分配第一个滤镜的输入输出参数
        snprintf(args, sizeof(args),
            "video_size=%dx%d:pix_fmt=%d:time_base=%d/%d:pixel_aspect=%d/%d",
            video_decode_ctx[i]->width, video_decode_ctx[i]->height,
video_decode_ctx[i]->pix_fmt,
            src_video[i]->time_base.num, src_video[i]->time_base.den,
            video_decode_ctx[i]->sample_aspect_ratio.num,
            video_decode_ctx[i]->sample_aspect_ratio.den);
        av_log(NULL, AV_LOG_INFO, "args : %s\n", args);
        // 创建输入滤镜的实例，并将其添加到现有的滤镜图中
        ret = avfilter_graph_create_filter(&buffersrc_ctx[i], buffersrc[i], "in",
            args, NULL, filter_graph);
        if (ret < 0) {
            av_log(NULL, AV_LOG_ERROR, "Cannot create buffer source\n");
            return ret;
        }
        char put_name[8];
        snprintf(put_name, sizeof(put_name), "%d:v", i);
        // 设置滤镜的输入输出参数
        outputs[i]->name = av_strdup(put_name);    // 第i路视频流
        outputs[i]->filter_ctx = buffersrc_ctx[i];
        outputs[i]->pad_idx = 0;
        outputs[i]->next = NULL;
        if (i > 0) {
            outputs[i-1]->next = outputs[i];       // 指向下一个输入输出参数
        }
    }
```

```
    // 创建输出滤镜的实例，并将其添加到现有的滤镜图中
    ret = avfilter_graph_create_filter(&buffersink_ctx, buffersink, "out",
        NULL, NULL, filter_graph);
    if (ret < 0) {
        av_log(NULL, AV_LOG_ERROR, "Cannot create buffer sink\n");
        return ret;
    }
    // 设置滤镜的输入输出参数
    inputs->name = av_strdup("out");
    inputs->filter_ctx = buffersink_ctx;
    inputs->pad_idx = 0;
    inputs->next = NULL;
    // 将二进制选项设置为整数列表，此处给输出滤镜的实例设置像素格式
    ret = av_opt_set_int_list(buffersink_ctx, "pix_fmts", pix_fmts,
        AV_PIX_FMT_NONE, AV_OPT_SEARCH_CHILDREN);
    if (ret < 0) {
        av_log(NULL, AV_LOG_ERROR, "Cannot set output pixel format\n");
        return ret;
    }
    // 把采用过滤字符串描述的图形添加到滤镜图中（引脚的输出和输入与滤镜容器的相反）
    ret = avfilter_graph_parse_ptr(filter_graph, filters_desc, &inputs, outputs, NULL);
    if (ret < 0) {
        av_log(NULL, AV_LOG_ERROR, "Cannot parse graph string\n");
        return ret;
    }
    // 检查过滤字符串的有效性，并配置滤镜图中的所有前后连接和图像格式
    ret = avfilter_graph_config(filter_graph, NULL);
    if (ret < 0) {
        av_log(NULL, AV_LOG_ERROR, "Cannot config filter graph\n");
        return ret;
    }
    avfilter_inout_free(&inputs);   // 释放滤镜的输入参数
    avfilter_inout_free(outputs);   // 释放滤镜的输出参数
    return ret;
}
```

3. 对视频流进行滤波加工

滤波加工的时候，先去第一路视频获取数据包，再去其他视频流获取数据帧送给对应的滤镜实例。如果其他视频流已经取完数据，就把空白帧送给该路视频对应的输入滤镜实例，再从输出滤镜实例获取已加工的过滤帧。下面是四宫格针对每个视频帧进行滤波加工的FFmpeg代码。

```
// 对视频帧重新编码
int recode_video(AVPacket **packet, AVFrame **frame, AVFrame *filt_frame) {
    // 把未解压的数据包发给解码器实例
    int ret = avcodec_send_packet(video_decode_ctx[0], packet[0]);
    if (ret < 0) {
        av_log(NULL, AV_LOG_ERROR, "send packet occur error %d.\n", ret);
        return ret;
    }
    while (1) {
```

```
            // 从解码器实例获取还原后的数据帧
            ret = avcodec_receive_frame(video_decode_ctx[0], frame[0]);
            if (ret == AVERROR(EAGAIN) || ret == AVERROR_EOF) {
                return (ret == AVERROR(EAGAIN)) ? 0 : 1;
            } else if (ret < 0) {
                av_log(NULL, AV_LOG_ERROR, "decode frame occur error %d.\n", ret);
                return ret;
            }
            // 把第一个文件的数据帧添加到输入滤镜的缓冲区
            ret = av_buffersrc_add_frame_flags(buffersrc_ctx[0], frame[0],
                            AV_BUFFERSRC_FLAG_KEEP_REF);
            if (ret < 0) {
                av_log(NULL, AV_LOG_ERROR, "Error while feeding the filtergraph\n");
                return ret;
            }
            i = 0;
            while (++i < ARRAY_LEN) {
                // 从指定的输入文件获取一个数据帧
                ret = get_frame(in_fmt_ctx[i], video_decode_ctx[i], video_index[i], packet[i],
frame[i]);
                if (ret == 0) {    // 后面的文件没到末尾，就把数据帧添加到输入滤镜的缓冲区
                    ret = av_buffersrc_add_frame_flags(buffersrc_ctx[i], frame[i],
                                AV_BUFFERSRC_FLAG_KEEP_REF);
                    if (ret < 0) {
                        av_log(NULL, AV_LOG_ERROR, "Error while feeding the filtergraph\n");
                        return ret;
                    }
                } else {    // 后面的文件已到末尾，就把空白帧添加到输入滤镜的缓冲区
                    ret = av_buffersrc_add_frame_flags(buffersrc_ctx[i], NULL,
                                AV_BUFFERSRC_FLAG_KEEP_REF);
                    if (ret < 0) {
                        av_log(NULL, AV_LOG_ERROR, "Error while feeding the filtergraph\n");
                        return ret;
                    }
                }
            }
            while (1) {
                // 从输出滤镜的接收器获取一个已加工的过滤帧
                ret = av_buffersink_get_frame(buffersink_ctx, filt_frame);
                if (ret == AVERROR(EAGAIN) || ret == AVERROR_EOF) {
                    return ret;
                } else if (ret < 0) {
                    av_log(NULL, AV_LOG_ERROR, "get buffersink frame occur error %d.\n", ret);
                    return ret;
                }
                output_video(filt_frame);    // 给视频帧编码，并写入压缩后的视频包
            }
        }
    return ret;
}
```

假设新视频的播放时长以第一路视频流为准,就要从头遍历第一路视频的数据包,对每个视频包调用刚才定义的recode_video函数,该函数内部读取其他视频文件的数据包,再进行叠加过滤操作。下面是混合四路视频流并输出目标文件的FFmpeg代码框架。

```
AVPacket *packet[ARRAY_LEN];
AVFrame *frame[ARRAY_LEN];
i = -1;
while (++i < ARRAY_LEN) {
   packet[i] = av_packet_alloc();                    // 分配一个数据包
   frame[i] = av_frame_alloc();                      // 分配一个数据帧
}
AVFrame *filt_frame = av_frame_alloc();              // 分配一个过滤后的数据帧
while (av_read_frame(in_fmt_ctx[0], packet[0]) >= 0) {  // 轮询数据包
   if (packet[0]->stream_index == video_index[0]) {  // 视频包需要重新编码
      recode_video(packet, frame, filt_frame);       // 对视频帧重新编码
   } else if (packet[0]->stream_index == audio_index) {  // 音频包无须重新编码,直接写入
      ret = av_write_frame(out_fmt_ctx, packet[0]);  // 往文件写入一个数据包
      if (ret < 0) {
         av_log(NULL, AV_LOG_ERROR, "write frame occur error %d.\n", ret);
         break;
      }
   }
   av_packet_unref(packet[0]);                       // 清除数据包
}
packet[0]->data = NULL;                              // 传入一个空包,冲走解码缓存
packet[0]->size = 0;
recode_video(packet, frame, filt_frame);             // 对视频帧重新编码
output_video(NULL);                                  // 传入一个空帧,冲走编码缓存
```

接着执行下面的编译命令:

```
gcc mixgrid.c -o mixgrid -I/usr/local/ffmpeg/include -L/usr/local/ffmpeg/lib -lavformat -lavdevice -lavfilter -lavcodec -lavutil -lswscale -lswresample -lpostproc -lm
```

编译完成后,执行以下命令启动测试程序,根据命令行输入的过滤字符串[0:v]pad=width=iw*2:height=ih*2[a];[a][1:v]overlay=x=w[b];[b][2:v]overlay=x=0:y=h[c];[c][3:v]overlay=x=w:y=h,期望把第一路视频流的画布尺寸变成原来的两倍,且四路视频分别位于画布的左上方、右上方、左下方、右下方。

```
./mixgrid ../fuzhous.mp4 ../seas.mp4 ../seas.mp4 ../fuzhous.mp4 "[0:v]pad=width=iw*2:height=ih*2[a]; [a][1:v]overlay=x=w[b];[b][2:v]overlay=x=0:y=h[c];[c][3:v]overlay=x=w: y=h"
```

程序运行完毕,发现控制台输出以下日志信息,说明完成了把4个视频叠加到一个视频文件的操作。

```
Success open input_file ../fuzhous.mp4.
Success open input_file ../seas.mp4.
Success open input_file ../seas.mp4.
Success open input_file ../fuzhous.mp4.
filters_desc : [0:v]pad=width=iw*2:height=ih*2[a];[a][1:v]overlay=x=w[b];[b][2:v]overlay=x=0:y=h[c]; [c][3:v]overlay=x=w:y=h
```

```
args : video_size=480x270:pix_fmt=0:time_base=1/12800:pixel_aspect=1/1
args : video_size=480x270:pix_fmt=0:time_base=1/12800:pixel_aspect=1/1
args : video_size=480x270:pix_fmt=0:time_base=1/12800:pixel_aspect=1/1
args : video_size=480x270:pix_fmt=0:time_base=1/12800:pixel_aspect=1/1
Success open output_file output_mixgrid.mp4.
Success mix grid file.
```

然后打开影音播放器可以正常观看output_mixgrid.mp4，并且整个视频画面呈现四宫格的布局，如图9-6所示，表明上述代码正确实现了将4个视频画面按照四宫格布局叠加的功能。

图9-6　多路视频实现的四宫格效果

提示：运行下面的ffmpeg命令也可以通过overlay滤镜把4个视频文件按照四宫格排列组装起来。命令中的-filter_complex表示采用复合滤镜，也就是要处理多路音视频。

```
ffmpeg -i ../fuzhous.mp4 -i ../seas.mp4 -i ../seas.mp4 -i ../fuzhous.mp4 -filter_complex 
"[0:v]pad=width=iw*2:height=ih*2[a];[a][1:v]overlay=x=w[b];[b][2:v]overlay=x=0:y=h[c];[c
][3:v]overlay=x=w:y=h" ff_grid.mp4
```

9.2.3　透视两路视频的混合画面

无论是两路视频叠加还是四路视频叠加，最终生成的新视频都像是拼板合成，即使是多个视频的重叠区域，也由后面的视频覆盖前面的视频，并非真正意义上的画面混合。当然，单个滤镜的实现效果本来就有限，overlay滤镜仅能实现画面叠加功能，引入blend滤镜才能实现画面混合功能。

运行以下命令可以查看blend滤镜的参数说明：

```
ffmpeg -h filter=blend
```

虽然命令行显示的blend滤镜参数列表有很多行，但是常用的只有all_mode和all_opacity两个参数，其中all_mode指定了混合模式，默认为normal；而all_opacity指定了不透明度，默认为1。all_opacity的取值范围为0～1，值越大则第一个视频的权重越大，值越小则第二个视频的权重越大。all_opacity的几个取值例子说明如下。

（1）当all_opacity为1时，只呈现第一个视频的画面，也就是说blend=all_mode=normal:all_opacity=1等价于blend。

（2）当all_opacity为0时，只呈现第二个视频的画面。

（3）当all_opacity为0.5时，两个视频画面均匀混合，相当于all_mode为average的效果，也就是说blend=all_mode=normal:all_opacity=0.5等价于blend=all_mode=average。

使用blend滤镜有两个前提条件，一个是混合用的两个来源视频尺寸必须一致，如果两个视频的宽高不同，就会报尺寸不匹配的错误；另一个是两个来源视频的帧率必须一样，如果两个视频的帧率不同，混合后的新视频可能会出现卡顿现象。

除此之外，blend滤镜在视频末尾的加工效果也比较特别。假如两个来源视频的播放时长不一致，那么经过blend滤镜的混合加工，在其中一个视频结束之后，新视频的剩余部分都会残留该视频的最后一帧。也就是说，先结束的那个视频最后一帧仍然停留在新视频中，同时另一个视频的运动画面依旧在播放，如图9-7和图9-8所示。

图 9-7　两个视频均未结束时的画面　　　　图 9-8　有一个视频已结束时的画面

为了解决因时长不同导致的多余混合问题，需要在mixvideo.c的代码基础上略加调整，主要改动有下列两处。

（1）在recode_video函数内部检查第二个视频是否取完数据，如果取完数据，就写入第一个视频的数据帧，如果没取完，就写入加工后的过滤帧。

（2）由于recode_video2函数在第一个视频结束之后才触发，因此该函数内部直接写入第二个视频的数据帧。

经过上述调整之后的recode_video与recode_video2两个函数定义代码如下（完整代码见chapter09/blendvideo.c）：

```c
// 对视频帧重新编码
int recode_video(AVPacket **packet, AVFrame **frame, AVFrame *filt_frame) {
    int second_end = -1;
    // 把未解压的数据包发给解码器实例
    int ret = avcodec_send_packet(video_decode_ctx[0], packet[0]);
    if (ret < 0) {
        av_log(NULL, AV_LOG_ERROR, "send packet occur error %d.\n", ret);
        return ret;
    }
    while (1) {
        // 从解码器实例获取还原后的数据帧
        ret = avcodec_receive_frame(video_decode_ctx[0], frame[0]);
        if (ret == AVERROR(EAGAIN) || ret == AVERROR_EOF) {
            return (ret == AVERROR(EAGAIN)) ? 0 : 1;
        } else if (ret < 0) {
            av_log(NULL, AV_LOG_ERROR, "decode frame occur error %d.\n", ret);
            return ret;
        }
```

```c
            // 把第一个文件的数据帧添加到输入滤镜的缓冲区
            ret = av_buffersrc_add_frame_flags(buffersrc_ctx[0], frame[0],
                        AV_BUFFERSRC_FLAG_KEEP_REF);
            if (ret < 0) {
                av_log(NULL, AV_LOG_ERROR, "Error while feeding the filtergraph\n");
                return ret;
            }
            // 从指定的输入文件获取一个数据帧
            ret = get_frame(in_fmt_ctx[1], video_decode_ctx[1], video_index[1], packet[1], frame[1]);
            if (ret == 0) {  // 第二个文件没到末尾,把数据帧添加到输入滤镜的缓冲区
                ret = av_buffersrc_add_frame_flags(buffersrc_ctx[1], frame[1],
                        AV_BUFFERSRC_FLAG_KEEP_REF);
                if (ret < 0) {
                    av_log(NULL, AV_LOG_ERROR, "Error while feeding the filtergraph\n");
                    return ret;
                }
                second_end = -1;
            } else {  // 第二个文件已到末尾,把空白帧添加到输入滤镜的缓冲区
                ret = av_buffersrc_add_frame_flags(buffersrc_ctx[1], NULL,
                        AV_BUFFERSRC_FLAG_KEEP_REF);
                if (ret < 0) {
                    av_log(NULL, AV_LOG_ERROR, "Error while feeding the filtergraph\n");
                    return ret;
                }
                second_end = 1;
            }
            while (1) {
                // 从输出滤镜的接收器获取一个已加工的过滤帧
                ret = av_buffersink_get_frame(buffersink_ctx, filt_frame);
                if (ret == AVERROR(EAGAIN) || ret == AVERROR_EOF) {
                    return ret;
                } else if (ret < 0) {
                    av_log(NULL, AV_LOG_ERROR, "get buffersink frame occur error %d.\n", ret);
                    return ret;
                }
                if (second_end != 1) {                          // 第二个文件没到末尾
                    output_video(filt_frame);                   // 给视频帧编码,并写入压缩后的视频包
                } else {                                        // 第二个文件已到末尾,写入第一个文件的视频
                    frame[0]->pts = filt_frame->pts;            // 调整第一个视频来源的时间戳
                    output_video(frame[0]);                     // 给视频帧编码,并写入压缩后的视频包
                }
            }
        }
    return ret;
}

// 对视频帧重新编码(第二个视频的剩余部分)
int recode_video2(AVPacket **packet, AVFrame **frame, AVFrame *filt_frame) {
    // 把未解压的数据包发给解码器实例
    int ret = avcodec_send_packet(video_decode_ctx[1], packet[1]);
```

```
        if (ret < 0) {
            av_log(NULL, AV_LOG_ERROR, "send packet occur error %d.\n", ret);
            return ret;
        }
        while (1) {
            // 从解码器实例获取还原后的数据帧
            ret = avcodec_receive_frame(video_decode_ctx[1], frame[1]);
            if (ret == AVERROR(EAGAIN) || ret == AVERROR_EOF) {
                return (ret == AVERROR(EAGAIN)) ? 0 : 1;
            } else if (ret < 0) {
                av_log(NULL, AV_LOG_ERROR, "decode frame occur error %d.\n", ret);
                return ret;
            }
            // 第一个文件已经读完，把空白帧添加到输入滤镜的缓冲区
            ret = av_buffersrc_add_frame_flags(buffersrc_ctx[0], NULL,
                                AV_BUFFERSRC_FLAG_KEEP_REF);
            // 第二个文件还没读完，把数据帧添加到输入滤镜的缓冲区
            ret = av_buffersrc_add_frame_flags(buffersrc_ctx[1], frame[1],
                                AV_BUFFERSRC_FLAG_KEEP_REF);
            if (ret == 0) {
                while (1) {
                    // 从输出滤镜的接收器获取一个已加工的过滤帧
                    ret = av_buffersink_get_frame(buffersink_ctx, filt_frame);
                    if (ret == AVERROR(EAGAIN) || ret == AVERROR_EOF) {
                        break;
                    } else if (ret < 0) {
                        av_log(NULL, AV_LOG_ERROR, "get buffersink frame occur error %d.\n", ret);
                        break;
                    }
                    frame[1]->pts = filt_frame->pts;  // 调整第二个视频来源的时间戳
                    output_video(frame[1]);            // 给视频帧编码，并写入压缩后的视频包
                }
            } else {
                av_log(NULL, AV_LOG_ERROR, "Error while feeding the NULL filtergraph\n");
                break;
            }
        }
        return ret;
    }
```

接着执行下面的编译命令：

```
gcc blendvideo.c -o blendvideo -I/usr/local/ffmpeg/include -L/usr/local/ffmpeg/lib -lavformat -lavdevice -lavfilter -lavcodec -lavutil -lswscale -lswresample -lpostproc -lm
```

编译完成后，执行以下命令启动测试程序，根据命令行输入的过滤字符串[0:v]fps=25[v0];[1:v]fps=25[v1];[v0][v1]blend=all_mode=average，期望在统一帧率后均匀混合两个视频的画面。

```
./blendvideo ../fuzhous.mp4 ../seas.mp4 "[0:v]fps=25[v0];[1:v]fps=25[v1];[v0][v1]blend=all_mode=average"
```

程序运行完毕，发现控制台输出以下日志信息，说明完成了把两个视频混合进一个视频文件

的操作。

```
Success open input_file ../fuzhous.mp4.
Success open input_file ../seas.mp4.
filters_desc : [0:v]fps=25[v0];[1:v]fps=25[v1];[v0][v1]blend=all_mode=average
args0 = video_size=480x270:pix_fmt=0:time_base=1/12800:pixel_aspect=1/1
args1 = video_size=480x270:pix_fmt=0:time_base=1/12800:pixel_aspect=1/1
Success open output_file output_blendvideo.mp4.
Success blend video file.
```

然后打开影音播放器可以正常观看output_blendvideo.mp4，并且新视频的画面由两个来源视频混合而来，在播放时间超过第一个视频的时长之后，会照常播放第二个视频的画面，如图9-9和图9-10所示，表明上述代码正确实现了将两个视频画面混合到一个视频播放的功能。

图 9-9　两个视频均未结束时的画面

图 9-10　有一个视频已结束时的画面

提示　运行下面的ffmpeg命令也可以通过blend滤镜把两个视频画面均匀混合。命令中的 -filter_complex表示采用复合滤镜，也就是要处理多路音视频。

```
ffmpeg -i ../fuzhous.mp4 -i ../seas.mp4 -filter_complex "[0:v]fps=25[v0];
[1:v]fps=25[v1];[v0][v1]blend=all_mode=average" ff_blend.mp4
```

9.3　转场动画

本节介绍FFmpeg在合并两段视频时切换场景的转场操作，首先描述如何通过xfade滤镜在两段视频画面衔接时展示转场动画，以及FFmpeg目前支持哪些转场模式；然后深入调查xfade滤镜的源码，并以向左滑动的转场模式为例，分析左滑转场是如何实现的；最后阐述如何通过自定义代码给xfade滤镜添加新的转场模式，以及如何实现向左上角抹去的转场动画新模式。

9.3.1　给视频添加转场动画

多路视频除叠加与混合两种操作外，还能实现前后视频衔接的转场动画功能。所谓转场，指的是转换场景，也就是一个视频画面切换到另一个视频画面。合并两个视频便实现了最简单的画面切换，在前一个视频的最后一帧之后，马上跳到后一个视频的首帧，这种切换过程没有过渡处理，视觉上会很呆板、很僵硬。为了让两个视频的画面切换过程更加柔和，就产生了转场动画，通过在一定时间内从前一个视频逐渐过渡到后一个视频，转场动画实现了两个画面渐变的过渡效果。

FFmpeg使用xfade滤镜实现两个视频切换的转场效果，由于FFmpeg迟至4.3版本才引入xfade滤镜，因此更早期的FFmpeg不支持转场功能。运行以下命令可以查看xfade滤镜的选项参数：

```
ffmpeg -h filter=xfade
```

根据命令行显示的xfade滤镜参数列表，可知该滤镜主要有下列几个选项参数。

- duration：转场动画的持续时间，单位为秒。
- offset：开始转场的偏移时间，也就是第一个视频从何时开始转场，单位为秒。
- transition：转场模式。转场模式的取值说明见表9-1。

表 9-1 转场模式的取值说明

转场模式	英文说明	中文说明
fade	fade transition	淡入淡出
wipeleft	wipe left transition	向左抹去
wiperight	wipe right transition	向右抹去
wipeup	wipe up transition	向上抹去
wipedown	wipe down transition	向下抹去
slideleft	slide left transition	向左滑动
slideright	slide right transition	向右滑动
slideup	slide up transition	向上滑动
slidedown	slide down transition	向下滑动
circlecrop	circle crop transition	圆形裁剪
rectcrop	rect crop transition	方形裁剪
distance	distance transition	距离转换（有点像伽马）
fadeblack	fadeblack transition	全黑后再淡入
fadewhite	fadewhite transition	全白后再淡入
radial	radial transition	顺时针方向旋转
smoothleft	smoothleft transition	向左隐去
smoothright	smoothright transition	向右隐去
smoothup	smoothup transition	向上隐去
smoothdown	smoothdown transition	向下隐去
circleopen	circleopen transition	圆圈打开
circleclose	circleclose transition	圆圈关闭
vertopen	vert open transition	左右开门
vertclose	vert close transition	左右关门
horzopen	horz open transition	上下开门
horzclose	horz close transition	上下关门
dissolve	dissolve transition	溶解转换
pixelize	pixelize transition	马赛克转换
diagtl	diag tl transition	向左上角隐去
diagtr	diag tr transition	向右上角隐去
diagbl	diag bl transition	向左下角隐去
diagbr	diag br transition	向右下角隐去

(续表)

转场模式	英文说明	中文说明
hlslice	hl slice transition	向左切片
hrslice	hr slice transition	向右切片
vuslice	vu slice transition	向上切片
vdslice	vd slice transition	向下切片
hblur	hblur transition	模糊漂移
fadegrays	fadegrays transition	灰色淡入淡出
wipetl	wipe tl transition	向左上角矩形抹去
wipetr	wipe tr transition	向右上角矩形抹去
wipebl	wipe bl transition	向左下角矩形抹去
wipebr	wipe br transition	向右下角矩形抹去
squeezeh	squeeze h transition	上下挤压
squeezev	squeeze v transition	左右挤压
zoomin	zoom in transition	放大景物

使用xfade滤镜时，对于转场前后的两个视频有下列两个前提条件：

（1）两个视频尺寸必须一致，如果两个视频的宽高不同，就会报尺寸不匹配的错误。

（2）两个视频的帧率必须一样，如果两个视频的帧率不同，就会报时间基不匹配的错误。

以转场模式rectcrop为例，该模式在转场时先让第一个视频由外向内做矩形裁剪，裁剪到画面中央只剩一个点的时候，又让第二个视频由内向外做矩形裁剪。在前后两次裁剪过程中，矩形外侧显示黑色，矩形内侧显示裁剪后的视频画面。通过xfade滤镜对两个视频的切换过程运用转场特效，即可观察具体的矩形裁剪效果。

执行以下命令启动测试程序，根据命令行输入的过滤字符串[0:v]fps=25[v0];[1:v]fps=25[v1];[v0][v1]xfade=transition=rectcrop:duration=2:offset=3，期望在统一帧率之后对两个视频做矩形裁剪的转场。

```
./mixvideo ../fuzhous.mp4 ../seas.mp4 "[0:v]fps=25[v0];[1:v]fps=25[v1];
[v0][v1]xfade=transition=rectcrop:duration=2:offset=3"
```

程序运行完毕，发现控制台输出以下日志信息，说明完成了使用转场滤镜衔接两个视频的操作。

```
Success open input_file ../fuzhous.mp4.
Success open input_file ../seas.mp4.
filters_desc : [0:v]fps=25[v0];[1:v]fps=25[v1];[v0][v1]xfade=transition=rectcrop:
duration=2:offset=3
args0 = video_size=480x270:pix_fmt=0:time_base=1/12800:pixel_aspect=1/1
args1 = video_size=480x270:pix_fmt=0:time_base=1/12800:pixel_aspect=1/1
Success open output_file output_mixvideo.mp4.
Success mix video file.
```

然后打开影音播放器可以正常观看output_mixvideo，新视频在播放3秒后开始持续2秒的转场动画，其中转场动画的前1秒由第一个视频做向内矩形裁剪，此时裁剪效果如图9-11和图9-12所示；转场动画的后1秒由第二个视频做向外矩形裁剪，此时裁剪效果如图9-13和图9-14所示。

图9-11 矩形向内裁剪动画已经开始

图9-12 矩形向内裁剪动画即将结束

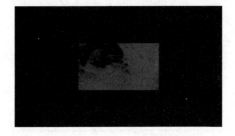
图9-13 矩形向外裁剪动画已经开始

图9-14 矩形向外裁剪动画即将结束

由以上动画效果可见,xfade滤镜正确实现了矩形裁剪模式的转场特效。更多转场模式的动画效果,读者可自行实践。

> 提示 运行下面的ffmpeg命令也可以通过xfade滤镜在拼接两个视频文件时展示方形裁剪的转场动画。命令中的-filter_complex表示采用复合滤镜,也就是要处理多路音视频。

```
ffmpeg -i ../fuzhous.mp4 -i ../seas.mp4 -filter_complex "[0:v]fps=25[v0];
[1:v]fps=25[v1];[v0][v1]xfade=transition=rectcrop:duration=2:offset=3,format=yuv42
0p" ff_xfade_rectcrop.mp4
```

9.3.2 转场动画的代码分析

转场动画提供了这么多的场景转换特效,想必读者都很好奇转场滤镜xfade的实现过程。该滤镜的源码位于libavfilter/vf_xfade.c,下面分析一下它的源码,看看转场动画是怎样做的。

首先拉到vf_xfade.c文件的末尾,找到过滤器变量ff_vf_xfade的定义代码。

```
const AVFilter ff_vf_xfade = {
    .name          = "xfade",
    .description   = NULL_IF_CONFIG_SMALL("Cross fade one video with another video."),
    .priv_size     = sizeof(XFadeContext),
    .priv_class    = &xfade_class,
    .activate      = xfade_activate,
    .uninit        = uninit,
    FILTER_INPUTS(xfade_inputs),
    FILTER_OUTPUTS(xfade_outputs),
    FILTER_PIXFMTS_ARRAY(pix_fmts),
    .flags         = AVFILTER_FLAG_SLICE_THREADS,
};
```

由以上代码可知,该滤镜的名称为xfade,输入参数位于xfade_inputs,输出参数位于

xfade_outputs。还有个激活函数名叫xfade_activate，该函数用来执行具体的滤波加工操作。

把vf_xfade.c文件的内容从末尾往上拉十几行，找到xfade_inputs和xfade_outputs的定义代码，如下所示：

```
static const AVFilterPad xfade_inputs[] = {
    {
        .name         = "main",
        .type         = AVMEDIA_TYPE_VIDEO,
    },
    {
        .name         = "xfade",
        .type         = AVMEDIA_TYPE_VIDEO,
    },
};

static const AVFilterPad xfade_outputs[] = {
    {
        .name         = "default",
        .type         = AVMEDIA_TYPE_VIDEO,
        .config_props = config_output,
    },
};
```

由以上代码可知，xfade滤镜拥有两个输入源，其中一个叫作main，另一个叫作xfade，这两个输入源都属于视频类型AVMEDIA_TYPE_VIDEO。xfade滤镜的输出参数也为视频类型AVMEDIA_TYPE_VIDEO，说明该滤镜的输入源是两个视频，加工之后只输出一个视频。注意输出参数指定了一个属性配置函数config_output，用于对输出参数进行初始化操作，查看config_output函数的内部代码，找到如下分支：

```
case SLIDELEFT: s->transitionf = s->depth <= 8 ? slideleft8_transition : slideleft16_transition; break;
```

从上面的分支代码可见，向左滑动（SLIDELEFT，简称左滑）的转场动画规定了转换函数指针transitionf取值为slideleft8_transition或slideleft16_transition，那么什么时候会调用transitionf指向的转换函数呢？在xfade滤镜一开始的定义代码中，有个叫作xfade_activate的激活函数，该函数内部调用了xfade_frame函数，然后沿水平方向将视频画面分段切片，并开启多线程各自调用xfade_slice函数处理每个切片，到了xfade_slice内部就用到了transitionf函数指针。所以对于向左滑动的转场动画来说，滤波加工期间的函数调用关系为：xfade_activate→xfade_frame→xfade_slice→transitionf→slideleft8_transition或slideleft16_transition。

继续跟踪slideleft***_transition的宏定义代码如下：

```
#define SLIDELEFT_TRANSITION(name, type, div)                               \
static void slideleft##name##_transition(AVFilterContext *ctx,              \
                       const AVFrame *a, const AVFrame *b, AVFrame *out,    \
                       float progress,                                      \
                       int slice_start, int slice_end, int jobnr)           \
{                                                                           \
    XFadeContext *s = ctx->priv;                                            \
    const int height = slice_end - slice_start;                             \
```

```
            const int width = out->width;                                   \
            const int z = -progress * width;                                \
                                                                            \
            for (int p = 0; p < s->nb_planes; p++) {                        \
                const type *xf0 = (const type *)(a->data[p] + slice_start * a->linesize[p]); \
                const type *xf1 = (const type *)(b->data[p] + slice_start * b->linesize[p]); \
                type *dst = (type *)(out->data[p] + slice_start * out->linesize[p]);  \
                                                                            \
                for (int y = 0; y < height; y++) {                          \
                    for (int x = 0; x < width; x++) {                       \
                        const int zx = z + x;                               \
                        const int zz = zx % width + width * (zx < 0);       \
                        dst[x] = (zx >= 0) && (zx < width) ? xf1[zz] : xf0[zz]; \
                    }                                                       \
                                                                            \
                    dst += out->linesize[p] / div;                          \
                    xf0 += a->linesize[p] / div;                            \
                    xf1 += b->linesize[p] / div;                            \
                }                                                           \
            }                                                               \
        }
SLIDELEFT_TRANSITION(8, uint8_t, 1)
SLIDELEFT_TRANSITION(16, uint16_t, 2)
```

由以上的宏定义代码可知，该函数的输入参数有下列8个。

- AVFilterContext *ctx：滤镜的实例。
- const AVFrame *a：第一个输入视频的数据帧。
- const AVFrame *b：第二个输入视频的数据帧。
- AVFrame *out：输出目标视频的数据帧。
- float progress：当前的转场进度，取值范围为1.0~0.0。为1.0时，表示转场开始；为0.0时，表示转场结束。
- int slice_start：当前切片的起始高度。
- int slice_end：当前切片的终止高度。
- int jobnr：当前切片的序号。

假设视频画面的宽高尺寸为480×270，总共划为6个切片的话，每个切片的slice_start、slice_end、jobnr取值见表9-2。

表9-2 转场动画的切片各项数值例子

切片描述	slice_start 数值	slice_end 数值	jobnr 数值
第一个切片	0	80	0
第二个切片	80	160	1
第三个切片	160	240	2
第四个切片	240	320	3
第五个切片	320	400	4
第六个切片	400	480	5

注意左滑转场的宏定义代码中存在三层for循环，分别说明如下。

（1）最外层的for循环依次处理视频帧的4个色值平面，包括Y（亮度）、U（色度的蓝色投影）、V（色度的红色投影）、A（透明度）4个分量。

（2）中间层的for循环从上往下依次处理视频帧的每行像素，然后把三个数据帧都往下挪一行。

（3）最内层的for循环从左往右依次处理当前行的像素，先计算当前进度时的横坐标偏移zx，再对目标画面的像素赋值。其中zx为转场前后画面的分界点，当zx大于或等于0时，则取第二个输入视频的像素；当zx小于0时，则取第一个输入视频的像素。

至此，梳理得到了左滑转场的滤波加工经过了下列步骤：在水平方向切片并分片处理→按照YUVA分平面处理→从上往下分行处理→从左往右分像素处理，其他转场动画的实现过程可以此类推。

9.3.3 自定义斜边转场动画

xfade滤镜实现了衔接视频时的转场动画，本质上仍然是个视频滤镜，其代码框架与其他的视频滤镜类似，区别在于xfade定义了各种转场模式的画面像素抉择判断。比如下面这个wipeleft模式的定义代码。

```
#define WIPELEFT_TRANSITION(name, type, div)                                \
static void wipeleft##name##_transition(AVFilterContext *ctx,               \
                        const AVFrame *a, const AVFrame *b, AVFrame *out,   \
                        float progress,                                     \
                        int slice_start, int slice_end, int jobnr)          \
{                                                                           \
    XFadeContext *s = ctx->priv;                                            \
    const int height = slice_end - slice_start;                             \
    const int z = out->width * progress;                                    \
                                                                            \
    for (int p = 0; p < s->nb_planes; p++) {                                \
        const type *xf0 = (const type *)(a->data[p] + slice_start * a->linesize[p]); \
        const type *xf1 = (const type *)(b->data[p] + slice_start * b->linesize[p]); \
        type *dst = (type *)(out->data[p] + slice_start * out->linesize[p]); \
                                                                            \
        for (int y = 0; y < height; y++) {                                  \
            for (int x = 0; x < out->width; x++) {                          \
                dst[x] = x > z ? xf1[x] : xf0[x];                           \
            }                                                               \
                                                                            \
            dst += out->linesize[p] / div;                                  \
            xf0 += a->linesize[p] / div;                                    \
            xf1 += b->linesize[p] / div;                                    \
        }                                                                   \
    }                                                                       \
}
WIPELEFT_TRANSITION(8, uint8_t, 1)
WIPELEFT_TRANSITION(16, uint16_t, 2)
```

上面宏定义的输入参数中，a为第一个视频的数据帧，b为第二个视频的数据帧，out为输出视频的数据帧；progress为动画进度，视频宽度与动画进度的乘积为z，这个z表示当前进度对应的横坐标数值；slice_start为切片起始值，slice_end为切片终止值。

因为处理整个视频画面比较耗时，所以FFmpeg把画面从上到下切成若干片，并开启多线程分别操作每片画面，从而加快整个画面的加工速度。slice_start为单个切片的纵坐标起始值，slice_end为对应切片的纵坐标终止值，那么slice_end减去slice_start恰好是该切片的高度。

在宏定义函数内部，依次处理YUV等平面的像素数据，其中nb_planes字段为平面的数量，xf0为第一个视频的帧像素数组，xf1为第二个视频的帧像素数组，dst为输出视频的像素数组。在处理每个平面时，先根据纵坐标y从上往下依次遍历各像素，再根据横坐标x从左往右依次遍历各像素。当x大于z时，表示该点的横坐标超出当前进度，此时输出画面采用第二个视频的像素；否则，表示该点的横坐标没超出当前进度，此时输出画面依旧采用第一个视频的像素。由此可知，wipeleft模式实现了向左抹去的转场特效。

看过了wipeleft模式的代码，再来看看wipeup模式的代码，找找二者之间有什么区别。下面是wipeup模式的定义代码。

```c
#define WIPEUP_TRANSITION(name, type, div)                                  \
static void wipeup##name##_transition(AVFilterContext *ctx,                 \
                        const AVFrame *a, const AVFrame *b, AVFrame *out,   \
                        float progress,                                     \
                        int slice_start, int slice_end, int jobnr)          \
{                                                                           \
    XFadeContext *s = ctx->priv;                                            \
    const int height = slice_end - slice_start;                             \
    const int z = out->height * progress;                                   \
                                                                            \
    for (int p = 0; p < s->nb_planes; p++) {                                \
        const type *xf0 = (const type *)(a->data[p] + slice_start * a->linesize[p]); \
        const type *xf1 = (const type *)(b->data[p] + slice_start * b->linesize[p]); \
        type *dst = (type *)(out->data[p] + slice_start * out->linesize[p]);\
                                                                            \
        for (int y = 0; y < height; y++) {                                  \
            for (int x = 0; x < out->width; x++) {                          \
                dst[x] = slice_start + y > z ? xf1[x] : xf0[x];             \
            }                                                               \
                                                                            \
            dst += out->linesize[p] / div;                                  \
            xf0 += a->linesize[p] / div;                                    \
            xf1 += b->linesize[p] / div;                                    \
        }                                                                   \
    }                                                                       \
}
WIPEUP_TRANSITION(8, uint8_t, 1)
WIPEUP_TRANSITION(16, uint16_t, 2)
```

在上面的宏定义代码中，z值为视频高度与动画进度的乘积，表示当前进度对应的纵坐标数值。在遍历横纵坐标的时候，取舍画面的判断条件改成了slice_start+y>z，其中slice_start与y相加之和就是当前像素在整个画面的纵坐标绝对值。这个纵坐标大于y时，表示该点的纵坐标超出当前进度，此时输出画面采用第二个视频的像素；否则，表示该点的纵坐标没超出当前进度，此时输出画面依旧采用第一个视频的像素。由此可知，wipeup模式实现了向上抹去的转场特效。

上面介绍了wipeleft与wipeup两个模式的实现代码，原来转场模式也不是很难，并非遥不可及。既然wipeleft实现了向左抹去（见图9-15），wipeup实现了向上抹去（见图9-16），那么怎么自定义一个向左上角抹去的转场模式（见图9-17）呢？

图 9-15　向左抹去的示意图　　　　　图 9-16　向上抹去的示意图

在wipeleft模式下，两个视频画面的分界线由横坐标的进度判断；在wipeup模式下，两个视频画面的分界线由纵坐标的进度判断。向左上角抹去的转场模式暂定名称为wipelefttop，它的分界线由一根斜线判断，斜线的斜率是固定的（斜率＝视频高度÷视频宽度），只有平移位置在变化。在平面坐标系中，斜线可以通过二元一次方程表示，即y=ax+b，方程式的a正是已知的斜率，关键在于如何求解b，只要求得b的数值，就能判断平面上的点在斜线的左上方还是在斜线的右下方。

假定当前转场进度为progress，则横坐标的进度值为width*progress，该值对应方程式的x；而纵坐标进度值为height*progress，该值对应方程式的y。那么方程式的b=y-ax=纵坐标进度值－斜率*横坐标进度值，把斜率、横坐标进度值、纵坐标进度值分别代入这个式子，即可求得b值。有了b值之后，对于平面上的任何一点（x′, y′），均可过该点做垂线与斜线相交于（x,y），如图9-18所示。检查该点的纵坐标y′与交点的纵坐标y，如果y′>y，表示该点位于斜线的左上方，此时应展示第一个视频画面；否则，表示该点位于斜线的右下方或者就在斜线上，此时应展示第二个视频画面。

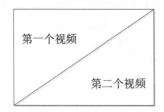

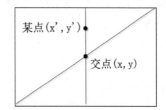

图 9-17　向左上角抹去的示意图　　　　　图 9-18　过某点做垂线与斜线相交

根据上述逻辑编写wipelefttop模式的定义代码，如下所示（完整代码见chapter09/vf_xfade.c）。

```
#define WIPELEFTTOP_TRANSITION(name, type, div)                              \
static void wipelefttop##name##_transition(AVFilterContext *ctx,             \
                        const AVFrame *a, const AVFrame *b, AVFrame *out,    \
                        float progress,                                      \
                        int slice_start, int slice_end, int jobnr)           \
{                                                                            \
    XFadeContext *s = ctx->priv;                                             \
    const int height = slice_end - slice_start;                              \
    const int zw = out->width * progress;                                    \
    const int zh = out->height * progress;                                   \
    const float slope = -1.0 * out->height / out->width;                     \
```

```
        const float xieb = zh - slope*zw;                                        \
                                                                                 \
        for (int p = 0; p < s->nb_planes; p++) {                                 \
            const type *xf0 = (const type *)(a->data[p] + slice_start * a->linesize[p]); \
            const type *xf1 = (const type *)(b->data[p] + slice_start * b->linesize[p]); \
            type *dst = (type *)(out->data[p] + slice_start * out->linesize[p]); \
                                                                                 \
            for (int y = 0; y < height; y++) {                                   \
                for (int x = 0; x < out->width; x++) {                           \
                    dst[x] = slice_start + y > x*slope+xieb ? xf1[x] : xf0[x];   \
                }                                                                \
                                                                                 \
                dst += out->linesize[p] / div;                                   \
                xf0 += a->linesize[p] / div;                                     \
                xf1 += b->linesize[p] / div;                                     \
            }                                                                    \
        }                                                                        \
    }
WIPELEFTTOP_TRANSITION(8, uint8_t, 1)
WIPELEFTTOP_TRANSITION(16, uint16_t, 2)
```

在上面的宏定义代码中，zw为视频宽度与动画进度的乘积，表示当前进度对应的横坐标数值；zh为视频高度与动画进度的乘积，表示当前进度对应的纵坐标数值；slope为斜线的斜率，之所以乘以-1，是因为FFmpeg以左上角为零点，纵坐标越往下越大，故而斜率要上下翻转；xieb为当前进度的斜线方程式的b值。

在遍历各平面像素点的时候，取舍画面的判断条件改成了slice_start + y > x*slope+xieb，其中slice_start与y相加之和就是当前像素在整个画面的纵坐标绝对值，x*slope+xieb表示如图9-18所示交点的纵坐标值。在判断条件成立时，表示该点的纵坐标超出当前进度，此时输出画面采用第二个视频的像素；否则，表示该点的纵坐标没超出当前进度，此时输出画面依旧采用第一个视频的像素。注意FFmpeg以左上角为零点，纵坐标越往下越大，所以纵坐标超出当前进度时，该点实际在斜线下方，反之该点位于斜线上方。

以上的wipelefttop宏定义代码仅仅实现了转场逻辑，要想在FFmpeg框架中完整引入wipelefttop转场模式的话，还需进行三个改造步骤，分别说明如下。

1. 编写xfade滤镜新增的wipelefttop模式代码

打开libavfilter/vf_fade.c，补充下列4点代码改动，凡是引入新的转场模式都要照此办理。

（1）在枚举XFadeTransitions的定义代码中补充一行WIPELEFTTOP。
（2）在常量数组xfade_options的定义代码中补充如下一行：

```
    { "wipelefttop",  "wipe left top transition",  0, AV_OPT_TYPE_CONST,
{.i64=WIPELEFTTOP}, 0, 0, FLAGS, "transition" },
```

（3）在config_output函数内部的switch分支中补充如下一行判断：

```
    case WIPELEFTTOP:   s->transitionf = s->depth <= 8 ? wipelefttop8_transition  : wipelefttop16_transition;  break;
```

（4）增加前述的wipelefttop模式宏定义代码。

2. 重新编译与安装FFmpeg

回到FFmpeg源码的目录，依次执行以下命令重新编译和安装FFmpeg：

```
make clean
make -j4
make install
```

若为Windows环境，则执行以下命令。若为Linux环境，则无须执行以下命令：

```
mv /usr/local/ffmpeg/bin/*.lib /usr/local/ffmpeg/lib/
```

3. 执行测试命令检验xfade滤镜新增的wipelefttop模式

等待FFmpeg编译完成后，回到mixvideo.c所在目录，执行下面的编译命令：

```
gcc mixvideo.c -o mixvideo -I/usr/local/ffmpeg/include -L/usr/local/ffmpeg/lib
-lavformat -lavdevice -lavfilter -lavcodec -lavutil -lswscale -lswresample -lpostproc -lm
```

编译完成后，执行以下命令启动测试程序，根据命令行输入的过滤字符串[0:v]fps=25[v0];[1:v]fps=25[v1];[v0][v1]xfade=transition=wipelefttop:duration=2:offset=3，期望在统一帧率之后对两个视频进行左上角斜边抹去的转场。

```
./mixvideo ../fuzhous.mp4 ../seas.mp4 "[0:v]fps=25[v0];[1:v]fps=25[v1];[v0][v1]xfade=
transition=wipelefttop:duration=2:offset=3"
```

程序运行完毕，发现控制台输出以下日志信息，说明完成了使用转场功能衔接两个视频的操作。

```
Success open input_file ../fuzhous.mp4.
Success open input_file ../seas.mp4.
filters_desc : [0:v]fps=25[v0];[1:v]fps=25[v1];[v0][v1]xfade=transition=wipelefttop:
duration=2:offset=3
args0 = video_size=480x270:pix_fmt=0:time_base=1/12800:pixel_aspect=1/1
args1 = video_size=480x270:pix_fmt=0:time_base=1/12800:pixel_aspect=1/1
Success open output_file output_mixvideo.mp4.
Success mix video file.
```

然后打开影音播放器可以正常观看output_mixvideo.mp4，新视频在播放3秒后开始持续2秒的转场动画，第一个视频从右下角开始斜边向左上角抹去，抹去的部分区域显示第二个视频画面，斜边转场的动画效果如图9-19和图9-20所示。

图9-19　往左上角抹去的转场已经开始

图9-20　往左上角抹去的转场即将结束

由以上动画效果可见,xfade滤镜运用自定义的wipelefttop模式正确实现了向左上角斜边抹去的转场特效。

> **提示** 运行下面的ffmpeg命令也可以通过xfade滤镜在拼接两个视频文件时展示斜边转场动画。命令中的-filter_complex表示采用复合滤镜,也就是要处理多路音视频。

```
ffmpeg -i ../fuzhous.mp4 -i ../seas.mp4 -filter_complex "[0:v]fps=25[v0];
[1:v]fps=25[v1];[v0][v1]xfade=transition=wipelefttop:duration=2:offset=3,format=yu
v420p" ff_xfade_wipelefttop.mp4
```

注意,这里的FFmpeg程序必须编译集成本小节的改造代码,因为FFmpeg官方源码并未实现xfade滤镜的wipelefttop转场模式。

9.4 实战项目:翻书转场动画

本节介绍一个实战项目"翻书转场动画"的设计和实现。首先描述如何基于贝塞尔曲线让两个画面随着时间变迁呈现翻页特效,接着叙述如何给FFmpeg框架的xfade滤镜添加新增的翻书转场模式。

9.4.1 贝塞尔曲线实现翻页特效

之前虽然给xfade滤镜自定义了wipelefttop模式,但是该模式的转场效果仍然比较生硬,算不上什么高级的动画特效。看看剪映,有六边形变焦、空间旋转、珠光模糊、立体翻页、复古漏光、未来光谱、几何分割、可爱爆炸等酷炫转场特效,那么剪映又是如何实现这些转场模式呢?以其中的翻书转场为例,其实运用数学上的贝塞尔曲线,便能实现视频切换过程的翻书特效。

回想一下现实生活中的翻书动作,每翻过一页,这页纸都会卷起来,再绕着装订线往前翻,并非平直地滑过去。就像图9-21所示的那样,手指捏住书页的右下角,然后轻轻地往左上方掀起。仔细观察图9-21,可发现翻书的效果映射到平面上可以划分为三块区域,如图9-22所示。其中,A区域为正在翻的当前页,B区域为当前页的背面,C区域为露出来的下一页。关键在于如何确定三块区域之间的界线,特别是部分界线还是曲线,因而加大了勾勒线条的难度。

鉴于贝塞尔曲线的柔韧特性,可将其应用于翻书时的卷曲线条,为此需要把如图9-22所示的区域界线划分为直线与曲线,其中直线通过首尾两个端点连接而成,曲线采取贝塞尔曲线的公式来描绘。单凭肉眼观察,先标出相关的划分点,如图9-23所示。

图9-21 书籍翻页的效果

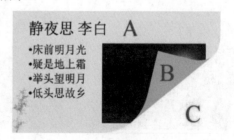

图9-22 翻页的三块区域

由图9-23可见，三块区域的界线从左往右依次描述如下：

（1）C、D、B三点组成一条曲线线段，其中D点位于书页背面的边缘。
（2）B、A两点组成一条直线线段，其中A点原本是当前页右下角的端点。
（3）A、K两点组成一条直线线段。
（4）K、I、J三点组成一条曲线线段，其中I点位于书页背面的边缘。
（5）D、I两点组成一条直线线段。

如此看来，区域界线总共分成两条曲线线段再加三条直线线段。同时E点又是贝塞尔曲线C、D、B的控制点，H点又是贝塞尔曲线K、I、J的控制点。那么这些坐标点的位置又是怎样计算得到的呢？

首先能确定的是F点，该点固定位于书页的右下角；其次是A点，手指在触摸翻书的时候，指尖挪到哪里，A点就跟到哪里。基于A点和F点的坐标位置，再来计算剩余坐标点的位置。为方便讲解，给出标记相关连线的画面效果，如图9-24所示。

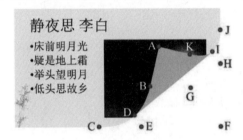
图9-23　三块区域的分界点

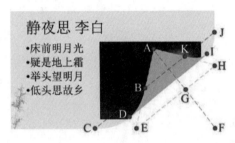
图9-24　各点坐标的连线

接着继续介绍其余点的计算方法：

（1）连接A、F两点，找到线段AF的中点，该点取名为G。
（2）过G点做线段AF的垂线，该垂线分别与书页的下边缘与右边缘相交，其中垂线与书页下边缘的交点为E，垂线与书页右边缘的交点为H。
（3）把线段EF向左边延长1/2至C点，也就是线段CE的长度为线段EF长度的一半。
（4）把线段HF向上方延长1/2至J点，也就是线段JH的长度为线段HF长度的一半。
（5）依次连接线段AE、AH、CJ，注意线段AE和线段CJ相交于B点，线段AH和线段CJ相交于K点。
（6）以C点为起点、B点为终点、E点为控制点，计算贝塞尔曲线的中间位置（在D点）；以J点为起点、K点为终点、H点为控制点，计算贝塞尔曲线的中间位置（在I点）。

至此，除A、F两点外，其他坐标点都通过各种连线确定了方位。把上述坐标算法转换成程序实现，具体的示例代码如下（完整代码见chapter09/page.c）：

```
PointF a,f,g,e,h,c,j,b,k,d,i;   // 贝塞尔曲线的各个关联点坐标
// 计算两条线段的交点坐标
PointF getCrossPoint(PointF firstP1, PointF firstP2, PointF secondP1, PointF secondP2) {
    float dxFirst = firstP1.x - firstP2.x, dyFirst = firstP1.y - firstP2.y;
    float dxSecond = secondP1.x - secondP2.x, dySecond = secondP1.y - secondP2.y;
    float gapCross = dxSecond*dyFirst - dxFirst*dySecond;
```

```
        float firstCross = firstP1.x * firstP2.y - firstP2.x * firstP1.y;
        float secondCross = secondP1.x * secondP2.y - secondP2.x * secondP1.y;
        float pointX = (dxFirst*secondCross - dxSecond*firstCross) / gapCross;
        float pointY = (dyFirst*secondCross - dySecond*firstCross) / gapCross;
        PointF cross;
        cross.x = pointX;
        cross.y = pointY;
        return cross;
    }
    // 计算各点的坐标
    void calcEachPoint(PointF a, PointF f) {
        g.x = (a.x + f.x) / 2;
        g.y = (a.y + f.y) / 2;
        e.x = g.x - (f.y - g.y) * (f.y - g.y) / (f.x - g.x);
        e.y = f.y;
        h.x = f.x;
        h.y = g.y - (f.x - g.x) * (f.x - g.x) / (f.y - g.y);
        c.x = e.x - (f.x - e.x) / 2;
        c.y = f.y;
        j.x = f.x;
        j.y = h.y - (f.y - h.y) / 2;
        b = getCrossPoint(a,e,c,j);            // 计算线段AE与CJ的交点坐标
        k = getCrossPoint(a,h,c,j);            // 计算线段AH与CJ的交点坐标
        d.x = (c.x + 2 * e.x + b.x) / 4;
        d.y = (2 * e.y + c.y + b.y) / 4;
        i.x = (j.x + 2 * h.x + k.x) / 4;
        i.y = (2 * h.y + j.y + k.y) / 4;
    }
    // 计算线段斜率等初始化操作
    // width和height为画布的宽高,x和y为A点的横纵坐标
    void calcSlope(int width, int height, float x, float y) {
        a.x = x;
        a.y = y;
        f.x = width;
        f.y = height;
        calcEachPoint(a, f);  // 计算各点的坐标
        PointF touchPoint;
        touchPoint.x = x;
        touchPoint.y = y;
        // 如果C点的x坐标小于0,就重新测量C点的坐标
        if (calcPointCX(touchPoint, f)<0) {
            calcPointA();               // 如果C点的x坐标小于0,就重新测量A点的坐标
            calcEachPoint(a, f);        // 计算各点的坐标
        }
        calcUpPaths(k, h, j);           // 计算上边的路径
        calcLeftPaths(c, e, b);         // 计算左边的路径
    }
```

计算出了区域界线的重要划分点,接下来描绘当前页、书页背面、下一页就好办多了。其中,当前页的翻卷边缘由C、D、B、A、K、I、J诸点的曲线和直线线段连接而成,书页背面的边缘则

由A、B、D、I、K之间的直线或曲线线段界定，剩下的区域部分便是下一页了。这里的难点在于：当前页、背面页和下一页的边缘都存在曲线，该怎么界定它们的区域范围呢？为方便起见，可以从直线包围的区域先行判断，比如下列区域能够简单判定归属页面，如图9-24所示。

（1）被线段AE、AH、DI包围的区域属于背面页，该区域位于线段AE的右边、段AH的下边、线段DI的上边。

（2）直线DI的右下方区域，属于下一页，该区域位于直线DI的下边。

除上述两大块边缘平直的区域外，还有曲线CDB和曲线KIJ两边的区域待判定归属，两段曲线隔开的区域归属可通过下列规则判断。

（1）曲线CD右边的区域属于下一页。

（2）被曲线BD、线段AE、线段DI包围的区域属于背面页，该区域位于曲线BD右边、线段AE左边、线段DI上边。

（3）曲线JI右边的区域属于下一页。

（4）被曲线KI、线段AH、线段DI包围的区域属于背面页，该区域位于曲线KI下边、线段AH上边、线段DI上边。

除以上6块区域外，剩下的就是上一页区域了。当然，为了减少计算量，还可引入线段CD、线段BD、线段KI、线段JI加以判断，在折线CDBAKIJ的左上方区域，统统属于上一页，剩下部分才要鉴定上面的6块区域。下面是按照上述区域归属逻辑而编写的计算代码。

```
// 返回1表示显示背面，返回2表示显示下一页，返回3表示显示上一页
int calcShowType(float x, float y) {
    int show_type = 3;
    int right_ae = onLineRight(x, y, a, e);
    int down_ah = onLineDown(x, y, a, h);
    int down_di = onLineDown(x, y, d, i);
    int right_cj = onLineRight(x, y, c, j);
    if (right_ae==1 && down_ah==1 && down_di==0) {
        show_type = 1;
    } else if (down_di == 1) {
        show_type = 2;
    } else if (right_ae==0 && down_di==0 && right_cj==1) {
        if (y>b.y) {
            int right_cd = onLineRight(x, y, c, d);
            int right_bd = onLineRight(x, y, d, b);
            int path_right = onPathRight(x, y, left_paths, PATH_LEN+1);
            if (y>d.y && right_cd==1) {  // 下方
                if (path_right == 1) {
                    show_type = 2;
                }
            } else if (y<d.y && right_bd==1) {
                if (path_right == 1) {
                    show_type = 1;
                }
            }
        }
    }
```

```c
        } else if (down_ah==0 && down_di==0 && right_cj==1) {
            if (x>k.x) {
                int down_ki = onLineDown(x, y, k, i);
                int down_ji = onLineDown(x, y, i, j);
                int path_down = onPathDown(x, y, up_paths, PATH_LEN+1);
                if (x>i.x && down_ji==1) {  // 右边
                    if (path_down == 1) {
                        show_type = 2;
                    }
                } else if (x<i.x && down_ki==1) {
                    if (path_down == 1) {
                        show_type = 1;
                    }
                }
            }
        }
    }
    return show_type;
}
```

9.4.2 集成翻书转场动画效果

9.4.1节搞清楚了翻书过程的三种页面归属判断，编写xfade滤镜的翻书转场模式就容易了。给该模式定个名称叫作turnpage，那么turnpage模式的定义代码编写如下（完整代码见chapter09/vf_xfade.c）：

```c
#define TURNPAGE_TRANSITION(name, type, div)                                    \
static void turnpage##name##_transition(AVFilterContext *ctx,                   \
                       const AVFrame *a, const AVFrame *b, AVFrame *out,        \
                       float progress,                                          \
                       int slice_start, int slice_end, int jobnr)               \
{                                                                               \
    XFadeContext *s = ctx->priv;                                                \
    const int height = slice_end - slice_start;                                 \
    const int zw = out->width * progress;                                       \
    const int zh = out->height * progress;                                      \
    calcSlope(out->width, out->height, zw, out->height/2+zh/2);                 \
                                                                                \
    for (int p = 0; p < s->nb_planes; p++) {                                    \
        const int bg = s->white[p];                                             \
        const type *xf0 = (const type *)(a->data[p] + slice_start * a->linesize[p]); \
        const type *xf1 = (const type *)(b->data[p] + slice_start * b->linesize[p]); \
        type *dst = (type *)(out->data[p] + slice_start * out->linesize[p]);    \
                                                                                \
        for (int y = 0; y < height; y++) {                                      \
            for (int x = 0; x < out->width; x++) {                              \
                int show_type = calcShowType(x, slice_start+y);                 \
                if (show_type == 1) {                                           \
                    dst[x] = bg;                                                \
                } else if (show_type == 2) {                                    \
                    dst[x] = xf1[x];                                            \
                } else {                                                        \
```

```
                dst[x] = xf0[x];                                    \
            }                                                       \
        }                                                           \
                                                                    \
        dst += out->linesize[p] / div;                              \
        xf0 += a->linesize[p] / div;                                \
        xf1 += b->linesize[p] / div;                                \
    }                                                               \
  }                                                                 \
}

TURNPAGE_TRANSITION(8, uint8_t, 1)
TURNPAGE_TRANSITION(16, uint16_t, 2)
```

在上面的宏定义代码中，一开始先调用在9.4.1节中定义的calcSlope函数，传入视频画布的宽高，以及当前进度的A点坐标（A点从右下角朝左上方移动），由calcSlope函数计算此时的贝塞尔曲线各点坐标。接着给每个平面分配临时的白色背景，背景变量为bg。然后遍历各平面像素点的时候，先由像素点的坐标计算该点的显示类型，再根据显示类型判断要采用哪种画面，判断逻辑说明如下。

（1）显示类型为1，表示该点位于背面页，此时输出画面采用背景变量bg。

（2）显示类型为2，表示该点位于下一页，此时输出画面采用第二个视频的像素。

（3）显示类型为其他值，表示该点位于上一页，此时输出画面采用第一个视频的像素。

以上的turnpage宏定义仅仅实现了转场逻辑，若要在FFmpeg框架中完整引入turnpage转场模式，则还需进行4个改造步骤，分别说明如下。

1. 编写xfade滤镜新增的turnpage模式代码

打开libavfilter/vf_fade.c，补充下列5处代码改动，凡是引入新的转场模式都要照此办理。

（1）在枚举XFadeTransitions的定义代码中补充一行TURNPAGE。

（2）在常量数组xfade_options的定义代码中补充如下一行：

```
{ "turnpage",    "turn page transition",    0, AV_OPT_TYPE_CONST, {.i64=TURNPAGE},   0, 0, FLAGS, "transition" },
```

（3）在config_output函数内部的switch分支中补充如下一行判断：

```
case TURNPAGE:  s->transitionf = s->depth <= 8 ? turnpage8_transition   : turnpage16_transition;   break;
```

（4）增加前述的turnpage模式宏定义代码。

（5）因为turnpage模式用到了page.c里面的翻书曲线计算逻辑，所以vf_fade.c要增加引入头文件page.h，也就是添加下面一行包含语句：

```
#include "page.h"
```

2. 给编译文件Makefile添加新代码链接

由于翻书曲线代码page.c及其头文件page.h都是新加的代码文件，因此要对编译文件补充对应目标文件的链接说明，具体步骤说明如下。

01 把翻书曲线代码page.c及其头文件page.h放到libavfilter目录下。

02 修改Makefile文件增加链接page.o。打开编译文件libavfilter/Makefile，找到如下这行代码：

```
OBJS-$(CONFIG_XFADE_FILTER)                     += vf_xfade.o
```

这行配置在右边的vf_xfade.o之前补充page.o，也就是改成下面这行：

```
OBJS-$(CONFIG_XFADE_FILTER)                     += page.o vf_xfade.o
```

3. 重新编译与安装FFmpeg

回到FFmpeg源码的目录，依次执行以下命令重新编译和安装FFmpeg：

```
make clean
make -j4
make install
```

若为Windows环境，则执行以下命令。若为Linux环境，则无须执行以下命令：

```
mv /usr/local/ffmpeg/bin/*.lib /usr/local/ffmpeg/lib/
```

4. 执行测试命令检验xfade滤镜新增的turnpage模式

等待FFmpeg编译完成后，回到mixvideo.c所在目录，执行下面的编译命令：

```
gcc mixvideo.c -o mixvideo -I/usr/local/ffmpeg/include -L/usr/local/ffmpeg/lib
-lavformat -lavdevice -lavfilter -lavcodec -lavutil -lswscale -lswresample -lpostproc -lm
```

编译完成后，执行以下命令启动测试程序，根据命令行输入的过滤字符串[0:v]fps=25[v0];[1:v]fps=25[v1];[v0][v1]xfade=transition=turnpage:duration=2:offset=3，期望在统一帧率之后对两个视频进行左右翻书的转场。

```
./mixvideo ../fuzhous.mp4 ../seas.mp4
"[0:v]fps=25[v0];[1:v]fps=25[v1];[v0][v1]xfade=transition=turnpage:duration=2:offset=3"
```

程序运行完毕，发现控制台输出以下日志信息，说明完成了使用转场功能衔接两个视频的操作。

```
Success open input_file ../fuzhous.mp4.
Success open input_file ../seas.mp4.
filters_desc : [0:v]fps=25[v0];[1:v]fps=25[v1];[v0][v1]xfade=transition=turnpage:
duration=2:offset=3
args0 = video_size=480x270:pix_fmt=0:time_base=1/12800:pixel_aspect=1/1
args1 = video_size=480x270:pix_fmt=0:time_base=1/12800:pixel_aspect=1/1
Success open output_file output_mixvideo.mp4.
Success mix video file.
```

然后打开影音播放器可以正常观看output_mixvideo.mp4，新视频在播放3秒后开始持续2秒的转场动画，第一个视频从右下角开始向左上方滚动翻书，翻过去的背面显示白色，翻滚后的右下方区域显示第二个视频画面，翻书转场的动画效果如图9-25和图9-26所示。

由以上动画效果可见，xfade滤镜运用自定义的turnpage模式正确实现了从右往左翻书的转场特效。

图 9-25　翻书转场动画已经开始

图 9-26　翻书转场动画即将结束

提示　运行下面的ffmpeg命令也可以通过xfade滤镜在拼接两个视频文件时展示翻书转场动画。命令中的-filter_complex表示采用复合滤镜，也就是要处理多路音视频。

```
ffmpeg -i ../fuzhous.mp4 -i ../seas.mp4 -filter_complex "[0:v]fps=25[v0];[1:v]fps=25[v1];
[v0][v1]xfade=transition=turnpage:duration=2:offset=3,format=yuv420p"
ff_xfade_turnpage.mp4
```

注意，这里的FFmpeg程序必须编译集成本小节的改造代码，因为FFmpeg官方源码并未实现xfade滤镜的turnpage转场模式。

9.5　小　　结

本章主要介绍了学习FFmpeg编程必须知道的混合音视频的几种操作。首先介绍了同时加工视频文件中的音频流和视频流，以及利用多通道滤波技术把一个音频文件中的音频流混合添加到另一个音频文件或者视频文件；接着介绍了利用多通道滤波技术结合overlay滤镜把一个视频文件的画面叠加到另一个视频画面上，以及利用多通道滤波技术结合blend滤镜将两个视频画面互相混合；然后介绍了利用多通道滤波技术结合xfade滤镜实现场景切换时的转场动画特效，以及给xfade滤镜添加自定义的向左上角抹去的转场模式；最后设计了一个实战项目"翻书转场动画"，在该项目的FFmpeg编程中，综合运用了本章介绍的音视频混合技术，包括多通道滤波、贝塞尔曲线、新增转场模式等。

通过本章的学习，读者应该能够掌握以下3种开发技能：

（1）学会使用音频滤镜同时加工多路音频并生成目标音频文件。

（2）学会使用视频滤镜同时加工多路视频并生成目标视频文件。

（3）学会在视频切换场景时运用转场动画，以及自定义新的转场特效。

第 10 章
FFmpeg 播放音视频

本章介绍FFmpeg对音视频同步播放的开发过程，主要包括：怎样播放视频文件中的视频画面，以及怎样播放音视频文件中的音频声波；怎样把文件中的视频流推送给网络，以及怎样从网络拉取视频流；怎样开启分线程，怎样处理线程间的同步操作。最后结合本章所介绍的知识演示一个实战项目"同步播放音视频"的设计与实现。

10.1 通过 SDL 播放音视频

本节介绍FFmpeg通过SDL播放音视频的操作，首先描述如何编译与安装SDL，以及如何给FFmpeg集成SDL；然后叙述SDL针对视频的函数用法，以及如何使用SDL播放视频画面；最后阐述SDL针对音频的函数用法，以及如何使用SDL播放音频声波。

10.1.1 FFmpeg 集成 SDL

早在第1章就提到，FFmpeg框架提供了ffplay程序来播放音视频，其实ffplay内部引用了SDL库，真正的音视频播放操作是由SDL（Simple DirectMedia Layer，简单直接媒体层）完成的。它是C语言编写的开源跨平台多媒体开发库，可兼容Linux、Windows、macOS等多种操作系统，常用于开发播放器、模拟器等。SDL现已演进到第二代，为了与之前的版本区分开，通常将第二代SDL称作SDL2。下面依次讲述如何在Linux环境和Windows环境集成SDL2。

Linux环境要让FFmpeg启用SDL2的话，具体的集成步骤包括：编译与安装SDL2、启用SDL2，分别说明如下。

1. 编译与安装SDL2

SDL的官方网站地址是https://www.libsdl.org/，源码的入口页面是https://github.com/libsdl-org，各版本SDL的下载页面是https://github.com/libsdl-org/SDL/releases。它的安装步骤说明如下。

01 以2023年8月发布的SDL2-2.28.2为例，该版本的源码下载地址是https://github.com/libsdl-org/SDL/releases/download/release-2.28.2/SDL2-2.28.2.tar.gz。将下载好的压缩包上传到服务器并解压，也就是依次执行以下命令：

```
tar zxvf SDL2-2.28.2.tar.gz
```

```
cd SDL2-2.28.2
```

02 进入解压后的SDL2目录,运行以下命令配置SDL2:

```
./configure
```

03 运行以下命令编译SDL2:

```
make
```

04 编译完成后,运行以下命令安装SDL2:

```
make install
```

2. 启用SDL2

由于FFmpeg默认未启用SDL2,因此需要重新配置FFmpeg,标明启用SDL2,然后重新编译安装FFmpeg。详细的启用步骤说明如下。

01 回到FFmpeg源码的目录,执行以下命令重新配置FFmpeg,主要增加启用SDL2(增加了选项--enable-sdl2)。

```
./configure --prefix=/usr/local/ffmpeg --enable-shared --disable-static --disable-doc
--enable-zlib --enable-libx264 --enable-libx265 --enable-libxavs2 --enable-libdavs2
--enable-libmp3lame --enable-libfreetype --enable-libass --enable-libfribidi
--enable-libxml2 --enable-fontconfig --enable-sdl2 --enable-iconv --enable-gpl
--enable-nonfree
```

02 运行以下命令编译FFmpeg:

```
make clean
make -j4
```

03 执行以下命令安装FFmpeg:

```
make install
```

04 运行以下命令查看FFmpeg的版本信息:

```
ffmpeg -version
```

查看控制台回显的FFmpeg版本信息,找到--enable-sdl2,说明FFmpeg正确启用了多媒体开发库SDL2。

> **注意** 如果是在Linux服务器上集成SDL2,那么即使重新编译安装了FFmpeg,运行ffplay命令仍然报错Could not initialize SDL - dsp: No such audio device。这是因为服务器未接入音频设备,远程登录也没接入显示屏幕,只有在单台计算机上才能正常启用SDL2。

若想在Windows环境集成SDL2,则需要完成3个步骤:编译SDL2、安装SDL2和启用SDL2。下面分别介绍这3个步骤。

1. 编译SDL2

Windows环境采用的SDL2源码与Linux环境是相同的,也是到https://github.com/libsdl-org/SDL

/releases下载最新源码，比如2023年8月发布的SDL2-2.28.2，该版本的源码下载地址是 https://github.com/libsdl-org/SDL/releases/download/release-2.28.2/SDL2-2.28.2.tar.gz。

先解压下载好的SDL2压缩包，再打开cmake-gui的管理界面（cmake-gui的安装步骤参见8.1.5节，单击右上角的Browse Source按钮，在弹出的"文件"对话框中选择解压后的SDL2源码目录；接着单击界面右侧的Browse Build按钮，在弹出的"文件"对话框中指定编译后输出的Visual Studio工程目录。此时cmake-gui界面如图10-1所示。

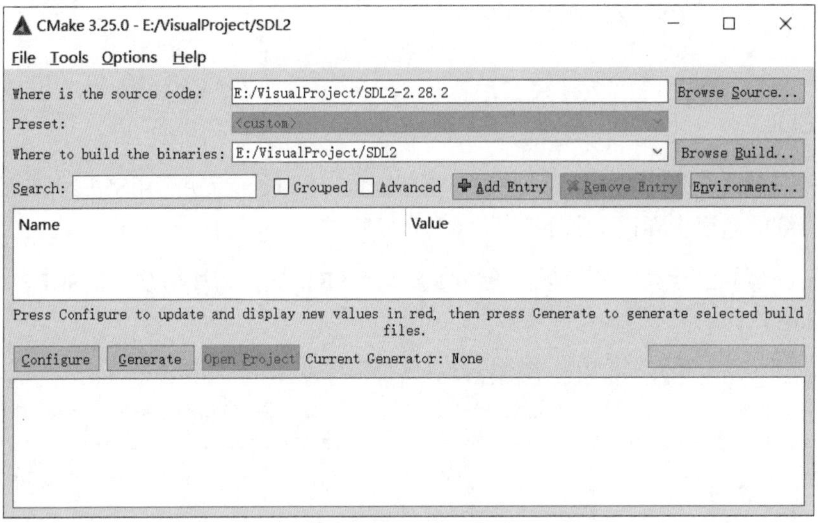

图10-1 cmake-gui的管理界面

接着单击左下角的Configure按钮配置源码，在弹出的配置窗口中，第一个下拉框选择Visual Studio 17 2022，表示生成的工程使用Visual Studio编译，窗口下方的单选按钮选择第一项Use default native compilers，如图10-2所示，单击右下角的Finish按钮确认配置。

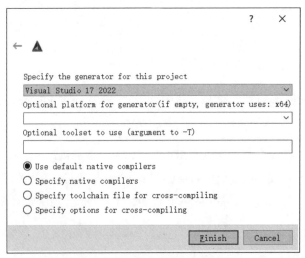

图10-2 cmake-gui的配置窗口

配置完毕的cmake-gui界面如图10-3所示，然后单击Generate按钮开始生成Visual Studio工程，生成完毕的cmake-gui界面如图10-4所示，可见Open Project按钮由灰转黑处于可用状态。

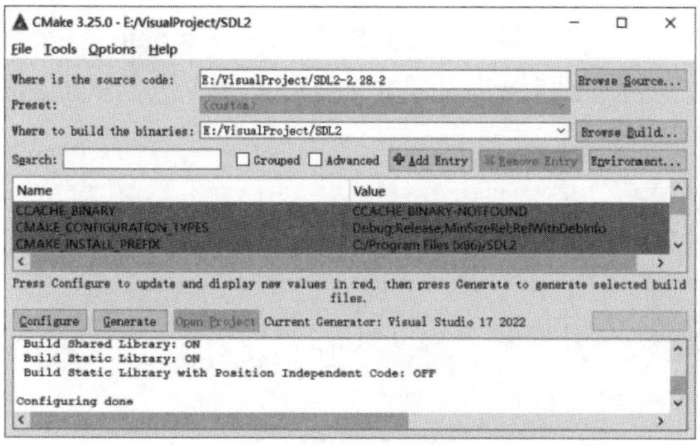

第 10 章 FFmpeg 播放音视频

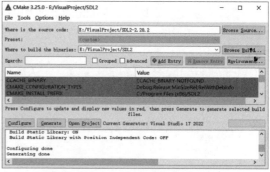

图 10-3　cmake-gui 的配置完毕界面　　　图 10-4　cmake-gui 的生成完毕界面

单击Open Project按钮打开Visual Studio工程（注意事先要安装好Visual Studio 2022）。等待Visual Studio打开SDL2工程，依次选择顶部菜单"生成"→"配置管理器"，在打开的"配置管理器"窗口上，找到左上角的"活动解决方案配置"下拉框，把Debug模式改为Release模式，如图10-5所示，再单击窗口右下角的"关闭"按钮。

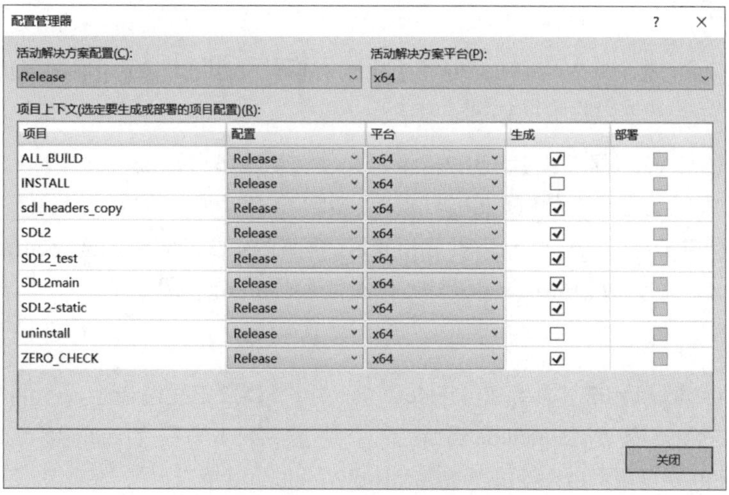

图 10-5　SDL2 工程改为 Release 模式

接着单击界面右侧解决方案列表中的SDL2，如图10-6所示，再依次选择顶部菜单"生成"→"生成SDL2"，Visual Studio就开始编译SDL2模块。

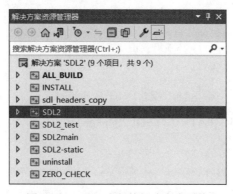

图 10-6　SDL2 工程的解决方案列表

等待生成完毕，Visual Studio的界面如图10-7所示，发现SDL2工程下面多了include目录和Release目录，其中include目录存放SDL2的头文件，Release目录存放SDL2的库文件（包括SDL2.dll和SDL2.lib）。

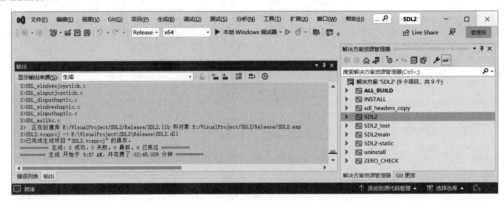

图10-7　SDL2工程的VS编译完成界面

2. 安装SDL2

虽然Visual Studio把SDL2的库文件编译了出来，但是要想让FFmpeg启用SDL，还得重新调整SDL2的库路径才行。具体步骤说明如下：

01 在msys64的/usr/local目录下新建SDL2目录，并在该目录下创建lib子目录。

02 把SDL2工程Release目录下的SDL2.lib和SDL2.dll两个文件复制到lib目录。

03 在lib目录下创建pkgconfig子目录，并把SDL2工程下的sdl2.pc复制到pkgconfig目录；然后打开sdl2.pc，把prefix配置改为/usr/local/sdl2，修改之后的prefix字段如下：

```
prefix=/usr/local/sdl2
```

04 在msys64的/usr/local/sdl2下面新建include目录，并把SDL2工程编译生成的include/SDL2目录下的所有头文件都复制到include目录下，注意SDL2工程的include-config-release/SDL2/SDL_config.h也要复制到msys64的/usr/local/sdl2/include目录。

经过以上步骤操作后的SDL2目录结构如下：

```
/usr/local/sdl2
 |--------------- lib
 |             |----- SDL2.lib
 |             |----- SDL2.dll
 |             |----- pkgconfig
 |                       |----- sdl2.pc
 |--------------- include
 |             |----- SDL_config.h
 |             |----- ...（其他.h文件）
```

05 给环境变量PKG_CONFIG_PATH添加SDL2的pkgconfig路径，也就是在msys64的/etc/profile文件末尾添加如下一行内容：

```
export PKG_CONFIG_PATH=/usr/local/sdl2/lib/pkgconfig:$PKG_CONFIG_PATH
```

06 保存并退出profile文件后，在MSYS窗口中执行以下命令重新加载环境变量：

```
source /etc/profile
```

07 执行以下命令查看当前的环境变量，发现PKG_CONFIG_PATH的修改已经奏效。

```
env | grep PKG_CONFIG_PATH
```

3. 启用SDL2

由于FFmpeg默认未启用SDL2，因此需要重新配置FFmpeg，标明启用SDL2，然后重新编译安装FFmpeg。详细的启用步骤说明如下。

01 回到FFmpeg源码的目录，执行以下命令重新配置FFmpeg，主要增加启用SDL2（增加了选项--enable-sdl2）。

```
./configure --prefix=/usr/local/ffmpeg --arch=x86_64 --enable-shared --disable-static --disable-doc --enable-libx264 --enable-libx265 --enable-libxavs2 --enable-libdavs2 --enable-libmp3lame --enable-gpl --enable-nonfree --enable-libfreetype --enable-sdl2 --enable-iconv --enable-zlib --extra-cflags="-I/usr/local/lame/include" --extra-ldflags="-L/usr/local/lame/lib" --cross-prefix=x86_64-w64-mingw32- --target-os=mingw32
```

02 运行以下命令编译FFmpeg：

```
make clean
make -j4
```

03 运行以下命令安装FFmpeg：

```
make install
mv /usr/local/ffmpeg/bin/*.lib /usr/local/ffmpeg/lib/
```

04 运行以下命令查看FFmpeg的版本信息：

```
ffmpeg -version
```

查看控制台回显的FFmpeg版本信息，找到--enable-sdl2，说明FFmpeg正确启用了跨平台的多媒体开发库SDL2。

05 把/usr/local/sdl2/lib目录下的SDL2.dll复制到FFmpeg安装路径的bin目录下，这样FFmpeg程序才能找到SDL2的动态库。也就是执行以下命令：

```
cp /usr/local/sdl2/lib/SDL2.dll /usr/local/ffmpeg/bin
```

以上步骤都正确执行后，才能在Windows环境的FFmpeg框架上通过SDL2播放音视频。

下面是在Windows环境给FFmpeg集成SDL2库容易弄错的几个点。

（1）在SDL2工程的"配置管理器"窗口，"活动解决方案配置"没改成Release模式。
（2）SDL_config.h没有复制到msys64的/usr/local/sdl2/include目录下。
（3）环境变量PKG_CONFIG_PATH没添加SDL2的pkgconfig路径。
（4）在FFmpeg的源码目录执行configure之后，没执行make clean就执行了make命令。
（5）SDL2.dll没复制到/usr/local/ffmpeg/bin目录。

10.1.2 利用 SDL 播放视频

尽管SDL已经集成了视频播放窗口，但是通过SDL播放视频仍旧用到了几个专门结构及其处理函数。为了方便讲述，下面按照结构类型把播放视频需要的SDL函数分门别类、依次介绍，主要包括下列5类函数。

1. SDL通用函数

通用函数的适合场景不限于播放视频，也不限于播放音频，凡是引入SDL的场合，均需调用SDL的通用函数，这些函数主要有以下几个。

- SDL_Init：初始化SDL。
- SDL_Quit：退出SDL。
- SDL_Delay：延迟若干时间，单位为毫秒。

2. SDL窗口函数

SDL的窗口结构名叫SDL_Window，它对应播放器的窗口，与之相关的函数说明如下。

- SDL_CreateWindow：创建窗口。第一个参数为窗口左上角的标题，第4个和第5个参数分别为播放界面的宽度和高度，调用该函数会返回SDL_Window结构指针。
- SDL_DestroyWindow：销毁窗口。参数传入SDL_Window结构指针，调用该函数会关闭播放器窗口。

3. SDL渲染函数

SDL的渲染器结构名叫SDL_Renderer，它对应播放器的视频界面，与之相关的函数说明如下。

- SDL_CreateRenderer：创建渲染器。第一个参数传入SDL_Window结构指针，调用该函数会返回SDL_Renderer结构指针。
- SDL_RenderPresent：让渲染器展现画面。参数传入SDL_Renderer结构指针，该函数要在SDL_RenderCopy函数之后调用（SDL_RenderCopy见后面的"4. SDL纹理函数"）。
- SDL_RenderClear：清空渲染器。参数传入SDL_Renderer结构指针。
- SDL_DestroyRenderer：销毁渲染器。参数传入SDL_Renderer结构指针。

4. SDL纹理函数

SDL的纹理结构名叫SDL_Texture，它对应播放界面的图像纹理，与之相关的函数说明如下。

- SDL_CreateTexture：创建纹理。第1个参数传入SDL_Renderer结构指针，第4个和第5个参数分别为播放界面的宽度和高度，调用该函数会返回SDL_Texture结构指针。
- SDL_UpdateYUVTexture：把视频帧刷进纹理。第一个参数传入SDL_Texture结构指针，第3个到第8个参数依次传入YUV各分量的数据及其长度。
- SDL_RenderCopy：将纹理复制到渲染器。第1个参数传入SDL_Renderer结构指针，第2个参数传入SDL_Texture结构指针，第4个参数传入SDL_Rect结构指针，其中SDL_Rect结构存放着视频画面的SDL渲染区域（包括左上角横坐标、左上角纵坐标、宽度、高度）。
- SDL_DestroyTexture：销毁纹理。参数传入SDL_Texture结构指针。

5. SDL事件函数

SDL的事件结构名叫SDL_Event，它对应播放器的控制事件，该结构的常用字段说明如下。

- type：事件类型。type字段的取值说明见表10-1。

表 10-1 type 字段的取值说明

type 字段的取值	说 明
SDL_QUIT	关闭播放器窗口
SDL_KEYDOWN	按了键盘的某个键，具体按了哪个键还要检查 key 字段保存的键盘按键信息，检查过程参见 fftools/ffplay.c 中的 event_loop 函数
SDL_MOUSEBUTTONDOWN	按了鼠标的某个键，具体按了哪个键还要检查 button 字段保存的鼠标按键信息
SDL_MOUSEMOTION	移动鼠标
SDL_WINDOWEVENT	窗口状态发生变化，比如调整了窗口大小

- key：键盘按键信息。该结构的type字段表示动作类型，其中SDL_KEYDOWN表示按下，SDL_KEYUP表示松开；另有keysym字段表示按了哪个键。
- button：鼠标按键信息。该结构的button字段取值说明见表10-2。

表 10-2 button 字段的取值说明

button 字段的取值	说 明
SDL_BUTTON_LEFT	按了鼠标左键
SDL_BUTTON_MIDDLE	按了鼠标中间键
SDL_BUTTON_RIGHT	按了鼠标右键

- window：窗口状态信息。该结构的event字段取值说明见表10-3。

表 10-3 event 字段的取值说明

event 字段的取值	说 明
SDL_WINDOWEVENT_SIZE_CHANGED	通过拖动改变窗口大小
SDL_WINDOWEVENT_MINIMIZED	最小化窗口
SDL_WINDOWEVENT_MAXIMIZED	最大化窗口
SDL_WINDOWEVENT_EXPOSED	窗口已暴露，应重新绘制

下面是与SDL_Event相关的函数说明。

- SDL_PollEvent：轮询SDL事件。参数传入SDL_Event结构指针，该函数之后即可检查SDL_Event结构的type字段，根据type数值分支对应处理。

以上的SDL相关结构及其函数看起来有点复杂，实际在写代码时按照固定套路其实也不难。就播放视频文件而言，完整的播放过程主要分为下列4个步骤：打开来源文件及其视频解码器、初始化SDL播放器资源、遍历视频帧并将其渲染播放、结束播放并退出程序，分别说明如下。

1. 打开来源文件及其视频解码器

对来源文件的打开操作是通用的，可以直接复用之前章节的代码，包括视频解码器的初始化代码，这里不再赘述。

2. 初始化SDL播放器资源

因为SDL来自第三方库SDL2，所以代码文件要包含SDL的头文件，也就是在C代码开头添加下列几行语句：

```
#include <SDL.h>
// 引入SDL要增加下面的声明#undef main, 否则编译会报错undefined reference to `WinMain'
#undef main
```

至于SDL播放器资源的初始化过程，则包括下列6个步骤。

① 调用SDL_Init函数初始化SDL。
② 调用SDL_CreateWindow函数创建SDL窗口，并返回SDL_Window窗口结构指针。
③ 调用SDL_CreateRenderer函数创建SDL渲染器，并返回SDL_Renderer渲染器结构指针。
④ 调用SDL_CreateTexture函数创建SDL纹理，并返回SDL_Texture纹理结构指针。
⑤ 声明SDL_Rect渲染区域结构，并设置该区域的方位尺寸，包括左上角横坐标、左上角纵坐标、宽度、高度等。
⑥ 声明SDL_Event事件结构。

具体的SDL播放器资源初始化代码如下（完整代码见chapter10/playvideo.c）。

```
// 初始化SDL
if (SDL_Init(SDL_INIT_VIDEO | SDL_INIT_AUDIO | SDL_INIT_TIMER)) {
    av_log(NULL, AV_LOG_ERROR, "can not initialize SDL\n");
    return -1;
}
// 创建SDL窗口
SDL_Window *window = SDL_CreateWindow("Video Player",
    SDL_WINDOWPOS_UNDEFINED, SDL_WINDOWPOS_UNDEFINED,
    video_decode_ctx->width, video_decode_ctx->height,
    SDL_WINDOW_OPENGL | SDL_WINDOW_RESIZABLE);
if (!window) {
    av_log(NULL, AV_LOG_ERROR, "can not create window\n");
    return -1;
}
// 创建SDL渲染器
SDL_Renderer *renderer = SDL_CreateRenderer(window, -1, 0);
if (!renderer) {
    av_log(NULL, AV_LOG_ERROR, "can not create renderer\n");
    return -1;
}
// 创建SDL纹理
SDL_Texture *texture = SDL_CreateTexture(renderer, SDL_PIXELFORMAT_IYUV,
    SDL_TEXTUREACCESS_STREAMING, video_decode_ctx->width, video_decode_ctx->height);
// 设置视频画面的SDL渲染区域（左上角横坐标、左上角纵坐标、宽度、高度）
SDL_Rect rect = {0, 0, video_decode_ctx->width, video_decode_ctx->height};
SDL_Event event;   // 声明SDL事件
```

3. 遍历视频帧并将其渲染播放

遍历并渲染视频帧的过程，同时也是播放视频画面的过程。须知运动着的视频画面正是由一连串静止的YUV图像组成的，把一组连续的YUV图像依序快速展示在屏幕上，就让人眼产生了运动播放的动态视频效果。这里的视频帧遍历与渲染操作主要分为下列6个步骤。

01 依次从视频文件读取每个视频包，并将视频包解码为原始的视频帧。
02 调用SDL_UpdateYUVTexture函数，把视频帧的YUV数据刷进SDL纹理中。
03 调用SDL_RenderCopy函数，将上一步的纹理复制到SDL渲染器。
04 调用SDL_RenderPresent函数，命令渲染器开始渲染操作，此时视频画面会呈现到SDL播放窗口中。
05 调用SDL_Delay函数延迟若干时间，这里的延迟时间就是两个视频帧之间的播放间隔。
06 调用SDL_PollEvent函数轮询SDL事件，一旦监听到窗口关闭事件（比如用户单击了SDL播放窗口右上角的"关闭"按钮），就结束遍历过程并退出播放。

依据上述的遍历和渲染步骤，编写FFmpeg的SDL视频播放代码如下：

```c
int fps = av_q2d(src_video->r_frame_rate);             // 帧率
int interval = round(1000 / fps);                      // 根据帧率计算每帧之间的播放间隔
AVPacket *packet = av_packet_alloc();                  // 分配一个数据包
AVFrame *frame = av_frame_alloc();                     // 分配一个数据帧
while (av_read_frame(in_fmt_ctx, packet) >= 0) {       // 轮询数据包
    if (packet->stream_index == video_index) {         // 视频包需要解码
        // 把未解压的数据包发给解码器实例
        ret = avcodec_send_packet(video_decode_ctx, packet);
        if (ret == 0) {
            // 从解码器实例获取还原后的数据帧
            ret = avcodec_receive_frame(video_decode_ctx, frame);
            if (ret == AVERROR(EAGAIN) || ret == AVERROR_EOF) {
                continue;
            } else if (ret < 0) {
                av_log(NULL, AV_LOG_ERROR, "decode frame occur error %d.\n", ret);
                continue;
            }
            // 刷新YUV纹理
            SDL_UpdateYUVTexture(texture, NULL,
                frame->data[0], frame->linesize[0],
                frame->data[1], frame->linesize[1],
                frame->data[2], frame->linesize[2]);
            //SDL_RenderClear(renderer);                          // 清空渲染器
            SDL_RenderCopy(renderer, texture, NULL, &rect);       // 将纹理复制到渲染器
            SDL_RenderPresent(renderer);                          // 渲染器开始渲染
            SDL_Delay(interval);                                  // 延迟若干时间，单位为毫秒
            SDL_PollEvent(&event);                                // 轮询SDL事件
            switch (event.type) {
                case SDL_QUIT:          // 如果命令关闭窗口（单击了窗口右上角的"关闭"按钮
                    goto __QUIT;        // 这里用goto，不用break
                default:
                    break;
```

```
            }
        } else {
            av_log(NULL, AV_LOG_ERROR, "send packet occur error %d.\n", ret);
        }
    }
    av_packet_unref(packet);                  // 清除数据包
}
av_log(NULL, AV_LOG_INFO, "Success play video file.\n");
```

4. 结束播放并退出程序

无论是正常播放完毕，还是中途被用户关闭，包含播放器窗口在内的播放程序都要结束运行。这里的结束操作不仅要释放常规的FFmpeg实例资源，还要销毁视频播放用到的播放器资源，详细的结束播放代码如下：

```
__QUIT:
    av_frame_free(&frame);                            // 释放数据帧资源
    av_packet_free(&packet);                          // 释放数据包资源
    avcodec_close(video_decode_ctx);                  // 关闭视频解码器的实例
    avcodec_free_context(&video_decode_ctx);          // 释放视频解码器的实例
    avformat_close_input(&in_fmt_ctx);                // 关闭音视频文件
    SDL_DestroyTexture(texture);                      // 销毁SDL纹理
    SDL_DestroyRenderer(renderer);                    // 销毁SDL渲染器
    SDL_DestroyWindow(window);                        // 销毁SDL窗口
    SDL_Quit();                                       // 退出SDL
    av_log(NULL, AV_LOG_INFO, "Quit SDL.\n");
```

接着执行下面的编译命令，主要增加链接SDL2库，并且指定SDL2的头文件路径。

```
gcc playvideo.c -o playvideo -I/usr/local/ffmpeg/include -L/usr/local/ffmpeg/lib
-I/usr/local/sdl2/include -L/usr/local/sdl2/lib -lsdl2 -lavformat -lavdevice -lavfilter
-lavcodec -lavutil -lswscale -lswresample -lpostproc -lm
```

编译完成后，执行以下命令启动测试程序，期望播放视频文件fuzhous.mp4。

```
./playvideo ../fuzhous.mp4
```

程序启动之后，发现控制台输出以下日志信息：

```
Success open input_file ../fuzhous.mp4.
Success play video file.
Quit SDL.
```

同时弹出视频播放窗口，如图10-8所示，说明上述代码正确实现了播放视频的功能。

虽然上面的测试程序能够正常播放大多数视频文件，但是在播放手机录屏等少数视频文件时，视频播放画面偶尔会出现急速播放或者卡顿现象。这是因为上述播放代码默认各帧的间隔保持不变，而少数视频的帧间隔并非恒定不变，相反从这种视频获取的FPS帧率数值往往很大，达到了几百甚至上千帧，显然正常视频不可能一秒钟就播放完上千帧。既然帧率不可靠，那该如何计算各帧之间的播放间隔呢？此时可以分析各帧的播放时间戳，根据前后两帧的时间戳距离，计算得到每两帧之间的播放间隔，从而对于每个视频帧都能延迟不同的时间。

图 10-8　SDL 的视频播放窗口

具体到时间戳的计算代码上，首先要在遍历视频之前定义一个整型变量，用来保存上一个视频帧的播放时间戳，last_pts变量定义代码如下：

```
int64_t last_pts = 0;            // 上一次的播放时间戳
```

然后在遍历视频文件各帧的时候，注意在刷新YUV纹理之前，就要根据时间戳计算当前帧与上一帧之间的播放间隔，并延迟前一步的若干间隔，同时把当前帧的播放时间戳保存到last_pts变量中。此时修改后的SDL播放代码片段变成了下面这样（完整代码见chapter10/playvideo2.c）：

```
if (fps > 120) {                 // 帧率变化的情况，每两帧之间的播放间隔都不一样
    int64_t add_pts = packet->pts - last_pts;
    last_pts = packet->pts;
    interval = add_pts * 1000.0 * av_q2d(src_video->time_base);
    SDL_Delay(interval);         // 延迟若干时间，单位为毫秒
}
// 刷新YUV纹理
SDL_UpdateYUVTexture(texture, NULL,
    frame->data[0], frame->linesize[0],
    frame->data[1], frame->linesize[1],
    frame->data[2], frame->linesize[2]);
//SDL_RenderClear(renderer);                            // 清空渲染器
SDL_RenderCopy(renderer, texture, NULL, &rect);         // 将纹理复制到渲染器
SDL_RenderPresent(renderer);                            // 渲染器开始渲染
if (fps <= 120) {                                       // 帧率恒定
    SDL_Delay(interval);                                // 延迟若干时间，单位毫秒
}
```

继续执行下面的编译命令，主要增加链接SDL2库，并且指定SDL2的头文件路径。

```
gcc playvideo2.c -o playvideo2 -I/usr/local/ffmpeg/include -L/usr/local/ffmpeg/lib
-I/usr/local/sdl2/include -L/usr/local/sdl2/lib -lsdl2 -lavformat -lavdevice -lavfilter
-lavcodec -lavutil -lswscale -lswresample -lpostproc -lm
```

编译完成后，执行以下命令启动测试程序，期望播放视频文件**fuzhous.mp4**。

```
./playvideo2 ../fuzhous.mp4
```

程序启动之后，弹出视频播放窗口，如图10-9所示，说明上述代码正确实现了播放视频的功能。

图 10-9　SDL 优化后的视频播放窗口

10.1.3　利用 SDL 播放音频

对于SDL来说，简单的播放音频只需操纵扬声器，无须弹出播放器窗口，也就没有什么渲染或者纹理结构，唯一用到的便是音频参数结构SDL_AudioSpec，该结构主要存放音频的详细规格，它的常用字段说明如下。

- freq：采样频率。
- format：采样格式。主要有AUDIO_S16SYS和AUDIO_S32SYS两种，其中AUDIO_S16SYS对应FFmpeg的AV_SAMPLE_FMT_S16，而AUDIO_S32SYS对应FFmpeg的AV_SAMPLE_FMT_S32。
- channels：声道数量。
- silence：是否静音。0表示有声音，1表示没声音。
- samples：采样数量，即一个音频帧的大小，一个音频帧包含的样本个数。
- callback：回调函数的名称。SDL在收到音频数据之后，会调用callback指定的回调函数。
- userdata：回调函数的额外信息，这个额外信息作为回调函数的第一个输入参数。如果没有额外信息，就填NULL。

除SDL_AudioSpec结构外，SDL还提供了下列与音频播放有关的函数。

- SDL_OpenAudio：打开扬声器。第一个参数为SDL_AudioSpec结构指针。
- SDL_PauseAudio：播放或者暂停音频。参数为0表示开始播放，为1表示暂停播放。
- SDL_memset：清空缓冲区。通常在回调函数的开头就调用SDL_memset以便容纳新的音频数据。
- SDL_MixAudio：把音频数据写到缓冲区。第一个参数是播放缓冲区的地址（指针类型），第二个参数是来源的音频数据地址，第三个参数是来源的音频数据长度。SDL_MixAudio要在回调函数的内部调用，并且在SDL_memset之后调用。也就是说，回调函数内部先调用SDL_memset函数，再调用SDL_MixAudio函数。
- SDL_CloseAudio：关闭扬声器。

讲完了SDL播放音频需要的相关结构和函数说明，再来介绍如何使用SDL播放音频文件。由于SDL只支持少数几个采样格式，因此来源音频得先经过重采样转换为指定格式，才能传到SDL的播放缓冲区。完整的SDL音频播放过程主要分为下列5个步骤：打开来源文件及其音频解码器、初始化音频采样器实例、初始化SDL扬声器资源、遍历音频帧并将其渲染播放、结束播放并退出程序。下面分别介绍这5个步骤。

1. 打开来源文件及其音频解码器

对来源文件的打开操作是通用的，可以直接复用之前章节的代码，包括音频解码器的初始化代码，这里不再赘述。

2. 初始化音频采样器实例

因为SDL在打开扬声器时就要指定音频的详细规格，所以事先得把音频数据转换成对应规格的采样格式，也就是要对来源音频进行重新采样，如此一来就要用到音频采样器实例SwrContext。对于音频采样器实例的初始化操作是通用的，可以复用5.3.3节的实现过程，这里不再赘述。下面的FFmpeg代码展示了音频采样器实例的初始化步骤（完整代码见chapter10/playaudio.c）。

```
AVChannelLayout out_ch_layout = AV_CHANNEL_LAYOUT_STEREO;    // 输出的声道布局
enum AVSampleFormat out_sample_fmt = AV_SAMPLE_FMT_S16;      // 输出的采样格式
int out_sample_rate = 44100;                                  // 输出的采样率
int out_nb_samples = audio_decode_ctx->frame_size;            // 输出的采样数量
int out_channels = out_ch_layout.nb_channels;                 // 输出的声道数量
SwrContext *swr_ctx = NULL;                                   // 音频采样器的实例
ret = swr_alloc_set_opts2(&swr_ctx,                           // 音频采样器的实例
                &out_ch_layout,                               // 输出的声道布局
                out_sample_fmt,                               // 输出的采样格式
                out_sample_rate,                              // 输出的采样频率
                &audio_decode_ctx->ch_layout,                 // 输入的声道布局
                audio_decode_ctx->sample_fmt,                 // 输入的采样格式
                audio_decode_ctx->sample_rate,                // 输入的采样频率
                0, NULL);
if (ret < 0) {
    av_log(NULL, AV_LOG_ERROR, "swr_alloc_set_opts2 error %d\n", ret);
    return -1;
}
swr_init(swr_ctx);                                            // 初始化音频采样器的实例
if (ret < 0) {
    av_log(NULL, AV_LOG_ERROR, "swr_init error %d\n", ret);
    return -1;
}
// 计算输出的缓冲区大小
int out_buffer_size = av_samples_get_buffer_size(NULL, out_channels, out_nb_samples, out_sample_fmt, 1);
// 分配输出缓冲区的空间
unsigned char *out_buff = (unsigned char *) av_malloc(MAX_AUDIO_FRAME_SIZE * out_channels);
```

3. 初始化SDL扬声器资源

因为SDL来自第三方库SDL2，所以代码文件要包含SDL的头文件，也就是在C代码开头添加下列几行语句：

```c
#include <SDL.h>
// 引入SDL要增加下面的声明#undef main, 否则编译会报错undefined reference to 'WinMain'
#undef main
```

由于SDL_OpenAudio函数的音频规格参数携带着回调函数，这个回调函数内部又掌管音频数据的播放缓冲区，因此要另外定义缓冲区信息及其回调函数。其中缓冲区信息包括来源数据的地址和来源数据的长度，回调函数内部要先调用SDL_memset清空缓冲区，再调用SDL_MixAudio把音频数据写入缓冲区，这样扬声器才会播放缓冲区中的音频。缓冲区信息以及回调函数的定义代码如下：

```c
#define MAX_AUDIO_FRAME_SIZE 8096        // 一帧音频的最大长度（样本数），该值不能太小
int audio_len = 0;                       // 一帧PCM音频的数据长度
unsigned char *audio_pos = NULL;         // 当前读取的位置

// 回调函数，在获取音频数据后调用
void fill_audio(void *para, uint8_t *stream, int len) {
    SDL_memset(stream, 0, len);          // 将缓冲区清零
    if (audio_len == 0) {
        return;
    }
    len = (len > audio_len ? audio_len : len);
    // 将音频数据混合到缓冲区
    SDL_MixAudio(stream, audio_pos, len, SDL_MIX_MAXVOLUME);
    audio_pos += len;
    audio_len -= len;
}
```

至于SDL扬声器资源的初始化过程，则包括下列4个步骤。

01 调用SDL_Init函数初始化SDL。

02 声明SDL_AudioSpec音频规格结构，并设置详细的规格参数，包括采样频率、采样格式、声道数量、是否静音、采样数量、回调函数等信息。

03 调用SDL_OpenAudio函数打开扬声器。

04 调用SDL_PauseAudio函数开始播放音频，注意输入参数填0。

具体的SDL扬声器资源初始化代码如下：

```c
// 初始化SDL
if (SDL_Init(SDL_INIT_VIDEO | SDL_INIT_AUDIO | SDL_INIT_TIMER)) {
    av_log(NULL, AV_LOG_ERROR, "can not initialize SDL\n");
    return -1;
}
SDL_AudioSpec audio_spec;                            // 声明SDL音频参数
audio_spec.freq = out_sample_rate;                   // 采样频率
audio_spec.format = AUDIO_S16SYS;                    // 采样格式
audio_spec.channels = out_channels;                  // 声道数量
audio_spec.silence = 0;                              // 是否静音
audio_spec.samples = out_nb_samples;                 // 采样数量
audio_spec.callback = fill_audio;                    // 回调函数的名称
audio_spec.userdata = NULL;                          // 回调函数的额外信息，如果没有额外信息，就填NULL
```

```
if (SDL_OpenAudio(&audio_spec, NULL) < 0) { // 打开扬声器
    av_log(NULL, AV_LOG_ERROR, "open audio occur error\n");
    return -1;
}
SDL_PauseAudio(0);                          // 播放/暂停音频。参数为0表示播放,为1表示暂停
```

4. 遍历音频帧并将其渲染播放

遍历并渲染音频帧的过程,同时也是播放音频声波的过程。因为各个音视频文件的采样格式不尽相同,所以要将原始的音频数据统一为扬声器设定的采样格式,于是引入了音频的重采样操作。这里的音频帧遍历与渲染操作主要分为下列3个步骤。

01 依次从音频文件读取每个音频包,并将音频包解码为原始的音频帧。
02 如果上一次的音频帧尚未播放完,就先等待其播放完毕,再进入第03步。
03 调用swr_convert函数把输入的音频数据根据指定的采样规格转换为新的音频数据输出。

根据上述步骤,编写音频帧遍历与渲染的代码框架如下:

```
AVPacket *packet = av_packet_alloc();               // 分配一个数据包
AVFrame *frame = av_frame_alloc();                  // 分配一个数据帧
while (av_read_frame(in_fmt_ctx, packet) >= 0) {    // 轮询数据包
    if (packet->stream_index == audio_index) {      // 音频包需要解码
        // 把未解压的数据包发给解码器实例
        ret = avcodec_send_packet(audio_decode_ctx, packet);
        if (ret == 0) {
            // 从解码器实例获取还原后的数据帧
            ret = avcodec_receive_frame(audio_decode_ctx, frame);
            if (ret == AVERROR(EAGAIN) || ret == AVERROR_EOF) {
                continue;
            } else if (ret < 0) {
                av_log(NULL, AV_LOG_ERROR, "decode frame occur error %d.\n", ret);
                continue;
            }
            while (audio_len > 0) {                 // 如果还没播放完,就等待1毫秒
                SDL_Delay(1);                       // 延迟若干时间,单位为毫秒
            }
            // 重采样。也就是把输入的音频数据根据指定的采样规格转换为新的音频数据输出
            swr_convert(swr_ctx,                    // 音频采样器的实例
                &out_buff, MAX_AUDIO_FRAME_SIZE,    // 输出的数据内容和数据大小
                (const uint8_t **) frame->data, frame->nb_samples); // 输入的数据内容和数据大小
            audio_pos = (unsigned char *) out_buff; // 把音频数据同步到缓冲区位置
            audio_len = out_buffer_size;            // 缓冲区大小
        } else {
            av_log(NULL, AV_LOG_ERROR, "send packet occur error %d.\n", ret);
        }
    }
    av_packet_unref(packet);                        // 清除数据包
}
av_log(NULL, AV_LOG_INFO, "Success play audio file.\n");
```

5. 结束播放并退出程序

无论是正常播放完毕，还是中途被用户关闭（按Ctrl+C键表示退出），包含扬声器在内的播放程序都要结束运行。这里的结束操作不仅要释放常规的FFmpeg实例资源，还要销毁音频播放用到的扬声器资源，详细的结束播放代码如下：

```
__QUIT:
    av_frame_free(&frame);                              // 释放数据帧资源
    av_packet_free(&packet);                            // 释放数据包资源
    avcodec_close(audio_decode_ctx);                    // 关闭视频解码器的实例
    avcodec_free_context(&audio_decode_ctx);            // 释放视频解码器的实例
    avformat_close_input(&in_fmt_ctx);                  // 关闭音视频文件
    swr_free(&swr_ctx);                                 // 释放音频采样器的实例
    SDL_CloseAudio();                                   // 关闭扬声器
    SDL_Quit();                                         // 退出SDL
    av_log(NULL, AV_LOG_INFO, "Quit SDL.\n");
```

接着执行下面的编译命令，主要增加链接SDL2库，并且指定SDL2的头文件路径。

```
gcc playaudio.c -o playaudio -I/usr/local/ffmpeg/include -L/usr/local/ffmpeg/lib -I/usr/local/sdl2/include -L/usr/local/sdl2/lib -lsdl2 -lavformat -lavdevice -lavfilter -lavcodec -lavutil -lswscale -lswresample -lpostproc -lm
```

编译完成后，执行以下命令启动测试程序，期望播放音频文件plum.mp3。

```
./playaudio ../plum.mp3
```

程序启动之后，发现控制台输出以下日志信息，同时计算机扬声器传出MP3文件的乐声，说明上述代码正确实现了播放音频的功能。

```
Success open input_file ../plum.mp3.
Success play audio file.
Quit SDL.
```

10.2　FFmpeg推流和拉流

本节介绍FFmpeg对网络视频的推拉流操作，首先描述与流媒体服务器有关的推拉流交互过程，以及如何利用VLC media player模拟网络视频的推流和拉流；然后叙述如何使用FFmpeg将视频文件作为视频源向RTSP服务器推送视频流；最后阐述如何使用FFmpeg从RTSP服务器拉取视频流并予以播放。

10.2.1　什么是推拉流

音视频随着时间变迁而持续播放，说明它们属于动态变化的数据，与文本、图片等静态数据截然不同。持续一段时间的音视频数据既可以封装为MP4文件或者MP3文件保存至计算机，也可以放在网络上作为直播源给大家观看。这种公之于众的音视频直播跟网页浏览有点相似，它们之间的共同点主要有下列三处。

（1）因为都是上网访问，接入的客户端用户可以有很多，既有计算机端用户又有手机端用户。

（2）访问同一来源的网页或者直播流，接入地址是统一的，要么是同一个域名，要么是同一个IP，说明有个服务器统一响应众人的访问请求。

（3）多人浏览某个网页地址或者某个直播地址，不同人看到的网页内容或者视频画面是一样的，说明底层的数据来源保持一致。

比如计算机打开某个网站或者手机打开某个App，此时客户端（计算机或者手机）会向Web服务器（网站后台或者App后台）发送访问请求，Web服务器根据指定的请求地址（HTTP或HTTPS打头的URL）生成并返回对应的网页内容，网页上的文本、图片等信息均来自Web服务器后方的数据库和文件服务器。客户端浏览网页的数据流程如图10-10所示。

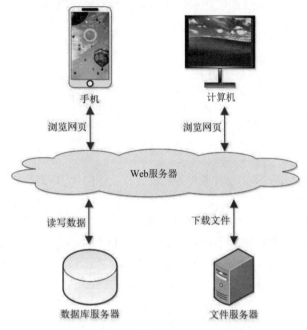

图 10-10　Web 服务器的数据交互

就音视频直播而言，一样会有很多客户端用户，只是客户端会去访问流媒体服务器而非Web服务器。流媒体服务器的后方也不是数据库和文件服务器，而是包括音频源和视频源在内的直播源。另外，有别于Web服务器一次请求、一次返回的交互方式，持续播放的音视频要求每时每刻都有数据返回，于是形成了一次请求、持续返回的交互方式。能够持续返回的话，首先音视频来源就要支持向流媒体服务器持续推送数据，其次客户端也要支持从流媒体服务器持续拉取音视频数据。

音视频来源向流媒体服务器推送数据的动作简称为推流操作，也叫推送音视频流数据。客户端从流媒体服务器拉取数据的动作简称为拉流操作，也叫拉取音视频流数据。推流操作与拉流操作合称推拉流，它们共同构成了音视频直播的数据交互方式。那么客户端观看直播的数据流程如图10-11所示，其中实线表示一次性，虚线表示持续性。

流媒体服务器属于音视频直播的核心系统，它的主要功能是对音视频数据进行采集、缓存、调度、传输等操作。Web服务器提供的访问协议包括HTTP和HTTPS，而流媒体服务器提供的访问协议就多了，包含但不限于RTSP、RTSPS、RTMP、RTMPS、HLS、FMP4、SRT等，注意看起来相似的RTSP和RTSPS，末尾加S表示支持安全套接层（Secure Socket Layer，SSL）。

图 10-11 流媒体服务器的数据交互

为了方便理解流媒体服务器实现视频推拉流的过程，下面使用VLC media player演示一下推拉流的具体步骤。

启动VLC media player，依次选择顶部菜单"媒体"→"流"，在弹出的"打开媒体"窗口中单击右边的"添加"按钮，选择待推流的视频文件（比如fuzhous.mp4），选完之后的"打开媒体"窗口如图10-12所示。单击该窗口右下角的"串流"按钮，跳转到如图10-13所示的"流输出"的"来源"窗口。

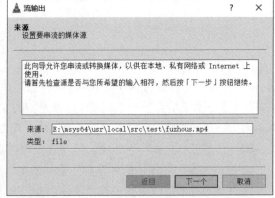

图 10-12　VLC 的"打开媒体"窗口　　　　图 10-13　VLC 的"流输出"的"来源"窗口

单击"来源"窗口右下角的"下一个"按钮，跳转到"目标设置"窗口，如图10-14所示。在该窗口中央新目标右侧的下拉框中选择RTSP选项，表示准备采用RTSP协议推流，再单击右边的"添加"按钮，切换到RTSP设置页，如图10-15所示。

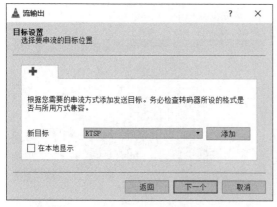

图 10-14　VLC 的"目标设置"窗口

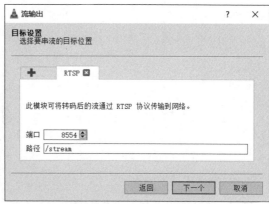

图 10-15　VLC 的 RTSP 设置页

RTSP设置页的端口保持默认的8554端口,路径改为/stream,再单击该窗口右下角的"下一个"按钮,跳转到"转码选项"窗口,如图10-16所示。在该窗口中央配置文件右侧的下拉框中选择Video - H.264 + MP3(MP4)选项,表示推流视频采用H.264格式,推流音频采用MP3格式,再单击该窗口右下角的"下一个"按钮,跳转到如图10-17所示的"选项设置"窗口。

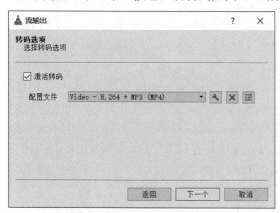

图 10-16　VLC 的"转码选项"窗口

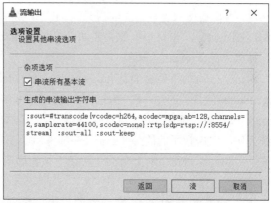

图 10-17　VLC 的"选项设置"窗口

勾选"选项设置"窗口左上方的"串流所有基本流"复选框,注意下方编辑框第二行包含rtsp://:8554/stream的RTSP地址,该地址正是后续客户端将要访问的拉流地址。单击该窗口右下角的"流"按钮,VLC media player便模拟流媒体服务器的推流功能,开始向直播地址rtsp://:8554/stream持续推送音视频的流数据。

启动另一个VLC media player,依次选择顶部菜单"媒体"→"打开网络串流",在弹出的"打开媒体"窗口中,在编辑框填写待拉流的直播地址rtsp://:8554/stream,如图10-18所示。单击该窗口右下角的"播放"按钮,VLC media player就从该地址拉取音视频流数据,并展示正在播放的视频界面,如图10-19所示,说明从指定的网络直播地址正常拉流。

至此,通过VLC media player成功实现了推拉流的完整演示,整个过程启动了两个VLC media player,其中一个VLC media player模拟流媒体服务器向网络推流,另一个VLC media player模拟客户端从网络拉流。

图 10-18 VLC 的网络拉流窗口　　　　图 10-19 VLC 的视频播放界面

10.2.2 FFmpeg 向网络推流

使用FFmpeg向网络推流的话，首先要有一个RTSP服务器，然后FFmpeg才能向该服务器推送视频流。RTSP服务器本质是监听指定端口（比如RTSP协议默认为554端口），视频流向RTSP端口推送，客户端再从该端口拉取视频流。RTSP服务器的开源软件既有大型的流媒体服务器，例如SRS和ZLMediaKit，也有小型的轻量级服务器mediamtx，对于初学者来说，利用mediamtx即可在个人计算机上部署RTSP服务器。

mediamtx的下载页面是https://github.com/bluenviron/mediamtx/releases，比如2023年11月发布的mediamtx 1.3.0 的下载链接为https://github.com/bluenviron/mediamtx/releases/download/v1.3.0/mediamtx_v1.3.0_windows_amd64.zip，这个压缩包免安装，下载之后解压即可使用。以Windows系统为例，双击解压后的mediamtx.exe，弹出如图10-20所示的运行日志窗口，表示RTSP服务器已经成功启动，单击窗口右上角的"关闭"按钮即可关闭RTSP服务器。

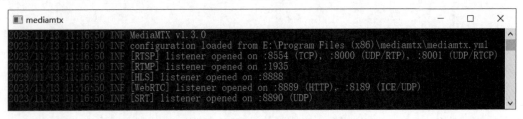

图 10-20 mediamtx.exe 的运行日志窗口

观察如图10-20所示的运行日志，发现mediamtx提供了4种流媒体服务，分别是监听8554端口的RTSP服务、监听1935端口的RTMP服务、监听8888端口的HLS服务、监听8889端口的WebRTC服务，其中8554端口正是本小节要用的RTSP服务。由于mediamtx默认的服务名称为stream，因此正在本机运行的RTSP服务地址为rtsp://127.0.0.1:8554/stream。

既然获取到了RTSP服务器的推流地址，就能运行FFmpeg程序向其推送视频流，具体的推流过程分为三个步骤：打开来源文件及其视频解码器、打开目标地址并创建视频流、遍历视频帧并将其推向目标地址，分别说明如下。

1. 打开来源文件及其视频解码器

对来源文件的打开操作是通用的，可以直接复用之前章节的代码，包括视频解码器的初始化代码，这里不再赘述。

2. 打开目标地址并创建视频流

虽然目标地址以rtsp开头，不过该地址可当作输出文件对待，也就是把推流地址当成文件路径，按照打开目标文件的方式处理。不同之处在于下列两点：

（1）调用avformat_alloc_output_context2函数分配音视频文件的封装实例，第三个参数要填rtsp，表示目标地址采取RTSP协议，第四个参数填以rtsp开头的推流地址。

（2）不能调用avio_open函数打开输出流，因为目标地址来自网络，而非本地的视频文件。如果调用了avio_open函数，就会导致推流失败。

下面是打开推流地址的FFmpeg代码（完整代码见chapter10/pushvideo.c）。

```c
const char *dest_name = "rtsp://127.0.0.1:8554/stream";
AVFormatContext *out_fmt_ctx;  // 输出文件的封装器实例
// 分配音视频文件的封装实例（注意第三个参数要填rtsp）
ret = avformat_alloc_output_context2(&out_fmt_ctx, NULL, "rtsp", dest_name);
if (ret < 0) {
    av_log(NULL, AV_LOG_ERROR, "Can't alloc output_file %s.\n", dest_name);
    return -1;
}
av_log(NULL, AV_LOG_INFO, "Success open push url %s.\n", dest_name);
// 注意RTSP推流不要调用avio_open
AVStream *dest_video = NULL;
if (video_index >= 0) {  // 源文件有视频流，就给目标文件创建视频流
    dest_video = avformat_new_stream(out_fmt_ctx, NULL);  // 创建数据流
    // 把源文件的视频参数原样复制过来
    avcodec_parameters_copy(dest_video->codecpar, src_video->codecpar);
    dest_video->codecpar->codec_tag = 0;
}
ret = avformat_write_header(out_fmt_ctx, NULL);  // 写文件头
if (ret < 0) {
    av_log(NULL, AV_LOG_ERROR, "write file_header occur error %d.\n", ret);
    return -1;
}
```

3. 遍历视频帧并将其推向目标地址

由于推流模拟电视广播信号那样持续不断地推送，因此要让视频帧匀速向网络推送，也就是模拟视频正常播放的速度，每推完一帧都得延迟若干间隔再推下一帧。于是在每帧的推流操作之前，都要计算当前的延迟时间，如果尚未到达播放时间，就睡眠若干时间，直至播放时间到达之后，再调用av_write_frame函数进行推流操作。如果目标地址是本地的文件路径，av_write_frame函数会把音视频数据写入文件；如果目标地址是网络的推流地址，av_write_frame函数会把音视频数据推送出去。

按照上面的推流过程描述，编写向网络推流的FFmpeg代码，如下所示。

```c
    int64_t start_time = av_gettime();                    // 获取当前时间，单位为微秒
    AVPacket *packet = av_packet_alloc();                 // 分配一个数据包
    while (av_read_frame(in_fmt_ctx, packet) >= 0) {      // 轮询数据包
        if (packet->stream_index == video_index) {
            av_log(NULL, AV_LOG_INFO, "%lld ", packet->pts);
            // 把数据包的时间戳从一个时间基转换为另一个时间基
            av_packet_rescale_ts(packet, src_video->time_base, dest_video->time_base);
            int64_t pass_time = av_gettime() - start_time;     // 计算已经流逝的时间
            int64_t dts_time = packet->dts * (1000 * 1000 * av_q2d(dest_video->time_base));
            if (dts_time > pass_time) {                        // 尚未到达播放时间
                av_usleep(dts_time - pass_time);               // 睡眠若干时间，单位为微秒
            }
            ret = av_write_frame(out_fmt_ctx, packet);         // 往文件写入一个数据包
            if (ret < 0) {
                av_log(NULL, AV_LOG_ERROR, "write frame occur error %d.\n", ret);
                break;
            }
        }
        av_packet_unref(packet);                               // 清除数据包
    }
    av_log(NULL, AV_LOG_INFO, "\n");
    av_write_trailer(out_fmt_ctx);                             // 写文件尾
    av_log(NULL, AV_LOG_INFO, "Success push video stream.\n");
```

接着执行下面的编译命令：

```
gcc pushvideo.c -o pushvideo -I/usr/local/ffmpeg/include -L/usr/local/ffmpeg/lib
-lavformat -lavdevice -lavfilter -lavcodec -lavutil -lswscale -lswresample -lpostproc -lm
```

编译完成后，先启动RTSP服务器（双击mediamtx.exe），再执行以下命令启动测试程序，期望向RTSP服务器推流视频文件fuzhous.mp4。

```
./pushvideo ../fuzhous.mp4
```

程序启动之后，发现控制台输出以下日志信息，说明完成了向网络推流的操作。

```
Success open input_file ../fuzhous.mp4.
Success open push url rtsp://127.0.0.1:8554/stream.
Success write file_header.
0 2048 1024 512 1536 4096 3072 2560 3584 6144 5120 ……
Success push video stream.
```

同时RTSP服务器输出以下推流日志，表示RTSP服务器确实收到了8554端口stream服务的推流数据。

```
[RTSP] [conn 127.0.0.1:63994] opened
[RTSP] [session 5e6f8230] created by 127.0.0.1:63994
[RTSP] [session 5e6f8230] is publishing to path 'stream', with UDP, 1 track (H264)
[RTSP] [session 5e6f8230] destroyed (torn down by 127.0.0.1:63994)
[RTSP] [conn 127.0.0.1:63994] closed (read tcp 127.0.0.1:8554->127.0.0.1:63994: wsarecv:
An established connection was aborted by the software in your host machine.)
```

10.2.3　FFmpeg 从网络拉流

使用FFmpeg从网络拉流的话，不仅要有一个RTSP服务器，还得有一个推流的视频源。视频源把视频流推向RTSP服务器，然后多个客户端再从RTSP服务器拉取视频流，它们之间的数据流转如图10-21所示。

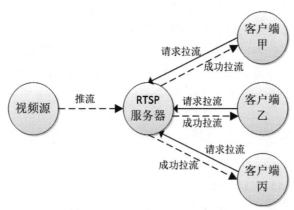

图 10-21　视频源的拉流过程

如图10-21所示的视频源可以采用10.2.2节介绍的推流程序pushvideo，RTSP服务器同样采用10.2.2节介绍的mediamtx，只剩下拉流程序有待开发，也就是从RTSP服务器拉取视频流并通过SDL播放视频画面。

尽管拉流地址以rtsp开头，不过在FFmpeg体系中可将它当作文件路径处理。从RTSP地址获取视频流，类似于从本地文件读取视频数据，同样调用avformat_open_input函数打开目标音视频。唯一的区别在于，在调用avformat_open_input函数之前，要先调用avformat_alloc_context函数分配封装器实例。

因为RTSP视频源是间断推流的，每两个视频帧都间隔几十毫秒，在这个空档尝试拉流的话，自然取到空指针就报错了。不像本地文件一直都在那里，任何时候打开都能马上获得数据，也就不存在取到空指针的问题。因此，为了防止从网络拉流产生空指针的情况，必须事先分配好封装器实例，这样无论能否从网络马上拉取数据流，都不必担心空指针的错误了。如此一来，访问拉流地址的FFmpeg代码改成了下面的模样（完整代码见chapter10/pullvideo.c）。

```
const char *src_name = "rtsp://127.0.0.1:8554/stream";
if (argc > 1) {
    src_name = argv[1];
}
// 分配输入文件的封装器实例（注意从网络拉流要调用avformat_alloc_context）
AVFormatContext *in_fmt_ctx = avformat_alloc_context();
// 打开音视频文件
int ret = avformat_open_input(&in_fmt_ctx, src_name, NULL, NULL);
if (ret < 0) {
    av_log(NULL, AV_LOG_ERROR, "Can't open file %s.\n", src_name);
    return -1;
}
av_log(NULL, AV_LOG_INFO, "Success open input_file %s.\n", src_name);
```

```
// 查找音视频文件中的流信息
ret = avformat_find_stream_info(in_fmt_ctx, NULL);
if (ret < 0) {
    av_log(NULL, AV_LOG_ERROR, "Can't find stream information.\n");
    return -1;
}
```

至于后续的遍历视频帧，以及通过SDL播放视频，跟前面10.1.2节的处理过程保持一致，可以直接复用该小节的SDL相关操作代码，这里不再赘述。

接着执行下面的编译命令，主要增加链接SDL2库，并且指定SDL2的头文件路径。

```
gcc pullvideo.c -o pullvideo -I/usr/local/ffmpeg/include -L/usr/local/ffmpeg/lib
-I/usr/local/sdl2/include -L/usr/local/sdl2/lib -lsdl2 -lavformat -lavdevice -lavfilter
-lavcodec -lavutil -lswscale -lswresample -lpostproc -lm
```

拉流程序pullvideo编译完成后，再按照下面三个步骤进行完整的推拉流测试验证。

（1）双击mediamtx.exe启动RTSP服务器。

（2）开启另外的MSYS2窗口，执行以下命令启动推流程序，期望向RTSP服务器推流视频文件fuzhous.mp4（推流程序默认往rtsp://127.0.0.1:8554/stream推送视频流）。

```
./pushvideo ../fuzhous.mp4
```

（3）执行以下命令启动拉流程序，期望从指定的RTSP服务器拉取并播放视频流，注意要用单独的MSYS2窗口，不能用正在执行pushvideo的MSYS2窗口。

```
./pullvideo rtsp://127.0.0.1:8554/stream
```

拉流程序启动之后，弹出视频播放窗口，如图10-22所示，说明上述代码正确实现了从网络拉取视频流的功能。

图10-22　从网络拉流的 SDL 播放窗口

同时，RTSP服务器输出以下推拉流日志：

```
[RTSP] [conn 127.0.0.1:49539] opened
[RTSP] [session 53227842] created by 127.0.0.1:49539
[RTSP] [session 53227842] is publishing to path 'stream', with UDP, 1 track (H264)
[RTSP] [conn 127.0.0.1:49547] opened
[RTSP] [session 9f81df03] created by 127.0.0.1:49547
[RTSP] [session 9f81df03] is reading from path 'stream', with UDP, 1 track (H264)
```

```
[RTSP] [session 53227842] destroyed (torn down by 127.0.0.1:49539)
[RTSP] [conn 127.0.0.1:49547] closed (terminated)
[RTSP] [session 9f81df03] destroyed (terminated)
[RTSP] [conn 127.0.0.1:49539] closed (read tcp 127.0.0.1:8554->127.0.0.1:49539: wsarecv:
An established connection was aborted by the software in your host machine.)
```

分析上述的RTSP服务日志，发现is publishing to path 'stream'表示RTSP服务器正在收到stream服务的推流（is publishing的意思是正在发布），is reading from path 'stream'表示RTSP服务器的stream服务正在被读取（is reading的意思是正在阅读），可见RTSP服务器确实是一边收到推流，一边又被拉流。

10.3　SDL 处理线程间同步

本节介绍SDL对线程的调度和同步等处理操作，首先描述SDL如何创建并运行分线程；接着叙述如何创建互斥锁，以及如何使用互斥锁来调度两个线程间的共享资源；然后阐述SDL如何创建信号量，以及如何使用信号量来调度三个线程或更多线程之间的共享资源。

10.3.1　SDL 的线程

FFmpeg的源码采用C语言编写，没有封装自身的多线程库，若想在FFmpeg代码中使用多线程技术，就要引入C语言自带的pthread库。不过pthread的用法比较复杂，为了方便开发者上手多线程开发，SDL提供了专门的SDL_Thread结构，用于音视频方面的多线程操作。与SDL_Thread有关的线程函数说明如下。

- SDL_CreateThread：创建SDL线程。第一个参数为分线程的函数名称，第二个参数为分线程的描述，第三个参数为分线程的输入参数指针。调用该函数会返回SDL_Thread结构指针。
- SDL_WaitThread：等待SDL线程。第一个参数为SDL_Thread结构指针，第二个参数为线程的结束标志。
- SDL_DetachThread：分离SDL线程，参数为SDL_Thread结构指针。一旦调用该函数分离线程，后面即使调用SDL_WaitThread函数也不会等待线程结束，也就是说主程序照常执行后面的代码，仿佛分线程不存在一样。

运用SDL多线程开发的时候，主要包括3个步骤：定义分线程的函数代码、创建并运行分线程、等待分线程运行结束。下面分别介绍这3个步骤。

1. 定义分线程的函数代码

分线程的函数框架很简单，输入参数只有一个，为void指针类型，可以强制转换成指定的类型指针；输出参数是一个整型数，用于标记分线程的执行状态（或者叫结束标志），比如分线程是执行成功还是执行失败。下面是分线程函数的定义代码。

```
// 分线程的任务处理
int thread_work(void *arg) {
    int loop_count = *(int *)arg;   // 取出线程的输入参数
```

```
    int i = 0;
    while (++i < loop_count+1) {
        av_log(NULL, AV_LOG_INFO, "The thread work on %d seconds\n", i);
        SDL_Delay(1000);    // 延迟若干时间,单位为毫秒
    }
    return 1;    // 返回线程的结束标志
}
```

2. 创建并运行分线程

调用SDL_CreateThread函数即可创建指定函数的分线程,如果返回的线程指针非空,就表示创建成功,创建之后分线程会马上开始运行。

3. 等待分线程运行结束

主程序可以等待分线程,也可以不等待分线程,如果不想等待分线程,那么调用SDL_DetachThread函数分离线程即可。如果想等待分线程运行结束再进行下一步操作,就得调用SDL_WaitThread函数等待分线程,此时主程序会挂起,直到分线程运行结束,主程序才会执行后续代码。下面是运用SDL线程的测试代码,主程序会等待分线程运行结束(完整代码见chapter10/sdlthread.c)。

```
// 分线程的任务处理
int thread_work(void *arg) {
    int loop_count = *(int *)arg;    // 取出线程的输入参数
    int i = 0;
    while (++i < loop_count+1) {
        av_log(NULL, AV_LOG_INFO, "The thread work on %d seconds\n", i);
        SDL_Delay(1000);    // 延迟若干时间,单位为毫秒
    }
    return 1;    // 返回线程的结束标志
}

int main(int argc, char **argv) {
    int loop_count;
    printf("Please enter loop count of the thread: ");
    scanf("%d", &loop_count);
    // 创建SDL线程,指定任务处理函数,并返回线程编号
    SDL_Thread *sdl_thread = SDL_CreateThread(thread_work, "thread_work", &loop_count);
    if (!sdl_thread) {
        av_log(NULL, AV_LOG_ERROR, "sdl create thread occur error\n");
        return -1;
    }
    //
    // SDL_DetachThread(sdl_thread);
    int finish_status;    // 线程的结束标志
    SDL_WaitThread(sdl_thread, &finish_status);    // 等待线程结束,结束标志在status字段返回
    av_log(NULL, AV_LOG_INFO, "sdl_thread finish_status=%d\n", finish_status);
    return 0;
}
```

接着执行下面的编译命令,主要增加链接SDL2库,并且指定SDL2的头文件路径。

```
gcc sdlthread.c -o sdlthread -I/usr/local/ffmpeg/include -L/usr/local/ffmpeg/lib 
-I/usr/local/sdl2/include -L/usr/local/sdl2/lib -lsdl2 -lavutil -lm
```

编译完成后,执行以下命令启动测试程序,期望分线程循环三次、每次睡眠一秒,而主程序等待分线程返回。

```
./sdlthread 3
```

程序运行完毕,发现控制台输出以下日志信息:

```
The thread work on 1 seconds
The thread work on 2 seconds
The thread work on 3 seconds
sdl_thread finish_status=1
```

根据上述运行日志分析,SDL开启的分线程确实循环了三次,并且主程序等待分线程返回之后才结束运行。

10.3.2 SDL 的互斥锁

虽然SDL_WaitThread函数能让主程序等待分线程运行结束,但是在调用该函数之前,主程序并不会等待分线程。那么在此期间,如果主程序和分线程同时操作某个变量,就会产生资源冲突的问题。

举个例子,分线程要读取A变量,并且在运行期间可能会多次读该变量,按照正常情况的话,多次读到的A变量值是不变的,然而分线程运行的时候,主程序也在运行,关键是主程序可能会修改A变量,如此一来,分线程多次读到的A变量值就变了;反之,如果主程序要多次读取B变量,然后分线程修改B变量的话,也会导致主程序读到的B变量值发生变化。

为了更好地观察线程间的资源冲突问题,假定主程序和分线程同时操作某个变量,则编写对应的SDL代码如下,其中分线程会打印修改前后的number变量值(完整代码见chapter10/sdlnolock.c)。

```
int number;                              // 声明一个整型变量

// 分线程的任务处理
int thread_work(void *arg) {
    int count = 0;
    while (++count < 10) {
        av_log(NULL, AV_LOG_INFO, "Thread begin deal , the number is %d\n", number);
        SDL_Delay(100);                  // 延迟若干时间,单位为毫秒
        av_log(NULL, AV_LOG_INFO, "Thread end deal, the number is %d\n", number);
        SDL_Delay(100);                  // 延迟若干时间,单位为毫秒
    }
    return 1;                            // 返回线程的结束标志
}

int main(int argc, char **argv) {
    // 创建SDL线程,指定任务处理函数,并返回线程编号
    SDL_Thread *sdl_thread = SDL_CreateThread(thread_work, "thread_work", NULL);
    if (!sdl_thread) {
        av_log(NULL, AV_LOG_ERROR, "sdl create thread occur error\n");
        return -1;
```

```
    }
    int count = 0;
    while (++count < 100) {
        number = count;
        SDL_Delay(30);                          // 延迟若干时间,单位为毫秒
    }
    int finish_status;                          // 线程的结束标志
    SDL_WaitThread(sdl_thread, &finish_status); // 等待线程结束,结束标志在status字段返回
    av_log(NULL, AV_LOG_INFO, "sdl_thread finish_status=%d\n", finish_status);
    return 0;
}
```

接着执行下面的编译命令,主要增加链接SDL2库,并且指定SDL2的头文件路径。

```
gcc sdlnolock.c -o sdlnolock -I/usr/local/ffmpeg/include -L/usr/local/ffmpeg/lib
-I/usr/local/sdl2/include -L/usr/local/sdl2/lib -lsdl2 -lavutil -lm
```

编译完成后,执行以下命令,启动同时操作某变量的测试程序(此时不含锁机制)。

```
./sdlnolock
```

程序运行完毕,发现控制台输出以下日志信息:

```
Thread begin deal , the number is 1
Thread end deal, the number is 4
Thread begin deal , the number is 7
Thread end deal, the number is 10
Thread begin deal , the number is 14
Thread end deal, the number is 17
Thread begin deal , the number is 20
Thread end deal, the number is 23
Thread begin deal , the number is 27
Thread end deal, the number is 30
sdl_thread finish_status=1
```

根据上述运行日志分析,分线程在每次循环前后的number数值都变了,原因是主程序其间修改了number变量。可见缺乏锁机制的话,分线程在运行时会受到主程序的干扰。

为了避免多线程并发导致的资源冲突问题,各种编程语言都引入了锁机制,当然C语言的互斥锁用起来比较麻烦,因此SDL提供了专门的SDL_mutex结构,方便开发者进行互斥锁开发。与SDL_mutex有关的锁函数说明如下。

- SDL_CreateMutex:创建互斥锁。调用该函数会返回SDL_mutex结构指针。
- SDL_LockMutex:加锁,参数为SDL_mutex结构指针。如果指定的互斥锁已经被加锁(或者尚未解锁),调用该函数都会导致当前线程挂起,直至互斥锁被解开。
- SDL_UnlockMutex:解锁,参数为SDL_mutex结构指针。调用该函数之后,指定的互斥锁才能被加锁。
- SDL_DestroyMutex:销毁互斥锁,参数为SDL_mutex结构指针。

运用SDL互斥锁开发的时候,主要包括3个步骤:创建互斥锁、在可能引起资源冲突的地方加解锁、销毁互斥锁,下面分别介绍这3个步骤。

1. 创建互斥锁

调用SDL_CreateMutex函数即可创建互斥锁,该函数相当于分配互斥锁资源。互斥锁创建之后,才能开展加锁和解锁操作。

2. 在可能引起资源冲突的地方加解锁

无论是加锁还是解锁,都会带来系统资源的额外消耗,并且加锁期间的代码操作(位于SDL_LockMutex和SDL_UnlockMutex之间的代码)都被锁定,因此为了减小加解锁产生的负面影响,应当尽量在使用共享变量前才加锁,一旦共享变量使用结束就马上解锁。

3. 销毁互斥锁

调用SDL_DestroyMutex函数即可销毁互斥锁,该函数相当于释放互斥锁资源。互斥锁在销毁之后,不能开展加锁和解锁操作。

下面通过具体代码演示SDL的加解锁过程,主程序和分线程都在操作共享变量之前加锁,在操作共享变量之后解锁(完整代码见chapter10/sdlmutex.c)。

```c
SDL_mutex *sdl_lock = NULL;             // 声明一个互斥锁,防止线程间同时操作某个变量
int number;                              // 声明一个整型变量

// 分线程的任务处理
int thread_work(void *arg) {
    int count = 0;
    while (++count < 10) {
        SDL_LockMutex(sdl_lock);        // 对互斥锁加锁
        av_log(NULL, AV_LOG_INFO, "Thread begin deal, the number is %d\n", number);
        SDL_Delay(100);                 // 延迟若干时间,单位为毫秒
        av_log(NULL, AV_LOG_INFO, "Thread end deal, the number is %d\n", number);
        SDL_UnlockMutex(sdl_lock);      // 对互斥锁解锁
        SDL_Delay(100);                 // 延迟若干时间,单位为毫秒
    }
    return 1;                           // 返回线程的结束标志
}

int main(int argc, char **argv) {
    sdl_lock = SDL_CreateMutex();       // 创建互斥锁
    // 创建SDL线程,指定任务处理函数,并返回线程编号
    SDL_Thread *sdl_thread = SDL_CreateThread(thread_work, "thread_work", NULL);
    if (!sdl_thread) {
        av_log(NULL, AV_LOG_ERROR, "sdl create thread occur error\n");
        return -1;
    }
    int count = 0;
    while (++count < 100) {
        SDL_LockMutex(sdl_lock);        // 对互斥锁加锁
        number = count;
        SDL_Delay(30);                  // 延迟若干时间,单位为毫秒
        SDL_UnlockMutex(sdl_lock);      // 对互斥锁解锁
        SDL_Delay(30);                  // 延迟若干时间,单位为毫秒
```

```
        }
        int finish_status;                              // 线程的结束标志
        SDL_WaitThread(sdl_thread, &finish_status);     // 等待线程结束,结束标志在status字段返回
        av_log(NULL, AV_LOG_INFO, "sdl_thread finish_status=%d\n", finish_status);
        SDL_DestroyMutex(sdl_lock);                     // 销毁互斥锁
        return 0;
}
```

接着执行下面的编译命令,主要增加链接SDL2库,并且指定SDL2的头文件路径。

```
gcc sdlmutex.c -o sdlmutex -I/usr/local/ffmpeg/include -L/usr/local/ffmpeg/lib
-I/usr/local/sdl2/include -L/usr/local/sdl2/lib -lsdl2 -lavutil -lm
```

编译完成后,执行以下命令,启动包含锁机制的测试程序。

```
./sdlmutex
```

程序运行完毕,发现控制台输出以下日志信息:

```
Thread begin deal, the number is 1
Thread end deal, the number is 1
Thread begin deal, the number is 3
Thread end deal, the number is 3
Thread begin deal, the number is 5
Thread end deal, the number is 5
Thread begin deal, the number is 7
Thread end deal, the number is 7
Thread begin deal, the number is 9
Thread end deal, the number is 9
sdl_thread finish_status=1
```

根据上述运行日志分析,分线程在每次循环前后的number数值都没变,可见锁机制保障了分线程的运行不受主程序干扰。

10.3.3　SDL 的信号量

如果主程序只与一个分线程交互,那么简单的锁机制就够用了,只要有一方加了锁,另一方就得等待解锁。然而实际应用往往没有这么简单,有时候可能存在不止一个分线程,比如主程序和两个分线程,加起来一共三个线程需要通信。或者说,原来的主程序和一个分线程,有一方在修改数值,另一方在读取数值;现在的主程序和两个分线程,可能是主程序在修改数值,两个分线程在读取数值。如此一来,相当于原来是一主一从,而现在是一主二从,但是锁机制只能保证一一对应的加解锁,无法做到一对多的控制逻辑。

举个例子,主程序会修改某个整型变量的数值,而两个分线程在运行时会读取这个变量,那么在修改变量和读取变量的前后都要加解锁。也就是说,在修改变量和读取变量之前加锁,在修改变量和读取变量之后解锁。于是编写对主程序和分线程加解锁的SDL代码如下(完整代码见chapter10/sdlnocond.c):

```
SDL_mutex *sdl_lock = NULL;         // 声明一个互斥锁,防止线程间同时操作某个变量
int number;                         // 声明一个整型变量
```

```c
// 分线程的任务处理
int thread_work1(void *arg) {
    int count = 0;
    while (++count < 10) {
        SDL_LockMutex(sdl_lock);            // 对互斥锁加锁
        av_log(NULL, AV_LOG_INFO, "First thread begin deal, the number is %d\n", number);
        SDL_Delay(50);                      // 延迟若干时间,单位为毫秒
        av_log(NULL, AV_LOG_INFO, "First thread end deal, the number is %d\n", number);
        SDL_UnlockMutex(sdl_lock);          // 对互斥锁解锁
        SDL_Delay(50);                      // 延迟若干时间,单位为毫秒
    }
    return 1;                               // 返回线程的结束标志
}

// 分线程的任务处理
int thread_work2(void *arg) {
    int count = 0;
    while (++count < 10) {
        SDL_LockMutex(sdl_lock);            // 对互斥锁加锁
        av_log(NULL, AV_LOG_INFO, "Second thread begin deal, the number is %d\n", number);
        SDL_Delay(25);                      // 延迟若干时间,单位为毫秒
        av_log(NULL, AV_LOG_INFO, "Second thread end deal, the number is %d\n", number);
        SDL_UnlockMutex(sdl_lock);          // 对互斥锁解锁
        SDL_Delay(25);                      // 延迟若干时间,单位为毫秒
    }
    return 1;                               // 返回线程的结束标志
}

int main(int argc, char **argv) {
    sdl_lock = SDL_CreateMutex();           // 创建互斥锁
    // 创建SDL线程,指定任务处理函数,并返回线程编号
    SDL_Thread *sdl_thread1 = SDL_CreateThread(thread_work1, "thread_work1", NULL);
    if (!sdl_thread1) {
        av_log(NULL, AV_LOG_ERROR, "sdl create thread occur error\n");
        return -1;
    }
    SDL_Delay(10);                          // 延迟若干时间,单位为毫秒
    // 创建SDL线程,指定任务处理函数,并返回线程编号
    SDL_Thread *sdl_thread2 = SDL_CreateThread(thread_work2, "thread_work2", NULL);
    if (!sdl_thread2) {
        av_log(NULL, AV_LOG_ERROR, "sdl create thread occur error\n");
        return -1;
    }
    SDL_Delay(10);                          // 延迟若干时间,单位为毫秒
    int count = 0;
    while (++count < 50) {
        SDL_LockMutex(sdl_lock);            // 对互斥锁加锁
        number = count;
        SDL_Delay(10);                      // 延迟若干时间,单位为毫秒
        SDL_UnlockMutex(sdl_lock);          // 对互斥锁解锁
        SDL_Delay(10);                      // 延迟若干时间,单位为毫秒
```

```
        }
        int finish_status;                              // 线程的结束标志
        SDL_WaitThread(sdl_thread1, &finish_status); // 等待线程结束，结束标志在status字段返回
        av_log(NULL, AV_LOG_INFO, "sdl_thread1 finish_status=%d\n", finish_status);
        SDL_WaitThread(sdl_thread2, &finish_status); // 等待线程结束，结束标志在status字段返回
        av_log(NULL, AV_LOG_INFO, "sdl_thread2 finish_status=%d\n", finish_status);
        SDL_DestroyMutex(sdl_lock);                     // 销毁互斥锁
        return 0;
    }
```

接着执行下面的编译命令，主要增加链接SDL2库，并且指定SDL2的头文件路径。

```
gcc sdlnocond.c -o sdlnocond -I/usr/local/ffmpeg/include -L/usr/local/ffmpeg/lib -I/usr/local/sdl2/include -L/usr/local/sdl2/lib -lsdl2 -lavutil -lm
```

编译完成后，执行以下命令，启动携带两个分线程的测试程序（此时不带信号量）。

```
./sdlnocond
```

程序运行完毕，发现控制台输出以下日志信息：

```
First thread begin deal, the number is 0
First thread end deal, the number is 0
Second thread begin deal, the number is 0
Second thread end deal, the number is 0
First thread begin deal, the number is 2
First thread end deal, the number is 2
Second thread begin deal, the number is 2
Second thread end deal, the number is 2
First thread begin deal, the number is 4
First thread end deal, the number is 4
Second thread begin deal, the number is 4
Second thread end deal, the number is 4
First thread begin deal, the number is 6
First thread end deal, the number is 6
Second thread begin deal, the number is 6
Second thread end deal, the number is 6
sdl_thread1 finish_status=1
sdl_thread2 finish_status=1
```

根据上述运行日志分析，两个分线程每次循环读取变量，发现变量值都加了两次。这是因为在两个分线程睡眠期间（50ms和25ms），足够主程序完成两个循环了（每次循环睡眠10ms），如果分线程的睡眠时长更长，主程序会执行更多次的循环。

但是以上运行结果往往与实际业务产生偏差，更常见的逻辑是主程序每完成一项事务，就通知其中一个分线程进行相应的处理，比如程序设计中经常遇到的生产者与消费者逻辑。举个例子，生产者甲摆了一个烧饼摊，门庭若市，然后消费者乙跟消费者丙都等着买烧饼吃。消费者的食量很大，每人得吃好几个烧饼才能吃饱。为了不让乙、丙二人等太久饿肚子，他们约定按照排队顺序，每当甲烙好一个烧饼，队伍前面的乙就买下这个烧饼，吃完再排到队伍末尾；接着甲又烙好了一个烧饼，此时轮到丙买下烧饼，丙吃完烧饼后又排到队伍末尾。如此往复，形成乙→丙→乙→丙→丙→乙→丙→……这样的吃烧饼顺序。

把卖烧饼的生产消费逻辑用到前面的测试程序，却发现乙、丙两人吃得太慢，每吃完一个烧饼都够甲烙两个烧饼了。麻烦的是，甲烙完两个烧饼后，乙一看这有两个烧饼呀，于是不由分说买下两个烧饼；后面的丙排上来一看傻眼了，虽然其间甲烙了两个烧饼，但是丙实际上一个都没买到，只能画饼充饥了。之所以产生这种结果，是因为锁机制不能很好地胜任三个以上的资源调度。为了更准确地处理生产者与消费者的消耗逻辑，各大编程语言不约而同地引入了信号量机制，通过信号量来控制竞争资源的有序分配。

SDL提供的信号量结构名叫SDL_cond，它的字面含义是条件变量，其实等同于信号量。与SDL_cond有关的信号函数说明如下。

- SDL_CreateCond：创建信号量（条件变量）。调用该函数会返回SDL_cond结构指针。
- SDL_CondSignal：发出响应信号，参数为SDL_cond结构指针。调用该函数会重新启动持有指定信号量的队伍开头的一个线程。
- SDL_CondBroadcast：广播响应信号，参数为SDL_cond结构指针。调用该函数会重新启动持有指定信号量的队伍中的所有线程。
- SDL_CondWait：释放锁资源（也就是解锁），并等待响应信号。第一个参数为SDL_cond结构指针的信号量，第二个参数为SDL_mutex结构指针的互斥锁。调用该函数会挂起当前线程，同时释放锁；直到另一个线程发出响应信号并且解锁，当前线程才恢复运行并且再次加锁。注意，当前线程能否收到信号需要区分下列两种情况。
    - 如果当前线程在等待队伍的开头，那么无论另一个线程调用 SDL_CondSignal 函数还是调用 SDL_CondBroadcast 函数，当前线程都会收到信号。
    - 如果当前线程没在等待队伍的开头，那么只有另一个线程调用 SDL_CondBroadcast 函数，当前线程才会收到信号。
- SDL_DestroyCond：销毁信号量，参数为SDL_cond结构指针。

运用SDL信号量开发的时候，主要包括4个步骤：初始化互斥锁和信号量、创建并运行多个分线程、主程序操作公共变量、释放互斥锁和信号量。下面分别介绍这4个步骤。

1. 初始化互斥锁和信号量

初始化操作包括创建互斥锁和创建信号量，也就是依次调用SDL_CreateMutex函数和SDL_CreateCond函数。

2. 创建并运行多个分线程

调用SDL_CreateThread函数即可创建指定函数的分线程，关键在于分线程内部要先调用SDL_LockMutex函数进行加锁，接着开始读取公共变量的数值，再调用SDL_CondWait函数等待响应信号。因为SDL_CondWait函数本身会释放锁，一旦收到响应信号并退出等待之际，又会重新加锁。最后退出分线程之前，还要调用SDL_UnlockMutex函数进行解锁。下面是包含信号量处理的分线程定义代码。

```
// 分线程的任务处理
int thread_work1(void *arg) {
    int count = 0;
    SDL_LockMutex(sdl_lock);        // 对互斥锁加锁
```

```
        while (++count < 10) {
            av_log(NULL, AV_LOG_INFO, "First thread begin deal, the number is %d\n", number);
            SDL_Delay(100);                   // 延迟若干时间,单位为毫秒
            av_log(NULL, AV_LOG_INFO, "First thread end deal, the number is %d\n", number);
            // 释放锁资源(解锁),并等待响应信号。收到响应信号之后,会重新加锁
            SDL_CondWait(sdl_signal, sdl_lock);
        }
        SDL_UnlockMutex(sdl_lock);            // 对互斥锁解锁
        return 1;                             // 返回线程的结束标志
}
```

3. 主程序操作公共变量

上面第2个步骤分线程的处理顺序可以概括为: SDL_LockMutex → 读取公共变量 → SDL_CondWait → SDL_UnlockMutex, 与之对应的主程序处理顺序可以概括为: SDL_LockMutex → 修改公共变量 → SDL_CondSignal → SDL_UnlockMutex。二者之间的区别有下列两处。

(1) 主程序会修改变量数值, 而分线程会读取变量数值。

(2) 主程序调用SDL_CondSignal函数发出响应信号, 而分线程调用SDL_CondWait函数等待响应信号。

如果有多个分线程都在等待响应, 就按照调用SDL_CondWait的先后顺序排成一个等候队列。在主程序发出响应信号之后, 等候队列排名第一的分线程获得响应并退出队列。以此类推, 在主程序再次发出响应信号时, 等候队列新的第一名获得响应并退出队列。任何时刻, 若有新的分线程等待请求(调用了SDL_CondWait函数), 就自动加到队列末尾, 如此往复, 直至所有请求都处理完毕。信号量等候队列的交互流程如图10-23所示。

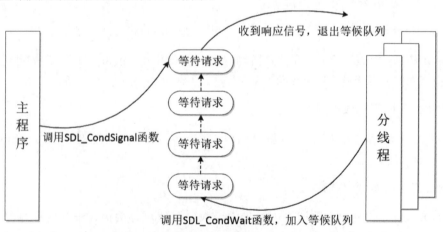

图10-23 信号量等候队列的交互流程图

4. 释放互斥锁和信号量

释放操作包括销毁互斥锁和销毁信号量, 也就是依次调用SDL_DestroyCond函数和SDL_DestroyMutex函数。

下面通过具体代码演示SDL的信号量处理过程, 由两个分线程等待响应信号, 由主程序发出响应信号(完整代码见chapter10/sdlsignal.c)。

```c
SDL_mutex *sdl_lock = NULL;          // 声明一个互斥锁，防止线程间同时操作某个变量
SDL_cond *sdl_signal = NULL;         // 声明一个信号量（条件变量）
int number;                          // 声明一个整型变量

// 分线程的任务处理
int thread_work1(void *arg) {
    int count = 0;
    SDL_LockMutex(sdl_lock);         // 对互斥锁加锁
    while (++count < 10) {
        av_log(NULL, AV_LOG_INFO, "First thread begin deal, the number is %d\n", number);
        SDL_Delay(100);              // 延迟若干时间，单位为毫秒
        av_log(NULL, AV_LOG_INFO, "First thread end deal, the number is %d\n", number);
        // 释放锁资源（解锁），并等待响应信号。收到响应信号之后，会重新加锁
        SDL_CondWait(sdl_signal, sdl_lock);
    }
    SDL_UnlockMutex(sdl_lock);       // 对互斥锁解锁
    return 1;                        // 返回线程的结束标志
}

// 分线程的任务处理
int thread_work2(void *arg) {
    int count = 0;
    SDL_LockMutex(sdl_lock);         // 对互斥锁加锁
    while (++count < 10) {
        av_log(NULL, AV_LOG_INFO, "Second thread begin deal, the number is %d\n", number);
        SDL_Delay(50);               // 延迟若干时间，单位为毫秒
        av_log(NULL, AV_LOG_INFO, "Second thread end deal, the number is %d\n", number);
        // 释放锁资源（解锁），并等待响应信号。收到响应信号之后，会重新加锁
        SDL_CondWait(sdl_signal, sdl_lock);
    }
    SDL_UnlockMutex(sdl_lock);       // 对互斥锁解锁
    return 1;                        // 返回线程的结束标志
}

int main(int argc, char **argv) {
    sdl_lock = SDL_CreateMutex();            // 创建互斥锁
    sdl_signal = SDL_CreateCond();           // 创建信号量（条件变量）
    // 创建SDL线程，指定任务处理函数，并返回线程编号
    SDL_Thread *sdl_thread1 = SDL_CreateThread(thread_work1, "thread_work1", NULL);
    if (!sdl_thread1) {
        av_log(NULL, AV_LOG_ERROR, "sdl create thread occur error\n");
        return -1;
    }
    SDL_Delay(10);                           // 延迟若干时间，单位为毫秒
    // 创建SDL线程，指定任务处理函数，并返回线程编号
    SDL_Thread *sdl_thread2 = SDL_CreateThread(thread_work2, "thread_work2", NULL);
    if (!sdl_thread2) {
        av_log(NULL, AV_LOG_ERROR, "sdl create thread occur error\n");
        return -1;
    }
    SDL_Delay(10);                           // 延迟若干时间，单位为毫秒
```

```c
    int count = 0;
    while (++count < 50) {
        SDL_LockMutex(sdl_lock);                 // 对互斥锁加锁
        number = count;
        SDL_Delay(10);                           // 延迟若干时间，单位为毫秒
        SDL_CondSignal(sdl_signal);              // 发出响应信号
        SDL_UnlockMutex(sdl_lock);               // 对互斥锁解锁
        SDL_Delay(10);                           // 延迟若干时间，单位为毫秒
    }
    int finish_status;                           // 线程的结束标志
    SDL_WaitThread(sdl_thread1, &finish_status); // 等待线程结束，结束标志在status字段返回
    av_log(NULL, AV_LOG_INFO, "sdl_thread1 finish_status=%d\n", finish_status);
    SDL_WaitThread(sdl_thread2, &finish_status); // 等待线程结束，结束标志在status字段返回
    av_log(NULL, AV_LOG_INFO, "sdl_thread2 finish_status=%d\n", finish_status);
    SDL_DestroyCond(sdl_signal);                 // 销毁信号量（条件变量）
    SDL_DestroyMutex(sdl_lock);                  // 销毁互斥锁
    return 0;
}
```

接着执行下面的编译命令，主要增加链接SDL2库，并且指定SDL2的头文件路径。

```
gcc sdlsignal.c -o sdlsignal -I/usr/local/ffmpeg/include -L/usr/local/ffmpeg/lib
-I/usr/local/sdl2/include -L/usr/local/sdl2/lib -lsdl2 -lavutil -lm
```

编译完成后，执行以下命令，启动采用信号量的测试程序。

```
./sdlsignal
```

程序运行完毕，发现控制台输出以下日志信息：

```
First thread begin deal, the number is 0
First thread end deal, the number is 0
Second thread begin deal, the number is 0
Second thread end deal, the number is 0
First thread begin deal, the number is 1
First thread end deal, the number is 1
Second thread begin deal, the number is 2
Second thread end deal, the number is 2
First thread begin deal, the number is 3
First thread end deal, the number is 3
Second thread begin deal, the number is 4
Second thread end deal, the number is 4
First thread begin deal, the number is 5
First thread end deal, the number is 5
Second thread begin deal, the number is 6
Second thread end deal, the number is 6
sdl_thread1 finish_status=1
sdl_thread2 finish_status=1
```

根据上述运行日志分析，两个分线程各自循环读取变量，发现变量值都只加了一次。这是因为主程序发出响应信号之后，有且仅有一个等待请求获得响应，并且收到响应后马上退出等候队列，由下一个等待请求接收下一次的响应信号。由此可见，信号量机制有效弥补了锁机制的缺陷，保障了线程之间的资源公平分配，杜绝了抢占、多占等不合理现象。

10.4 实战项目：同步播放音视频

本节介绍一个实战项目"同步播放音视频"的设计和实现。首先描述如何同步音频和视频的播放时钟，以及如何使用C++的队列结构来调度两个线程共用的视频帧队列；接着叙述如何自动缩放SDL的播放器窗口，以及如何使用C语言自定义先进先出的队列结构。

10.4.1 同步音视频的播放时钟

鉴于人们对音频和视频的感知原理，它们的渲染机制也有很大不同，由此对代码编程带来的影响各异。

播放视频的时候，在播放器界面上描绘一帧又一帧的视频画面，各帧画面都是静止的图像，只不过在一秒之内快速描绘了几十帧画面，才让人眼产生了连续播放的视觉效果。

播放音频的时候，需要把音频数据写入扬声器的播放缓冲区，写入操作会阻塞线程直至写入完毕。并且扬声器播放音频几乎没有停顿，以常见的采样频率44100Hz为例，每秒采样4万多次，比起视频常见的帧率25fps（每秒25帧）要多得多。如此一来，程序在播放音频时几乎没有等待，需要占据一个完整的播放线程；而在播放视频时总是频繁睡眠，以帧率25fps为例，每播放完一帧画面就得睡眠40ms（1000÷25=40）。

由此可见，如果一个线程既要播放音频又要播放视频，无疑是极其困难的，因为一边是不能间断的音频，一边是要频繁睡眠的视频，在单个线程内部同步播放音视频实在是力不从心。那么只能另开一个分线程，加上主程序就是两个线程，一个线程播放音频，另一个线程播放视频。然而两个线程各自播放音视频存在一个问题，就是如何同步音频流和视频流的播放时钟，避免音视频不同步造成的声音不对口型的尴尬情况。

关于如何同步音视频的播放时钟，主要有下列三种同步方式。

（1）音视频分别向系统时钟同步。因为系统时钟的运行比较恒定，时间精度也较高，不足之处在于音频和视频都得向系统时钟同步，比较费劲。

（2）音频时钟向视频时钟同步。因为每帧画面的间隔相对较长，由此产生的时间误差也相对较大，所以该方式需要频繁调整音频的播放速度，相当麻烦。

（3）视频时钟向音频时钟同步。鉴于扬声器的播音机制，音频播放近似于连续播放，可以当作一条比较稳定的时间线。此外，视频的帧率比起音频的采样率算是非常小了，让视频画面跟着音频时钟调整，总体的资源消耗相对较小。

根据上述几种同步方式的比较结果，可见采取视频时钟向音频时钟同步的第三种方式相对来说是比较可行的。因为该方式以音频为主、视频为辅，由视频向音频同步，所以简单起见可将音频处理放在主程序，将视频处理放在分线程。放在主程序的音频处理包括解码、重采样、渲染等操作，放在分线程的视频处理包括解码、时间戳同步、颜色空间转换（如果有的话）等操作。注意视频画面的渲染动作需要放在主程序中，因为分线程不允许直接操作屏幕界面。

涉及主程序和分线程之间的同步通信，需要对两个线程都操作的公共变量加解锁，从而避免双方竞相处理造成的资源冲突问题。需要加解锁的公共变量至少包含以下两个。

（1）视频包的队列变量。主程序遍历视频文件，把未解压的视频包存入该队列，再由分线程从队列中取出视频包，并进行后续的解码等一系列处理操作。

（2）等待SDL渲染的视频帧变量。分线程经过解码、时间戳同步、颜色空间转换等处理操作，最终获得可以送给主程序渲染的视频帧，由主程序通过SDL把该帧画面描绘到屏幕上。

结合视频包的自身处理，以及线程间的同步通信，可将分线程的视频处理过程分成如下4个步骤。

（1）轮询公共的视频包队列变量，如果队列为空，就睡眠一段时间后再轮询；如果队列非空，就进入下一步处理。注意在判断队列是否为空之前要加锁，如果队列为空，就先解锁再睡眠；如果队列非空，就先让队列头部出列（取出队列头部的视频包，并将该包从队列删除），再给队列解锁。

（2）对取出的视频包解码，并保存该包的播放时间戳作为当前的视频时钟。

（3）把解码后的视频帧复制一份到公共的视频帧变量，避免产生资源冲突。注意在复制之前要给公共的视频帧变量加锁，复制完毕再对公共的视频帧变量解锁。复制之后记得将视频帧的播放标志设为允许播放，这样主程序就知道该渲染新的视频画面了。

（4）把当前的视频时钟与最新的音频时钟相比较，如果视频时钟较小，就继续轮询视频包队列；如果视频时钟较大，表示视频包太早出来了，对应时间的音频都还没开始播放呢，此时要睡眠少许才能继续轮询视频包队列。

按照上述的步骤说明，编写处理视频的分线程代码如下（完整代码见chapter10/playsync.cpp）：

```cpp
// 下面两行是C++的头文件
#include <iostream>
#include <list>

AVFrame *video_frame = NULL;              // 声明一个视频帧
int play_video = 0;                       // 是否正在播放视频
int is_close = 0;                         // 是否关闭窗口
int has_audio = 0;                        // 是否拥有音频流
double audio_time = 0;                    // 音频时钟，当前音频包对应的时间值
double video_time = 0;                    // 视频时钟，当前视频包对应的时间值
SDL_mutex *list_lock = NULL;              // 声明一个队列锁，防止线程间同时操作包队列
SDL_mutex *frame_lock = NULL;             // 声明一个帧锁，防止线程间同时操作视频帧
SDL_Thread *sdl_thread = NULL;            // 声明一个SDL线程
std::list<AVPacket> packet_list;          // 存放视频包的队列

// 分线程的任务处理
int thread_work(void *arg) {
    while (1) {
        if (is_close) {                   // 关闭窗口了
            break;
        }
        SDL_LockMutex(list_lock);         // 对队列锁加锁
        if (packet_list.empty()) {
            SDL_UnlockMutex(list_lock);   // 对队列锁解锁
            SDL_Delay(5);                 // 延迟若干时间，单位为毫秒
            continue;
        }
```

```cpp
        AVPacket packet = packet_list.front();         // 取出头部的视频包
        packet_list.pop_front();                       // 队列头部出列
        SDL_UnlockMutex(list_lock);                    // 对队列锁解锁
        if (packet.dts != AV_NOPTS_VALUE) {            // 保存视频时钟
            video_time = av_q2d(src_video->time_base) * packet.dts;
        }
        AVFrame *frame = av_frame_alloc();             // 分配一个数据帧
        // 发送压缩数据到解码器
        int ret = avcodec_send_packet(video_decode_ctx, &packet);
        if (ret < 0) {
            av_log(NULL, AV_LOG_ERROR, "send packet occur error %d.\n", ret);
            continue;
        }
        while (1) {
            // 从解码器实例获取还原后的数据帧
            ret = avcodec_receive_frame(video_decode_ctx, frame);
            if (ret == AVERROR(EAGAIN) || ret == AVERROR_EOF) {
                break;
            } else if (ret < 0) {
                av_log(NULL, AV_LOG_ERROR, "decode frame occur error %d.\n", ret);
                break;
            }
            SDL_LockMutex(frame_lock);                 // 对帧锁加锁
            // 以下深度复制AVFrame（完整复制，不是简单引用）
            video_frame->format = frame->format;       // 像素格式（视频）或者采样格式（音频）
            video_frame->width = frame->width;         // 视频宽度
            video_frame->height = frame->height;       // 视频高度
            av_frame_get_buffer(video_frame, 32);      // 重新分配数据帧的缓冲区
            av_frame_copy(video_frame, frame);         // 复制数据帧的缓冲区数据
            av_frame_copy_props(video_frame, frame);   // 复制数据帧的元数据
            play_video = 1;                            // 可以播放视频了
            SDL_UnlockMutex(frame_lock);               // 对帧锁解锁
            if (has_audio) {                           // 存在音频流
                // 如果视频包太早被解码出来，就要等待同时刻的音频时钟
                while (video_time > audio_time) {
                    SDL_Delay(5);                      // 延迟若干时间，单位为毫秒
                }
            }
        }
        av_packet_unref(&packet);                      // 清除数据包
    }
    return 0;
}
```

上面的代码之所以采用C++编写，是因为C++的std库提供了队列结构std::list，通过该结构能够很方便地操作队列。而C语言并未提供类似队列的数据结构，需要开发者自己定义一套队列结构才行，所以本小节的代码先采取C++风格，在10.4.2节再阐述如何定义C语言的队列结构。

由于分线程用到了SDL_Thread，且加解锁用到了SDL_mutex，因此主程序要提前初始化这两个结构，初始化代码如下：

```
    list_lock = SDL_CreateMutex();                      // 创建互斥锁,用于调度队列
    frame_lock = SDL_CreateMutex();                     // 创建互斥锁,用于调度视频帧
    // 创建SDL线程,指定任务处理函数,并返回线程编号
    sdl_thread = SDL_CreateThread(thread_work, "thread_work", NULL);
    if (!sdl_thread) {
        av_log(NULL, AV_LOG_ERROR, "sdl create thread occur error\n");
        return -1;
    }
```

然后主程序遍历视频文件中的数据包,依据包类型进行相应处理,主要的处理事务说明如下。

(1) 如果数据包属于音频,就按照SDL播放音频的流程,正常对音频帧进行解码、重采样和渲染等操作,额外多出的代码是要保存最新的音频时钟。

(2) 如果数据包属于视频,就把该包加入公共的视频包队列。注意在加入队列之前要先给队列加锁,在加入队列之后再给队列解锁。

(3) 检查视频帧的播放标志,如果允许播放,就命令SDL渲染公共的视频帧画面。注意在渲染之前要先对公共的视频帧加锁,渲染之后再对公共的视频帧解锁。

根据以上事务说明,编写对视频文件遍历的主程序代码如下:

```
AVPacket *packet = av_packet_alloc();                   // 分配一个数据包
AVFrame *audio_frame = av_frame_alloc();                // 分配一个数据帧
video_frame = av_frame_alloc();                         // 分配一个数据帧
while (av_read_frame(in_fmt_ctx, packet) >= 0) {        // 轮询数据包
    if (packet->stream_index == audio_index) {          // 音频包需要解码
            // 把未解压的数据包发给解码器实例
            ret = avcodec_send_packet(audio_decode_ctx, packet);
            if (ret >= 0) {
                /* 此处省略对音频帧的解码、重采样和渲染操作 */
                has_audio = 1;                          // 找到了音频流
                if (packet->pts != AV_NOPTS_VALUE) {    // 保存音频时钟
                    audio_time = av_q2d(src_audio->time_base) * packet->pts;
                }
            } else {
                av_log(NULL, AV_LOG_ERROR, "send packet occur error %d.\n", ret);
            }
    } else if (packet->stream_index == video_index) {   // 视频包需要解码
        SDL_LockMutex(list_lock);                       // 对队列锁加锁
        packet_list.push_back(*packet);                 // 把视频包加入队列
        SDL_UnlockMutex(list_lock);                     // 对队列锁解锁
        if (!has_audio) {                               // 不存在音频流
            SDL_Delay(interval);                        // 延迟若干时间,单位为毫秒
        }
    }
    if (play_video) {                                   // 允许播放视频
        SDL_LockMutex(frame_lock);                      // 对帧锁加锁
        play_video = 0;
        // 刷新YUV纹理
        SDL_UpdateYUVTexture(texture, NULL,
            video_frame->data[0], video_frame->linesize[0],
            video_frame->data[1], video_frame->linesize[1],
```

```
                video_frame->data[2], video_frame->linesize[2]);
            //SDL_RenderClear(renderer);                           // 清空渲染器
            SDL_RenderCopy(renderer, texture, NULL, &rect);        // 将纹理复制到渲染器
            SDL_RenderPresent(renderer);                           // 渲染器开始渲染
            SDL_UnlockMutex(frame_lock);                           // 对帧锁解锁
            SDL_PollEvent(&event);                                 // 轮询SDL事件
            switch (event.type) {
                case SDL_QUIT:           // 如果命令关闭窗口（单击了窗口右上角的"关闭"按钮）
                    goto __QUIT;         // 这里用goto,不用break
                default:
                    break;
            }
        }
    }
}
```

接着执行下面的编译命令，主要增加链接SDL2库，并且指定SDL2的头文件路径。

```
g++ playsync.cpp -o playsync -I/usr/local/ffmpeg/include -L/usr/local/ffmpeg/lib
-I/usr/local/sdl2/include -L/usr/local/sdl2/lib -lsdl2 -lavformat -lavdevice -lavfilter
-lavcodec -lavutil -lswscale -lswresample -lpostproc -lm
```

编译完成后，执行以下命令启动测试程序，期望播放视频文件fuzhou.mp4（包括视频的画面和声音）。

```
./playsync ../fuzhou.mp4
```

程序启动之后，弹出视频播放窗口，如图10-24所示，并且随着画面跳动，声音也跟着飘扬，说明上述C++代码正确实现了同步播放音视频的功能。

图 10-24　同步播放音视频的 SDL 窗口

10.4.2　优化音视频的同步播放

10.4.1节虽然成功实现了同步播放音视频，但美中不足的是存在下列两个缺憾。

（1）未能缩放原视频画面，一旦视频源的画面尺寸超大，播放器窗口就会超出屏幕范围，不方便观看视频播放效果。

（2）引入了C++的队列结构std::list，造成只能使用G++编译，不能使用GCC编译（GCC未内置std库），不方便移植到C语言的程序框架。

尽管上面两个缺憾在功能上不是什么大问题，却影响软件程序的兼容性和可移植性，所以有

必要改造现有的代码，以便拓宽播放程序的应用场景。接下来就缩放播放器窗口和适配C语言这两个方面进行说明。

1. 缩放播放器窗口

缩放播放界面的尺寸，不仅要缩放视频帧的大小，还要缩放SDL窗口、渲染器和纹理的大小。具体而言，完整的缩放过程包含4个步骤：初始化图像转换器的实例、初始化与视频相关的SDL资源、执行图像转换器的转换操作、渲染缩放后的视频帧。下面分别介绍这4个步骤。

1）初始化图像转换器的实例

图像转换器实例的初始化描述详见4.2.3节，主要改动是调整了输出目标的宽度和高度，凡是用到目标宽高的函数调用与字段设置都要跟着改。修改之后的转换器实例初始化代码如下（完整代码见chapter10/playsync.c）：

```c
struct SwsContext *swsContext = NULL;            // 图像转换器的实例
AVFrame *sws_frame = NULL;                        // 临时转换的数据帧
enum AVPixelFormat target_format = AV_PIX_FMT_YUV420P;   // 目标的像素格式
int target_width = 0;                             // 目标画面的宽度
int target_height = 0;                            // 目标画面的高度

// 初始化图像转换器的实例
int init_sws_context(void) {
    target_width = 480;
    target_height = target_width*video_decode_ctx->height/video_decode_ctx->width;
    // 分配图像转换器的实例，并分别指定来源和目标的宽度、高度、像素格式
    swsContext = sws_getContext(
        video_decode_ctx->width, video_decode_ctx->height, AV_PIX_FMT_YUV420P,
        target_width, target_height, target_format,
        SWS_FAST_BILINEAR, NULL, NULL, NULL);
    if (swsContext == NULL) {
        av_log(NULL, AV_LOG_ERROR, "swsContext is null\n");
        return -1;
    }
    sws_frame = av_frame_alloc();                 // 分配一个RGB数据帧
    sws_frame->format = target_format;            // 像素格式
    sws_frame->width = target_width;              // 视频宽度
    sws_frame->height = target_height;            // 视频高度
    // 分配缓冲区空间，用于存放转换后的图像数据
    av_image_alloc(sws_frame->data, sws_frame->linesize,
        target_width, target_height, target_format, 1);
    return 0;
}
```

2）初始化与视频相关的SDL资源

因为待播放的视频画面尺寸发生变化，展示画面的播放器窗口也要跟着调整，所以在SDL_CreateWindow、SDL_CreateTexture函数调用时传入新的宽高，SDL_Rect类型的渲染区域宽高也要改过来。修改之后的SDL视频相关资源初始化代码如下：

```c
// 准备SDL视频相关资源
int prepare_video(void) {
```

```
    int fps = av_q2d(src_video->r_frame_rate);           // 帧率
    interval = round(1000 / fps);                        // 根据帧率计算每帧之间的播放间隔
    // 初始化SDL
    if (SDL_Init(SDL_INIT_VIDEO | SDL_INIT_AUDIO | SDL_INIT_TIMER)) {
        av_log(NULL, AV_LOG_ERROR, "can not initialize SDL\n");
        return -1;
    }
    // 创建SDL窗口
    window = SDL_CreateWindow("Video Player",
        SDL_WINDOWPOS_UNDEFINED, SDL_WINDOWPOS_UNDEFINED,
        target_width, target_height,
        SDL_WINDOW_OPENGL | SDL_WINDOW_RESIZABLE);
    if (!window) {
        av_log(NULL, AV_LOG_ERROR, "can not create window\n");
        return -1;
    }
    // 创建SDL渲染器
    renderer = SDL_CreateRenderer(window, -1, 0);
    if (!renderer) {
        av_log(NULL, AV_LOG_ERROR, "can not create renderer\n");
        return -1;
    }
    // 创建SDL纹理
    texture = SDL_CreateTexture(renderer, SDL_PIXELFORMAT_IYUV,
        SDL_TEXTUREACCESS_STREAMING, target_width, target_height);
    rect.x = 0;                                          // 左上角的横坐标
    rect.y = 0;                                          // 左上角的纵坐标
    rect.w = target_width;                               // 视频宽度
    rect.h = target_height;                              // 视频高度

    list_lock = SDL_CreateMutex();                       // 创建互斥锁，用于调度队列
    frame_lock = SDL_CreateMutex();                      // 创建互斥锁，用于调度视频帧
    // 创建SDL线程，指定任务处理函数，并返回线程编号
    sdl_thread = SDL_CreateThread(thread_work, "thread_work", NULL);
    if (!sdl_thread) {
        av_log(NULL, AV_LOG_ERROR, "sdl create thread occur error\n");
        return -1;
    }
    return 0;
}
```

3）执行图像转换器的转换操作

解码得到原始的视频帧之后，接着调用sws_scale函数进行图像转换操作。注意，转换之后要把新帧复制一份到公共的视频帧变量，下面是转换图像与复制数据帧的代码片段。

```
// 转换器开始处理图像数据，缩小图像尺寸
sws_scale(swsContext, (const uint8_t* const*) frame->data, frame->linesize,
    0, frame->height, sws_frame->data, sws_frame->linesize);
SDL_LockMutex(frame_lock);                               // 对帧锁加锁
// 以下深度复制AVFrame（完整复制，不是简单引用）
video_frame->format = sws_frame->format;                 // 像素格式（视频）或者采样格式（音频）
```

```
video_frame->width = sws_frame->width;           // 视频宽度
video_frame->height = sws_frame->height;         // 视频高度
av_frame_get_buffer(video_frame, 32);            // 重新分配数据帧的缓冲区（用于存储视频或音频）
av_frame_copy(video_frame, sws_frame);           // 复制数据帧的缓冲区数据
av_frame_copy_props(video_frame, sws_frame);     // 复制数据帧的元数据
play_video = 1;                                  // 可以播放视频了
SDL_UnlockMutex(frame_lock);                     // 对帧锁解锁
```

4）渲染缩放后的视频帧

由于渲染操作没有指定画面宽高，仅是把视频帧中的图像数据复制到渲染器，因此该步骤采用现有代码即可，无须另外改造。

2. 适配C语言

因为C语言不能识别C++的队列结构std::list，所以要自定义新的数据结构取代它。具体而言，完整的取代过程包含3个步骤：定义队列的数据结构、编写队列的操作函数、在实际业务中使用队列。下面分别介绍这3个步骤。

1）定义队列的数据结构

队列首先是个线性结构，由前一个元素携带后一个元素的地址，这样才能一个接一个组成队列。其次，队列能够迅速找到开头和末尾的元素，开头的元素需要出列（离开队列）接受下一步处理，末尾则是新来的元素需要入列（加入队列）。由此定义简单的队列结构如下，名叫PacketGroup的结构定义了单个元素，名叫PacketQueue的结构定义了整个队列。

```
typedef struct PacketGroup {
    AVPacket packet;                   // 当前的数据包
    struct PacketGroup *next;          // 下一个数据包组合
} PacketGroup;                         // 定义数据包组合结构

typedef struct PacketQueue {
    PacketGroup *first_pkt;            // 第一个数据包组合
    PacketGroup *last_pkt;             // 最后一个数据包组合
} PacketQueue;                         // 定义数据包队列结构
```

2）编写队列的操作函数

队列的基本操作有三个：入列（加入队列）、出列（离开队列）、判断队列是否为空，这些操作的处理逻辑说明如下。

（1）入列（加入队列）：往队列末尾添加新元素，此时既要让原来的最后一个元素指向新元素，又要修改队列的末尾指针指向新元素。

（2）出列（离开队列）：把队列的开头指针移到下一个元素，再返回原来的第一个元素即可。

（3）判断队列是否为空：检查队列开头是否存在元素，此时判断PacketQueue结构的first_pkt是否为空即可。

综合以上的三个操作说明，编写如下函数定义代码：

```
PacketQueue packet_list;               // 存放视频包的队列

// 数据包入列
```

```
void push_packet(AVPacket packet) {
    PacketGroup *this_pkt = (PacketGroup *) av_malloc(sizeof(PacketGroup));
    this_pkt->packet = packet;
    this_pkt->next = NULL;
    if (packet_list.first_pkt == NULL) {
        packet_list.first_pkt = this_pkt;
    }
    if (packet_list.last_pkt == NULL) {
        PacketGroup *last_pkt = (PacketGroup *) av_malloc(sizeof(PacketGroup));
        packet_list.last_pkt = last_pkt;
    }
    packet_list.last_pkt->next = this_pkt;
    packet_list.last_pkt = this_pkt;
    return;
}

// 数据包出列
AVPacket pop_packet() {
    PacketGroup *first_pkt = packet_list.first_pkt;
    packet_list.first_pkt = packet_list.first_pkt->next;
    return first_pkt->packet;
}

// 判断队列是否为空
int is_empty() {
    return packet_list.first_pkt==NULL ? 1 : 0;
}
```

3）在实际业务中使用队列

在同步播放音视频的案例中，主要是待处理的视频包用到了队列。先由主程序将遍历视频文件获取的视频包加入队列，再由处理视频包的分线程从头轮询队列，分别说明如下。

（1）主程序让视频包入列

把std::list的push_back方法改为自定义的push_packet函数，调用代码如下：

```
SDL_LockMutex(list_lock);               // 对队列锁加锁
push_packet(*packet);                   // 把视频包加入队列
SDL_UnlockMutex(list_lock);             // 对队列锁解锁
```

（2）分线程让视频包出列

把std::list的is_empty方法改为自定义的is_empty函数，把std::list的pop_front方法改为自定义的pop_packet函数，调用代码如下：

```
SDL_LockMutex(list_lock);               // 对队列锁加锁
if (is_empty()) {
    SDL_UnlockMutex(list_lock);         // 对队列锁解锁
    SDL_Delay(5);                       // 延迟若干时间，单位为毫秒
    continue;
}
AVPacket packet = pop_packet();         // 取出头部的视频包
SDL_UnlockMutex(list_lock);             // 对队列锁解锁
```

接着执行下面的编译命令,主要增加链接SDL2库,并且指定SDL2的头文件路径。

```
gcc playsync.c -o playsync -I/usr/local/ffmpeg/include -L/usr/local/ffmpeg/lib
-I/usr/local/sdl2/include -L/usr/local/sdl2/lib -lsdl2 -lavformat -lavdevice -lavfilter
-lavcodec -lavutil -lswscale -lswresample -lpostproc -lm
```

编译完成后,执行以下命令启动测试程序,期望播放视频文件fuzhou.mp4(包括视频的画面和声音)。

```
./playsync ../fuzhou.mp4
```

程序启动之后,弹出视频播放窗口,如图10-25所示,此时不仅声音与画面同步播放,而且播放器窗口也变小了,说明上述的C代码正确实现了同步播放音视频的功能。

图10-25 同步播放音视频且缩小后的SDL播放窗口

10.5 小　　结

本章主要介绍了学习FFmpeg编程必须知道的播放音视频的几种操作。首先介绍了给FFmpeg集成SDL,以及使用SDL单独播放视频和音频;接着介绍了流媒体服务器与推拉流的基本概念,以及使用FFmpeg向网络推流和从网络拉流;然后介绍了SDL对线程、互斥锁、信号量的用法,以及使用互斥锁和信号量处理线程间同步;最后设计了一个实战项目"同步播放音视频",在该项目的FFmpeg编程中,综合运用了本章介绍的音视频播放技术,包括集成SDL、线程间同步、自定义队列等。

通过本章的学习,读者应该能够掌握以下3种开发技能:

(1)学会使用FFmpeg结合SDL单独播放视频和单独播放音频。
(2)学会使用FFmpeg向网络推送视频流和从网络拉取视频流。
(3)学会使用SDL处理线程间的同步操作,以及实现音视频的同步播放。

第 11 章 FFmpeg 的桌面开发

本章介绍FFmpeg在桌面程序中的开发过程，主要包括：怎样搭建基于Windows系统的Qt开发环境，怎样在Qt工程中集成FFmpeg；怎样让Qt程序通过FFmpeg播放音频文件；怎样让Qt程序通过FFmpeg播放视频文件。最后结合本章所介绍的知识演示一个实战项目"桌面影音播放器"的设计与实现。

11.1 搭建 Qt 开发环境

本节介绍在Windows系统搭建Qt开发环境的过程，首先描述如何注册Qt账号，以及如何在Windows系统安装Qt；然后叙述如何创建一个基于C++的Qt项目，以及如何调试运行测试Qt程序；最后阐述如何把调试好的Qt项目打包成完整的可执行文件，以便分发给其他人使用。

11.1.1 安装桌面开发工具 Qt

Qt是一个跨平台的C++图形界面开发工具，基于Qt开发的桌面程序可以很方便地与用户交互。并且Qt具有跨平台特性，同时兼容Windows和Linux，因此越来越多的人采用Qt而非微软的VS来开发C++桌面程序。

FFmpeg在Windows环境通过MinGW编译生成的DLL文件，能够直接导入Qt的C++工程，从而支持Qt程序调用FFmpeg函数。下面介绍如何在Windows系统安装Qt开发环境。

首先到Qt的官方网站注册一个账号，Qt官方网站的注册页面是https://login.qt.io/register，打开之后的注册页面如图11-1所示。

图 11-1　Qt 官方网站的注册页面

在Email编辑框输入自己的电子邮箱，这个邮箱同时作为新注册的Qt账号。Password编辑框和Verify password编辑框都输入待设定的Qt密码，Enter characters编辑框输入图形校验码，注意区分字母大小写。勾选I accept the service terms复选框，表示接受服务条款，再单击下方的Create Qt Account按钮。验证通过的话，你的邮箱会收到Qt发来的激活邮件，单击邮件中的激活链接即可激活新注册的Qt账号。如果邮箱迟迟未收到激活邮件，此时可以换个邮箱（比如QQ邮箱），一般就能收到激活邮件。

因为Qt服务器在国外访问不便，所以Qt提供了一些镜像网站，方便各国开发者就近下载。镜像网站的列表页面是https://download.qt.io/static/mirrorlist/，比如国内的清华大学Qt镜像位于https://mirrors.tuna.tsinghua.edu.cn/qt/，在这里可以下载各种版本的Qt安装包。

从Qt 5.15开始，安装方式改为在线安装，不再提供离线安装包。在线安装包的下载链接是https://mirrors.tuna.tsinghua.edu.cn/qt/official_releases/online_installers/qt-unified-windows-x64-online.exe，注意该链接地址较长，把完整地址逐字输入极易出错，此时可以先访问清华大学的Qt镜像https://mirrors.tuna.tsinghua.edu.cn/qt/，然后在镜像页按照地址目录逐级找到对应的EXE文件。

Qt的在线安装包下载完毕，依次选择开始菜单→Windows系统→命令提示符，打开Windows的命令行窗口。假设在线安装包放在E盘的根目录，比如E:\qt-unified-windows-x64-online.exe，就在命令行输入以下的Qt安装命令：

```
E:\qt-unified-windows-x64-online.exe --mirror http://mirrors.tuna.tsinghua.edu.cn/qt
```

之所以在命令行启动Qt的安装程序，而非直接双击EXE文件，是因为命令行可以指定安装时候的镜像地址，这样安装资源会从镜像网站下载，避免连不上Qt官方网站造成安装失败。

安装程序启动后，弹出"欢迎使用Qt在线安装程序"窗口，如图11-2所示。在"欢迎使用Qt在线安装程序"窗口填写之前注册的电子邮箱（Qt账号）及其Qt密码，单击右下角的"下一步"按钮，跳转到"Qt开源使用义务"窗口，如图11-3所示。

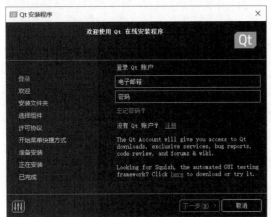

图 11-2 "欢迎使用 Qt 在线安装程序"窗口

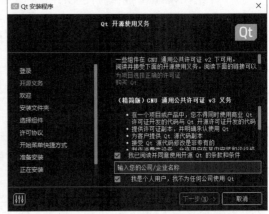

图 11-3 "Qt 开源使用义务"窗口

勾选"Qt开源使用义务"窗口下方的两个复选框，其中一个表示阅读并同意Qt条款，另一个表示为个人用户而非公司用户，单击右下角的"下一步"按钮，跳转到"欢迎"窗口，如图11-4所示。单击"欢迎"窗口右下角的"下一步"按钮，跳到开发贡献窗口，如图11-5所示。

开发贡献窗口有两个选项：Help选项和Disable选项，它们的区别在于是否会把用户数据发给Qt，任选一项后单击右下角的"下一步"按钮，跳转到"安装文件夹"窗口，如图11-6所示。

在"安装文件夹"窗口填写Qt的安装目录，比如E:\Qt，单击右下角的"下一步"按钮，跳转到"选择组件"窗口，如图11-7所示。在该窗口选择Qt→Qt 6.5.2，在展开的列表中勾选MSVC 2019 64-bit和MinGW 11.2.0 64-bit两个复选框，表示需要安装这两个编译组件。

图 11-4 "欢迎"窗口

图 11-5 开发贡献窗口

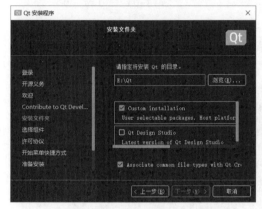
图 11-6 "安装文件夹"窗口

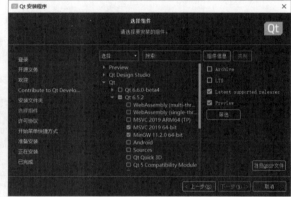
图 11-7 "选择组件"窗口

在"选择组件"窗口继续选择Qt→Qt 6.5.2→Additional Libraries，在展开的列表中勾选Qt Multimedia复选框，如图11-8所示，表示需要安装多媒体组件。

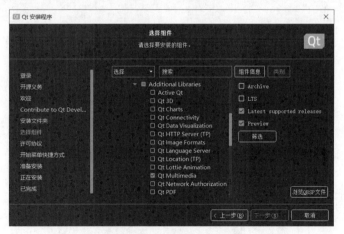
图 11-8 "选择组件"窗口

单击右下角的"下一步"按钮，跳转到"许可协议"窗口，如图11-9所示。勾选协议文字下方的复选框，表示阅读并同意许可协议，单击右下角的"下一步"按钮，跳转到"开始菜单快捷方式"窗口，如图11-10所示。

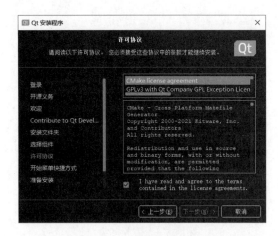
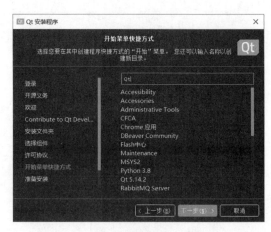

图 11-9 "许可协议"窗口　　　　　图 11-10 "开始菜单快捷方式"窗口

单击"开始菜单快捷方式"窗口右下角的"下一步"按钮,跳转到"准备安装"窗口,如图 11-11 所示。单击"准备安装"窗口右下角的"安装"按钮,跳转到"正在安装Qt"窗口,如图11-12 所示。

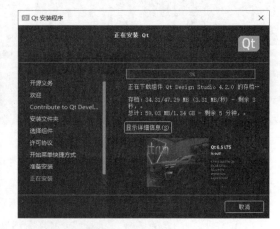

图 11-11 "准备安装"窗口　　　　　图 11-12 "正在安装 Qt"窗口

等待安装完毕,跳转到"正在完成Qt向导"窗口,如图11-13所示。

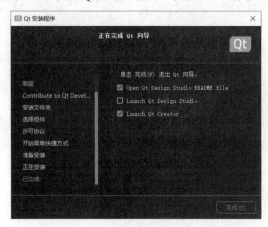

图 11-13 "正在完成 Qt 向导"窗口

单击"正在完成Qt向导"窗口右下角的"完成"按钮，结束安装操作，同时启动Qt Creator的欢迎界面，如图11-14所示，说明成功在计算机上安装了Qt开发环境。

图 11-14 Qt Creator 的欢迎界面

11.1.2　创建一个基于 C++的 Qt 项目

在11.1.1节中我们在自己的计算机上搭建了Qt开发环境，接下来准备创建一个基于C++的Qt项目，熟悉一下Qt项目的创建与调试流程。

在Qt的欢迎界面单击左上方的"创建项目"按钮，或者依次选择顶部菜单"文件"→New Project，弹出如图11-15所示的创建项目窗口。

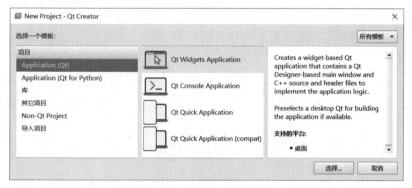

图 11-15 Qt 的创建项目窗口

在创建项目窗口的左边一栏选择Application(Qt)选项，在中间一栏选择Qt Widgets Application选项，单击窗口右下角的"选择"按钮，打开项目位置窗口，如图11-16所示。在项目位置窗口下方填写项目名称（比如hello），并填写项目的保存路径，单击右下角的"下一步"按钮，跳转到构建系统窗口，如图11-17所示。

构建系统窗口保持默认的构建选项CMake，单击右下角的"下一步"按钮，跳转到信息详情窗口，如图11-18所示。信息详情窗口的编辑框保持默认的类名和文件名，单击右下角的"下一步"按钮，跳转到翻译窗口，如图11-19所示。

图 11-16　Qt 的项目位置窗口

图 11-17　Qt 的构建系统窗口

图 11-18　Qt 的信息详情窗口

图 11-19　Qt 的翻译窗口

翻译窗口保持默认的选项，单击右下角的"下一步"按钮，跳转到构建套件窗口，如图11-20所示。

在构建套件窗口的下拉列表中，找到并勾选Desktop Qt 6.5.2 MinGW 64-bit复选框，表示将采用MinGW编译Qt的桌面程序，单击右下角的"下一步"按钮，跳转到汇总窗口，如图11-21所示。

图 11-20　Qt 的构建套件窗口

图 11-21　Qt 的汇总窗口

确认各项无误后，单击汇总窗口右下角的"完成"按钮，Qt就创建了一个名为hello的C++项目，该项目的目录结构如图11-22所示。

可见hello项目有个编译文件CMakeLists.txt，还有头文件（Header Files）和源码文件（Source Files）。源码文件包括main.cpp和mainwindow.cpp，其中main.cpp是程序入口，内部引用了MainWindow类，这个MainWindow类在mainwindow.cpp中定义。

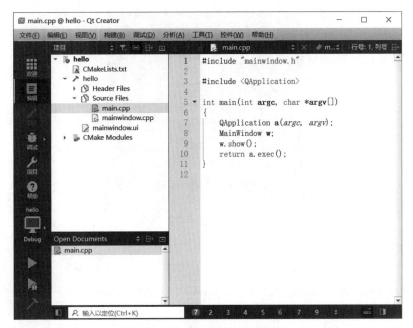

图 11-22　Qt 项目的目录结构

单击Qt界面左下角从下往上数第三个三角形图标，或者依次选择顶部菜单"构建"→"运行"，Qt就开始编译并运行测试程序，弹出的测试程序窗口如图11-23所示，说明该项目成功编译且正常运行。

不过初始的测试程序只有一个空白窗口，主界面内部什么都没有，现在给它添加几个文字Hello World。双击打开mainwindow.cpp，往MainWindow的构造方法添加以下两行代码（完整代码见chapter11/hello/mainwindow.cpp）：

```
QLabel *label = new QLabel(this->centralWidget());    // 创建标签控件
label->setText("Hello World");                         // 设置标签文本
```

保存代码后重新运行测试程序，此时弹出的测试窗口如图11-24所示，说明成功向窗口界面添加了文字Hello World。

图 11-23　Qt 的测试程序窗口　　　　　图 11-24　hello 程序的窗口界面

11.1.3　把 Qt 项目打包成可执行文件

使用Qt调试好了C++工程，还能把它导出为可执行程序，方便其他人在自己的计算机上运行该程序。详细的导出过程说明如下。

单击Qt界面左下角的显示器图标，把Debug模式改为Release模式，如图11-25所示。

图 11-25　Qt 工程更改发布模式

单击左侧靠上的"项目"图标，在右侧弹出的"构建设置"页面中填写或选择构建目录，如图11-26所示。这个构建目录即为可执行程序的存放目录，比如Release模式默认的构建目录位于E:\QtProjects\non\build-hello-Desktop_Qt_6_5_2_MinGW_64_bit-Release，后续可执行程序hello.exe就在该目录下生成。

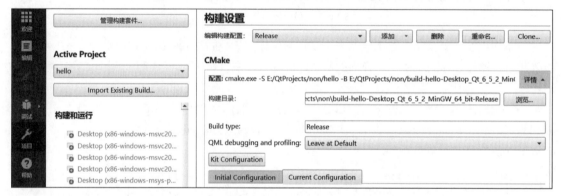

图 11-26　Qt 工程的构建设置页面

接着依次选择顶部菜单"构建"→"构建项目hello"，等待构建操作完成后，在前一步输入的构建目录（比如E:\QtProjects\non\build-hello-Desktop_Qt_6_5_2_MinGW_64_bit-Release）可以找到生成的EXE文件，这个EXE文件格式为"项目名称.exe"（比如hello.exe）。

把这个EXE文件复制到一个新目录，比如E:\QtProjects\demo。再依次选择Windows的开始菜单→Qt→Qt 6.5.2（MinGW 11.2.0 64-bit），打开Qt的命令行窗口。输入以下命令进入EXE文件复制到的新目录：

```
cd E:\QtProjects\demo
```

然后输入以下命令开始打包EXE文件：

```
windeployqt hello.exe
```

等待打包命令执行完毕，发现demo目录下多了几个子目录和若干DLL文件，这些都是EXE文件必需的运行环境及其依赖库。在demo目录下双击hello.exe即可启动测试程序，程序界面如图11-27所示。

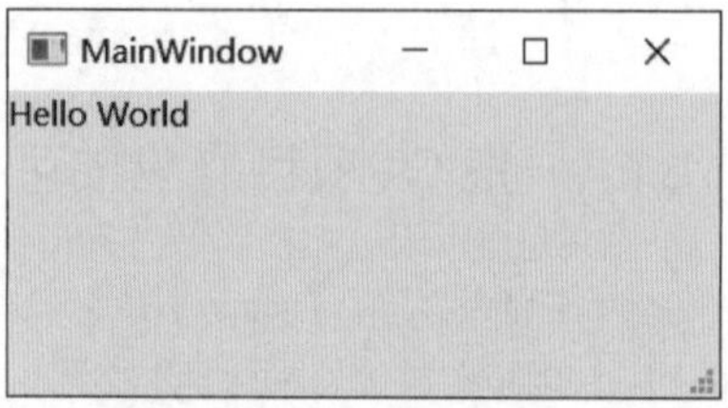

图 11-27　打包后运行 hello 程序

若想把测试程序发给其他人，则需将包括DLL文件在内的整个demo目录打包，然后把压缩包传过去。对方收到之后解压到自己的计算机，无须另外安装Qt或者其他开发包，只要双击demo目录下的hello.exe就能正常运行程序。

注意，如果测试程序没用到第三方库，那么按照上述打包步骤就可以了。如果测试程序用到了第三方库，比如播放器程序调用了FFmpeg，就要把FFmpeg的8个DLL文件以及FFmpeg集成的其他第三方DLL文件都复制到上述的demo目录。就本书而言，把在8.1节中编译完成位于/usr/local/ffmpeg/bin目录下的所有DLL文件都复制过来即可。

另外，msys64的/mingw64/bin目录有几个DLL文件也要复制到demo目录下，包括libiconv-2.dll、liblzma-5.dll、zlib1.dll、libbz2-1.dll等，因为Windows环境的FFmpeg依赖这几个动态库，而Windows系统并未内置这几个DLL文件，所以要把它们与可执行程序放在一起。

11.2 桌面程序播放音频

本节介绍Qt程序通过FFmpeg播放音频文件的操作过程，首先描述如何在Windows环境给Qt工程集成FFmpeg，并运行第一个FFmpeg桌面程序；然后叙述如何通过FFmpeg结合SDL与mp3lame让Qt程序播放音频；最后阐述如何在Qt工程中启用多媒体组件，以及如何通过QAudioSink结合FFmpeg播放音频。

11.2.1 给 Qt 工程集成 FFmpeg

成功运行Qt程序只是桌面开发的第一步，接下来还得给Qt工程集成FFmpeg库，才能让Qt程序调用FFmpeg提供的各类函数。具体的集成过程包括3个步骤：把FFmpeg库迁移到Qt工程、往Qt工程添加FFmpeg的编译配置、在Qt程序的C++代码中调用FFmpeg函数。下面分别介绍这3个步骤。

1. 把FFmpeg库迁移到Qt工程

先按照11.1.2节的描述创建一个名为simple的Qt工程，再把编译好的FFmpeg库迁移过来。以Windows系统为例，在第8章的8.1节中，借助MinGW64编译了Windows环境的FFmpeg库，放在msys64的/usr/local/ffmpeg目录。把整个ffmpeg目录复制到Qt工程的平级目录，比如Qt工程的路径为E:\QtProjects\non\simple，那么复制过去的ffmpeg路径为E:\QtProjects\non\ffmpeg。注意，要复制完整的ffmpeg目录，下面包含bin、include、lib等子目录，并且bin目录下的所有DLL文件都要复制过去，而不限于FFmpeg自身的8个DLL文件。

另外，msys64的/mingw64/bin目录有几个DLL文件也要复制到FFmpeg的bin目录下，包括libiconv-2.dll、liblzma-5.dll、zlib1.dll、libbz2-1.dll等，因为Windows环境的FFmpeg依赖这几个动态库，而Windows系统并未内置这几个DLL文件，所以要把它们弄到Qt工程中。

2. 往Qt工程添加FFmpeg的编译配置

打开simple工程的CMakeLists.txt，在qt_add_executable前面增加以下三行编译配置，分别指定FFmpeg的头文件目录和库文件目录（完整代码见chapter11/simple/CMakeLists.txt）。

```
# link_directories要放在add_executable之前
include_directories(../ffmpeg/include)          # 添加头文件所在的目录
link_directories(../ffmpeg/lib)                 # 指定lib文件的链接目录
```

接着下拉CMakeLists.txt,把下面的配置:

```
target_link_libraries(hello PRIVATE Qt${QT_VERSION_MAJOR}::Widgets)
```

改成以下配置,主要是让可执行程序链接FFmpeg的8个库文件。

```
# 设置名为ffmpeg-libs的库集合,指定它包括哪些so库文件
set(ffmpeg-libs avformat avcodec avfilter swresample swscale avutil)
# 指定要链接哪些库
target_link_libraries(simple PRIVATE Qt${QT_VERSION_MAJOR}::Widgets ${ffmpeg-libs})
```

上面针对CMakeLists.txt的两处修改在每次引入第三方库时都要操作。若想给Qt工程集成FFmpeg可选的SDL2、mp3lame、x264等第三方库,也需在CMakeLists.txt中补充相应的两处改动。

3. 在Qt程序的C++代码中调用FFmpeg函数

打开mainwindow.cpp,往MainWindow的构造方法添加以下代码,期望把FFmpeg的版本信息打印出来(完整代码见chapter11/simple/mainwindow.cpp)。

```cpp
char strBuffer[1024 * 4] = {0};
strcat(strBuffer, " libavcodec : ");
strcat(strBuffer, AV_STRINGIFY(LIBAVCODEC_VERSION));
strcat(strBuffer, "\n libavformat : ");
strcat(strBuffer, AV_STRINGIFY(LIBAVFORMAT_VERSION));
strcat(strBuffer, "\n libavutil : ");
strcat(strBuffer, AV_STRINGIFY(LIBAVUTIL_VERSION));
strcat(strBuffer, "\n libavfilter : ");
strcat(strBuffer, AV_STRINGIFY(LIBAVFILTER_VERSION));
strcat(strBuffer, "\n libswresample : ");
strcat(strBuffer, AV_STRINGIFY(LIBSWRESAMPLE_VERSION));
strcat(strBuffer, "\n libswscale : ");
strcat(strBuffer, AV_STRINGIFY(LIBSWSCALE_VERSION));
strcat(strBuffer, "\n avcodec_configure : \n");
strcat(strBuffer, avcodec_configuration());
strcat(strBuffer, "\n avcodec_license : ");
strcat(strBuffer, avcodec_license());
// 创建一个垂直布局
QVBoxLayout *vBox = new QVBoxLayout(this->centralWidget());
vBox->setAlignment(Qt::AlignTop);              // 设置布局的对齐方式
QLabel *label = new QLabel();                  // 创建标签控件
label->setWordWrap(true);                      // 允许文字换行
label->setText(strBuffer);                     // 设置标签文本
vBox->addWidget(label);                        // 给布局添加标签控件
```

保存代码后运行测试程序,此时弹出测试界面,如图11-28所示,说明Qt程序成功调用了FFmpeg库。

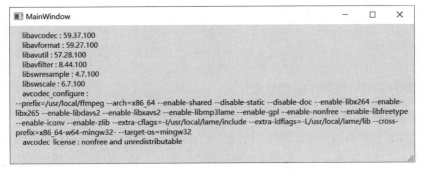

图 11-28　simple 程序的测试界面

11.2.2　Qt 工程使用 SDL 播放音频

在第10章的10.1.3节，介绍了如何在命令行播放音频文件，不过当时缺少窗口界面，难以添加暂停播放、恢复播放等控制功能，只能按Ctrl+C键强行结束程序。现在借助Qt桌面开发环境，能够弹出窗口界面与用户交互。当然，Qt主要提供桌面程序的各种布局控件，程序内部的音频解析和播放操作仍然依靠FFmpeg与SDL的组合，因此Qt工程需要集成FFmpeg库和SDL库。具体的集成过程包括3个步骤：把FFmpeg库迁移到Qt工程、往Qt工程添加FFmpeg的编译配置、在Qt程序的C++代码中播放音频。下面分别介绍这3个步骤。

1. 把FFmpeg库迁移到Qt工程

先按照11.1.2节的描述创建一个名为audio的Qt工程，再把编译好的FFmpeg库迁移过来。待迁移的FFmpeg库除由FFmpeg源码编译出来的，还包括第三方的SDL2和mp3lame两个库，其中SDL2库用于播放音频，mp3lame库用于MP3格式的编解码。以Windows系统为例，FFmpeg库与mp3lame库的编译过程参见8.1节，SDL2库的编译过程参见10.1.1节，编译出来的ffmpeg、sdl2、mp3lame这三个目录都要完整复制到audio工程的平级目录。

另外，msys64的/mingw64/bin目录有几个DLL文件也要复制到FFmpeg的bin目录下，包括libiconv-2.dll、liblzma-5.dll、zlib1.dll、libbz2-1.dll等，因为Windows环境的FFmpeg依赖这几个动态库，而Windows系统并未内置这几个DLL文件，所以要把它们加到Qt工程中。

2. 往Qt工程添加FFmpeg的编译配置

打开audio工程的CMakeLists.txt，在qt_add_executable前面增加以下几行编译配置，分别指定ffmpeg、sdl2、mp3lame的头文件目录和库文件目录（完整代码见chapter11/audio/CMakeLists.txt）。

```
# link_directories要放在add_executable之前
# 添加头文件所在的目录
include_directories(../ffmpeg/include ../sdl2/include ../lame/include)
# 指定lib文件的链接目录
link_directories(../ffmpeg/lib ../sdl2/lib ../lame/lib)
```

接着下拉CMakeLists.txt，把下面的配置：

```
target_link_libraries(hello PRIVATE Qt${QT_VERSION_MAJOR}::Widgets)
```

改成以下配置，主要是让可执行程序链接FFmpeg的8个库文件，以及SDL2和mp3lame的库文件。

```
# 设置名为ffmpeg-libs的库集合，指定它包括哪些SO库文件
set(ffmpeg-libs avformat avcodec avfilter swresample swscale avutil sdl2 mp3lame)
# 指定要链接哪些库
target_link_libraries(audio PRIVATE Qt${QT_VERSION_MAJOR}::Widgets ${ffmpeg-libs})
```

3. 在Qt程序的C++代码中播放音频

因为音频文件的选择和播放动作由程序窗口的界面控件触发，所以Qt代码分为与界面相关的控件交互代码，以及与界面无关的纯C++代码。详细的播放代码实现过程包含下列4个步骤：新建SDL播放器的头文件和实现文件、编写SDL播放器的头文件、编写SDL播放器的实现文件、在主窗口代码中添加控制按钮，依次说明如下。

1) 新建 SDL 播放器的头文件和实现文件

依次选择Qt顶部菜单"文件"→"新建文件"，弹出如图11-29所示的"新建文件"窗口。

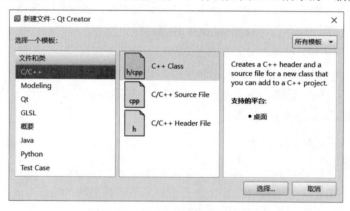

图 11-29　Qt 的"新建文件"窗口

在"新建文件"窗口左边一栏选择C/C++，中间一栏选择C++ Class，表示要创建新的C++类，接着单击窗口右下角的"选择..."按钮，跳转到如图11-30所示的类定义窗口。在类定义窗口上方的Class name编辑框中填写类名（比如SdlPlayer），窗口下方的Header file编辑框会自动填入头文件的名称sdlplayer.h，同时Source file编辑框会自动填入实现文件的名称sdlplayer.cpp。单击窗口右下角的"下一步"按钮，跳转到如图11-31所示的项目管理窗口。

图 11-30　Qt 的类定义窗口

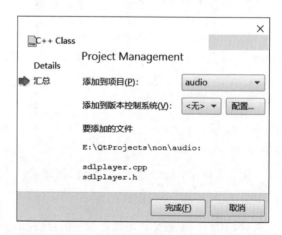

图 11-31　Qt 的项目管理窗口

单击项目管理窗口右下角的"完成"按钮，Qt便在工程目录下生成了SdlPlayer类对应的头文件sdlplayer.h，以及实现文件sdlplayer.cpp。

2）编写 SDL 播放器的头文件

打开sdlplayer.h，把SdlPlayer类的声明代码改成下面这样，主要是增加几个播放方法以及控制标记（完整代码见chapter11/audio/sdlplayer.h）。

```
class SdlPlayer {
public:
    SdlPlayer(const char *audio_path);
    ~SdlPlayer();

    void start();                    // 开始播放
    void stop();                     // 停止播放
    void pause();                    // 暂停播放
    void resume();                   // 恢复播放
private:
    const char *m_audio_path;        // 音频文件的路径
    bool is_stop = false;            // 是否停止播放
    bool is_pause = false;           // 是否暂停播放

    int playAudio();                 // 播放音频
    void static fill_audio(void *para, uint8_t *stream, int len);
};
```

3）编写 SDL 播放器的实现文件

打开sdlplayer.cpp，把10.1.3节用到的示例代码playaudio.c搬过来，主要把原来main函数中的代码挪到SdlPlayer类的playAudio方法中。除此之外，还有以下三处需要加以改造。

（1）更换日志打印方式

原本FFmpeg使用av_log函数打印日志，但在Qt环境需要换成Qt的日志接口。首先在sdlplayer.cpp文件开头补充下面一行包含语句：

```
#include <QDebug>
```

接着把不同日志级别的av_log函数分别改为对应的Qt日志方法，比如AV_LOG_INFO级别对应Qt的qInfo方法，AV_LOG_WARNING级别对应Qt的qWarning方法，AV_LOG_ERROR级别对应Qt的qCritical方法等。

（2）增加播放控制方法

基本的播放操作除最初的开始播放外，还包括停止播放、暂停播放、恢复播放等控制动作。这里通过两个标志位is_stop和is_pause加以标记，其中is_stop用于区分开始播放和停止播放，is_pause用于区分暂停播放和恢复播放。另外，为了防止程序界面挂死，需要开启分线程播放音频。这些播放控制方法的实现代码如下（完整代码见chapter11/audio/sdlplayer.cpp）：

```
// 构造方法
SdlPlayer::SdlPlayer(const char *audio_path) {
    m_audio_path = audio_path;
}
```

```
// 开始播放
void SdlPlayer::start() {
    is_stop = false;
    // 开启分线程播放音频。detach表示分离该线程
    std::thread([this](){
        int ret = playAudio();    // 播放音频
    }).detach();
}

// 停止播放
void SdlPlayer::stop() {
    is_stop = true;
}

// 暂停播放
void SdlPlayer::pause() {
    is_pause = true;
}

// 恢复播放
void SdlPlayer::resume() {
    is_pause = false;
}
```

(3) 遍历音频帧时检查播放标记

为了实现开始播放、停止播放、暂停播放、恢复播放等控制动作，需要在遍历音频帧时检查两个播放标记is_stop和is_pause。如果is_pause为真，就持续休眠，直到恢复播放才继续解码。如果is_stop为真，就跳出循环结束解码。对应的播放控制判断代码如下：

```
while (is_pause) {          // 如果暂停播放，就持续休眠，直到恢复播放才继续解码
    SDL_Delay(20);          // 休眠20毫秒
    if (is_stop) {          // 如果暂停期间停止播放，就结束暂停
        break;
    }
}
if (is_stop) {              // 如果停止播放，就跳出循环结束解码
    break;
}
```

4）在主窗口代码中添加控制按钮

打开mainwindow.cpp，往MainWindow的构造方法中添加三个按钮控件：打开音频文件、开始播放/停止播放、暂停播放/恢复播放。其中打开按钮用来选择待播放的音频文件，开始按钮依据标志位决定是开始播放还是停止播放，暂停按钮依据标志位决定是暂停播放还是恢复播放。往程序界面添加三个按钮控件的代码如下（完整代码见chapter11/audio/mainwindow.cpp）：

```
QPushButton *btn_choose = new QPushButton();          // 创建按钮控件
btn_choose->setText("打开音频文件");
vBox->addWidget(btn_choose);                          // 给布局添加按钮控件
// 注册按钮控件的单击事件。输入参数依次为按钮、事件类型、回调方法
```

```
connect(btn_choose, &QPushButton::clicked, [=]() {
    // 对话框的输入参数依次为上级窗口、对话框标题、默认目录、文件过滤器
    QString path = QFileDialog::getOpenFileName(this, "打开音频", "../file",
        "Audio files(*.mp3 *.aac *.m4a);;PCM files(*.pcm)");
    sprintf(m_audio_path, "%s", path.toStdString().c_str());
});
btn_sdl = new QPushButton();                    // 创建按钮控件
btn_sdl->setText("sdl开始播放");
vBox->addWidget(btn_sdl);                       // 给布局添加按钮控件
// 注册按钮控件的单击事件。输入参数依次为按钮、事件类型、回调方法
connect(btn_sdl, &QPushButton::clicked, [=]() {
    is_stop = !is_stop;
    btn_sdl->setText(is_stop?"sdl开始播放":"sdl停止播放");
    if (is_stop) {
        stopAudio();                            // 停止播放
    } else {
        playAudio(Play_SDL);                    // 开始播放
    }
});
btn_pause = new QPushButton();                  // 创建按钮控件
btn_pause->setText("暂停播放");
btn_pause->setEnabled(false);                   // 禁用按钮
vBox->addWidget(btn_pause);                     // 给布局添加按钮控件
// 注册按钮控件的单击事件。输入参数依次为按钮、事件类型、回调方法
connect(btn_pause, &QPushButton::clicked, [=]() {
    pauseAudio();  // 暂停播放/恢复播放
});
```

在上述按钮事件代码中，playAudio方法内部通过以下代码命令SdlPlayer开始播放。

```
sdl_player = new SdlPlayer(m_audio_path);
sdl_player->start();            // SDL开始播放
```

stopAudio方法内部通过以下代码命令SdlPlayer停止播放。

```
sdl_player->stop();             // SDL停止播放
```

注意pauseAudio方法内部通过以下代码命令SdlPlayer暂停播放和恢复播放。

```
is_pause = !is_pause;
if (is_pause) {
    sdl_player->pause();        // SDL暂停播放
} else {
    sdl_player->resume();       // SDL恢复播放
}
```

保存代码后运行测试程序，此时弹出窗口，如图11-32所示，单击窗口上方的"打开音频文件"按钮，选择待播放的音频文件，比如fuzhous.aac。接着单击"sdl开始播放"按钮，此时程序通过扬声器播放音频，并且下方的"暂停播放"按钮由灰色变为正常状态，如图11-33所示。单击"暂停播放"按钮即可暂停播放，再次单击"暂停播放"按钮即可恢复播放。

图 11-32　SDL 准备播放音频

图 11-33　SDL 正在播放音频

11.2.3　通过 QAudioSink 播放音频

Qt作为一套桌面开发环境，自身提供了若干可选组件，其中就包含多媒体组件Multimedia，它支持直接播放音视频。当然，若想正常使用多媒体组件，在安装Qt的时候就要注意勾选Qt Multimedia，详见11.1.1节。除此之外，还得修改Qt工程的CMakeLists.txt，补充多媒体组件的编译配置。具体的配置修改包含两处，第一处先找到CMakeLists.txt中的find_package语句，在其下方补充下面两行配置，表示增加寻找多媒体组件Multimedia。

```
# 寻找多媒体组件
find_package(Qt6 REQUIRED COMPONENTS Multimedia)
```

另一处要找到target_link_libraries语句，将其替换为下面两行配置，主要增加链接多媒体库Qt6::Multimedia。

```
# 指定要链接哪些库。Multimedia表示链接多媒体库
target_link_libraries(audio PRIVATE Qt${QT_VERSION_MAJOR}::Widgets Qt6::Multimedia ${ffmpeg-libs})
```

接着保存CMakeLists.txt，Qt便会自动给工程导入多媒体组件了。

从Qt 6开始，引入了QAudioSink工具播放音频。QAudioSink直译叫作音频槽，姑且把它当作水槽一样，连续播放的音频好比水槽中持续的流水。QAudioSink的常用方法说明如下。

- 构造方法：第一个参数为QAudioDevice类型的音频设备，第二个参数为QAudioFormat类型的音频格式。
- start：开始播放音频。如果存在输入参数，就播放输入的音频文件；如果不存在输入参数，就返回QIODevice类型的设备指针（其实就是扬声器），后续还要调用设备指针（扬声器）的write函数持续写入音频数据，从而实现持续播放音频的效果。
- stop：停止播放音频。
- reset：重置音频，并且清空缓冲区。
- suspend：暂停播放音频。
- resume：恢复播放音频。

因为常见的音频格式都是压缩过的，需要专门的音频解码器才能解析，所以没有解码器帮助的话，QAudioSink只能播放PCM格式的原始音频。在使用QAudioSink之前，除确保CMakeLists.txt已经导入多媒体组件外，还要在C++代码中添加以下包含语句：

```cpp
#include <QFile>
#include <QAudioSink>
#include <QMediaDevices>
#include <QAudioDecoder>
```

接着打开Qt工程的mainwindow.h，补充下面的变量与方法声明（完整代码见chapter11/audio/mainwindow.h）。

```cpp
    QFile file;                              // 音频文件
    QAudioSink *audio = NULL;                // 音频槽
    void playPcmFile();                      // 播放PCM文件
```

然后打开Qt工程的mainwindow.cpp，编写playPcmFile方法的实现代码如下（完整代码见chapter11/audio/mainwindow.cpp）：

```cpp
// 播放PCM文件
void MainWindow::playPcmFile() {
    QAudioFormat format;
    format.setSampleRate(44100);                             // 设置采样频率
    format.setChannelCount(2);                               // 设置声道数量
    format.setSampleFormat(QAudioFormat::Float);             // 设置采样格式
    QAudioDevice device(QMediaDevices::defaultAudioOutput());
    if (!device.isFormatSupported(format)) {                 // 不支持该格式
        qWarning() << "Raw audio format not supported, cannot play audio.";
        return;
    } else {
        qInfo() << "Raw audio format is supported.";
    }
    audio = new QAudioSink(device, format);                  // 创建一个音频槽
    file.setFileName(m_audio_path);                          // 设置文件路径
    file.open(QIODevice::ReadOnly);                          // 以只读方式打开文件
    audio->start(&file);                                     // 开始播放PCM文件
}
```

以上代码虽然通过QAudioSink正常播放PCM文件，但是日常见到的音频文件几乎都是压缩过的，因此还需引入FFmpeg结合QAudioSink才能播放其他格式的音频文件。给Qt工程引入FFmpeg的详细步骤参见11.2.2节，接下来只介绍与QAudioSink有关的代码改造，具体的改造过程包括以下三个步骤。

1. 编写sink播放器的头文件

先通过Qt菜单新建sink播放器的头文件和实现文件，再打开sinkplayer.h，把SinkPlayer类的声明代码改成下面这样，主要是增加几个播放方法，以及QAudioSink和QIODevice类型的指针变量（完整代码见chapter11/audio/sinkplayer.h）。

```cpp
class SinkPlayer : public QObject {
    Q_OBJECT
public:
    explicit SinkPlayer(QObject *parent = nullptr);
    ~SinkPlayer();
    void setFileName(const char *file_path);
```

```cpp
    void start();                        // 开始播放
    void stop();                         // 停止播放
    void pause();                        // 暂停播放
    void resume();                       // 恢复播放
private:
    const char *m_audio_path;            // 音频文件的路径
    bool is_stop = false;                // 是否停止播放
    bool is_pause = false;               // 是否暂停播放
    QAudioSink *sink = NULL;             // 音频槽
    QIODevice *io;                       // 输入输出设备
    int playAudio();                     // 播放音频
};
```

2. 编写sink播放器的实现文件

打开sinkplayer.cpp，把在10.1.3节中用到的示例代码playaudio.c搬过来，一边去掉SDL部分的相关代码，一边把原来main函数中的代码挪到SinkPlayer类的playAudio方法中。接着补充下面各方法的实现代码，如下所示（完整代码见chapter11/audio/sinkplayer.cpp）。

```cpp
// 构造方法
SinkPlayer::SinkPlayer(QObject *parent) : QObject{parent} {
    QAudioFormat format;
    format.setSampleRate(out_sample_rate);                      // 设置采样频率
    format.setChannelCount(out_ch_layout.nb_channels);          // 设置声道数量
    format.setSampleFormat(q_sample_fmt);                       // 设置采样格式
    QAudioDevice device(QMediaDevices::defaultAudioOutput());
    if (!device.isFormatSupported(format)) {                    // 不支持该格式
        qWarning() << "Raw audio format not supported by backend, cannot play audio->";
    } else {
        qInfo() << "Raw audio format is supported.";
    }
    sink = new QAudioSink(device, format);                      //创建音频输出设备
}

// 析构方法
SinkPlayer::~SinkPlayer() {
    sink->stop();                        // 停止播放
}

void SinkPlayer::setFileName(const char *file_path) {
    m_audio_path = file_path;
}

// 开始播放
void SinkPlayer::start() {
    is_stop = false;
    io = sink->start();                  // 开始播放
    // 开启分线程播放音频。detach表示分离该线程
    std::thread([this](){
        int ret = playAudio();           // 播放音频
    }).detach();
```

```cpp
}
// 停止播放
void SinkPlayer::stop() {
    is_stop = true;
    sink->stop();                                   // 停止播放
}

// 暂停播放
void SinkPlayer::pause() {
    is_pause = true;
    sink->suspend();                                // 暂停播放
}

// 恢复播放
void SinkPlayer::resume() {
    is_pause = false;
    sink->resume();                                 // 恢复播放
}
```

最关键的是，在文件遍历过程中解码出每帧音频，经过重采样得到新的音频数据，要调用QIODevice指针变量的write方法往扬声器写入音频数据，并且写入数据后休眠若干时间，这个休眠时长便是每帧音频的持续时间。据此编写重采样和写入音频的代码如下：

```cpp
// 重采样。也就是把输入的音频数据根据指定的采样规格转换为新的音频数据输出
swr_convert(swr_ctx,  // 音频采样器的实例
            // 输出的数据内容和数据大小
            &out_buff, MAX_AUDIO_FRAME_SIZE,
            // 输入的数据内容和数据大小
            (const uint8_t **) frame->data, frame->nb_samples);
// 往扬声器写入音频数据
io->write((const char*)(char*)out_buff, out_buffer_size);
int delay = 1000 * frame->nb_samples / out_sample_rate;
_sleep(delay);     // 休眠若干时间，单位为毫秒
```

3. 在主窗口代码中添加控制按钮

打开mainwindow.cpp，这里的按钮控件复用11.2.2节中提到的三个按钮：打开音频文件、开始播放/停止播放、暂停播放/恢复播放。另外，给上述按钮的事件代码补充Sink播放器的处理逻辑，其中playAudio方法内部通过以下代码命令SinkPlayer开始播放：

```cpp
sink_player = new SinkPlayer();
sink_player->setFileName(m_audio_path);
sink_player->start();                    // 开始sink方式播放
```

注意stopAudio方法内部通过以下代码命令SinkPlayer停止播放：

```cpp
sink_player->stop();                     // sink方式停止播放
```

pauseAudio方法内部通过以下代码命令SinkPlayer暂停播放和恢复播放：

```cpp
is_pause = !is_pause;
if (is_pause) {
```

```
      sink_player->pause();           // sink暂停播放
   } else {
      sink_player->resume();          // sink恢复播放
   }
```

保存代码后运行测试程序，此时弹出窗口界面，如图11-34所示，单击窗口上方的"打开音频文件"按钮，选择待播放的音频文件，比如fuzhous.aac。接着单击"sink开始播放"按钮，此时程序通过扬声器播放音频，并且下方的"暂停播放"按钮由灰色变为正常状态，如图11-35所示。单击"暂停播放"按钮即可暂停播放，再次单击"暂停播放"按钮即可恢复播放。

图 11-34　QAudioSink 准备播放音频

图 11-35　QAudioSink 正在播放音频

11.3　桌面程序播放视频

本节介绍Qt程序通过FFmpeg播放视频文件的操作过程，首先描述Qt程序如何使用QImage控件结合FFmpeg播放视频；然后叙述OpenGL的着色器概念，还有小程序用到的GLSL语法，以及使用OpenGL渲染图形的主要步骤；最后阐述如何利用着色器小程序转换图像格式，以及Qt程序如何通过OpenGL结合FFmpeg播放视频。

11.3.1　通过 QImage 播放视频

运动着的视频画面由一连串静止图像组成，在屏幕上连续展示这些静止图像，即可实现动态播放的视频效果。按照容纳图像的组件类型，Qt环境支持QImage和OpenGL两种方式播放视频。这两种方式结合FFmpeg播放视频的过程大同小异，除给Qt工程导入FFmpeg外，还需补充5处代码改造步骤：定义新的视频帧类、定义视频的回调接口、编写展示视频图像的组件、编写读取各帧图像的视频解码器、在窗口界面显示视频图像。下面分别介绍这5个步骤。

1. 定义新的视频帧类

因为FFmpeg自带的AVFrame结构只能在FFmpeg体系中使用，无法被Qt的组件所识别，所以需要自定义新的C++类：比如VideoFrame，用来存放图像数据以及图像的宽高。新定义的VideoFrame头文件内容如下（完整代码见chapter11/video/util/VideoFrame.h）。

```
#define VideoFramePtr std::shared_ptr<VideoFrame>

class VideoFrame {
public:
```

```cpp
    VideoFrame();
    ~VideoFrame();
    void initBuffer(const int width, const int height);      // 初始化图像缓存
    void setYUVbuf(const uint8_t *buf);                      // 设置YUV缓存数据
    void setRGBbuf(const uint8_t *buf);                      // 设置RGB缓存数据
    int width() {return mWidth;}                             // 返回图像宽度
    int height() {return mHeight;}                           // 返回图像高度
    uint8_t *yuvBuffer() {return mYuv420Buffer;}             // 返回YUV缓存数据
    uint8_t *rgbBuffer() {return mRgbBuffer;}                // 返回RGB缓存数据
protected:
    uint8_t *mYuv420Buffer = NULL;                           // YUV缓存数据的地址
    uint8_t *mRgbBuffer = NULL;                              // RGB缓存数据的地址
    int mWidth;                                              // 画面宽度
    int mHeight;                                             // 画面高度
};
```

VideoFrame之所以兼容YUV和RGB两种图像数据,是因为QImage方式只能显示RGB格式的图像,而OpenGL支持显示YUV格式的图像。VideoFrame类的实现文件如下(完整代码见chapter11/video/util/VideoFrame.cpp):

```cpp
#include "VideoFrame.h"
// 构造方法
VideoFrame::VideoFrame() {
    mYuv420Buffer = NULL;
    mRgbBuffer = NULL;
}

// 析构方法
VideoFrame::~VideoFrame() {
    if (mYuv420Buffer != NULL) {
        free(mYuv420Buffer);
        mYuv420Buffer = NULL;
    }
    if (mRgbBuffer != NULL) {
        free(mRgbBuffer);
        mRgbBuffer = NULL;
    }
}

// 初始化图像缓存
void VideoFrame::initBuffer(const int width, const int height) {
    if (mYuv420Buffer != NULL) {
        free(mYuv420Buffer);
        mYuv420Buffer = NULL;
    }
    if (mRgbBuffer != NULL) {
        free(mRgbBuffer);
        mRgbBuffer = NULL;
    }
    mWidth = width;
    mHeight = height;
```

```
    mYuv420Buffer = (uint8_t*)malloc(width * height * 3 / 2);
    mRgbBuffer = (uint8_t*)malloc(width * height * 3);
}
// 设置YUV缓存数据
void VideoFrame::setYUVbuf(const uint8_t *buf) {
    int Ysize = mWidth * mHeight;
    memcpy(mYuv420Buffer, buf, Ysize * 3 / 2);
}
// 设置RGB缓存数据
void VideoFrame::setRGBbuf(const uint8_t *buf) {
    memcpy(mRgbBuffer, buf, mWidth * mHeight * 3);
}
```

2. 定义视频的回调接口

由于只有主线程才能操作窗口界面，而视频解码操作放在分线程中，因此需要定义一个回调接口，分线程通过回调接口告知主线程刷新界面。回调接口的头文件内容如下（完整代码见chapter11/video/util/videocallback.h）：

```
class VideoCallBack {
public:
    ~VideoCallBack();
    // 播放视频，此函数不宜做耗时操作，否则会影响播放的流畅性
    virtual void onDisplayVideo(VideoFramePtr videoFrame) = 0;
};
```

因为回调接口仅仅声明了回调操作的虚函数，接口自身实际无须实现该函数，而是交给继承该接口的子类来实现，所以回调接口的实现文件很简单，只要定义析构函数即可，定义代码如下（完整代码见chapter11/video/util/videocallback.cpp）：

```
VideoCallBack::~VideoCallBack() {}
```

3. 编写展示视频图像的组件

采用QImage方式展示视频图像的话，需要自定义一个从QWidget派生出来的视图组件（比如VideoView），并且提供一个公开方法（比如onFrameDecoded），用来传入视频帧的图像数据。VideoView类的头文件代码如下（完整代码见chapter11/video/videoview.h）：

```
class VideoView : public QWidget {
    Q_OBJECT
public:
    explicit VideoView(QWidget *parent = NULL);
    ~VideoView();
public slots:
    // 视频帧已被解码，准备展示到界面上
    void onFrameDecoded(VideoFramePtr videoFrame);
private:
    QImage *_image = NULL;              // 图像控件
    QRect _rect;                        // 矩形框
```

```cpp
    VideoFramePtr mVideoFrame;              // 视频帧的指针
    void paintEvent(QPaintEvent *event) override;
    void freeImage();                        // 释放图像资源
};
```

在VideoView类的实现代码中，先编写onFrameDecoded方法，将视频图像的RGB数据写入QImage结构；再重写paintEvent方法，调用QPainter画笔对象的drawImage方法，把QImage组件描绘到界面上。VideoView类的实现代码如下（完整代码见chapter11/video/videoview.cpp）：

```cpp
// 视频帧已被解码，准备展示到界面上
void VideoView::onFrameDecoded(VideoFramePtr videoFrame) {
    FunctionTransfer::runInMainThread([=]() {
        mVideoFrame.reset();
        mVideoFrame = videoFrame;
        VideoFrame *frame = mVideoFrame.get();
        freeImage();    // 释放之前的图片
        // 创建新的图片
        if (videoFrame != NULL && frame->rgbBuffer() != NULL) {
            _image = new QImage((uchar *) frame->rgbBuffer(),
                        frame->width(), frame->height(),
                        QImage::Format_RGB888);    // 只有RGB24才能渲染
            // 计算组件最终的尺寸
            int w = width(), h = height();
            // 计算矩形框的四周
            int dx = 0, dy = 0, dw = frame->width(), dh = frame->height();
            // 计算目标尺寸
            if (dw > w || dh > h) {            // 如果图像尺寸超过组件大小，就缩小图像
                if (dw * h > w * dh) {         // 视频的宽高比 > 播放器的宽高比
                    dh = w * dh / dw;
                    dw = w;
                } else {
                    dw = h * dw / dh;
                    dh = h;
                }
            }
            dx = (w - dw) >> 1;                // 居中显示
            dy = (h - dh) >> 1;                // 居中显示
            _rect = QRect(dx, dy, dw, dh);
        }
        update();                              // 触发paintEvent方法
    });
}

void VideoView::paintEvent(QPaintEvent *event) {
    if (!_image) return;
    // 将图片绘制到当前组件上
    QPainter(this).drawImage(_rect, *_image);
}

// 释放图像资源
void VideoView::freeImage() {
    if (_image) {
```

```
        delete _image;
        _image = NULL;
    }
}
```

4. 编写读取各帧图像的视频解码器

对视频文件解码主要运用了FFmpeg，相关的操作代码来自10.1.2节用到的示例代码playvideo.c，除剥离SDL部分代码并添加图像转换器代码外，还有以下三处需要加以改造。

1）编写视频解码器的头文件

视频解码器的头文件主要声明几个播放控制方法，以及回调接口、播放标记、图像缓存等变量。头文件代码如下（完整代码见chapter11/video/videodecoder.h）：

```cpp
class VideoDecoder {
public:
    VideoDecoder(int play_type, const char *video_path, VideoCallBack *callback);
    ~VideoDecoder();

    void start();                                    // 开始解码
    void stop();                                     // 停止解码
    void pause();                                    // 暂停解码
    void resume();                                   // 恢复解码
private:
    int m_play_type;                                 // 播放类型。0为QImage方式，1为OpenGL方式
    const char *m_video_path;                        // 视频文件的路径
    VideoCallBack *m_callback;                       // 视频回调接口
    bool is_stop = false;                            // 是否停止解码
    bool is_pause = false;                           // 是否暂停解码
    uint8_t *m_rgb_buffer = NULL;                    // RGB数据缓存
    uint8_t *m_yuv_buffer = NULL;                    // YUV数据缓存

    int playVideo();                                 // 播放视频
    void displayImage(int width, int height);        // 显示图像
};
```

2）实现视频解码器的播放控制方法

基本的播放操作除最初的开始播放外，还包括停止播放、暂停播放、恢复播放等控制动作。这里通过两个标志位is_stop和is_pause加以标记，其中is_stop用于区分开始播放和停止播放，is_pause用于区分暂停播放和恢复播放。另外，为了防止程序界面挂死，需要开启分线程播放视频。这些播放控制方法的实现代码如下（完整代码见chapter11/video/videodecoder.cpp）：

```cpp
// 构造方法
VideoDecoder::VideoDecoder(int play_type, const char *video_path, VideoCallBack *callback) {
    m_play_type = play_type;
    m_video_path = video_path;
    m_callback = callback;
}

// 开始解码
void VideoDecoder::start() {
```

```cpp
      is_stop = false;
      // 开启分线程播放视频。detach表示分离该线程
      std::thread([this](){
         int ret = playVideo();    // 播放视频
      }).detach();
}

// 停止解码
void VideoDecoder::stop() {
   is_stop = true;
}

// 暂停解码
void VideoDecoder::pause() {
   is_pause = true;
}

// 恢复解码
void VideoDecoder::resume() {
   is_pause = false;
}
```

3) 转换图像格式后通知回调接口

考虑到兼容RGB和YUV两种图像格式,故而遍历视频帧时要先转换图像格式,再通知回调接口展示这帧图像。此时额外添加的部分代码如下:

```cpp
// 转换器开始处理图像数据,把视频帧转为RGB图像
sws_scale(m_rgb_sws, (uint8_t const * const *) frame->data, frame->linesize,
        0, frame->height, m_rgb_frame->data, m_rgb_frame->linesize);
// 转换器开始处理图像数据,把视频帧转为YUV图像
sws_scale(m_yuv_sws, (uint8_t const * const *) frame->data, frame->linesize,
        0, frame->height, m_yuv_frame->data, m_yuv_frame->linesize);
displayImage(width, height);        // 显示图像
_sleep(interval);                    // 延迟若干时间,单位为毫秒
while (is_pause) {                   // 如果暂停播放,就持续休眠,直到恢复播放才继续解码
   _sleep(20);                       // 休眠20毫秒
   if (is_stop) {                    // 如果暂停期间停止播放,就结束暂停
      break;
   }
}
if (is_stop) {                       // 如果停止播放,就跳出循环结束解码
   break;
}
```

上面的代码调用了displayImage方法,该方法内部根据播放类型分别设置RGB缓存和YUV缓存,再统一通知回调接口进行下一步处理。displayImage方法的定义代码如下:

```cpp
// 显示图像
void VideoDecoder::displayImage(int width, int height) {
   VideoFramePtr videoFrame = std::make_shared<VideoFrame>();
   VideoFrame *ptr = videoFrame.get();
   ptr->initBuffer(width, height);                  // 初始化图像缓存
   if (m_play_type == 0) {                          // 使用QImage方式
```

```
            ptr->setRGBbuf(m_rgb_buffer);              // 设置RGB缓存数据
        } else {                                       // 使用OpenGL方式
            ptr->setYUVbuf(m_yuv_buffer);              // 设置YUV缓存数据
        }
        // 通知回调接口展示这帧视频的图像
        m_callback->onDisplayVideo(videoFrame);
    }
```

5. 在窗口界面显示视频图像

窗口界面不但要展示几个播放控制按钮，还得提供展示图像的回调接口给第4个步骤使用，涉及的界面改造内容包括以下三块。

1）让 MainWindow 类继承回调接口

第4个步骤提到的回调接口源自主界面的MainWindow类，该类需要声明增加继承VideoCallBack，这个VideoCallBack正是第二个步骤定义的回调接口。为此MainWindow类需要重写回调接口的虚函数onDisplayVideo，修改之后MainWindow类的头文件框架如下（完整代码见chapter11/video/mainwindow.h）：

```
class MainWindow : public QMainWindow, public VideoCallBack {
    Q_OBJECT
public:
    MainWindow(QWidget *parent = nullptr);
    ~MainWindow();

private:
    /* 此处省略若干变量和方法的声明 */
    VideoDecoder *video_decoder = NULL;        // 视频解码器
    void playVideo(int play_type);             // 开始播放视频/停止播放视频
    void pauseVideo();                         // 暂停播放视频/恢复播放视频

protected:
    // 显示视频画面，此函数不宜做耗时操作，否则会影响播放的流畅性
    void onDisplayVideo(VideoFramePtr videoFrame);
};
```

2）增加播放按钮及其事件代码

MainWindow的构造方法添加三个按钮控件：打开视频文件、开始播放/停止播放、暂停播放/恢复播放。其中打开按钮用来选择待播放的视频文件，开始按钮依据标志位决定是开始播放还是停止播放，暂停按钮依据标志位决定是暂停播放还是恢复播放。这里的按钮添加代码和单击事件代码可参考在11.2.2节中提到的音频播放控件代码，下面是开始播放/停止播放的实现代码（完整代码见chapter11/video/mainwindow.cpp）。

```
// 开始播放/停止播放
void MainWindow::playVideo(int play_type) {
    if (strlen(m_video_path) <= 0) {
        QMessageBox::critical(this, "出错啦", "请先选择视频文件");
        return;
    }
    is_stop = !is_stop;
```

```
    if (is_stop) {                                  // 停止播放
        video_decoder->stop();                      // 停止视频解码
        btn_pause->setEnabled(false);               // 禁用按钮
        is_pause = false;
    } else {                                        // 开始播放
        m_play_type = play_type;
        // 创建视频解码器
        video_decoder = new VideoDecoder(m_play_type, m_video_path, this);
        video_decoder->start();                     // 开始视频解码
        btn_pause->setEnabled(true);                // 启用按钮
        btn_pause->setText(is_pause?"恢复播放":"暂停播放");
    }
}
```

3）重写回调接口的展示画面虚函数

因为MainWindow类继承了回调接口VideoCallBack，所以它的实现代码需要重写虚函数onDisplayVideo，重写后的方法内部依据播放类型决定采取QImage方式显示图像还是采取OpenGL方式显示图像。重写后的方法代码如下：

```
// 显示视频画面，此函数不宜做耗时操作，否则会影响播放的流畅性
void MainWindow::onDisplayVideo(VideoFramePtr videoFrame) {
    if (m_play_type == 0) {
        video_view->onFrameDecoded(videoFrame);     // 视频视图展示画面
    } else {
        opengl_view->onFrameDecoded(videoFrame);    // OpenGL视图展示画面
    }
}
```

保存代码后运行测试程序，此时弹出窗口界面，如图11-36所示，单击窗口上方的"打开视频文件"按钮，选择待播放的视频文件，比如fuzhous.mp4。接着单击"QImage开始播放"按钮，此时程序在窗口界面播放视频，并且下方的暂停按钮由灰色变为正常状态，如图11-37所示。单击"暂停播放"按钮即可暂停播放，再次单击"暂停播放"按钮即可恢复播放。

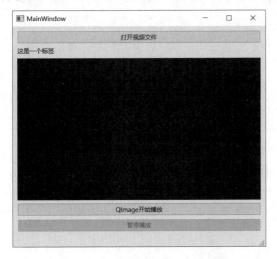

图11-36　QImage准备播放视频

图11-37　QImage正在播放视频

11.3.2 OpenGL 的着色器小程序

OpenGL的全称是Open Graphics Library,意思是开放图形库,它定义了一个跨语言、跨平台的图形程序接口。OpenGL不仅能够绘制二维的图像,也能展示三维的图形,更重要的是它拥有跨平台的特性,其渲染代码只需略加修改即可移植到不同的操作系统中。

虽然OpenGL的绘图功能非常强大,但是它主要为计算机设计,对于嵌入式设备来说,就显得比较臃肿了。故而业界又设计了专供嵌入式设备的OpenGL,名叫OpenGL for Embedded Systems,简称OpenGL ES,它相当于OpenGL的精简版。OpenGL ES支持的平台很广,包括Linux、Windows、Android和iOS等,它还是浏览器三维图形标准WebGL的基础。

OpenGL ES已经发布了三个大版本,分别是OpenGL ES 1.0、OpenGL ES 2.0和OpenGL ES 3.0,其中1.0版本采用固定功能图形管线,2.0和3.0版本采用可编程图形管线。所谓图形管线,指的是从模型到像素的整个绘制流程,简单地说,就是先画物体的轮廓,再画表面的细节。当然,详细的绘制流程远不止这么简单,只是大体上遵循这种从整体到局部再到细微的过程。OpenGL ES将这一系列的渲染绘制过程划分为若干着色器,每个着色器只负责自己这块的渲染操作,各个着色器之间的关系如图11-38所示。

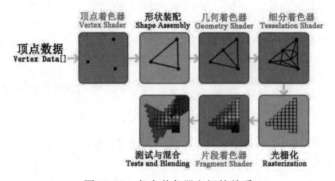

图 11-38 各个着色器之间的关系

在图11-38所示的几个着色器中,顶点着色器和片段着色器是必需的,也是允许开发者自行配置的。考虑到运行设备的型号不尽相同,适配时可能需要更改着色器的逻辑,如果每次都要修改代码,无疑颇费工夫,因此OpenGL ES从2.0开始引入了可编程图形管线,支持把着色器做成可配置的小程序,从此修改代码操作变成了调整程序配置。同时着色器之间不能直接通信,每个着色器都是独立的小程序,它们唯一的交流信息就是输入和输出参数。

着色器的小程序采用GLSL语言(OpenGL Shader Language)编写。GLSL的语法框架类似于C语言,不过它的数据类型别具一格,除常见的int、float等基本数据类型外,还包括一些向量类型、矩阵类型和采样器类型等,详细的数据类型说明见表11-1。

表 11-1 着色器小程序的数据类型说明

数据类型	说明	用途
int	整数	存放整型数
float	浮点数	存放浮点数
vec2	包含2个浮点数的向量	纹理平面各顶点的二维坐标
vec3	包含3个浮点数的向量	YUV 或者 RGB 的色值

（续表）

数据类型	说明	用途
vec4	包含4个浮点数的向量	颜色的四维度色值（灰度、红色、绿色、蓝色），顶点的位置矩阵（三维坐标加视角）
mat2	2×2的浮点数矩阵	—
mat3	3×3的浮点数矩阵	用于YUV与RGB格式互转的3×3矩阵
mat4	4×4的浮点数矩阵	用于顶点坐标变换的4×4矩阵
sampler2D	二维纹理的采样器	物体表面的纹理
sampler3D	三维纹理的采样器	—

对于以上数据类型声明的变量，还得加上限定符前缀表示它们的使用范围，常用的限定符主要有attribute、varying、in、out、uniform五个，分别说明如下。

- attribute：表示该变量是输入参数。GLSL 2.0使用。
- varying：表示该变量是输出参数。GLSL 2.0使用。
- in：表示该变量是输入参数。GLSL 3.0使用。
- out：表示该变量是输出参数。GLSL 3.0使用。
- uniform：表示该变量是全局参数。

声明完数据变量之后，即可编写形如void main() { /*里面是具体的实现代码*/ }的小程序代码。另外，GLSL从2.0升级到3.0之后，部分语法也做了调整，两个版本的语法差异如下：

（1）对于GLSL 3.0，GLSL文件开头多了一行#version 300 es，表示当前小程序使用GLSL 3.0。
（2）取消GLSL 2.0的限定符attribute和varying，取而代之的是in和out。
（3）删除GLSL 2.0的内置变量gl_FragColor和gl_FragData，改为通过out声明相关输出参数。
（4）GLSL 2.0内置的纹理函数texture2D和texture3D都被新函数texture所取代。
（5）GLSL 3.0新增修饰符layout，允许指定变量的位置序号。

通过着色器渲染YUV图像的过程分为下列三个步骤。

01 分别依据对应小程序，初始化顶点着色器和片段着色器，并获取着色器链接后的小程序编号。

该步骤涉及的函数说明如下。

- glCreateProgram：创建小程序，并返回小程序的编号。
- glCreateShader：创建指定类型的着色器并返回着色器的编号。输入参数填着色器的类型，其中GL_VERTEX_SHADER表示顶点着色器，GL_FRAGMENT_SHADER表示片段着色器。
- glShaderSource：指定着色器的程序内容。第一个参数填着色器编号，第二个参数填1，表示1个着色器，第三个参数填着色器的代码字符串。
- glCompileShader：编译着色器的程序代码。输入参数填着色器编号。
- glAttachShader：将着色器的编译结果添加至小程序。第一个参数填小程序编号，第二个参数填着色器编号。
- glLinkProgram：链接着色器的小程序。输入参数填小程序编号。
- glGetProgramiv：检查着色器链接是否成功。第一个参数填小程序编号，第二个参数填GL_LINK_STATUS，第三个参数填待返回的状态变量。状态值为GL_TRUE表示成功，其他表示失败。

- glUseProgram：使用小程序。输入参数填小程序编号。

注意上面各函数的说明均基于C语言的函数实现，但是由于Qt采用C++实现，因此函数名称与输入参数均有所变化，详细的变化对照说明见表11-2。

表 11-2　OpenGL 的 C 函数与 Qt 函数对照

C 函数	Qt 函数
glCreateProgram	通过 new QOpenGLShaderProgram 创建小程序
glCreateShader	通过 new QOpenGLShader 创建着色器
glShaderSource	调用着色器的 compileSourceCode 函数
glCompileShader	
glAttachShader	调用小程序的 addShaderFromSourceCode 函数
glLinkProgram	调用小程序的 link 函数
glGetProgramiv	调用小程序的 bind 函数
glUseProgram	
glGetAttribLocation	调用小程序的 attributeLocation 函数
glGetUniformLocation	调用小程序的 uniformLocation 函数
glGenTextures	先通过 new QOpenGLTexture 创建纹理，再调用纹理的 create 函数
glBindTexture	

02 根据小程序编号设置顶点坐标和材质坐标。

该步骤涉及的函数说明如下。

- glGetAttribLocation：从小程序获取属性变量的位置索引。第一个参数填小程序编号，第二个参数填属性变量的名称。输出参数为属性变量的位置索引。
- glEnableVertexAttribArray：启用顶点属性数组。输入参数为属性变量的位置索引。
- glVertexAttribPointer：指定顶点属性数组的位置索引及其数据格式。第一个参数填属性变量的位置索引；第二个参数填属性的长度，对于三维空间填3，因为三维空间有x、y、z三个方向，对于二维空间填2，因为二维空间只有x、y两个方向。

注意，上面的三个函数要分别调用两轮，其中第一轮的glGetAttribLocation→glEnableVertexAttribArray→glVertexAttribPointer设置顶点坐标，第二轮的glGetAttribLocation→glEnableVertexAttribArray→glVertexAttribPointer设置材质坐标。之所以设置完顶点坐标还要设置材质坐标，是因为后面要往顶点组成的轮廓粘贴图像纹理，才能呈现最终的空间景象。这里的图像纹理就来自视频帧的YUV图像。

03 分别创建Y、U、V三个分量的纹理，并分别设置三个纹理分量的规格与材质。

该步骤涉及的函数说明如下。

- glGetUniformLocation：获取纹理在小程序中的位置。第一个参数填小程序编号，第二个参数填纹理的名称。输出参数为纹理在小程序中的位置。
- glUniform1i：设置纹理层。第一个参数为纹理在小程序中的位置，第二个参数为纹理序号。

- glGenTextures：创建纹理数组。第一个参数为数组长度，填3表示有三个色彩分量；第二个参数填待创建的纹理数组。
- glActiveTexture：激活纹理。
- glBindTexture：绑定指定纹理。第一个参数填GL_TEXTURE_2D，第二个参数填具体纹理，比如下标为0的纹理数组元素表示采用第一个分量的纹理。
- glTexParameteri：设置纹理的过滤器。
- glTexImage2D：设置纹理的规格与材质。对于Y分量来说，其宽高就是视频的宽高；对U分量和V分量来说，其宽高各为视频宽高的一半。最后一个参数填当前分量的缓存数据。
- glTexSubImage2D：替换纹理内容。最后一个参数填当前分量的缓存数据。
- glDrawArrays：采用顶点的坐标数组方式绘制图形。

注意第三个步骤的渲染过程有以下两种方式：

（1）调用glTexImage2D函数时，最后一个参数非空表示直接渲染纹理。对于YUV空间来说，每个视频帧对三个分量各自调用glUniform1i→glActiveTexture→glBindTexture→glTexParameteri→glTexImage2D，最后只要调用一次glDrawArrays函数即可完成该帧图像的绘制操作。

（2）调用glTexImage2D函数时，最后一个参数为空表示要分两步渲染纹理。第一步，对三个分量各自调用glUniform1i→glBindTexture→glTexParameteri→glTexImage2D，表示先占个位；第二步，每个视频帧对三个分量各自调用glActiveTexture→glBindTexture→glTexSubImage2D，表示替换当前分量的缓存数据，最后只要调用一次glDrawArrays函数即可完成该帧图像的绘制操作。

限于篇幅，这里未能展开OpenGL的详细描写，读者若想深入了解OpenGL的编程知识，可阅读笔者另一本技术书籍《Android App开发进阶与项目实战》的"第5章　三维处理"。

11.3.3　使用 OpenGL 播放视频

与Qt环境特有的QImage相比，通过OpenGL渲染视频才是业界的通用方式。在Qt环境中解析并渲染视频文件，QImage和OpenGL两种方式的处理过程大同小异，除输入的图像格式有区别外，基本只剩界面组件上的差异了。QImage方式的自定义组件派生自QWidget，而OpenGL方式的自定义组件派生自QOpenGLWidget。为此，修改Qt工程的CMakeLists.txt，补充新组件OpenGLWidgets的相关配置，配置变更说明如下。

打开Qt工程的CMakeLists.txt，找到find_package语句，在其下方补充下面两行配置，表示增加寻找OpenGL组件OpenGLWidgets。

```
# 寻找OpenGL组件
find_package(Qt6 REQUIRED COMPONENTS OpenGLWidgets)
```

再找到target_link_libraries语句，将其替换为下面两行配置，主要增加链接OpenGL库Qt6::OpenGLWidgets。

```
# 指定要链接哪些库
target_link_libraries(video PRIVATE Qt${QT_VERSION_MAJOR}::Widgets Qt6::OpenGLWidgets ${ffmpeg-libs})
```

接着保存CMakeLists.txt，Qt便会自动给工程导入OpenGL组件了。

然后按部就班地自定义一个从QOpenGLWidget派生出来的视图组件（比如OpenglView），并且提供一个公开方法（比如onFrameDecoded）用来传入视频帧的图像数据，还要重写下列几个方法以便适配OpenGL的组件框架。

- initializeGL：初始化OpenGL环境。可在此初始化OpenGL的相关参数，并执行若干一次性的初始化动作。
- resizeGL：改变OpenGL的窗口尺寸。可在此缩放图像，以便适配新的窗口尺寸。
- paintGL：描绘OpenGL的空间景象。可在此执行OpenGL的图像渲染动作。

至于OpenglView内部的OpenGL函数调用，可参考11.3.2节。唯一值得注意的是，虽然OpenGL支持YUV图像格式，但Windows系统实际采用RGB颜色空间，所以需要通过着色器小程序把YUV数据转为RGB格式才行。

早在第4章的4.1.1节就介绍了几种转换YUV与RGB格式的数字电视标准，包括BT601、BT709、BT2020等，也给出了这几种标准的颜色空间转换式子。但是只有这些转换式子，该怎么将它们应用在OpenGL代码中呢？以BT601标准为例，它的颜色空间转换式子如下：

```
R = 1.164 * (Y - 16) + 1.596 * (V - 128)
G = 1.164 * (Y - 16) - 0.392 * (U - 128) - 0.813 * (V - 128)
B = 1.164 * (Y - 16) + 2.017 * (U - 128)
Y =  0.257 * R + 0.504 * G + 0.098 * B + 16
U = -0.148 * R - 0.291 * G + 0.439 * B + 128
V =  0.439 * R - 0.368 * G - 0.071 * B + 128
```

因为现在要把YUV数据转为RGB数据，所以采用上述转换式子的前三行。转换式子的Y、U、V三个分量各有对应的系数，例如Y分量的系数按照RGB排序依次为1.164、1.164、1.164，U分量的系数按照RGB排序依次为0、-0.392、2.017，V分量的系数按照RGB排序依次为1.596、-0.813、0。三个分量加起来一共9个系数，利用OpenGL着色器可组成小程序的矩阵排列代码如下：

```
rgb = mat3( 1.164,     1.164,     1.164,
            0,        -0.392,     2.017,
            1.596,    -0.813,     0) * yuv;
```

上面矩阵的第一行也就是前面三个参数，正是Y分量的三个系数；矩阵的第二行也就是中间的三个参数，正是U分量的三个系数；矩阵的第三行也就是后面三个参数，正是V分量的三个系数。

不过除系数外，颜色空间的转换式子尚有若干因子，例如(Y-16)体现了Y分量的-16因子，(U-128)体现了U分量的-128因子，(V-128)体现了V分量的-128因子，这三个因子理应加入着色器的小程序中。鉴于GLSL内置的纹理函数（GLSL 2.0的函数名为texture2D，GLSL 3.0的函数名为texture）的返回值在[0.0, 1.0]之间，故上述因子都要除以255，才能按比例计算出小程序所需的调整因子。于是Y分量的调整因子变成了-16.0/255.0，U分量的调整因子变成了-128/255，约等于-0.5，V分量的调整因子变成了-128/255，约等于-0.5，由此得到小程序的因子转换代码如下：

```
yuv.x = texture2D(tex_y, textureOut).r - 16.0/255.0;
yuv.y = texture2D(tex_u, textureOut).g - 0.5;
yuv.z = texture2D(tex_v, textureOut).b - 0.5;
```

上面的小程序代码左边分别给yuv.x、yuv.y、yuv.z赋值，这里的x、y、z代表三个位置的分量，三者组成的yuv结构仅仅作为参与矩阵运算的一个矩阵变量。排在第一位的x变量临时存储Y分量数值，排在第二位的y变量临时存储U分量数值，排在第三位的z变量临时存储V分量数值，仅此而已。

综合以上的矩阵排列和因子转换，编写完整的图像格式转换小程序，代码如下：

```
precision mediump float;
varying vec2 textureOut;
uniform sampler2D tex_y;
uniform sampler2D tex_u;
uniform sampler2D tex_v;
void main(void)
{
    vec3 yuv;
    vec3 rgb;
    yuv.x = texture2D(tex_y, textureOut).r - 16.0/255.0;
    yuv.y = texture2D(tex_u, textureOut).g - 0.5;
    yuv.z = texture2D(tex_v, textureOut).b - 0.5;
    rgb = mat3( 1.164,    1.164,    1.164,
                0,       -0.392,    2.017,
                1.596,   -0.813,    0) * yuv;
    gl_FragColor = vec4(rgb, 1);
}
```

有了转换图像格式的小程序，后面的OpenGL操作流程可参考11.3.2节的内容，这里不再赘述。注意，在OpenGL绘图的最后一个渲染步骤要从YUV图像缓存中依次取出三个分量的图像数据，分别调用glTexImage2D函数往顶点轮廓上粘贴对应分量的纹理材质。有关的渲染片段代码如下（完整代码见chapter11/video/openglview.cpp）：

```
VideoFrame * videoFrame = mVideoFrame.get();
if (videoFrame != NULL) {
    uint8_t *bufferYUV = videoFrame->yuvBuffer();
    if (bufferYUV != NULL) {
        pShaderProgram->bind();                     // 绑定小程序
        // 0对应纹理GL_TEXTURE0,1对应纹理GL_TEXTURE1,2对应纹理GL_TEXTURE2
        glUniform1i(textureUniformY, 0);            // 指定y纹理要使用新值
        glUniform1i(textureUniformU, 1);            // 指定u纹理要使用新值
        glUniform1i(textureUniformV, 2);            // 指定v纹理要使用新值
        glActiveTexture(GL_TEXTURE0);               // 激活纹理单元GL_TEXTURE0
        // 使用来自Y分量的数据生成纹理
        glBindTexture(GL_TEXTURE_2D, pTextureY->textureId());
        glTexParameteri(GL_TEXTURE_2D, GL_TEXTURE_MAG_FILTER, GL_LINEAR);
        glTexParameteri(GL_TEXTURE_2D, GL_TEXTURE_MIN_FILTER, GL_LINEAR);
        glTexImage2D(GL_TEXTURE_2D, 0, GL_LUMINANCE, mWidth, mHeight, 0, GL_LUMINANCE,
GL_UNSIGNED_BYTE, bufferYUV);
        glActiveTexture(GL_TEXTURE1);       // 激活纹理单元GL_TEXTURE1
        // 使用来自U分量的数据生成纹理
        glBindTexture(GL_TEXTURE_2D, pTextureU->textureId());
        glTexParameteri(GL_TEXTURE_2D, GL_TEXTURE_MAG_FILTER, GL_LINEAR);
        glTexParameteri(GL_TEXTURE_2D, GL_TEXTURE_MIN_FILTER, GL_LINEAR);
        glTexImage2D(GL_TEXTURE_2D, 0, GL_LUMINANCE, mWidth/2, mHeight/2, 0,
GL_LUMINANCE, GL_UNSIGNED_BYTE, bufferYUV+mWidth*mHeight);
        glActiveTexture(GL_TEXTURE2);       // 激活纹理单元GL_TEXTURE2
        // 使用来自V分量的数据生成纹理
        glBindTexture(GL_TEXTURE_2D, pTextureV->textureId());
```

```
            glTexParameteri(GL_TEXTURE_2D, GL_TEXTURE_MAG_FILTER, GL_LINEAR);
            glTexParameteri(GL_TEXTURE_2D, GL_TEXTURE_MIN_FILTER, GL_LINEAR);
            glTexImage2D(GL_TEXTURE_2D, 0, GL_LUMINANCE, mWidth/2, mHeight/2, 0,
GL_LUMINANCE, GL_UNSIGNED_BYTE, bufferYUV+mWidth*mHeight*5/4);
            glDrawArrays(GL_TRIANGLE_STRIP, 0, 4);        // 使用顶点数组方式绘制图形
            pShaderProgram->release();                    // 释放小程序
    }
}
```

至于FFmpeg的解析代码和Qt界面的控件代码，可以参考在11.3.1节中描述的改造步骤。由于新定义的OpenGL视图支持缩放视频画面，因此要给它设置伸展策略，以便在拖动缩放整个窗口时，OpenGL视图也能跟着变大或者变小。包括伸展策略设置在内的界面控件代码如下（完整代码见chapter11/video/mainwindow.cpp）：

```
btn_play2 = new QPushButton();                           // 创建按钮控件
btn_play2->setText("OpenGL开始播放");
vBox->addWidget(btn_play2);                              // 给布局添加按钮控件
// 注册按钮控件的单击事件。输入参数依次为按钮、事件类型、回调方法
connect(btn_play2, &QPushButton::clicked, [=]() {
    playVideo(1);                                        // 开始播放/停止播放
});
opengl_view = new OpenglView();                          // 创建OpenGL视图
QSizePolicy policy;
policy.setHorizontalPolicy(QSizePolicy::Expanding);      // 水平方向允许伸展
policy.setVerticalPolicy(QSizePolicy::Expanding);        // 垂直方向允许伸展
opengl_view->setSizePolicy(policy);                      // 设置控件的大小策略
opengl_view->setMinimumWidth(480);                       // 设置最小宽度
opengl_view->setMinimumHeight(270);                      // 设置最小高度
vBox->addWidget(opengl_view);                            // 给布局添加OpenGL视图
```

保存代码后运行测试程序，此时弹出窗口界面，如图11-39所示，单击窗口上方的"打开视频文件"按钮，选择待播放的视频文件，比如fuzhous.mp4。接着单击"OpenGL开始播放"按钮，此时程序在窗口界面播放视频，并且下方的"暂停播放"按钮由灰色变为正常状态，如图11-40所示。单击"暂停播放"按钮即可暂停播放，再次单击"暂停播放"按钮即可恢复播放。

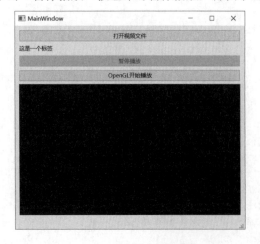
图 11-39　OpenGL 准备播放视频

图 11-40　OpenGL 正在播放视频

11.4 实战项目：桌面影音播放器

个人计算机的一大用途是听音乐、看电影，早在20世纪90年代开始普及个人计算机的时候，就出现了超级解霸、金山影霸等影音播放器，21世纪以来又有暴风影音、迅雷影音等播放器崭露头角。当时看来这些播放软件高科技满满，属实是程序员心驰神往的技术高峰，要知道当年的音视频开发可是应用程序界（不算系统程序）的皇冠明珠。现在基于Qt环境集成FFmpeg，即使是初学者也能手把手尝试开发自己的影音播放器。

本章前面已经介绍了如何在Qt环境开展FFmpeg编程，其实音视频关键代码与Linux环境下的C代码相差不大，区别在于加入了Qt界面组件的交互操作。所以基于Qt环境开发一款桌面影音播放器，不考虑FFmpeg相关函数调用的话，主要难点就是怎样把FFmpeg的调用结果反馈给界面组件。影音播放器采用Qt结合FFmpeg开发的方式，具体的集成过程包括3个步骤：把FFmpeg库迁移到Qt工程、往Qt工程添加FFmpeg和OpenGL的编译配置、在Qt程序的C++代码中播放音视频。下面分别介绍这3个步骤。

1. 把FFmpeg库迁移到Qt工程

先按照11.1.2节的描述创建一个名为player的Qt工程，再把编译好的FFmpeg库迁移过来。待迁移的FFmpeg库除由FFmpeg源码编译出来的，还包括第三方的SDL2、mp3lame、x264三个库，其中SDL2库用于播放音频，mp3lame库用于MP3格式的音频编解码，x264库用于H.264格式的视频编解码。

另外，msys64的/mingw64/bin目录有几个DLL文件也要复制到FFmpeg的bin目录下，包括libiconv-2.dll、liblzma-5.dll、zlib1.dll、libbz2-1.dll等，因为Windows环境的FFmpeg依赖这几个动态库，而Windows系统并未内置这几个DLL文件，所以要把它们加到Qt工程中。

2. 往Qt工程添加FFmpeg和OpenGL的编译配置

播放音视频不但需要FFmpeg解析音视频，还需要OpenGL渲染视频画面，所以Qt工程的CMakeLists.txt同时增加FFmpeg和OpenGL的编译配置，变动的配置部分包括以下三处。

（1）打开Qt工程的CMakeLists.txt，找到find_package语句，在其下方补充下面两行配置，表示增加寻找OpenGL组件OpenGLWidgets。

```
# 寻找OpenGL组件
find_package(Qt6 REQUIRED COMPONENTS OpenGLWidgets)
```

（2）在CMakeLists.txt的qt_add_executable前面增加以下几行编译配置，分别指定ffmpeg、sdl2、mp3lame、x264的头文件目录和库文件目录（完整代码见chapter11/player/CMakeLists.txt）。

```
# link_directories要放在add_executable之前
# 添加头文件所在的目录
include_directories(../ffmpeg/include ../sdl2/include ../lame/include ../x264/include)
# 指定lib文件的链接目录
link_directories(../ffmpeg/lib ../sdl2/lib ../lame/lib ../x264/lib)
```

(3)接着下拉CMakeLists.txt,把下面这行配置:

```
target_link_libraries(hello PRIVATE Qt${QT_VERSION_MAJOR}::Widgets)
```

改成以下配置,主要是让可执行程序链接FFmpeg的8个库文件,以及sdl2、mp3lame、x264的库文件,还要增加链接Qt6::OpenGLWidgets。

```
# 设置名为ffmpeg-libs的库集合,指定它包括哪些SO库文件
set(ffmpeg-libs avformat avcodec avfilter swresample swscale avutil sdl2 mp3lame x264)
# 指定要链接哪些库
target_link_libraries(player PRIVATE Qt${QT_VERSION_MAJOR}::Widgets
Qt6::OpenGLWidgets ${ffmpeg-libs})
```

3. 在Qt程序的C++代码中播放音视频

有关添加Qt控件、SDL播放音频、OpenGL渲染视频的详细操作,已在前面介绍过了,剩下的难点就是如何同步音视频的播放时间。当然,第10章的实战项目早已给出了音视频的同步办法,在Qt程序中大体上差不多。只是Qt程序有自己的窗口界面,用不到SDL自带的弹窗,因此第10章的示例代码playsync.cpp需要略加修改才能移植到Qt工程中,主要的改造内容包括以下三处。

1)更改视频帧图像数据的复制方式

FFmpeg自带的AVFrame结构只适合在FFmpeg内部使用,不能直接和其他框架交互,所以在线程之间传递图像数据的时候,需要把AVFrame结构中的图像数据复制到一段连续的缓存中。此时负责同步时钟的线程要把复制图像数据的代码改为以下内容:

```
SDL_LockMutex(frame_lock);              // 对帧锁加锁
// 转换器开始处理图像数据,把视频帧转为YUV图像
sws_scale(m_yuv_sws, (uint8_t const * const *) frame->data, frame->linesize,
        0, frame->height, m_yuv_frame->data, m_yuv_frame->linesize);
int Ysize = video_decode_ctx->width * video_decode_ctx->height;
memcpy(mYuv420Buffer, m_yuv_buffer, Ysize * 3 / 2);
play_video = 1;                         // 可以播放视频了
SDL_UnlockMutex(frame_lock);            // 对帧锁解锁
```

2)由SDL渲染视频改为通知回调接口渲染视频

解码线程发现允许播放视频时,把用来通知SDL播放的代码改为通知Qt界面的回调接口,如下所示:

```
if (play_video) {                       // 允许播放视频
    SDL_LockMutex(frame_lock);          // 对帧锁加锁
    play_video = 0;
    // 图像数据已经准备好,可以显示图像了
    displayImage(video_decode_ctx->width, video_decode_ctx->height);
    SDL_UnlockMutex(frame_lock);        // 对帧锁解锁
}
```

上面调用的displayImage方法实现代码如下,主要通过回调接口传送待播放的图像数据。

```
// 显示图像
void VideoPlayer::displayImage(int width, int height) {
    VideoFramePtr videoFrame = std::make_shared<VideoFrame>();
    VideoFrame *ptr = videoFrame.get();
```

```cpp
    ptr->initBuffer(width, height);          // 初始化图像缓存
    ptr->setYUVbuf(mYuv420Buffer);           // 设置YUV缓存数据
    // 通知回调接口展示该帧视频的图像
    m_callback->onDisplayVideo(videoFrame);
}
```

3）增加暂停、恢复、停止等播放控制操作

基本的播放操作除最初的开始播放外，还包括停止播放、暂停播放、恢复播放等控制动作。这里通过两个标志位is_stop和is_pause加以标记，其中is_stop用于区分开始播放和停止播放，is_pause用于区分暂停播放和恢复播放。另外，为了防止程序界面挂死，需要开启分线程解析音视频文件。这些播放控制方法的实现代码如下（完整代码见chapter11/player/videoplayer.cpp）：

```cpp
// 构造方法
VideoPlayer::VideoPlayer(const char *video_path, VideoCallBack *callback) {
    m_video_path = video_path;
    m_callback = callback;
}

// 析构方法
VideoPlayer::~VideoPlayer() {
    stop();                    // 停止播放
    release();                 // 释放资源
}

// 开始播放
void VideoPlayer::start() {
    is_stop = false;
    is_close = 0;
    if (open_input_file(m_video_path) < 0) {         // 打开输入文件
        return;
    }
    if (video_index >= 0) {                          // 存在视频流
        if (init_sws_context() < 0) {                // 初始化图像转换器的实例
            return;
        }
        int fps = av_q2d(src_video->r_frame_rate);   // 帧率
        interval = round(1000 / fps);                // 根据帧率计算每帧之间的播放间隔
    }
    if (audio_index >= 0) {                          // 存在音频流
        if (prepare_audio() < 0) {                   // 准备SDL音频相关资源
            return;
        }
    }
    // 开启分线程播放视频。detach表示分离该线程
    std::thread([this](){
        int ret = playVideo();                       // 播放视频
    }).detach();
}

// 停止播放
```

```
void VideoPlayer::stop() {
    is_stop = true;
    is_close = 1;
}

// 暂停播放
void VideoPlayer::pause() {
    is_pause = true;
}

// 恢复播放
void VideoPlayer::resume() {
    is_pause = false;
}
```

为了实现开始播放、停止播放、暂停播放、恢复播放等控制动作，需要在每个数据帧处理之后检查两个播放标记is_stop和is_pause。如果is_pause为真，就持续休眠，直到恢复播放才继续解码。如果is_stop为真，就跳出循环结束解码。对应的播放控制判断代码如下：

```
while (is_pause) {              // 如果暂停播放，就持续休眠，直到恢复播放才继续解码
    SDL_Delay(20);              // 休眠20毫秒
    if (is_stop) {              // 如果暂停期间停止播放，就结束暂停
        break;
    }
}
if (is_stop) {                  // 如果停止播放，就跳出循环结束解码
    break;
}
```

保存代码后运行测试程序，此时弹出窗口界面，如图11-41所示，单击窗口上方的"打开音视频文件"按钮，选择待播放的视频文件，比如fuzhou.mp4。接着单击"开始播放"按钮，此时程序在窗口界面播放视频，并且右边的"暂停播放"按钮由灰色变为正常状态，如图11-42所示。单击"暂停播放"按钮即可暂停播放，再次单击"暂停播放"按钮即可恢复播放。

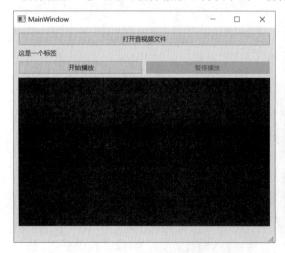

图11-41　影音播放器的初始界面

图11-42　影音播放器正在播放视频

由于截图只能反映视频的播放情况，无法观察音频的播放情况，因此还需读者动手实践，才能体会自己实现影音播放器的乐趣。并且例程所实现的播放器功能比较简单，有兴趣的读者可以尝试添加诸如调整音量大小、拖动播放进度等更多功能，打造一款专属自己的定制播放器。

11.5 小　　结

本章主要介绍了在桌面开发领域中使用FFmpeg播放音视频的几种操作。首先介绍了在Windows系统搭建Qt开发环境的过程，以及把Qt项目打包为可执行文件；接着介绍了在Qt环境给桌面程序集成FFmpeg，以及通过FFmpeg播放音频文件的两种方式（SDL和QAudioSink）；然后介绍了利用OpenGL绘制图形的方法，以及桌面程序通过FFmpeg播放视频文件的两种方式（QImage和OpenGL）；最后设计了一个实战项目"桌面影音播放器"，在该项目的FFmpeg编程中，综合运用了本章介绍的桌面开发技术，包括组件集成、通知回调、同步时钟等。

通过本章的学习，读者应该能够掌握以下3种开发技能：

（1）学会开发Qt程序通过FFmpeg播放音频。

（2）学会开发Qt程序通过FFmpeg播放视频。

（3）学会开发Qt程序通过FFmpeg同步播放音视频。

第 12 章
FFmpeg 的移动开发

本章介绍FFmpeg在移动应用中的开发过程，主要包括：怎样搭建基于Android系统的FFmpeg开发环境，怎样在App工程中集成FFmpeg；怎样让Android App通过FFmpeg播放音频文件；怎样让Android App通过FFmpeg播放视频文件。最后结合本章所学的知识演示一个实战项目"仿剪映的视频剪辑"的设计与实现。

12.1 搭建 Android 开发环境

本节介绍在Android系统搭建FFmpeg开发环境的过程，首先描述如何通过Android Studio下载NDK和CMake两个工具，并介绍CMake编译文件的格式规则；然后叙述如何在Windows系统利用交叉编译技术生成Android环境的FFmpeg库；最后阐述如何给App工程添加C++支持，以及如何把Android版本的FFmpeg库迁移至App工程。

12.1.1 搭建 Android 的 NDK 开发环境

学习本章之前，需要具备Android App的基础开发技能，如果读者在App开发方面零基础的话，建议阅读笔者的App开发入门书籍《Android Studio开发实战：从零基础到App上线（第3版）》。

Android系统的开发语言除常见的Java和Kotlin外，还支持NDK层面的C/C++代码。鉴于C/C++语言具有跨平台的特性，如果某项功能采用C/C++实现，就很容易在不同平台（如Android与iOS）之间移植，那么已有的C/C++代码库便能焕发新生。

完整的Android Studio环境包括3个开发工具，即JDK、SDK和NDK，分别简述如下：

（1）JDK是Java代码的编译器，因为App采用Java语言开发，所以Android Studio内置了JDK。

（2）SDK是Android应用的开发包，提供了Android内核的公共方法调用，故而开发App必须事先安装SDK。在安装Android Studio的最后一步会自动下载新版本的SDK。

（3）NDK是C/C++代码的编译器，属于Android Studio的可选组件。如果App未使用JNI技术，就无须安装NDK；如果App用到JNI技术，就必须安装NDK。

只有给Android Studio配置好NDK环境，开发者才能在App中由Java代码通过JNI接口调用C/C++代码。下面介绍NDK环境的搭建步骤。

启动Android Studio，依次选择顶部菜单Tools→SDK Manager，或者在主界面右上角的一排按钮中单击如图12-1所示的向下箭头图标。

图 12-1　Android Studio 顶部右侧的菜单栏

以上两种方式都会打开如图12-2所示的Settings界面。

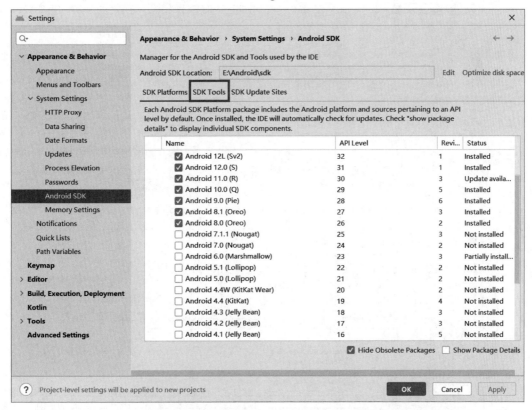

图 12-2　Settings 界面——SDK Platform 选项卡

　　Settings界面默认展示SDK Platform选项卡，这里可以勾选需要下载的SDK版本。单击Settings选项卡界面的SDK Tools选项卡，该选项卡位于SDK Platforms的右侧，切换到如图12-3所示的SDK Tools选项卡。在下方工具列表中展开NDK（Side by side）选项，勾选21.4.7075529复选框，表示需要安装r21版本的NDK，其中21.4.7075529对应的压缩包文件名为android-ndk-r21e-***.zip。

　　继续下拉SDK Tools的工具列表，找到并展开CMake选项，勾选3.18.1复选框，如图12-4所示，表示需要安装3.18.1版本的CMake，后续导入App工程的C/C++代码将使用CMake规则编译。

　　确保在NDK（Side by side）选项勾选了21.4.7075529复选框，并且在CMake选项勾选了3.18.1复选框，再单击Settings界面右下角的OK按钮，Android Studio就会自动下载对应版本的NDK和CMake。

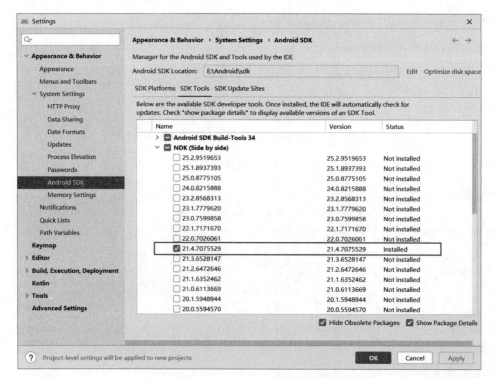

图 12-3　Settings 界面——SDK Tools 选项卡

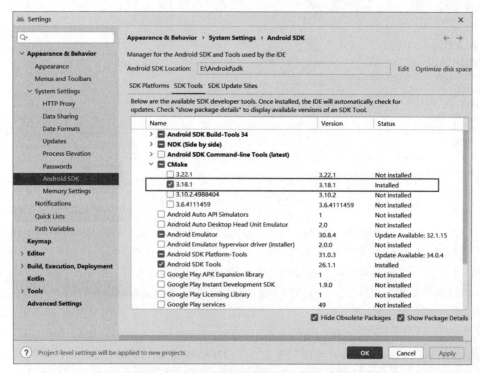

图 12-4　SDK Tools 选项卡的 CMake 选项

CMake的编译文件名叫CMakeLists.txt，通常放在App工程的src/main/cpp目录下，它的配置规则主要有6点，分别说明如下。

（1）指定最低要求的CMake版本号。一旦指定了这个最低版本号，Android Studio就会在编译时检查CMake插件的版本是否大于或等于该版本号。该步骤用到了指令cmake_minimum_required，这个指令的格式为：cmake_minimum_required (VERSION 版本号)。版本设置指令示例如下（注意CMake以"#"作为注释符号）：

```
cmake_minimum_required(VERSION 3.18.1)   # 指定CMake的最低要求版本号
```

（2）设置环境变量的名称及其取值。设置环境变量的好处是：定义环境变量及其取值之后，接下来的指令允许直接引用该变量，而不必多次输入重复的名称。该步骤用到了指令set，这个指令的格式为：set(变量名 变量值)。环境变量设置指令示例如下：

```
set(target common)   # 设置环境变量的名称（target）及其取值（common）
```

（3）指定项目的名称。项目名称相当于本次JNI编译的唯一代号，最终生成的库名也包含这个项目名称。该步骤用到了指令project，该指令的格式为：project(项目名称)。此时可使用第2项规则中设置的环境变量，比如${target}表示获取名为target的变量值。项目名称设置指令示例如下：

```
project(${target})   # 指定项目的名称
```

（4）定义文件的集合。C/C++代码分为头文件与实现文件两类，其中头文件的扩展名为.h或者.hpp，实现文件的扩展名为.c或者.cpp，故而有必要将头文件列表与实现文件列表放入各自的数据集合，方便后续引用这些文件集合。该步骤用到了指令file，这个指令的格式为：file(GLOB 集合名称 以空格分隔的文件列表)。若要把头文件与实现文件分别归类，可以使用如下文件集合定义指令：

```
file(GLOB srcs *.cpp *.c)   # 把所有CPP文件和C文件都放入名称为srcs的集合中
file(GLOB hdrs *.hpp *.h)   # 把所有HPP文件和H文件都放入名称为hdrs的集合中
```

（5）设置编译类型以及待编译的源码集合。编译类型主要有两种，分别是STATIC和SHARED。其中，STATIC代表静态库，此时生成的库文件扩展名为.a；SHARED代表共享库（也叫动态库），此时生成的库文件扩展名为.so。该步骤用到了指令add_library，这个指令的格式为：add_library(待生成的库名 编译类型 实现文件与头文件列表)。由于App用的是动态库，因此一般指定编译类型为SHARED。另外，还需指定待编译的源码集合，包括头文件列表与实现文件列表，这时可使用前面第4项规则中定义的文件集合。编译类型设置指令示例如下：

```
add_library(${target} STATIC ${srcs} ${hdrs})   # 生成静态库（库文件的扩展名为.a）
add_library(${target} SHARED ${srcs} ${hdrs})   # 生成动态库（库文件的扩展名为.so）
```

（6）指定要链接哪些库。最终生成的SO库可能用到了其他公共库，比如日志库log，那就需要把这些公共库链接进来。该步骤用到了指令target_link_libraries，这个指令的格式为：target_link_libraries(最终生成的库名 待链接的库名)。若要链接日志库，则可使用如下公共库链接指令：

```
target_link_libraries(${target} log)   # 指定要链接哪些库，log表示日志库
```

现在把上述CMake指令拼接起来，形成一份完整的CMake编译文件，假如生成的SO库名为libcommon.so，那么去掉前面的lib，再去掉后面的.so，剩下common便是JNI代码的项目名称。于是合并后的CMake示例文件如下：

```
cmake_minimum_required(VERSION 3.18.1)  # 指定CMake的最低要求版本号

set(target common)                      # 设置环境变量的名称（target）及其取值（common）
project(${target})                      # 指定项目的名称

file(GLOB srcs *.cpp *.c)               # 把所有CPP文件和C文件都放入名称为srcs的集合中
file(GLOB hdrs *.hpp *.h)               # 把所有HPP文件和H文件都放入名称为hdrs的集合中

add_library(${target} SHARED ${srcs} ${hdrs})   # 生成动态库（库文件的扩展名为.so）
target_link_libraries(${target} log)    # 指定要链接哪些库，log表示日志库
```

12.1.2 交叉编译 Android 需要的 SO 库

FFmpeg作为跨平台的多媒体框架，不仅能在Linux、Windows等桌面系统上运行，还能在Android这样的移动系统上运行。虽然Android系统基于Linux开发，它引用的C语言动态库也是SO文件，但是在Linux系统编译出来的FFmpeg库无法运行于Android设备，因为Android系统毕竟不属于Linux的分支，而且Android设备的处理器架构也跟Linux设备不同，所以Linux直接编译FFmpeg生成的SO库无法用于Android平台。

要想解决不同系统或者不同处理器架构带来的SO文件不兼容的问题，就得使用交叉编译技术，也就是通过特定的编译工具链，在甲计算机上编译出可用于乙设备的库文件。比如在Windows环境编译Android平台需要的FFmpeg库文件，需要借助Android官方提供的NDK（Native Development Kit，原生开发工具包）开发包，利用NDK提供的交叉编译工具套件，先把FFmpeg及其第三方库编译为可用的SO文件，再通过Android Studio把SO文件集成到App工程中。

Android官方提供了Windows、Linux、macOS三个系统版本的NDK开发包，在Windows编译的话，要下载Windows版本的NDK工具，也就是到https://dl.google.com/android/repository/android-ndk-r21e-windows-x86_64.zip下载r21e版本的NDK开发包。之所以不下载最新版的NDK，是因为从23版本开始NDK不再提供交叉编译工具链了，而且22版本的NDK编译FFmpeg也有问题，只有21版本的NDK才能正常编译FFmpeg及其相关的第三方库。

压缩包android-ndk-r21e-windows-x86_64.zip下载完成后，将其解压到msys64的/usr/local/src目录下，此时完整的NDK开发包路径为/usr/local/src/android-ndk-r21e。为了简化在Windows环境交叉编译FFmpeg的操作步骤，接下来只编译FFmpeg，暂不集成其他的第三方库，详细的编译步骤说明如下。

01 在开始菜单依次选择Visual Studio 2022→x64 Native Tools Command Prompt for VS 2022，打开Visual Studio的命令行窗口。

02 先进入msys64的安装目录，再运行以下命令打开MSYS窗口：

```
msys2_shell.cmd -mingw64
```

03 在MSYS窗口中进入解压好的FFmpeg源码目录，注意这里要用从源码包重新解压的FFmpeg目录，因为在之前章节对FFmpeg源码做了多次修改，可能会影响面向Android系统的交叉编译。

在FFmpeg源码目录下创建脚本文件config_ffmpeg.sh，文件内容如下（完整配置见chapter12/config_ffmpeg.sh）：

```bash
#!/bin/bash

NDK_HOME=/usr/local/src/android-ndk-r21e
SYSTEM=windows-x86_64
ARCH=aarch64
API=24
HOST=aarch64-linux-android

echo "config for FFmpeg"
./configure \
  --prefix=/usr/local/app_ffmpeg \
  --enable-shared \
  --disable-static \
  --disable-doc \
  --enable-cross-compile \
  --target-os=android \
  --arch=$ARCH \
  --cc=${NDK_HOME}/toolchains/llvm/prebuilt/$SYSTEM/bin/$HOST$API-clang \
  --cross-prefix=${NDK_HOME}/toolchains/$HOST-4.9/prebuilt/$SYSTEM/bin/$HOST- \
  --disable-ffmpeg \
  --disable-ffplay \
  --disable-ffprobe \
  --pkg-config-flags=--static \
  --pkg-config=pkg-config \
  --enable-gpl \
  --enable-nonfree
echo "config for FFmpeg completed"
```

然后保存并退出文件config_ffmpeg.sh。

04 执行以下命令配置FFmpeg：

```
./config_ffmpeg.sh
```

注意配置命令比较耗时，请耐心等待。或者另外打开一个MSYS窗口，进入FFmpeg的源码目录后，运行以下命令查看配置进度：

```
tail -f ffbuild/config.log
```

05 等待配置完成，执行以下命令编译和安装FFmpeg：

```
make clean
make -j4
make install
```

以上步骤正确完成后，即可在/usr/local/app_ffmpeg/lib/目录下找到编译好的8个SO文件。

12.1.3 App 工程调用 FFmpeg 的 SO 库

在12.1.2节中通过交叉编译生成了FFmpeg的库文件，那么怎样才能把这些SO文件用于App开发呢？本节就以Windows系统上的Android开发为例，讲述在App工程中引用FFmpeg库文件的具体过程，主要分为3个步骤：给App模块添加C/C++支持、把FFmpeg库文件迁移到App工程、编写App代码验证FFmpeg的功能调用。下面分别介绍这3个步骤。

1. 给App模块添加C/C++支持

启动Android Studio，先创建一个新的App工程，再右击左侧列表的app模块名称，在如图12-5所示的快捷菜单中选择Add C++ to Module，弹出如图12-6所示的确认窗口，单击窗口右下角的OK按钮完成确认。

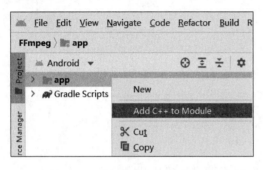

图 12-5　快捷菜单添加 C++ 支持

图 12-6　添加 C++ 支持的确认窗口

此时Android Studio会自动完成下列两个操作。

（1）在app/src/main目录下创建子目录cpp，并在cpp目录下生成默认的编译文件CMakeLists.txt和代码文件ffmpeg.cpp。

（2）在App模块的build.gradle中的android节点内增加如下配置，表示编译文件位于src/main/cpp/CMakeLists.txt，并且采用3.18.1版本的编译规则。

```
externalNativeBuild {
    cmake {
        path file('src/main/cpp/CMakeLists.txt')
        version '3.18.1'
    }
}
```

同时，build.gradle中的android→defaultConfig节点内增加了如下配置：

```
externalNativeBuild {
    cmake {
        cppFlags ''
    }
}
```

2. 把FFmpeg库文件迁移到App工程

把在12.1.2节中编译出来的FFmpeg库文件安装在msys64的/usr/local/app_ffmpeg/lib目录，接下来还得把这些文件迁移到App工程中，才能被App代码调用。详细的迁移步骤说明如下。

01 把FFmpeg交叉编译好的include目录（位于msys64的/usr/local/app_ffmpeg/include）整个复制到App工程的src/main/cpp目录下。

02 在src\main目录下创建jniLibs目录，并在jniLibs下创建子目录arm64-v8a，把FFmpeg交叉编译好的8个SO文件（位于msys64的/usr/local/app_ffmpeg/lib）全部复制到arm64-v8a目录下。

经过以上两个步骤操作后的app模块目录结构如下：

```
/app/src/main
 |-------------- cpp
 |              |----- CMakeLists.txt
 |              |----- FFmpeg.cpp
 |              |----- include
 |                      |----- 来自FFmpeg的8个头文件目录
 |-------------- jniLibs
 |              |----- arm64-v8a
 |                      |----- 来自FFmpeg的8个SO文件
 |-------------- java
 |-------------- res
 |-------------- AndroidManifest.xml
```

03 打开src\main\cpp目录下的编译文件CMakeLists.txt，把文件内容改成下面这样，主要是加入include目录，以及链接jniLibs/arm64-v8a目录下的SO文件（完整配置见chapter12/FFmpeg/app/src/main/cpp/CMakeLists.txt）。

```
cmake_minimum_required(VERSION 3.18.1)    # 指定CMake的最低要求版本号

set(target ffmpeg)                         # 设置环境变量的名称（target）及其取值（ffmpeg）
project(${target})                         # 指定项目的名称

file(GLOB srcs *.cpp *.c)                  # 把所有CPP文件和C文件都放入名称为srcs的集合中
include_directories(include)               # 添加头文件的所在目录
link_directories(../jniLibs/${ANDROID_ABI})           # 指定SO文件的链接目录
add_library(${target} SHARED ${srcs})                 # 生成扩展名为.so的动态库文件

# 设置名为ffmpeg-libs的库集合，指定它包括哪些SO库文件
set(ffmpeg-libs avformat avcodec avfilter swresample swscale avutil)

# 设置名为native-libs的库集合，指定它包括哪些SO库文件
# 其中GLESv3表示第三代的OpenGL ES，用于渲染三维图形
# EGL为OpenGL ES与系统底层之间的接口层，OpenSLES用于播放音频
# log表示日志库，m表示数学函数库，z表示zlib库
set(native-libs android EGL GLESv3 OpenSLES log m z)

# 指定要链接哪些库。其中log表示日志库
target_link_libraries(${target} log ${ffmpeg-libs} ${native-libs})
```

04 打开app模块的build.gradle，在android→defaultConfig→externalNativeBuild→cmake指向的节点下面添加一行abiFilters "arm64-v8a"，表示只编译基于arm64-v8a指令集的SO文件，也就是把下面这几行

```
            externalNativeBuild {
                cmake {
                    cppFlags ''
                }
            }
```

增加一行abiFilters "arm64-v8a"之后，变成下面几行配置（完整配置见chapter12/FFmpeg/app/build.gradle）：

```
        externalNativeBuild {
            cmake {
                cppFlags ''
                abiFilters "arm64-v8a"
            }
        }
```

然后单击编辑区域右上角的Sync Now按钮开始同步build.gradle的更改内容。

3. 编写App代码验证FFmpeg的功能调用

编写App代码的时候,既要编写能够直接调用SO库的C++代码,也要编写通过JNI调用CPP文件的Java代码,详细的编写步骤说明如下。

01 打开src\main\cpp目录下的代码文件ffmpeg.cpp,填写如下的代码内容,期望返回FFmpeg各个支持库的版本号(完整代码见chapter12/FFmpeg/app/src/main/cpp/ffmpeg.cpp)。

```cpp
#include <cstdio>
#include <cstring>
#include <jni.h>

// 由于FFmpeg库使用C语言实现,因此告诉编译器要遵循C语言的编译规则
extern "C" {
#include <libavcodec/avcodec.h>
#include <libavcodec/version.h>
#include <libavformat/version.h>
#include <libavutil/version.h>
#include <libavfilter/version.h>
#include <libswresample/version.h>
#include <libswscale/version.h>
};

#ifdef __cplusplus
extern "C" {
#endif

jstring Java_com_example_ffmpeg_MainActivity_getFFmpegVersion(JNIEnv *env, jclass clazz)
{
    char strBuffer[1024 * 4] = {0};
    strcat(strBuffer, " libavcodec : ");
    strcat(strBuffer, AV_STRINGIFY(LIBAVCODEC_VERSION));
    strcat(strBuffer, "\n libavformat : ");
    strcat(strBuffer, AV_STRINGIFY(LIBAVFORMAT_VERSION));
    strcat(strBuffer, "\n libavutil : ");
    strcat(strBuffer, AV_STRINGIFY(LIBAVUTIL_VERSION));
    strcat(strBuffer, "\n libavfilter : ");
    strcat(strBuffer, AV_STRINGIFY(LIBAVFILTER_VERSION));
    strcat(strBuffer, "\n libswresample : ");
    strcat(strBuffer, AV_STRINGIFY(LIBSWRESAMPLE_VERSION));
    strcat(strBuffer, "\n libswscale : ");
    strcat(strBuffer, AV_STRINGIFY(LIBSWSCALE_VERSION));
```

```
    strcat(strBuffer, "\n avcodec_configure : \n");
    strcat(strBuffer, avcodec_configuration());
    strcat(strBuffer, "\n avcodec_license : ");
    strcat(strBuffer, avcodec_license());
    return env->NewStringUTF(strBuffer);
}

#ifdef __cplusplus
}
#endif
```

02 打开src/main/res/layout目录下的布局文件activity_main.xml，将布局内容改成下面这样，主要增加查看按钮，以及显示FFmpeg版本信息的文本视图（完整代码见chapter12/FFmpeg/app/src/main/res/layout/activity_main.xml）。

```
<LinearLayout xmlns:android="http://schemas.android.com/apk/res/android"
    android:layout_width="match_parent"
    android:layout_height="match_parent"
    android:orientation="vertical">

    <Button
        android:id="@+id/btn_get"
        android:layout_width="match_parent"
        android:layout_height="wrap_content"
        android:text="查看ffmpeg版本信息"
        android:textColor="@color/white"
        android:textSize="17sp" />

    <TextView
        android:id="@+id/tv_desc"
        android:layout_width="match_parent"
        android:layout_height="wrap_content"
        android:textColor="@color/black"
        android:textSize="17sp" />
</LinearLayout>
```

03 打开src/main/java/com/example/ffmpeg目录下的代码文件MainActivity.java，将代码内容改成下面这样，主要加载NDK层的SO库，并在按钮单击事件中调用JNI接口（完整代码见chapter12/FFmpeg/app/src/main/java/com/example/ffmpeg/MainActivity.java）。

```
package com.example.ffmpeg;

import androidx.appcompat.app.AppCompatActivity;
import android.os.Bundle;
import android.widget.TextView;

public class MainActivity extends AppCompatActivity {

    @Override
    protected void onCreate(Bundle savedInstanceState) {
        super.onCreate(savedInstanceState);
        setContentView(R.layout.activity_main);
        TextView tv_desc = findViewById(R.id.tv_desc);
        findViewById(R.id.btn_get).setOnClickListener(v -> {
```

```
            String desc = "以下为FFmpeg的版本信息：\n"+getFFmpegVersion();
            tv_desc.setText(desc);  // 显示从FFmpeg获取的版本信息
        });
    }

    static {
        System.loadLibrary("ffmpeg");  // 加载动态库libffmpeg.so
    }

    // 声明来自原生层的jni函数getFFmpegVersion
    public static native String getFFmpegVersion();
}
```

04 单击Android Studio左上角项目区域的app模块，再依次选择顶部菜单Build→Make Module 'FFmpeg.app'，如图12-7所示，Android Studio就开始编译App工程了。

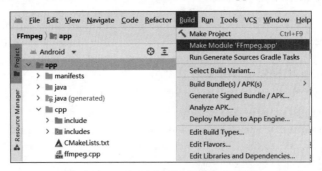

图 12-7 Android Studio 编译 App 工程

如果编译失败，根据Android Studio界面下方的出错信息修改代码或者配置文件，然后重新编译App工程，直至编译成功通过。

05 把测试手机通过数据线连接计算机的USB口，注意启用手机的开发者选项功能，并打开手机的USB调试功能。

然后依次选择Android Studio顶部菜单Run→Run 'app'，把编译通过的App安装到手机上，安装成功并正常启动的App界面如图12-8所示。单击上方的查看按钮，界面下方显示获得的FFmpeg版本信息，如图12-9所示，可见该App成功获取FFmpeg的各项版本代号，说明App代码通过JNI接口正确调用了FFmpeg平台的函数。

图 12-8 App 的初始界面　　　　　　　　图 12-9 App 显示 FFmpeg 版本信息

12.2 App 通过 FFmpeg 播放音频

本节介绍Android App通过FFmpeg播放音频文件的操作过程，首先描述如何在Windows环境利用交叉编译技术给FFmpeg集成mp3lame；然后叙述如何通过Java层的AudioTrack结合FFmpeg播放音频；最后阐述OpenSL ES的基本用法，以及如何通过OpenSL ES结合FFmpeg播放音频。

12.2.1 交叉编译时集成 mp3lame

FFmpeg并未内置MP3格式的编解码器，需要集成第三方的mp3lame库才行。在Windows环境通过交叉编译给Android平台的FFmpeg集成mp3lame时，具体的操作过程包括两个步骤：编译与安装mp3lame、启用mp3lame，分别说明如下。

1. 编译与安装mp3lame

mp3lame是个开源的MP3编解码库，交叉编译时需要自行编译它的源码。详细的编译步骤说明如下。

01 在开始菜单依次选择Visual Studio 2022→x64 Native Tools Command Prompt for VS 2022，打开Visual Studio的命令行窗口。

02 先进入msys64的安装目录，再运行以下命令打开MSYS窗口。

```
msys2_shell.cmd -mingw64
```

03 在MSYS窗口中进入之前下载并解压好的lame目录，也就是执行以下命令：

```
cd /usr/local/src/lame-3.100
```

04 在lame-3.100目录下创建脚本文件config_lame.sh，并填入以下内容（完整配置见chapter12/config_lame.sh）：

```
#!/bin/bash

NDK_HOME=/usr/local/src/android-ndk-r21e
SYSTEM=windows-x86_64
HOST=aarch64-linux-android
API=24
TOOLCHAIN=${NDK_HOME}/toolchains/llvm/prebuilt/$SYSTEM

export AR=$TOOLCHAIN/bin/$HOST-ar
export AS=$TOOLCHAIN/bin/$HOST-as
export LD=$TOOLCHAIN/bin/$HOST-ld
export RANLIB=$TOOLCHAIN/bin/$HOST-ranlib
export STRIP=$TOOLCHAIN/bin/$HOST-strip
export CC=$TOOLCHAIN/bin/$HOST$API-clang

echo "config for mp3lame"
./configure \
```

```
    --host=$HOST \
    --target=$HOST \
    --enable-shared \
    --enable-static \
    --prefix=/usr/local/app_lame
echo "config for mp3lame completed"
```

然后保存并退出文件config_lame.sh。

05 执行以下命令配置mp3lame：

```
./config_lame.sh
```

06 等待配置完成，执行以下命令编译和安装mp3lame：

```
make clean
make -j4
make install
```

以上步骤正确完成后，即可在/usr/local/app_lame/lib/目录下找到编译好的libmp3lame.so。

2. 启用mp3lame

由于FFmpeg默认未启用mp3lame，因此需要重新配置FFmpeg，标明启用mp3lame，然后重新编译安装FFmpeg。详细的启用步骤说明如下。

01 回到FFmpeg源码的目录，创建脚本文件config_ffmpeg_lame.sh，文件内容如下（完整配置见chapter12/config_ffmpeg_lame.sh）：

```
#!/bin/bash

NDK_HOME=/usr/local/src/android-ndk-r21e
SYSTEM=windows-x86_64
ARCH=aarch64
API=24
HOST=aarch64-linux-android

echo "config for FFmpeg"
./configure \
    --prefix=/usr/local/app_ffmpeg \
    --enable-shared \
    --disable-static \
    --disable-doc \
    --enable-cross-compile \
    --target-os=android \
    --arch=$ARCH \
    --cc=${NDK_HOME}/toolchains/llvm/prebuilt/$SYSTEM/bin/$HOST$API-clang \
    --cross-prefix=${NDK_HOME}/toolchains/$HOST-4.9/prebuilt/$SYSTEM/bin/$HOST- \
    --disable-ffmpeg \
    --disable-ffplay \
    --disable-ffprobe \
    --pkg-config-flags=--static \
    --pkg-config=pkg-config \
    --enable-libmp3lame \
```

```
--extra-cflags="-I/usr/local/app_lame/include" \
--extra-ldflags="-L/usr/local/app_lame/lib" \
--enable-gpl \
--enable-nonfree

echo "config for FFmpeg completed"
```

然后保存并退出文件config_ffmpeg_lame.sh。

02 执行以下命令配置FFmpeg：

```
./config_ffmpeg_lame.sh
```

03 等待配置完成，执行以下命令编译和安装FFmpeg：

```
make clean
make -j4
make install
```

以上步骤正确完成后，即可在/usr/local/app_ffmpeg/lib/目录下找到编译好的8个SO文件。

04 把第一步编译出来的libmp3lame.so复制到App工程的src\main\jniLibs\arm64-v8a下面，同时把第二步编译出来的8个FFmpeg的SO文件也复制到该目录下。

至此，给App工程的FFmpeg集成了mp3lame，底层的NDK代码才能正常处理MP3文件。

12.2.2 通过 AudioTrack 播放音频

FFmpeg可以把音视频文件中的音频流解析为PCM格式，而Android系统的Java代码能够通过AudioTrack播放PCM音频，那么能否让底层的C/C++代码来调用Java层的AudioTrack呢？幸好Java语言提供了反射技术，允许通过字符串直接调用对应名称的Java方法，由此实现了C/C++代码回调Java代码的功能。

不过，FFmpeg的调用代码甚是庞大。若要将其真正集成到App工程中，那可得费一番功夫，需要完整实现这3个步骤：在C/C++代码中通过回调AudioTrack播放音频、通过JNI接口给App工程集成C/C++代码、在App工程中执行音频播放操作。下面分别介绍这3个步骤。

1. 在C/C++代码中通过回调AudioTrack播放音频

让AudioTrack结合FFmpeg实现播放视频，除了使用FFmpeg原有的处理流程外，还需要补充下列两个步骤。

1）获取 Java 层的方法编号

Java层需要提供与AudioTrack有关的两个方法，其中一个是创建方法，另一个是播放方法，它们都要在C/C++代码中调用GetMethodID函数才能获得对应的方法编号。获取代码如下（完整代码见chapter12/FFmpeg/audio/src/main/cpp/audio.cpp）：

```
// 获取Java层clazz指向的类中名为create的方法编号
jmethodID create_method_id = env->GetMethodID(clazz, "create", "(II)V");
// 调用clazz对应编号的方法，该方法的返回类型为void，输入参数为采样频率和声道数量
env->CallVoidMethod((jobject)clazz, create_method_id,
                    decode_ctx->sample_rate, out_ch_layout.nb_channels);
jmethodID play_method_id = env->GetMethodID(clazz, "play", "([BI)V");
```

2)回调 Java 层的播放方法

因为AudioTrack在创建时就设定了采样频率和采样格式,所以FFmpeg在解析音频帧之后需要重采样转换为对应的采样规格,然后才能通过CallVoidMethod函数回调Java层的播放方法。回调代码如下:

```
// 重采样。也就是把输入的音频数据根据指定的采样规格转换为新的音频数据输出
swr_convert(swr_ctx, &out, out_size,
            (const uint8_t **) (frame->data), frame->nb_samples);
// 获取采样缓冲区的真实大小
int size = av_samples_get_buffer_size(NULL, channel_count,
              frame->nb_samples, AV_SAMPLE_FMT_S16, 1);
// 分配指定大小的Java字节数组
jbyteArray array = env->NewByteArray(size);
// 把音频缓冲区的数据复制到ava字节数组
env->SetByteArrayRegion(array, 0, size, (const jbyte *) (out));
// 调用clazz对应编号的方法,该方法的返回类型为void,输入参数为音频数据的数组及其大小
env->CallVoidMethod((jobject)clazz, play_method_id, array, size);
// 回收指定的Java字节数组
env->DeleteLocalRef(array);
```

2. 通过JNI接口给App工程集成C/C++代码

cpp目录下的C/C++代码需要通过JNI接口才能与App工程的Java代码交互,与JNI接口有关的集成步骤说明如下。

1)给 CMakeLists.txt 导入 FFmpeg

引入FFmpeg的CMakeLists.txt样例参见12.1.3节,不仅要把FFmpeg的头文件目录include复制到App工程的cpp目录下,还要把FFmpeg的SO文件全部复制到App工程的src/main/jniLibs/arm64-v8a目录下,注意确保libmp3lame.so也放进该目录。

2)编写 JNI 接口的函数框架

简单起见,与Java代码交互的JNI接口只实现一个播放接口,其输入参数包括音频路径。播放接口的函数框架示例如下(完整代码见chapter12/FFmpeg/audio/src/main/cpp/audio.cpp):

```
JNIEXPORT void JNICALL
Java_com_example_audio_util_FFmpegUtil_playAudioByTrack(
    JNIEnv *env, jclass clazz, jstring audio_path)
{
    const char *audioPath = env->GetStringUTFChars(audio_path, 0);
    if (audioPath == NULL) {
        LOGE("audioPath is null");
        return;
    }
    // 这里省略详细的FFmpeg处理逻辑
    env->ReleaseStringUTFChars(audio_path, audioPath);
}
```

3)在 Java 代码加载 SO 库并声明 JNI 接口

Java代码调用System.loadLibrary方法加载libffmpeg.so,同时声明上一步定义的播放接口,注意

给方法添加native关键字，表示它们来自原生的NDK层。除此之外，还需实现与AudioTrack有关的创建方法和播放方法，其中创建方法根据指定的采样规格创建音轨对象，而播放方法持续向音轨对象写入原始的PCM数据。加载代码如下（完整代码见chapter12/FFmpeg/audio/src/main/java/com/example/audio/util/FFmpegUtil.java）：

```java
public class FFmpegUtil {
    private AudioTrack mAudioTrack;                    // 播放PCM音频的音轨

    static {
        System.loadLibrary("ffmpeg");                  // 加载动态库libffmpeg.so
    }

    public static native void playAudioByTrack(String audioPath);

    // 创建音轨对象，供JNI层回调
    private void create(int sampleRate, int channelCount) {
        int channelType = (channelCount==1) ? AudioFormat.CHANNEL_OUT_MONO
                : AudioFormat.CHANNEL_OUT_STEREO;
        // 根据定义好的几个配置来获取合适的缓冲大小
        int bufferSize = AudioTrack.getMinBufferSize(sampleRate,
                channelType, AudioFormat.ENCODING_PCM_16BIT);
        // 根据音频配置和缓冲区构建原始音频播放实例
        mAudioTrack = new AudioTrack(AudioManager.STREAM_MUSIC,
                sampleRate, channelType, AudioFormat.ENCODING_PCM_16BIT,
                bufferSize, AudioTrack.MODE_STREAM);
        mAudioTrack.play();     // 开始播放原始音频
    }

    // 播放PCM音频，供JNI层回调
    private void play(byte[] bytes, int size) {
        if (mAudioTrack != null &&
                mAudioTrack.getPlayState() == AudioTrack.PLAYSTATE_PLAYING) {
            mAudioTrack.write(bytes, 0, size);   // 将数据写入音轨AudioTrack
        }
    }
}
```

3. 在App工程中执行音频播放操作

1）编写播放界面的布局文件

由于播放音频仅仅触发扬声器，不像视频那样还得渲染屏幕，因此播音页面很简单，只需一个音频打开按钮就行，布局代码如下（完整代码见chapter12/FFmpeg/audio/src/main/res/layout/activity_track.xml）：

```xml
<LinearLayout xmlns:android="http://schemas.android.com/apk/res/android"
    android:layout_width="match_parent"
    android:layout_height="match_parent"
    android:orientation="vertical">

    <Button
```

```
            android:id="@+id/btn_open"
            android:layout_width="match_parent"
            android:layout_height="wrap_content"
            android:text="打开音频（AudioTrack播放）"
            android:textSize="15sp" />
</LinearLayout>
```

2）编写播放页面的 Java 代码

简单起见，播放页面的Java代码只提供开始播放功能，不提供停止播放功能，播放控制代码如下（完整代码见chapter12/FFmpeg/audio/src/main/java/com/example/audio/TrackActivity.java）：

```
public class TrackActivity extends AppCompatActivity {
    private String mAudioPath;  // 待播放的音频路径

    @Override
    protected void onCreate(Bundle savedInstanceState) {
        super.onCreate(savedInstanceState);
        setContentView(R.layout.activity_track);
        ActivityResultLauncher launcher = registerForActivityResult(new
ActivityResultContracts.GetContent(), uri -> {
            if (uri != null) {
                // 根据Uri获取文件的绝对路径
                mAudioPath = GetFilePathFromUri.getFileAbsolutePath(this, uri);
                new Thread(() -> {
                    FFmpegUtil.playAudioByTrack(mAudioPath);  // AudioTrack播放音频
                }).start();
            }
        });
        findViewById(R.id.btn_open).setOnClickListener(v ->
launcher.launch("audio/*"));
    }
}
```

以上代码都写好之后，在Android Studio上编译并运行App。在App界面单击打开音频按钮，跳转到系统收音机，选择一个音频文件之后，能够正常收听音频的声波，说明通过AudioTrack结合FFmpeg成功实现了音频渲染功能。

12.2.3 使用 OpenSL ES 播放音频

OpenSL ES是面向嵌入式系统的开放音频库，全称为Open Sound Library for Embedded Systems。它采用C语言编写，实现了音频操作的跨平台应用，也适用于手机上的Android系统。因为没有用于计算机的OpenSL，不至于产生歧义，所以有时也把OpenSL ES简称为OpenSL。

使用OpenSL ES之前，要先包含它的头文件，也就是在C/C++代码开头增加以下两行包含语句：

```
#include <SLES/OpenSLES.h>
#include <SLES/OpenSLES_Android.h>
```

在OpenSL ES体系中，接口的含义更接近面向对象语言的实例，一个对象结构经过实例化再获取对应的接口，然后才能调用该接口的处理函数。各接口的获取步骤统一描述如下。

（1）调用Create***函数创建指定的对象结构。
（2）调用Realize函数把对象结构实例化。
（3）调用GetInterface函数从对象结构获取接口实例。

OpenSL ES常用的几个接口（实例）说明如下：

- SLEngineItf：OpenSL的引擎接口。它是OpenSL的入口实例，通过引擎接口可以创建混音器和播放器。
- SLEnvironmentalReverbItf：混音器接口。它指定音频混响输出的效果，比如房间效果、剧院效果、礼堂效果等。
- SLPlayItf：播放器接口。它控制着音频的播放状态。
- SLVolumeItf：音量接口。它用于调节音频的音量大小。
- SLAndroidSimpleBufferQueueItf：缓冲区接口。它存放着等待播放的音频数据。

若想把OpenSL ES集成到App工程中，需要完整实现这三个步骤：在C/C++代码中通过OpenSL ES播放音频、通过JNI接口给App工程集成C/C++代码、在App工程中执行音频播放操作，分别说明如下。

1. 在C/C++代码中通过OpenSL ES播放音频

通过OpenSL ES结合FFmpeg实现播放视频的话，除FFmpeg原有的处理流程外，还需补充下列4个步骤才行。

1）创建 OpenSL 引擎

先调用slCreateEngine函数创建引擎对象，再依次调用Realize和GetInterface两个函数实例化并获取引擎接口。创建代码如下（完整代码见chapter12/FFmpeg/audio/src/main/cpp/opensl.cpp）：

```
// 创建OpenSL引擎与引擎接口
SLresult OpenslHelper::createEngine() {
    // 创建引擎
    result = slCreateEngine(&engine, 0, NULL, 0, NULL, NULL);
    if (!isSuccess(result)) {
        return result;
    }
    // 实例化引擎，第二个参数为：是否异步
    result = (*engine)->Realize(engine, SL_BOOLEAN_FALSE);
    if (!isSuccess(result)) {
        return result;
    }
    // 获取引擎接口
    result = (*engine)->GetInterface(engine, SL_IID_ENGINE, &engineItf);
    if (!isSuccess(result)) {
        return result;
    }
    return result;
}
```

2）创建混音器

先调用CreateOutputMix函数通过引擎接口创建混音器，再依次调用Realize和GetInterface两个函数实例化并获取混音接口。创建代码如下：

```
// 创建混音器与混音接口
SLresult OpenslHelper::createMix() {
    // 获取混音器
    result = (*engineItf)->CreateOutputMix(engineItf, &mix, 0, 0, 0);
    if (!isSuccess(result)) {
        return result;
    }
    // 实例化混音器
    result = (*mix)->Realize(mix, SL_BOOLEAN_FALSE);
    if (!isSuccess(result)) {
        return result;
    }
    // 获取环境混响混音器接口
    SLresult envResult = (*mix)->GetInterface(
            mix, SL_IID_ENVIRONMENTALREVERB, &envItf);
    if (isSuccess(envResult)) {
        // 给混音器设置环境
        (*envItf)->SetEnvironmentalReverbProperties(envItf, &settings);
    }
    return result;
}
```

3）创建播放器

先调用CreateAudioPlayer函数通过引擎接口创建音频播放器，再依次调用Realize和GetInterface两个函数实例化并获取播放接口与音量接口。创建代码如下：

```
// 创建播放器与播放接口。输入参数包括：声道数、采样率、采样位数（量化格式）、立体声掩码
SLresult OpenslHelper::createPlayer(int numChannels, long samplesRate, int bitsPerSample, int channelMask) {
    // 关联音频流缓冲区。设为2是防止延迟，可以在播放另一个缓冲区时填充新数据
    SLDataLocator_AndroidSimpleBufferQueue buffQueque =
{SL_DATALOCATOR_ANDROIDSIMPLEBUFFERQUEUE, 2};
    // 缓冲区格式
    SLDataFormat_PCM dataFormat_pcm = {
            SL_DATAFORMAT_PCM, (SLuint32) numChannels, (SLuint32) samplesRate,
            (SLuint32) bitsPerSample, (SLuint32) bitsPerSample,
            (SLuint32) channelMask, SL_BYTEORDER_LITTLEENDIAN};
    // 存放缓冲区地址和格式地址的结构体
    SLDataSource audioSrc = {&buffQueque, &dataFormat_pcm};
    // 关联混音器
    SLDataLocator_OutputMix dataLocator_outputMix = {SL_DATALOCATOR_OUTPUTMIX, mix};
    // 混音器快捷方式
    SLDataSink audioSink = {&dataLocator_outputMix, NULL};
    // 通过引擎接口创建播放器
    SLInterfaceID ids[3] = {SL_IID_BUFFERQUEUE, SL_IID_EFFECTSEND, SL_IID_VOLUME};
    SLboolean required[3] = {SL_BOOLEAN_TRUE, SL_BOOLEAN_TRUE, SL_BOOLEAN_TRUE};
```

```
        // 创建音频播放器
        result = (*engineItf)->CreateAudioPlayer(
                engineItf, &player, &audioSrc, &audioSink, 3, ids, required);
        if (!isSuccess(result)) {
            return result;
        }
        // 实例化播放器
        result = (*player)->Realize(player, SL_BOOLEAN_FALSE);
        if (!isSuccess(result)) {
            return result;
        }
        // 获取播放接口
        result = (*player)->GetInterface(player, SL_IID_PLAY, &playItf);
        if (!isSuccess(result)) {
            return result;
        }
        // 获取音量接口
        result = (*player)->GetInterface(player, SL_IID_VOLUME, &volumeItf);
        if (!isSuccess(result)) {
            return result;
        }
        // 注册缓冲区
        result = (*player)->GetInterface(player, SL_IID_BUFFERQUEUE, &bufferQueueItf);
        if (!isSuccess(result)) {
            return result;
        }
        return result;
}
```

4）执行播音操作

OpenSL ES的播音过程比较特别，不像视频那样每放完一帧就主动休眠，而是每帧音频播放结束会自己回调，在回调的时候才获取下一帧音频。为此，整个播音过程又分为三个步骤：轮询音频帧、控制播放状态、开始遍历音频文件，分别说明如下。

（1）轮询音频帧

首先定义一个获取音频数据的函数，该函数每次只获取一帧音频。然后通过回调函数判断当前的播放状态，如果已经播放结束，就释放所有资源；如果还在播放中，就获取下一帧音频数据，并将该帧音频加入播放缓冲区。轮询代码如下（完整代码见chapter12/FFmpeg/audio/src/main/cpp/audio.cpp）：

```
bool is_finished = false;
// 获取音频数据
void getAudioData(uint8_t **out, int *buff_size) {
    if (out == NULL || buff_size == NULL) {
        return;
    }

    while (true) {
        int ret = av_read_frame(fmt_ctx, packet);  // 轮询数据包
        if (ret != 0) {
```

```
                is_finished = true;
                break;
            }
            if (packet->stream_index == audio_index) { // 音频包需要解码
                // 把未解压的数据包发送给解码器实例
                ret = avcodec_send_packet(decode_ctx, packet);
                if (ret == 0) {
                    // 从解码器实例获取还原后的数据帧
                    ret = avcodec_receive_frame(decode_ctx, frame);
                    if (ret == 0) {
                        // 重采样。把输入的音频数据根据指定的采样规格转成新的音频数据
                        swr_convert(swr_ctx, out, out_size,
                                (const uint8_t **) (frame->data), frame->nb_samples);
                        // 获取采样缓冲区的真实大小
                        *buff_size = av_samples_get_buffer_size(NULL, channel_count,
                                frame->nb_samples, AV_SAMPLE_FMT_S16, 1);
                    } else {
                        is_finished = true;
                    }
                    break;
                }
            }
        }
    }
}

// 播放器会不断调用该函数，需要在此回调中持续向缓冲区填充数据
void playerCallback(SLAndroidSimpleBufferQueueItf bq, void *pContext) {
    if (is_finished || helper.playState == SL_PLAYSTATE_STOPPED) {
        release(); // 释放各类资源
        helper.~OpenslHelper();
    } else if (helper.playState == SL_PLAYSTATE_PLAYING) {
        getAudioData(&out, &buff_size); // 获取音频数据
        if (out != NULL && buff_size != 0) {
            (*bq)->Enqueue(bq, out, (SLuint32) (buff_size));
        }
    }
}
```

（2）控制播放状态

开始播放和停止播放两个功能，本身不会直接操作扬声器，而是改变播放状态的数值，然后在下次回调时根据播放状态分支处理。另外，要调用RegisterCallback函数给缓冲区接口注册回调入口，这样OpenSL才能找到回调入口。状态控制代码如下：

```
// 开始播放
SLresult OpenslHelper::play() {
    playState = SL_PLAYSTATE_PLAYING;
    result = (*playItf)->SetPlayState(playItf, SL_PLAYSTATE_PLAYING);
    return result;
}

// 停止播放
```

```
SLresult OpenslHelper::stop() {
    playState = SL_PLAYSTATE_STOPPED;
    result = (*playItf)->SetPlayState(playItf, SL_PLAYSTATE_STOPPED);
    return result;
}

// 注册回调入口
SLresult OpenslHelper::registerCallback(slAndroidSimpleBufferQueueCallback callback) {
    // 注册回调入口
    result = (*bufferQueueItf)->RegisterCallback(bufferQueueItf, callback, NULL);
    return result;
}
```

(3）开始遍历音频文件

前面的步骤都准备好了，再开始遍历音频文件。注意先调用registerCallback函数注册回调入口，再调用play函数将播放状态改为正在播放，最后调用playerCallback函数开始播放首帧音频。一旦首帧播放完毕，OpenSL就回调之前注册的回调入口playerCallback，然后每帧播放完都回到playerCallback这里，如此往复，直至遍历结束，从而实现持续播放音频文件的目标。遍历代码如下：

```
helper.registerCallback(playerCallback);              // 注册回调入口
helper.play();  // 开始播放
playerCallback(helper.bufferQueueItf, NULL);          // 开始播放首帧音频
```

2. 通过JNI接口给App工程集成C/C++代码

cpp目录下的C/C++代码需要通过JNI接口才能与App工程的Java代码交互，与JNI接口有关的集成步骤说明如下。

1）给 CMakeLists.txt 导入 FFmpeg

引入FFmpeg的CMakeLists.txt样例参见12.1.3节，不仅要把FFmpeg的头文件目录include复制到App工程的cpp目录下，还要把FFmpeg的SO文件全部复制到App工程的src/main/jniLibs/arm64-v8a目录下，注意确保libmp3lame.so也放进了该目录。

除此之外，因为用到了OpenSL ES，所以务必确保CMakeLists.txt引入了OpenSLES这个库，否则NDK层的C/C++代码无法正常使用OpenSL ES。

2）编写 JNI 接口的函数框架

与Java代码交互的JNI接口主要有两个，一个是开始播放接口，另一个是停止播放接口。其中开始播放接口的输入参数包括音频路径，而停止播放接口无须额外的输入参数。这两个JNI接口的函数框架示例如下（完整代码见chapter12/FFmpeg/audio/src/main/cpp/audio.cpp）：

```
JNIEXPORT void JNICALL
Java_com_example_audio_util_FFmpegUtil_playAudioByOpenSL(
        JNIEnv *env, jclass clazz, jstring audio_path)
{
    // 这里省略详细的FFmpeg处理逻辑
}

JNIEXPORT void JNICALL
```

```
Java_com_example_audio_util_FFmpegUtil_stopPlayByOpenSL(JNIEnv *env, jclass clazz)
{
    helper.stop(); // 停止播放
}
```

3)在 Java 代码加载 SO 库并声明 JNI 接口

Java代码调用System.loadLibrary方法加载libffmpeg.so,同时声明上一步定义的两个JNI接口,注意给方法添加native关键字,表示它们来自原生的NDK层。加载代码如下(完整代码见chapter12/FFmpeg/audio/src/main/java/com/example/audio/util/FFmpegUtil.java):

```java
public class FFmpegUtil {
    static {
        System.loadLibrary("ffmpeg"); // 加载动态库libffmpeg.so
    }

    public static native void playAudioByOpenSL(String audioPath);
    public static native void stopPlayByOpenSL();
}
```

3. 在App工程中执行音频播放操作

1)编写播放界面的布局文件

由于播放音频仅仅触发扬声器,不像视频那样还得渲染屏幕,因此播音页面很简单,只需一个打开音频按钮就行,布局代码如下(完整代码见chapter12/FFmpeg/audio/src/main/res/layout/activity_opensl.xml):

```xml
<LinearLayout xmlns:android="http://schemas.android.com/apk/res/android"
    android:layout_width="match_parent"
    android:layout_height="match_parent"
    android:orientation="vertical">

    <Button
        android:id="@+id/btn_open"
        android:layout_width="match_parent"
        android:layout_height="wrap_content"
        android:text="打开音频(OpenSL播放)"
        android:textSize="15sp" />
</LinearLayout>
```

2)编写播放页面的 Java 代码

播放页面的Java代码主要实现控制播放的两个基本功能,一个是选择音频并调用JNI的播放接口,另一个是返回上一页时停止播放,播放控制代码如下(完整代码见chapter12/FFmpeg/audio/src/main/java/com/example/audio/OpenSLActivity.java):

```java
public class OpenSLActivity extends AppCompatActivity {
    private String mAudioPath; // 待播放的音频路径

    @Override
    protected void onCreate(Bundle savedInstanceState) {
        super.onCreate(savedInstanceState);
        setContentView(R.layout.activity_opensl);
```

```
        ActivityResultLauncher launcher = registerForActivityResult(new
ActivityResultContracts.GetContent(), uri -> {
            if (uri != null) {
                // 根据Uri获取文件的绝对路径
                mAudioPath = GetFilePathFromUri.getAbsolutePath(this, uri);
                new Thread(() -> {
                    FFmpegUtil.playAudioByOpenSL(mAudioPath);  // OpenSL播放音频
                }).start();
            }
        });
        findViewById(R.id.btn_open).setOnClickListener(v ->
launcher.launch("audio/*"));
    }

    @Override
    public void onBackPressed() {
        super.onBackPressed();
        FFmpegUtil.stopPlayByOpenSL();  // 停止播放
    }
}
```

以上代码都写好之后，在Android Studio上编译并运行App。在App界面单击打开音频按钮，跳转到系统收音机，选择一个音频文件之后，能够正常收听音频的声波，说明通过OpenSL ES结合FFmpeg成功实现了音频渲染功能。

12.3 App 通过 FFmpeg 播放视频

本节介绍Android App通过FFmpeg播放视频文件的操作过程，首先描述如何在Windows环境利用交叉编译技术给FFmpeg集成x264和FreeType；然后叙述如何通过原生窗口ANativeWindow结合FFmpeg播放视频；最后阐述EGL的基本用法，以及如何通过EGL与OpenGL ES结合FFmpeg播放视频。

12.3.1 交叉编译时集成 x264 和 FreeType

除处理音频时经常用到的mp3lame库外，FFmpeg在处理视频时还经常使用x264和FreeType两个库，其中x264为H.264格式的编解码库，FreeType为字体引擎。在Windows环境通过交叉编译给Android平台的FFmpeg集成这两个库时，具体的操作过程包括三个步骤：编译与安装x264、编译与安装FreeType、启用x264和FreeType，分别说明如下。

1. 编译与安装x264

x264是一个开源的H.264编解码库，交叉编译时需要自行编译它的源码。详细的编译步骤说明如下。

01 在开始菜单依次选择Visual Studio 2022→x64 Native Tools Command Prompt for VS 2022，打开Visual Studio的命令行窗口。

02 先进入msys64的安装目录，再运行以下命令打开MSYS窗口。

```
msys2_shell.cmd -mingw64
```

03 在MSYS窗口中进入之前下载并解压好的x264目录，也就是执行以下命令：

```
cd /usr/local/src/x264-master
```

04 打开x264-master目录下的configure文件，把下面这行（一共有一模一样的两行，两行都要改，别漏了）：

```
echo "SONAME=libx264.so.$API" >> config.mak
```

改为下面这行：

```
echo "SONAME=libx264.so" >> config.mak
```

这么修改的原因是：虽然Linux环境可以对SO库进行软链接，但是Windows环境不存在软链接。如果直接把源文件复制一份，会导致后面安装启动App时报错"so.**不存在"。所以要去掉SO库的数字后缀，避免产生Windows环境的软链接问题。

05 打开x264-master目录下的Makefile文件，把下面这行：

```
ln -f -s $(SONAME) $(DESTDIR)$(libdir)/libx264.$(SOSUFFIX)
```

改为下面这行，也就是把Linux的软链接命令改为Windows的复制命令：

```
cp -rf $(SONAME) $(DESTDIR)$(libdir)/libx264.$(SOSUFFIX)
```

06 在x264-master目录下创建脚本文件config_x264.sh，并填入以下内容（完整配置见chapter12/config_x264.sh）：

```
#!/bin/bash

NDK_HOME=/usr/local/src/android-ndk-r21e
SYSTEM=windows-x86_64
HOST=aarch64-linux-android
API=24
export CC=${NDK_HOME}/toolchains/llvm/prebuilt/$SYSTEM/bin/$HOST$API-clang

echo "config for x264"
./configure \
  --enable-shared \
  --enable-static \
  --prefix=/usr/local/app_x264 \
  --host=$HOST \
  --cross-prefix=${NDK_HOME}/toolchains/$HOST-4.9/prebuilt/$SYSTEM/bin/$HOST- \
  --enable-pic \
  --enable-strip \
  --extra-cflags="-fPIC"
echo "config for x264 completed"
```

然后保存并退出文件config_x264.sh。

07 执行以下命令配置x264：

```
./config_x264.sh
```

08 等待配置完成,执行以下命令编译和安装x264:

```
make clean
make -j4
make install
```

以上步骤都正确完成后,即可在/usr/local/app_x264/lib/目录下找到编译好的libx264.so。

2. 编译与安装FreeType

FreeType是一个开源的字体引擎,交叉编译时需要自行编译它的源码。详细的编译步骤说明如下。

01 在MSYS窗口中进入之前下载并解压好的FreeType目录,也就是执行以下命令:

```
cd /usr/local/src/freetype-2.13.0
```

02 在freetype-2.13.0目录下创建脚本文件config_freetype.sh,并填入以下内容(完整配置见chapter12/config_freetype.sh):

```
#!/bin/bash

NDK_HOME=/usr/local/src/android-ndk-r21e
SYSTEM=windows-x86_64
HOST=aarch64-linux-android
API=24
TOOLCHAIN=${NDK_HOME}/toolchains/llvm/prebuilt/$SYSTEM

export AR=$TOOLCHAIN/bin/$HOST-ar
export AS=$TOOLCHAIN/bin/$HOST-as
export LD=$TOOLCHAIN/bin/$HOST-ld
export RANLIB=$TOOLCHAIN/bin/$HOST-ranlib
export STRIP=$TOOLCHAIN/bin/$HOST-strip
export CC=$TOOLCHAIN/bin/$HOST$API-clang

echo "config for freetype"
./configure \
  --host=$HOST \
  --target=$HOST \
  --enable-shared \
  --enable-static \
  --with-bzip2=no \
  --prefix=/usr/local/app_freetype
echo "config for freetype completed"
```

然后保存并退出文件config_freetype.sh。

03 执行以下命令配置FreeType:

```
./config_freetype.sh
```

04 等待配置完成,执行以下命令编译和安装FreeType:

```
make clean
```

```
make -j4
make install
```

以上步骤都正确完成后，即可在/usr/local/app_freetype/lib/目录下找到编译好的libfreetype.so。

3. 启用x264和FreeType

由于FFmpeg默认未启用x264和FreeType，因此需要重新配置FFmpeg，标明启用x264和FreeType，然后重新编译和安装FFmpeg。详细的启用步骤说明如下。

01 给环境变量PKG_CONFIG_PATH添加依赖库的路径列表，也就是在/etc/profile文件末尾添加以下几行：

```
export PKG_CONFIG_PATH=/usr/local/app_x264/lib/pkgconfig:$PKG_CONFIG_PATH
export PKG_CONFIG_PATH=/usr/local/app_freetype/lib/pkgconfig:$PKG_CONFIG_PATH
```

同时，把其他行的export注释掉，也就是在其他行的export前面添加井号"#"。

02 执行以下命令重新加载环境变量：

```
source /etc/profile
```

03 执行以下命令查看当前的环境变量，发现PKG_CONFIG_PATH的修改已经生效。

```
env | grep PKG_CONFIG_PATH
```

04 回到FFmpeg源码的目录，创建脚本文件config_ffmpeg_full.sh，文件内容如下（完整配置见chapter12/config_ffmpeg_full.sh）：

```
#!/bin/bash

NDK_HOME=/usr/local/src/android-ndk-r21e
SYSTEM=windows-x86_64
ARCH=aarch64
API=24
HOST=aarch64-linux-android

echo "config for FFmpeg"
./configure \
  --prefix=/usr/local/app_ffmpeg \
  --enable-shared \
  --disable-static \
  --disable-doc \
  --enable-cross-compile \
  --target-os=android \
  --arch=$ARCH \
  --cc=${NDK_HOME}/toolchains/llvm/prebuilt/$SYSTEM/bin/$HOST$API-clang \
  --cross-prefix=${NDK_HOME}/toolchains/$HOST-4.9/prebuilt/$SYSTEM/bin/$HOST- \
  --disable-ffmpeg \
  --disable-ffplay \
  --disable-ffprobe \
  --pkg-config-flags=--static \
  --pkg-config=pkg-config \
  --enable-libx264 \
```

```
    --enable-libfreetype \
    --enable-libmp3lame \
    --extra-cflags="-I/usr/local/app_lame/include" \
    --extra-ldflags="-L/usr/local/app_lame/lib" \
    --enable-gpl \
    --enable-nonfree

echo "config for FFmpeg completed"
```

然后保存并退出文件config_ffmpeg_full.sh。

05 执行以下命令配置FFmpeg：

```
./config_ffmpeg_full.sh
```

06 等待配置完成，执行以下命令编译和安装FFmpeg：

```
make clean
make -j4
make install
```

以上步骤正确完成后，即可在/usr/local/app_ffmpeg/lib/目录下找到编译好的8个SO文件。

07 把第一步编译出来的libx264.so复制到App工程的src/main/jniLibs/arm64-v8a目录下，把第二步编译出来的libfreetype.so也复制到arm64-v8a目录下，同时把本步骤刚编译出来的8个FFmpeg的SO文件一起复制到arm64-v8a目录下。

至此，给App工程的FFmpeg集成了x264和FreeType，底层的NDK代码才能正常处理H.264格式的视频文件，以及给视频画面添加文字水印。

12.3.2 通过 ANativeWindow 播放视频

在Android系统上播放视频，可使用SDK自带的MediaPlayer或者VideoView，不过只能在Java层调用。而FFmpeg采用C代码编写，意味着必须另辟蹊径，鉴于视频要在App界面上播放，因此C代码首先得拿到App界面的表面对象，才能往表面对象渲染每帧视频的YUV图像。

简单处理的话，可以从Surface表面对象获取原生窗口ANativeWindow，通过ANativeWindow处理App控件与FFmpeg视频帧之间的交互操作。使用ANativeWindow之前，要先包含它的头文件，也就是在C/C++代码开头增加以下两行包含语句：

```
#include <android/native_window.h>
#include <android/native_window_jni.h>
```

与ANativeWindow有关的函数说明如下。

- ANativeWindow_fromSurface：从表面对象获取原生窗口。输入参数为App控件的表面对象，输出参数为ANativeWindow指针类型的原生窗口。
- ANativeWindow_setBuffersGeometry：设置原生窗口的缓冲区。第一个参数为ANativeWindow指针类型的原生窗口，第二个参数为窗口宽度，第三个参数为窗口高度，第四个窗口为像素格式。
- ANativeWindow_lock：锁定窗口对象和窗口缓存。第一个参数为ANativeWindow指针类型，第二个参数为ANativeWindow_Buffer指针类型。

- ANativeWindow_unlockAndPost：解锁窗口对象。输入参数为ANativeWindow指针类型。要等窗口缓存的数据都写入之后，再调用该函数刷新屏幕。
- ANativeWindow_release：释放原生窗口。输入参数为ANativeWindow指针类型。

虽然明确了能够在C/C++代码中借助ANativeWindow渲染视频，但是真正集成到App工程的话，需要完整实现这3个步骤：在C/C++代码中通过ANativeWindow播放视频、通过JNI接口给App工程集成C/C++代码、在App工程中执行视频播放操作。下面分别介绍这3个步骤。

1. 在C/C++代码中通过ANativeWindow播放视频

让ANativeWindow结合FFmpeg实现播放视频的话，除FFmpeg原有的处理流程外，还需补充下列4个步骤才行。

1）初始化 ANativeWindow

ANativeWindow的初始化操作主要有两项，一项是调用ANativeWindow_fromSurface函数从表面对象获取原生窗口；另一项是调用ANativeWindow_setBuffersGeometry函数设置原生窗口的缓冲区大小。初始化代码如下（完整代码见chapter12/FFmpeg/video/src/main/cpp/video.cpp）：

```
// 从表面对象获取原生窗口
ANativeWindow *nativeWindow = ANativeWindow_fromSurface(env, surface);
LOGI("set native window");
// 设置原生窗口的缓冲区大小
ANativeWindow_setBuffersGeometry(nativeWindow, decode_ctx->width,
                decode_ctx->height, WINDOW_FORMAT_RGBA_8888);
ANativeWindow_Buffer windowBuffer;   // 声明窗口缓存结构
```

2）通过 ANativeWindow 渲染视频画面

轮询每个视频帧的时候，需要按照以下步骤将帧数据传给ANativeWindow，由ANativeWindow把视频画面渲染到表面对象。

（1）调用ANativeWindow_lock函数锁定窗口对象和窗口缓存。
（2）调用sws_scale函数把视频帧缩放到指定宽高。
（3）把缩放后的YUV数据逐行复制到窗口缓存。
（4）调用ANativeWindow_unlockAndPost函数解锁窗口对象。

依据上面的操作步骤描述，编写FFmpeg的渲染代码如下：

```
// 锁定窗口对象和窗口缓存
ANativeWindow_lock(nativeWindow, &windowBuffer, NULL);
// 开始转换图像格式
sws_scale(swsContext, (uint8_t const *const *) frame->data,
        frame->linesize, 0, decode_ctx->height,
        render_frame->data, render_frame->linesize);
uint8_t *dst = (uint8_t *) windowBuffer.bits;
uint8_t *src = (render_frame->data[0]);
int dstStride = windowBuffer.stride * 4;
int srcStride = render_frame->linesize[0];
// 由于原生窗口的每行大小与数据帧的每行大小不同，因此需要逐行复制
for (int i = 0; i < decode_ctx->height; i++) {
```

```
        memcpy(dst + i * dstStride, src + i * srcStride, srcStride);
    }
    ANativeWindow_unlockAndPost(nativeWindow);      // 解锁窗口对象
```

3）释放 ANativeWindow 资源

视频遍历结束，除释放FFmpeg相关的实例资源外，还要释放ANativeWindow的窗口资源，也就是调用ANativeWindow_release函数释放原生窗口，释放代码如下：

```
ANativeWindow_release(nativeWindow);    // 释放原生窗口
```

4）调整每帧之间的睡眠间隔

别看手机屏幕比计算机屏幕小得多，实际上手机屏幕的像素分辨率跟计算机屏幕不相上下，宽度和高度基本能达到一千多像素，意味着手机上的横屏播放相当于计算机上的全屏播放，非常消耗处理器资源。对于如此大幅的屏幕尺寸，每次渲染一帧视频都要耗时十几毫秒甚至几十毫秒，要知道帧率为25fps时每两帧之间的间隔也才40毫秒（1000/25=40），可见十几毫秒的渲染耗时已经很接近原本的40毫秒间隔。

假设手机横屏播放时每渲染一帧平均耗时20毫秒，那么如果再按原来休眠40毫秒的话，等到渲染下一帧时足足过去了60毫秒。如此一来，原本每秒要播放25帧视频，现在每秒只能播放大约16帧视频（1000/60≈16），肉眼发现整个视频画面都变卡顿了。可见休眠时间不能采取40毫秒，而要根据每帧的渲染耗时动态计算，计算规则说明如下。

（1）计算各帧的约定播放时间点，比如第一帧在0秒处播放，第二帧在0.04秒处播放，第三帧在0.08秒处播放，以此类推。

（2）获取各帧渲染结束的时间点，也就是在每帧渲染完毕时马上获取当前时间，这个结束时间点与下一帧播放时间点的差额便是本次的休眠时长。

那么事先定义两个时间变量，一个存放各帧的约定播放时间点，另一个存放当前时间点，如下所示：

```
long play_time = av_gettime();          // 各帧的约定播放时间点
long now_time = av_gettime();           // 当前时间点
```

接着每次渲染完一帧视频，就立即获取当前时间，将下一帧的约定播放时间点减去当前时间，二者之差便是本次应当休眠的间隔。休眠间隔的计算代码如下：

```
now_time = av_gettime();
play_time += interval;                  // 下一帧的约定播放时间点
long temp_interval = play_time-now_time;
temp_interval = (temp_interval < 0) ? 0 : temp_interval;
av_usleep(temp_interval);               // 睡眠若干微秒
if (is_stop) {                          // 是否停止播放
    break;
}
```

2. 通过JNI接口给App工程集成C/C++代码

cpp目录下的C/C++代码需要通过JNI接口才能与App工程的Java代码交互，与JNI接口有关的集成步骤说明如下。

1)给 CMakeLists.txt 导入 FFmpeg

引入FFmpeg的CMakeLists.txt样例参见12.1.3节,不仅要把FFmpeg的头文件目录include复制到App工程的cpp目录下,还要把FFmpeg的SO文件全部复制到App工程的src/main/jniLibs/arm64-v8a目录下,注意确保libx264.so和libfreetype.so也放进了arm64-v8a目录。

2)编写 JNI 接口的函数框架

与Java代码交互的JNI接口主要有两个,一个是开始播放接口,另一个是停止播放接口。其中开始播放接口的输入参数包括视频路径和表面对象,而停止播放接口无须额外的输入参数。这两个JNI接口的函数框架如下(完整代码见chapter12/FFmpeg/video/src/main/cpp/video.cpp):

```cpp
// 开始播放视频
JNIEXPORT void JNICALL
Java_com_example_video_util_FFmpegUtil_playVideoByNative(
    JNIEnv *env, jclass clazz, jstring video_path, jobject surface)
{
    const char *videoPath = env->GetStringUTFChars(video_path, 0);
    if (videoPath == NULL) {
        LOGE("videoPath is null");
        return;
    }
    is_stop = 0;
    // 这里省略详细的FFmpeg处理逻辑
    env->ReleaseStringUTFChars(video_path, videoPath);
}

// 停止播放视频
JNIEXPORT void JNICALL
Java_com_example_video_util_FFmpegUtil_stopPlay(
    JNIEnv *env, jclass clazz)
{
    is_stop = 1;
}
```

注意,停止播放接口通过is_stop变量控制播放操作,当is_stop为1时,FFmpeg应当立刻结束遍历直接返回。这个is_stop变量可在表示common.c中定义,定义代码如下:

```
int is_stop = 0;  // 是否停止播放。0表示不停止,1表示停止
```

由于多个C代码都用到了is_stop,因此把该变量放在头文件include/common.h中进行声明,声明代码如下:

```
extern int is_stop;  // 是否停止播放。0表示不停止,1表示停止
```

3)在 Java 代码中加载 SO 库并声明 JNI 接口

Java代码调用System.loadLibrary方法加载libffmpeg.so,同时声明上一步定义的两个JNI接口,注意给方法添加native关键字,表示它们来自原生的NDK层。加载代码如下(完整代码见chapter12/FFmpeg/video/src/main/java/com/example/video/util/FFmpegUtil.java):

```java
public class FFmpegUtil {
    static {
        System.loadLibrary("ffmpeg");  // 加载动态库libffmpeg.so
```

```
    }
    public static native void playVideoByNative(String videoPath, Surface surface);
    public static native void stopPlay();
}
```

3. 在App工程中执行视频播放操作

App代码要自定义一个能拿到表面对象的视图控件,才能让底层的ANativeWindow在该视图上渲染视频画面,具体的实现步骤说明如下。

1)基于 SurfaceView 自定义视图控件

之所以让自定义视图继承SurfaceView,是因为SurfaceView能够获取ANativeWindow需要的表面对象Surface,自定义代码如下(完整代码见chapter12/FFmpeg/video/src/main/java/com/example/video/widget/FFmpegView.java):

```java
public class FFmpegView extends SurfaceView {
    private Surface mSurface;  // 声明一个表面对象

    public FFmpegView(Context context) {
        super(context);
        init();
    }

    public FFmpegView(Context context, AttributeSet attrs) {
        super(context, attrs);
        init();
    }

    public FFmpegView(Context context, AttributeSet attrs, int defStyleAttr) {
        super(context, attrs, defStyleAttr);
        init();
    }

    private void init() {
        getHolder().setFormat(PixelFormat.RGBA_8888);
        mSurface = getHolder().getSurface();  // 获取表面对象
    }

    public void playVideoByNative(final String videoPath) {
        new Thread(() -> {  // 开始播放
            FFmpegUtil.playVideoByNative(videoPath, mSurface);
        }).start();
    }

    public void stopPlay() {
        FFmpegUtil.stopPlay();  // 停止播放
    }
}
```

2)编写播放界面的布局文件

播放界面的布局很简单,除打开视频按钮外,就是上一步自定义的视图控件FFmpegView,布局代码如下(完整代码见chapter12/FFmpeg/video/src/main/res/layout/activity_native.xml):

```xml
<LinearLayout xmlns:android="http://schemas.android.com/apk/res/android"
    android:layout_width="match_parent"
    android:layout_height="match_parent"
    android:orientation="vertical">

    <Button
        android:id="@+id/btn_open"
        android:layout_width="match_parent"
        android:layout_height="wrap_content"
        android:text="打开视频(ANative播放)"
        android:textSize="15sp" />

    <com.example.video.widget.FFmpegView
        android:id="@+id/fv_video"
        android:layout_width="match_parent"
        android:layout_height="200dp" />
</LinearLayout>
```

3)编写播放页面的 Java 代码

播放页面的Java代码主要实现控制播放的两个基本功能,一个是选择视频并调用JNI的播放接口,另一个是返回上一页时停止播放,播放控制代码如下(完整代码见chapter12/FFmpeg/video/src/main/java/com/example/video/NativeActivity.java):

```java
public class NativeActivity extends AppCompatActivity {
    private FFmpegView fv_video;            // FFmpeg的播放视图
    private String mVideoPath;              // 待播放的视频路径

    @Override
    protected void onCreate(Bundle savedInstanceState) {
        super.onCreate(savedInstanceState);
        setContentView(R.layout.activity_native);
        fv_video = findViewById(R.id.fv_video);
        ActivityResultLauncher launcher = registerForActivityResult(new
ActivityResultContracts.GetContent(), uri -> {
            if (uri != null) {
                // 根据Uri获取文件的绝对路径
                mVideoPath = GetFilePathFromUri.getFileAbsolutePath(this, uri);
                fv_video.playVideoByNative(mVideoPath);    // ANative方式播放
            }
        });
        findViewById(R.id.btn_open).setOnClickListener(v ->
launcher.launch("video/*"));
    }

    @Override
    public void onBackPressed() {
```

```
        super.onBackPressed();
        fv_video.stopPlay(); // 停止播放
    }
}
```

以上代码都写好之后，在Android Studio上编译并运行App。在App界面上单击打开视频按钮，跳转到系统相册，选择一个视频文件之后，观察App的播放界面，如图12-10所示，说明通过ANativeWindow结合FFmpeg成功实现了视频渲染功能。

图 12-10　ANativeWindow 结合 FFmpeg 播放视频

12.3.3　使用 OpenGL ES 播放视频

虽然OpenGL的三维制图功能非常强大，但是它主要是为计算机设计的，对于嵌入式设备来说，就显得比较臃肿了。故而业界又设计了专供嵌入式设备的OpenGL，名为OpenGL for Embedded Systems，简称OpenGL ES，它相当于OpenGL的精简版，可用于智能手机、PDA和游戏机等嵌入式设备。时至今日，OpenGL ES历经2.0、3.0等多个版本的迭代，Android系统也早已支持OpenGL ES，从Android 5.0开始支持OpenGL ES 3.1，从Android 7.0开始支持OpenGL ES 3.2。有关OpenGL ES的函数说明参见11.3.2节。

若想查看当前手机支持的OpenGL ES版本号，则可通过以下代码实现：

```
// 显示OpenGL ES的版本号
private void showEsVersion() {
    ActivityManager am = (ActivityManager) getSystemService(Context.ACTIVITY_SERVICE);
    ConfigurationInfo info = am.getDeviceConfigurationInfo();
    String versionDesc = String.format("%08X", info.reqGlEsVersion);
    String versionCode = String.format("%d.%d",
            Integer.parseInt(versionDesc)/10000,
            Integer.parseInt(versionDesc)%10000);
    Toast.makeText(this, "当前系统的OpenGL ES版本号为"+versionCode,
                    Toast.LENGTH_SHORT).show();
}
```

若想在NDK代码中使用OpenGL，还得借助EGL这座桥梁才行。对于Android系统而言，EGL（Enterprise Generation Language，企业生成语言）是OpenGL ES与原生窗口之间的接口层。

所谓接口，其实就是桥梁，EGL首先接管来自App控件的原生窗口ANativeWindow，然后C/C++代码才能调用OpenGL ES提供的函数，最终实现OpenGL ES渲染屏幕画面的功能。使用EGL之前，要先包含它的头文件,也就是在C/C++代码开头增加以下两行包含语句,其中一行为EGL的头文件,另一行为OpenGL ES的头文件。

```
#include <EGL/egl.h>
#include <GLES3/gl3.h>
```

与EGL有关的函数说明如下。

- eglGetDisplay:获取EGL显示器。返回参数为EGLDisplay类型。
- eglInitialize:初始化EGL显示器。第一个参数为EGLDisplay类型的显示器变量。
- eglChooseConfig:给EGL显示器选择最佳配置。第一个参数为EGLDisplay类型的显示器变量,第二个参数为指定了RGB颜色空间的配置规格,第三个参数为EGLConfig类型的配置变量。
- eglCreateWindowSurface:创建EGL表面,这里EGL接管了原生窗口的表面对象。第一个参数为EGLDisplay类型的显示器变量,第二个参数为EGLConfig类型的配置变量,第三个参数为ANativeWindow指针类型的原生窗口。输出参数为EGLSurface类型的EGL表面变量。
- eglCreateContext:结合EGL显示器与EGL配置创建EGL实例。第一个参数为EGLDisplay类型的显示器变量,第二个参数为EGLConfig类型的配置变量。输出参数为EGLContext类型的EGL实例变量。
- eglMakeCurrent:创建EGL环境,之后即可执行OpenGL的相关操作。第一个参数为EGLDisplay类型的显示器变量,第二个参数为绘制需要的EGL表面变量,第三个参数为读取需要的EGL表面变量。
- eglSwapBuffers:将OpenGL的纹理缓存显示到屏幕上。第一个参数为EGLDisplay类型的显示器变量,第二个参数为EGLSurface类型的EGL表面变量。
- eglDestroySurface:销毁EGL表面。第一个参数为EGLDisplay类型的显示器变量,第二个参数为EGLSurface类型的EGL表面变量。
- eglDestroyContext:销毁EGL实例。第一个参数为EGLDisplay类型的显示器变量,第二个参数为EGLContext类型的EGL实例变量。

虽然明确了能够通过EGL结合OpenGL ES渲染画面,但是真正集成到App工程的话,需要完整实现这三个步骤:在C/C++代码中通过EGL和OpenGL ES播放视频、通过JNI接口给App工程集成C/C++代码、在App工程中执行视频播放操作,分别说明如下。

1. 在C/C++代码中通过EGL和OpenGL ES播放视频

通过EGL与OpenGL ES结合FFmpeg实现播放视频时,除FFmpeg原有的处理流程外,还需补充下列6个步骤。

1)初始化EGL

EGL的初始化操作主要有两项:一项是初始化EGL显示器,另一项是给EGL显示器选择最佳配置,对应的初始化代码如下(完整代码见chapter12/FFmpeg/video/src/main/cpp/opengl.cpp):

```
// 获取EGL显示器
EGLDisplay display = eglGetDisplay(EGL_DEFAULT_DISPLAY);
if (display == EGL_NO_DISPLAY) {
```

```
    LOGE("eglGetDisplay failed");
    goto __ERROR;
}
// 初始化EGL显示器
if (EGL_TRUE != eglInitialize(display, 0, 0)) {
    LOGE("eglGetDisplay init failed");
    goto __ERROR;
}
EGLConfig config;                      // EGL配置
EGLint config_num;                     // 配置数量
EGLint config_spec[] = {               // 配置规格，涉及RGB颜色空间
    EGL_RED_SIZE, 8,
    EGL_GREEN_SIZE, 8,
    EGL_BLUE_SIZE, 8,
    EGL_SURFACE_TYPE, EGL_WINDOW_BIT, EGL_NONE
};
// 给EGL显示器选择最佳配置
if (EGL_TRUE != eglChooseConfig(display, config_spec, &config, 1, &config_num)) {
    LOGE("eglChooseConfig failed!");
    goto __ERROR;
}
```

2）让 EGL 接管原生窗口 ANativeWindow

尽管EGL本身属于接口层，但EGL的表面对象不是凭空产生的，而是从原生窗口接管而来的。为此仍需像12.3.2节那样引入ANativeWindow，从原生窗口接管表面对象，然后才能创建用于OpenGL ES的EGL环境。对应的接管代码如下：

```
// 从表面对象获取原生窗口
ANativeWindow *nativeWindows = ANativeWindow_fromSurface(env, surface);
// 创建EGL表面。这里EGL接管了原生窗口的表面对象
EGLSurface winSurface = eglCreateWindowSurface(display, config, nativeWindows, 0);
if (winSurface == EGL_NO_SURFACE) {
    LOGE("eglCreateWindowSurface failed!");
    goto __ERROR;
}

const EGLint ctxAttr[] = {
    EGL_CONTEXT_CLIENT_VERSION, 2, EGL_NONE
};
// 结合EGL显示器与EGL配置创建EGL实例
EGLContext context = eglCreateContext(display, config, EGL_NO_CONTEXT, ctxAttr);
if (context == EGL_NO_CONTEXT) {
    LOGE("eglCreateContext failed!");
    goto __ERROR;
}
// 创建EGL环境，之后就可以执行OpenGL ES的相关操作了
if (EGL_TRUE != eglMakeCurrent(display, winSurface, winSurface, context)) {
    LOGE("eglMakeCurrent failed!");
    goto __ERROR;
}
```

3）初始化OpenGL ES

创建EGL环境之后，即可执行OpenGL ES的相关操作，首当其冲的便是初始化OpenGL ES，相应的初始化过程参见11.3.2节，这里不再赘述。

4）通过OpenGL ES渲染视频画面

轮询每个视频帧的时候，需要把视频帧的YUV数据写入对应的ES纹理，相应的渲染过程参见11.3.2节，这里不再赘述。唯一需要注意的是，在调用OpenGL ES的绘制函数之后，还要调用EGL的eglSwapBuffers函数，才能把OpenGL ES的纹理缓存显示到屏幕上。对应的EGL渲染代码如下：

```
// 把OpenGL ES的纹理缓存显示到屏幕上
eglSwapBuffers(display, winSurface);
```

5）释放EGL资源

视频遍历结束，除释放FFmpeg相关的实例资源外，还要释放EGL的表面和实例资源，包括EGL用到的原生窗口也要释放。对应的释放代码如下：

```
if(nativeWindows != NULL){
    ANativeWindow_release(nativeWindows);         // 释放原生窗口
}
if (winSurface != EGL_NO_SURFACE) {
    eglDestroySurface(display, winSurface);       // 销毁EGL表面
}
if (context != EGL_NO_CONTEXT) {
    eglDestroyContext(display, context);          // 销毁EGL实例
}
```

6）调整每帧之间的睡眠间隔

考虑到视频画面的渲染耗时，有必要调整每帧之间的睡眠间隔，避免休眠太久导致视频卡顿。相关的调整操作参见12.3.2节，这里不再赘述。

2. 通过JNI接口给App工程集成C/C++代码

cpp目录下的C/C++代码需要通过JNI接口才能与App工程的Java代码交互，与JNI接口有关的集成步骤说明如下。

1）给CMakeLists.txt导入FFmpeg

引入FFmpeg的CMakeLists.txt样例参见12.1.3节，不仅要把FFmpeg的头文件目录include复制到App工程的cpp目录下，还要把FFmpeg的SO文件全部复制到App工程的src/main/jniLibs/arm64-v8a目录下，注意确保libx264.so和libfreetype.so也放进了arm64-v8a目录。

除此之外，因为用到了EGL和OpenGL ES，所以务必确保CMakeLists.txt引入了EGL和GLESv3这两个库，否则NDK层的C/C++代码无法正常使用EGL和OpenGL ES。

2）编写JNI接口的函数框架

JNI接口方面，这里增加一个采用OpenGL方式的播放接口，该接口的函数框架如下（完整代码见chapter12/FFmpeg/video/src/main/cpp/video.cpp）：

```
JNIEXPORT void JNICALL
Java_com_example_video_util_FFmpegUtil_playVideoByOpenGL(
```

```
        JNIEnv *env, jclass clazz, jstring video_path, jobject surface)
{
    // 这里省略详细的FFmpeg处理逻辑
}
```

3)在Java代码中加载SO库并声明JNI接口

Java代码除调用System.loadLibrary方法加载libffmpeg.so外,还要补充声明上一步新增的JNI接口。加载代码如下(完整代码见chapter12/FFmpeg/video/src/main/java/com/example/video/util/FFmpegUtil.java):

```
public class FFmpegUtil {
    static {
        System.loadLibrary("ffmpeg");  // 加载动态库libffmpeg.so
    }
    public static native void playVideoByOpenGL(String videoPath, Surface surface);
}
```

3. 在App工程中处理视频播放

App代码要自定义一个能拿到表面对象的视图控件,才能让底层的ANativeWindow在该视图上渲染视频画面,具体的实现步骤说明如下。

1)基于SurfaceView自定义视图控件

这里的自定义视图控件可采用12.3.2节介绍的FFmpegView,只是给该视图增加一个基于OpenGL的播放方法。该方法的定义代码如下(完整代码见chapter12/FFmpeg/video/src/main/java/com/example/video/widget/FFmpegView.java):

```
public void playVideoByOpenGL(final String videoPath) {
    new Thread(() -> {  // 开始播放
        FFmpegUtil.playVideoByOpenGL(videoPath, mSurface);
    }).start();
}
```

2)编写播放界面的布局文件

播放界面的布局很简单,除打开视频按钮外,就是上一步自定义的视图控件FFmpegView,布局代码如下(完整代码见chapter12/FFmpeg/video/src/main/res/layout/activity_opengl.xml):

```xml
<LinearLayout xmlns:android="http://schemas.android.com/apk/res/android"
    android:layout_width="match_parent"
    android:layout_height="match_parent"
    android:orientation="vertical">

    <Button
        android:id="@+id/btn_open"
        android:layout_width="match_parent"
        android:layout_height="wrap_content"
        android:text="打开视频(OpenGL播放)"
        android:textSize="15sp" />

    <com.example.video.widget.FFmpegView
        android:id="@+id/fv_video"
```

```
        android:layout_width="match_parent"
        android:layout_height="200dp" />
</LinearLayout>
```

3）编写播放页面的 Java 代码

播放页面的Java代码主要实现控制播放的两个基本功能，一个是选择视频并调用JNI的播放接口，另一个是返回上一页时停止播放，播放控制代码如下（完整代码见chapter12/FFmpeg/video/src/main/java/com/example/video/OpenGLActivity.java）：

```
public class OpenGLActivity extends AppCompatActivity {
    private FFmpegView fv_video;            // FFmpeg的播放视图
    private String mVideoPath;              // 待播放的视频路径

    @Override
    protected void onCreate(Bundle savedInstanceState) {
        super.onCreate(savedInstanceState);
        setContentView(R.layout.activity_opengl);
        fv_video = findViewById(R.id.fv_video);
        ActivityResultLauncher launcher = registerForActivityResult(new
ActivityResultContracts.GetContent(), uri -> {
            if (uri != null) {
                // 根据Uri获取文件的绝对路径
                mVideoPath = GetFilePathFromUri.getFileAbsolutePath(this, uri);
                fv_video.playVideoByOpenGL(mVideoPath);          // OpenGL方式播放
            }
        });
        findViewById(R.id.btn_open).setOnClickListener(v -> launcher.launch("video/*"));
    }

    @Override
    public void onBackPressed() {
        super.onBackPressed();
        fv_video.stopPlay();                                      // 停止播放
    }
}
```

以上代码都写好之后，在Android Studio上编译并运行App。在App界面上单击"打开视频（OpenGL播放）"按钮，跳转到系统相册，选择一个视频文件之后，观察App的播放界面，如图12-11所示，说明通过OpenGL ES结合FFmpeg成功实现了视频渲染功能。

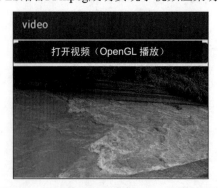

图 12-11　OpenGL ES 结合 FFmpeg 播放视频

12.4 实战项目：仿剪映的视频剪辑

剪映是一款流行的视频剪辑工具，它支持丰富多样的视频编辑功能，可谓是自媒体从业人员的必备软件。在应用市场中，剪映App的下载次数高达数十亿，相关的剪映教程也是大卖。那么如此热门的App是怎么实现的呢？毋庸置疑，当下主流的视频剪辑软件几乎都集成了FFmpeg，剪映App也不例外。本章的实战项目就仿照剪映，通过在视频右上角添加水印文字的功能，管中窥豹，看看一个视频编辑App是怎样实现的。

让App给视频添加水印文字的话，需要完整实现这4个步骤：把FFmpeg的加工代码移植到Android、通过JNI接口给App工程集成C/C++代码、在App工程中执行视频加工操作、播放加工后的视频文件。下面分别介绍这4个步骤。

1. 把FFmpeg的加工代码移植到Android

第6章的视频加工代码videofilter.c在Linux环境编译通过，里面的绝大部分代码可以直接移植到App工程的NDK层，只是av_log函数无法把日志打印到Android Studio的控制台，所以需要把av_log换掉，改成使用Android专用的__android_log_print函数。

方便起见，可将__android_log_print通过宏定义重新包装，使之更符合FFmpeg的代码书写习惯。宏定义代码如下（完整代码见chapter12/FFmpeg/jianying/src/main/cpp/jianying.cpp）：

```
#include <android/log.h>

#define TAG "ffmpeg-jianying"
#define LOGI(...)  __android_log_print(ANDROID_LOG_INFO,TAG,__VA_ARGS__)
#define LOGD(...)  __android_log_print(ANDROID_LOG_DEBUG,TAG,__VA_ARGS__)
#define LOGW(...)  __android_log_print(ANDROID_LOG_WARN,TAG,__VA_ARGS__)
#define LOGE(...)  __android_log_print(ANDROID_LOG_ERROR,TAG,__VA_ARGS__)
```

添加宏定义代码之后，再把"av_log(NULL, AV_LOG_INFO,"改为LOGI，把"av_log(NULL, AV_LOG_ERROR,"改为LOGE，这样便实现了移植FFmpeg视频加工代码的目标。

2. 通过JNI接口给App工程集成C/C++代码

cpp目录下的C/C++代码需要通过JNI接口才能与App工程的Java代码交互，与JNI接口有关的集成步骤说明如下。

1）给 CMakeLists.txt 导入 FFmpeg

引入FFmpeg的CMakeLists.txt样例参见12.1.3节，不仅要把FFmpeg的头文件目录include复制到App工程的cpp目录下，还要把FFmpeg的SO文件全部复制到App工程的src/main/jniLibs/arm64-v8a目录下，注意确保libx264.so和libfreetype.so也放进了arm64-v8a目录。

2）编写 JNI 接口的函数框架

与Java代码交互的JNI接口主要是过滤加工接口，它的输入参数包括来源视频路径、目标视频路径、字体路径和水印文本等。JNI接口的函数框架如下（完整代码见chapter12/FFmpeg/jianying/src/main/cpp/jianying.cpp）：

```
JNIEXPORT void JNICALL
Java_com_example_jianying_util_FFmpegUtil_filterVideo(
    JNIEnv *env, jclass clazz, jstring src_path, jstring dest_path,
    jstring ttf_path, jstring text_content)
{
    const char *srcPath = env->GetStringUTFChars(src_path, 0);
    const char *destPath = env->GetStringUTFChars(dest_path, 0);
    const char *ttfPath = env->GetStringUTFChars(ttf_path, 0);
    const char *textContent = env->GetStringUTFChars(text_content, 0);
    char filters_desc[1024];
    // 把白色的水印文本放在视频的右上角
    snprintf(filters_desc, sizeof(filters_desc), "drawtext=fontcolor=white:
fontfile=%s:text='%s':fontsize=h/8: x=w-text_w-text_h/2:y=text_h/2", ttfPath,
textContent);
    if (open_input_file(srcPath) < 0) {            // 打开输入文件
        return;
    }
    init_filter(filters_desc);                     // 初始化滤镜
    if (open_output_file(destPath) < 0) {          // 打开输出文件
        return;
    }
    // 这里省略详细的FFmpeg处理逻辑
    env->ReleaseStringUTFChars(src_path, srcPath);
    env->ReleaseStringUTFChars(dest_path, destPath);
    env->ReleaseStringUTFChars(ttf_path, ttfPath);
    env->ReleaseStringUTFChars(text_content, textContent);
}
```

3）在Java代码加载SO库并声明JNI接口

Java代码调用System.loadLibrary方法加载libffmpeg.so，同时声明上一步定义的JNI接口，注意给方法添加native关键字，表示它们来自原生的NDK层。加载代码如下（完整代码见chapter12/FFmpeg/jianying/src/main/java/com/example/jianying/util/FFmpegUtil.java）：

```
public class FFmpegUtil {
    static {
        System.loadLibrary("ffmpeg");    // 加载动态库libffmpeg.so
    }
    public static native void filterVideo(String src_path, String dest_path, String
ttf_path, String text_content);
}
```

3. 在App工程中执行视频加工操作

完整的视频加工过程分为两个步骤：编写加工界面的布局文件、编写加工界面的Java代码，分别说明如下。

1）编写加工界面的布局文件

给视频添加水印文字，除文本内容外，drawtext滤镜还要求指定字体文件。因此，App界面应当提示用户输入两项信息：水印文字和字体类型。布局代码的控件片段如下（完整代码见chapter12/FFmpeg/jianying/src/main/res/layout/activity_main.xml）：

```xml
<EditText
    android:id="@+id/et_text"
    android:layout_width="match_parent"
    android:layout_height="40dp"
    android:inputType="text"
    android:hint="请输入水印文字"
    android:background="@drawable/editext_selector" />

<RadioGroup
    android:id="@+id/rg_font"
    android:layout_width="match_parent"
    android:layout_height="wrap_content"
    android:orientation="horizontal" >

    <TextView
        android:layout_width="wrap_content"
        android:layout_height="wrap_content"
        android:paddingRight="50dp"
        android:text="选择字体："
        android:textColor="@color/black" />

    <RadioButton
        android:id="@+id/rb_songti"
        android:layout_width="0dp"
        android:layout_height="wrap_content"
        android:layout_weight="1"
        android:checked="true"
        android:text="宋体"
        android:textColor="@color/black" />

    <RadioButton
        android:id="@+id/rb_kaiti"
        android:layout_width="0dp"
        android:layout_height="wrap_content"
        android:layout_weight="1"
        android:checked="false"
        android:text="楷体"
        android:textColor="@color/black" />
</RadioGroup>
```

2）编写加工界面的 Java 代码

视频加工的Java代码在实现时又分为4个步骤：把字体文件复制到应用目录、到系统相册选择视频文件、调用JNI接口的视频加工方法、打开视频播放页面。下面分别介绍这4个步骤。

（1）把字体文件复制到应用目录

因为初始的字体文件放在App工程的assets目录下，不能被drawtext滤镜识别，所以要先把几个字体文件都复制到应用的私有目录下，再把完整的字体文件路径送给drawtext滤镜。字体文件的复制代码如下（完整代码见chapter12/FFmpeg/jianying/src/main/java/com/example/jianying/ MainActivity.java）：

```java
private final static String SONTI = "simsun.ttc";
private final static String MAITI = "simkai.ttf";
private String src_path;                    // 输入视频的来源路径
```

```
private String dest_path;              // 输出视频的目标路径
private String storage_path;           // 视频文件的存储目录
private int font_type = 1;             // 1为宋体，2为楷体
// 把字体文件复制到应用的私有目录
private void copyFontFile() {
    storage_path = getExternalFilesDir(Environment.DIRECTORY_DOWNLOADS).toString();
    FileUtil.copyFileFromRaw(this, R.raw.simsun, SONTI, storage_path);   // 复制宋体文件
    FileUtil.copyFileFromRaw(this, R.raw.simkai, MAITI, storage_path);   // 复制楷体文件
}
```

（2）到系统相册选择视频文件

跳转到系统相册选择视频文件的代码是通用的，可以直接复用12.3.2节的代码，视频文件的选择代码如下：

```
rg_font.setOnCheckedChangeListener((group, checkedId) -> {
    font_type = (checkedId==R.id.rb_songti) ? 1 : 2;   // 切换字体类型
});
ActivityResultLauncher launcher = registerForActivityResult(new
ActivityResultContracts.GetContent(), uri -> {
    if (uri != null) {
        // 根据Uri获取文件的绝对路径
        src_path = GetFilePathFromUri.getFileAbsolutePath(this, uri);
        tv_src.setText("待加工的视频文件为"+src_path);
    }
});
findViewById(R.id.btn_open).setOnClickListener(v -> launcher.launch("video/*"));
```

（3）调用JNI接口的视频加工方法

确保已经选择了待加工的视频文件，并且待添加的水印文字也已输入，再调用JNI接口的filterVideo方法给来源视频添加指定字体的文字水印，视频加工代码如下：

```
findViewById(R.id.btn_filter).setOnClickListener(v -> {
    if (TextUtils.isEmpty(src_path)) {
        Toast.makeText(this, "请先选择视频文件", Toast.LENGTH_SHORT).show();
        return;
    }
    String text = et_text.getText().toString();
    if (TextUtils.isEmpty(text)) {
        Toast.makeText(this, "请先输入水印文字", Toast.LENGTH_SHORT).show();
        return;
    }
    Toast.makeText(this, "正在加工视频文件，请耐心等待", Toast.LENGTH_SHORT).show();
    String ttf_path = storage_path + File.separator + (font_type==1?SONTI:MAITI);
    FFmpegUtil.filterVideo(src_path, dest_path, ttf_path, "@ "+text);  // 加工视频
    Toast.makeText(this, "视频文件加工完毕", Toast.LENGTH_SHORT).show();
    tv_dest.setText("加工后的视频文件为"+dest_path);
});
```

（4）打开视频播放页面

等待视频加工完毕，再跳转到播放页面，观察水印文字是否正确添加，跳转代码如下：

```
findViewById(R.id.btn_play).setOnClickListener(v -> {
```

```
        if (!FileUtil.isExists(dest_path)) {
            Toast.makeText(this, "请先加工视频文件", Toast.LENGTH_SHORT).show();
            return;
        }
        Intent intent = new Intent(this, PlayerActivity.class);
        intent.putExtra("video_path", dest_path);
        startActivity(intent);    // 打开播放页面
});
```

4.播放加工后的视频文件

方便起见,这里使用Android自带的控件VideoView播放视频,具体步骤说明如下。

1)编写播放界面的布局文件

播放界面主要有两个控件,其中一个是视频视图VideoView,另一个是播放控制按钮,布局代码如下(完整代码见chapter12/FFmpeg/jianying/src/main/res/layout/activity_player.xml):

```xml
<LinearLayout xmlns:android="http://schemas.android.com/apk/res/android"
    android:layout_width="match_parent"
    android:layout_height="match_parent"
    android:orientation="vertical">

    <VideoView
        android:id="@+id/vv_content"
        android:layout_width="match_parent"
        android:layout_height="200dp" />

    <Button
        android:id="@+id/btn_pause"
        android:layout_width="match_parent"
        android:layout_height="wrap_content"
        android:text="暂停播放"
        android:textSize="17sp" />
</LinearLayout>
```

2)编写播放页面的Java代码

播放页面的Java代码主要实现控制播放的两个基本功能,一个是开始播放指定路径的视频文件,另一个是随着页面状态变更而暂停或者恢复播放。播放控制代码如下(完整代码见chapter12/FFmpeg/jianying/src/main/java/com/example/jianying/PlayerActivity.java):

```java
public class PlayerActivity extends AppCompatActivity {
    private String mVideoPath;                        // 视频文件的路径
    private VideoView vv_content;                     // 视频视图
    private boolean is_pause = false;                 // 是否暂停

    @Override
    protected void onCreate(Bundle savedInstanceState) {
        super.onCreate(savedInstanceState);
        setContentView(R.layout.activity_player);
        mVideoPath = getIntent().getStringExtra("video_path");
        vv_content = findViewById(R.id.vv_content);
        Button btn_pause = findViewById(R.id.btn_pause);
        btn_pause.setOnClickListener(v -> {
```

```java
                is_pause = !is_pause;
                if (is_pause) {
                    btn_pause.setText("恢复播放");
                    vv_content.pause();                         // 暂停播放
                } else {
                    btn_pause.setText("暂停播放");
                    vv_content.start();                         // 恢复播放
                }
            }
        });
    }

    @Override
    protected void onResume() {
        super.onResume();
        if (!is_pause) {
            if (vv_content.isPlaying()) {
                vv_content.start();                             // 恢复播放
            } else {
                vv_content.setVideoURI(Uri.parse(mVideoPath));  // 设置视频视图的视频路径
                MediaController mc = new MediaController(this); // 创建一个媒体控制条
                vv_content.setMediaController(mc);              // 给视频视图设置相关联的媒体控制条
                mc.setMediaPlayer(vv_content);                  // 给媒体控制条设置相关联的视频视图
                vv_content.start();                             // 视频视图开始播放
            }
        }
    }

    @Override
    protected void onPause() {
        super.onPause();
        vv_content.pause();                         // 暂停播放
    }

    @Override
    protected void onDestroy() {
        super.onDestroy();
        vv_content.stopPlayback();                  // 停止播放
    }
}
```

以上代码都写好之后，在Android Studio上编译并运行App，先输入待添加的水印文本，再单击"选择视频"按钮跳转到系统相册选择一个视频，接着单击"加工视频"按钮，加工完毕之后的App界面如图12-12所示。

从图12-12可见，加工前后的视频文件都保存在当前应用的私有目录下。单击界面下方的"播放视频"按钮，打开如图12-13所示的播放页面，发现视频右上角果然添加了期望的宋体文字。

图 12-12　加工视频的 App 界面

回到上一页的加工界面，把字体改为楷体，再次单击"加工视频"按钮，等待加工完成后单击"播放视频"按钮，重新打开如图12-14所示的播放页面，发现视频右上角的文字变成了楷体，说明App正确实现了给视频添加水印文字的功能。

图 12-13　添加了宋体水印的视频　　　　图 12-14　添加了楷体水印的视频

12.5　小　　结

本章主要介绍了在移动开发领域使用FFmpeg处理音视频的几种操作。首先介绍了利用交叉编译技术给Android系统搭建FFmpeg开发环境的过程，以及在App工程中集成FFmpeg库的详细步骤；接着介绍了在Android环境给FFmpeg集成mp3lame，以及通过FFmpeg播放音频文件的两种方式（AudioTrack和OpenSL ES）；然后介绍了在Android环境给FFmpeg集成x264和FreeType，以及通过FFmpeg播放视频文件的两种方式（ANativeWindow和OpenGL ES）；最后设计了一个实战项目"仿剪映的视频剪辑"，在该项目的FFmpeg编程中，综合运用了本章介绍的App开发技术，包括交叉编译、过滤视频、播放视频等。

通过本章的学习，读者应该能够掌握以下3种开发技能：

（1）学会开发Android App通过FFmpeg播放音频。

（2）学会开发Android App通过FFmpeg播放视频。

（3）学会开发Android App通过FFmpeg加工视频。

附录 A

音视频专业术语索引

本书作为一本音视频方面的专著，不可避免地采用了大量的专业术语简称。为了让读者更准确地理解这些英文简称背后的含义，下面列举一些与音视频有关的常见术语，如表A-1所示。

表 A-1 音视频常见的专业术语

术语简称	术语全称	中文说明
3GP	3GPP	MP4 格式的简化版，一种视频格式
3GPP	3rd Generation Partnership Project	第三代合作伙伴项目计划
AAC	Advanced Audio Coding	高级音频编码，一种音频格式
AAC-ELD	Enhanced Low Delay AAC	增强型的低延迟 AAC
AAC-LC	Low Complexity AAC	低复杂度的 AAC
AAC-LD	Low Delay AAC	低延迟的 AAC
AAC-LTP	Long Term Prediction AAC	长期预测的 AAC
AAC-SSR	Scalable Sampling Rate AAC	采样率可调节的 AAC
ADIF	Audio Data Interchange Format	音频数据交换格式，一种 AAC 封装格式
ADPCM	Adaptive Differential Puls Code Modulation	自适应分脉冲编码调制
ADTS	Audio Data Transport Stream	音频数据传输流，一种 AAC 封装格式
AM	Amplitude Modulation	振幅调制、调幅广播，一种收音机模式
AMR	Adaptive Multi-Rate	自适应多速率，一种音频格式
ASF	Advanced Streaming Format	高级串流格式，一种视频格式
ASS	Advanced Sub Station Alpha	高级的 SSA，一种字幕格式
AVC	Advanced Video Coding	高级视频编码，对应 H.264 标准
AVI	Audio Video Interleaved	音频视频交错格式，一种视频格式
AVIF	AV1 Image File Format	基于 AV1 视频编码的图像文件格式
AVS	Audio Video coding Standard	音视频信源编码标准，中国的数字电视音视频编码标准
BD-ROM	Blu-ray DiscRead-Only Memory	蓝光光盘
bps	bit per second	比特每秒、位每秒
B 帧	Bi-directional interpolated prediction frame	双向预测内插编码帧
CMYK	Cyan、Magenta、Yellow、Black	红黄青颜色空间
CRT	Cathode Ray Tube	阴极射线管，一种显示器
DASH	Dynamic Adaptive Streaming over HTTP	HTTP 动态自适应流，一种流媒体协议

（续表）

术语简称	术语全称	中文说明
DTS	Decompression Timestamp	解码时间戳
DVD	Digital Video Disc	数字视频光盘
ES	Elementary Stream	基本码流
FFmpeg	Fast Forward MPEG	快速掌握 MPEG，一个音视频处理平台
FLV	Flash Video	闪光视频，一种视频格式
FM	Frequency Modulation	频率调制、调频广播，一种收音机模式
FMP4	Fragmented MP4	碎片化的 MP4 格式
fps	frame per second	帧每秒
GDI	Graphics Device Interface	图形设备接口
GIF	Graphics Interchange Format	图像互换格式，一种动图格式
GLSL	OpenGL Shader Language	OpenGL 的着色器语言
GPL	General Public License	通用公开许可证
GUI	Graphical User Interface	图形用户界面
HDTV	High Definition Television	高清电视
HE-AAC	High Efficiency AAC	高效率的 AAC
HEIF	High Efficiency Image Format	高效率图像格式，一种图片格式
HEVC	High Efficiency Video Coding	高效视频编码，对应 H.265 标准
HLS	HTTP Live Streaming	HTTP 直播流，一种流媒体协议
HQ	High Quality	高清
IEEE	Institute of Electrical and Electronics Engineers	电气和电子工程师协会
IETF	The Internet Engineering Task Force	互联网工程任务组
ITU	International Telecommunication Union	国际电信联盟
ITU-T	ITU Telecommunication Standardization Sector	国际电信联盟电信标准分局
I 帧	Intra-frame	帧内图像，也称关键帧
JPEG	Joint Photographic Experts Group	联合图像专家小组，一种图片格式
JVT	Joint Video Team	联合视频编码组
LCD	Liquid Crystal Display	液晶显示器
LFE	Low Frequency Effect	低频效，俗称低音炮
LGPL	Lesser General Public License	较宽松的通用公开许可证
MP3	Moving Picture Experts Group Audio Layer III	动态图像专家组的第 3 层面音频层，一种音频格式
MP4	Moving Picture Experts Group 4	动态图像专家组第 4 版，一种视频格式
MPEG	Moving Picture Experts Group	动态图像专家组，一种视频编码技术
MV	Music Video	音乐短片
NTSC	National Television Standards Committee(	隔行扫描，用于美洲和日本的电视制式
OpenAL	Open Audio Library	开放音效库
OpenCV	Open Source Computer Vision Library	开源计算机视觉库
OpenGL	Open Graphics Library	开放图形库
OpenGL ES	OpenGL for Embedded Systems	嵌入式系统上的 OpenGL
OpenSL	Open Sound Library	开放音频库

（续表）

术语简称	术语全称	中文说明
OpenSL ES	OpenSL for Embedded Systems	嵌入式系统上的 OpenSL
PAL	Phase Alternating Line	逐行倒相，用于欧洲和中国的电视制式
PCM	Pulse Code Modulation	脉冲编码调制，未压缩的原始音频
PES	Packet Elemental Stream	分组码流、打包码流
PNG	Portable Network Graphics	便携式网络图形，一种图片格式
PS	Program Stream	节目流
PTS	Presentation Timestamp	播放时间戳
P 帧	Predictive-frame	前向预测编码帧
RGB	Red Green Blue	红绿蓝颜色空间
RIFF	Resource Interchange File Format	资源交换档案标准
RTMP	Real Time Messaging Protocol	实时消息传输协议，一种流媒体协议
RTSP	Real Time Streaming Protocol	实时流传输协议，一种流媒体协议
SDL	Simple DirectMedia Layer	简单直接媒体层
SRT	SubRip Text / Subtitles Rip Text	分割文本的字幕，一种字幕格式
SRT	Secure Reliable Transport	安全可靠传输协议，一种流媒体协议
SSA	Sub Station Alpha	阿尔法变电站，一种字幕格式
SVCD	Super Video CD	超级 VCD
TS	Transport Stream	传输流
UHDTV	Ultra High Definition Television	超高清电视
VCD	Video Compact Disc	激光视盘，也称影音光碟
VCEG	Video Coding Experts Group	视频编码专家组
VLC	Video Lan Client	视频局域网客户端
VVC	Versatile Video Coding	多功能视频编码，对应 H.266 标准
WAV	Wave Form	波形，一种音频格式
WebRTC	Web Real-Time Communication	网页即时通信
WMA	Windows Media Audio	视窗媒体音频，一种音频格式
WMV	Windows Media Video	视窗媒体视频，一种视频格式
YUV YCbCr	Luminance，Chrominance on blue，Chrominance on red	亮度，色度的蓝色投影，色度的红色投影。YUV 颜色空间